항공정비사 표준교재
Aircraft Maintenance Engineer Handbook

국토교통부

헬리콥터
Helicopter

BM (주)도서출판 성안당

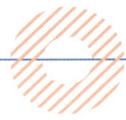

헬리콥터
Helicopter

1948년, 첫 민간 항공기가 역사적인 비행을 시작한 이래 우리나라는 지속적인 항공 산업 육성을 통해 세계 7위의 항공운송국가로 성장하였으며 더불어 항공 안전과 서비스 측면에서도 세계 최고 수준을 유지하고 있습니다.

이러한 상황 속에서 앞으로 세계 항공시장은 2030년까지 연평균 4.6% 성장이 예상되고 있으며 그 성장의 중심은 아시아, 그 중에서도 동북아시아의 성장이 가장 높을 것으로 예측되고 있어 우리나라 항공 산업이 다시 한 번 크게 도약할 수 있는 기회를 맞이합니다.

다가오는 큰 기회를 선점하고 항공선진국과 경쟁하기 위해서는 글로벌 항공인력 양성이 우선되어야 하고 이를 위해 국제수준의 표준화된 교육과 체계화된 시스템을 갖춰야 한다고 생각합니다.

그 동안 우리나라 항공 산업은 괄목할만한 성장을 이루었지만 국내 항공분야의 저변이 넓지 못하고 항공종사자를 체계적으로 양성할 수 있는 교재 등이 미비하여 항공분야에서 일하고 싶어 하는 사람들이 쉽게 접할 수 없는 것이 매우 아쉬웠습니다.

또한, 항공사고 대다수 원인이 조종사 과실 또는 정비 미흡 등 항공종사자의 인적요인에 기인하는 부분이 크다고 볼 수 있기 때문에 능력 있는 항공종사자를 양성하기 위해서는 기초교육훈련부터 표준화하여 역량을 향상시킬 필요가 있어

국토교통부에서는 체계적인 항공종사자 인력양성을 위하여 항공정비사, 조종사, 항공교통관제사 등을 위한 항공법규, 항공정비일반, 항공기기체, 항공기엔진, 항공전자·전기·계기(기본), 항공기상 등의 「항공종사자 표준교재」를 지속적으로 발간하여 왔습니다.

이번에는 항공기 시스템이 디지털기반으로 변화되고, 종종 헬리콥터 사고가 발생함에 따라 헬리콥터와 항공전자·전기·계기(심화) 등 2종의 표준교재를 발간하게 되었습니다.

헬리콥터, 항공전자·전기·계기(심화) 항공정비사 표준교재는 헬리콥터에 대한 비행원리를 포함하는 전문지식과 최근 일반화된 위성항법(GPS) 및 통신항법 등에 대한 정비 업무를 수행하기 위해 알아야 할 항공기와 장비 등에 대한 기초 원리부터 정비 실무를 수행하기 위해 필요한 기초 지식뿐 만 아니라 항공 정비관리 실무 이론을 포함하였습니다.

더불어 국제민간항공기구(ICAO)의 항공정비사 교육훈련 가이드라인의 내용을 충실히 반영하였고, 전 세계 항공산업을 선도하는 미연방항공청(FAA)과 유럽항공안전청(EASA)의 항공정비사 교육훈련 표준교재 내용도 반영하여 글로벌 항공정비사 양성이 가능토록 하였습니다.

바라건대, 항공정비사를 꿈꾸는 학생, 교육기관의 교수, 현업에 종사하는 항공정비사들에게도 교육의 표준 지침서가 되어 우리나라 항공정비 분야의 기초를 튼튼히 하고 저변이 확대하는 데 크게 기여하기를 바랍니다.

끝으로 이 책을 발간하는데 아낌없는 노력과 수고를 하신 집필자, 연구자, 감수자 등 편찬진에게 진심으로 감사드리며 내실 있고 좋은 책을 만들기 위해 노력하신 항공정책실 항공안전정책과장 이하 직원들의 노고에 감사를 표합니다.

항공정책실장 김 상 도

표준교재 이용 및 저작권 안내

헬리콥터
Helicopter

표준교재의 목적

본 표준교재는 체계적인 글로벌 항공종사자 인력양성을 위해 개발되었으며 현장에서 항공안전 확보를 위해 노력하는 항공종사자가 알아야 할 기본적인 지식을 집대성하였습니다.

본 교재의 저작권

이 표준교재는 「저작권법」 제24조의2에 따른 국토교통부의 공공저작물로서 별도의 이용허락 없이 자유이용이 가능합니다.

다만, 이 표준교재는 '공공저작물 자유이용허락 표시 기준(공공누리, KOGL) 제3유형'에 따라 공개하고 있으므로 다음 사항을 준수하여야 합니다.

1. 공공누리 이용약관의 준수

본 저작물은 공공누리가 적용된 공공저작물에 해당하므로 공공누리 이용약관(www.kogl.or.kr)을 준수하여야 합니다.

2. 출처의 명시

본 저작물을 이용하려는 사람은 「저작권법」 제37조 및 공공누리 이용조건에 따라 반드시 출처를 명시하여야 합니다.

3. 본질적 내용 등의 변경금지

본 저작물을 이용하려는 사람은 저작물을 변형하거나 2차적 저작물을 작성할 경우 저작인격권을 침해할 수 있는 본질적인 내용의 변경 또는 저작자의 명예를 훼손 하여서는 아니 됩니다.

4. 제 3자의 권리 침해 및 부정한 목적 사용금지

본 저작물을 이용하려는 사람은 본 저작물을 이용함에 있어 제3자의 권리를 침해하거나 불법행위 등 부정한 목적으로 사용해서는 아니 됩니다.

항공정비사 표준교재
Aircraft Maintenance Engineer Handbook

표준교재의 이용 및 주의사항

이 표준교재는 「항공안전법」 제34조에 따른 항공종사자에게 필요한 기본적인 지식을 모아 제시한 것이며, 항공종사자를 양성하는 전문교육기관 등에서는 이 표준교재에 포함된 내용 이상을 해당 교육 과정에 반영하여 활용할 수 있습니다.

또한, 이 표준교재는 「저작권법」 및 「공공데이터의 제공 및 이용 활성화에 관한 법률」에 따른 공공 저작물 또는 공공데이터에 해당하므로 관련 규정에서 정한 범위에서 누구나 자유롭게 이용이 가능합니다.

그리고 「공공데이터의 제공 및 이용 활성화에 관한 법률」에 따라 이 표준교재를 발행한 국토교통부는 표준교재의 품질, 이용하는 사람 또는 제3자에게 발생한 손해에 대하여 민사상·형사상의 책임을 지지 아니합니다.

표준교재의 정정 신고

이 표준교재를 이용하면서 다음과 같은 수정이 필요한 사항이 발견된 경우에는 항공교육훈련포털(www.kaa.atims.kr)로 신고하여 주시기 바랍니다.

- 항공법규 등 관련 규정의 개정으로 내용 수정이 필요한 경우
- 기술된 내용이 보편타당하지 않거나, 객관적인 사실과 다른 경우
- 오탈자 및 앞뒤 문맥이 맞지 않아 내용과 의미 전달이 곤란한 경우
- 관련 삽화 등이 누락되거나 추가적인 설명이 필요한 경우

※ 주의 : 표준교재 내용에는 오류, 누락 및 관련 규정 미반영 사항 등이 있을 수 있으므로 의심이 가는 부분은 반드시 정확성 여부를 확인하시기 바랍니다.

Contents 목차

제1장 헬리콥터 일반
- 1.1 비행원리(Theory of Flight) ··········· 1-2
- 1.2 지상유도(Helicopter Marshalling Signals) ··········· 1-20
- 1.3 지상점검 및 서비싱(Inspection & Servicing) ··········· 1-24
- 1.4 중량계측 및 평형(Helicopter Weight & Balance) ··········· 1-27

제2장 헬리콥터 기체구조
- 2.1 기체 구조 일반(Structure General) ··········· 2-2
- 2.2 기체 구조의 구성(Airframe Structures Construction) ··········· 2-8

제3장 헬리콥터 엔진
- 3.1 왕복엔진(Reciprocating Engines) ··········· 3-2
- 3.2 가스터빈엔진(Gas Turbine Engines) ··········· 3-30

제4장 동력전달장치
- 4.1 진동과 진동형태(Vibrations & Vibration Types) ··········· 4-2
- 4.2 헬리콥터의 진동(Vibration In Helicopters) ··········· 4-4
- 4.3 변속기(Transmission) ··········· 4-10
- 4.4 로터 브레이크(Rotor Brakes) ··········· 4-28

제5장 비행조종계통
- 5.1 개요(General) ··········· 5-2
- 5.2 사이클릭 & 컬렉티브 조종(Cyclic & Collective Control) ··········· 5-4
- 5.3 요 조종(Yaw Control) ··········· 5-13
- 5.4 자동조종(Autopilot) ··········· 5-18

헬리콥터
Helicopter

제6장 비행조종장치

- 6.1 메인 로터 헤드(Main Rotor Head) ········· 6-2
- 6.2 블레이드 댐퍼(Blade Damper) ········· 6-7
- 6.3 로터 블레이드(Rotor Blade) ········· 6-9
- 6.4 인공 감각과 트림 계통(Artificial Feel and Trim Systems) ········· 6-17
- 6.5 고정형 안정판(Fixed Stabilizer) ········· 6-21
- 6.6 비행조종계통 작동 ········· 6-23
- 6.7 작동기(Actuator) ········· 6-29
- 6.8 밸런스와 리깅(Balancing & Rigging) ········· 6-36
- 6.9 블레이드 트래킹과 진동분석
  (Blade Tracking and Vibration Analysis) ········· 6-43

제7장 연료계통

- 7.1 일반사항(General) ········· 7-2
- 7.2 연료 시스템 배치(Fuel System Layout) ········· 7-6
- 7.3 연료 탱크(Fuel Tanks) ········· 7-8
- 7.4 연료 공급계통(Fuel Supply System) ········· 7-11
- 7.5 연료 배출(Fuel Dumping) ········· 7-19
- 7.6 연료 벤팅(Fuel Venting) ········· 7-20
- 7.7 연료 드레인(Fuel Drain) ········· 7-22
- 7.8 크로스 피드(Cross-Feed & Transfer) ········· 7-23

제8장 공유압 계통

- 8.1 시스템 개요(System Overview) ········· 8-2
- 8.2 유압 시스템 일반(Hydraulic System General) ········· 8-4
- 8.3 유압 작동유(Hydraulic Fluids) ········· 8-10
- 8.4 유압 저장소 및 축압기(Hydraulic Reservoir & Accumulator) ········· 8-12
- 8.5 압력 발생(Hydraulic Power Generation) ········· 8-15
- 8.6 공압계통(Pneumatic Systems) ········· 8-20

Contents 목차

제9장 전기계통

- 9.1 전력원(Electrical Power Source) 9-2
- 9.2 모선(Busbar) 9-3
- 9.3 배전시스템(Power Distribution System) 9-4
- 9.4 배터리(Battery) 9-6
- 9.5 발전기(Generator) 9-11
- 9.6 회로 보호(Circuit Protection) 9-20
- 9.7 동력 변환(Power Conversion) 9-27
- 9.8 비상전원(Emergency Power) 9-29

제10장 계기계통

- 10.1 서론(Introduction) 10-2
- 10.2 동압-정압계기 시스템(Pitot-Static System) 10-4
- 10.3 자이로계기 시스템(Gyroscopic Instrument System) 10-11
- 10.4 자기컴파스 시스템(Magnetic Compass System) 10-18
- 10.5 자세방위표준 시스템(Attitude and Heading Reference System) ... 10-22
- 10.6 진동계기 시스템(Vibration Indicating System) 10-23
- 10.7 글래스 칵핏(Glass Cockpit) 10-25
- 10.8 기타 항공기 계기 10-27

제11장 무선통신·무선항법계통

- 11.1 무선통신(Radio Communication) 11-2
- 11.2 무선항법(Radio Navigation) 11-5

헬리콥터
Helicopter

제12장 공기조화/난방/환기계통

12.1 난방 시스템(Heating System) ······ 12-2
12.2 냉각 시스템(Cooling System) ······ 12-7
12.3 공기 사이클 냉각 시스템(Air Cycle Cooling System) ······ 12-11
12.4 환기 인증 규격(Ventilation Certificate Requirement) ······ 12-14
12.5 공기 공급원(Sources of Air Supply) ······ 12-15
12.6 산소 공급(Oxygen Supply) ······ 12-17
12.7 에어컨 시스템(Airconditioning System) ······ 12-18
12.8 분배 시스템(Distribution System) ······ 12-19
12.9 공기 흐름 및 온도 제어 시스템
      (Air Flow & Temperature Control System) ······ 12-20
12.10 난방 및 냉각 시스템 보호 및 경고 장치
      (Heating/Cooling System Protection & Warning Device) ······ 12-22

제13장 착륙/제동 계통

13.1 개요(General) ······ 13-2
13.2 착륙 장치(Landing Gear System) ······ 13-3
13.3 충격 흡수 장치(Shock Absorber) ······ 13-6
13.4 확장 및 수축 시스템(Extension & Retraction System) ······ 13-10
13.5 제동 장치(Brakes) ······ 13-13
13.6 조향 장치(Steering) ······ 13-17
13.7 스키드(Skids) ······ 13-19

제14장 화재방지계통

14.1 서론(Introduction) ······ 14-2
14.2 화재탐지 시스템(Fire Detection System) ······ 14-3
14.3 연기 탐지기(Smoke Detector) ······ 14-10
14.4 소화 시스템(Fire Extinguishing System) ······ 14-12
14.5 휴대용 소화기(Portable Fire Extinguisher) ······ 14-18

헬리콥터

제1장 헬리콥터 일반

1.1 비행원리(Theory of Flight)
1.2 지상유도(Helicopter Marshalling Signals)
1.3 지상점검 및 서비싱(Inspection & Servicing)
1.4 중량계측 및 평형(Helicopter Weight & Balance)

1.1 비행원리
Theory of Flight

1.1.1 일반사항(Overview)

헬리콥터를 비행하는데 요구되는 조종 기술은 오른손으로 배를 둥글게 문지르면서 왼손으로 머리를 가볍게 두드리고, 동시에 페달을 밟아 자전거의 주행방향을 바꾸는 것에 비유할 정도로 조화로운 조작이 필요하다고 한다. 헬리콥터는 고정익 항공기와 달리 동체 상부에서 수평으로 회전하는 메인 로터 조립체(main rotor assembly)로부터 양력과 추력을 얻는다. 메인 로터 조립체는 여러 개의 가변 피치 로터 블레이드로 구성되어 있는데 블레이드는 대칭형 날개꼴(airfoil)로서 로터 헤드(rotor head)에 각각 힌지(hinge)로 연결되며, 로터 헤드는 엔진으로 구동되는 동력전달(transmission) 시스템에 연결되어 있다. 메인 로터 조립체가 회전하면 블레이드의 양력 및 로터의 분당 회전수(RPM)의 변화에 따라 블레이드가 규정 한계 이내에서 위 또는 아래로 자유롭게 플래핑(flapping) 하도록 설계되어 있다. 양력과 원심력이 조합되면 회전하는 블레이드가 굳어지면서 위로 향하여 원추형을 형성하는데 이때 회전 원추형의 기울기는 메인 로터의 RPM 및 양력으로 제어된다. 소형으로서 엔진으로 구동되는 가변 피치 안티토크(anti-torque) 로터는 동체 꼬리 부위의 한쪽 측면에 수직으로 장착된다. 테일 로터(tail rotor)라고도 부르는 안티 토크(anti-torque) 로터는 엔진으로 구동되는 메인 로터 블레이드 조립체에 의해 발생하는 토크 반작용에 대응하기 위해 추력을 발생시킨다. 만일 이러한 기능이 없다면 메인 로터의 회전 방향과 반대 방향으로 헬리콥터가 회전하는 결과를 초래한다. 헬리콥터를 수직 방향으로 비행하려면 전체적으로 메인 로터의 피치각을 변화시키고, 엔진 출력을 적절히 변화시켜 로터의 RPM을 일정하게 유지해야 한다. 수평 방향으로 비행하려면 블레이드가 360° 회전하는 동안 블레이드의 피치각이 개별적으로 변화되도록 사이클릭(cyclic)을 변화시켜 원추형 로터 회전면(plane of rotation)을 요구되는 방향으로 기울어지게 해야 한다. 방향 조종(yaw)은 엔진 동력을 적절히 변화시켜 메인 로터의 RPM을 일정하게 유지하면서 안티토크(anti-torque) 로터의 블레이드 피치각을 변화시켜 제어한다. 헬리콥터의 성능은 고도와 대기 온도에 의해 성능이 크게 제한되는데 고도와 대기 온도가 증가하면 공기밀도가 감소하고, 이에 따라 양력도 감소하기 때문이다. 최신 헬리콥터의 최대 운용 고도는 통상적으로 7,000피트 ~ 10,000피트 범위이나 헬리콥터의 총 중량과 대기 조건에 따라 이보다 훨씬 더 낮아질 수 있다. 헬리콥터의 성능은 추력을 충분하게 발생시키는데 필요한 엔진 토크와 메인 로터의 RPM에 따라 달라진다. 최대 속도는 약 180mph로 제한되는데 메인 로터 블레이드의 항공역학적 성능에 따라 이보다 더 낮아질 수 있다. 이러한 특성은 헬리콥터 기종에 따라 다르며, 어떤 헬리콥터는 100mph 미만에서 순항하기도 한다. 헬리콥터는 제자리 비행(hovering)과 수직 상승비행을 위해 강력한 엔진 동력이 필요하다. 양력 발생을 위해 메인 로터 블레이드의 피치각을 증가시키는 경우 메인 로터의 항력도 증가되므로 이에 대응하면서 메인 로터의 RPM도 일정하게 유지하려면 더 많은 엔진 토크를 발생시켜야 한다. 이를 세심하게 제어하지 못하면 엔진에 쉽게 과도한 토크가 걸리며, 이로 인해 허용 가능 상승률이 제한되기도 한다. 메인 로터는 전환 비행(수평비행)에서 추가적인 양력[1.1.4.38 "전이 양력(translational lift)" 참조]을 얻는데 이로 인해 헬리콥터가 감소된 동력으로 고도와 속도를 유지할 수 있다. 조종 관점에서 보면 고정익 항공기와 달리 헬리콥터는 통상적으로 우측 좌석에서 조종한다. 헬리콥터에 따라 좌·우측 두 군데에서 조종하게 되어있으나 기장은 통상 우측 좌석에 있는 조종사이다. 헬리콥터는 다양한 기종이 출현하여 운용되고 있는데 헬리콥터의 선구자로서 자이로플레인(gyroplane)이나 자이로콥터(gyrocopter)라고 부르는 오토자이로(autogiro)부터 기종별로 어떤 특징을 갖고 있는가를 간략하게 소개하고자 한다.

1.1.2 오토자이로(Autogiro)

오토자이로(autogiro)는 최초로 실용적인 헬리콥터가 나오기 전에 출현한 것으로 그림 1-1과 같다. 오토자이로(autogiro)에 장착된 로터 조립체는 자유롭게 회전하는 휠(free wheel)로서 엔진 동력으로 구동되지 않는다. 로터 블레이드는 낮은 피치각에 맞춰져 있어서 자동으로 회전하며, 공기가 로터 디스크를 통과 후 위를 향해 연속적으로 흐르게 하여 양력을 발생시킨다. 이러한 효과를 "오토로테이션(autorotation)"으로 부르는데 헬리콥터에 이러한 효과를 적용하는 것에 대해서는 추후 언급할 것이다. 로터 조립체는 엔진 동력을 받지 않는 자유 회전 휠(free wheel)이므로 토크 반작용이 없으며, 따라서 안티 토크(anti-torque) 테일 로터가 필요하지 않다.

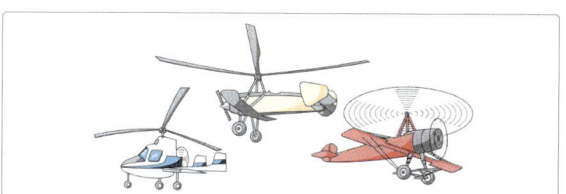

[그림 1-1] 오토자이로(autogiro)

그림 1-1에 예시한 오토자이로(autogiro)가 독립적으로 비행하려면 공기를 가르고 오토자이로(autogiro)를 앞으로 전진시키기 위해 고정익 항공기와 같이 엔진으로 구동되는 프로펠러가 필요하며, 로터 블레이드를 계속 회전시키고 양력을 발생시키기 위해 로터 블레이드를 통과하여 위로 향하는 공기 흐름이 필요하다. 오토자이로(autogiro)에서 프로펠러 나선형 후류(slipstream) 경로에 있는 승강타(elevator) 및 방향타(rudder)로 피치와 방향을 제어하면서 로터 헤드(rotor head)를 경사지게 하면 기동 비행을 할 수 있다. 오토자이로(autogiro)는 제자리 비행(hovering)이나 수직 비행을 할 수 없다. 이러한 제한 사항 때문에 오늘날 사용되지 않고 헬리콥터로 대체되었다.

1.1.3 헬리콥터의 형식

헬리콥터는 형상과 크기가 다양하므로 기종별 인증 규격을 적용하여 개발한다. 소형 헬리콥터 형식은 최대 중량이 3,175kg (7,000lbs)을 초과하지 않고, 승객 좌석이 9개 이하이다. 대형 헬리콥터 형식은 최대 중량 범위가 9,072kg (20,000lbs) 이상이며, 중량, 엔진 수량, 유상하중(payload) 및 승객 운송능력에 따라 감항(airworthiness) 인증을 필요로 한다.

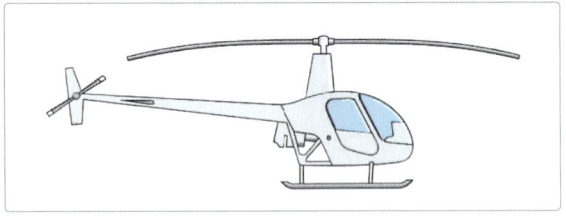

[그림 1-2] 소형 헬리콥터 - 1

그림 1-2는 동체 상부에 설치된 파일론(pylon)에 블레이드가 2개인 메인 로터 조립체를 장착한 소형 헬리콥터를 나타낸 것이다. 후방 동체 좌측에 수직으로 장착된 가변 피치 테일 로터(variable pitch tail rotor)의 위치를 확인해보면 헬리콥터를 위에서 보았을 때 메인 로터가 반시계방향으로 회전한다는 것을 알 수 있다. 테일 로터는 방향 제어를 위한 수단을 제공하는 것 이외에도 헬리콥터가 메인 로터의 구동 토크에 대응하여 시계방향으로 회전하려는 것을 방지하도록 제어된 대응 추력(controlled counter thrust)도 발생시킨다. 헬리콥터의 전진 비행에서 세로 안정성(longitudinal stability)을 제공하기 위해 동체 후방에 고정형 수평 안정판이 장착되어 있고, 방향 안정성을 제공하기 위해 핀(fin) 또는 수직 안정판이 장착되어 있다. 또한, 착륙 장치로 휠(wheel) 대신에 랜딩기어 스키드(landing gear skid)가 장착되어 있다는 것을 보여주고 있다.

그림 1-3은 블레이드가 3개인 메인 로터 조립체가 장착된 소형 헬리콥터를 나타낸 것인데 여기서 테일 로터는 로터 둘레를 덮개로 감싼 슈라우드 팬(shrouded fan)이 설치되어 있는데 이를 "페네스트론(fenestron)"이라고 한다. 페네스트론(fenestron)은 방향 제어의 여유(margin)를 향상시키기 위한 장치로 지면에 부주의하게 접촉할 때 테일 로터를 보호하는 역할을 한다. 따라서 보호장치가 없는 테일 로터보다 지상요원에게 덜 위험하다. 헬리콥터가 전진 비행할 때 세로 안정성을 제공하는 수평 안정판과 방향 안정성을 제공하는 수직 안정판이 동체 후방에 장착되어 있다.

[그림 1-3] 소형 헬리콥터 - 2

그림 1-4는 블레이드가 4개인 기종으로서 접이식 휠(retractable wheel)이 장착된 헬리콥터를 나타내고 있다. 이 그림에서 테일 로터의 위치를 보면 헬리콥터를 위에서 보았을 때 메인 로터가 시계방향으로 회전한다는 것을 알 수 있다. 이 기종은 후방 동체에 붙임각을 변경시킬 수 있는 수평 안정판이 장착되어 전진 비행할 시 세로 방향의 트림(longitudinal trim) 기능을 제공한다. 또한, 메인 휠(main wheel)에 파킹 브레이크(parking brake)가 구비되어 있고, 전방에는 방향 조종을 할 수 있는 휠(steerable nose wheel)이 장착되어 있다.

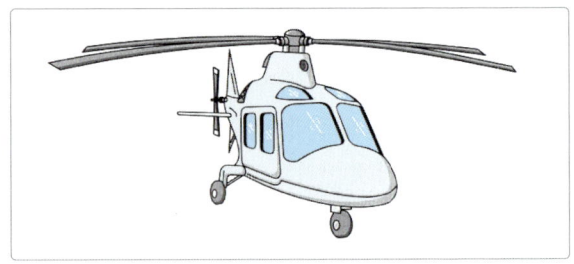

[그림 1-4] 소형 헬리콥터 - 3

그림 1-5는 블레이드가 4개로서 좀 더 견고한 기종이다. 이 헬리콥터는 대형 헬리콥터 범주에 가까운 기종이다. 수평 안정판은 수직 안정판 우측에 높게 설치되어 있고, 휠(wheel) 대신 랜딩기어 스키드

(landing gear skid)가 장착된 것이 특징이다. 헬리콥터는 대부분 휠(wheel)에 의존하지 않고 제자리 비행 활주(hover taxi)를 하므로 이 기종은 지상에서 기동하는데 큰 문제가 없다. 필요하다면 지상 취급이 가능하도록 임시로 휠(wheel)을 부착할 수 있다.

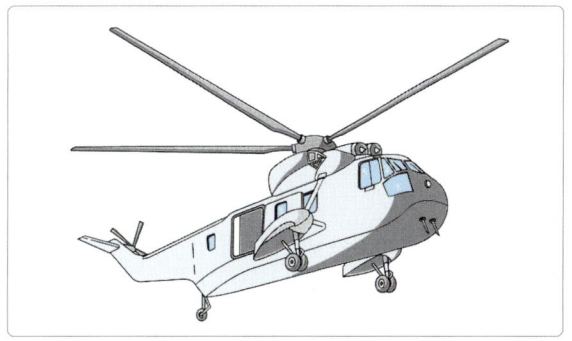

[그림 1-6] 대형 헬리콥터

[그림 1-5] 소형 헬리콥터 - 4

그림 1-6은 쌍발 엔진 대형 헬리콥터를 나타내고 있다. 이 기종은 메인 로터 블레이드가 통상 5개이다. 이 기종에는 후방 동체에 방향을 바꿀 수 있는 휠(castoring tail wheel)이 장착되어 있다. 이 헬리콥터에는 지상에 정지한 상태로 로터를 회전시키며 작동시킬 때 헬리콥터가 급작스럽게 좌우로 흔들리는 것을 방지하도록 조종사가 후방 휠(tail wheel)을 중앙 위치에 고정하는 장치가 구비되어 있다. 메인 휠(main wheel)에는 파킹 브레이크(parking brake)가 구비되어 있다. 이 기종은 바다에 불시착했을 때 헬리콥터가 떠있을 수 있도록 갑판이 설계되어 있다. 필요하다면 갑판 하부의 연료탱크에 적재된 연료를 외부로 투하할 수 있으므로 탱크 부피만큼 부력을 추가할 수 있다. 바다 위를 비행하다가 해상에 불시착했을 때 헬리콥터가 전복되지 않고 바다 위에 뜰 수 있도록 가스 주입식 부유 장치(float)가 구비되어 있는 기종도 있다.

그림 1-7은 반전 종렬 로터(tandem contra-rotating rotor)가 장착된 대형 헬리콥터로서 2개의 로터가 반대로 회전하여 각각의 로터에서 발생된 토크 반작용이 서로 균형을 이루므로 이 기종은 안티 토크(anti-torque) 로터가 불필요하다. 후방 로터는 전방 로터보다 위에 설치되어 있어서 블레이드들이 서로 딱 들어맞게 되어있다. 동력전달(transmission)계통은 전후방 로터에 연결되어 있고 동기화되어 있어서 블레이드들끼리 접촉되지 않고 서로 들어맞게 설계되어 있다. 로터 구동 전달계통은 어느 하나의 엔진에 고장이 발생하더라도 1개 엔진으로도 작동할 수 있도록 교차 결합되어 있다.

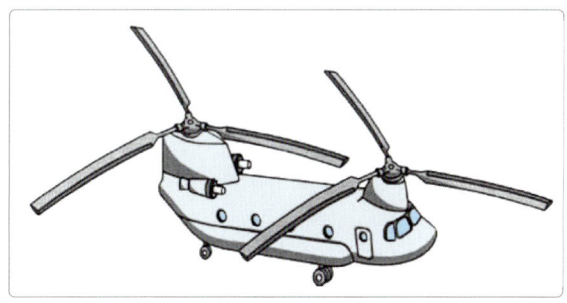

[그림 1-7] 반전 종렬(contra-rotating tandem) 로터

그림 1-8은 반전 로터를 사용하는 또 다른 형태로서 2개의 로터가 같은 축에 장착된 방식이다. 앞에서와 마찬가지로 로터가 서로 반대로 회전하여 토크 반작용

이 균형을 이루므로 안티 토크(anti-torque) 로터가 불필요하다. 비행 중 방향 조종(directional control) 및 세로 조종(longitudinal control)은 동체 꼬리에 장착된 승강타(elevator)와 방향타(rudder)로 제어한다. 로터를 구동시키는 동력전달(transmission) 계통은 블레이드들끼리 딱 들어맞아 서로 접촉되지 않도록 동기화되어 있다.

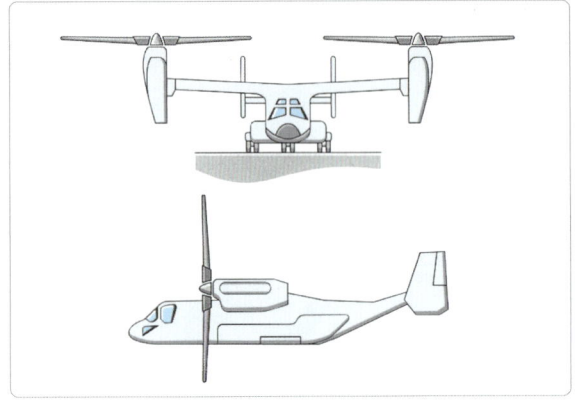

[그림 1-9] V22(Bell – Boeing)

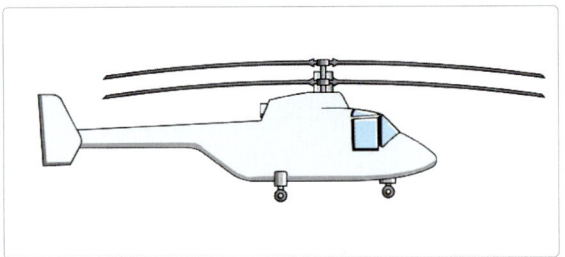

[그림 1-8] 동축 반전(contra-rotating coaxial) 로터

트윈 로터(twin rotor) 형상을 가진 또 다른 기종을 살펴보면 비행 중 헬리콥터를 고정익 항공기로 변환할 수 있는 복합형 항공기가 있다. 그림 1-9는 "물수리(osprey)"로 알려진 V22 (skyhawk)로서 과거에 수직이착륙이 가능한 여러 형태의 시제 항공기 (prototype)가 있었지만, 현재 유일하게 운용되는 기종이다. 날개 끝단에는 엔진이 장착되어 있는데 이 엔진이 큰 지름을 가진 가변 피치 프로펠러/로터를 구동시킨다. 엔진 나셀(nacelle)은 프로펠러/로터의 회전면(plane of rotation)을 수평면과 수직면 사이에서 필요한 위치로 이동하도록 회전시킬 수 있다. 이를 통해 제자리 비행(hovering)에서 고정익 비행으로 전환하거나 고정익 비행에서 제자리 비행(hovering)으로 전환할 수 있으며, 제자리 비행(hovering)과 고정익 비행을 조합시킬 수도 있다.

이 항공기에는 기존의 비행 조종면이 구비되어 있으며, 정상 작동 시 각각의 엔진은 해당 프로펠러/로터를 구동시킨다. 또한, 교차 결합된 동력전달(transmission)계통이 장착되어 있어 어느 하나의 엔진에 고장이 발생하더라도 나머지 엔진으로 2개의 로터를 구동시킬 수 있는 기능이 구비되어 있다.

1.1.4 용 어

헬리콥터와 고정익 항공기는 공기밀도, 양력, 항력, 추력, 중량의 영향을 받는 것은 유사하지만 헬리콥터는 비행 특성상 고정익 항공기에서 나타나지 않은 현상이 발생한다. 헬리콥터는 양력과 추력 발생을 위해 회전 날개꼴(rotating airfoil)을 이용해야 하는데 공기 흐름의 방향과 각도가 고정익 항공기 날개꼴(airfoil)과 달라서 이를 정의할 필요가 있다. 이러한 특성은 비행 중 복합적으로 작용하기 때문에 비행 형상에 따른 특성도 살펴보고자 한다.

1.1.4.1 샤프트 축선(Shaft Axis)

샤프트 축선(shafrt axis)은 메인 로터 구동축의 중심을 통과하는 선으로서 로터 블레이드가 회전할 때 중심이 되는 축선이다.

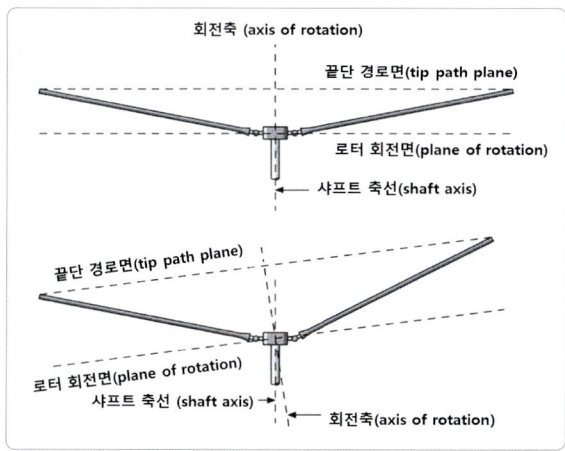

[그림 1-10] 축선(axis) 및 회전면(plane of rotation)

1.1.4.2 회전 축선(axis of rotation)

회전 축선은 메인 로터 구동축의 헤드(head)를 통과하는 선으로서 실제로 로터 블레이드가 회전할 때 중심이 되는 축선이다. 로터 디스크가 기울어지지 않은 경우 샤프트 축선(shaft axis)과 회전 축선(axis of rotation)은 일치한다. 하지만 로터 디스크가 기울어지면 회전 축선(axis of rotation)이 샤프트 축선(shaft axis)과 더 이상 일치되지 않고 경사지게 된다.

1.1.4.3 회전면(Plane of Rotation)

로터 회전면(plane of rotation)은 끝단 경로면(tip path plane)과 평행하며, 메인 로터 구동축의 헤드(head)에서 회전 축선(axis of rotation)과 90° 각도를 이루고 있다.

1.1.4.4 끝단 경로면(Tip Path Plane)

끝단 경로면(tip path plane)은 모든 메인 로터 블레이드의 끝단이 회전할 때 형성되는 평면이다. 끝단 경로면(tip path plane)은 로터 회전면(plane of rotation)과 평행하며, 메인 로터 구동축의 헤드(head)에서 회전 축선(axis of rotation)과 90° 각도를 이루고 있다.

1.1.4.5 로터 디스크(Rotor Disc)

메인 로터 블레이드의 끝단이 회전하면 그림 1-11과 같이 원판 형태의 궤적을 그리게 된다. 메인 로터 디스크(rotor disc)는 블레이드 끝단 경로에서 원주 안을 둘러싸고 있는 영역이다. 메인 블레이드 콘(cone)이 위로 향하게 되면 로터 디스크(rotor disc)에서 추력을 발생하는 유효 면적이 감소한다.

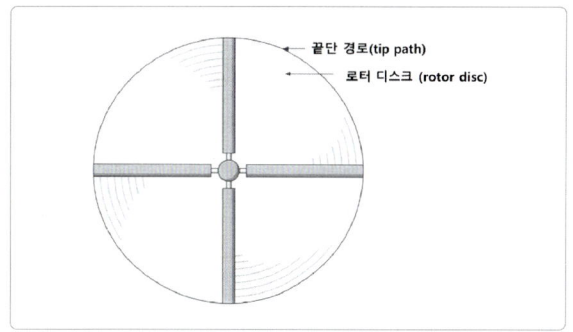

[그림 1-11] 로터 디스크(rotor disc)

1.1.4.6 디스크 고형비(Solidity)

디스크 고형비(solidity)는 로터 디스크(rotor disc) 면적에 대한 메인 로터 블레이드 평면 면적의 비율로 정의한다. 고형비가 커질수록 주어진 RPM에서 메인 로터 블레이드 조립체에 의해 흡수되는 엔진 동력이 증가하며, 더 많은 추력을 발생할 수 있다.

1.1.4.7 원추각(Coning Angle)

원추각(coning angle)은 메인 로터 블레이드의 세로축(longitudinal axis)과 끝단 경로면(tip path plane) 사이의 각이다. 블레이드가 회전하면 원심력이 작용하여 메인 로터 헤드(rotor head)로부터 블레이드가 수평면에서 바깥을 향해 견고하게 펼쳐진다. 이와 동시에 블레이드에 의해 발생되는 양력이 블레이드를 메인 로터 헤드(rotor head)를 중심으로 위로 향하게 하므로 그림 1-12와 같이 원추형 경로가 형성된다. 원추의 기울기는 블레이드에 걸리는 원심력과 양력을 합한 합력의 방향과 일치한다.

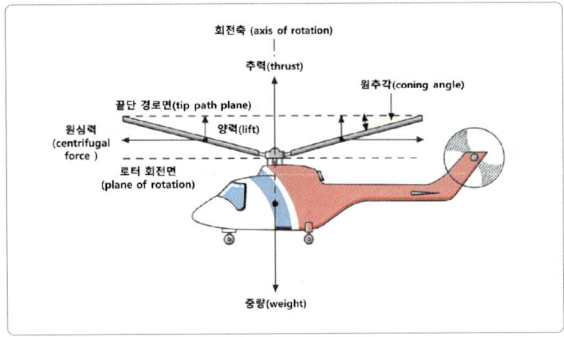

[그림 1-12] 원추각(coning angle)

동력과 추력을 결정할 때 메인 로터 블레이드의 속도를 세심하게 제어해야 한다. 메인 로터 블레이드는 블레이드 및 장착 관련 부품에 과도한 응력을 가하지 않은 상태에서 회전속도를 높여 원심력을 충분히 발생시킴으로써 원추각이 제한되도록 해야 한다.

1.1.4.8 대칭 단면 날개꼴 (Symmetrical Section Airfoil)

헬리콥터에 사용되는 메인 및 테일 로터 블레이드는 대칭형 날개꼴(symmetrical airfoil)로서 캠버(camber)가 없다. 시위(chord)의 상부 및 하부는 동일하며, 받음각이 0°일 때 날개꼴(airfoil)은 거의 또는 전혀 양력을 발생하지 않는다. 대칭형 날개꼴(symmetrical airfoil)에서 압력 중심(CP)의 이동 범위가 다른 날개꼴에 비해 작으므로 시위(chord) 방향의 피칭 모멘트와 비틀림이 제한된다.

1.1.4.9 블레이드 시위(Blade Chord)

블레이드 시위(blade chord)란 로터 블레이드의 앞전(leading edge) 중심에서 뒷전(trailing edge) 중심까지를 이은 가상선이다

1.1.4.10 압력중심(CP : Center of Pressure)

압력 중심(CP)은 블레이드 시위(blade chord) 상에 있는 가상의 점으로서 블레이드에 걸리는 모든 양력을 합한 합성력(resultant)이 압력 중심(CP)을 통해 작용한다고 보는 지점이다.

1.1.4.11 블레이드 실속(Blade Stall)

공기 흐름이 떨어져 나가 블레이드의 윗면으로부터 박리되면 난류(turbulence)가 생성되면서 실속이 발생한다. 실속이 발생하면 양력이 급격히 감소하고, 영향을 받은 부위의 항력이 증가한다. 통상적으로 받음각이 약 15°가 되면 날개꼴(airfoil)에 실속이 발생한다. 제자리 비행(hovering)을 제외한 대부분의 비행 조건 하에서 메인 로터 블레이드 끝단의 받음각이 더 크며, 그 결과 실속 발생이 잦은데 특히 후진 블레이드 실속(retreating blade stall)의 경우 이 부위에서 실속이 먼저 발생한다.

1.1.4.12 양력(Lift)

양력은 위로 향하는 힘으로서 힘의 작용선은 항상 상대풍에 대해 직각이며, 양력은 압력 중심(CP)을 통해 작용한다. 양력은 공기를 가르며 회전하는 메인 로터 블레이드에 의해 발생되며, 다음과 같은 요소를 조합하여 아래와 같은 공식으로 표현한다.

$$L = C_L \frac{1}{2} \rho V^2 S$$

여기서 C_L은 주어진 받음각에서 블레이드 날개 단면(airfoil)에 대한 양력계수이고, ρ는 공기밀도, V는 블레이드를 통과하는 공기 흐름의 평균속도, S는 블레이드의 면적이다. 실제로 속도 V는 블레이드 회전 공기속도, 바람의 속도, 헬리콥터의 수평 운동을 결합한 것이다. "추력"이라는 용어는 헬리콥터의 메인

로터 블레이드에 의해 발생되는 양력을 설명하기 위해 종종 사용된다.

1.1.4.13 블레이드 비틀림(Blade Twist)

고정익과 달리 회전하는 블레이드의 선속도(linear velocity)는 블레이드의 길이(span) 방향에 따라 달라지므로 통상적으로 양력이 균등하게 분포되도록 피치각이 블레이드 뿌리부터 끝단까지 점차 감소되도록 설계하는데 이를 워시아웃(wash-out)이라고 한다. 그리 흔하지 않지만, 블레이드의 형식에 따라 블레이드 뿌리부터 끝단까지 테이퍼(taper)진 것도 있다. 블레이드 비틀림에 대한 사항은 그림 1-13에 제시되어 있다.

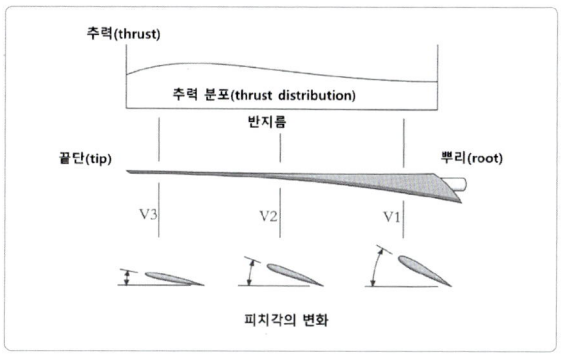

[그림 1-13] 로터 블레이드 비틀림

1.1.4.14 항력(Drag)

항력은 물체가 공기를 가르고 진행하는 것을 방해하는 힘이다. 항력은 통상 형상항력과 유도항력으로 분류한다.

(1) 형상항력(Profile Drag)

형상항력은 물체의 모양, 표면 거칠기, 물체의 표면적 때문에 발생한다. 헬리콥터 동체, 메인 및 테일 로터 블레이드 조립체는 모두 형상항력에 의해 영향을 받는다. 형상항력은 양력과 관계가 없고 공기밀도와 공기속도에 의해 영향을 받는다. 형상항력은 3개의 항력 요소 - 형태 항력(form drag), 표면마찰 항력(skin friction drag), 간섭 항력(interference drag)으로 세분할 수 있다. 여기서 간섭 항력(interference drag)이란 부품 조립부와 돌출부와 같이 매끄럽지 않은 형상으로 인해 형성되는 연결부 주위의 공기 흐름이 원활하지 못해 발생하는 항력이다. 간섭 항력(interference drag)은 유해 항력(parasite drag)으로 부르기도 하며, 형상항력(profile drag)을 구성하는 항력 중 하나로 분류한다. 공기속도가 증가하면 형상항력(profile drag)이 속도 제곱의 비율로 증가하는데 이를 식으로 표시하면 다음과 같다.

$$D = C_D \frac{1}{2} \rho V^2 S$$

여기서 C_D는 항력계수이다.

예를 들어 공기속도가 2배로 증가하면 형상항력(profile drag)은 4배로 증가하고, 공기속도가 3배로 증가하면 형상항력(profile drag)은 9배로 증가한다.

(2) 유도항력(Induced Drag)

유도항력(induced drag)은 양력 발생에 따라 부수적으로 발생되는 항력으로 메인 블레이드에 영향을 미친다. 형상항력(profile drag)과 달리 유도항력(induced drag)은 공기속도 제곱의 비율로 감소하므로 저속에서 가장 큰 값을 갖는다. 유도항력(induced drag)은 메인 로터 블레이드가 양력/추력을 발생할 때 메인 로터 블레이드에 영향을 미친다.

1.1.4.15 피치각(Pitch Angle)

피치각(pitch angle)은 그림 1-14와 같이 메인 로터 블레이드의 시위(chord)와 회전면(plane of rotation) 사이에 형성되는 각도이다.

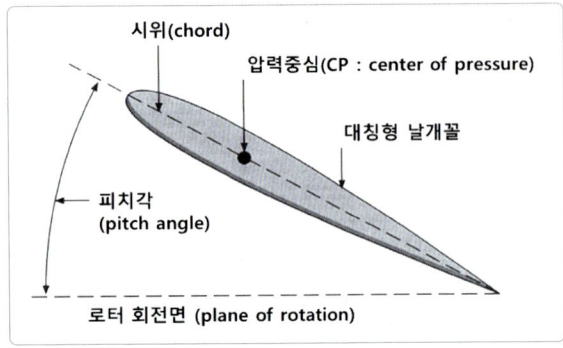

[그림 1-14] 피치각(pitch angle)

1.1.4.16 상대 공기흐름(RAF : Relative Airflow) 또는 상대풍(Relative Wind)

상대 공기 흐름(relative airflow)은 블레이드가 회전할 때 블레이드 시위(chord)에 대해 블레이드와 만나는 방향의 공기 흐름을 말하며, 방향과 크기를 가진 벡터로 표시된다. 상대 공기 흐름(relative airflow)은 공기를 가르는 블레이드의 수평방향 운동과 하향흐름(downwash) 또는 회전하는 블레이드 아래로 향하는 유도 공기 흐름(induced flow)의 합력으로 나타낸다.

1.1.4.17 받음각(Angle of Attack)

받음각(angle of attack)은 그림 1-15와 같이 메인 로터 블레이드의 시위(chord)와 상대 공기흐름(RAF) 사이에 형성된 각도를 말한다.

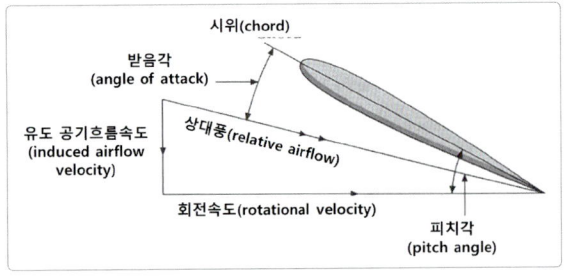

[그림 1-15] 유도 공기흐름(induced airflow)과 받음각(angle of attack)의 관계

1.1.4.18 유도 공기 흐름(induced airflow)

유도 공기 흐름(induced airflow)이란 메인 로터의 회전으로 인해 아래로 향하는 공기 흐름의 수직 성분으로서 하향흐름(downwash)이라고 한다. 유도 공기 흐름(induced airflow)은 메인 로터 RPM, 블레이드 피치각 변화, 헬리콥터 운동에 따라 영향을 받는다. 예를 들어 헬리콥터가 수직으로 하강하여 지상에 가까워질 때 유도 공기 흐름(induced airflow)은 감소한다. 헬리콥터가 수평으로 비행하거나 제자리 비행(hovering)할 경우 수평 성분의 공기 흐름이 발생하므로 유도 공기 흐름(induced airflow)이 감소한다. 유도 공기 흐름(induced airflow)은 메인 로터 블레이드의 받음각에 직접 영향을 미친다. 유도 공기 흐름(induced airflow)이 감소하면 상대 공기 흐름(relative airflow)의 방향이 변화하여 받음각이 증가하며, 이와 반대로 유도 공기 흐름(induced airflow)이 증가하면 받음각이 감소한다.

1.1.4.19 로터 추력(Rotor Thrust)

로터 블레이드에 작용하는 공력(aerodynamic force)은 양력과 항력이다. 양력은 항상 상대 공기 흐름(relative airflow)에 대해 수직으로 발생하므로 양력과 항력을 합한 합력은 로터의 회전 방향에 대해 뒤로 기울어지게 된다. 양력을 힘의 성분으로 나타냈을 때 유용한 양력 성분은 회전축을 따라 작용하는 힘의 성분이며, 이를 로터 추력이라고 부른다. (그림 1-16 참조)

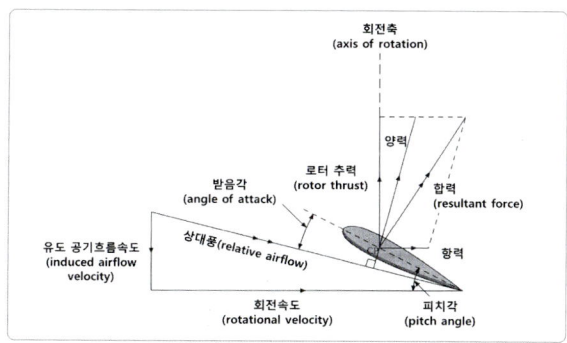

[그림 1-16] 로터 추력(rotor thrust) 발생

1.1.4.20 블레이드 로딩(Blade Loading)

블레이드 로딩(blade loading)은 메인 로터 블레이드 면적에 대한 헬리콥터 전체 중량의 비율로서 로터면 하중(rotor disc loading)이라고도 한다. 블레이드 로딩(blade loading)은 중량을 면적으로 나누어 산출한다.

1.1.4.21 블레이드 플래핑(Blade Flapping)

블레이드 플래핑(blade flapping)이란 양력과 원심력의 영향으로 인해 메인 로터 블레이드가 제한 범위 내에서 위로 올라가거나 아래로 내려가도록 허용된 수직 운동을 말한다. 예를 들어 메인 로터의 RPM이 일정한 상태에서 양력이 증가하면 메인 로터 블레이드는 '위로 플래핑(flap up)'하고, 양력이 감소하면 메인 로터 블레이드가 '아래로 플래핑(flap down)'한다.

1.1.4.22 플래핑 힌지(Flapping Hinge)

블레이드 플래핑(flapping)은 관절식 메인 로터 헤드(articulated main rotor head)와 블레이드 연결부에 장착된 수평 플래핑 힌지(horizontal blade hinge)를 중심으로 발생된다. 블레이드 힌지(hinge)에 설치된 상부 및 하부 고정 스톱(stop)은 블레이드가 플래핑(flapping)할 수 있는 범위를 제한하는 역할을 한다.

1.1.4.23 블레이드 드래깅(Blade Dragging)

블레이드 드래깅(dragging)이란 양력과 관성력의 영향으로 인해 메인 로터 회전면(plane of rotation)에서 메인 로터 블레이드 장착부가 허용 범위 내에서 수평 운동하는 것을 말한다. 블레이드 드래깅(blade dragging)은 블레이드 리드-래그(lead-lag)라고도 한다. 관성력은 코리올리 힘(coriolis force) 및 후크 조인트 효과(hooke's joint effect)가 포함된다. 블레이드 드래깅(blade dragging)과 관련된 사항은 그림 1-17을 참조하기 바란다.

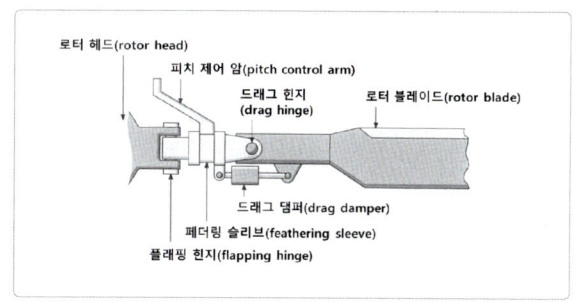

[그림 1-17] 메인 로터 블레이드 연결부

1.1.4.24 드래그 힌지(Drag Hinge)

블레이드 드래깅(dragging)은 관절식 메인 로터 헤드(articulated rotor head)와 블레이드 연결부에 있는 수직 플래핑 힌지(vertical blade hinge)를 중심으로 발생된다.

1.1.4.25 드래그 댐퍼(Drag Damper)

블레이드 드래깅(dragging)의 비율과 범위는 블레이드 연결부에서 드래그 힌지(drag hinge)를 가로질러 장착된 드래그 댐퍼(drag damper)를 이용하여 제어한다.

1.1.4.26 토크(Torque)

메인 로터 블레이드가 회전하면 메인 로터의 형상항력과 양력 발생에 따른 유도항력으로 인해 공기저항을 받게 된다. 이러한 공기저항은 메인 로터 블레이드에 후방으로 작용하는 굽힘력을 가해 토크라고 부르는 회전 모멘트를 발생시켜 메인 로터 회전과 반대 방향으로 작용하게 된다. 메인 로터 조립체가 주어진 RPM으로 회전하려면 토크와 균형을 이루기 위한 구동력이 필요하다. 메인 로터 블레이드는 주어진 피치각에서 블레이드에 발생된 토크와 엔진 동력이 균형을 이루는 속도로 회전함으로써 엔진 동력을 흡수한다. 만일 메인 로터의 추력을 증가시키기 위해 엔진 동력을 그만큼 증가시키지 않고 피치각만 증가시키면 항력 증가로 인해 메인 로터의 RPM이 감소되어 토크와 엔진 동력 간의 균형을 이루게 된다. 이러한 경우 메인 로터의 추력을 원하는 만큼 증가시킬 수 없다. 만일 메인 로터 RPM을 회복시키기 위해 엔진 동력을 증가시키면 토크가 증가하여 엔진 동력과 균형을 이루게 되고, 메인 로터 추력을 원하는 만큼 증가시킬 수 있다. 토크와 메인 로터 추력 간에 직접적인 관련이 있는데 토크가 클수록 추력을 크게 발생시킬 수 있다는 것을 알 수 있다. 이러한 관계 때문에 헬리콥터의 엔진 동력은 통상 퍼센트 토크(percentage torque)로 표시한다. 토크에 대응하여 메인 로터 블레이드 조립체를 구동시키는 반작용 때문에 헬리콥터 동체가 메인 로터의 토크와 반대 방향으로 회전하려는 경향이 있다. 이러한 특성은 수직 방향으로 설치된 테일 로터의 추력으로 상쇄시킨다. 토크 반작용에 대한 효과에 대해서는 추후 논의할 예정이다.

1.1.4.27 페더링(Feathering)

페더링(feathering)은 메인 로터 블레이드의 기계적인 운동을 설명하기 위한 용어로 블레이드가 세로축(longitudinal axis) 주위를 회전(swivel)하며 피치각이 변화되는 운동을 말한다. 페더링(feathering)은 콜렉티브(collective) 또는 사이클릭(cyclic) 피치 조종장치를 조작하면 발생한다. 헬리콥터의 조종계통은 그림 1-18에 제시되어 있다.

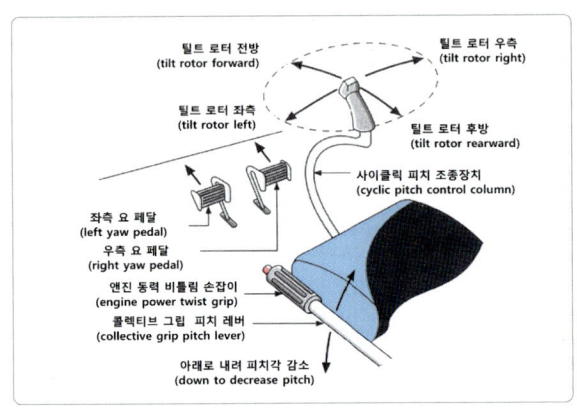

[그림 1-18] 조종장치(control)

1.1.4.28 콜렉티브 피치(Collective Pitch)

콜렉티브 피치(collective pitch)는 수직으로 상승하거나 하강할 때 사용되는 조종장치이다. 콜렉티브 피치(collective pitch)를 변화시키면 메인 로터 블레이드의 피치각이 이에 상응한 만큼 증가하거나 감소한다. 토크의 변화와 일치시키기 위해 콜렉티브 피치(collective pitch)를 변화시킬 경우 엔진 동력도 변화시켜야 하며, 이를 통해 메인 로터의 RPM을 일정하게 유지한다.

콜렉티브 피치(collective pitch)는 조종사가 왼손으로 조작하는 레버로 제어한다. 피치를 증가시킬 경우에는 레버를 올리고, 피치를 감소시킬 경우에는 레버를 내린다. 조종사는 피치를 변화시킬 때 이에 해당하는 만큼 엔진 동력 세팅(setting)을 변경시키고, 토크 반작용의 변화에 대응할 수 있도록 발로 조작하는 요 페달(yaw pedal)을 활용하여 테일 로터의 추력을 조절한다.

상승비행할 때는 RPM을 유지할 수 있도록 엔진의 동력을 증가시키면서 메인 로터 블레이드의 피치각을 증가시켜야 한다. 이렇게 하면 메인 로터 전체 추력이 증가하여 헬리콥터는 위로 상승하게 된다. 이와 반대로 하강 비행할 때는 엔진 동력을 감소시키면서 메인 로터 블레이드의 피치각을 감소시켜야 한다. 콜렉티브 피치(collective pitch)를 변화시키지 않고 엔진 동력만 증가시키면 메인 로터 RPM이 증가하며, 이에 따른 균형을 맞추기 위해 토크도 증가한다. 이러한 경우 메인 로터 RPM이 한계치를 초과하지 않도록 해야 하며, 블레이드 및 장착 관련 부품에 과도한 하중이 걸리지 않도록 주의해야 한다. 이와 반대로 콜렉티브 피치(collective pitch)를 증가시키지 않고 엔진 동력만 증가시키면 토크가 증가하여 메인 로터 RPM이 감소된다. 콜렉티브 피치(collective pitch)를 변화시키면 이와 조화되도록 엔진 동력도 변화시켜야 하며, 이를 위해 콜렉티브 피치 레버(collective pitch lever)에 비틀림 손잡이 형태의 엔진 스로틀(throttle)이 구비되어 있다.

1.1.4.29 사이클릭 피치(Cyclic Pitch)

사이클릭 피치(cyclic pitch)는 수직 방향을 제외한 모든 방향의 비행을 제어하기 위해 사용된다. 사이클릭 피치(cyclic pitch)는 메인 로터 디스크에서 한쪽 면을 통과하는 블레이드의 피치각은 증가시키고, 다른 쪽 면을 통과하는 블레이드 피치각은 감소시켜 메인 로터 디스크를 요구되는 방향으로 기울여 제어한다. 블레이드의 피치각은 블레이드가 360°를 회전하면서 변화된다.

사이클릭 피치(cyclic pitch)는 조종사의 오른손으로 조작하는 조종 스틱(stick)으로 변화시킨다. 조종 스틱(stick)은 본능적으로 비행하고자 하는 방향으로 조작하게 되어있다. 수평 비행할 경우 사이클릭 피치(cyclic pitch), 콜렉티브 피치(collective pitch) 및 엔진 동력을 조화롭게 조작하여 속도 및 고도를 유지하고, 요(yaw)를 수정 조작하여 헬리콥터의 기수 방향(heading)을 유지해야 한다. 헬리콥터를 조종하는데 필요한 사이클릭 피치 조종 스틱(cyclic pitch stick)의 움직임은 상대적으로 작으므로 부드러운 조작이 요구된다.

1.1.4.30 요(Yaw)

요(yaw)는 헬리콥터 동체의 기수 방향(heading)을 변화시키는 것으로 '빗놀이'라고 부르기도 한다. 헬리콥터의 방향 제어를 위해서는 안티 토크(anti-torque) 테일 로터의 피치를 변화시켜야 하며, 발로 조작하는 요(yaw) 페달을 활용하여 제어한다. 요(yaw) 페달은 본능적으로 요잉(yawing)하고자 하는 방향으로 조작하게 되어있는데 왼쪽으로 요잉(yawing)할 경우에는 좌측 페달을 앞으로 밀고, 오른쪽으로 요잉(yawing)할 경우에는 우측 페달을 앞으로 밀게 되어있다.

1.1.4.31 수평 안정판 (Horizontal Stabilizer/Stabilator)

헬리콥터 꼬리부에는 세로 안정성(longitudinal stability)을 제공하기 위해 날개꼴(airfoil) 형태의 수평 안정판이 장착되어 있다. 헬리콥터는 전진 비행 시 앞으로 기울어지는 메인 로터로 인해 피칭 모멘트가 발생하여 동체의 기수가 아래로 향하게 되는데 이러한 피칭 모멘트에 대응하기 위한 장치가 수평 안정판이다. 헬리콥터는 기종에 따라 붙임각이 고정된 고정형 수평 안정판이 있고, 붙임각을 변경시킬 수 있는 가변형 수평 안정판이 있다. 가변 붙임각 안정판이 장착된 경우에는 안정판이라고 하며, 때에 따라 고정익 승강타와 같이 엘리베이터(elevator)라고 부르기도 한다. 전진 비행 시 조종사가 수평 안정판의 붙임각을 변화시키면 어떠한 조작도 하지 않고 헬리콥터의 세로 방향의 자세를 유지(trim)할 수 있다. 시스템에 따라 수평 안정판의 움직임과 사이클릭 조종 스틱(cyclic control stick) 조작을 동기화시킬 수 있다.

1.1.4.32 수직 안정판(Vertical Stabilizer)

전진 비행 시 방향 안정성(directional stability)을 제공하기 위해 동체 꼬리 부위에 날개꼴(airfoil) 형태의 수직 안정판이 장착되어 있다. 수직 안정판은 헬리콥터 기종에 따라 토크 반작용에 대응하도록 측방 추력(side-thrust) 성분을 발생시키고, 헬리콥터 방향 제어와 관련하여 안티 토크(anti-torque) 테일 로터의 효과를 증대시킨다.

1.1.4.33 이륙(Take-Off)

헬리콥터가 지상에 있을 때 메인 로터가 블레이드의 피치각 '0°'인 상태로 회전할 경우 메인 로터의 추력은 발생하지 않거나 아주 작게 발생한다. 엔진 동력을 이륙에 필요한 메인 로터 RPM에 도달할 때까지 증가시키고, 콜렉티브 피치 레버(collective pitch lever)를 서서히 들어 올리면 추력 증가로 인해 블레이드가 위로 들어 올려져 원추형 회전면(plane of rotation)이 형성된다. 그 결과 메인 로터는 무게중심을 통과하여 헬리콥터의 중량과 반대 방향으로 작용하는 수직 방향의 양력을 발생시킨다. 콜렉티브 피치(collective pitch) 및 엔진 동력을 증가시키면 메인 로터의 추력이 중량과 균형을 이루게 되고, 더 나아가 추력이 중량보다 커지면 헬리콥터가 지면으로부터 부양할 수 있게 된다. 헬리콥터가 부양되면 조종사는 좌우로 방향이 틀어지는 것을 요(yaw) 페달로 수정하여 기수를 일정하게 유지할 수 있다. 헬리콥터의 중량을 최대로 증가시켜 높은 고도에서 운용하거나 높은 대기 온도에서 운용하는 경우 또는 높은 표고에 위치한 착륙장에서 헬리콥터를 운용하는 경우에는 추가로 양력[1.1.4.38 "전이 양력(translational lift)" 참조]을 얻기 위해 통상적으로 단거리 이륙활주(short take-off run)를 실시한다. 상황에 따라 단거리 이륙활주(short take-off run)가 이륙을 위한 유일한 방안인 경우도 있다.

1.1.4.34 상승 및 하강(Climb & Decent)

이륙 후 콜렉티브 피치(collective pitch)를 감소시키지 않고 엔진 동력을 일정하게 유지하면 헬리콥터는 일정한 속도로 계속 상승한다. 헬리콥터는 제자리 비행(hovering)을 하거나 수직 상승할 경우 많은 엔진 동력이 요구된다. 추가로 발생하는 양력["전이 양력(translational lift)" 참조]을 얻기 위해 통상적으로 전진 비행을 하면서 상승한다. 높은 고도에서는 공기밀도가 감소하므로 상승률에 영향을 미친다. 따라서 밀도 감소를 보상하기 위해 콜렉티브 피치(collective pitch)와 엔진 동력을 증가시킬 경우 메인 로터의 회전속도와 엔진 작동 한계를 초과하지 않도록 주의해야 한다. 헬리콥터는 높은 고도나 높은 대기 온도에서 운영하기에는 적합하지 않다. 헬리콥터의 중량이 메인 로터 추력을 초과할 때까지 콜렉티브 피치(collective pitch)와 엔진 동력을 감소시키면 헬리콥터는 하강한다. 헬리콥터가 하강할 때 침하율이 제어되지 않으면 메인 로터 블레이드를 통과하는 공기 흐름의 변화로 인해 와류 고리(vortex ring) 상태와 같이 여러 가지로 바람직하지 못한 결과가 초래될 수 있다. 콜렉티브 피치(collective pitch)와 엔진 동력을 조절하고, 요(yaw) 페달로 좌우로 방향이 틀어지는 것을 수정하면 헬리콥터의 수직 침하율을 낮추거나 정지시킬 수 있다. 사이클릭 피치(cyclic pitch)와 콜렉티브 피치(collective pitch)를 적절히 조율하면 수직 비행 및 수평 비행이 조합된 형태의 비행을 할 수 있다.

1.1.4.35 공중 제자리 비행(Free Air Hover)

그림 1-19와 같이 이륙 후 무풍 상태에서 콜렉티브 피치 레버(collective pitch lever)를 아래로 내려 중량과 동일해질 때까지 로터 추력을 감소시키면 헬리콥터는 제자리 비행(hovering)을 하게 된다. 지상에서 멀리 떨어진 상태에서 제자리 비행(hovering)하는 것을 공중 제자리 비행(free air hovering)이라고 한다. 지면에 근접한 상태에서 제자리 비행(hovering)을 할 경우 헬리콥터는 지면효과(ground effect)의 영향을 받으므로 메인 로터의 추력이 증가한다.

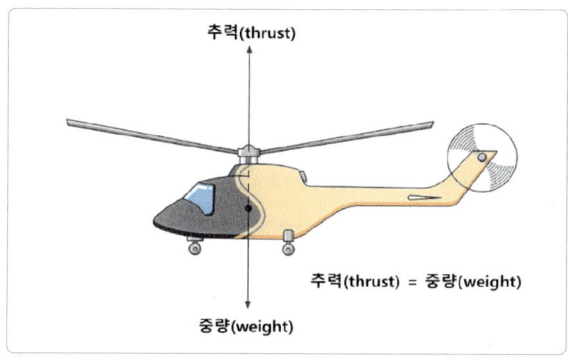

[그림 1-19] 제자리 비행(hovering)

제자리 비행(hovering)을 하는 동안 헬리콥터의 무게중심(CG)이 메인 로터의 회전축 바로 아래에 위치할 경우 헬리콥터 동체는 세로 안정성 측면에서 수평 자세를 유지한다. 하지만 무게중심(CG)이 메인 로터의 회전축 바로 아래에 위치하지 않으면 메인 로터 추력과 중량 간에 피칭 모멘트가 발생하게 된다. 이러한 경우 동체가 중량과 로터 추력이 일직선이 될 때까지 피칭(pitching)을 하게 된다. 하지만 그림 1-20과 같이 헬리콥터가 정풍(head wind)을 받는 상태에서 제자리 비행(hovering)을 하면 형상항력(profile drag)이 발생하여 헬리콥터 동체가 후방으로 편류(drift)되는 현상이 발생하게 된다. 또한 정풍(head wind)은 유효 대기속도에 영향을 미치게 되며, 그 결과 전진 및 후진 로터 블레이드의 양력 차이로 인해 메인 로터 디스크가 뒤로 기울어지거나 플랩 백(flap back)[1])되는 현상이 발생하여 후방으로 밀리는 편류(rearward drif) 현상이 더욱 증가하게 된다. 이러한 상황에서 편류(drift)에 대응하고, 제자리 비행(hovering) 상태를 안정적으로 유지하려면 사이클릭 피치(cyclic pitch) 레버를 가볍게 앞으로 밀어 메인 로터 디스크가 전방으로 기울어지게 하여 수평 성분의 추력이 충분히 발생되도록 해야 한다. 실제로 이러한 조작은 그리 쉽지 않다.

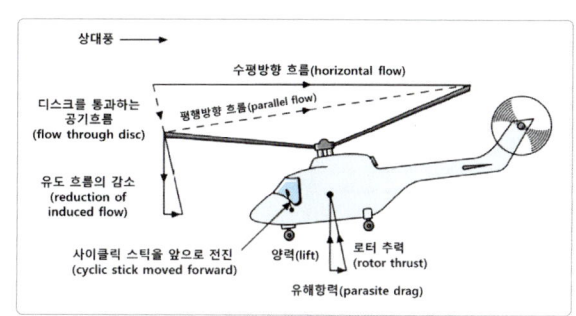

[그림 1-20] 정풍 상태에서 제자리 비행

정풍(head wind)은 메인 로터 디스크에서 수평 성분의 공기 흐름을 발생시켜 유도 공기 흐름(induced flow)의 수직 성분을 감소시킨다. 수평 성분의 공기 흐름은 로터 블레이드의 받음각을 증가시킬 뿐 아니라 콜렉티브 피치(collective pitch)와 엔진 동력, 요(yaw) 페달을 적절히 조절할 경우 제자리 비행(hovering)을 유지하는데 필요한 양력을 증가시킨다. 수평 성분의 공기 흐름이 메인 로터를 통과할 때 메인 로터의 추력이 증가한다는 점[1.1.4.38 "전이 양력(translational lift)" 참조]을 주목할 필요가 있다.

---

1) 블로우백(blowback) 이라고도 함

1.1.4.36 전환(Transition)

전환(transition)은 제자리 비행(hovering)에서 수평비행 즉, 전이 비행(translational flight)으로 변경하거나 전이 비행(translational flight)에서 제자리 비행(hovering)으로 변경하는 것을 의미한다. 그림 1-21과 같이 제자리 비행(hovering)에서 전진 비행으로 전환하려면 사이클릭 스틱(cyclic stick)을 앞으로 밀어 메인 로터 디스크를 전방으로 기울어지게 하여 전체 메인 로터 추력으로부터 수평 성분의 추력이 발생되도록 해야 한다. 이러한 조작을 하는 동안 수직 성분의 추력을 복구하여 고도를 유지할 수 있도록 콜렉티브 피치(collective pitch)의 조절이 요구되며, 이에 따른 요(yaw) 수정도 필요하다.

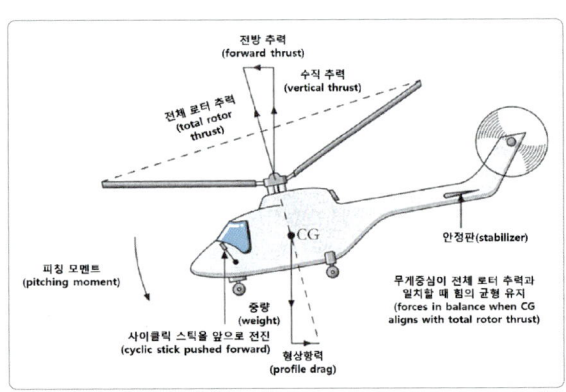

[그림 1-21] 전환(transition)

헬리콥터가 전진하게 되면 수평 성분의 추력과 형상항력(profile drag) 간에 회전 모멘트가 발생하여 헬리콥터의 피칭(pitching)이 아래로 향하게 된다. 그러나 무게중심(CG)을 통과하여 수직으로 작용하는 헬리콥터의 중량은 수직 방향의 추력이 작용하는 선과 일치하지 않고 벗어나므로 또 다른 모멘트가 발생하여 피칭(pitching) 모멘트에 대응하게 된다. 이러한 모멘트는 무게중심(CG)이 메인 로터 디스크 추력과 일직선이 되면 균형을 이루게 되며, 메인 로터 디스크 추력은 메인 로터 디스크 회전축을 따라 작용하게 된다. 전진 비행에서 다시 제자리 비행(hovering)으로 전환하려면 메인 로터 디스크가 후방으로 기울어지도록 사이클릭 스틱(cyclic stick)을 뒤로 당겨야 하는데 이를 플레어(flare) 기동이라고 한다. 이러한 기동으로 인해 후방으로 향하는 추력 성분이 발생하여 전진 속도가 감소되고 헬리콥터의 피치가 위로 들리게 된다. 그 다음으로 무풍 상태에서의 제자리 비행(hovering)을 위해 메인 로터 샤프트 축선과 메인 로터 회전 축선이 일직선이 되도록 사이클릭 스틱(cyclic stick)을 중립에 위치시키고, 헬리콥터 중량과 균형을 맞추는데 필요한 추력이 발생되도록 콜렉티브 피치(collective pitch)와 엔진 동력을 조절해야 한다.

1.1.4.37 전이 비행(Translational Flight)

전이 비행(translational flight)이란 수직 방향을 제외한 헬리콥터의 비행을 의미한다. 앞에서 언급한 바와 같이 제자리 비행(hovering)에서 전이 비행(translational flight)으로 변경하거나 이와 반대로 전이 비행(translational flight)에서 제자리 비행(hovering)으로 변경하는 것을 "전환(transition)"이라고 하며, 이를 위해서는 수평 성분의 추력을 발생시키는 방향으로 로터 디스크를 기울여야 한다. (그림 1-22 참조)

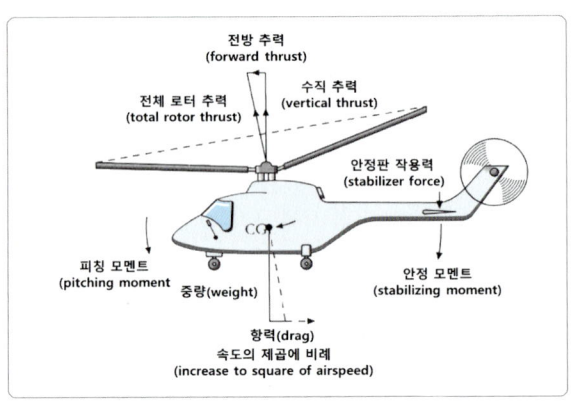

[그림 1-22] 전이 비행(translational flight)

헬리콥터가 속도를 얻게 되면 동체에 작용하는 형상항력(profile drag)이 증가하며, 이에 따라 추력 및 항력에 의해 발생되는 피칭 모멘트가 증가한다. 하지만 후방 동체에 장착된 수평 안정판 상부의 공력(aerodynamic force)도 같이 증가되면서 복원 모멘트가 발생된다. 이미 언급한 바와 같이 가변 붙임각 안정판이 장착된 헬리콥터는 전진 비행 시 발생되는 피칭 모멘트를 별도의 조작을 하지 않고 제거(trim out)할 수 있다. 헬리콥터의 전진 속도가 증가하면 메인 로터 디스크를 통과하여 유입되는 공기 흐름의 수평 성분으로 인해 유도 공기 흐름(induced flow)의 수직 성분이 감소된다. 이러한 현상 때문에 양력 발생 효과가 나타나는데 이를 "전이 양력(translational lift)"이라고 한다.

1.1.4.38 전이 양력(Translational Lift)

헬리콥터가 수평으로 비행할 때 로터 디스크를 통과하여 유입되는 공기 흐름의 수평 성분 때문에 유도 공기 흐름(induced flow)이 감소된다. 그림 1-23과 같이 유도 공기 흐름(induced flow)이 감소하면 메인 로터 블레이드의 받음각이 증가하여 메인 로터 블레이드의 양력이 증가하게 된다.

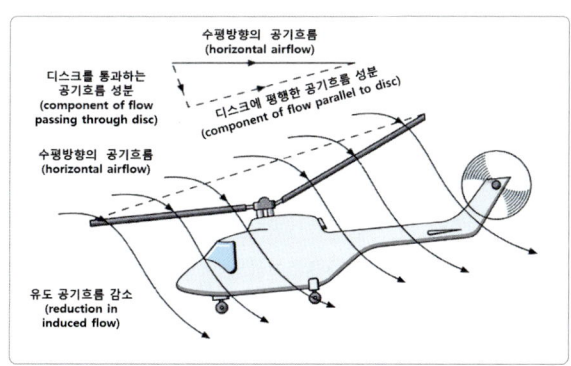

[그림 1-23] 전이 비행(translational flight)에서 유도 공기 흐름(induced airflow)

수직 방향으로 장착된 안티 토크 테일 로터(anti-torque tail rotor)도 이와 유사한 영향을 받아 전진 속도가 증가하면 추력이 증가하게 되므로 요 페달(yaw pedal)로 헬리콥터 기수를 일정하게 유지하는 데 필요한 추력을 얻게 된다.

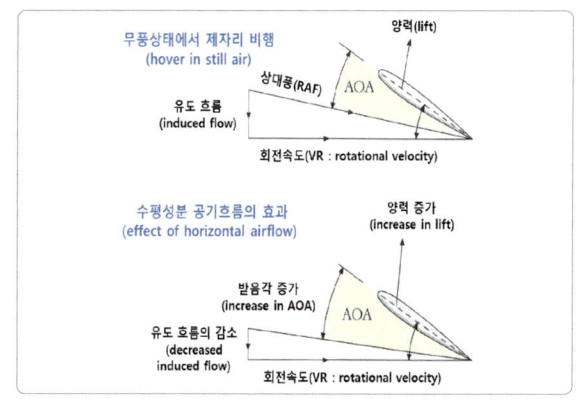

[그림 1-24] 전이 양력(translational lift)

전진 속도가 증가하면 그림 1-24와 같이 전이 양력(translational lift)으로 인해 헬리콥터가 상승하게 되는데 조종사가 이에 대응하여 콜렉티브 피치(collective pitch)와 엔진 동력을 감소시키지 않는 한 계속 상승한다. 이러한 경우 테일 로터의 추력도 증가하게 되므로 엔진 동력을 감소시켜 테일 로터의 추력 증가를 상쇄시켜야 한다. 즉, 전이 양력(translational lift) 발생과 관련하여 엔진 동력을 감소시켜야 하며, 이를 통해 연료 효율을 개선하고 헬리콥터의 항속거리를 증대시킬 수 있다.

1.1.4.39 인플로우 롤(Inflow Roll)

앞에서 논의한 바와 같이 수평 방향의 공기 흐름이 메인 로터 디스크를 통과하면 유도 흐름(induced flow)이 감소되어 양력이 증가한다. 그러나 메인 로터 디스크를 통과하는 유도 흐름(induced flow)은 균일하게 감소되지 않는다. 그 이유는 메인 로터 블레이드를 통과하여 아래로 향하는 수평 방향의 공기 흐름으로 인해 유도 흐름(induced flow)이 메인 로터 디스크 후방보다는 전방에서 더 크게 감소하기 때문이며, 그 결과 전이 양력(translational lift)에 불균형이 발생한다.

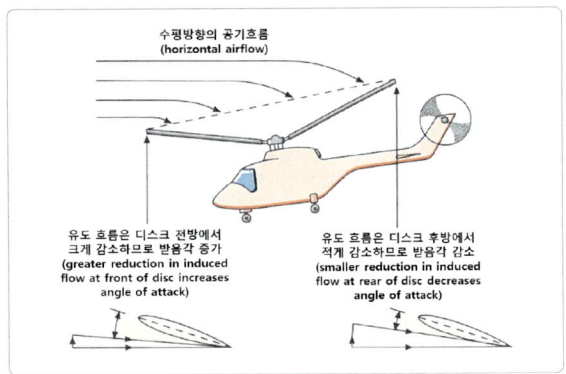

[그림 1-25] 인플로우 롤(inflow roll)

메인 로터 블레이드가 공기 흐름을 가르고 전진하거나 공기 흐름과 같은 방향으로 후진할 때 블레이드의 유효속도가 변화하게 된다. 그림 1-25와 같이 블레이드의 전진 및 후진에 따른 유효속도의 변화가 조합되면 메인 로터 디스크가 후진 블레이드쪽으로 기울어지는 경향이 나타나 헬리콥터가 옆놀이(roll)에 진입하게 되는데 이를 인플로우 롤(inflow roll) 또는 횡단류 효과(transverse flow effect)라고 한다. 인플로우 롤(inflow roll)은 헬리콥터에 옆놀이(roll)를 유발하므로 사이클릭 피치(cyclic pitch)를 조작하여 이에 대응해야 한다. 이처럼 로터 디스크가 후방이 아닌 측면으로 기울어지는 이유는 자이로스코프의 세차성(gyroscope precession) 때문이다.

1.1.4.40 플레어(Flare)

플레어(flare)는 전진 비행 시 사이클릭 스틱(cyclic stick)을 뒤로 당겨서 메인 로터 디스크를 의도적으로 뒤로 기울어지게 하는 기동이다. 플레어(flare)는 헬리콥터의 전진 속도를 줄이거나 필요한 경우 제자리 비행(hovering) 조건을 만들기 위해 사용된다. 그림 1-26과 같이 헬리콥터가 플레어링(flaring) 기동을 하면 피치가 증가하며, 로터 디스크 아랫면에 접하는 수평 방향의 공기 흐름이 유도 흐름(induced flow)을 빠르게 감소시켜 메인 로터 블레이드의 받음각이 증가되며, 이로 인해 추력이 상당히 증가한다. 헬리콥터의 상승을 중지시키려면 콜렉티브 피치(collective pitch)와 엔진 동력을 감소시켜 고도를 유지해야 한다.

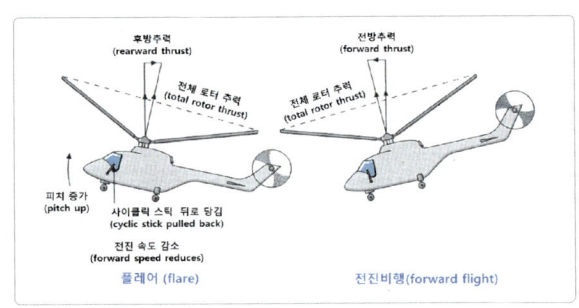

[그림 1-26] 플레어(flare) 효과

1.1.4.41 블레이드 세일링(Blade Sailing)

블레이드 세일링(blade sailing)은 돌풍이 불 때 지상에서 엔진 시동이나 정지 시 아주 천천히 회전하는 메인 로터 블레이드에 발생되는 현상이다. 엔진 시동이나 정지 시 블레이드가 돌풍을 향해 전진하고, 돌풍과 같이 후진하면서 블레이드가 위 또는 아래로 플래핑(flap up or down)할 때 블레이드에 작용하는 원심력이 비교적 낮으므로 구속력을 많이 제공하지 못한다. 그 결과 블레이드가 위 또는 아래로 과도하게 플래핑(flapping)을 하게 된다. 극단적인 경우에는 블레이드가 동체 후방을 접촉하는 경우가 발생할 정도의 힘이 작용하여 하부 고정 스톱(stop)까지 아래로 휘어진다. 블레이드 세일링(blade sailing)의 위험은 바람이 부는 방향과 반대로 헬리콥터를 위치시키고 메인 로터를 시동 및 정지시키면 감소시킬 수 있다. 그럼에도 불구하고 블레이드 세일링(blade sailing)이 발생한다면 블레이드는 동체 후방보다는 측면의 낮은 지점에 도달하게 된다. 돌풍이 부는 상황에서 블레이드 세일링(blade sailing)의 위험을 감소시키려면 엔진 시동 후 가능한 한 빨리 메인 로터의 RPM을 증가시켜야 한다. 엔진 정지 시에는 메인 로터를 정지시키는데 필요한 시간 이상으로 낮은 RPM에서 메인 로터가 회전되지 않도록 해야 하며, 로터 브레이크를 작동시켜야 한다. 지상 요원들은 블레이드 세일링(blade sailing)으로 인해 부상을 당할 위험이 있다는 사실을 숙지해야 한다.

1.1.4.42 토크 반력(Torque Reaction)

엔진이 메인 로터의 토크에 대응하거나 토크를 상쇄하기 위해 구동력을 발생시킬 때 구동력에 대한 반작용으로 인해 헬리콥터가 메인 로터와 반대 방향으로 회전하려는 경향이 나타난다. 이러한 대응 회전(counter-rotation)은 수직으로 장착되어 반력을 발생시키는 가변 피치 테일 로터로 방지한다. 조종사는 테일 로터의 피치와 추력을 조절하여 토크 반작용으로 생성된 회전 모멘트와 균형을 이루게 하여 동체가 설정된 기수 방향을 유지하도록 한다. 메인 로터가 반전(counter-rotating) 형상인 트윈(twin) 로터가 장착되어 있는 헬리콥터는 안티 토크(anti-torque) 장치가 필요하지 않다. 그 이유는 각각의 로터에서 발생한 토크 반작용이 서로 상쇄되어 헬리콥터 동체에 회전 모멘트가 걸리지 않기 때문이다. 테일 로터는 엔진이 정지되거나 오토로테이션(autorotation)을 할 때 헬리콥터가 회전하려는 경향에 대응할 시에도 사용된다. 이러한 경우에 메인 로터 블레이드는 엔진이 아닌 공기 흐름을 이용하여 정상적인 방향으로 회전하므로 토크 반작용이 발생되지 않는다. 하지만 오토로테이션(autorotation)할 때 로터 동력전달(transmission) 계통에서 발생된 마찰력으로 인해 헬리콥터 동체가 로터 블레이드 조립체와 같은 방향으로 회전하려는 경향이 나타난다. 이럴 때 테일 로터 블레이드의 피치를 음의 각도(negative angle)로 변경하여 테일 로터에서 발생하는 수직 방향의 추력을 반전시켜 대응한다. 테일 로터 블레이드는 날개 단면(airfoil section)이 대칭형이므로 음의 피치각(negative pitch angle)과 양의 피치각(positive pitch angle)에서 동일한 효율을 발휘한다.

1.2 지상유도
Helicopter Marshalling Signals

1.2.1 개 요(General)

헬리콥터는 활주로가 있는 공항이나 비행장 이외에도 육상이나 옥상에 있는 헬리포트에서 이·착륙이 가능하므로 임무 조종사와 유도원과의 의사소통이 중요하다. 유도원과 조종사 간에 외부 서비스 인터폰을 통한 통화가 가능하나 유선으로 연결해야 하며, 항공기가 지상에서 이동을 할 경우에는 활용할 수 없는 단점이 있다. 이에 따라 유도신호를 통일할 필요성이 제기되어 ICAO에서 유도신호를 표준화하였다. 국제적으로 표준화된 민간 항공기 유도신호는 고정익항공기와 헬리콥터가 공통으로 사용하는 것이 있고, 헬리콥터에만 전용으로 사용되는 유도신호가 있다.

1.2.2 안전 유의사항(Safety Precaution)

사전에 약속된 유도신호를 사용하여 주변 장애물로부터 안전하게 헬리콥터를 유도하기 위해서는 다음의 사항을 준수해야 한다.

- 상호 유도신호를 확인할 수 있는 안전한 거리에서 사용해야 한다.
- 항공기의 유도원은 바람을 등지고 확실하고 정확한 동작을 하여야 한다.
- 주변 장애물 등을 고려하여 착륙 예정지점으로부터 충분히 떨어져야 한다.
- 유도원의 발은 어깨너비로 자연스럽게 벌리도록 한다.

1.2.3 준비사항(Preparation)

헬리콥터 유도를 위한 준비물 및 안전 장구는 아래 그림과 같다.

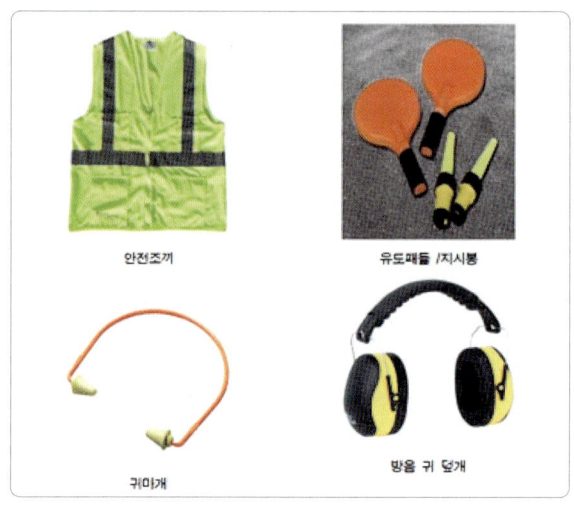

[그림 1-27] 지상 유도용 안전 장구

1.2.4 헬리콥터 유도신호

헬리콥터 지상 유도에 사용되는 유도신호는 지상 기본 유도와 헬리콥터 전용 유도를 위한 유도신호가 있다. 헬리콥터와 고정익 항공기와 공통으로 사용되는 유도신호는 항공안전법 시행규칙 별표 29 "신호"를 참조하기 바란다.

1.2.4.1 기본 유도신호

(1) 착륙 방향 지시

바람을 등지고 헬리콥터를 향하여 두 손을 머리까지 올린다.

[그림 1-28] 착륙 방향의 지시

(2) 앞으로 이동

양팔을 앞으로, 손바닥을 위로, 팔꿈치를 양 어깨 쪽으로 굽히는 동작을 반복한다.

[그림 1-29] 헬리콥터 앞으로 이동

(3) 제자리 비행(hovering)

손바닥을 땅으로 향하게 하여 양팔을 양옆으로 수평으로 한다.

[그림 1-30] 헬리콥터 제자리 비행

(4) 수직으로 상승

팔을 수평으로, 손바닥은 위로 향하게 움직인다. 이때, 팔을 움직이는 속도는 상승 속도를 의미한다.

[그림 1-31] 수직상승 비행

(5) 수직으로 하강

팔을 수평으로, 손바닥은 아래로 향하게 움직인다. 움직이는 속도는 하강 속도를 의미한다.

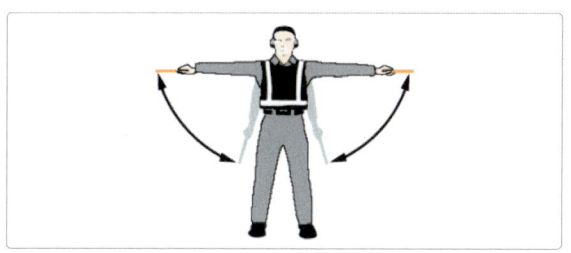

[그림 1-32] 수직하강 비행

(6) 좌/우로 이동

이동 방향 쪽으로 지시하는 쪽 팔을 측면 수직으로 뻗는다. (좌우 방향 동일)

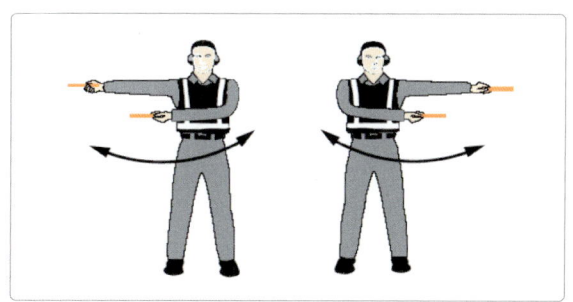

[그림 1-33] 좌 / 우 이동 비행

(7) 비행고도 상승 및 하강

양팔을 옆으로 벌리고 손바닥을 위(아래)로 향하여 상하로 동작을 반복한다.

[그림 1-34] 상승 및 하강 비행

(8) 후방으로 이동

양팔을 45° 밑으로 하고 손바닥을 앞으로 하여 앞뒤 동작을 반복한다.

[그림 1-35] 후방이동

(9) 정지

두 팔을 머리 위에서 정지된 상태로 교차시킨다.

[그림 1-36] 정지

(10) 착륙

몸의 앞쪽에서 막대를 쥔 양팔을 아래쪽으로 교차시킨다.

[그림 1-37] 착륙

1.2.4.2 특정 유도신호

임무 특성상 화물 인양 임무와 같이 헬리콥터에만 특정하게 사용되는 유도신호는 다음과 같다.

(1) 훅(Hook) 내림

왼손바닥을 하늘로 향하고 팔을 구부려 허리까지 돌리고 오른손 엄지를 왼손바닥으로 양손이 만나도록 위·아래로 2~3회 정도 움직인다.

[그림 1-38] 장착 훅(hook) 내림

(2) 훅(Hook) 올림

왼손바닥을 지면으로 향하고 팔꿈치를 구부려 가슴까지 올리고 오른손 엄지가 왼손바닥과 같이 만나도록 아래·위로 2~3회 정도 움직인다.

[그림 1-39] 헬리콥터 장착 훅(Hook) 올림

(3) 슬링(화물) 투하

왼손은 쥐고 팔을 앞으로 펴며, 오른손은 손바닥을 땅으로 향하게 하며 무엇을 베는 모양으로 수평 동작을 취한다.

[그림 1-40] 슬링(화물) 투하

1.3 지상점검 및 서비싱
Inspection & Servicing

헬리콥터의 운항 안전을 보장하고 가동률 향상을 위해서는 해당 기종 정비 매뉴얼에 따라 서비싱을 수행하고, 규정된 정비주기를 준수하여 예방정비를 적기에 수행해야 한다. 헬리콥터 정비 및 서비싱은 기종별로 상이하므로 여기서는 공통으로 적용되는 사항만 언급하고자 한다. 세부적인 내용과 작업 절차는 해당 기종 정비 매뉴얼을 참조해야 한다.

1.3.1 헬리콥터 정비 개요 (Helicopter Maintenance Overview)

1.3.1.1 헬리콥터 정비 및 검사 일반 (Maintenance & Inspection General)

일반적으로 헬리콥터 제작사는 헬리콥터 개발 시 정비 프로그램(maintenance program)도 같이 개발한다. 이를 문서화 한 것을 정비계획 프로그램(MPD : maintenance planning program)이라고 하는데 이를 기반으로 계획정비와 비 계획정비 프로그램을 개발하고, 정비 매뉴얼을 제작하여 운용자에게 제공한다. 계획정비는 정해진 주기가 도래하면 검사를 수행하는 것을 말하며, 비 계획정비는 하드 랜딩(hard landing)이나 로터 충격과 같은 사고나 계통에 결함이 발생하여 이를 수정하기 위해 수행하는 정비를 말한다. 계획정비는 일상적으로 수행하는 정비 및 서비싱과 운항시간이나 사이클이 도래하면 수행하는 정비로 구분할 수 있다. 통상적으로 운항시간이나 특정 사이클이 도래되면 수행하는 계획정비는 라인 정비보다는 중정비에 해당하므로 일상적으로 수행하는 시간제 검사로 한정하여 설명하고자 한다.

(1) 비행 전 점검 (PR : Preflight Inspection)

통상적으로 당일 첫 번째 비행 전에 수행하는 정비로서 검사 항목은 정비계획 문서나 정비 매뉴얼에 규정되어 있다. PR은 규정된 헬리콥터 구역과 부위에 대해 주로 육안점검을 수행하며, 비행에 필요한 각종 서비싱을 수행하고, 연료, 오일, 유압 작동유 레벨을 확인한다. 정비사가 PR을 수행하면서 주요 부위에 대한 점검을 빠뜨리지 않게 헬리콥터 전체를 몇 개 구역(station)으로 구분하여 점검을 수행하도록 정비 매뉴얼에 규정하고 있다. 이러한 방식으로 PR을 수행하다 보면 헬리콥터를 한 바퀴 돌게 되므로 walk-around inspection이라고 부르기도 한다.(그림 1-41 참조)

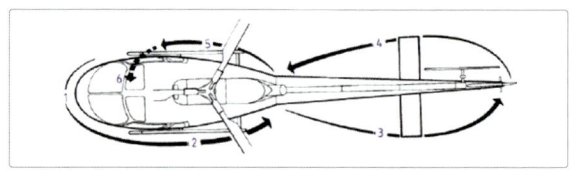

[그림 1-41] 헬리콥터 비행 전 점검

(2) 비행 중간 점검(TRI : Turnaround Inspection)

헬리콥터 비행과 비행 사이에 수행하는 검사로서 차기 비행에서 중요한 부분만 검사하므로 비행 전 점검(PR)이나 비행 후 점검(PO)보다 덜 엄격하다. 주로 누설이나 마모 등을 육안 점검한다. 소형 헬리콥터의 경우 정비사가 없는 지역에서 조종사가 검사를 수행할 수 있도록 규정된 기종도 있다.

(3) 비행 후 점검(PO : Post-Flight Inspection)

당일 최종 비행 후 수행하는 점검으로 비행 전 점검(PR) 또는 비행 중간 점검(TRI)보다 점검 항목이 많고 세부적이다. 고장이 발생한 계통에 대한 수리작업이 병행되는 경우가 많다.

1.3.2 헬리콥터 지상 취급 (Helicopter Ground Handling)

헬리콥터 정비 및 점검 이외에도 지상에서 정비 지원을 위해 지상 이동, 견인, 계류 등의 활동이 필요하다. 여기서는 가장 빈번한 지상 이동과 견인을 설명하고자 한다.

1.3.2.1 지상 이동(Ground Movement)

헬리콥터가 지상에서 이동하는 방법은 견인(towing)과 활주(taxiing) 두 가지 방법이 있다. 견인은 자체동력을 사용하지 않고 외부수단에 의하여 이동하는 것을 의미하고, 활주는 자체동력을 활용하여 지정된 유도로로 이동하는 것을 말한다. 공항과 같이 이륙 및 착륙이 지정된 곳에서 헬리콥터를 운용할 경우, 활주를 통해 지정된 공간으로 이동하여 이륙하여야 하고, 착륙 후 유도로를 활주하여 지정된 장소로 이동하여야 한다. 헬리콥터가 활주할 경우 메인 로터와 테일 로터가 회전하기 때문에 반드시 안전절차를 준수하여 이동해야 한다.

(1) 견인(Towing)

헬리콥터의 견인이란 정지상태의 헬리콥터를 동력, 인력으로 임의의 장소로 이동시키는 행위를 의미하며 견인차(tug car)나 인력으로 견인한다. 헬리콥터를 견인할 시에는 견인속도가 10km/h를 초과하여서는 안 되며, 헬리콥터 주위에 유도원을 배치하여 사주경계를 하여야 한다.

(2) 스키드(Skid) 부착 헬리콥터

착륙 장치로 스키드가 장착된 헬리콥터는 그림 1-42와 같이 해당 기종에 부합되는 견인용 보조 바퀴를 부착하거나 유압식 리프트가 부착된 견인용 카트를 이용하여 견인한다.

〈견인용 보조바퀴 부착〉

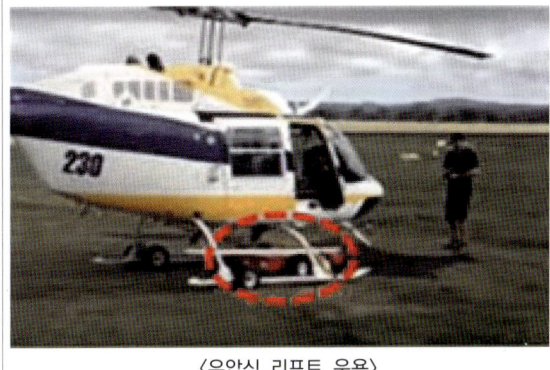
〈유압식 리프트 운용〉

[그림 1-42] 스키드 부착 헬리콥터의 견인

1.3.3 연료 급유 및 배유 (Refueling & Defueling)

1.3.3.1 일반사항(General)

헬리콥터에 규정된 연료를 급유해야 하며, 정비 등 요구에 따라 배유가 필요할 때도 있다. 연료는 특성상 화재, 폭발 등 안전에 취약하므로 각별히 안전에 유의해야 한다. 비인가 유류를 급유하거나 수분이 유입될 경우 안전에 치명적인 결과를 초래하므로 안전수칙과 규정 준수가 필수적이다. 기종별로 연료 시스템이나 엔진에 사용되는 유류도 다르므로 대표적인 사례만 설명하고자 한다. 실제 급·배유 작업은 해당 기종 매뉴얼을 따라야 한다.

1.3.3.2 급유 및 배유 절차 (Refueling & Defueling Procedure)

먼저 안전 준수 요구사항을 확인 후 최소 3인 1조로 급유 및 배유 작업을 수행한다. 일반적인 급유 또는 배유 절차는 다음과 같다.

(1) 헬리콥터에 바퀴 고임목을 설치한다.
(2) 연료급유 차량의 브레이크를 채운다.
(3) 소화기를 위치시킨다.
(4) 연료급유 차량 – 헬리콥터 – 계류장 3점 접지
(5) 헬리콥터 유종 재확인
(6) 헬리콥터 탱크에 연료급유 차량의 호스 연결
(7) 연료급유 차량의 연료펌프를 "급유"에 설정
(8) 연료 레벨 'FULL' 확인 점검
(9) 연료급유 차량의 연료펌프를 'OFF'에 선택
(10) 헬리콥터로부터 연료 호스 커넥터 분리
(11) 배유는 (7)항 내지 (9)항을 역순으로 수행

1.4 중량계측 및 평형
Helicopter Weight & Balance

1.4.1 일반사항(Overview)

항공기에 탑승하는 승객과 적재하는 화물은 항공기의 이륙중량을 증가시키므로 인원과 화물을 어느 정도의 중량으로 어디에 적재할 것인가를 반드시 고려해야 한다. 만일 중량이 주어진 한계를 초과하거나 제작사가 정해 놓은 무게중심(CG) 범위를 초과하면 항공기 성능의 저하와 구조물의 손상은 물론 비행안정성에 영향을 미쳐 사고로 이어질 수 있다. 따라서 헬리콥터 중량과 평형에 대해 이해하고 해당 기종 정비 매뉴얼에 규정된 절차에 따라 중량 계측과 평형 작업을 해야 한다.

1.4.2 헬리콥터와 고정익 항공기 차이 (Helicopter vs. Fixed Wing Aircraft)

기본적으로 고정익 항공기와 헬리콥터의 중량 계측 및 평형 작업 원리는 동일하다. 하지만 헬리콥터는 고정익 항공기와 구조와 비행특성이 다르므로 다음과 같은 사항을 이해하고 있어야 한다.

첫째, 헬리콥터는 이륙 시 적정하게 연료가 탑재되었어도 장시간 비행 후 착륙할 때에는 연료 탱크가 거의 바닥이 날 정도가 되면 가로 또는 세로 방향으로 평형 유지가 곤란할 정도로 무게중심(CG)이 이동될 수 있다. 장시간 비행하기 전에 착륙을 대비한 연료 및 무게중심이 허용 범위 이내에 있는지 점검하고 확인해야 한다.

둘째, 헬리콥터는 고정익 항공기보다 가로 불균형에 크게 영향을 받는다. 연료나 탑재 중량이 한쪽으로 치우치면 평형 유지가 어려워 비행 안전을 해칠 수도 있고, 외부 장착물이 치우친 위치에 달려 있다면 수평 비행 유지를 위해 사이클릭 피치를 가로 방향으로 많은 변위를 주어야 하므로 전후방 사이클릭 조종 효과가 크게 제한된다.

셋째, 헬리콥터는 고정익 항공기와 달리 무게중심(CG) 범위가 작아 중량과 평형이 중요하다. 헬리콥터의 무게중심(CG) 영역도(envelope)는 평균공력시위(MAC)를 기반으로 하지 않으므로 무게중심(CG) 위치 변화 누적치가 전체 무게중심(CG) 범위의 0.5%를 초과하면 중량 계측과 평형 작업을 다시 해야 한다.

넷째, 소형 복좌 고정익 항공기가 단독 비행을 할 때 전방석이나 후방석에 인원이 탑승하도록 규정하는 경우와 같이 소형 헬리콥터의 경우 단독 비행을 할 때 좌측, 우측, 중앙에 균형을 위해 특별한 좌석이나 평형추를 필요로 하는 기종도 있다.

다섯째, 경량 고정익 항공기는 대개 가로 방향에 대한 균형(lateral level)에 대해 규정하고 있지 않지만, 헬리콥터는 세로 방향은 물론 가로 방향에 대한 균형을 맞추어야 한다.

1.4.3 헬리콥터 중량 및 평형 측정 (Measuring Weight & Balance)

1.4.3.1 소요 장비(Equipment Requirement)

헬리콥터 중량 계측을 위해 사용되는 장비는 고정익 항공기와 동일하며, 이를 개략적으로 살펴보면 다음과 같다.

(1) 저울(Scale)

항공기 중량 측정하는 저울은 기계식과 전자식이 있다. 기계식 저울은 균형추와 스프링 등으로 구성되어 기계적으로 동작한다. 전자식 저울은 로드 셀(load cell)이라는 센서를 이용하여 항공기 중량을 전기 저항으로 변환하여 이를 무게로 환산 후 디지털로 지시한다. 경량 항공기는 기계식 저울로 중량을 측정하지만, 기타 항공기는 전자식을 사용한다. 전자식 저울은 그림 1-43과 같이 랜딩기어 휠(landing gear wheel)이나 스키드(skid)를 플랫폼(platform) 위에 안착시켜 무게를 측정하는 플랫폼(platform) 방식과 그림 1-44와 같이 항공기를 들어 올리는 잭(jack)의 상부에 로드 셀(load cell)을 부착하여 중량을 측정하는 잭(jack) 부착 방식이 있다. 플랫폼 방식은 격납고 바닥에 설치하여 주로 중대형 항공기 무게 측정용으로 사용된다.

[그림 1-44] 잭(jack) 부착 방식

(2) 수평 측정기(Spirit Level)

정확한 중량 측정값을 얻기 위해서는 항공기가 수평 비행자세에 있어야 한다. 항공기 수평 상태 확인에 사용하는 방법은 수평 측정기로 수평 상태를 확인하는 것이다. 수평 측정기는 그림 1-45와 같이 작은 기포와 액체를 채운 유리관으로 되어있다. 기포가 2개의 검은 선 사이에 중심으로 모아질 때, 수평 상태임을 나타낸다. 수평 점검 위치는 항공기 형식증명자료집에서 구할 수 있고, 항공기에 별도로 표기(marking)가 되어있는 것도 있다.

[그림 1-43] 플랫폼 방식

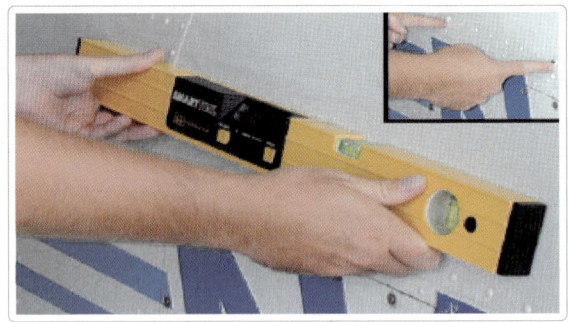

[그림 1-45] 수평 측정기

(3) 측량 추(Plumb Bob)

측량 추는 한쪽 끝이 무겁고 날카로운 원추형 추를 줄에 매단 형태이다. 줄을 항공기에 고정하고 추의 끝이 지면에 거의 닿을 정도로 늘어뜨린다면, 추 끝이 닿는 지점과 줄이 부착된 곳은 직각을 이룰 것이다. 고정익 항공기는 측량 추를 이용하여 항공기의 기준선으로부터 주 착륙 장치의 바퀴(wheel) 축 중심까지 거리를 측정한다. 헬리콥터의 중량을 측정하기 위해서는 가로 및 세로 방향 수평을 모두 맞추어야 하는데 수평 측정기 대신에 측량 추를 이용할 수 있다. 헬리콥터 동체에는 측량 추를 연결하는 지점이 있고, 객실 바닥에는 헬리콥터 수평축 및 가로축과 일치하는 십자선이 그어진 플레이트가 있다. 측량 추가 십자선 교차점을 가리키면 헬리콥터는 가로 방향 및 세로 방향 수평이 모두 맞춰진 것이다. 만일 측량 추가 교차점 전방을 가리킨다면 헬리콥터의 전방(nose)이 낮다는 것을 의미하며, 교차점 좌측을 가리킨다면 헬리콥터의 좌측 부분이 낮다는 것을 의미한다. 따라서 측량 추는 항상 낮은 지점을 가리킨다는 것을 알 수 있다.

(4) 비중계(Hydrometer)

항공기 연료탱크에 연료가 가득 찬 상태로 중량을 측정하는 경우에는 해당 연료를 저울의 지시 중량에서 연료 중량을 제외해야 실제 항공기 중량이 될 것이다. 따라서 연료량을 중량으로 환산해야 한다. AV 가스의 표준 중량은 6.0lb/gal, 제트연료는 6.7lb/gal으로 법적으로 규정되어 있지만, 비중은 온도의 영향을 크게 받으므로 항상 이 표준 중량을 사용할 수는 없다. 예를 들어 기온이 높은 하절기에 비중계로 측정한 AV 가스 중량은 5.85~5.9lb/gal 정도이다. 100gal의 연료를 탑재하고 중량을 측정했다면 표준 중량으로 환산한 연료의 중량 차이는 10~15lb 정도가 난다. 연료의 중량은 비중계로 측정하며, lb/gal 단위로 나타낸다.

1.4.3.2 중량 및 평형 준비 (Weight & Balance Preparation)

정확한 중량측정 및 무게중심을 찾으려면 철저한 준비가 필요하다. 중량측정을 위한 장비는 다음과 같다.

(가) 저울, 기중기, 잭, 수평 측정기
(나) 저울 위에서 항공기를 고정하는 블록, 받침대 또는 모래주머니
(다) 곧은 자, 수평측정기, 측량 추, 분필, 줄자
(라) 항공기설계명세서와 중량 및 평형 계산 양식

중량측정은 공기 흐름이 없는 밀폐된 건물 안에서 수행해야 한다. 옥외에서 측정은 바람과 습기의 영향이 없는 경우에만 가능하다.

(1) 연료계통(Fuel System)

항공기의 자중을 측정할 경우에 연료는 잔존연료 또는 사용할 수 없는 연료의 중량을 포함해도 된다. 잔존연료는 다음의 세 가지 조건 중 한 가지 상태이다.

- 항공기 연료탱크 또는 연료관에 연료가 전혀 없는 상태
- 연료탱크나 연료관에 연료가 있는 상태로 측정
- 연료탱크가 완전히 가득 찬 상태로 중량을 측정

잔존연료의 중량을 계산할 수 있고, 항공기설계명세서 또는 형식증명서에 명시된 잔존연료량을 더 해야 한다. 사용할 수 있는 연료 중량은 빼야 한다. 잭 부착형 로드셀 저울을 사용하는 경우에는 잭의 용량도 점검해야 한다.

(2) 엔진 윤활유 계통(Oil System)

1978년 이후에 제작된 항공기의 형식증명서에는 엔진 윤활유 탱크가 가득 찬 상태에서의 윤활유 중량이 항공기 자중에 포함되었다. 항공기 중량 측정을 준비하는 단계에서 항공기 엔진 윤활 유량을 점검하

여 충만(full) 상태로 보급해야 한다. 형식증명서에 잔존 오일이 항공기 자중에 포함된 항공기라면, 다음의 두 가지 방법 중 한 가지를 적용해야 한다.

- 잔존오일 양이 남을 때까지 엔진 오일을 배출한다.
- 엔진 윤활유량을 점검하여, 잔존오일 양만 남기고 산술적으로 뺀다. 윤활유의 표준 중량은 7.5lb/gal(1.875lb/qt)이다.

(3) 기타 유체(Miscellaneous Fluids)

항공기 설계명세서나 제작사 사용 지침에 특별한 주석이 없다면, 작동유 저장소, 엔진의 정속구동장치 윤활유는 채워야 하고, 물탱크, 오물탱크는 완전히 비워야 한다.

(4) 조종계통(Flight Controls)

헬리콥터의 메인 로터 위치는 제작사의 지침에 따라야 한다.

1.4.3.3 중량 측정점(Weighing Points)

중량을 측정할 때 항공기의 중량이 저울로 전달되는 지점을 알아야 기준선으로부터의 거리를 정확히 산출할 수 있다. 착륙 장치가 3개인 헬리콥터를 플랫폼형 저울로 측정할 때 항공기 중량은 엑슬(axle)의 중심을 통해 전달된다. 잭에 저울을 부착하여 측정하는 경우에는 잭 패드 중심부를 통해 전달된다. 착륙 스키드를 가진 헬리콥터의 경우에는 이 중량점을 알기 위해 스키드와 저울 사이에 파이프를 삽입하고 측정한다. 이러한 조치가 없다면 저울의 상면 전체와 스키드가 접촉하여 하중 이동의 중심을 정확히 알 수 없을 뿐 아니라 기준선으로부터의 중량 측정점까지의 거리도 알 수 없다. 중량 측정점까지 거리를 알 수 없다면 이전 측정했을 때의 기록을 활용하거나, 실측을 해야 한다.

1.4.3.4 헬리콥터 중량 측정 (Measuring Helicopter Weight)

(1) 일반사항(General)

헬리콥터의 중량과 평형 측정 절차는 기본적으로 고정익 항공기의 경우와 동일하며, 고정익 항공기 중량과 평형에 적용되는 용어와 개념이 대부분 메인 로터 블레이드(main rotor blade) 중량과 평형에도 적용된다. 메인 로터 블레이드(main rotor blade)는 고정익 항공기보다 훨씬 더 제한된 무게중심 범위를 갖고 있다. 무게중심은 보통 로터 마스트의 앞쪽과 뒤쪽에 가까운 거리를 연장하거나 2중 로터 블레이드(double rotor blade)인 경우 블레이드 사이에 둔다. 고정익 항공기는 세로축을 따라 무게중심 범위가 있지만, 헬리콥터의 경우 메인 로터 블레이드(main rotor blade)에 대해 가로 방향 및 세로 방향 모두 무게중심 범위가 존재한다. 메인 로터 블레이드(main rotor blade)의 중량은 마치 진자처럼 작용한다.

(2) 중량측정 절차(Weighing Procedure)

헬리콥터 중량을 측정하여 무게중심 위치를 알고자 하는 경우에는 세로축과 가로축 중량측정 위치를 알아야 한다. 세로축의 기준선 뒤쪽은 (+) 거리로, 기준선의 앞쪽 위치는 (−)로 측정한다. 가로축 거리는 헬기 앞을 보고 버톡 라인(buttock line)의 오른쪽 거리는 (+)이고, 왼쪽 거리는 (−)이다. 헬리콥터는 수평적으로, 수직적으로 모두 평형상태이어야 한다. 수평 측정기도 사용하지만, 측량 추가 주로 사용된다. 헬리콥터는 측량 추를 부착하는 장소가 마련되어 있고, 바닥으로 내려뜨리게 되어있다. 헬리콥터 객실 바닥에 설치된 균형 판(leveling plate)은 가로축과 세로축이 교차한 십자 형태로 되어있으며, 측량 추 원뿔 팁이 교차점을 가리키면 가로 방향 및 세로 방향 모두 수평 상태가 된 것이다. 가로 방향 및 세로 방향의 균형(leveling)이 이루어졌다면 저울을 이용하여 무게를 측정한다.

1.4.3.5 무게중심 범위판단 (Estimation of CG Range)

헬리콥터 무게중심 범위는 수평비행 상태에서 무게중심이 이 범위 안에 유지되는가를 판단하는 것이다. 헬리콥터는 가로 방향 및 세로 방향의 무게중심 범위를 판단해야 하므로 기준선(datum), 동체 위치 번호(FS), 버톡 라인(BL)이 어디인지 알아야 한다. 그림 1-46과 같이 무게중심(CG)을 FS 0.0을 기준으로 설정한 기종도 있고, 로터 마스트를 기준으로 설정한 기종도 있으므로 이를 사전에 확인해야 한다. 가로 방향 무게중심(CG) 범위는 그림 1-46 하단에 표시한 바와 같이 대부분 로터 마스트를 통과하는 가로축을 BS 0.0으로 설정하고 있다.

인지를 확인하고, 그림 1-47과 같이 무게중심(CG)이 가로 방향 및 세로 방향 무게중심 영역도(CG envelope) 이내에 위치하는가를 확인한다.

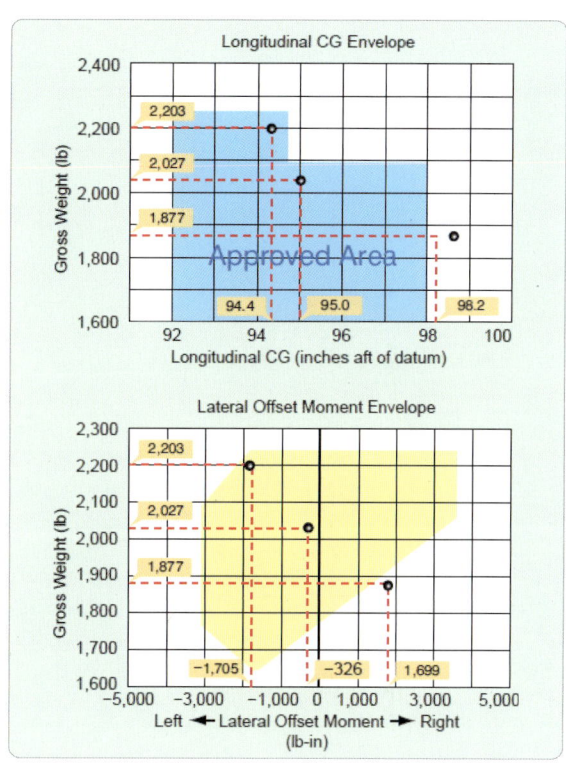

[그림 1-47] 헬리콥터 무게중심 영역도(CG envelope)

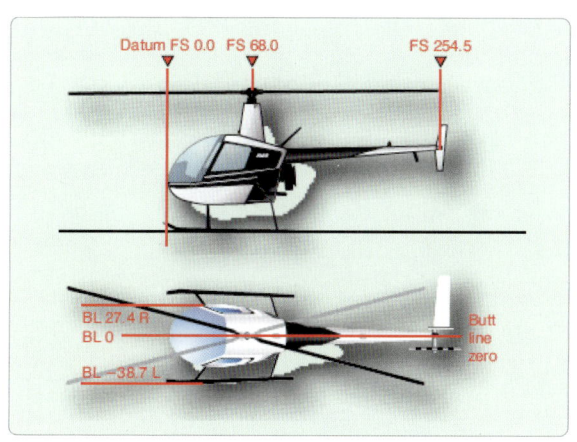

[그림 1-46] 헬리콥터 기준선, FS 및 BL

기준선(datum)이 확인되면 조종사, 승객, 화물, 연료 등의 무게, 위치 및 거리를 확인한 다음 가로 방향 및 세로 방향의 모멘트를 각각 계산한다. 계산이 완료되면 이를 표로 작성한 후 가로 방향 및 세로 방향 무게중심(CG) 위치를 공식에 따라 산출한다. 측정된 가로 및 세로 방향 무게중심(CG)이 인가된 범위 이내

헬리콥터

제2장 헬리콥터 기체구조

2.1 기체 구조 일반(Structure General)
2.2 기체 구조의 구성(Airframe Structures Construction)

2.1 기체 구조 일반
Structure General

2.1.1 기체 구조물 분류 (Structural Classification)

손상 평가(damage assessment) 및 수리 절차를 결정하기 위해 헬리콥터의 구조물은 강도와 안전성을 고려하여 등급을 3가지(1차, 2차 및 3차 구조물)로 분류된다. 이에 대한 상세한 사항은 기체 구조물 수리 교범(structural repair manual)의 제51장~제57장에 소개되어 있다.

2.1.1.1 1차 구조물(Primary Structure)

1차 구조물은 주요 하중을 지지하는 구조물로 이것이 파손되면 항공기 (헬리콥터 포함) 구조에 치명적인 손상을 초래하며 또한 필수 장비와 각종 서비스에 영향을 미치고, 엔진 고장 또는 항공기 제어 기능 상실 및 탑승자의 인명 피해를 유발시킬 수 있다. 여기에는 롱저론(longeron), 빔(beam), 중요 프레임(frame), 엔진 지지대(engine mountings), 외피(skin panels) 등이 해당되며, 승객의 안전과 밀접한 관계가 있는 의자 고정용 레일(seat rail) 및 이와 관련된 보조 구조물도 해당된다.

2.1.1.2 2차 구조(Secondary Structure)

2차 구조물은 이것이 파손되더라도 구조적 파손, 엔진 파워 및 제어 기능 상실 또는 탑승자의 인명 피해를 발생시키지 않는 구조적 부품들이다. 여기에는 스트링거(stringer), 부수적인 프레임(frame), 일부 동체 외피 및 일부 장비품을 지지하는 보조 구조물이 여기에 속한다.

2.1.1.3 3차 구조(Tertiary Structure)

3차 구조는 손상이 발생해도 안전에 큰 영향을 미치지 않거나 탑승자에게 상해를 입히지 않는 구조 부품으로, 예를 들면 페어링, 발판 등이 여기에 속한다.

2.1.1.4 중요 부품(Critical Parts)

중요 부품이란 해당 부품이 손상되면 헬리콥터에 치명적인 영향을 미칠 수 있으며, 완전무결하게 유지되어야 하는 중요 특성을 지닌 것으로 정의할 수 있다. 규격은 형식 설계에 중요한 부품이 포함된 경우 이들을 식별하고 중요 부품 목록에 포함되어야 한다. 그리고 중요 특성을 규정하거나 설계 및 절차 변경이 필요한 경우에는 완결성(integrity)을 확신시킬 수 있는 절차가 수립되어야 한다.

2.1.2 설계 개념(Design Concepts)

항공기 구조물은 페일 세이프(fail safe), 손상 허용(damage tolerant) 안전 수명(safe life) 또는 이들의 개념을 조합한 것으로 설계될 수 있다.

2.1.2.1 페일 세이프(Fail Safe) 개념

페일 세이프란 중요 부품에 있어서 복수의 부품으로 구성되거나 나누어져서 한 개의 부품이 손상되어도 나머지 한 개의 부품이 필요한 하중을 모두 담당할 수 있는 개념을 의미한다. 이때 해당 구조물과 부품들 사이에 하중을 전달할 수 있어야 한다. 이 개념은 구조물의 하중을 담당하는 부품들이 중복 기능성을 가지고 있어서 한 부품의 결함이 구조적으로 파괴되는 것을 방지해 준다. 예를 들어서 한 개의 빔을 제작하는 것 대신에 동일한 하중을 견딜 수 있는 두 개 또는 그 이상의 빔으로 제작하거나 복제된 두 개의 빔을 사용하는 것이다. 중요 결합 부위에 사용되는 고정 방법으로 한 개의 볼트 대신 여러 개의 볼트를 사용할 경우 한 개의 볼트 방식에서 볼트 손상 발생 시 결합 부위 하중이 모두 손상되는 현상을 방지해 줄 수가 있다. 페일 세이프 개념의 단점은 구조물의 무게가 증가되는 것이다.

페일 세이프 구조물에서 결함이 발생되면 더 이상 페일 세이프 개념이 적용될 수 없으므로, 가능한 한 조기에 결함을 탐지할 수 있도록 적절한 점검 프로그램을 적용하는 것이 중요하다. 해당 부품은 정확하게 규정되어 완전 손상이 발생되기 이전에 교환되어져야 한다.

2.1.2.2 손상 허용 개념 (Damage Tolerant Concept)

손상 허용 개념은 구조 부재의 중복성에 의존하고 있지 않기 때문에 페일 세이프 개념과 차이가 있다. 이 개념은 균열이 발생될 경우, 구조물은 균열의 길이가 미리 설정한 임계 길이(critical length)에 도달할 때까지 또는 적절한 수리나 개조 작업을 수행할 수 있을 때까지 필요 하중을 지탱할 수 있어야 한다. 또한 관련 균열의 진행 속도가 임계 길이에 도달하기 전에 정상적인 점검 작업으로 탐지될 수 있도록 서서히 진행되어야 한다. 이 개념 목적을 달성하기 위해서는 균열 확산 방지용 스트립(strips) 또는 덧붙임판 (doubler) 등이 부착된 균열 억제용 조립 부품을 구조물 설계 시 적용해야 한다.

피로 손상이 언제, 어디서 발생하는지 그리고 그 전파 속도가 어떻게 되는지를 반복적으로 시험하는 정적(static) 및 동적(dynamic) 부하 시험을 수행하여 구조물 설계에 대한 검토를 실시한다.

구조물의 설계 및 개발 과정에서 주요 피팅 (fitting), 연결부(joint) 및 표피 스킨(skin) 과 같은 구조물 부품의 피로 현상은 기대 수명을 달성하기 위해 적절히 평가해야 한다.

2.1.2.3 안전 수명 개념(Safe Life Concept)

최근의 구조물들은 안전 수명 개념으로 설계되어 있다. 안전 수명 개념은 구조물이 균열 없이 유지할 수 있는 시간적 평가를 기반으로 한다. 즉 안전 수명 구조물은 정해진 작동 기간 내에서는 균열 발생이 없어야 한다.

안전 수명에 대한 평가는 시험용 동체와 장비를 사용하여 동적 및 정적 그리고 항공 탄성적 하중을 반복적으로 가하면서 실시된다. 컴퓨터로 작동되는 유압 프레스를 이용하여 반복 하중을 가하게 된다. 이 시험 프로그램은 가능하면 빠르게 진행하여 가장 오래된 항공기 동체보다 훨씬 앞서 가도록 하여 관련 자료를 축적하고 피로 손상이 발생되는 시점 이후까지 실시한다. 이 시험에서 얻어진 정보를 토대로 안전 수명을 산출한다. 예를 들면, 어떤 숫자의 하중 싸이클에서 테스트 프레임에 피로 손상이 발생되었으면 그 싸이클의 1/3 또는 그 보다 적은 싸이클 수로 안전 수명이 결정된다.

안전 수명은 시험 프로그램 중 개발되는 적절한 개조를 통해 연장시킬 수 있으며, 항공기 운용 시 예상 수명 기간 중에 필요한 수리 또는 교환 방법이 수립되기도 한다.

헬리콥터의 운영 수명은 최대 비행 시간과 제작 후 경과 시간(calender time) 중에서 먼저 도달하는 것을 기준으로 한다. 예상된 이착륙 횟수 그리고 지상에서의 취급 등이 이들 시간에 영향을 미치게 되고 부식, 마모 및 피로 현상에 대한 결함 발생률은 항공기의 운영 상태 및 환경 요소에 영향을 받으며 이들은 안전 수명을 결정하는 요소가 된다.

따라서 구조물은 헬리콥터의 수명 기간 중 또는 감항성 유지 범위 내에서 교환 시간까지 탐지될 수 있는 균열 없이 다양한 크기의 반복 하중에 견디어야 한다.

최근의 항공기 구조물은 손상 허용 개념 및 안전 수명 개념을 모두 적용하고 있으며, 만약 운영 중 구조물에서 균열이 발생되었다면 손상 허용 개념만을 적용한 사례가 될 것이다.

2.1.2.4 경년 구조물(Aging Structures)

항공기 기체는 일반적으로 설계 수명의 50%에 도달하면 경년기(high time) 라고 부른다. 그 시점부터 부식 처리 프로그램(corrosion control & monitoring program), 보다 강화된 검사 요건, 필수 개조 작업 및 부품 교체 등의 정비 요목들이 요구된다. 따라서 항공기 제작사, 항공 당국 및 항공사에서는 지속적인 구조물의 안정성 유지를 위한 적절한 정비 프로그램을 개발하여 적용하고 있다.

2.1.3 구역 및 위치 표기(Zone & Station)

헬리콥터의 구조물에 대한 주요 구역(major zones) 은 다음과 같이 100단위 숫자로 구분하여 나누어진다.

- 100: 객실 아래의 동체 아래 부분
- 200: 객실 위의 동체 윗 부분
- 300: 꼬리 구조
- 400: 동력부 나셀
- 500: 좌측 구조물
- 600: 우측 구조물
- 700: 착륙장치 및 기어 도어
- 800: 도어(doors)
- 900: 기타

주요 구역(major zone)은 다시 10 자리수로 나누어 아래 단위의 하부 구역(major sub-zone)으로 나누어지며, 이 하부 구역은 다시 또 1 자리수로 그 다음 단계인 하부 구역(major sub-sub zone) 으로 나누어진다. 예를 들어 주요 구역 200 인 경우 하위 구역으로 201, 220, 230…등으로 나누어지고, 하위 구역 220 인 경우에는 다시 221, 222, 223… 등의 특정 구역으로 나누어진다. 주요 구역 300에서 320은 수직 꼬리 날개를 나타내고, 그 다음 단계인 321은 꼬리 날개 앞전을 나타낼 수가 있다.

이 구역 번호(zone number)는 헬리콥터의 정비 계획, 점검 계획 및 수리 작업을 수행하는 단계에서 구조물의 식별 등에 매우 유용하게 활용되고 있다. 또한 전산화된 시스템 내에서 널리 사용되며, 정비사들에게는 작업을 수행해야 하는 부분을 쉽게 찾을 수 있도록 도움을 주고 있다.

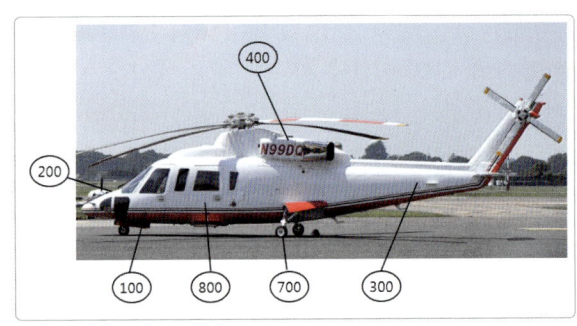

[그림 2-1] 헬리콥터 존 구분

2.1.3.1 위치 번호(Stations Numbering)

헬리콥터에서도 대형 항공기와 동일하게 구조물의 위치를 표기하는 번호가 사용된다. 이 위치를 표기하는 번호 종류로는 동체 위치 번호(FS: fuselage station), 워터 라인 번호(WL: water line) 그리고 버톡 라인 번호(BL: buttock line) 등이 사용되는데, 이는 규정된 기준선으로부터 떨어진 거리를 인치(inches) 또는 밀리미터(millimeters) 로 표기된다.

따라서 어떤 구조물의 정확한 장착 위치를 표기할 때에는 FS, WL 및 BL 숫자로 표기된다.

2.1.3.2 동체 위치 번호(Fuselage Stations)

동체 위치 번호는 규정된 기준선으로부터 헬리콥터의 세로축 방향으로 떨어진 거리를 나타낸다. 기준선의 정확한 위치는 헬리콥터 설계 제원에 명시되며, 보통 동체 전방 부분(nose)이 시작되는 부분이나 바로 뒷 부분 또는 동체 전방 부분으로 부터 일정 거리가 떨어진 앞쪽에 위치하기도 한다. 동체 위치는 기준선보다 앞쪽으로는 (−) 값으로, 기준선보다 뒤쪽으로는 (+) 값으로 표기한다. 예를 들어 FS −10인 경우에는 기준선으로부터 앞쪽 10 inches에 위치하는 것이며, FS 60인 경우에는 기준선보다 뒤쪽으로 60 inches에 위치한다는 것이다. 일반적으로 정비교범에 표기되는 동체 위치 번호는 벌크헤드(bulkhead) 또는 프레임(frame) 위치와 일치하여 표기된다.

2.1.3.3 워터 라인(Water Line)

워터 라인은 헬리콥터 아래쪽으로 일정 거리에 위치하는 지점의 수평 방향의 축(normal axis)을 기준선으로 위쪽 또는 아래쪽으로 떨어진 거리를 표기하는데, 이때의 기준선 위치는 WL 0 이 된다. 워터 라인도 정상축으로 부터 떨어진 거리를 인치 또는 밀리미터로 표기한다. 기준선으로부터 수직으로 위쪽 방향을 (+)로, 아래쪽 방향을 (−)로 정의한다. WL 60 은 기준선(WL 0)으로부터 60 inches에 위치한다는 의미이다.

2.1.3.4 보톡 라인(Buttock Line)

보톡 라인은 동체 세로 방향으로의 중심선으로 부터 좌우로 떨어진 거리를 인치나 밀리미터로 표기된다. 또한 중심선으로부터 좌측으로 측정되는 값을 LBL, 우측으로 측정되는 값을 RBL로 표기한다. 예를 들어 중심선으로부터 오른쪽으로 24 인치 떨어진 곳은 RBL24 또는 BL24R로 표기된다.

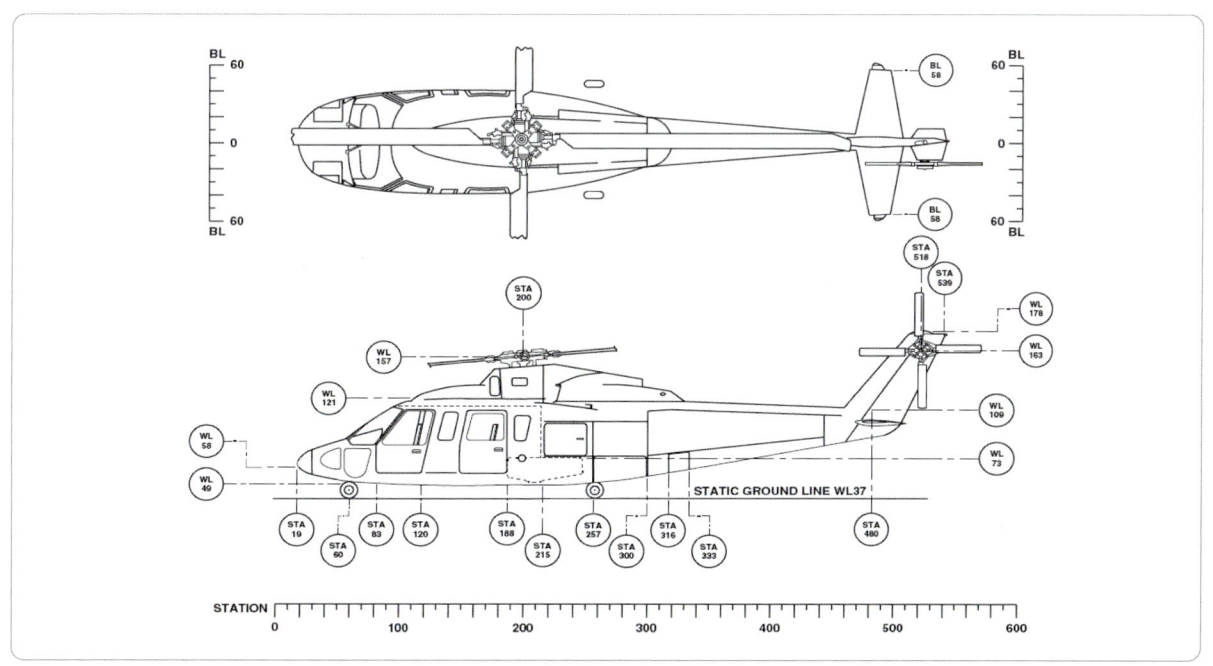

[그림 2-2] 동체 위치, 보톡 라인 및 워터 라인

2.1.3.5 부품 스테이션(Component Stations)

수직 안정판이나 수평 안정판과 같은 부품은 별도의 위치 번호 시스템이 사용될 수 있다. 이런 경우의 기준선은 안전판의 안쪽 또는 아래쪽 끝 부분이 된다. 예를 들어 왼쪽 안정판 위치 HS24L은 왼쪽 안정판의 안쪽 끝에서 24인치 떨어진 지점을 의미한다.

동체의 스트링거(stringer)와 프레임(frame) 은 별도의 번호가 부여되기도 한다. 예를 들어 스트링거는 동체의 가로 방향을 따라서 1번부터 둥그렇게 번호가 정해질 수도 있다. 프레임은 앞에서 뒤로 번호가 정해진다. 이러한 번호들은 정상적인 번호 체계에 추가적으로 사용되며 특히 구조물 등의 수리 작업 지침서 등에서 널리 활용되고 있다.

2.1.4 구조물 피로 현상(Fatigue)

충분히 강하다고 생각했던 구조물에서 뚜렷한 이유 없이 갑자기 고장이 발생되는 사례가 많이 발생되고 있다. 서서히 진행되는 피로 현상은 설계 작업 값보다 낮은 응력에서 어떠한 징후를 보이지 않고 치명적인 손상을 발생시킬 수 있다. 피로 현상은 주기적이거나 반복적으로 가해지는 하중이 구조 부재에 작용할 경우 발생된다.

피로 손상은 처음에는 감지할 수 없는 균열로 시작되는데 보통 약한 지점, 또는 작은 홈이나 구멍 과 같은 응력이 집중되는 곳으로부터 시작된다.

부분품의 피로 강도는 반복적인 하중의 크기와 가해지는 반복 횟수에 따라 결정된다. 이것은 일반적으로 S/N 곡선에서 응력과 응력 사이클 숫자 그래프의 연계성을 보여 준다.

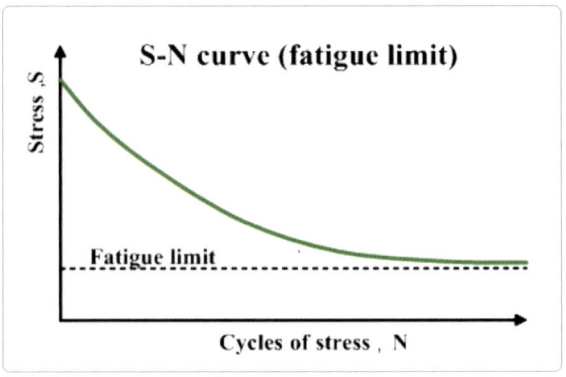

[그림 2-3] 피로 S/N 곡선

S/N 곡선에서 응력(S)이 감소하면 사이클 수(N)가 증가하고, 응력이 점차 낮아지면 곡선이 평평해지고 N축과 평행하게 움직이는 지점에 도달한다. 이와 같이 곡선이 평행하게 움직이는 응력 값을 해당 구조물의 피로 한계(fatigue limit) 라고 한다. 이 한계 값까지의 응력 하에서는 부분품은 피로 손상 없이 무한 주기 동안 견딜 수 있음을 의미한다.

2.1.5 낙뢰 방지 (Lightning Strike Protection)

고정익 항공기와 같이 헬리콥터에서도 낙뢰에 대한 보호 장치를 기체 구조물 설계 및 제작 시 반영하고 있다. 구조물에서 낙뢰를 쉽게 접하게 되는 부위로는 동체 앞 부분(nose), 로터(rotor) 및 스테빌라이저(stabilizer) 등이며, 그 다음으로 발생 가능성이 높은 곳은 동체 외피가 해당된다. 낙뢰 손상 부위는 보통 2곳 또는 그 이상의 장소에서 발생되어 가시적으로 관찰된다. 이는 한곳은 낙뢰가 들어 온 곳이고 다른 곳은 방전이 이루어진 곳을 의미한다. 손상 형태로는 보통 검은 반점 형태로 해당 표면이 변색되거나 정도가 심할 경우 고열에 의해 구멍이 발생하기도 한다. 특히 타버리거나 이로 인해 일부분이 떨어져 나가는 손상은 날개나 스테빌라이저 후방 또는 끝단 부분에서 많이 발생된다.

낙뢰에 의해 구조물에 높은 전압과 전류가 흐르게 될 경우 내부 전기 및 전자시스템, 통신시스템에 중대한 결함을 유발시킬 수 있어, 기체 구조물 및 움직이는 부분품 등에는 전기적인 흐름 경로를 제공해 주어야 한다. 그 방법으로 부분품 간에 접지(bonding) 시키는데 여기에는 2가지가 있다.

첫째는 1차 접지 경로(primary bonding paths)로 임피던스가 매우 낮고 낙뢰 방전 전류를 전달하는 역할을 하며, 연결 부분 간의 최대 저항값은 0.05Ω 이하가 되어야 한다.

둘째로는 2차 접지 경로(secondary bonding paths)로 정전기 전하를 주 접지 시스템에 축적할 수 있는 격리된 부품을 연결하는 역할을 하며, 이때 최대 저항값은 0.1Ω 이하여야 한다.

복합소재 구조물인 경우에는 전기적 전류 흐름을 제공하기 위해 구조물 제작 시 알루미늄 또는 구리 재질의 그물망(wire mesh) 형태 부품을 내부에 부착시켜 놓는다.

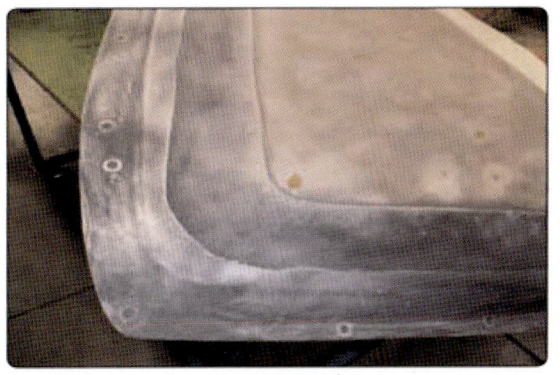

[그림 2-4] 알루미늄 및 구리 재질 그물망

또한 고정된 구조물 또는 움직이는 구조물 상호간의 전류 흐름을 제공하기 위해 알루미늄 또는 구리 등의 재질로 만든 끈 또는 띠 형태의 접지선(bonding jumper)을 부착한다.

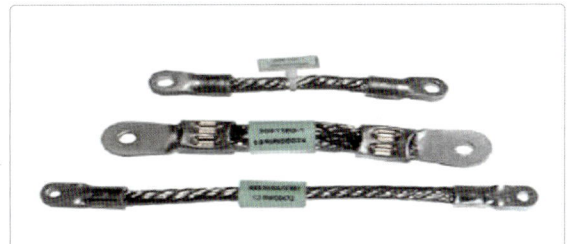

[그림 2-5] 접지선

2.2 기체 구조의 구성
Airframe Structures Construction

2.2.1 개요(Introduction)

헬리콥터의 구조는 비행과 지상에서 발생하는 양력, 추력, 자중, 항력 및 다양한 관성과 공기역학적인 힘에 의해 작용하는 하중을 견딜 수 있도록 설계되었다. 이러한 하중들은 5가지 유형의 응력(stress), 즉 압축력(compression), 인장력(tension), 전단력(shear), 굽힘(bending) 및 비틀림(torsion)이 작용하는데 굽힘과 비틀림은 압축력, 인장력, 전단력의 조합으로 작용한다. 헬리콥터의 기본 구조는 이러한 모든 응력에 견딜 수 있도록 빔(beam), 스트러트(strut) 및 타이(tie) 등의 구조물로 구성된다.

2.2.2 빔 및 구조(Beam & Structure)

빔은 굽힘 하중을 받는 구조 부재다. 빔의 유형으로는 단순 지지 빔과 캔틸레버(cantilever) 빔이 있다. 단순 지지 빔은 양쪽 끝 부분에 지지점이 있는 반면에, 캔틸레버 빔은 한쪽에만 고정되어 있고 다른 쪽에는 외부 지지 수단이나 버팀대(bracing)가 없다. 각 유형의 빔이 하중에 의해 변형될 때, 굽힘(bending)의 외부 표면에는 인장력(tension), 내부 표면에는 압축력(compression) 그리고 수직면에서는 전단력(shear)이 작용한다. 빔 깊이의 중심을 통과하는 세로면을 중립면이라고 하는데 이 중립면에는 압축력이나 인장력을 발생되지 않는다. 빔의 깊이는 강도에 중요한 영향을 미친다. 예를 들어, 얇은 판자는 두꺼운 판자보다 각각 비슷한 하중을 받을 때 더 많이 변형된다. 실제로 얇은 판자는 2배 더 두꺼운 판자보다 4배나 더 변형되는데 그 이유는 빔의 강도는 두께의 제곱과 관련이 있기 때문이다.

2.2.2.1 단순 지지 빔(Simply Supported Beam)

균일한 단순 지지 빔인 경우 스팬(span)의 중심에서 하중을 받게 될 때, 굽힘 모멘트(bending moment)는 하중이 적용되는 지점에서 가장 크다. 따라서 만약 이 지점에 과부하가 작용될 경우 빔이 손상될 가능성이 가장 높은 곳이 된다. 그러나 빔의 양쪽 끝단에 작용하는 전단력(shear force)은 스팬의 중심보다 높다.

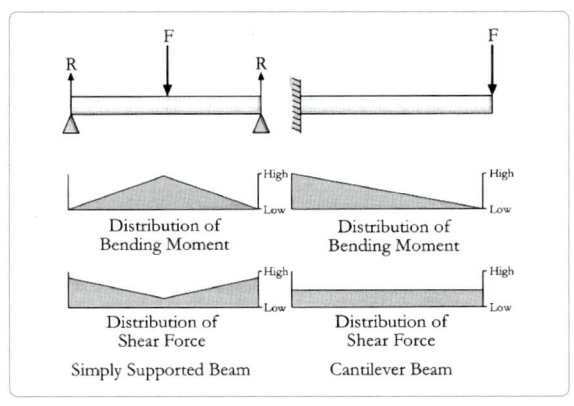

[그림 2-6] 빔의 굽힘 모멘트 및 전단력 분포

2.2.2.2 캔틸레버 빔(Cantilever Beam)

단면적이 균일한 캔틸레버 빔인 경우 자유롭게 움직일 수 있는 끝단에서 하중을 받을 때의 굽힘 모멘트는 반대쪽에 있는 고정된 부분에서 가장 커진다. 따라서 만약 빔에 과부하가 걸리게 되면 고정된 끝단 쪽에서 빔이 손상될 가능성이 크다. 반면 굽힘 모멘트는 고정된 끝단(root)에서 자유로운 끝단(tip) 쪽으로 일정하게 감소하는 형태(tapering)로 고르게 분포된다. 그러나 빔의 무게를 무시할 경우 캔틸레버 빔의 전단력은 빔 전체 면에 일정하게 분포된다.

2.2.2.3 트러스 구조(Truss Structures)

트러스 구조물은 수직 및 수평 방향으로 롱저론(longeron) 이라 불리는 4개의 강한 세로 방향 부재로 이루어진다. 각 프레임의 모서리와 다른 모서리 사이에 대각선 버팀용 와이어 또는 단단한 부재로 연결되어 있어 접히거나 평행 사변 형태로 변형되는 것을 방지해 준다. 모든 트러스 구조물의 공통적인 특징은 모든 하중은 구조적인 골조(framework)에 의해 지지된다.

구조물에는 외피 또는 페어링(fairing)과 같은 부분품들이 부착되어 있는데 이는 기체의 유선형을 제공할 뿐 하중을 지지하는 기능은 없다.

[그림 2-7] 트러스 구조

와이어 받침대(wire bracing)는 초기 고정익 항공기 구조에서 주로 사용되었다. 구조물이 굽힘 하중을 받을 때 롱저론(longeron)과 프레임은 각 프레임에서 하나의 대각선 와이어만 인장력을 받는다. 만약 굽힘 하중의 방향이 반대가 되면 다른 와이어가 인장력을 받게 된다.

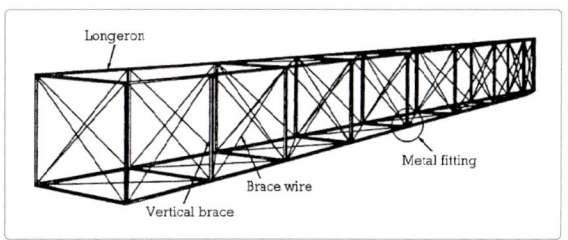

[그림 2-8] 와이어 받침대 구조

이후 트러스 구조 설계에서 크로스 버팀대(cross-bracing) 와이어는 강철 튜브로 대체되었다. 이들 중 가장 일반적인 것은 N자 대들보 구조 또는 프래트 트러스(pratt truss)와 와렌 트러스(warren truss)이다. N자 대들보 구조에서 각 프레임의 버팀대 와이어는 하중 방향에 따라 스트러트(strut) 또는 타이(tie) 역할을 하는 단일 대각선 강철 튜브로 대체되었다.

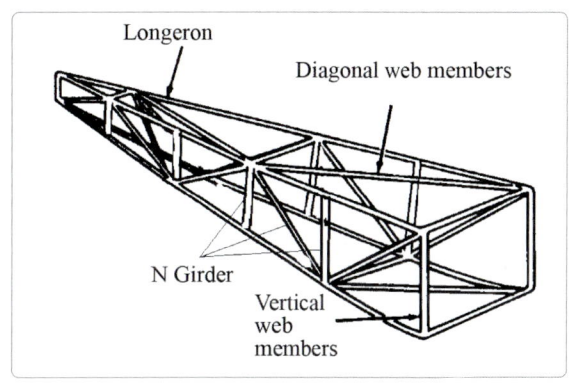

[그림 2-9] N자 대들보 트러스 구조

와렌 트러스 구조는 버팀대 와이어와 종횡 방향의 단단한 부재 대신 반대쪽의 대각선 튜브의 강철 부재로 대체되었다. 하중을 받을 때 하나의 대각선 부재는 인장력을 받는 반면에 이웃한 부재는 압축력을 받게 된다. 만일 하중 방향이 바뀌면 대각선 부재들도 서로 역할을 바꾸게 된다.

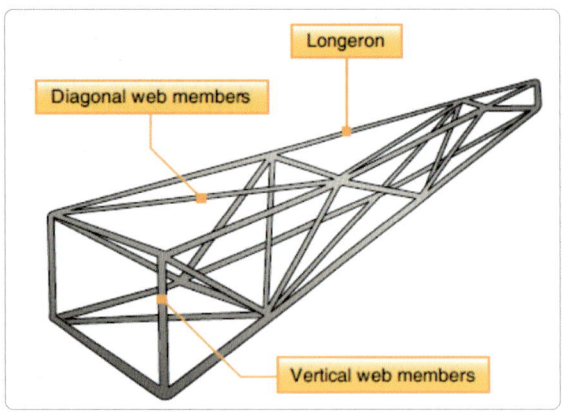

[그림 2-10] 와렌 트러스 구조

튜브형 강철 트러스 구조물은 매우 강하지만 중량비에 대한 강도가 낮고 공기 역학적으로 매끈한 형태로 제작하기에 어려움이 있다. 설계 과정에서 이러한 구조물들은 얇은 합금 판재를 사용하는 모노코크(monocoque)와 세미-모노코크(semi-monocoque) 응력 스킨 구조로 발전했다. 이 새로운 구조물은 중량비에 대한 강도뿐만 아니라 공기역학적인 특성도 우수하다. 최근 개발되고 있는 헬리콥터 구조의 많은 부분에서 유리 섬유, 탄소 섬유, 케블라 재질 합판(kevlar laminate), 알루미늄, 노멕스 허니컴(nomex honeycomb) 판과 같은 복합재료가 사용되고 있다.

2.2.3 응력 표피 구조 (Stressed Skin structures)

2.2.3.1 박스 구조물 강도(Box Strength)

테일 붐과 같은 일부 구조물은 튜브형 구조물인 반면 메인 동체 및 꼬리날개 안정판의 중간 부분과 파일론(pylon)과 같은 구조물은 박스 형태로 구성되어 있다. 박스 구조물에서 외피는 구불림 및 비틀림 하중을 감당하는데 필요한 하중을 견디고 일정 형태를 갖추기 위해 내부 지지 구조물이 필요하다.

2.2.3.2 모노코크 구조(Monocoque Structure)

하중을 받는 외피 구조의 이상적인 것은 모든 구조적 하중을 외피가 견디는 것이다. 유사 형태 사례로 계란, 청량 음료수 캔 또는 탁구공 등을 들 수 있다. 이와 같이 모든 하중을 외피 구조가 담당하는 구조를 모노코크 구조라고 한다.

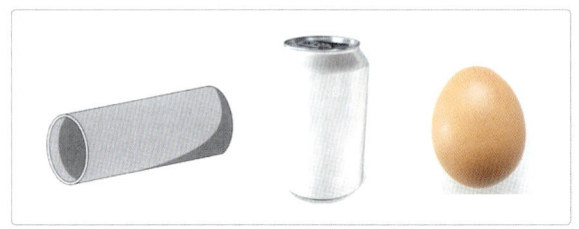

[그림 2-11] 모노코크 구조

2.2.3.3 세미 모노코크 구조 (Semi-Monocoque Structure)

모노코크 구조의 문제는 강성이 부족하여 하중을 받으면 쉽게 손상되거나 구부러지기 때문에 제작 크기에 한계가 있다. 즉 얇은 두께의 외피 구조는 무게가 가벼운 장점은 있으나 일정 형태 유지에 필요한 강도가 약하고 압축 응력이 약하다. 실제 항공기 구조물에서는 도어, 창문, 서비스 판넬, 착륙 장치 수용 공간 및 연결 부위를 제공하기 위해 구멍을 뚫어야 하므로 구조물의 강도를 약화시킨다. 이와 같은 문제점을 극복하기 위해 외피 구조물을 지지하고 형태를 제공할 수 있는 내부 구조물을 설치해야 하는데 이렇게 보완된 구조를 세미모노코크라고 한다. 대부분의 헬리콥터 주요 기체 구조물 및 꼬리 부분 기체 구조물은 외피와 하중을 지지해 주는 내부 구조물로 구성된 세미모노코크 구조이다.

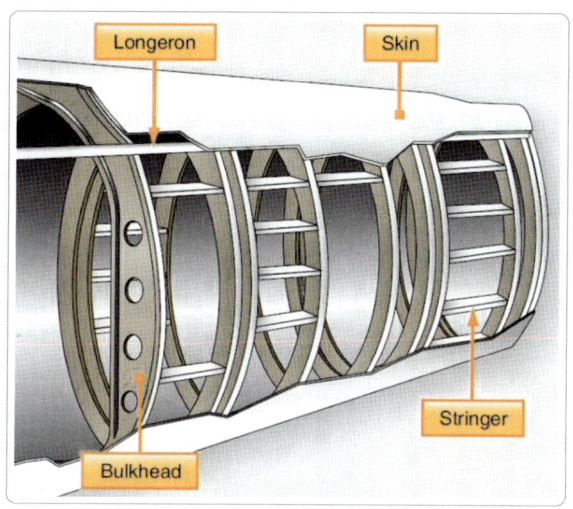

[그림 2-12] 세미모노코크 구조물 형태

2.2.4 동체 구조(Fuselage Structure)

헬리콥터 구조물에 의해 생기는 하중은 고정익 항공기와 성격 및 방향이 다르며, 더 높은 수준의 진동을 견뎌내야 한다. 실제로는 테일 붐, 테일 로터 파일론 및 메인 동체는 보통 세미모노코크 구조물들이지만 서로 구조가 다르다.

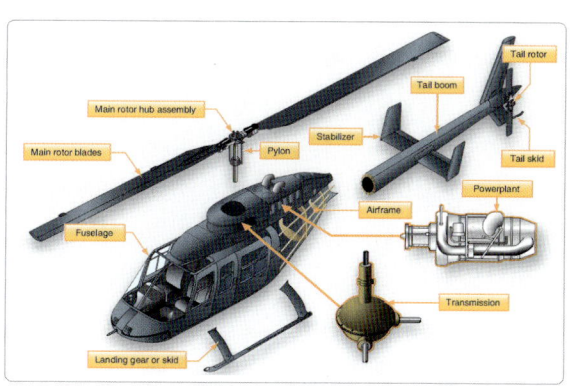

[그림 2-13] 회전익 항공기 주요 구성품

필요한 하중을 지지하고 외형을 유지하기 위해 일정한 간격으로 테일 붐을 따라 둥그런 형태의 프레임이 장착된다. 주요 동체 및 테일 로터 파이론 그리고 수직 안정판 부분과 연결되는 곳에는 보다 견고한 프레임이 위치한다. 세로 방향의 구조재를 스트링거(stringer)라고 하는데 리벳이나 본딩(bonding) 방법으로 외피의 내부에 고정된다. 이 스트링거는 원주 방향으로 일정하게 위치하여 굽힘 및 압축력을 지탱한다. 스트링거 중에서 보다 큰 하중을 담당하는 부재를 롱저론(longeron)이라고 하는데 이는 전체 구조물에 작용하는 주요 굽힘 응력을 담당한다.

테일 로터 파일론 또는 수직 안정판의 주요 구조는 둥근 형태의 프레임이나 리브(rib)에 의해 연결된 전면과 후면 부분 스파(spar)로 구성된 박스 형태이다.

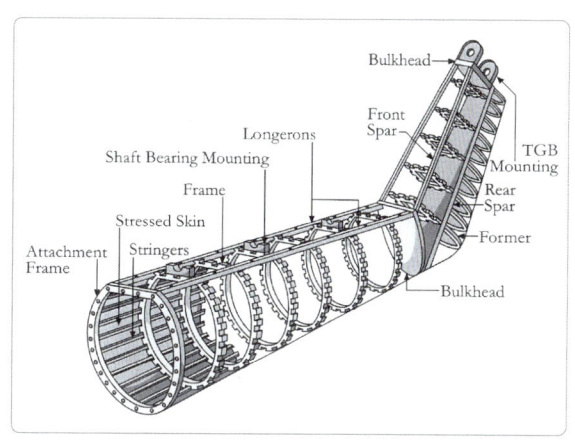

[그림 2-14] 꼬리 부분의 세미모노코크 구조

주 동체는 롱저론과 둥근 형태의 프레임이 인터코스탈(intercostal) 및 스트링거와 조립된 박스 구조물이다. 보강용 판재 및 프레임 등이 창문이나 도어가 위치하는 주위에 부착된다. 하부 동체 구조는 객실 바닥과 좌석 부착용 레일에 대한 지지대, 연료 탱크 셀 구성용 벌크헤드 및 착륙 기어를 부착하는 지점 등에 매우 강한 세로빔과 가로빔이 위치한다.

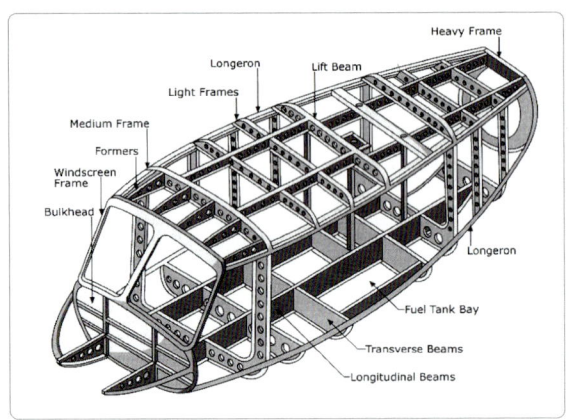

[그림 2-15] 주요 동체 구조

메인 로터에서 나오는 양력은 메인 기어박스(MGB) 마운팅과 변속기 데크(deck)를 통해 수직 프레임으로 구성된 박스 구조를 통해 하부 동체로 전달된다.

각 동체 부분에 사용되는 외피의 두께는 하중 지지 요건에 따라 달라진다. 외피는 압축력보다 인장력에 더 잘 저항하기 때문에 높은 압축력에 노출될 수 있는 부위의 경우 굽힘 응력을 견디기 위해 더 두꺼운 두께의 판재를 사용해야 한다.

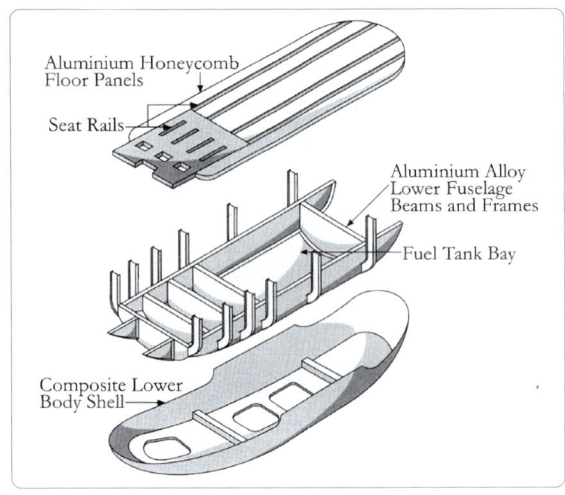

[그림 2-16] 동체 하부 구조

2.2.4.1 프레임(Frames)

경량 또는 중간 정도의 강도를 지닌 프레임은 동체의 형상을 유지시키는 구조물에 사용되고, 강한 프레임은 동체, 변속기 기어 토션 박스, 엔진, 파이론, 안정판 및 착륙 장치 장착 부분 등에 사용되고 있다.

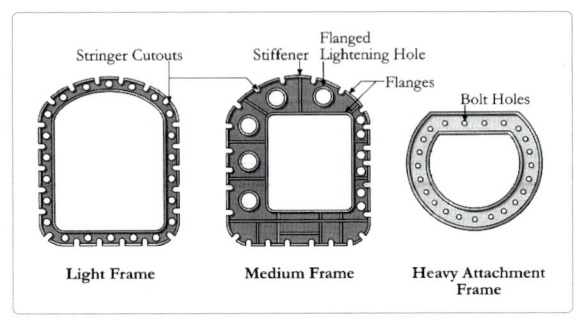

[그림 2-17] 프레임 종류

(1) 경량 프레임(Light Frame)

포머(former) 또는 링(ring) 이라고도 불리는 경량 프레임은 플렌지 형태를 이루며 간혹 Z 섹션을 갖추기도 하고, 가벼운 알로이(alloy) 판재를 압착하여 둥근 형태로 제작된다. 스트링거나 롱저론과 함께 장착하기 위해 프렌지 부분에 원주 방향을 따라 구멍이 뚫려 있으며, 무게 절감을 위해 라이트닝 구멍(lightening hole) 이 있다.

(2) 중간 프레임(Medium Frame)

중간 프레임은 경량 프레임보다 강하고 두껍다. 구조물의 모양은 경량 프레임과 유사하며 일부 프레임의 하단 부분은 벌크헤드 부분을 형성할 수 있는 모양을 갖추며, 중량물이나 무거운 장비를 지지할 수 있도록 견고성을 증대시킨 보강 섹션 형태로 제작된다.

(3) 중량 프레임(Heavy Frame)

중량 프레임은 주로 동체 섹션, 변속기 및 엔진 지지대, 착륙 기어 및 안정판을 부착할 수 있는 주요 구조물에 사용된다. 또한 이러한 구성품은 각종 부분품으로부터 동체 쪽으로 하중을 전달하는 데도 사용되고, 도어용 지지대를 제공하기 위한 보조 프레임으로 사용된다. 이 프레임은 필요한 강도를 유지하기 위해 경량 합금 또는 강철 재질을 기계 가공하여 제작한다.

2.2.4.2 벌크헤드(Bulkheads)

벌크헤드는 일체형으로 구멍이 없다는 점을 제외하면 프레임과 유사하다. 이는 판재 형태의 재료를 기계 가공하여 제작 후 스티프너(stiffeners)로 보강된다. 벌크헤드는 엔진, 변속기, 화물칸, 장비 및 연료 탱크용 격실과 같이 어떤 구역을 나누는 곳에 사용되어 격벽을 형성해 준다. 또한 일부 벌크헤드는 화재 발생 시 화염 및 유해 가스가 객실이나 다른 부위로 확산되는 것을 방지하기 위한 방화벽(firewall) 역할을 수행하기 때문에 스테인레스 스틸, 인코넬 또는 티타늄 재질의 금속으로 제작되며 복사열 반사를 위한 표면처리도 가해진다.

2.2.4.3 스트링거(Stringer)

스트링거는 일반적으로 가벼운 재질로 제작되며 세로 방향으로 부착되는 부재로 롱저론과 함께 프레임에 결합된다. 스트링거는 프레임 사이에 위치하여 외피의 형태를 유지시켜 주고 굽힘 응력 작용 시 외피를 지지해 준다. 스트링거는 외피 내부에 앵글 브라켓(angle bracket)와 쉐어 타이(shear tie) 라는 작은 부품으로 고정되며, 프레임과 조립되는 끝단에는 클리트(cleat)로 고정된다. 만약 스트링거 끝단이 외피에 노출되어 끝나게 되는 경우 그곳에서 균열 발생 가능성이 존재한다.

스트링거 제작은 경량 합금 재질을 압출 또는 압연 방법으로 제작하는데 압출 방식으로 제작된 것이 강도가 더 우수하다. 또한 스트링거 단면은 여러 가지 형태로 이는 사용되는 부위와 필요한 강도 등을 고려하여 적절한 것이 사용되고 있다.

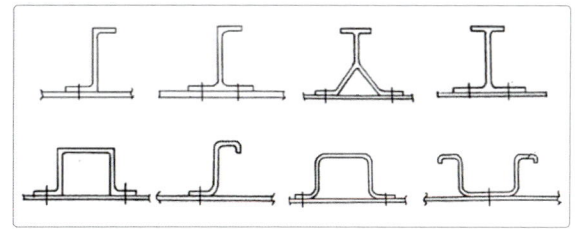

[그림 2-18] 스트링거 단면도 종류

개방형 단면도를 갖는 스트링거가 동체 하부 등 일부 부분에 사용되는데 이는 습기가 축적되는 것을 방지하고 배수를 용이하게 해준다.

일반적으로 스트링거는 프레임 사이에 연속성을 가지게 장착되는데 주변 구조물의 특수성으로 인해 연속되지 못할 경우에는 인터코스탈(intercostal) 이라는 지지대로 연결된다.

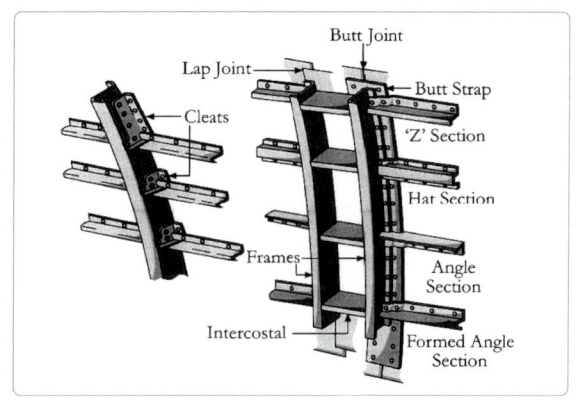

[그림 2-19] 외피에 장착된 스트링거와 프레임 조립 형태

2.2.4.4. 롱저론(Longeron)

롱저론은 세미모노코크 구조 동체에서 내구성을 증대시켜 주는 세로 구조재로 주요 굽힘 응력을 담당한다. 기체 구조물에는 몇가지 주요한 롱저론이 사용되는데 출입문과 같이 크게 뚫러있는 부분의 강도를 유지시키는데 빈번히 사용되고 있다. 또한 일부 롱저론

구조물은 객실 바닥면의 가로 방향 구조재로 사용되어 좌석 부착을 위한 구조재 기능을 제공한다.

2.2.4.5 빔(Beam)

빔은 일명 스파(spar) 라고 하며 굽힘 및 전단력을 감당하는 주요 구조재이다. 단면은 일반적으로 "I"자 형태로 금속 판재의 웹(web)에 아래와 위에 압출 방식으로 제작된 플렌지(upper & lower flange) 가 결합된 형태를 이룬다.

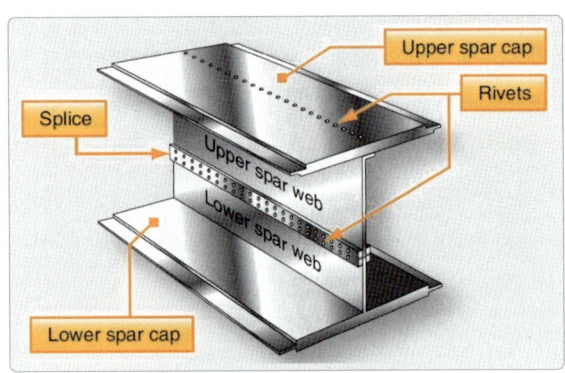

[그림 2-20] 빔 및 스파 형태

2.2.4.6 랩 조인트(Lap Joint)

구조 부재를 부착하는 랩 조인트 방식은 높지 않은 응력을 받는 곳 그리고 표면이 평편해야할 조건이 요구되지 않는 곳에 사용된다. 해당 연결 부위는 두개의 판넬이 겹쳐진 후 리벳 또는 접착제를 이용하여 결합시킨다. 이 방법의 약점은 하중의 전달이 일직선으로 이루어지지 못하는 것이다. 따라서 해당 부위에 인장력이 작용할 경우 두 판넬은 다른 방향으로 작용하여 변형될 가능성이 존재한다.

만약 평평한 표면이 필요한 경우에는 조글링(joggling) 방식으로 랩 조인트를 실시할 수 있으나 이때에도 상기 방식에 따른 취약점은 동일하다.

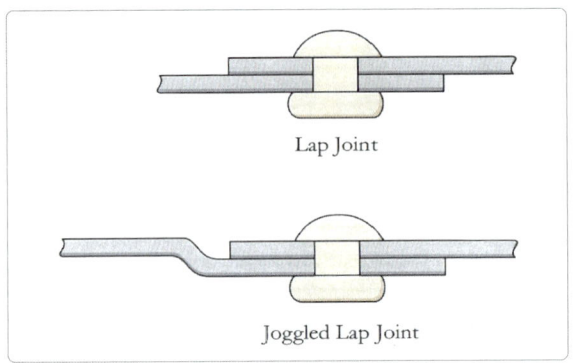

[그림 2-21] 랩 조인 형태

2.2.4.7 버트 조인트(Butt Joint)

버트 조인트는 프레임에 부착된 외피와 같이 높은 응력을 받는 곳에 적절하다. 이 경우 외피 판넬은 매끄럽게 정렬되며, 전단 타입의 리벳으로 고정하여 응력을 받더라도 변형이 발생되지 않는다.

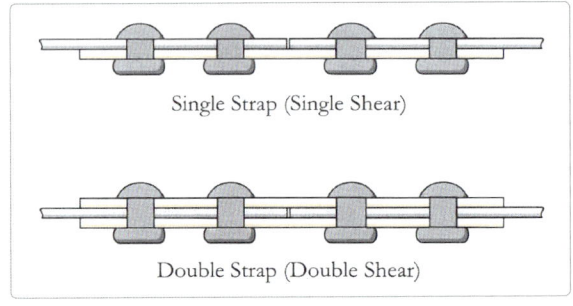

[그림 2-22] 버트 조인트

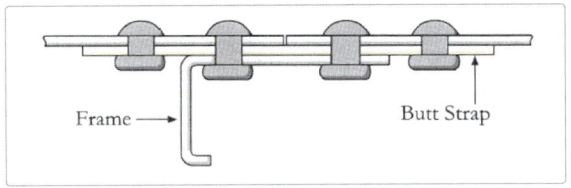

[그림 2-23] 프레임 부위 버트 조인트

2.2.5 보강재(Reinforcement Device)

2.2.5.1 더블러(Doubler)

더블러는 구조물 부재나 외피 등에서 찢어짐 또는

균열 발생을 방지하기 위해 필요 부위에 보강용 판재를 추가하는 것이다. 찢어짐을 방지하는 것은 손상 허용 구조물에 사용되며 운용 중에 발생되는 균열의 전파될 수 있는 한계까지 지지되도록 설계된다.

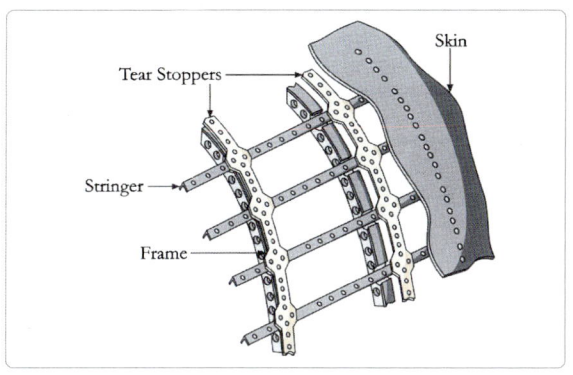

[그림 2-24] 찢어짐 진행 억제 구조물

최근에는 외피 판넬의 두께를 필요한 부위별로 상이하게 화학적 식각 방식 또는 화학적 기계 가공 방식으로 가공하여 두께를 다양하게 만들어 사용하고 있다. 즉 응력을 많이 받는 부위의 두께는 두껍게 그리고 응력을 덜 받는 것은 얇게 제작하는 방식으로 한 개의 부품이 여러 가지 보강 기능을 갖춘 일체형 부품으로 제작, 사용되고 있다.

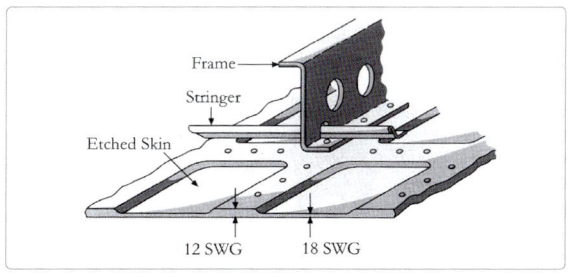

[그림 2-25] 화학적 식각 방식으로 제작된 외피 구조

2.2.5.2 더블러와 프레임(Doubler and Frame)

동체 구조물에서 도어나 창문, 각종 서비스 판넬 등이 장착되는 곳은 구멍이 나게 되는데, 이로 인해서 외피, 스트링거 및 프레임이 연속되지 못하고 끊어지게 된다. 따라서 이를 보강하기 위해 구멍 주위의 외피에는 재료 손실 보상 및 필요한 응력을 감당하기 위한 더블러가 장착된다.

2.2.5.3 클리트(Cleat)

전단 타이(shear tie)라고도 하는 클리트는 스트링거와 프레임이 교차하는 부분을 보강하기 위해 사용되는 것으로 프레임과 외피 접착 부위의 전단력을 증대시켜 준다.

2.2.5.4 거세트(Gusset)

거세트는 일반적으로 삼각형 플랜지 판 형태 부품으로 프레임과 같은 구조재의 모서리 부분에 장착되어 추가 강도를 제공하기 위해 사용된다.

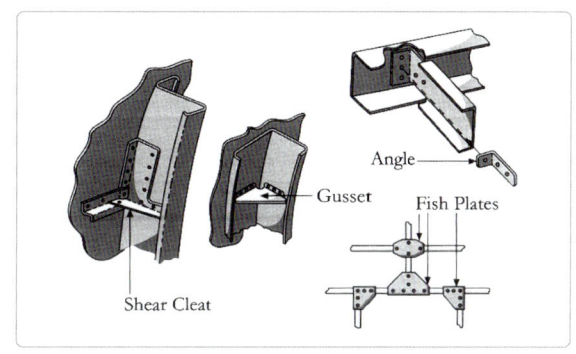

[그림 2-26] 보강 자재

2.2.5.5. 스티프너(Stiffener)

스티프너는 스트링거와 유사하며 판넬 등에 부착되어 해당 구조물의 강도를 높여 준다.

2.2.5.6 버트 스트랩(Butt Strap)

테일 붐이나 파이론과 같이 주요 구조물의 연결 부위에 부착되어 매우 높은 강도를 제공하는 띠 형태의 부품이다.

2.2.6 바닥 구조(Floor Structure)

객실 및 조종실 바닥 아래 구조물은 가로 방향의 바닥 빔(floor beam)과 의자를 고정시켜주는 레일 구조물이 있다. 이 구조물들은 주요 기체 구조물들로 바로 아래 부분에 위치하는 연료 탱크를 덮고 있다. 바닥은 높은 강도와 충격에 대한 저항성이 우수한 경량 알루미늄 허니컴 재질의 판넬이 장착된다.

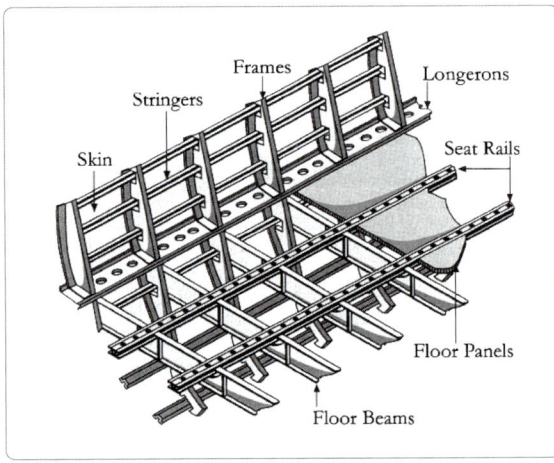

[그림 2-27] 바닥 구조물

2.2.7 부식 방지 처리 (Anti-Corrosion Protection)

헬리콥터도 고정익 항공기와 마찬가지로 운영 중 기후적인 요소, 부식 및 마모 등으로 인해 발생되는 구조물의 강도 저하 또는 기능 손실이 발생되지 않도록 적절히 보호되어야 한다. 또한 구조물에 부식을 발생시킬 수 있는 유체물의 축적을 방지하기 위해 구조물 설계 조립 시 환기 및 배수 개념을 도입 적용해야 한다. 항공기 제작사에서는 부식 발생 예방을 위해 구조물을 보호해 주는 도포제 및 처리 방법 등을 정비 매뉴얼에 소개한다. 또한 부식 방지 프로그램을 정비 방식에 포함시켜 부식의 탐지 및 판정, 그리고 부식에 대한 적절한 수리 및 후속 조치 등도 정비 매뉴얼에 소개되어 있다.

부식은 금속을 화학적 또는 전기 화학적 작용에 의해 서서히 화합물로 변화되는 것으로 적절한 조치를 수행하지 않으면 금속의 강도가 점진적으로 저하된다.

일반적으로 금속 표면이 비보호 상태로 공기에 노출될 경우 산소와 반응하여 산화물로 변화되며, 금속 기계 부품은 작동 중 가열되어 산화율이 증가한다. 또한 금속이 염분, 수분 또는 산성 및 알카리성 유체에 접촉할 경우에도 쉽게 화학적 부식이 발생된다.

금속과 금속 또는 금속과 비금속 재질의 구조물이 접촉될 경우 전극 전위차에 의해 전기 화학적 부식이 발생되는데 이를 이질 금속간의 부식(galvanic corrosion) 이라 부른다.

2.2.8 복합 소재 구조물 (Composite Construction)

최근에 생산되는 헬리콥터에는 자중 감소 및 이에 따른 비용 절감을 위해 구조물 제작 시 복합 소재 사용을 점차적으로 확대하고 있다. 이 복합 소재 구조물에 사용되는 자재 성분으로 유리(glass), 탄소(graphite) 또는 아라미드(aramid: 케블러 Kevlar 소재) 섬유가 널리 사용되는데, 이들 섬유에 폴리에스터 또는 에폭시 접착제를 발라 굳혀서 매우 견고한 적층 구조물(laminate)을 만든다.

섬유로 직조된 천은 어느 한 방향으로 힘을 작용시키는데, 이 천 재료를 사용해 적층 구조물을 제작할 경우 섬유 방향을 여러 방향으로 바꾸어 부착하여 필요한 강도를 만들어 낸다.

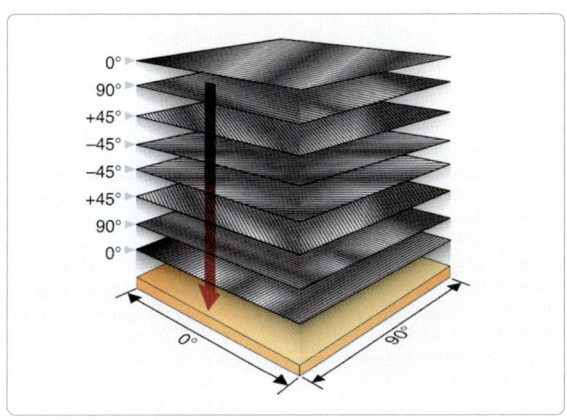

[그림 2-28] 적층 시 섬유 위치 방향

또한 제작 시 일정한 형상을 만들기 위해 형상 틀(jig fixture) 위에 천을 위치시킨 후 접착제를 첨가하여 적층하고 규정된 압력 및 온도를 유지하여 제작 생산한다.

적층으로 만든 판넬을 발포 폼(foam) 또는 허니컴 코어(honeycomb core) 와 함께 부착하면 강도가 우수하고 경량인 샌드위치 판넬을 제작할 수 있다.

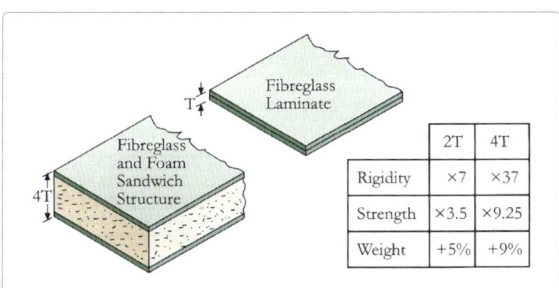

[그림 2-29] 샌드위치 구조물의 강도 우수성

허니컴은 구불어진 형태의 판넬뿐만 아니라 안정판, 핀(fin) 및 파이론(pylon) 제작용 샌드위치 판넬로 널리 사용된다. 여기에 사용되는 코어 재료로는 노멕스(nomex), 케블러(kevlar) 또는 알루미늄 재질 등이 사용된다. 비금속성 재질로 만들어지는 복합 소재 구조물에는 낙뢰에 의한 손상을 방지하기 위해 구리 또는 알루미늄 등의 재질로 만들어진 그물망 또는 띠 형태의 전도체를 함께 결합시켜 제작한다.

[그림 2-30] 허니컴 구조

그림 2-31은 헬리콥터의 주요 구조물에 복합 소재가 사용된 사례를 보여주고 있다.

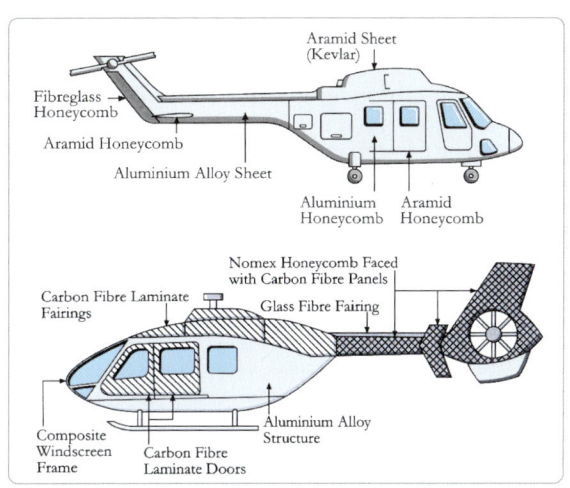

[그림 2-31] 헬리콥터에 사용된 복합 소재 구조물 사례

2.2.9 파이론, 안정판 및 착륙장치 (Pylon, Stabilizer & Undercarriage)

2.2.9.1 테일 파이론(Tail Pylon)

헬리콥터에서 테일 파이론은 수직 안정판 역할을 하는 테일 로터 어셈블리(tail rotor assembly)를 고정시켜주는 수직 구조물이다. 다음 그림에서와 같이 테일 로터 파이론은 고정용 프레임 또는 벌크헤드에 있는 테일 붐의 후방에 볼트로 고정된다.

2.2.9.2 스태빌라이저 부착 (Stabilizer Attachment)

대부분의 헬리콥터에는 다양한 종류의 수직 및 수평 안정판이 부착되어 있다. 테일 로터가 장착된 테일 로터 파이론은 수직 안정판 역할을 수행하기도 한다. 일부 헬리콥터에는 한 개의 수평 안정판이 테일 로터 파이론의 상부에 있는 벌크헤드에 장착되어 있으며, 다른 종류로는 수평 안정판이 테일 붐에 장착된 경우도 있다. 또 다른 경우로 추가적인 수직 안정판이 테일 붐에 있는 수평 안정판 양쪽 끝에 장착된 경우도 있다. 수평 안정판은 고정 타입과 가변 타입이 있다.

일부 헬리콥터에는 수직 꼬리 부분 내부에 테일 로터를 장착한 형태의 페네스트론(fenestron)이 있는 경우에는 헬리콥터가 편향되거나 추가적인 안티 토큐 조종(anti-torque control)을 위해 수직 핀(vertical fin)이나 스태빌라이저가 패내스트론 상부에 장착되어 있다. 일부 경량 헬리콥터에서는 꼬리 부분 동체가 복합 소재로 제작된 경우가 있고, 어떤 경우에는 완전히 반쪽으로 나누어져서 리벳 또는 접착제 사용 방식으로 조립되기도 한다.

[그림 2-32] 페네스트론(fenestron) 및 고정 안정판 장착 모습

일부 헬리콥터에는 조종사가 제어할 수 있는 가변 수평 안정기가 장착되어 있다. 이런 유형의 스태빌라이저를 스테빌레이터(stabilator)라고 부른다. 이 장치는 양쪽 스테빌레이터가 테일 붐 내의 프레임에 부착된 트루니언 베어링이 통과하는 공통 축을 이용하여 일체형으로 이루어져 있다.

[그림 2-33] 스테빌레이터 부착

2.2.9.3 착륙 장치(Undercarriage Attachment)

(1) 스키드 착륙 장치(Landing Skids)

많은 헬리콥터들이 착륙용 스키드를 갖추고 있는데 이는 2개의 알루미늄 합금 크로스 튜브에 부착된 튜브형 알루미늄 합금 스키드로 구성된다. 베어링 링을 포함하는 2개의 부착용 브라켓(bracket)가 각 크로스 튜브에 부착되며, 하단 동체 내 바닥 지지 구조물의 일체형 피팅(fitting)에 볼트로 고정된다. 이 피팅은 헬리콥터를 들어 올릴 때 잭(jack)의 부착 부위로도 사용되는 곳이다.

각 스키드 튜브에는 마모 시 교체가 가능한 보호용 덮개(shoe)가 부착되어 있다. 지상에서 이동 시 편리함을 제공하기 위해 대부분의 스키드 착륙 장치에는 쥬리 바퀴(jury wheel)를 장착할 수 있다. 또한 경우에 따라서는 비상용 부유 장치(emergency float)를 스키드나 스키드 튜브에 부착하여 부유 착륙 장치를 대체할 수가 있다.

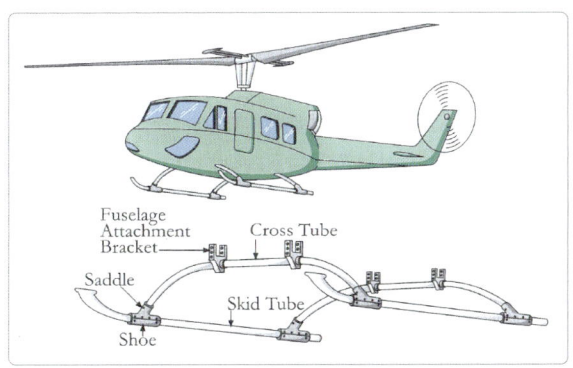

[그림 2-34] 스키드형 착륙 장치 부착

(2) 접이식 착륙 장치(Retractable Landing Gear)

일부 헬리콥터에는 고정식(fixed) 또는 스윙식 메인 휠(retractable main wheel)과 스윙 불가한 캐스토링 테일 휠(castoring tail wheel)을 갖춘 형태 또는 스윙식 메인 휠(retactable main wheel)과 노즈 휠(nose wheel)을 갖춘 형태가 있다. 유형에 따라 메인 기어는 메인 동체의 양쪽 측면으로 돌출된 부분(sponson)의 구조물에 장착된다.

그림2-35와 같이 스윙식 메인 기어는 측면 스트러트(side strut)에 의해 지지된 양쪽 돌출부에 장착되어 있다. 이 돌출부는 스파로 구성되고 동체 아래 부분의 바닥 가로 빔(floor cross beam)에 있는 러그(lug)에 볼트로 고정되며 동체 박스 구조물에 있는 견고한 프레임의 러그에 상부 끝부분이 볼트로 고정된 측면 스트러트에 의해 지지되고 있다. 착륙 기어는 돌출부의 공간으로 들어가도록 설계되어 있는데 이 부분은 비상 부유 장치를 겸하고 있다. 꼬리 부분의 바퀴 장치는 쉽게 회전할 수 있으며 고정형으로 후방 동체 구조물에 있는 일체형 피팅에 볼트로 장착되어 있다.

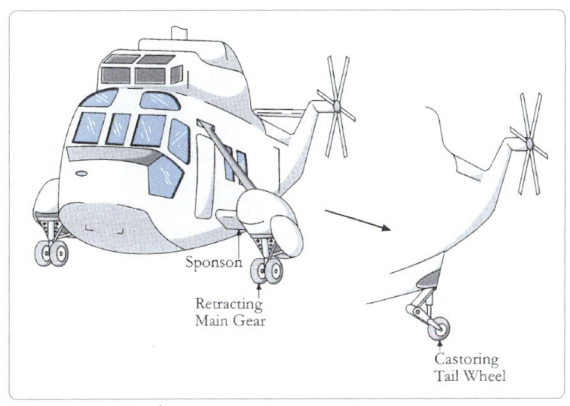

[그림 2-35] 착륙 장치(1)

그림2-36에서 스윙식 메인 기어는 양쪽 돌출부에 장착된 반면에 조향 기능을 갖춘 스윙식 노즈 기어는 전방 바닥지지 구조물 내의 공간에 있는 일체형 피팅에 장착되어 있다.

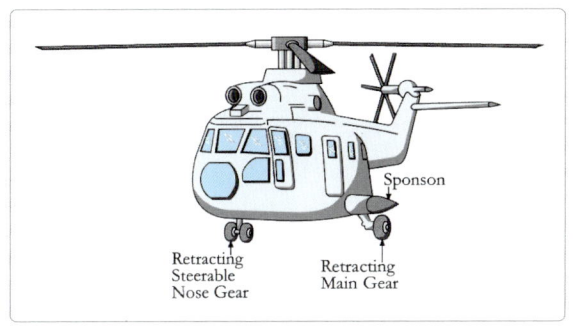

[그림 2-36] 착륙 장치(2)

전형적인 스윙식 착륙 기어는 공유압 작용 완충 장치(oleo-pneumatic shock strut)로 "Y"자형 구조물 양쪽이 회전축이 되도록 트루니온 베어링(trunnion bearing)과 결합되며, 굴절 기능을 갖춘 지지대가 후방에 부착되어 있다. "Y"자형 트루니온은 측면 지지대 기능을 포함하고 있으며, 착륙 기어가 올라가서 위치하는 공간 양쪽 측면에 있는 장착용 피팅 내의 베어링과 결합된다.

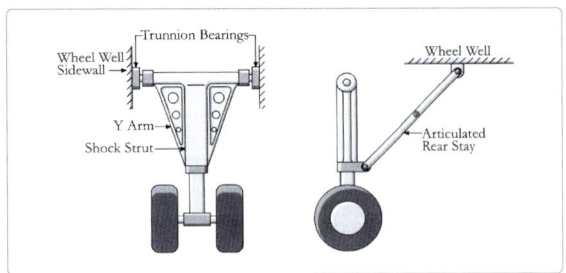

[그림 2-37] 착륙 장치 부착

(3) 고정식 착륙 장치(Fixed Landing Gear Attachment)

일부 헬리콥터에는 고정식 착륙 기어가 있으며 이는 휠과 타이어(wheel & tire), 액슬(axle) 및 공유압 작용 완충 장치로 구성된다. 다음 그림은 2개의 전방 고정 기어와 쉽게 회전할 수 있는 2개의 후방 휠로 구성되어 있다.

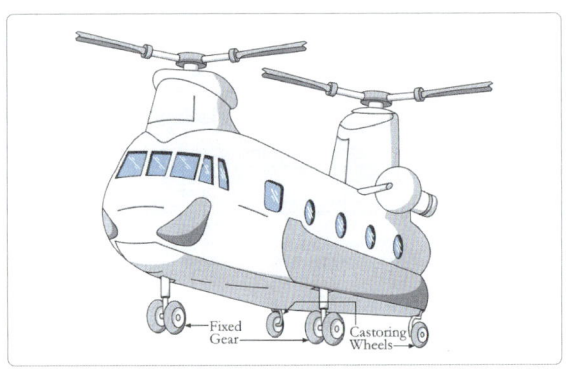

[그림 2-38] 착륙 장치(3)

2.2.10 의자(Seat)

헬리콥터에 장착되는 모든 의자, 침대, 안전벨트 및 하네스는 각 좌석 및 지지구조물에 작용하는 최대 하중 계수, 관성력 및 반작용력이 탑승자의 몸무게를 77Kg(170lbs) 기준으로 비상 상태를 포함한 모든 비행 및 지상 운항 상태에서 견딜 수 있도록 설계 제작되어야 한다. 따라서 이와 관련된 모든 구조물들은 주요 구조물(primary structure)로 분류된다.

2.2.10.1 승무원용 의자(Crew Seat)

승무원용 의자는 조종실에 2개가 장착되는데 오른쪽에 위치하는 것이 조종사용(pilot) 의자이다. 각 의자들은 객실 바닥 구조물에 부착되어 있는 알루미늄 재질의 시트 트랙(seat track) 상부 롤러에 고정된다. 트랙은 승무원이 의자를 움직일 때 가이드 레일 및 위치 고정 기능을 제공한다. 또한 의자 이동 시 전방 및 후방으로의 맨 끝단에 정지할 수 있도록 정지 피팅(stop fitting)이 부착되어 있다.

승무원 의자 장착용 트랙(track)은 채널 섹션 형태로 의자의 앞과 뒤쪽 다리의 고정 장치(seat retaining spigot)를 부착할 수 있는 원형 구멍이 연속해서 가공되어 있는 형태이다. 의자 다리 고정 장치는 스프링이 내장되어 채널 섹션에 밀착되고 채널 섹션 상부의 구멍과 구멍 사이 부분에 앵커 형태의 고정 부분에 의자가 장착된다.

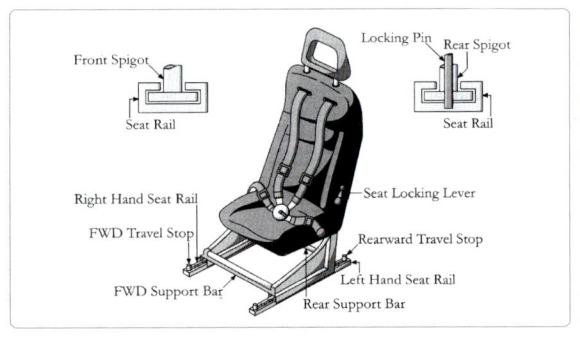

[그림 2-39] 승무원용 의자 고정

2.2.10.2 승객용 의자(Passenger Seat)

헬리콥터의 종류, 크기 및 역할에 따라 승객용 의자는 1열, 2열 또는 3열 형태의 의자가 사용되고 있다. 의자는 사용 목적에 따라 앞면(forward facing) 또는 뒷면(rear facing) 그리고 양 옆면(side facing)을 바라볼 수 있게 장착된다. 승객용 의자도 승무원용 의자와 마찬가지로 바닥 구조물에 부착된 트랙에 고정된다. 승객용 의자는 착석한 승객이 조정할 수 없지만 의자 장착 작업 시 의자 사이의 간격(pitch)을 원하는 위치에 따라 조정하여 장착할 수 있다.

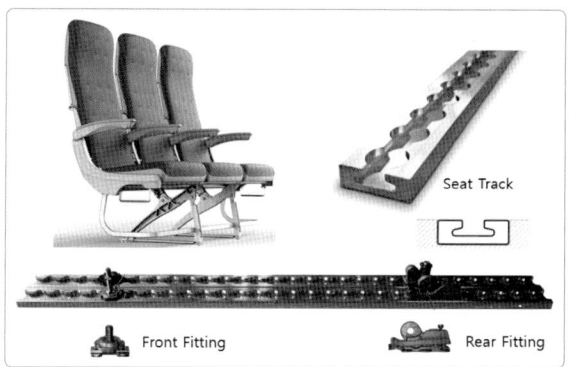

[그림 2-40] 승객용 의자 고정

승무원용 의자와 같이 승객용 의자도 아래 다리 부분을 트랙 상부 구멍에 고정시킬 수 있는 스프링이 장착된 부품이 부착되어 있다. 의자 장착 시 앞뒤 방향으로 간격을 조정할 경우 1인치 간격으로 조정이 가능하다. 이는 의자 장착용 트랙 위의 구멍이 1인치 간격으로 뚫려있기 때문이다. 의자 장착 후 트랙의 빈 공간은 이물질이 쌓이지 않도록 플라스틱 재질의 커버로 덮어 둔다.

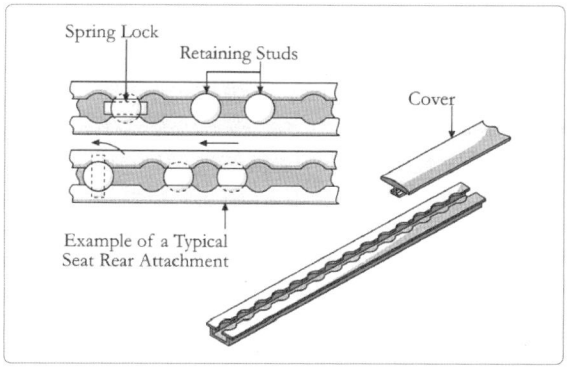

[그림 2-41] 승객 의자용 바닥면 트랙

의자 고정 장치에는 여러 가지가 사용되고 있다. 일반적으로 의자 앞, 뒤쪽의 다리 끝부분에 스프링 고정 장치가 부착된 스피고트(spigot)를 트랙 구멍에 끼운 후 고정한다. 앞쪽 스피고트는 의자의 움직임을 방지하기 위해 손으로 돌려서 의자를 레일 쪽으로 고정시켜 준다. 의자가 앞뒤 방향 및 상하 방향으로 움직이지 않도록 의자를 적절히 장착해야 하며 만약 의자를 잘못 장착할 경우 승객 안전을 크게 위협할 수가 있다.

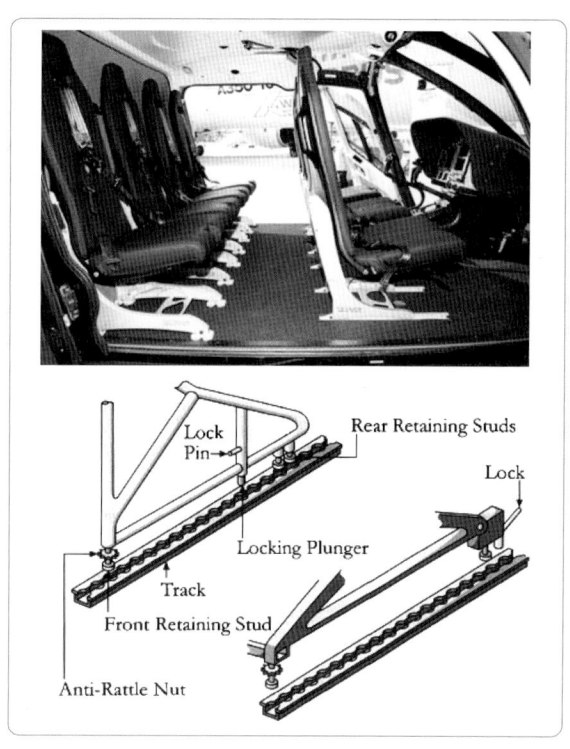

[그림 2-42] 승객 의자용 장착

일부 수송용 헬리콥터에서는 접히는 형태의 의자가 사용되고 있다. 이 의자는 벽에 고정된 지지대(wall-mounted stanchion) 또는 레일과 한 줄로 된 의자 장착용 트랙에 고정된다. 벽에 고정된 지지대를 포함하여 동체에 고정된 모든 의자 장착용 구조물들도 모두 주요 구조물로 분류된다.

[그림 2-43] 벽에 고정되는 의자

일부 헬리콥터에는 승객이 눕거나 수면을 취할 수 있는 침대 형태가 장착되어 사용되기도 하는데, 이 형태의 시설물도 바닥에 있는 의자용 고정용 트랙에 고정된다. 이 시설물의 모든 고정 조건도 정상 운영 및 비상 운영 조건하에서 승객 무게가 최소 77Kg(170lb)에 해당되는 하중 조건을 견딜 수 있게 설계되어야 한다.

2.2.11 도어(Door)

2.2.11.1 도어 인증 규격 (Certification Specification)

헬리콥터에 장착되는 도어의 인증규격은 다음과 같다.
(1) 객실 내 나누어진 각각의 공간에는 적절하고 쉽게 접근할 수 있는 적어도 1개씩의 외부 도어가 장착되어야 한다.
(2) 각각의 외부 도어는 작동 중인 로터, 프로펠러, 엔진 입구 및 배기가스 출구로부터 인명 손상이 발생되지 않을 곳에 위치해야 한다.
(3) 도어 개폐에 대한 절차가 규정되어야 하며, 이를 내부 그리고 도어 개폐 장치 위 또는 인근 부위에 표기해야 한다.
(4) 모든 도어는 비행 중 부 주위 또는 기계적 결함에 의해 도어가 열리지 않게 하는 잠금 장치를 갖추어야 한다. 지상에 있는 헬리콥터 내부에서 승객이 도어 쪽으로 쏠리더라도 외부 도어는 객실 내, 외부에서 모두 열 수 있어야 한다. 도어 개폐 수단은 간단하고 명료해야 하며 또한 쉽게 작동할 수 있어야 한다.
(5) 비상 시 출구로 사용하기에 적합하지 않은 화물 또는 서비스 도어를 제외한 모든 도어는 다음과 같은 극한 관성력 작용 조건하에서 경미한 충돌 시 동체 변형으로 인해 도어가 고착되지 않아야 한다.
① 위 방향(upward): 1.5G
② 앞 방향(forward): 4.0G
③ 양 옆 방향(sideward): 2.0G
④ 아래 방향(downward): 4.0G
(6) 모든 도어가 완전히 잠가졌는지를 승무원이 직접 검사할 수 있는 수단이 구비되어 있어야 한다. 또한 도어가 정상적으로 닫히고 잠가졌는지를 승무원에게 신호해주는 육안 식별 장치를 갖추고 있어야 한다.
(7) 출입 또는 비상용 도어 중에서 앞쪽 방향으로 열리는 도어는 1차 잠금 장치가 고장 났을 때 도어가 열리지 않도록 보조 안전 잠금장치를 갖추어야 한다.
(8) 출입용 계단 기능을 포함한 도어는 비상구로서의 기능이 훼손되지 않도록 다음 사항이 철저히 준수되어야 한다.
① 도어 일체형 계단 및 작동 구조는 최대 관성력을 감당할 수 있어야 한다.
② 헬리콥터가 정상적인 지상에서의 자세 또는 하나 이상의 착륙 장치 파괴 시에도 비상구 기능을 유지해야 한다.
(9) 착수용 비상구로 사용되는 필수적인 도어

(non-jettisonable door)는 바다에 착수할 경우와 같이 개방된 위치에서 비상구 역할 및 구조 기능을 수행할 수 있도록 이를 고정시켜주는 수단을 갖추어야 한다.

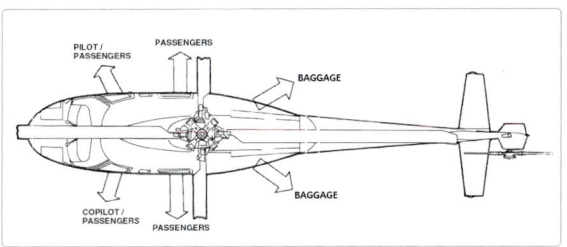

[그림 2-44] 헬리콥터 도어

2.2.11.2 승무원용 도어(Crew Door)

승무원용 도어는 객실의 양쪽 측면에 하나씩 있다. 헬리콥터의 종류에 따라 도어 형태는 상이하지만 모든 도어는 유사한 인증 사양을 충족해야 한다. 그 예로서 다음 그림의 도어는 탄소 섬유 복합 소재로 구성되어 있으며 부드러운 실(seal)이 주위를 감싸고 있다. 도어는 밖으로 열리며 도어 앞쪽 방향과 인접된 동체 구조물에 힌지(hinge)용 피팅 2개에 장착되어 있다. 또한 도어에 직접적인 시야를 제공해 주는 슬라이딩 판넬 형태의 아크릴 재질 창문이 있다. 도어는 가스 작동 장치에 의해 완전히 열린 후 멈추게 된다.

도어 후방에 외부와 내부에서 작동 가능한 일체형 도어 작동 핸들이 부착되어 있는데, 이는 동체 구조물에 있는 피팅과 함께 상하 훅크 래치(hook latch) 가 레버(lever)와 로드(rod)작동 시스템에 의해 작동된다. 도어가 닫힌 상태에서 진동으로 인해 서서히 열리는 현상을 방지하기 위해 도어 핸들을 최종 위치로 돌려 래치 메커니즘을 오버 센터(over center) 위치로 이동시킨다.

도어가 바깥쪽으로 열리기 때문에, 보조 안전장치가 설치되어 1차 래칭 메커니즘이 고장 나거나 탑승자가 문 안쪽에서 압력을 가할 경우 도어가 열리는 것을 방지한다. 이 보조 안전장치는 헬리콥터 내부 및 외부에서 모두 해제 할 수 있어야 한다.

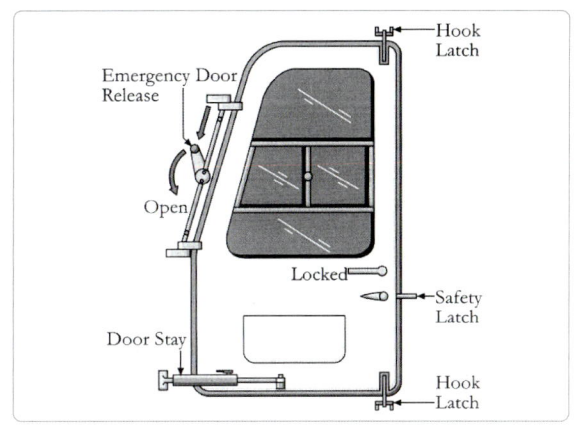

[그림 2-45] 승무원용 도어

도어가 닫히고 잠겼는지 여부를 시각적으로 제공해 주는 것은 래치 위치와 잠금 위치 지시계에 의해 이루어지며, 이는 도어가 완전히 잠겼을 때 오직 핸들에 의해서만 표시된다. 필요할 경우 도어를 안전하게 잠글 수 있는 키 작동 장치도 사용된다. 모든 도어는 비상 탈출이나 구조를 용이하게 해야 할 경우 래치를 해제하고, 비상 도어 해제 손잡이를 풀어 힌지를 분리할 수 있어야 한다. 이는 헬리콥터 내, 외부에서 모두 가능해야 한다. 화살표 머리 옆에 'open'이라는 단어가 있는 빨간색 화살표 표시는 비상 해제 레버의 작동 방향을 나타낸다.

2.2.11.3 승객용 도어(Passenger Door)

승객의 출입구를 제공하는 가장 일반적인 수단으로 단일 슬라이딩 도어가 있다. 전형적인 슬라이딩 도어는 알루미늄 합금 또는 복합 소재로 가볍게 제작되며 대형 아크릴 재질의 창문이 부착되어 있는데, 비상 시 탈착이 가능하도록 설계된다. 도어는 상부 지지 레일 및 하부 가이드 레일 등을 따라 롤러 등의 이동

장치로 움직인다. 레일에는 내부에 도어 작동 범위를 제한시켜주는 멈춤 장치가 있다. 도어 래치를 작동시킬 수 있도록 레버와 로드 작동 시스템 내부와 외부를 상호 연결시켜 주는 도어 잠금 핸들이 있다. 손잡이를 사용하여 도어를 이동시킬 수도 있다.

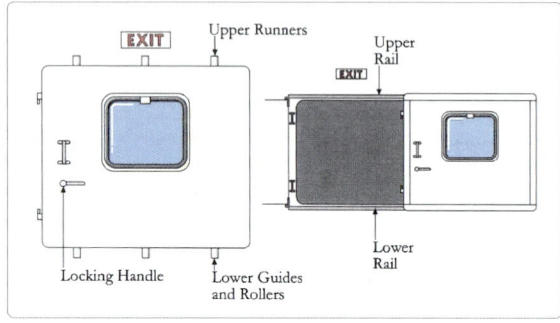

[그림 2-46] 슬라이딩 도어

2.2.11.4 화물칸 도어(Cargo Door)

헬리콥터의 종류, 크기 및 역할에 따라 수하물/화물 도어 또는 적재 램프(ramp)가 장착된다. 외부 핸들과 래치가 장착된 간단한 힌지 패널로 작은 수하물 칸에 접근할 수 있다.

또 다른 방법으로 동체 후방에 양쪽으로 열리는 한 쌍의 도어(clamshell door)가 설치 될 수 있다. 이 경우 도어는 닫힐 때 범퍼 실(seal) 부분으로 양쪽 도어가 함께 끌어당겨지면서 외부 수동 장력 후크 래치로 고정시킨다. 장력 후크 래치는 정상적으로 체결되었을 때 저항을 없애주기 위해 표면과 동일하게 평편하게 유지된다. 래치 메커니즘에는 오버 센터 잠금 기능과 도어 표면에 평편하게 위치하는 캐치 레버 고정용 보조 안전 캐치가 연동하여 작동한다. 이 동작 기능은 진동으로 잠금이 풀리는 현상을 방지해 준다. 또한 래치가 열리면 후크가 수동으로 올라와서 체결되지 않은 상태를 유지시켜 준다. 이 구조는 안전을 위해 필요하며, 만약 래치 메커니즘이 고장 나면 후크는 계속 결합

된 상태나 도어를 닫힌 상태로 유지시켜 준다.

가스 작동식 지지대는 일반적으로 양쪽으로 열리는 각각의 도어에 장착되어 화물을 탑재 또는 하기 시에 도어를 완전히 열린 상태로 유지시켜 준다.

화물을 운반하기 위해 특별히 설계된 대형 헬리콥터에는 유압 작동식 화물 램프가 장착된다. 화물 램프는 2개의 유압식 작동 장치(ram)에 의거 작동되며, 동체 구조물에 장착되어 있는 피팅에 훅크 래치를 유압으로 체결되도록 작동한다. 만약 유압이 감압되면 래치는 체결 상태를 유지시켜 준다. 화물 램프가 완전히 열리면 화물 램프를 아래로 내려가도록 가압되기 이전에 우선 래치가 올라오고 난 후 체결 상태가 풀린다.

[그림 2-47] 화물 램프

램프 양쪽에 동체 구조물의 피팅과 연결되는 철제 케이블이 설치된 경우도 있다. 이 케이블은 램프가 일정 상태로 개방된 것을 유지시켜 준다. 이것은 비행 중 램프를 개방하려는 경우와 유압 작동 장치(ram)가 고장 날 경우 그 영향이 매우 치명적이기 때문에 주의를 기해야 한다. 이동식 램프는 일반적으로 화물을 적재 및 하기할 때 화물 램프의 끝과 지면 사이를 연결하기 위한 부속품으로 사용된다.

2.2.11.5 서비스 도어(Service Door)

헬리콥터의 시스템 및 부분품에 접근하여 정비를 하기 위해 다양한 크기의 서비스 도어가 장착되어 있다. 일반적인 위치로는 변속기 및 엔진실, 연료 탱크실 아래 부분, 테일 붐 및 파이론 부분 등이다. 간단한 판넬은 스크류 또는 퀵 릴리즈 패스너(quick release fastener)로 고정되며, 대형 힌지 판넬인 경우에는 퀵 릴리즈 래치로 고정된다.

[그림 2-48] 퀵 릴리즈 래치

2.2.11.6 도어 열림 경고 장치 (Door Open Warning System)

일부 헬리콥터에는 도어가 열려 있거나 완전히 잠기지 않았을 경우 승무원에게 시각적 경고를 제공하기 위한 도어 열림 경고 시스템이 장착되어 있다. 이 시스템은 도어 프레임에 접근 스위치(proximity switch) 또는 마이크로 스위치(micro-switch)와 객실 내의 디스플레이 모듈로 구성되며, 완전히 닫히지 않은 도어를 식별하기 위한 경고등 기능을 제공한다. 디스플레이 모듈은 각 도어의 경고등을 작동시켜 주며, 마스터 도어 경고등(master door caution light)과 시스템 경고등(system caution light)을 작동시켜 준다. 따라서 도어가 완전히 잠기지 않으면 마스터 도어 경고등, 시스템 경고등 및 해당 도어 경고등이 켜지게 된다. 만약 모든 도어 경고등이 꺼져 있는데 도어 마스터 경고등 또는 시스템 경고등이 켜져 있으면 시스템 고장임을 의미한다. 디스플레이 모듈 패널에는 관련 경고등 작동 기능을 점검할 수 있도록 테스트 스위치가 있다.

2.2.11.7 비상 탈출구(Emergency Exit)

비상 탈출구는 동체 외벽에 장탈 가능한 도어 또는 해치(hatch) 형태를 갖추어야 하며, 외부에서 여는데 방해를 받아서는 안 된다. 각 비상 탈출구는 내, 외부로부터 단순하고 쉽게 열 수 있어야 한다. 지상으로부터 1.8m(6ft) 이상의 높이에 있는 비상탈출구에는 탈출용 로프(rope)나 미끄럼대(slide)를 설치하여 탈출 보조 장치를 갖추어야 한다.

각 승객의 비상 탈출구 위치, 접근 방법이 내부에서 손쉽게 인식할 수 있도록 표시되어 주야간에 쉽게 식별이 가능토록 해야 한다. 관련 글자는 빨간색 바탕에 흰색 글자로 구성해야 한다. 대형 헬리콥터에서는 출입구 표시를 폭 51mm(2inch) 로 하여 바탕색과 대조되는 색상을 이용하여 출입구 외곽에 표시해야 한다. 소형 헬리콥터에서는 도어를 비상 탈출구로 사용되므로 도어 작동 레버 등에 외곽 표시가 필요하다.

[그림 2-49] 비상 탈출구 표시

2.2.12 윈도우(Window)

윈드스크린(windscreen)과 윈도우는 파손 시 위험을 초래하지 않도록 조각으로 부서지는 재료를 사용해서는 안 된다. 또한 폭우나 결빙 상태를 포함한 모든 조건 하에서 안전 운항을 위해 승무원들의 시야가 방해받지 않도록 투명하고 굴곡이 없어야 한다. 그리고 객실 내부가 가압되지 않아 윈도우에 차압이 발생되지 않아 하중을 감당할 필요가 없다.

2.2.12.1 윈드스크린(Windscreen)

윈드스크린은 헬리콥터의 종류 및 제작 요건에 따라 그 종류가 다양하다. 간단한 예로 경량 헬리콥터인 경우 한 겹의 주물 제작 형태의 아크릴 글라스로 제작되고 안쪽 표면에 뜨거운 공기를 직접 공급해서 뿌옇게 발생되는 김(mist)을 제거해 주는 형태이다. 또 다른 형태로는 여러 겹의 아크릴 글라스를 붙인 후 전기 공급 가열용 투명 필름을 그 사이에 설치하여 열을 가하는 형태가 있다.

윈드스크린 설치 시에는 지지용 프레임 내에서 제한된 움직임을 제공해야 한다. 이는 윈드스크린 재질과 지지용 프레임의 열팽창율이 다르기 때문에 이로 인해 발생되는 윈드스크린 내의 응력을 방지하기 위함이다. 일반적으로 아크릴의 열팽창 계수는 철제물의 8배, 알루미늄 합금의 4배 정도가 된다. 반대로 유리 재질은 알루미늄 합금 보다 훨씬 작다. 윈드스크린에 있는 고정용 구멍들은 필요 간격을 유지하기 위해 직경이 약간 넓혀져야 하고, 윈드스크린과 프레임 사이의 가장자리 간격을 유지해야 한다.

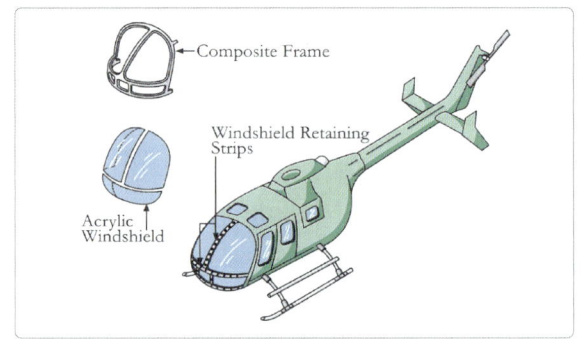

[그림 2-50] 윈드쉴드 장착

그림 2-51은 고정 밀폐형 띠와 스크류를 사용해서 복합소재 프레임에 부착된 아크릴 유리 스크린을 보여주고 있다.

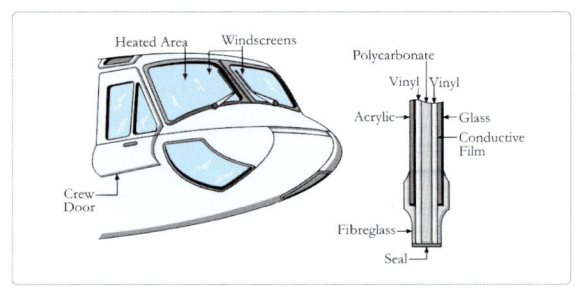

[그림 2-51] 적층 형태의 윈드스크린

적층 구조의 윈드스크린은 일반적으로 강도가 크며 충격에 대한 저항력이 우수하다. 이러한 윈드스크린은 2개의 아크릴 판을 접착시키되 그 사이에 필름 형태의 투명한 발열 장치를 삽입한다. 발열 장치로는 전도성 필름이 사용되는데 일반적으로 그 재질은 금 또는 산화 주석이 사용되며 두께가 2마이크론 정도로 매우 얇다. 전기가 양쪽 스크린에 공급되며, 각 윈드스크린은 내부에 부착된 온도 센서를 통해 독립적으로 온도가 관찰, 조절된다.

윈드스크린은 접시머리 형태의 볼트로 동체 프레임에 장착된다. 따라서 이 볼트 장착 시 규정된 토큐를 반드시 준수해야 한다. 왜냐하면 볼트를 과도하게 조일 경우 스크린 균열을 초래할 수 있다. 또한 예비용

컴파스 계기 주위의 볼트는 비자성체 재질의 부품을 사용해야 한다. 윈드스크린 고정용 구멍은 직경이 약간 크고 스페이셔(spacer)나 그로메트(grommet)를 부착하여 팽창 및 수축 현상을 보상해 주어야 한다. 윈드스크린과 주변 프레임 사이의 규정된 간격을 반드시 유지해야 하며, 해당 부위의 움직임에 대처하고 습기가 침투되지 않도록 범퍼 실(bumper seal)이 가장자리에 부착되어 있다.

적층 구조로 제작된 윈드스크린에는 들뜸 현상(delamination)이 발생될 수 있는데, 이는 비닐층(vinyl interlayer)이 아크릴 또는 유리 층으로부터 떨어져서 발생되는 현상이다. 이러한 현상을 방지하기 위해서 판넬 가장자리에 얇은 재질을 추가 부착하여 비행 중에 발생하는 구성 층의 움직임에 대처토록 한다.

또한 비닐층에 버블 현상이 발생될 수 있는데 이는 가열된 비닐층에 기포가 침투된 것으로 시야가 방해받을 수 있을 정도로 악화되기 전에는 교환할 필요는 없다.

2.2.12.2 윈도우(Window)

헬리콥터는 호버링(hovering)과 터치 다운 기동 시 승무원이 지상을 볼 수 있도록 앞쪽 하단에 윈도우가 있다. 전방 앞쪽에 있는 윈드스크린 이외에도 측면 윈도우와 머리 위 부분에 윈도우가 추가적으로 장착되어 있다. 양쪽에 있는 측면 윈도우는 필요 시 직접 육안으로 외부를 볼 수 있도록 슬라이딩 판 형태를 지닌다. 윈도우는 긁힘 현상에 저항력이 우수한 아크릴 유리 또는 플렉시 유리 재질로 제작되며, 실(seal)과 스크류를 사용하여 객실 프레임에 장착되거나 클램핑 실(clamping seal)로 밀폐된다. 이 때에도 열 팽창과 동체 구조물의 변형에 대비하여 장착 시 규정된 간격을 유지시켜 주어야 한다.

조종실 또는 객실 부분에 장착된 일부 윈도우는 비상 탈출구 역할을 수행하는데, 이 때에는 안과 밖에서 윈도우를 쉽게 장탈할 수 있어야 한다.

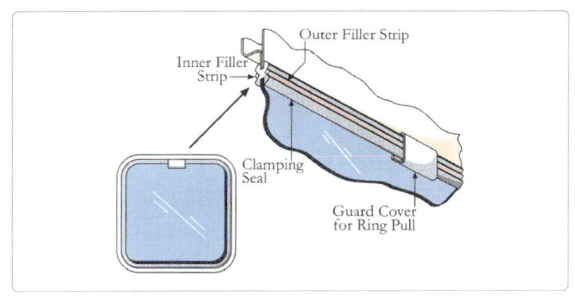

[그림 2-52] 비상 탈출구용 윈도우

비상 탈출 시 윈도우 안팎에 있는 보조 커버(guard cover)는 쉽게 장탈되어야 하며, 링 풀(ring pull)을 이용해서 해당 필러 스트립(filler strip)이 쉽게 당겨져야 한다. 이는 클림핑 실(crimping seal)의 그립(grip)을 풀어 윈도우를 밀면 밖으로 빠지도록 해 준다.

2.2.12.3 아크릴 창문 결함 현상 (Crazing in Acrylic Transparencies)

퍼스펙(perspex) 또는 폴리메틸 메트로크리레이트(polymethyl metrocrylate)는 가장 많이 사용되는 아크릴용 재질이다. 아크릴은 헬리콥터용 윈드스크린과 윈도우 제작 시 사용되는데 표면에 긁힘 현상이 쉽게 발생되어 시야를 방해한다. 이러한 결함은 표면 인장 응력 상태에 오래 노출되거나 유기물 또는 증기와 접촉할 경우 발생할 수 있다.

아크릴 재질은 일반적으로 무기질 재료에 대한 내성이 우수하고 또한 파라핀(paraffin)과 같은 유기질 콤파운드 등에 대한 내성도 우수하다. 반면에 솔벤트, 제빙 용액 및 일부 유압용 오일에 포함된 에스테르와 같은 다른 종류의 유기질 콤파운드는 아크릴 재질을 쉽게 손상시킬 수 있다. 벤젠, 염소 처리된 탄화수소와 케톤도 아세톤과 같이 아크릴 재질을 손상시킨다.

이러한 콤파운드들 중에서 어떤 것은 크레이징(crazing) 결함을 유발시키며, 또 다른 것들은 아크릴 재질을 녹이거나 재료에 침투되어 부풀리거나 약화시킬 수 있다. 크레이징 현상을 유발시키는 솔벤트는 아크릴 재질에 더 심각한 영향을 미치며 크레이징 결함을 발생시킨다.

2.2.13 연료 탱크(Fuel Tank)

일반적으로 연료 탱크는 객실 바닥 아래 부분에 있는 동체 프레임 사이 공간에 설치되며, 2개가 연결된 형태로 충돌 상황에 대한 내구성을 갖추고 블래더(bladder) 형태를 유지한다. 탱크 상단에 나사산이 나있는 스터드가 부착되어 탱크를 객실 바닥 아래 구조물에 고정시킬 수 있다. 주 연료 탱크에 있는 연료 주입구는 동체 옆쪽 서비스 판넬 후방 있는 연료 공급 라인에 연결된다.

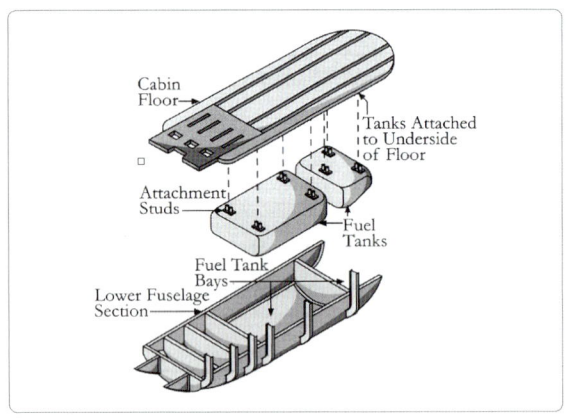

[그림 2-53] 연료 탱크

연료 탱크가 위치하는 공간의 안쪽 면은 탱크 구조 부품이 손상되지 않도록 매끄럽고 돌출된 부위가 없어야 한다. 또 필요하다면 탱크 구조 부품과 기체 구조물 간 마찰 현상을 방지하고, 간격을 유지시켜 주는 비흡수 형태의 패드(non-absorbent pad)가 부착된

다. 연료 또는 연료 가스가 축적되지 않도록 탱크 표면이나 인접된 공간은 항상 환기가 되도록 해야 한다. 탱크 형태가 밀폐 구조인 경우에는 구조물에 있는 배출용 구멍(drain hole)을 통해 고도 변화에 따른 압력 차이로 인해 외부로 배출된다. 연료 탱크가 있는 공간이나 주유구 부분에도 배출구가 있는데 이들은 객실 내로 연료나 연료 가스가 스며들지 않고 화재 발생을 예방하기 위해 동체 아래쪽에 위치한다. 일부 헬리콥터에는 블래더형 탱크 대신 일체형 연료 탱크가 내장되어 있을 수 있다. 일체형 탱크는 구조물의 구획 벽을 밀봉하여 탱크 공간으로 사용된다. 이때 유의해야 할 점은 연료 탱크를 구성하는 면이 엔진으로부터 배출되는 주 배기 가스 배출구에 인접되어서는 안된다.

2.2.13.1 방화벽(Firewall)

방화벽은 엔진 또는 히터에서 배출되는 열기로부터 구조물을 차단하기 위해 밀폐된 절연체 벽으로 화염이 다른 부분으로 전파되는 것을 방지한다. 방화벽은 일반적으로 스테인리스 강, 인코넬 또는 티타늄 재질로 제작되며 열기를 반사할 수 있도록 표면을 광택 처리한다.

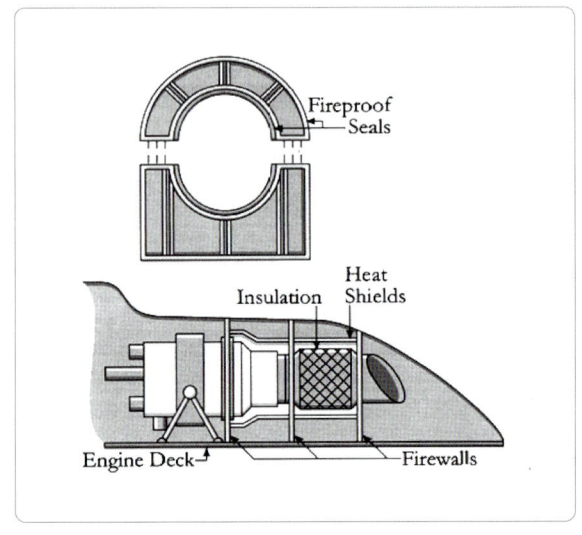

[그림 2-54] 방화벽

2.2.13.2 엔진 고정대(Engine Mounting)

엔진 마운트는 엔진을 엔진 지지대에 부착하는데 사용된다. 이들은 충돌 착륙 조건 하에서도 엔진을 제자리에 지탱할 수 있을 만큼의 충분한 강도를 지녀야 한다. 또한 각각의 엔진에서 발생되는 유해한 진동이 관련 부분품들 또는 헬리콥터 기체 쪽으로 전달되지 않도록 장착되어야 한다. 다음 그림에서와 같이 엔진은 전방 부위에 있는 2개의 튜브 형태의 "A"자형 프레임 그리고 후방은 튜브 형태의 철제 지지대에 의해 장착된다. 엔진 변속기(transmission) 출력 축은 엔진 기어박스의 전반 부분에 부착된 커플링 튜브를 통해 메인 기어박스와 결합된다.

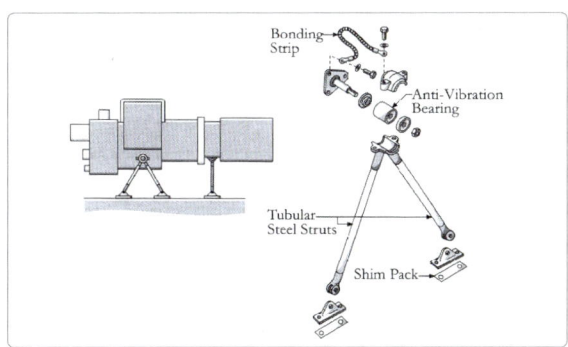

[그림 2-55] 엔진 마운트

각각의 "A" 프레임은 아래 끝 부분이 엔진 지지대에 볼트로 장착된 단조 철제 마운팅 고정대에 부착되며, 윗 부분은 엔진 케이싱에 있는 단조 철제 마운트에 부착된다. 케이스에 있는 베어링은 진동 방지를 위해 철제 부싱 내부에 고무가 부착되어 있다. 엔진 정렬(alignment)은 엔진 지지대에 있는 마운팅 브라켓 아래 부분에 심(shim)을 끼워 넣어 조절한다. 엔진과 마운팅 프레임 사이에 진동 방지를 위한 장치 때문에 접지 상태가 충분하지 못하므로 유연성이 있는 접지선(bonding strip)으로 엔진과 메인 접지 시스템을 연결시켜 주어야 한다.

제3장 헬리콥터 엔진

3.1 왕복엔진(Reciprocating Engines)
3.2 가스터빈엔진(Gas Turbine Engines)

3.1 왕복엔진
Reciprocating Engines

3.1.1 개요(Introduction)

모든 항공기 왕복엔진은 효율성, 경제성, 그리고 신뢰성과 같은 일반적인 요구 조건을 충족시켜야 한다. 항공용 왕복엔진의 구비조건은 다음과 같다.

- 연료 경제성(fuel economy)
- 내구성과 신뢰성(durability and reliability)
- 작동 유연성(operating flexibility)
- 소형화(compactness)

3.1.1.1 동력장치 선택(Powerplant Selection)

순항 속도가 250mph를 초과하지 않는 저속 범위에서 경제성이 요구될 때, 뛰어난 효율과 상대적 저비용 때문에 왕복엔진이 선택된다. 고고도 성능이 요구될 경우, 터보 과급식(turbo supercharged)왕복엔진은 30,000feet 이상의 고고도에서 정격출력을 유지할 수 있기 때문에 선택될 것이다.

3.1.1.2 엔진의 형식(Types of Engines)

항공기 엔진은 가스터빈, 왕복 피스톤, 로터리, 2행정 또는 4행정, 불꽃 점화, 디젤, 그리고 공냉식 또는 수냉식과 같이 여러 종류로 되어 있다. 또한, 왕복엔진은 실린더(피스톤) 배열로 분류한다. 실린더 배열에 따라 직렬형, V-형, 성형, 대향형으로 등으로 분류한다.

3.1.2 왕복엔진 구조 (Reciprocating Engines Construction)

3.1.2.1 크랭크케이스 부분(Crankcase Sections)

크랭크케이스는 크랭크축이 회전 부위를 지지하는 베어링 서포트(support)와 베어링을 포함하고 있다. 크랭크케이스는 본체를 지지할 뿐만 아니라 윤활유를 위한 기밀을 유지해야 하고 엔진 외부의 여러 부품과 내부 기계장치를 지지하고 있다. 또한, 크랭크케이스는 실린더가 장착되고 지탱해 주며, 항공기에 동력장치로써 장착할 수 있도록 해 준다.

크랭크케이스는 크랭크축과 베어링들이 어긋남을 방지하기 위해 매우 단단하고 강해야 한다. 실린더는 크랭크케이스에 고정되어 있기 때문에, 크랭크케이스로부터 실린더가 분리되려는 힘에 대하여 당기는 상당한 힘이 작용한다.

[그림 3-1] 크랭크케이스

3.1.2.2 액세서리 부분(Accessory Section)

액세서리 후방 부분은 일반적으로 주물 구조이며, 재료는 알루미늄합금이 가장 널리 사용되고, 마그네

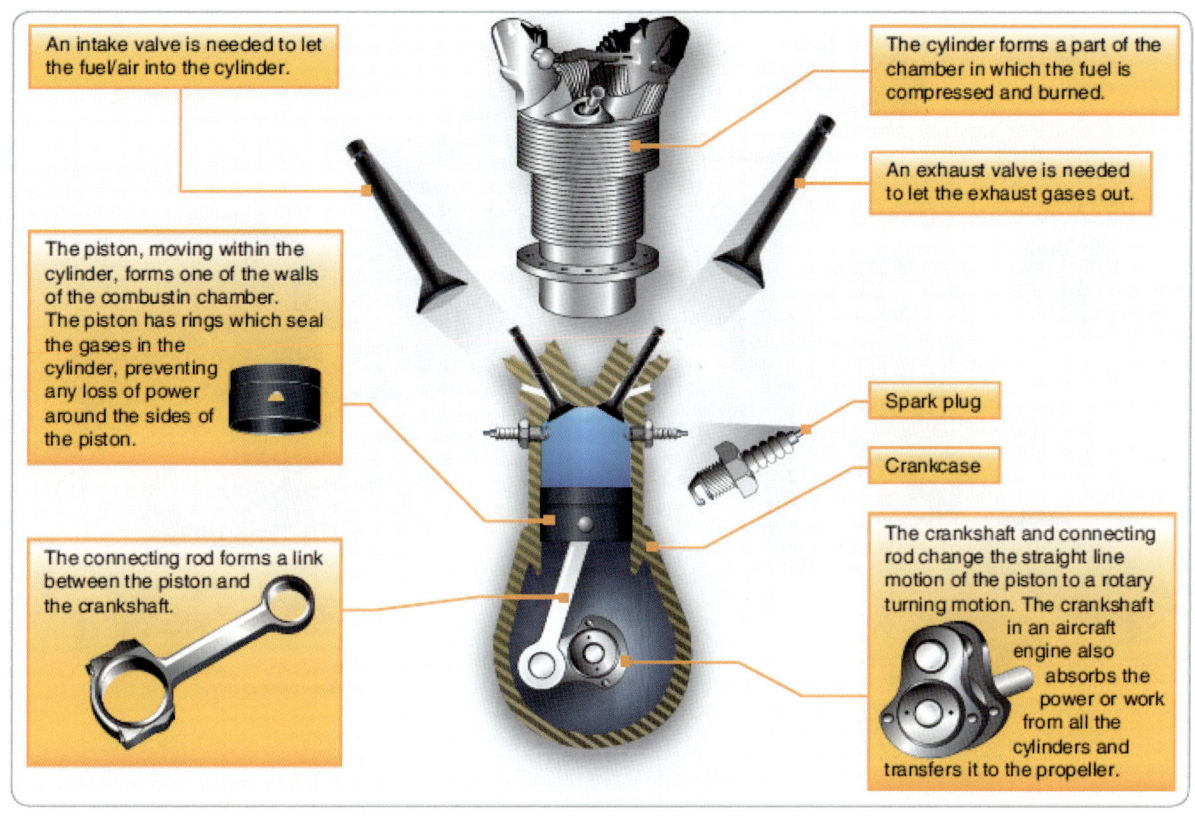

[그림 3-2] 왕복엔진의 기본구조

슴도 일부 사용되고 있다. 이것은 마그네토, 기화기(carburetor), 연료, 오일, 진공펌프(vacuum pump), 시동기(starter), 발전기(generator), 회전속도계(tachometer) 구동장치 등과 같은 액세서리를 설치하기 위한 수단으로 한 조각으로 주조되어 있다.

3.1.2.3 액세서리 기어열(Accessory Gear Trains)

엔진 부품과 액세서리를 구동시키기 위한 평 기어와 베벨기어 모두를 포함하는 기어열은 서로 다른 형태의 엔진에 사용된다. 평 기어는 대체로 큰 부하의 액세서리를 구동시키기 위해 사용되거나, 기어열 사이의 가장 작은 움직임 또는 틈(backlash)이 요구되는 곳에 사용된다. 베벨기어는 짧은 축으로 이어지는 다양한 액세서리 장착 패드(mount pad)에 각진 곳에 사용된다.

3.1.2.4 크랭크축(Crankshafts)

크랭크축은 크랭크케이스의 세로축에 평행하게 있고, 일반적으로 각 스로(throw) 사이에 주 베어링에 의해 지지된다. 크랭크축 주 베어링은 크랭크케이스에 견고하게 지지되어야 하며, 일반적으로 각 주 베어링 1개마다 크랭크케이스에 가로 웹(web)이 설치되어 있다. 이 웹 형태는 구조의 필수적인 부분으로서, 더욱이 주 베어링을 지지할 뿐만 아니라 전체 케이스의 강도를 증가시켜 준다.

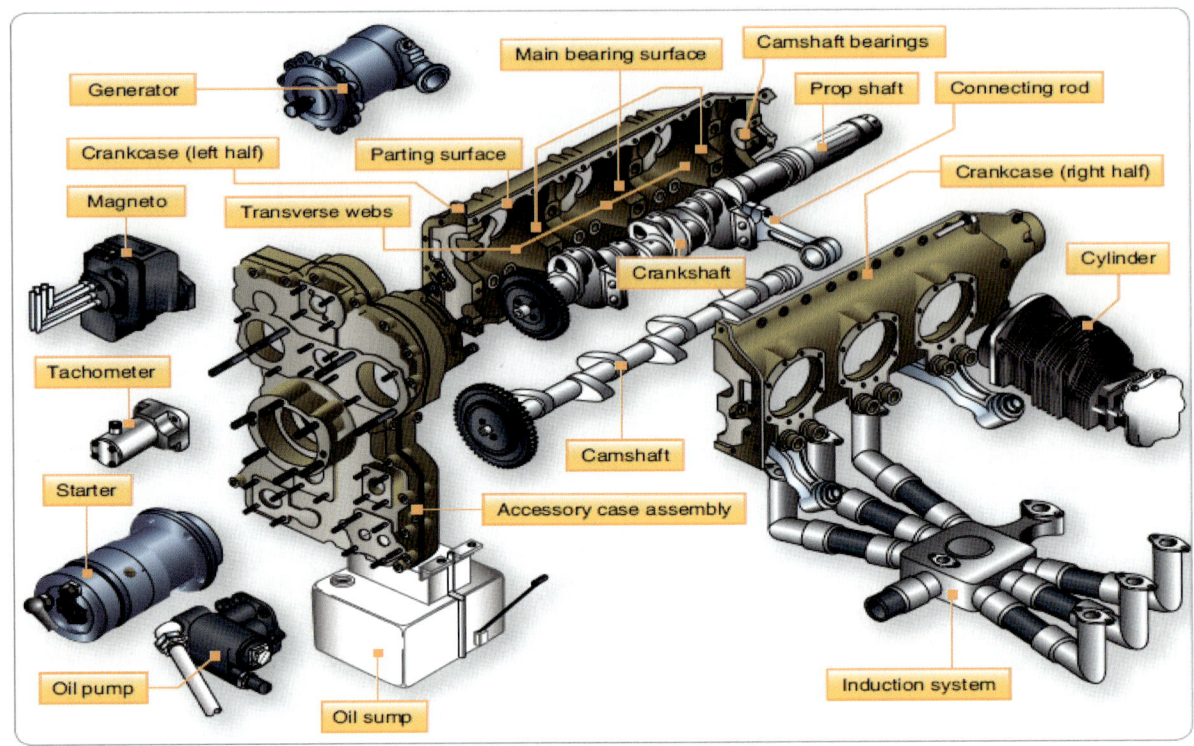

[그림 3-3] 대향형 엔진의 구성품

(1) 크랭크축의 균형(Crankshaft Balance):

크랭크축은 정적균형과 동적균형이 유지되어야 한다. 크랭크축은 크랭크 핀(crank pin), 크랭크 암(crank arm)이 완전히 조립된 상태에서 정적인 균형이 잡혀야 하고, 카운터 웨이트(counter weight)는 회전 축 주위의 균형을 잡아 준다. 크랭크축의 정적균형에 대해 점검할 때는 2개의 나이프 엣지(knife edge) 위에 크랭크축을 올려놓는다. 어느 한 방향으로 축이 돌아가려는 경향이 있다면, 그것은 정적균형을 벗어난 것이다.

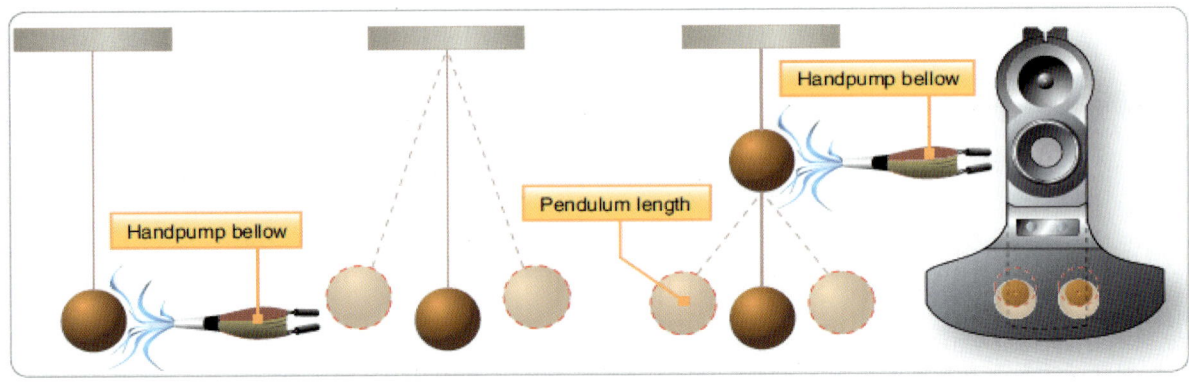

[그림 3-4] 다이나믹 댐퍼의 원리

(2) 다이내믹 댐퍼(Dynamic Dampers):

크랭크축 회전과 동력 전달에 의해서 만들어지는 모든 힘으로 엔진이 작동되고 있는 상태에서 거의 또는 전혀 진동 없이 자체적으로 균형이 잡혔을 경우 크랭크축이 동적 균형을 이루고 있는 것이다. 엔진작동 동안에 진동을 최소로 감소시키기 위하여 크랭크축에 다이내믹 댐퍼를 달아 준다.

3.1.2.5 커넥팅 로드(Connecting Rods)

커넥팅 로드는 피스톤과 크랭크축 사이에서 힘을 전달시켜 주는 연결 장치이다. 커넥팅 로드는 하중을 받을 때 강도를 유지하기에 충분히 강한 것이어야 하고, 피스톤을 작동시키고 방향을 바꾸고 각 행정의 끝단에서 다시 시작할 때 일으키는 관성력을 감소시키기에 충분히 가벼운 것이어야 한다.

그림 3-5에서 보는 바와 같이, 커넥팅 로드는 네 가지 형태가 있다.

- 평형(plain)
- 포크 블레이드형(fork-and-blade)
- 마스터 관절형(master-and-articulated)
- 분리형(split-type)

3.1.2.6 피스톤(Pistons)

피스톤은 강철 실린더 내에서 위아래로 움직이는 원통형의 구성품이다.

피스톤이 실린더에서 아래쪽으로 움직일 때, 연료·공기 혼합기를 흡입한다. 피스톤이 위쪽 방향으로 움직일 때면, 혼합기를 압축하고, 점화가 일어나고, 팽창시킨 가스는 피스톤을 아래쪽 방향으로 밀어낸다. 이 힘은 커넥팅로드를 통해 크랭크축으로 전달된다. 다시 피스톤이 위쪽으로 향하는 행정에서 피스톤은 실린더로부터 배기가스를 밀어낸다.

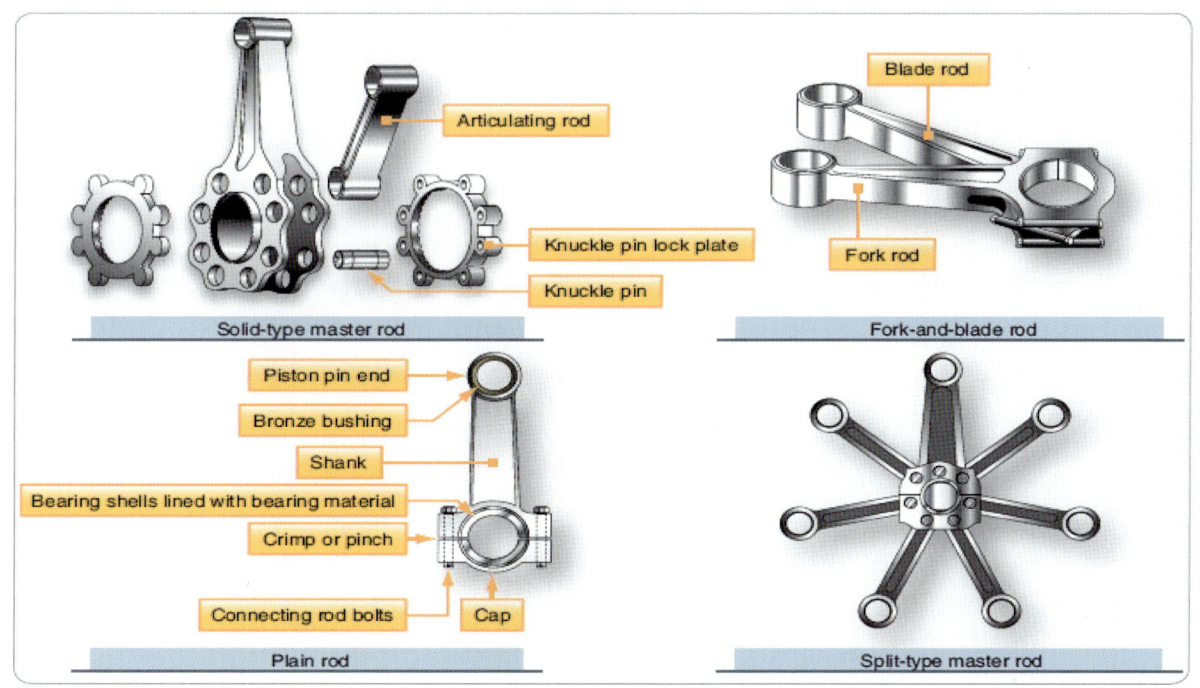

[그림 3-5] 커넥팅 로드

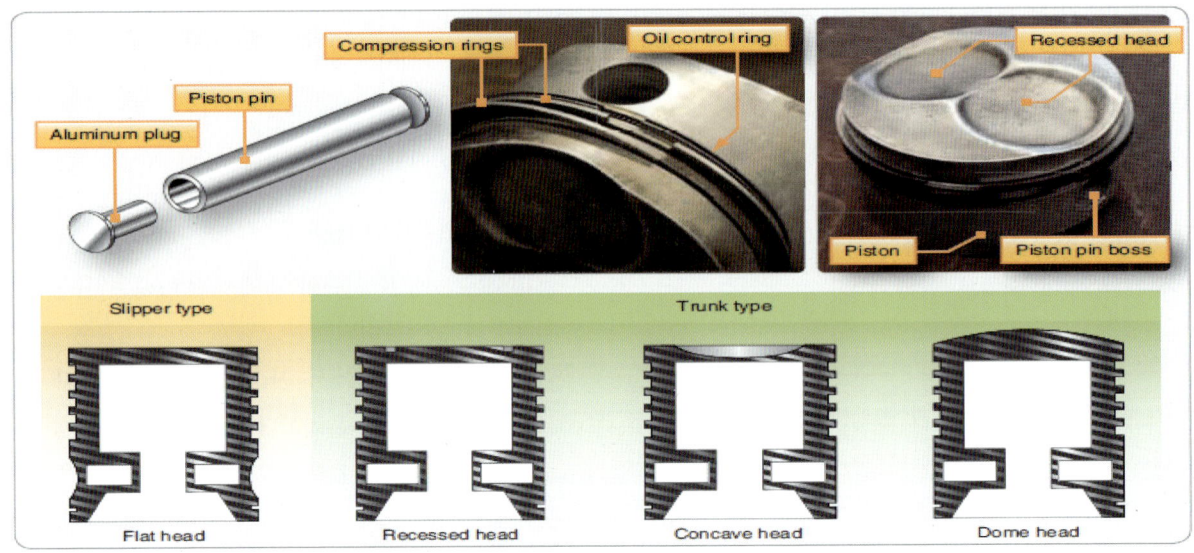

[그림 3-6] 피스톤의 구조와 형식

- 피스톤 구조(piston construction):

대부분의 항공기 엔진 피스톤은 알루미늄합금을 단조 후 기계 가공하여 제작한다. 피스톤링을 장착하기 위해 피스톤 바깥쪽 표면에는 홈이 기계 가공되었고, 엔진 오일에 보다 많은 열을 전달하기 위해 피스톤 안쪽에는 냉각핀이 있다.

피스톤의 헤드는 평편하거나 볼록하거나(convex), 또는 오목(concave)하다. 피스톤 헤드에 우묵하게(recess) 기계로 가공된 것은 밸브의 간섭을 방지하기 위한 것이다.

3.1.2.7 피스톤 핀(Piston-Pin)

피스톤핀은 커넥팅 로드에 피스톤을 연결시킨다. 피스톤핀은 니켈 합금강으로 단조하여 관 형태로 기계가공하고 표면을 경화시키고 연마하였다. 피스톤핀은 리스트 핀(wrist-pin) 이라고도 한다.

3.1.2.8 피스톤 링(Piston Ring)

피스톤링은 연소실로부터 가스압력 누출을 방지하고, 오일이 연소실 안으로 침투되는 것을 최소화시켜 준다. 이러한 링들은 피스톤 홈에 잘 맞지만 실린더 벽에 밀착되어 팽창되어 튀어나온다. 링에 적절하게 윤활 되었을 때는 효과적으로 가스가 빠져나가지 못하게 한다.

(1) 피스톤링 구조(Piston Ring Construction):

대부분의 피스톤링은 고강도 주철로 만든다. 링이 만들어진 다음에, 요구되는 단면으로 연마한다. 이 링들은 피스톤 바깥쪽의 슬리퍼 된 바로 위에 피스톤 벽에 기계 가공된 링의 홈들 안으로 분할되어 장착되어 있다. 이 링들의 목적은 피스톤과 실린더 벽 사이에 틈새를 밀폐하는 것이기 때문에, 링들은 기밀이 충분히 유지되도록 실린더 벽에 꼭 맞아야 한다

(2) 압축링(Compression Ring):

압축링은 엔진작동 중에 피스톤을 통과해서 연소가스가 누출되는 것을 방지하며 피스톤 헤드 바로 아래에 링 홈에 위치한다. 각 피스톤에 사용되는 링의 개수는 2개의 압축링 외에 1개 이상의 오일 조절 링을 사용한다. 압축 링의 단면은 직사각형이거나 테이퍼

면을 가진 웨지 형상이다. 실린더 벽에 대하여 좁은 모서리를 가진 테이퍼 면은 마찰을 감소시키고 보다 좋은 밀폐작용을 한다.

(3) 오일 조절링(Oil Control Ring):

오일 조절링은 압축링 바로 아래와 피스톤핀 구멍 바로 위에 홈에 위치한다. 피스톤 마다 1개 이상의 오일 조절링이 있다: 오일 조절링은 2개가 같은 홈에 장착되거나 각각 따로 홈에 장착하게 된다. 오일 조절링은 실린더 벽면에 유막 두께를 조절한다.

(4) 오일 스크레이퍼 링(Oil Scraper Ring):

오일 스크레이퍼 링은 경사진 면을 갖고 있으며 피스톤 스커트의 아래쪽에 있는 홈에 장착된다. 오일 스크레이퍼 링은 긁히는 날이 피스톤 헤드에서 먼 쪽으로 장착되거나, 또는 실린더 위치와 엔진 계열에 따라서는 반대 방향으로 장착되기도 한다.

3.1.2.9 실린더(Cylinders)

연소와 가스 팽창이 일어나는 연소실이 있고, 피스톤과 커넥팅 로드가 있는 곳이다.

(1) 엔진 작동 중에 발생되는 내부압력을 견디기에 충분히 강해야한다.
(2) 엔진 무게를 줄이기 위해 경금속으로 제작되어야 한다.
(3) 효율적인 냉각을 위해 양호한 열 전도성을 가져야 한다.
(4) 제조, 검사 및 유지하기가 비교적 쉽고 비용이 저렴해야 한다.

3.1.2.10 점화순서(Firing Order)

점화 순서는 실린더에서 동력이 발생되는 순서이고 균형 및 진동을 고려하여 설계되었다. 성형엔진의 점화순서는 점화 충격의 균형을 고려하여 특별한 방식에 따라야 한다. 직렬형 엔진의 점화순서는 다소 다양하지만, 대부분의 순서는 실린더의 점화가 크랭크축을 따라서 균등하게 분배되도록 정해져 있다. 6 실린더 대향형 엔진의 점화순서는 1-6-3-2-5-4 또는 1-4-5-2-3-6이다. 4 실린더 대향형 엔진의 점화순서는 1-4-2-3 또는 1-3-2-4이다.

3.1.2.11 밸브(Valves)

연료·공기혼합물은 흡기밸브를 통해 실린더에 들어가고, 연소가스는 배기밸브를 통해 분출된다. 각 밸브 헤드는 실린더 입구와 출구를 열고 닫는다.

- 밸브 구조(valve construction):

항공기 엔진의 실린더에 있는 밸브는 고온, 부식, 작동상의 응력을 받는다. 흡기밸브는 배기밸브보다 더 저온에서 작동되기 때문에 크롬-니켈강으로 만들 수 있다. 배기밸브는 재료의 내열성이 더 좋은 니크롬강, 실크롬 강, 또는 코발트·크롬강으로 만들어진다.

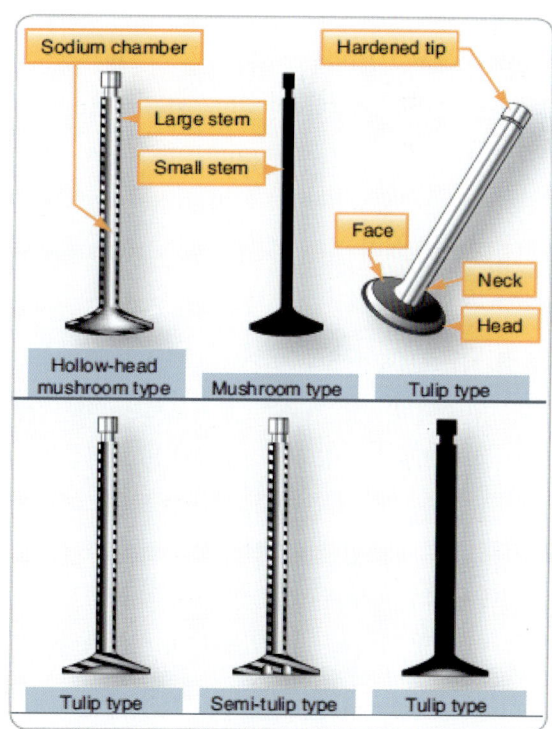

[그림 3-7] 밸브형식

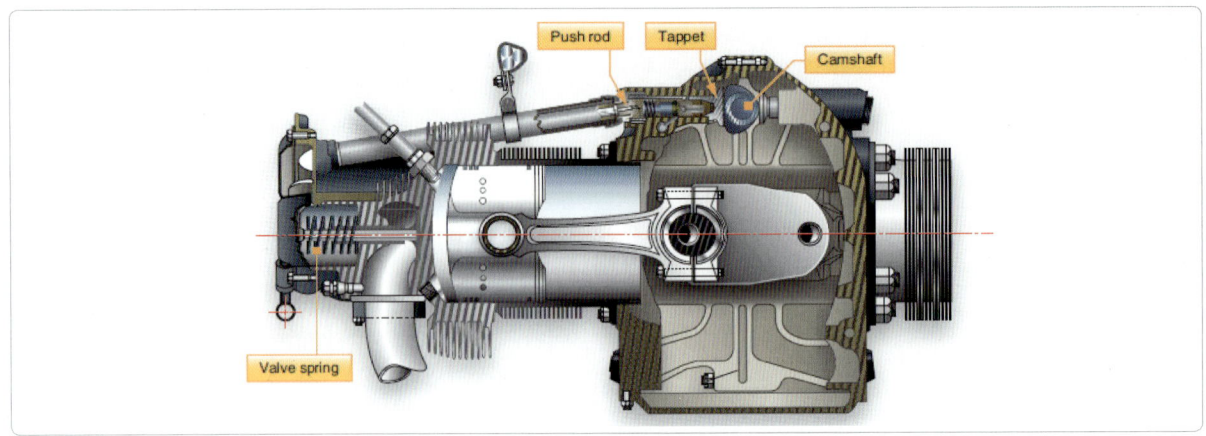

[그림 3-8] 대향형 엔진의 밸브작동기구

3.1.2.12 밸브작동기구 (Valve-Operating Mechanism)

흡기밸브는 상사점에 도달하기 직전에 열리고, 배기밸브는 피스톤이 상사점을 지나서도 계속 열려 있다. 따라서 배기행정 말기와 흡입행정 초기에는 두 밸브가 동시에 열려 있다. 이 밸브오버랩은 체적효율을 더욱 좋게하고 실린더 작동 온도를 더 낮게 해준다. 밸브들의 이러한 타이밍은 밸브작동기구에 의해서 제어되며, 밸브개폐시기(valve timing)라고 한다. 밸브리프트(밸브가 밸브시트에서 떨어진 거리)와 밸브 지속기간(밸브가 열려 있는 시간)은 캠 로브(cam lobe) 모양에 의해 결정된다.

(1) 캠 샤프트(Cam-Shaft):

대향형 엔진의 밸브기구는 캠 샤프트에 의해 작동된다. 캠 샤프트는 크랭크축에 장착된 또 다른 기어와 연결된 기어에 의해 구동된다. 캠 샤프트는 크랭크축 속도의 1/2로 회전한다. 캠 샤프트 회전에 따라 로브는 밸브를 열기 위해 푸시로드와 로커 암을 통해 힘이 전달되어 테핏 가이드 안에 있는 테핏 어셈블리를 밀어 올린다.

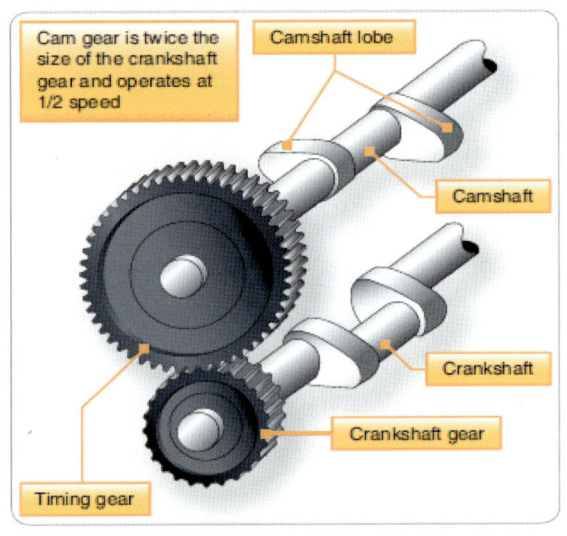

[그림 3-9] 대향형 엔진의 캠 드라이브

(2) 테핏 어셈블리(Tappet Assembly):

테핏 어셈블리의 기능은 캠 로브의 회전운동을 왕복운동으로 변환시키고, 이러한 움직임을 푸시로드와 로커 암에 전달하며, 그런 다음 적절한 시간에 밸브가 열리게 한다. 태핏 스프링의 목적은 밸브가 열릴 때 충격하중을 감소시키기 위하여 로커 암과 밸브 끝 사이의 간극을 확보하는 것이다. 로커 어셈블리에 윤활을 하기 위해서 속이 빈 푸시로드로 엔진 오일이 흐를 수 있도록 테핏을 관통하여 구멍이 뚫려 있다.

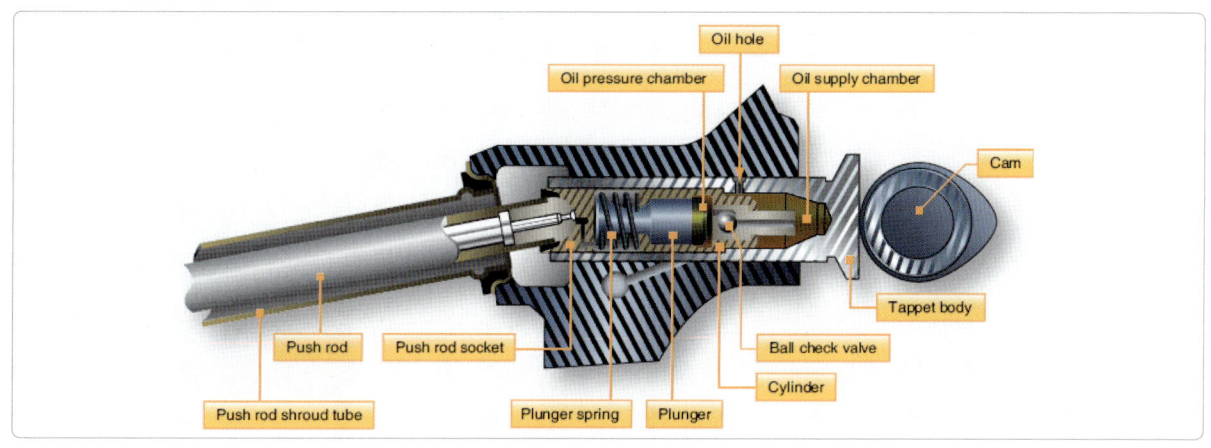

[그림 3-10] 유압식 밸브 태핏

(3) 유압 밸브 태핏(Hydraulic Valve Tappets):

일부 항공기 엔진은 밸브 간극 조절기구의 필요성이 없도록, 자동적으로 밸브 간극을 '0'으로 유지시키는 유압 태핏이 사용된다. 유압 밸브 리프터는 보통 오버홀시 조정된다.

(4) 푸시 로드(Push Rod):

푸시 로드는 튜브 형태이며, 밸브 태핏에서 로커 암으로 밀어 올리는 힘을 전달한다. 경화된 강철 볼은 관의 끝부분 안쪽이나 바깥의 양쪽에서 눌려진다. 로커 암의 소켓에 끝단은 하나의 볼과 꼭 맞다. 어떤 경우에, 볼은 태핏과 로커 암에 있다.

(5) 로커 암(Rocker Arms):

그림 3-11에서 보는 것과 같이, 로커 암은 밀어 올리는 힘을 캠으로부터 밸브에 전달한다. 중심축 역할을 하는 로커 암 어셈블리는 평 베어링, 롤러 베어링, 또는 볼 베어링이나 이것들의 조합된 형태로 지지되고 있다.

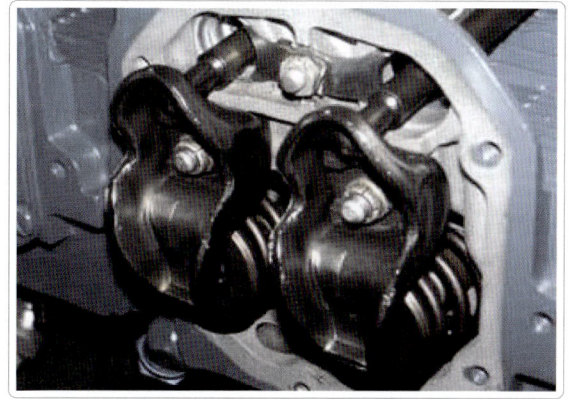

[그림3-11] 대향형 엔진의 로커암

[그림 3-12] 밸브스프링

일반적으로 로커 암의 한쪽 끝은 푸시로드를 지탱하고, 다른 한쪽 끝은 밸브 스템을 지탱한다. 로커 암과 밸브 스템 끝 사이의 간극을 조정하기 위한 조절나사가 있는 경우도 있다. 조절나사는 밸브가 완전히 닫히도록 하여 명시된 간극으로 조정할 수 있다.

(6) 밸브 스프링(Valve Springs):

각 밸브는 2개의 헬리컬 스프링(helical spring)에 의해서 닫힌다. 각 밸브마다 한 개 속에 하나를 더 장치해서 두 개의 스프링이 장착된다. 각 스프링은 서로 다른 엔진 회전속도에서 진동하며 엔진이 작동하는 도중에 발생하는 진동을 감소시키고 고온과 금속피로에 의한 파손의 가능성을 감소시켜 준다.

3.1.3 왕복엔진 작동 원리 (Reciprocating Engine Operating Principles)

내연 기관은 열에너지를 기계적 에너지로 변환시키는 장치이다. 가솔린이 기화하여 공기와 혼합되고 실린더 안으로 유입되어 피스톤에 의해서 압축되고 전기 방전으로 점화된다. 열에너지가 기계에너지로 변환되고, 다시 일로 바뀌는 것은 실린더에서 이루어진다. 그림 3-13은 작동 부품과 관련 용어를 보여준다.

내연 왕복엔진의 작동 사이클은 필요한 일련의 과정이 연속적으로 발생하는데, 실린더 내에서 연료/공기의 혼합물을 흡입, 압축, 점화, 연소, 그리고 팽창시키고, 연소 작용의 진행 과정에서 생긴 부산물을 제거, 배출하는 것들을 포함한다.

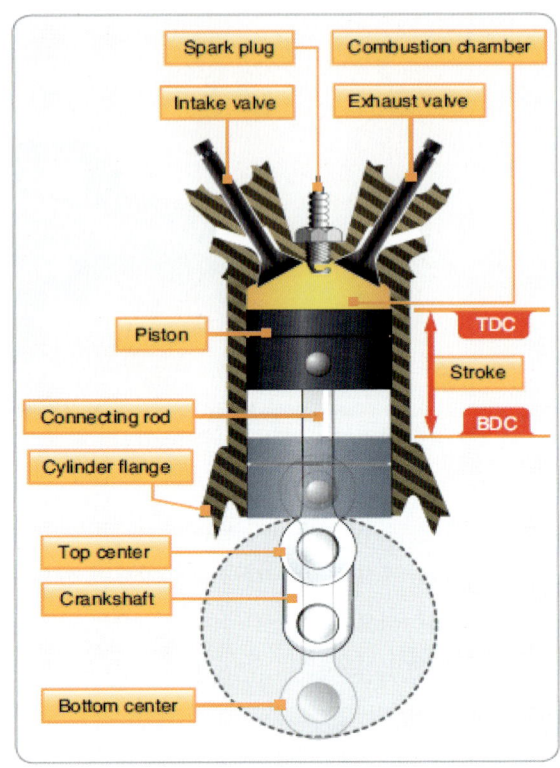

[그림 3-13] 엔진 작동기구 및 구성품

압축된 혼합가스가 점화될 때, 연소 결과로 생기는 가스는 매우 빠른 속도로 팽창하여 피스톤을 실린더 헤드로 부터 밀게 한다. 피스톤의 하향운동은 커넥팅 로드를 통하여 크랭크축에 작용하기 때문에 크랭크축에 의한 원운동, 즉 회전운동으로 변환된다.

3.1.3.1 작동 사이클(Operating Cycles)

(1) 4행정 사이클(Four-Stroke Cycle):

4행정 사이클로 작동되는 항공기 왕복엔진을 많이 사용하며, 오토 사이클(otto cycle)이라고 불린다. 4행정 사이클 엔진의 이점 중의 하나는 과급기를 통해 쉽게 고성능을 얻을 수 있다는 것이다. 4행정에서는 크랭크축의 2회전(720°) 당 한 번씩 점화한다. 그림 3-15에서는 밸브개폐시기 도표의 예를 보여 준다.

(2) 흡입행정(Intake Stroke):

흡입행정에서 피스톤은 크랭크축의 회전에 의해서 실린더 내에서 아래쪽으로 내려간다. 피스톤의 이런 작용은 실린더 내의 압력을 대기압 이하로 감소시켜 공기는 기화기(carburetor)로 흐르도록 하며, 기화기는 연료를 필요한 만큼 정확히 계량한다.

흡입밸브는 피스톤이 배기행정 상사점에 도달하기 전에 미리 열리며(valve lead), 배기밸브는 피스톤이 상사점을 통과하여 흡입행정을 시작한 후에도 상당히 지연(valve lag)되어 닫힌다. 이 현상을 밸브오버랩(valve overlap)이라 하고 농후한 혼합 밀도의 증가, 배기가스의 신속한 배출로 냉각효과를 증대시킨다.

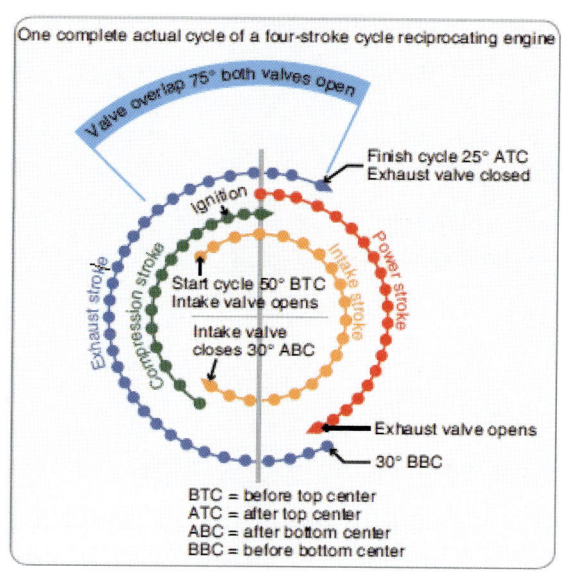

[그림 3-15] 밸브 타이밍 챠트

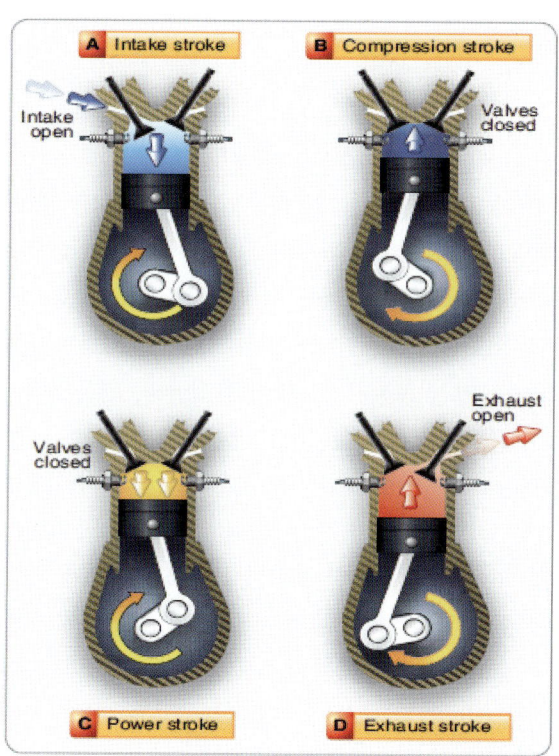

[그림 3-14] 4행정

(3) 압축 행정(Compression Stroke):

흡입밸브가 닫힌 후 피스톤의 계속적인 상향운동은 연료/공기 혼합가스를 압축하는데 이는 바람직한 연소 및 팽창 특성을 얻기 위한 것이다. 연료/공기 혼합가스는 피스톤이 상사점에 도달하면 전기적인 불꽃에 의해서 점화된다. 점화시기는 상사점 전 25 ~ 35°까지 다양하다.

(4) 동력 행정(Power Stroke):

압축행정의 마지막 단계에서 피스톤이 상사점을 지나 동력행정에서 하향운동을 하면, 피스톤은 엔진 출력이 최대일 때 15톤(30,000 psi) 이상의 힘으로 실린더 상부에서 연소가스의 급격한 팽창에 의해서 아래쪽으로 밀려 내려간다. 이 연소가스의 온도는 3,000~4,000 °F 정도가 된다. 연소가스의 압력 때문에 동력행정에서 피스톤이 하향의 힘을 받으면 커넥팅 로드의 하향운동은 크랭크축에 의해서 회전운동으로 바뀐다.

(5) 배기 행정(Exhaust Stroke):

피스톤이 하사점을 지나서 동력행정이 완료되고 배기행정의 상향운동을 시작하면, 피스톤은 연소된 배기가스를 배기구 밖으로 밀어내기 시작한다. 배기가스가 실린더를 빠져나가는 속력 때문에 실린더 내부는 압력이 낮아진다. 이렇게 낮아지고 감소된 압력은 신선한 연료/공기 혼합가스가 실린더 내부로 흡입을 촉진 시킨다.

3.1.4 엔진연료 및 연료조절계통 (Engine Fuel and Fuel Metering Systems)

(1) 연료계통 요구조건(Fuel System Requirements):

엔진연료계통은 지상 또는 비행 중의 모든 조건 및 연속적으로 변화하는 고도와 어떤 기후 조건에서도 원활히 작동할 수 있어야 한다. 가장 일반적인 왕복엔진의 연료는 항공용 가솔린(AVGAS, aviation gasoline)이다. 전자식 엔진제어장치(EEC : electronic engine controls)의 사용은 엔진에 계량된 연료 흐름을 제어하는 데 큰 향상을 가져왔다.

(2) 증기 폐쇄(Vapor Lock):

연료는 관이나 펌프 또는 다른 구성품에서도 기화될 수 있다. 너무 빠른 기화에 의해 만들어지는 증기압이 연료 흐름을 제한하게 된다. 흐름의 과정에서 기화하여 연료 흐름이 부분적으로 또는 완전히 막히는 결과를 증기폐쇄라고 한다. 증기폐쇄의 원인은 낮은 연료 압력, 높은 연료 온도, 그리고 연료의 과도한 불규칙 흐름이다.

3.1.4.1 기본 연료 계통(Basic Fuel System)

연료 계통의 기본적인 구성품은 연료탱크, 부스터 펌프, 배관, 선택밸브, 여과기, 엔진구동펌프, 그리고 연료압력계 등으로 구성되어 있다. 선택밸브는 연료가 인도되어야 하는 엔진으로부터 탱크를 선택하도록 조종석에서 세팅된다. 부스터 펌프는 선택밸브를 통해 주 연료 여과기까지 연료를 가압한다. 연료계통의 가장 낮은 부분에 위치한 주 연료 여과기는 연료 중에 있는 수분과 불순물을 제거한다. 시동 시에 부스터 펌프는 연료계량장치까지 엔진구동펌프에 있는 바이패스 밸브를 통해 연료를 가압한다. 엔진구동펌프가 충분한 속도로 돌아가는 경우에, 규정된 압력으로 연료 계량장치까지 연료를 공급한다.

3.1.4.2 왕복엔진의 연료계량장치 (Fuel Metering Devices for Reciprocating Engines)

왕복엔진 연료계량계통의 기본적인 요구조건은 엔진이 작동되는 모든 속도와 고도에서 엔진에 적절한 연료·공기혼합비를 이룰 수 있도록 들어오는 공기에 비례하여 연료를 계량해야 한다. 그림 3-16에서 보는 바와 같이 연료·공기혼합비 곡선에서, 왕복엔진의 최대 정격출력과 최대 경제혼합비의 요구조건은 거의 같다는 것을 알 수 있다. 고도가 증가하면 공기의 밀도도 감소한다. 고도가 증가 될 때 감소 된 밀도 때문에 고고도에서 더 농후한 혼합기를 만들려는 경향이 있다. 혼합비 조종은 수동과 자동혼합비 조종장치가 있다. 항공기 엔진에 대한 농후 혼합기 요구조건은 최대 사용 가능 출력을 얻기 위한 연료·공기 혼합기를 결정하는 데 출력곡선이 제공된다. 이 곡선은 완속에서 부터 이륙속도까지 100 rpm 간격으로 기입되어 있다. 실린더헤드 온도를 안전한 범위 내로 유지시키기 위해 기본적인 연료·공기혼합기의 요구조건에 연료를 추가시킨 것은 출력 영역에서 필요한 것이기 때문에, 연료 혼합기는 순항 이상의 출력이 사용될 때 점차 더 농후해져야 한다. 출력 영역에서, 더 희박한 혼합기에서 작동된다. 그러나 희박상태가 지속되면 실린더헤드온도가 증가하여 이상폭발이 일어나게 된다. 그림 3-17의 그래프에서 보여 준 것과 같이, 마력당 최소의 연료가 사용되는 연료·공기혼합기를 나타내는 곡선(curve)에서 아래에 보이는 선, 즉 자동 희박(auto-lean)인, 순항범위를 통과하는 곡선이 최적의 경제 세팅이다.

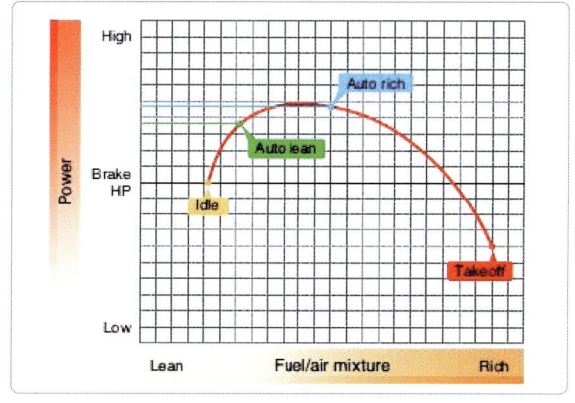

[그림 3-17] 혼합비에 따른 동력 변화곡선

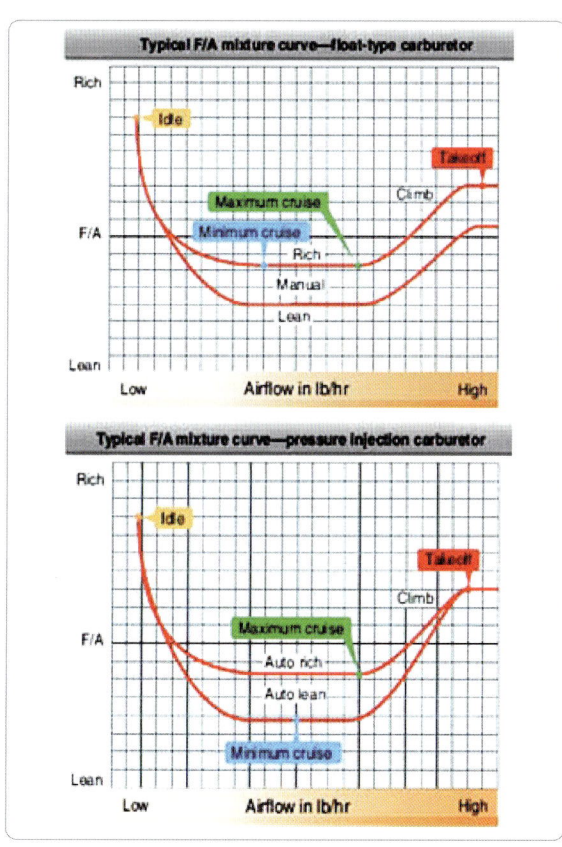

[그림 3-16] 연료/공기 혼합비 곡선

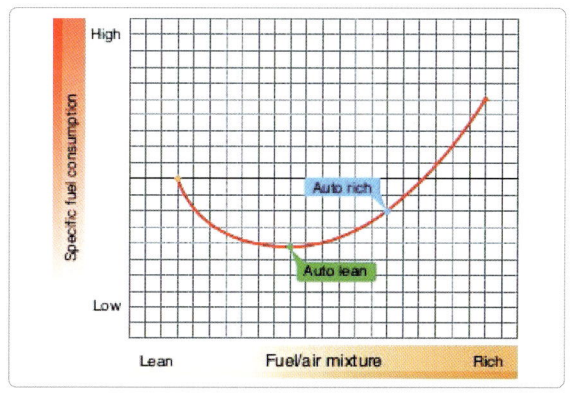

[그림 3-18] 연료 소비율 곡선

이 순항 범위에서, 엔진은 약간 더 희박한 혼합기에서 정상적으로 작동하고, 만약 요구 조건보다 더 희박한 혼합기가 사용된다면, 연소지연으로 다음 사이클의 흡입행정이 시작될 때까지 연소가 진행되어 역화(back fire)가 발생한다.

3.1.4.3 연료/공기 혼합기(Fuel/Air Mixture)

이론적으로, 연료와 공기의 연소를 위한 완전한 혼합비율은 연료 0.067파운드 대 공기 1, 즉 15:1의 공연비이다. 효율적인 출력발생을 위한 혼합비는 12:1 즉 공기 12파운드와 연료 1파운드로 구성된다. 공연비가 8:1 정도의 농후한 상태로, 16:1 정도의 희박한 상태로는 엔진 실린더에서 연소는 가능하겠지만, 이 범위보다 넘어서는 과희박 혼합비 또는 과농후 혼합비가 되면 연소가 어려워지고 연소실 안에서 연소정지 및 디토네이션이 발생 할 수도 있다.

$$SFC = \frac{pound\ fuel/hour}{horsepower}$$

3.1.4.4 기화기(Carburetor)

(1) 벤츄리(Venturi):

흐름의 단면을 변화시켜 속도와 밥력을 변화시키는 장치를 벤츄리라 하며 좁은 부분을 통과하는 공기의 속도가 증가할 때, 공기의 압력은 떨어진다. 이 압력 감소는 속도에 비례하므로 공기 흐름의 척도가 된다. 대부분의 기화기의 기본적인 작동원리는 입구와 벤츄리 목 부분 사이의 차압에 의해 분사 연료량이 산정된다.

(2) 기화기 종류(Carburetor Types):

① 부자식기화기(float type carburetor)의 단점은 급격한 기동비행에 의한 플로트 작용에 미치는 영향과 저압에서 분출되어야 하는 연료는 완전히 기화되기 어렵고 과급기 계통으로 연료를 보내기도 어렵다. 또한 가장 큰 단점은 결빙 현상이 쉽다는 것이다. 저압에서도 연료를 공급해야 하므로, 방출노즐이 벤츄리 목 부분에 위치되어야 하고, 스로틀밸브는 그 뒤쪽에 위치한다. 이것은 연료의 기화로 인하여 발생하는 온도의 감소가 벤츄리 내에서 일어나므로 결과적으로 결빙이 벤츄리와 스로틀밸브에서 쉽게 형성된다는 것을 의미한다.

② 압력분사식기화기(pressure injection carburetor)는 대기압보다 큰 압력으로 공기흐름 속으로 연료를 분출한다. 이 결과로 연료를 보다 잘 기화시켜 스로틀밸브에서 엔진으로 들어가는 공기 흐름 속에 연료를 분출시킬 수 있다. 공기가 스로틀을 지난 다음에 온도가 떨어지고, 더구나 그곳에서는 엔진의 열을 받기 때문에 결빙 현상을 막을 수 있다. 급격한 기동비행과 악기류의 영향을 무시할 수가 없는데 그 이유는 어떤 작동 상태에서도 연료실에는 연료가 채워져야 하기 때문이다. 압력식 기화기는 대개 직접 연료분사장치로 대체되고 있다.

(3) 기화기의 결빙(Carburetor Icing):

기화기 결빙의 세 가지 일반적인 분류는 다음과 같다.

① 연료증발 결빙(fuel evaporation ice)
② 스로틀 결빙(throttle ice)
③ 충돌 결빙(impact ice)

- 증발 결빙은 연료의 기화현상으로 인해 공기의 온도가 감소하기 때문에 발생한다.

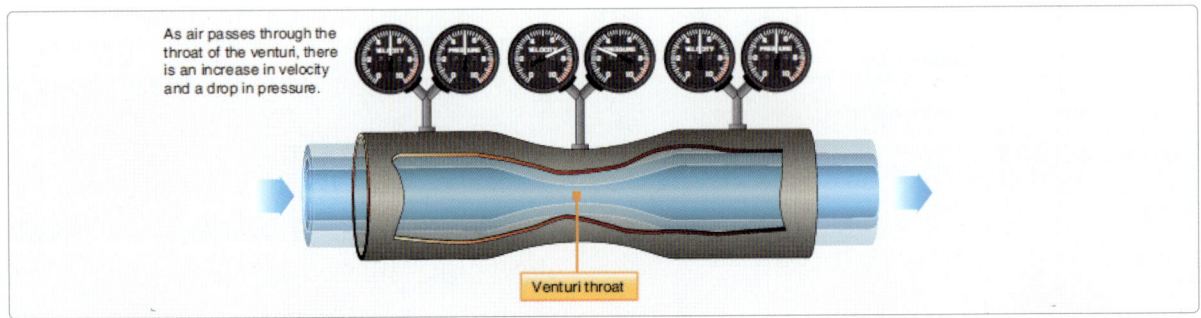

[그림 3-19] 벤츄리

- 스로틀 결빙은 보통 스로틀이 부분적인 닫힘 위치에 있을 때, 스로틀의 뒷면에서 형성된다. 스로틀밸브 주위에 갑자기 공기가 밀려들어 가기 때문에 스로틀밸브 후면의 압력감소로 인해 전면과 후면 사이에 압력 차이가 생겨 혼합기에 냉각효과가 생겨 발생한다.
- 충돌 결빙은 눈, 진눈깨비와 같은 대기에 존재하는 수분으로부터, 또는 32 °F 이하의 온도에서 표면에 부딪치는 결로 수(liquid water)로부터 형성된다.

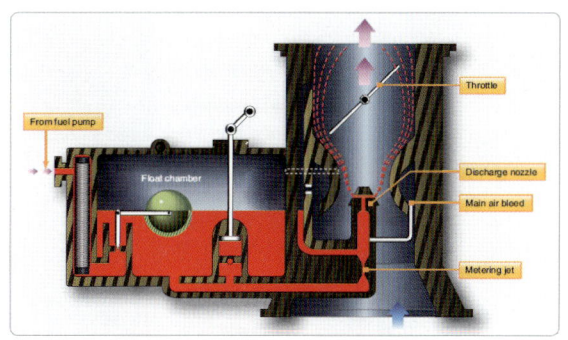

[그림 3-20] 플로트식 기화기

(4) 부자식 기화기(Float-Type Carburetors):

부자식 기화기는 기본적으로 엔진 실린더에 공급되는 공기의 흐름에 알맞게 분사되는 연료의 양을 제어하는 여섯 개의 장치로 구성되어 있다.

① 부자기계장치(float mechanism)와 부자실
② 주 계량장치(main metering system)
③ 완속장치(idling system)
④ 혼합비 조종장치(mixture control system)
⑤ 가속장치(accelerating system)
⑥ 이코노마이저 계통(economizer system)

압력분사식 기화기는 통기가 되는 부자실이나 벤츄리관에 있는 분사노즐에서 흡입력을 빼내는 장치가 없다. 반면에 엔진의 연료펌프로부터 분사노즐에 접속되어 있는 가압된 연료계통을 가지고 있다. 벤츄리는 단지 공기유량에 맞추어 계량제트로 가는 연료량을 조절하는 데 필요한 압력 차이를 만들어 주는 역할만 한다.

(5) 압력분사식 기화기(Pressure Injection Carburetors):

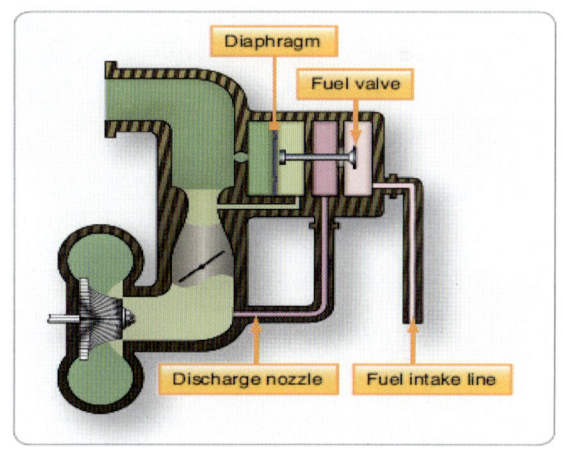

[그림 3-21] 압력식 기화기

3.1.4.5 연료분사장치(Fuel-Injection Systems)

직접 연료분사계통은 흡입계통 결빙의 위험이 낮다, 그 이유는 연료가 기화함으로써 일어나는 온도의 강하가 실린더 내부에서 또는 그 근처에서 일어나기 때문이다. 연료분사계통의 특징인 확실성으로 인해 가속 효과 향상과 연료 분배성이 좋다. 이것은 불규칙한 분배로 인해 혼합비의 변화가 자주 생겨 실린더 혼합비가 필요 이상으로 농후해져야 희박한 혼합비를 가진 실린더가 잘 작동하게 되는 그러한 계통에서 보다 더 많은 연료 절약을 기할 수 있다.

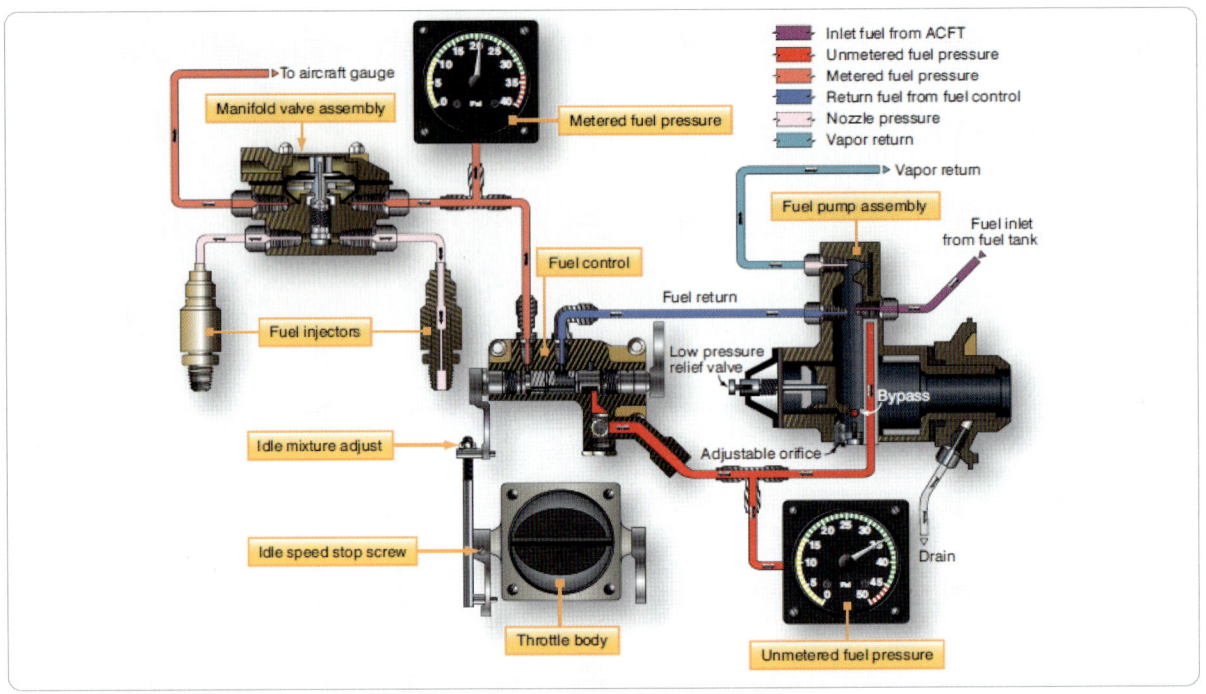

[그림 3-22] Continental/TCM 연료분사계통

- 컨티넨탈사의 연료분사장치

(continental/TCM fuel-injection system): 컨티넨탈 연료분사계통은 각 실린더헤드에 있는 흡기밸브 연료를 주입시킨다. 계통은 연료분사 펌프 조종장치, 연료매니폴드, 그리고 연료방출노즐로 구성된다. 그것은 엔진 공기 흐름에 맞도록 연료유량을 제어하는 연속흐름식이다. 연속흐름장치는 로타리 베인 펌프를 사용한다.

3.1.4.6 연료계통 점검

(1) 연료탱크(Fuel Tank):

항공기 표면 또는 구조 내의 모든 패널을 탈거하고, 탱크는 외부 표면에 대한 부식 부착의 안전성 및 스트랩(strap)과 슬링(sling)의 조절이 적절한가를 점검해야 한다. 피팅 또는 연결부에 누설 또는 결함이 있는지 점검한다. 가벼운 합금 재료로 제작된 연료탱크에는 납 성분이 있는 연료와 물이 혼합될 수 있기 때문에 부식 방지를 위한 카트리지가 장착되어 있는데 이 카트리지는 일정 주기로 점검해야 하며, 규정된 기간 도래 시 새로운 부품으로 교환해야 한다.

(2) 라인과 피팅(Line and Fittings):

라인의 지지상태, 너트와 클램프의 조임상태를 확인한다. 만약 토크렌치의 사용이 불가능한 상황이면, 클램프를 손으로 조이고 호스와 클램프에 대해 명시된 회전수만큼 더 조인다. 만약 클램프가 규정된 토크에서 고정되지 않는다면, 클램프나, 호스, 또는 2개 모두를 교체한다. 새 호스를 교환한 후에는 클램프를 매일 점검하고, 콜드 플로우(cold flow : 호스 클램프나 지지부의 압력으로 호스에 생긴 깊고 영구적인 자국)의 흔적이 나타나면, 보다 짧은 주기로 클램프를 검사한다. 만약 호스의 층이 분리되었거나, 과도한 콜드 플로우가 있었거나, 또는 호스가 딱딱하게 굳어져서 구부러지지 않는다면, 호스를 교체한다. 클램프로 인한 과도한 자국, 튜브 또는 카버 스톡(cover stock)에서의 균열 등은 과도한 콜드 플로우를 나타낸다.

(3) 선택 밸브(Selector Valves):

선택밸브를 돌려 봐서 작동이 자유로운지, 과도한 유격이 있는지, 그리고 지침의 지시가 정확한지를 점검한다. 만약 유격이 과도하다면 모든 작동 기구에 대해 조인트의 마모, 핀의 헐거움, 그리고 구동꼭지가 파손되었는지 점검한다. 결함이 있는 부품은 교환한다. 케이블 조종계통에 마모 또는 케이블 가닥의 풀어짐, 손상된 풀리, 또는 마모된 풀리 베어링에 대하여 검사한다.

(4) 펌프(Pumps):

부스터 펌프 검사 시, 다음의 사항에 대해 점검한다.

① 적절한 작동
② 연료와 전기적인 연결의 누설과 상태
③ 전동기 브러시의 마모

드레인 라인의 트랩, 굽힘, 또는 방해물에서 자유로운지를 확인한다. 엔진구동펌프에 누설과 장착의 안정성을 점검한다. 벤트와 드레인 라인에 장애물이 있는지를 점검한다.

(5) 주 연료 여과기(Main Line Strainers):

매일 비행 전 검사 시에는 주 연료 여과기로부터 물과 찌꺼기를 배출시킨다. 항공기 정비지침서에 명시된 시기에 스크린을 탈거하여 세척한다. 하우징으로 부터 제거된 찌꺼기를 시험 분석한다. 고무성분의 미립자는 종종 호스 노화의 조기경보가 된다. 누설과 개스킷 손상 여부를 점검한다.

(6) 연료량 계기(Fuel Quantity Gauges):

만약 직독식 계기가 사용된다면 유리 상태, 연결부분의 누설상태, 계기까지 가는 라인의 누설 및 부착상태를 점검한다. 기계식 계기는 플로트 암의 자유로운 움직임과 플로트의 위치와 지침의 위치가 적절히 일치하는가에 대해 점검한다. 전기식 또는 전자식 계기에서는 양쪽의 지시기를 확인하고 탱크 유닛이 안전하게 장착되어 있는지, 전기 연결 부분이 조임상태를 확인한다.

(7) 연료 압력계(Fuel Pressure Gauges):

지침의 허용오차가 '0' 인지, 그리고 과도하게 흔들리지 않는지 점검한다. 보호 유리가 헐거운지, 그리고 범위의 표시가 적절히 되어 있는가에 대해 점검한다. 라인과 연결부의 누설에 대하여 점검한다. 벤트에 장애물이 없는지 확인한다.

(8) 압력 경고 신호(Pressure Warning Signal):

장착의 안전성, 전기계통, 연료계통, 그리고 공기 연결부에 대하여 검사한다. 시험 스위치를 눌러서 램프의 작동상태, 축전지 스위치를 On 시켜 부스터펌프 압력을 올려 램프가 꺼질 때의 압력을 관찰하여 작동을 점검한다.

3.1.5 윤활계통(Lubrication Systems)

• 왕복엔진 오일의 요구조건 및 특성:

항공기 엔진 윤활을 위해 선택된 오일은 낮은 온도에서도 순환이 잘되어야 하며, 엔진 작동 온도에서도 적정한 유막을 형성할 수 있어야 한다. 윤활제는 오직 인가된 등급의 오일을 사용해야한다. 왕복엔진에서 비교적 고점도인 오일을 사용하는 이유는 다음과 같다.

① 작동 부품의 크기가 비교적 크며, 다른 재료에 따른 열팽창 차이 등으로 인하여 서로 다른 재료로 만든 작동 부품의 엔진 허용치(engine clearance)가 크다.

② 높은 작동온도(operating temperature)
③ 높은 베어링압력(bearing pressure)

3.1.5.1 왕복엔진 윤활계통
(Reciprocating Engine Lubrication Systems)

왕복엔진 압력식 윤활방식(pressure lubrication system)은 습식섬프(wet-sump)와 건식섬프(dry-sump) 두 가지로 나눌 수 있다. 주요 차이는 습식섬프 시스템은 엔진 내부의 저장소(reservoir)에 오일을 저장한다는 것이다. 오일이 엔진을 순환한 뒤 크랭크케이스 저장소로 되돌아온다. 건식섬프는 엔진의 크랭크케이스에서 오일을 저장하는 외부탱크로 오일을 보내 준다.

(1) 비산과 가압 윤활의 조합
　　(Combination of Splash and Pressure Lubrication):
비산 윤활(splash lubrication)은 항공기 엔진에서 가압 윤활과 함께 이용되지만, 단독으로는 사용하지 않는다. 항공기 엔진 윤활 시스템은 항상 가압식 윤활 또는 가압-비산 윤활의 조합을 사용하며, 통상적인 방법은 후자의 가압-비산 윤활 방식이다. 가압 윤활 방식의 이점은 다음과 같다.

① 베어링 부위로의 순조로운 오일 공급
② 압력에 의해 많은 양의 오일 공급과 이의 순환으로 베어링 부위의 냉각 효과
③ 다양한 항공기 비행 자세에서의 만족스러운 윤활

(2) 윤활 계통의 요구조건
　　(Lubrication System Requirement):
엔진 윤활계통은 항공기 운항 중 만나게 되는 다양한 항공기 비행 자세 및 여러 외기 온도에서도 적절히 작동되도록 설계되고 만들어져야 한다. 습식섬프 엔진에서는 최대 오일 양의 절반이 엔진에 있는 상태에서 이 조건을 충족해야 한다. 엔진의 윤활계통은 윤활유를 냉각할 수 있는 방안이 설계되고 만들어져야 한다. 크랭크케이스는 또한 과도한 압력으로부터 오일 누출을 방지하기 위해 대기로 배출되어야 한다.

3.1.5.2 건식섬프 오일계통
(Dry Sump Oil Systems)

대부분의 왕복엔진 및 터빈엔진은 압력 건식섬프 윤활계통을 사용하는데, 오일공급은 탱크(tank)에서 압력펌프(pressure pump)를 이용하여 엔진으로 순환시키며 배유펌프(scavenge pump)는 엔진 섬프에 모이는 오일을 탱크로 되돌려 보낸다.

다발엔진(multi-engine) 항공기에서 각 엔진은 자체의 독립된 시스템으로부터 오일을 공급받는다. 그림 3-23은 전형적인 왕복엔진 건식 오일계통의 주요 구성품으로는 오일탱크, 엔진구동오일펌프(engine-driven pressure oil pump), 배유펌프(scavenge pump), 오일 냉각기와 제어밸브(oil cooler with oil cooler control valve), 오일탱크 배기(oil tank vent), 필요한 튜브들과 압력계 및 온도계 등으로 구성되어 있다.

(1) 오일 탱크(Oil Tanks):
오일탱크는 건식섬프 오일계통에 필요하며, 습식섬프 오일계통은 엔진 크랭크케이스에 오일을 저장한다. 오일탱크는 보통 알루미늄합금으로 만들어지며, 작동 중에 발생하는 진동, 관성 및 유체 하중에서 견딜 수 있어야 한다. 왕복엔진 각각의 오일탱크는 탱크 용량의 10 % 또는 0.5 gallon 이상의 여유 공간을 갖추어야 한다. 오일탱크 급유구 뚜껑(filler cap)은 오일이 새지 않도록 실(seal)을 사용한다. 오일탱크는 보통 엔진 가까이 위치하며, 중력에 의한 공급이 가능하도록 오일펌프 입구보다 충분히 높게 위치해 있다. 탱크 급유구(filler neck)는 오일 팽창에 충분한 여유가 있고 거품이 모일 수 있게 되어 있으며, 급유구 뚜껑 또는 덮개에 'OIL'이라고 표기돼 있다. 급유

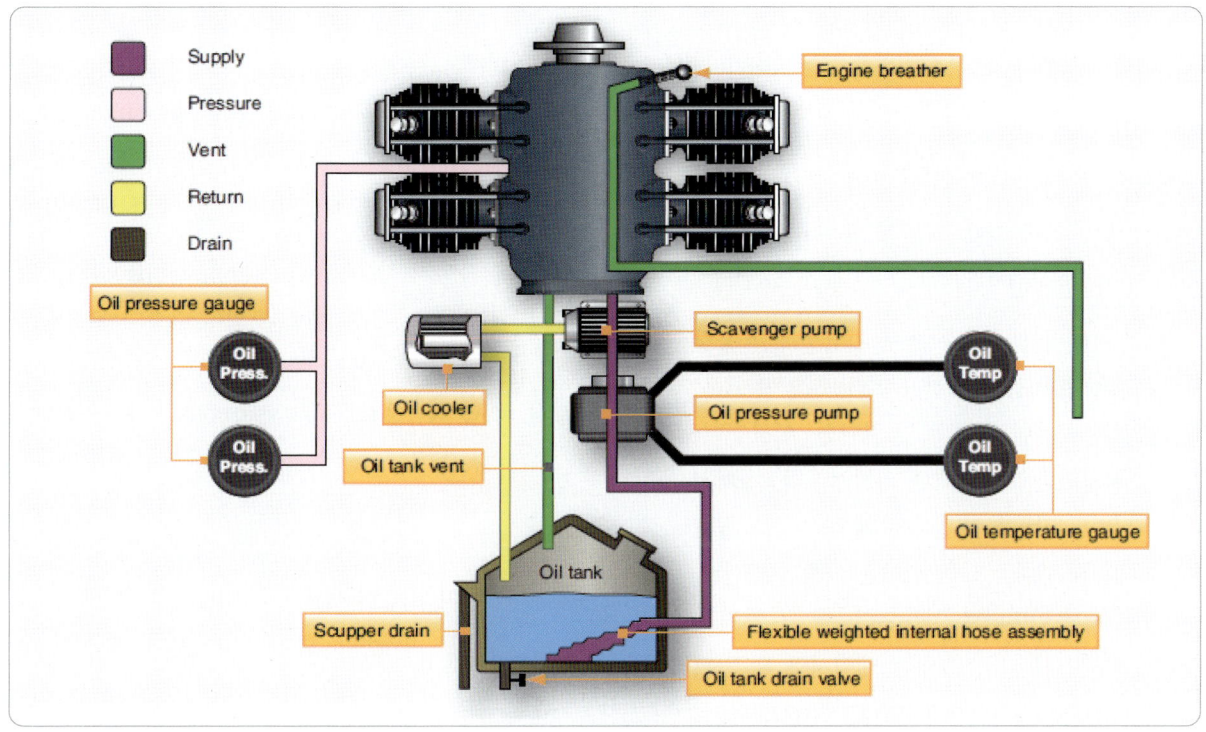

[그림 3-23] 오일 계통도

구 뚜껑에 있는 배수관은 오일 보급 시 잘못으로 넘치는 것을 처리한다.

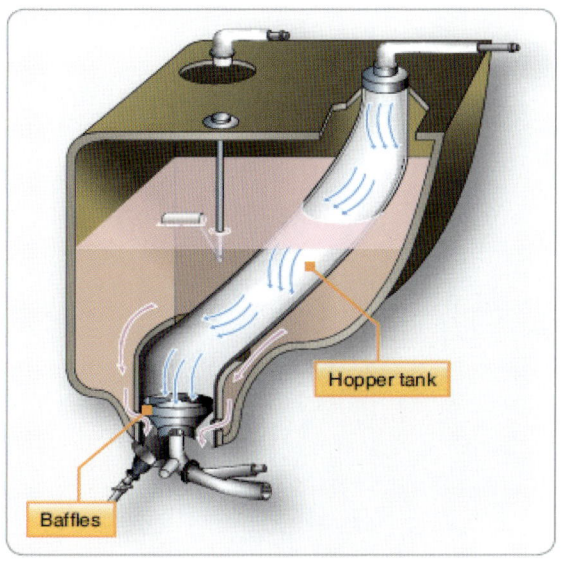

[그림 3-24] 호퍼탱크

(2) 오일 펌프(Oil Pump):

엔진에 들어간 오일은 엔진 내의 부품에 의해 가압되고 여과되고 압력이 조절된다. 그림 3-25와 같이 오일이 엔진에 들어가게 되면 기어형 펌프에 의해 가압된다. 이 펌프는 하우징 내에 회전하는 2개의 맞물린 기어로 구성된 용적형 펌프(positive displacement pump)이다. 기어의 치차와 하우징 사이의 간격은 작다.

펌프 입구는 왼쪽에 위치해 있고, 배출구는 엔진계통 압력 라인(pressure line)과 연결되어 있다. 펌프 하우징에서 엔진의 엑세서리 구동축으로 뻗어 있는 스플라인 구동축에 1개의 기어가 장착되어 있다. 구동축 주위의 누설을 방지하기 위해 실(seal)이 사용된다. 아래쪽 기어는 반시계 방향으로 회전하므로 구동 아이들 기어(drive idler gear)는 시계 방향으로 회전한다. 오일이 기어실에 들어가게 되면 기어 치차 사이에 들어가게 되고, 기어 치차와 기어실의 면 사이에 들어가 기어 밖으로 나가게 되고 압력 출구에서 배출되어 오일 스크린 통로로 들어간다.

(3) 오일 필터(Oil Filter):

항공기 엔진에 사용되는 오일 필터는 , 스크린(screen), 쿠노(cuno), 금속용기(canister) 또는 회전형(spin-on type)이다.

① 스크린필터는 이중벽 구조의 밀폐된 공간으로 넓은 여과 공간을 갖고 있다. 오일이 고운 격자망을 지나면서 불순물, 침전물, 이물질이 걸러져 필터하우징 바닥에 가라앉는다. 정기적으로 커버를 장탈하여 스크린과 하우징을 솔벤트로 세척해 준다. 스크린필터는 대개 오일펌프 입구에서 흡입필터로 사용된다.

② 쿠노필터는 디스크와 스페이서로 된 카트리지(cartridge)를 갖고 있다. 세척제 블레이드(cleaner blade)는 각 쌍의 디스크 사이에 끼워진다. 세척제 블레이드는 정지해 있고 축이 회전할 때 디스크가 회전하게 된다.

펌프에서 나온 오일은 카트리지를 둘러싸고 있는 카트리지 웰(cartridge well)로 들어가서 촘촘히 들어박힌 카트리지의 디스크 사이의 공간을 빠져나가 가운데의 빈 통로를 지나 엔진으로 간다. 오일에 있는 세척제 블레이드는 디스크로부터 이물질을 벗겨 낸다.

③ 금속용기 하우징(canister housing)필터는 여과 능력이 우수 한데, 오일이 다층의 고정된 섬유층을 통과하기 때문이다.

④ 전류 회전형(full flow spin-on) 필터는 왕복엔진에서 널리 사용되는 오일필터 이다. 전류란 모든 오일이 필터를 통해 흐르는 것을 의미한다. 전류식 시스템에서 필터는 오일펌프와 베어링 사이에 위치하여, 오일이 베어링의 표면을 지나기 전에 오염 물질을 여과한다. 또한 필터에는 비 배출통(anti drain back) 밸브, 압력릴리프(pressure relief)밸브, 사용 후 폐기하는 기밀 하우징을 포함하고 있다. 릴리프밸브는 필터가 막혔을 경우에 사용된다. 오일을 우회시켜 엔진 구성품에 오일이 고갈되지 않게 한다. 마이크로 필터(micronic filter)의

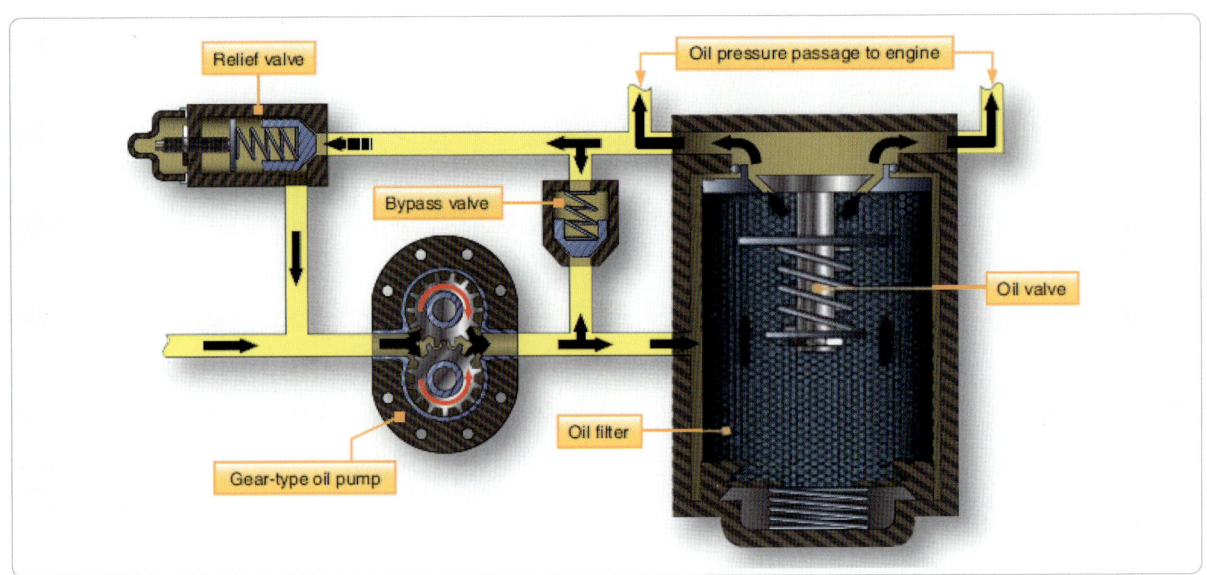

[그림 3-25] 오일펌프와 구성장치

단면도를 보면 수지를 포함한 주름진 섬유소(resin-impregnated cellulostic full-pleat media)로 되어 있으며, 여기에서 이물질을 걸러내어 엔진에 들어가는 것을 방지한다.

[그림 3-26] Housing filter element type oil filter

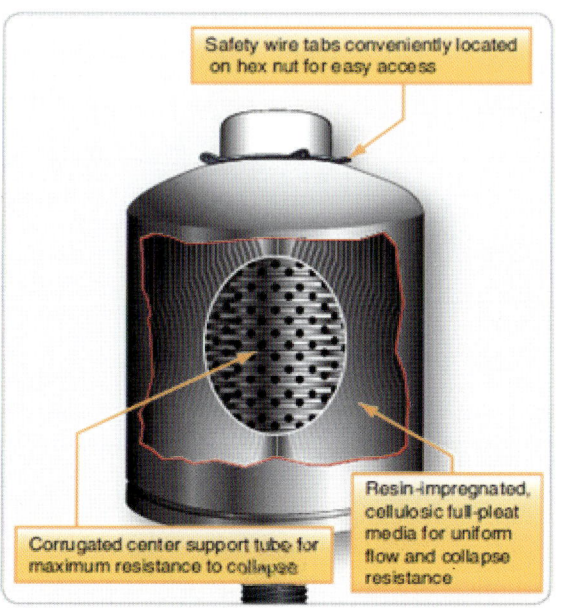

[그림 3-27] Cutaway view of a filter

[그림 3-28] 스핀 온 필터

[그림 3-29] 오일압력 조절나사

(4) 오일 압력 조절밸브(Oil Pressure Regulating Valve):

오일압력 조절밸브는 장착 시의 조건에 따라 미리 정해진 값으로 오일압력을 제한한다. 이 밸브는 때때로 릴리프밸브라고도 부르지만, 이 밸브의 실제 기능은 현재의 압력 수준에서 오일압력을 조절하는 것이다. 오일압력은 고속과 높은 파워에서 엔진과 구성품에 충분한 윤활을 해 줄 수 있을 만큼 높아야 한다. 그림 3-29와 같이 대부분의 항공기 엔진은 조절 스크루를 시계방향으로 돌리면 릴리프밸브를 잡고있는 스프링 힘을 증가시켜 오일 압력을 증가시키고 반시계방향으로 돌리면 스프링 힘을 감소시켜 오일압력을 감소시킨다. 어떤 엔진에서는 스프링 아래에 와셔를 넣거나 제거함으로써 밸브와 오일압력을 조절한다. 오일 압력 조절은 오일이 정상 작동온도에서, 정확한 점도를 확인 후에 수행해야 한다.

(5) 오일압력 게이지(Oil Pressure Gauge):

오일압력 게이지는 보통 오일이 펌프에서 엔진으로 들어가는 곳의 압력을 나타낸다. 이 게이지는 오일공급이 안 되거나, 오일펌프 고장, 베어링이 타버렸거나, 오일 관이 터졌거나, 또는 오일압력 손실로 나타날 수 있는 다른 원인들에 의해 발생되는 고장을 경고해 준다. 오일압력 게이지 중 1가지는 오일압력과 대기 사이의 압력 차를 측정하는 버든 튜브장치(bourdon-tube mechanism)를 이용한다. 오일압력 게이지는 0~200 psi 또는 0~300 psi의 눈금이 그려져 있다. 안전한 작동 범위를 나타내기 위하여 보호 유리, 또는 게이지 표면에 작동 범위가 표시되어 있다. 다발엔진 항공기에는 2중 형태의 오일압력 게이지가 사용되고 있다. 2중 지시계기는 표준적인 계기 케이스에 2개의 버든 튜브가 들어 있는데 각 엔진에 1개의 튜브가 사용된다. 연결은 케이스의 뒤쪽에서 각 엔진으로 연결되어 있다.

(6) 오일 온도계(Oil Temperature Indicator):

건식 윤활 시스템에는 오일 온도감지장치(oil temperature bulb)가 오일탱크와 엔진 사이의 오일 흡입 라인(inlet line) 어디에나 있을 수 있다.

습식윤활 시스템은 오일 냉각기(oil cooler)를 지난 후 오일의 온도를 감지할 수 있는 곳에 온도 감지장치가 위치한다. 어느 시스템이나 오일이 엔진 고열부분(hot section)에 들어가기 전에 오일 온도를 측정하는 감지 장치(bulb)가 장착되어 있다.

(7) 오일 냉각기(Oil Cooler):

원통형이거나 타원형인 냉각기는 이중 벽 쉘(shell)에 둘러싸인 코어(core)로 구성되어 있다. 코어는 구리 또는 알루미늄 튜브로 되어 있고 튜브 끝은 6각형으로, 하니컴(honeycomb) 같이 연결되어 있다. 코어의 구리 튜브는 납땜되어 있고 알루미늄 튜브의 끝은 브레이징(brazing)으로 접합되어 있거나 기계적으로 결속되어 있다.

오일은 또한 코어를 지나가지 않고 입구에서 바이패스 재킷을 완전히 한 바퀴 돌아 출구로 나갈 수도 있다. 오일이 차갑거나, 진하고 응결되어 코어가 막혔을 때 오일은 이 바이패스 경로를 따라서 흐른다.

(8) 오일 냉각 제어밸브 (Oil Cooler Flow Control Valve):

오일의 점도는 온도에 따라 변한다. 점도는 윤활 성질에 영향을 주기 때문에 오일의 온도는 엔진에 들어가기 전에 적정한 범위를 유지해야 한다. 계통을 윤활하고 나온 오일은 냉각 후에 재순환이 이루어져야만 한다. 이 부품은 엔진에서 나오는 오일의 온도에 따라 오일을 냉각하거나, 통과시킴으로써 오일 온도를 조절하여 탱크로 보낸다.

(9) 서지 방지 밸브(Surge Protection Valves):

계통 내의 오일이 응결되었을 때 배유펌프는 오일 리턴라인(oil return line)에 아주 높은 압력을 발생시킬 수도 있다. 이런 높은 압력으로 인하여 오일 냉각기가 파괴되거나 호스 연결 부위가 터지는 것을 방지하기 위해 일부 항공기에는 엔진윤활계통에 서지 방지 밸브를 갖고 있다. 서지 방지 밸브의 한 종류는 오일 냉각 제어밸브에 결합되어 있고, 다른 종류는 오일 리턴라인에 별도로 장착되어 있다.

(10) 공기 흐름 제어(Airflow Controls):

자동 오일온도 조정장치(automatic oil temperature control device) 중의 하나는 오일 입구온도를 수동 및 자동으로 조절하는 자동 제어 온도제어장치이다. 이런 방식에서는 오일 냉각기 공기 출구는 전기적으로 작동되는 작동기(actuator)에 의해 자동적으로 열리고 닫힌다. 작동기의 자동 작동은 오일 냉각기에서 오일탱크로 가는 오일관 내에 삽입되어 제어되는 서모스

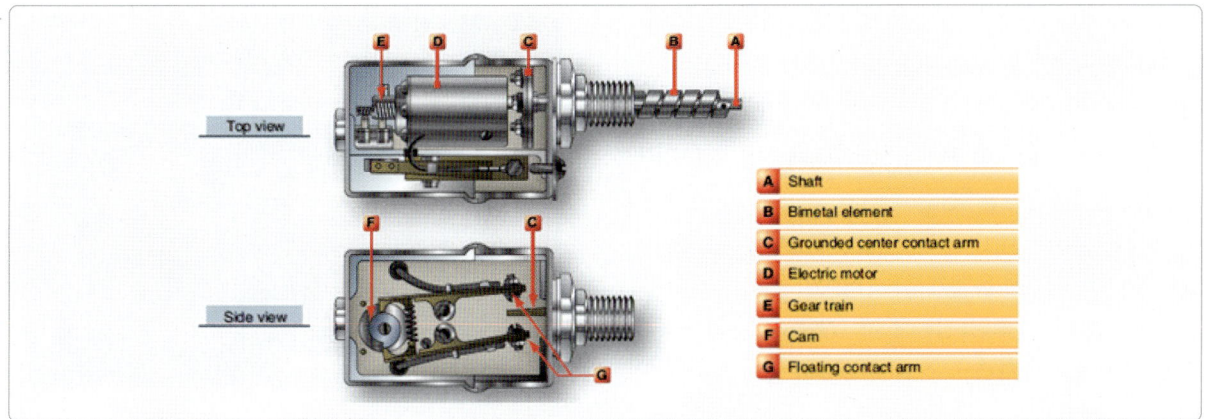

[그림 3-30] Floating control thermostat

테트(thermostat)로부터 받은 전기적 펄스에 의해 결정된다. 이 작동기는 오일 냉각기 공기 출구 제어 스위치(air-exit door control switch)에 의해 수동으로 작동할 수도 있다. 이 스위치를 '열림(open)' 또는 '닫힘(closed)' 위치에 놓게 되면 냉각기 문의 움직임은 스위치 위치에 따라 움직인다. 스위치를 '자동(auto)' 위치로 놓으면, 액추에이터는 자동 제어 온도 제어장치의 자동 제어를 받게 된다.

3.1.5.3 건식섬프 윤활계통의 작동 (Dry Sump Lubrication System Operation)

전형적인 건식섬프 압력 윤활계통은 펌프에서 가압된 오일을 엔진의 베어링에 공급한다. 오일은 섬프의 바닥보다 높은 곳에 있는 외부 오일탱크와 연결된 관에서 오일펌프의 흡입 스크린을 통하여 펌프의 안쪽으로 들어간다. 이는 섬프에 떨어져 있는 침전물이 펌프에 들어가지 못하게 하는 목적이다. 탱크 출구는

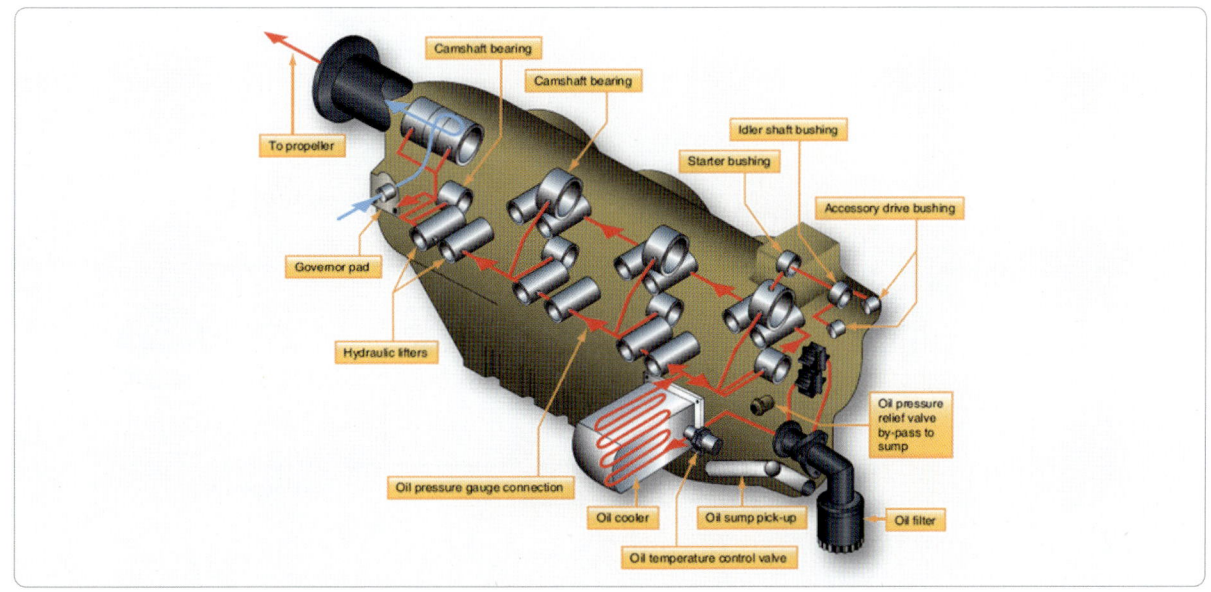

[그림 3-31] 엔진 내부의 오일 순환

펌프 입구보다 높게 있기 때문에 중력에 의해 오일이 펌프로 가는 흐름을 도와준다. 이는 오일 속에 공기가 섞인 거품으로 인해 체적이 늘어나게 되기 때문이다. 건식섬프 엔진에서 이 오일은 엔진에서 오일 냉각기를 지나 공급 탱크로 되돌아간다.

3.1.5.4 습식섬프 윤활계통의 작동 (Wet-Sump Lubrication System Operation)

이 시스템은 공급되는 오일을 수용할 수 있는 섬프 또는 팬으로 구성되어 있다. 공급되는 오일양은 섬프의 용량에 따라 제한을 받는다. 섬프의 바닥에는 적당한 크기의 메쉬(mesh) 또는 연속된 구멍을 가진 스크린 스트레이너(screen strainer)가 있어서 오일에 포함된 이물질을 걸러 주거나 충분한 양의 오일을 오일 펌프의 입구나 흡입구로 보내 준다. 그림 3-32는 전형적인 오일섬프의 흡입관의 배열을 보여 주며, 여기에서 실린더로 가기 전에 연료-공기혼합물(fuel-oil mixture)이 예열된다.

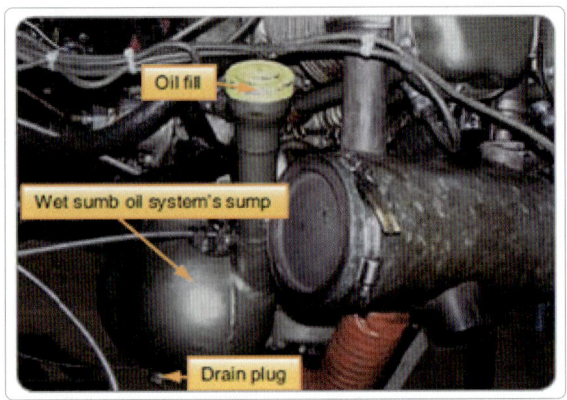

[그림 3-32] 습식 섬프 오일계통

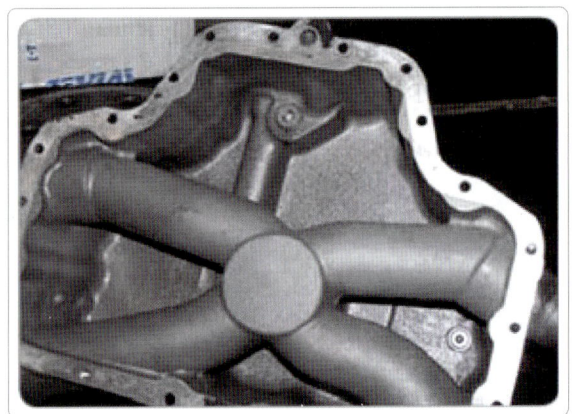

[그림 3-33] 흡기관 주위를 흐르는 습식 섬프시스템

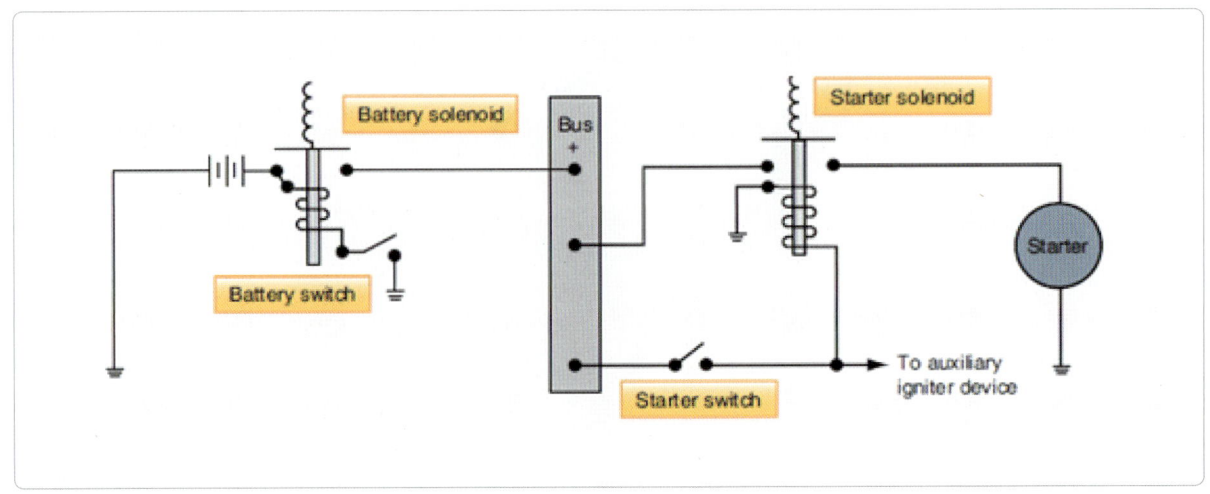

[그림 3-34] 직접구동 전기시동기 회로

3.1.6 엔진시동 및 점화계통
(Engine Starting Systems)

3.1.6.1 왕복엔진 시동 계통
(Reciprocating Engine Starting Systems)

- 직접구동 전기시동기

 (direct-cranking electric starter):

모든 형식의 왕복엔진에서 가장 널리 사용되는 시동계통은 직접구동 전기시동기로 전원을 공급하면 즉각적이고 지속적으로 축을 돌려준다.

직접구동 전기시동기는 기본적으로 전동기, 감속기어, 그리고 가변 토크 과부하 방지 클러치(adjustable torque overload release clutch)를 통해 작동되는 자동으로 맞물리거나 분리되는 기계장치로 구성되어 있다.

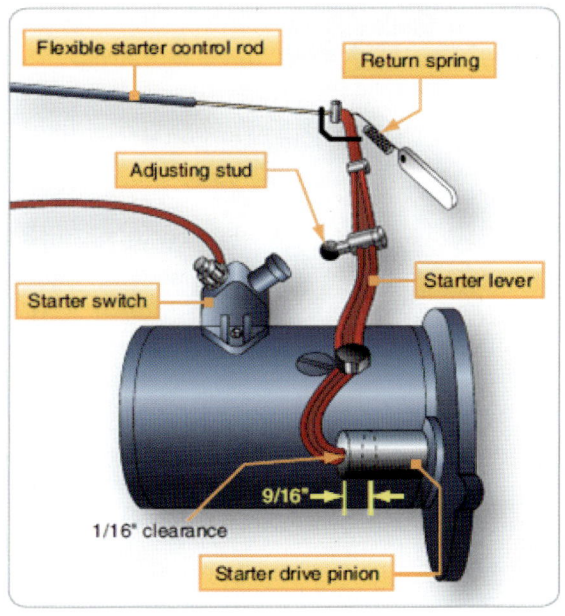

[그림 3-35] 시동기 조종회로

3.1.6.2 왕복엔진 점화계통
(Reciprocation Engine Ignition Systems)

왕복엔진의 점화계통은 마그네토 점화계통과 축전지 점화계통의 2가지로 크게 나눌 수 있다. 마그네토 점화계통은 또한 단식과 복식 마그네토 점화방식으로 분류될 수 있다.

[그림 3-36] 단식 및 복식마그네토

항공기 마그네토 점화계통은 고전압 또는 저전압으로 분류될 수 있다. 저전압 마그네토 계통은 마그네토에서 발전된 저전압을 전압분배기를 통해 분배시키고 각 점화플러그 근처에 있는 2차 코일에서 승압시켜 점화플러그로 보낸다. 점화 도선에 사용되는 재료는 고전압을 잘 견디지 못하고 불꽃이 실린더에서 생기기 전에 누설되는 경향이 있는 것이다. 새로운 재료가 고안되고 차폐가 개발되어야 고전압 마그네토 계통이 가진 문제점은 극복된다. 고전압 마그네토 계통은 아직도 가장 폭넓게 항공기 점화계통에서 사용되고 있다.

(1) 마그네토 점화계통 작동원리

 (Magnetoignition System Operating Principles):

엔진 구동식 교류발전기의 특별한 형식인 마그네토는 에너지의 공급원으로서 영구자석을 사용한다. 마그네토는 엔진에 의해 영구자석이 회전하고 코일의 권선에 전류가 흐르도록 유도함으로써 전력을 생산한다. 전류가 코일의 권선을 통해 흐를 때, 코일 권선을 감싸고 있는 자신의 자기장을 발생시킨다. 정확한 시

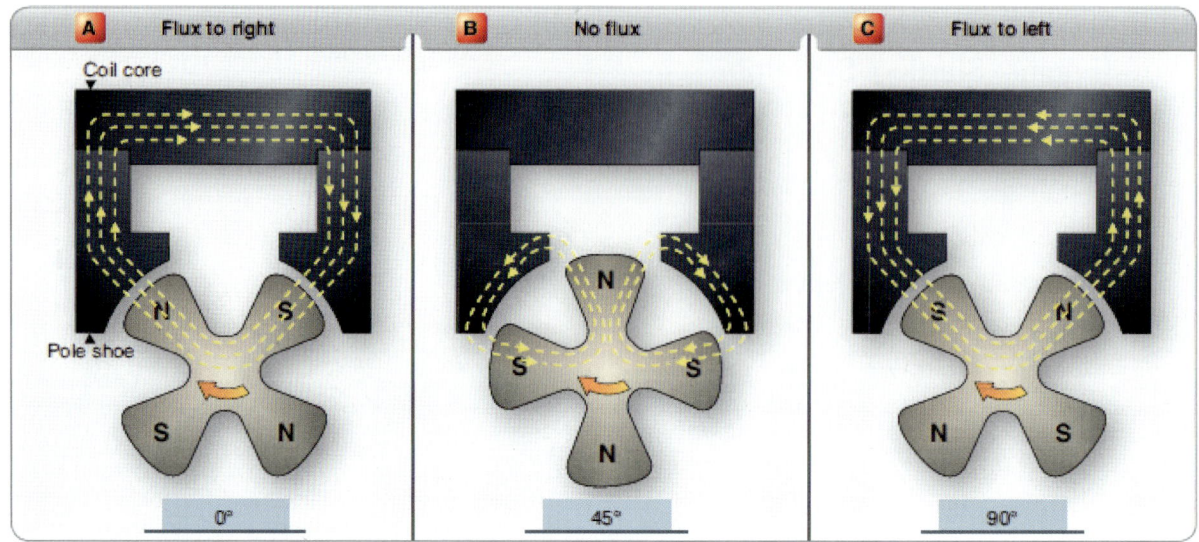

[그림 3-37] 회전자석의 3개 위치에서 자속변화

기에 이 전류 흐름은 멈추고 코일에 있는 2차 권선을 건너는 자기장이 붕괴되면서 고전압이 생기게 된다.

(2) 점화시기 조절장치
 (Magneto Ignition Timing Devices):

대부분의 왕복엔진은 엔진 내부에 점화시기 참조 표지(built-in engine timing reference marks)가 있다. 시동기 기어의 허브가 정확하게 장착되었을 때, 점화시기 표지는 시동기에 있는 표지와 일렬로 일치되도록 표시된다.

그림 3-38에서 보여 주는 것과 같이, 시동기 기어 허브가 없는 엔진에서, 점화시기 맞춤표지는 프로펠러 플랜지 가장자리에 있다. 플랜지 가장자리에 찍힌 T.C(top center: 상사점) 표지는 1번 피스톤이 상사점 위치에 있을 때 크랭크축 아래쪽의 크랭크케이스 분리선과 맞물리게 된다. 그림 3-39에서에서 보여 주는 것과 같이, 점화시기 맞춤표지를 크랭크축과 맞출 때는 전방 부분에 있는 프로펠러 축, 크랭크축 플랜지 또는 벨 기어에 있는 고정된 화살표나 표지와 일직선으로 맞물리는 것을 확인해야 한다.

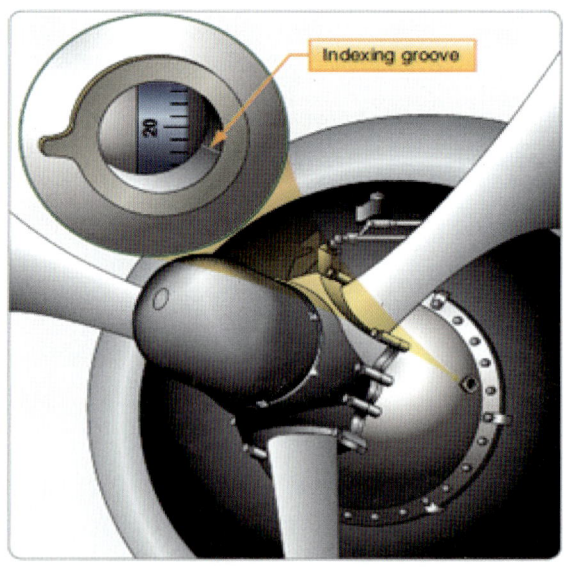

[그림 3-38] 프로펠러 감속기어 타이밍 마크

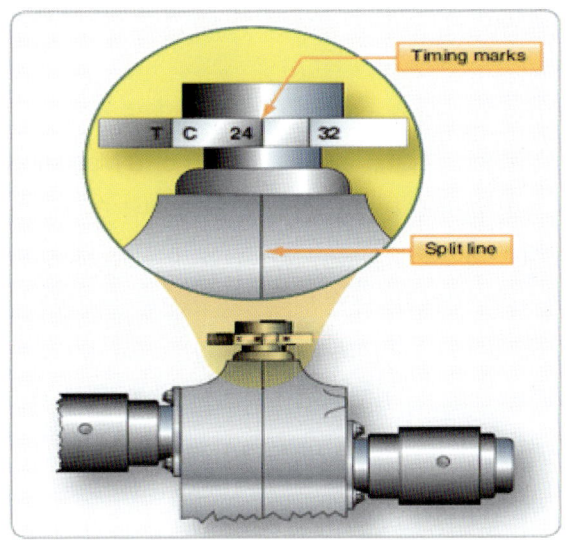

[그림 3-39] 프로펠러 플렌지 타이밍 마크

마그네토의 점화시기를 점검할 때 1번 실린더를 기준으로 하고 마그네토를 장착할 때, 1번 실린더는 압축행정에 있어야 하고 점화시기 표지는 일렬로 맞춰져야 한다.

감속기어에 있는 점화시기 맞춤표지의 사용에 있어 달리 불리한 점은 감속기어의 하우싱(housing) 안쪽에 있는 점화시기 맞춤표지를 눈으로 들여다보면서 맞출 때 시선의 사각으로 인해 약간의 오차가 생기는 점이다. 왜냐하면 2개의 표지 사이에 깊이가 있어서 작업자가 그의 눈을 정확하게 표지와 일직선으로 맞추어야하기 때문이다.

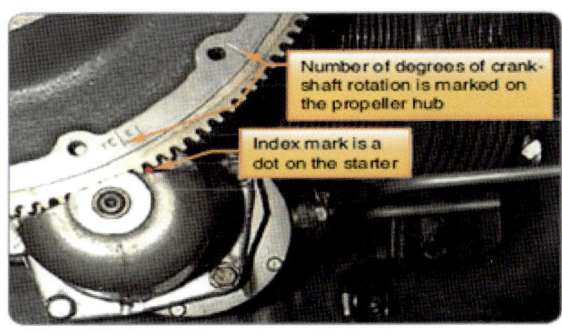

[그림 3-40] Lycoming 타이밍 마크

[그림 3-41] 타이밍 플레이트 및 포인터

(3) 타이밍 디스크(Timing Disks):

그림 3-41에서 보여 주는 것과 같이, 대부분의 타이밍 디스크 장치는 크랭크축 플랜지에 설치되고 타이밍 플레이트(timing plate)을 사용한다. 이 타이밍 플레이트는 엔진의 규격에 따라 상이하며, 크랭크축 회전각도를 숫자로 표시한 눈금과 타이밍 플레이트에 부착된 포인터(pointer)로 크랭크축 플랜지(flange)에 임시로 장착된다.

- 피스톤 위치 지시기(piston position indicators):

점화시기, 밸브 개폐시기, 또는 연료분사펌프의 분사시기 등을 맞출 때 쓰이는 피스톤의 위치는 상사점 위치를 기준으로 한다. 이 위치를 TC 위치와 혼동해서는 안 된다. TC 위치의 피스톤은 시기 맞춤의 견지에서 볼 때 별로 반응 효용이 없다. 왜냐하면 이 위치에서는 크랭크축의 운동 각도가 $1 \sim 5°$ 까지 변할 수 있기 때문이다.

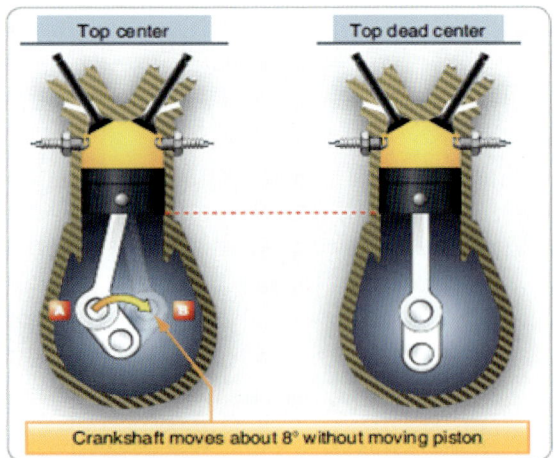

[그림 3-42] top center 와 top dead center의 차이점

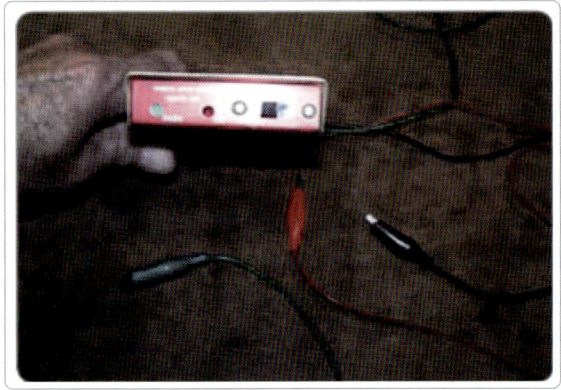

[그림 3-43] 타이밍 라이트

(4) 타이밍 라이트(Timing Lights):

그림 3-43에서 보여 주는 것과 같이, 타이밍라이트는 마그네토 접점이 열리는 정확한 순간을 판정하는데 도움을 주기 위해 사용된다. 3개의 전선이 라이트 박스에 플러그로 연결되어 있다. 장비의 전면에 2개의 라이트가 있는데 하나는 녹색이고 또 하나는 적색이며, 장비를 켜고(on) 끄는(off) 스위치가 있다. 타이밍 라이트를 사용하려면, '접지도선(ground lead)'이라고 표시를 한 검정색의 가운데 도선은 시험하고자 하는 마그네토의 케이스에 연결한다. 다른 도선은 시기를 맞추고 있는 마그네토의 차단기 접점 어셈블리의 1차 도선에 연결한다. 도선의 색깔은 타이밍 라이트에 불의 색깔과 같다.

(5) 마그네토의 내부 점화시기 점검
(Checking the Internal Timing of a Magneto):

어떤 형식에서는 마그네토의 점화시기를 맞추기 위하여 브레이커 캠의 끝부분에 턱을 깎아 표시해 놓았다. 곧은 자를 이 턱진 부분에 놓고 브레이커 하우징(breaker housing)의 테두리에 있는 점화시기 맞춤 표지와 일치되게 했을 때가 마그네토 회전자가 E-gap 위치에 있고 브레이커 포인트(breaker point)가 막 열리기 시작하는 때이다.

E-gap을 측정하는 방법은 그림 3-44에서 보여 주는 것과 같이, 점화시기 맞춤표지와 경사지게 끝이 잘린 기어를 맞추는 방법이다. 이들 표지가 일렬로 맞춰질 때가 브레이커 포인트가 열리기 시작하는 때이다.

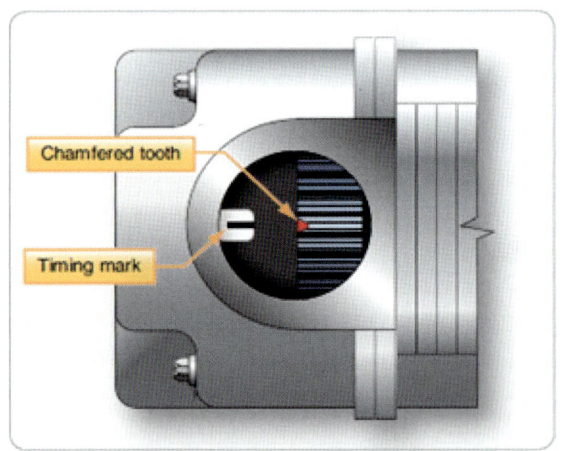

[그림 3-44] 마그네토 타이밍 마크

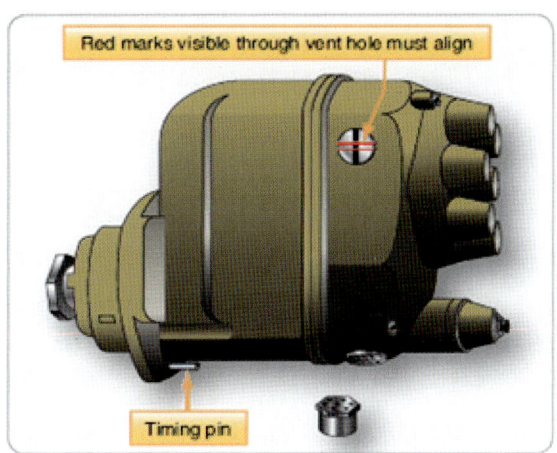

[그림 3-45] 마그네토의 E-gap 검사

그림 3-45에서 보여 준 것과 같이, E-gap은 타이밍 핀이 제자리에 있고 마그네토 케이스의 옆쪽에 있는 통기구멍을 통하여 보이는 붉은색 표시(red mark)가 일직선으로 맞추어질 때 정확하다. 회전자가 이 위치에 있을 때 브레이커 포인트는 막 열리는 시기이다.

3.2 가스터빈엔진
Gas Turbine Engines

가스터빈엔진을 구성하는 데 영향을 주는 가장 큰 요소는 엔진에 설계된 압축기 또는 압축기의 형태이다. 가스터빈엔진은 항공기를 추진하고 동력을 공급하는 방식에 따라 4가지 형식, 즉 터보제트 터보팬, 터보프롭 및 터보샤프트로 분류된다.

3.2.1 가스 터빈 엔진 구조 (Construction of Gas Turbine Engines)

3.2.1.1 공기 흡입구(Air Inlet)

공기흡입구는 압축기에 공기가 유입될 때에 발생되는 항력이나 램 압력에 의한 에너지의 손실이 최소가 되도록 설계되어 있다. 즉 압축기로 들어가는 공기의 흐름은 최대의 작동효율을 얻을 수 있도록 난류(turbulence)가 없어야 한다. 적절한 설계는 압축기의 입구압력에 대한 출구압력을 증가시킴으로써 실질적으로 항공기 성능에 영향을 미친다.

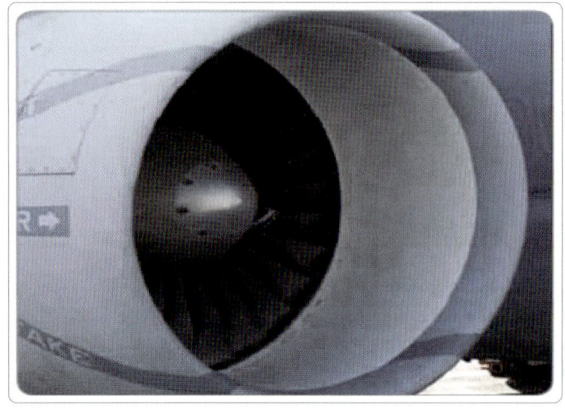

[그림 3-46] 공기 흡입구

엔진을 통과하여 지나가는 공기의 양은 다음 세 가지 요소에 달려 있다.

(1) 압축기 회전속도
(2) 항공기 전진속도
(3) 대기(주위의 공기) 밀도

3.2.1.2 압축기(Compressor Section)

가스터빈엔진에서 압축기 기능은 연소실에 충분한 양의 공기를 공급하고, 엔진과 항공기에서 필요로 하는 여러 가지 기능을 발휘하기 위한 블리드 공기를 공급하는 것이다.

블리드 공기는 엔진의 압축기의 여러 압력단계에서 뽑아내어 다음과 같은 곳에 사용된다.

- 객실 여압, 가열과 냉각(cabin pressurization heating, and cooling)
- 제빙과 방빙 장비(deicing and anti-icing equipment)
- 엔진의 공압 시동(pneumatic starting)
- 보조구동장치(auxiliary drive unit)

압축기 형식(compressor types)으로는 다음과 같은 것들이 있다.

(1) 원심압축기(Centrifugal-Flow Compressors):
그림 3-47에서 보는 것과 같이, 원심압축기는 임펠러(로터), 디퓨저(스테이터), 그리고 압축기 매니폴드로 구성된다. 원심압축기는 약 8:1로 압축할 수 있어서 단 당 압력상승이 매우 크다. 대체로 원심 압축기는 효율에 관계로 인하여 2단계로 제한되고 있다. 공

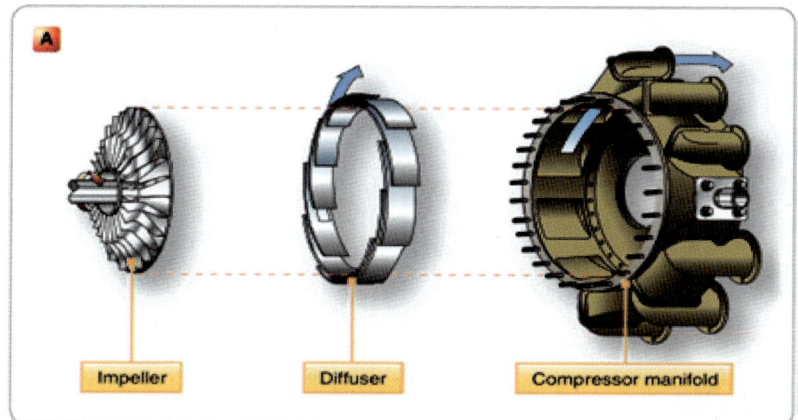
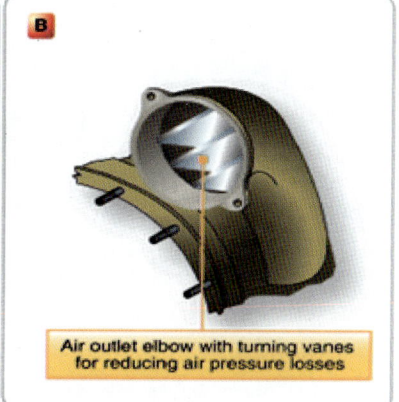

[그림 3-47] (A) 원심식 압축기의 구성품　　(B) 공기 출구 엘보우

기를 받아서 디퓨저 바깥쪽으로 가속시키기 위한 기능을 가진 임펠러는 단면 흡입식(single entry type)과 양면 흡입식(double entry type)의 두 가지가 있다. 이 두 가지 형식 사이의 주요한 차이점은 임펠러 크기와 덕트 구조 배열이다. 양면 흡입식은 충분한 공기 흐름을 위하여 적은 직경을 갖고 있지만 더 빠른 회전속도로 작동된다. 디퓨저는 매니폴드로 확산통로를 만드는 다수의 베인으로 되어 있는 고리 형태의 공간(annular chamber)이다. 디퓨저 베인은 임펠러에 의하여 최대 에너지가 전달되도록 설계된 각도로 매니폴드에 공기를 직선으로 보낸다. 또한 디퓨저 베인은 연소실에서 사용하기에 알맞은 속도와 압력으로 매니폴드에 공기를 보내 준다.

(2) 축류압축기(Axial-Flow Compressor):

축류압축기는 로터(rotor)와 스테이터(stator) 2개의 중요한 부분으로 되어 있다. 로터는 스핀들(spindle)에 고정되어 있는 블레이드로 되어 있다. 로터의 역할은 각 단계에서 공기의 압축을 증가시키고 여러 단계를 통해서 뒤로 보낸다. 입구에서 출구로 공기는 축의 통로를 따라 흐르고 단계마다 약 1.25 : 1의 비율로 압축시킨다.

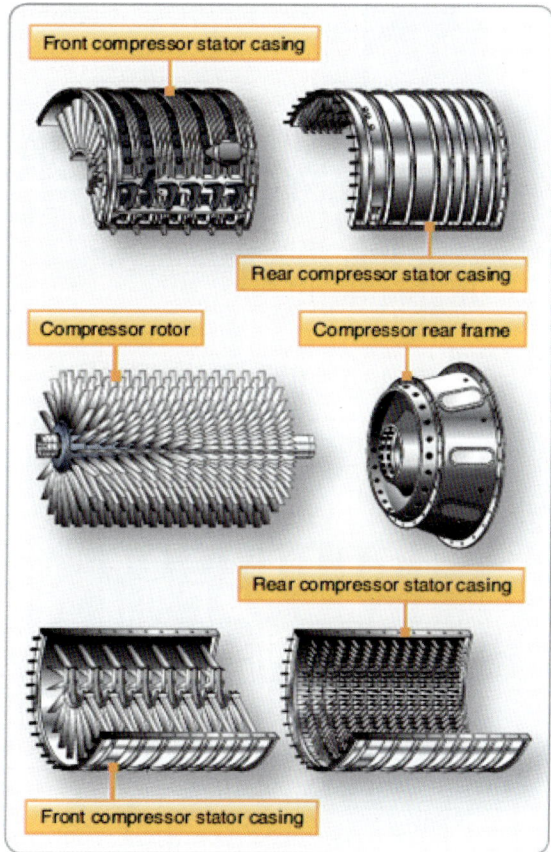

[그림 3-48] 축류식 압축기의 로터와 스테이터

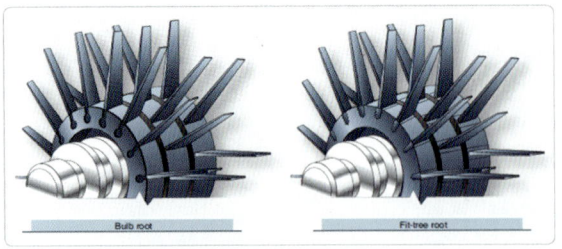

[그림 3-49] 로터 블레이드 장착형태

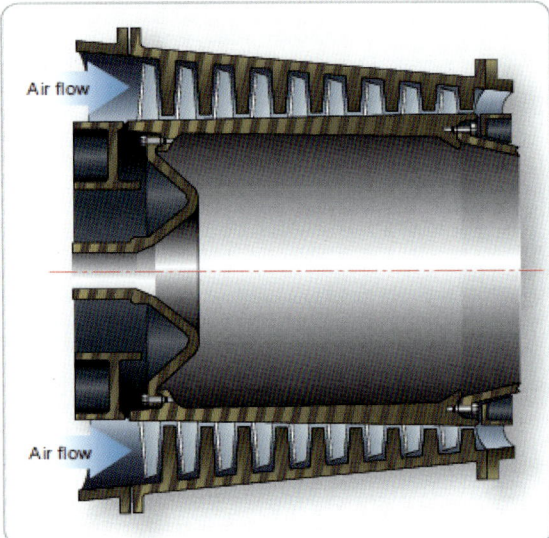

[그림 3-50] 드럼 형식의 압축기 로터

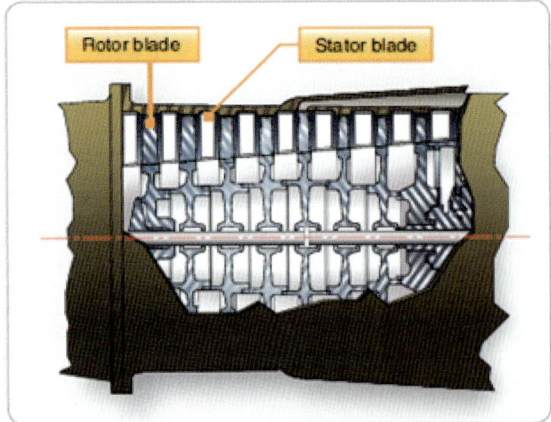

[그림 3-51] 디스크 형식의 압축기 로터

현재 사용되는 축류압축기는 2가지 형태가 있는데, 단축(single rotor/spool)과 2축(dual rotor/spool)

이며, 솔리드 스풀(solid spool)과 스플릿 스풀(split spool)이라 부르기도 한다.

• 원심압축기의 장점

① 단당 압력 상승이 크다.
② 넓은 회전속도 범위에서 효율이 좋다.
③ 제작이 용이하고 가격이 저렴하다.
④ 무게가 가볍다.
⑤ 시동에 필요한 동력이 작다.

• 원심압축기의 단점

① 공기 흐름에 대한 전면 면적이 크다.
② 단계 사이의 방향 전환에 따른 손실이 있다.

• 축류압축기의 장점

① 높은 압력에서 효율이 좋다.
② 공기 흐름에 대한 전면 면적이 작다.
③ 직선 흐름으로 램 효율이 좋다.
④ 무시할 수 있는 손실이므로 단계 수를 증가하여 압력을 상승시킬 수 있다..

• 축류압축기의 단점

① 좁은 회전속도 범위에서만 효율이 좋다.
② 제작이 어렵고 가격이 비싸다.
③ 비교적 무게가 무겁다.
④ 시동에 필요한 동력이 크다.(분리된 압축기에 의해 일부 해결)

3.2.1.3 디퓨저(Diffuser)

디퓨저는 압축기 뒤와 연소실 앞의 엔진이 확산되는 부분이다. 이것은 좀 더 저속 상태에서 압력을 증가시키기 위하여 압축기 방출 공기의 빠른 속도를 감소시키는 매우 중요한 기능을 갖고 있다. 디퓨저는 연소 화염이 지속적으로 유지 될 수 있도록 하기 위하여 더 낮은 속도로 연소실에서 화염이 있는 지역 입구 안으로 공기를 보내 준다.

[그림 3-52] can type combustion chamber

3.2.1.4 연소실(Combustion Section)

연소실에서는 엔진을 거쳐 지나가는 공기의 온도를 상승시키는 연소 과정이 이루어진다. 이 과정은 공기와 연료의 혼합기에 함축된 에너지를 방출하는 것이다. 에너지의 약 2/3는 가스 제네레이터(gas generator) 압축기를 구동시키기 위해 사용된다. 남은 에너지는 팬, 출력축, 또는 프로펠러를 구동시키기 위해 더 많은 에너지가 흡수되도록 나머지 터빈 단계를 거쳐 지나간다. 연소 부분의 주요 기능은 공기/연료의 혼합기를 연소시켜서 공기에 열에너지를 증가시키는 것이다.

(1) 연소실 성능을 증가시키기 위한 조건은 다음과 같다.

① 좋은 연소를 보장하기 위하여 연료와 공기가 잘 혼합되기 위한 장치가 있어야 한다.
② 혼합기를 효율적으로 연소시킨다.
③ 터빈 베인/블레이드가 작동온도에 견딜 수 있도록 고온 연소가스가 냉각되어야 한다.
④ 고온가스가 터빈으로 전달되어야 한다.
  연소실의 위치는 압축기와 터빈 사이에 있다. 연소실은 공기 흐름이 효율적으로 기능할 수 있는 곳에 위치해야 하므로 압축기와 터빈 형식에 관계없이 항상 동일한 축의 둘레에 배치된다.

(2) 기본적인 연소실의 구성 요소는 다음과 같다.

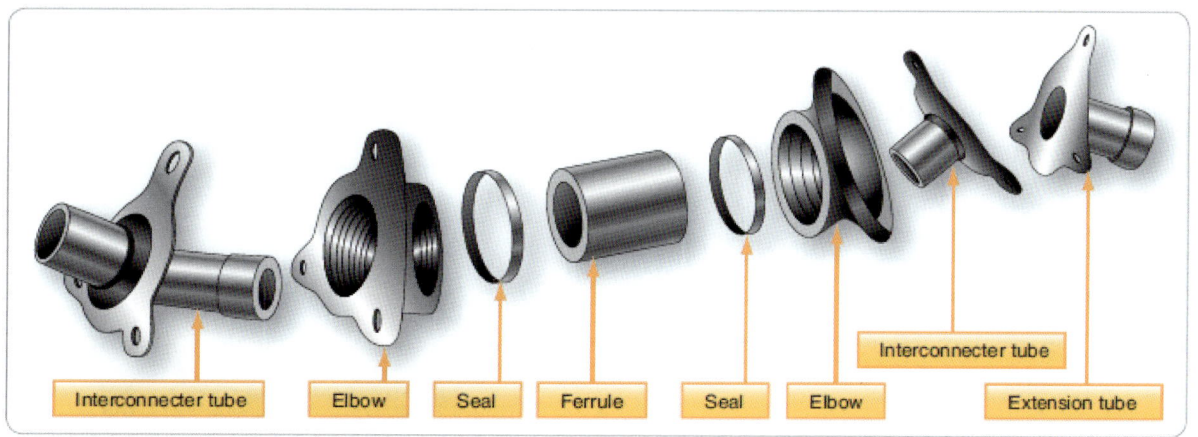

[그림 3-53] 캔형 연소실 프레임 홀더의 연결장치

① 케이스
② 구멍이 다수 뚫린 안쪽 라이너
③ 연료분사장치
④ 초기 점화를 위한 장치
⑤ 미연소된 연료를 배유시키기 위한 연료배출 장치

(3) 기본적인 연소실 형태로는 다음과 같은 3가지가 있다.

① 캔형(can type)
② 캔-애뉼러형(can-annular type)
③ 애뉼러형(annular type)

캔형 연소실은 터보샤프트와 보조동력장치(APU) 에서 사용되는 전형적인 형태이다. 캔 형 연소실의 개별적인 바깥쪽 케이스 또는 하우징으로 구성되며, 그 안에는 구멍이 다수 뚫린 스테인리스강(고내열강) 의 연소실 라이너 또는 안쪽 라이너가 있다. 라이너 교환이 용이 하도록 바깥쪽 케이스는 분리된다. 연소실로 흡입되는 공기는 적절한 구멍과 루버(louvers), 그리고 슬롯(slots)에 의해 두 가지로 분리되어 1차 공기와 2차 공기로 나누어진다. 1차 공기인 연소공기 는 연료와 혼합되어 연소실 앞에 라이너 안으로 바로 들어간다. 2차 공기인 냉각공기는 바깥쪽 케이스와 라이너 사이를 통과하여 라이너의 뒤쪽의 더 큰 구멍 을 통해서 연소가스와 만나서 연소가스의 온도 3,500°F를 1,500°F로 냉각시키는 작용을 한다.

연료 분무가 원활하게 되도록 캔형 연소실 라이너 의 입구 끝부분이나 연료노즐 둥근 부분 주위에는 구 멍이 뚫려 있다. 또한, 루버는 라이너의 안쪽 벽을 따 라 공기의 냉각 층을 이루도록 라이너의 축 방향을 따라 위치하고 있다. 이러한 공기층은 연소 불꽃이 라이너의 중앙으로 모이도록 하여 화염 형상을 제어 하여 라이너 벽이 타는 것을 방지한다.

연료 노즐의 두 가지 형태는 연소실 형상에 따라 단식 노즐(simplex nozzle)과 복식 노즐(duplex nozzle)이 있다. 애뉼러형 연소실의 스파크 이그나이 터 플러그는 비록 세부적인 구조는 다르지만, 캔형 연소실에서 사용되는 동일한 기본적인 형태이다. 일 반적으로 각 연소실 하우징에 있는 보스(boss)에 2개 의 이그나이터가 장치되어 있다.

[그림 3-54] 연소실 안쪽 형상

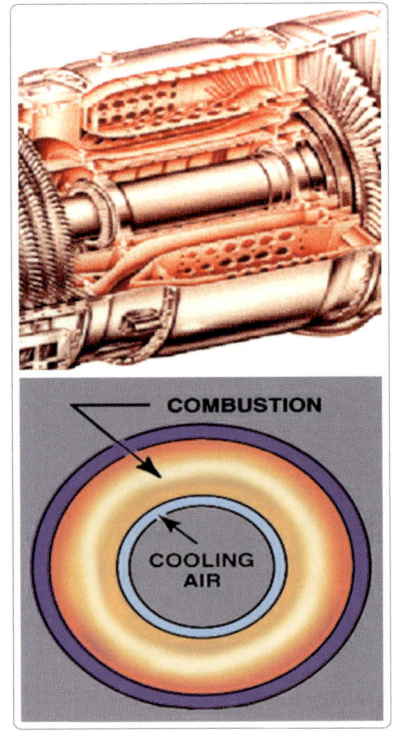

[그림 3-55] 애뉼러형 연소실

이그나이터는 연소실 안에 있는 하우징보다 충분히 길게 튀어나와 있어야 한다.

앞에서 언급한 캔형 연소실과 같이 연소실은 엔진시동 과정을 용이하게 하는 돌출된 화염 전파관(flame tube)으로 서로가 연결되어 있다. 각각의 연료노즐 둘레에는 미리 소용돌이를 주기 위한 스월 베인(swirl vane)이 있는데, 다음의 두 가지 기능을 갖는다.

- 빠른 화염 속도 – 공기와 연료의 혼합이 잘되어 자연 연소가 되도록 해 준다.
- 축 방향으로 느린 공기 속도 – 소용돌이는 불꽃이 과도하게 축 방향으로 이동되는 것을 막아 준다.

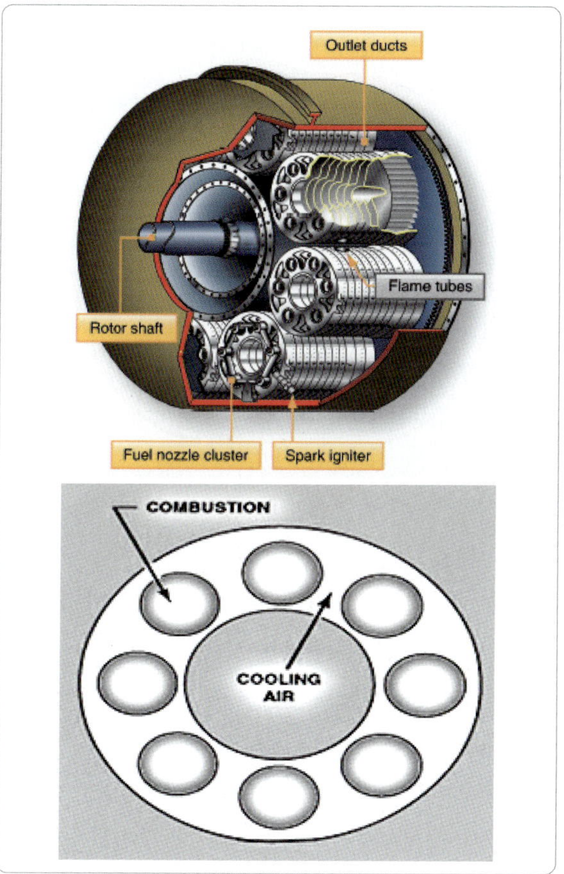

스월 베인은 빠른 연소와 냉각 단계에서 매우 심한 난류가 필요하므로 불꽃 전파에 큰 도움을 주고 있다. 1차 공기와 연료 증기의 강력한 기계적인 혼합은 디퓨저에 의존한 혼합이 너무 늦게 일어나기 때문에 필요한 것이다. 이러한 기계적인 혼합은 대부분의 축류 엔진에서처럼 디퓨저 출구에 장치되어 있는 거친(coarse) 스크린과 같은 방법에 의해서도 이루어진다. 캔-애뉼러형 연소실도 적당한 배출과 차기 시동 시 잔류 연료가 연소되지 않도록 2개 이상의 맨 아래쪽 연소실에 연료배출밸브를 반드시 장착해야 한다.

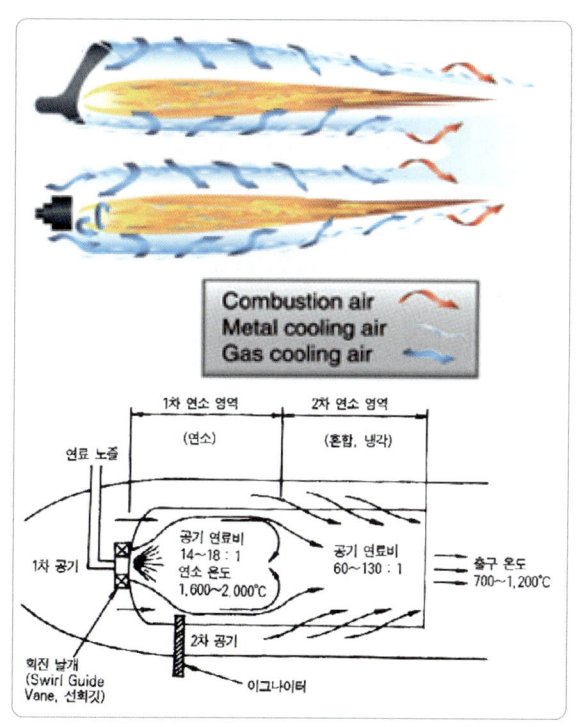

[그림 3-57] 연소실의 공기흐름

[그림 3-56] 캔-애뉼러형 연소실

캔-애뉼러형 연소실의 홀(hole)과 루버(louver)를 통한 공기의 흐름은 다른 형태의 연소실과 거의 동일하다. 특수한 기류조절장치(baffling)는 연소실의 공기흐름을 선회시키고, 난류를 만들어 주기 위해 사용된다. 그림 3-57에서는 연소용 공기 흐름, 재질을 냉각시키는 공기, 그리고 가스를 냉각시켜 주거나 섞이게 해 주는 양상을 보여 준다. 공기 흐름의 방향은 화살표로 표시되고 있다.

애뉼러형 연소실의 기본적인 구성요소는 캔형과 마찬가지로 하우징과 라이너이다. 라이너는 터빈 축 하우징의 바깥쪽 둘레에 모든 방향으로 펼쳐진 분할되지 않은 원형의 쉬라우드(shroud)로 되어 있다. 연소실은 세라믹 재료와 같은 단열 재료로 코팅된 내열 재료로 제작된다.

3.2.1.5 터빈(Turbine Section)

터빈은 배기가스의 운동(속도)에너지를 압축기와 액세서리를 구동시키는 기계적인 에너지로 변환시킨다. 이것이 터빈의 유일한 목적이며 배기가스로부터 전체 압력에너지의 약 60 ~ 80 %를 흡수하게 된다. 터빈에서 흡수되는 정확한 에너지의 양은 구동되는 터빈의 부하에 의해서 결정되며, 이것은 압축기의 크기와 형태, 액세서리의 수, 프로펠러, 그리고 터보프롭엔진에서는 감속기어에 의해서 달라진다. 이들 터빈 단계는 저압 압축기(팬), 프로펠러, 그리고 축을 가동시키기 위해 사용될 수 있다.

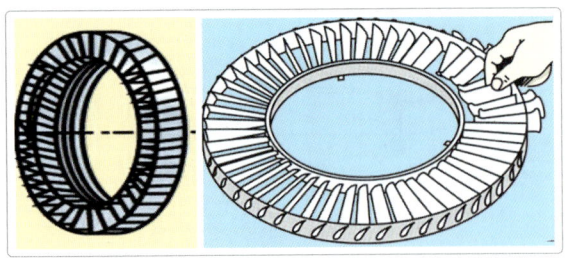

[그림 3-58] 터빈 노즐

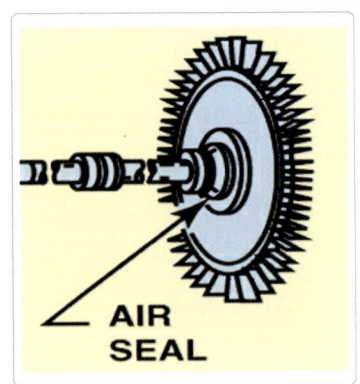

[그림 3-59] 터빈 블레이드

그림 3-58과 그림 3-59에서 보는 것과 같이, 터빈 어셈블리는 두 가지 기본 요소로 구성되어 있는데, 터빈 노즐과 터빈 블레이드이다. 스테이터는 다양한 이름으로 불리고 있으며, 터빈 인렛 노즐 베인, 터빈 인렛 가이드 베인, 그리고 노즐 다이어프램이 가장 널리 사용되는 3가지 이름이다.

터빈 노즐 베인은 연소실의 바로 뒤쪽인 터빈 휠의 바로 앞쪽에 위치하고 있다. 이곳은 엔진에서 금속성분과 접촉하는 가장 높거나 가장 뜨거운 온도이다. 터빈 입구 온도는 제어되어야 하고 또한 손상은 터빈 인렛 베인에서 발생할 것이다.

터빈 노즐의 첫째 목적은, 연소실로부터 발생되는 열에너지를 대량으로 흐르는 공기 안으로 받아들여 터빈 인렛 노즐에 균일하게 전달하고, 터빈 노즐은 터빈 로터를 구동시키기 위한 대량의 공기가 흐를 수 있도록 해야만 한다. 터빈노즐의 고정된 베인들은 굽은 모양이며, 가스가 아주 높은 속도로 방출될수 있도록하기 위하여 수많은 작은 노즐을 형성하도록 일정한 각도로 배열되어 있다. 그러므로 터빈 노즐은 여러 가지의 열에너지 및 압력에너지를 터빈 블레이드를 지나면서 기계적 에너지로 변환시킬 수 있는 속도에너지로 바꿔 주는 역할을 한다.

터빈 노즐의 두 번째 목적은, 가스가 어떤 특정한

각도를 가지고 터빈 휠의 회전 방향으로 부딪치게 하는 것이다. 노즐로부터의 가스 흐름은 터빈 블레이드가 회전하는 동안에 블레이드 사이의 통로로 유입되어야 하므로 터빈 회전의 보편적인 방향으로 가스가 유입되도록 하는 것이 기본이다.

터빈 노즐 어셈블리는 안쪽 쉬라우드와 바깥쪽 쉬라우드로 구성되며, 그 사이의 부분이 고정된 노즐 베인이다. 모든 노즐 베인들이 열팽창을 고려하여 조립되어야 한다. 그렇지 않으면 급격한 온도 변화 때문에 금속 성분으로 심한 뒤틀림과 휨이 생길 수 있다. 열팽창에 대한 다른 한 가지 방법은 베인을 안쪽과 바깥쪽 쉬라우드 안에 고정시키는 것이다.

디스크의 열 응력(heat stress)을 해소시키는 또 다른 방법은 블레이드 장착에 관련된 것이다. 블레이드의 루트(root)부분에 적한 일련의 골(grooves)이나 홈(notches)이 디스크 테두리에 파이도록 설계되어 있다.

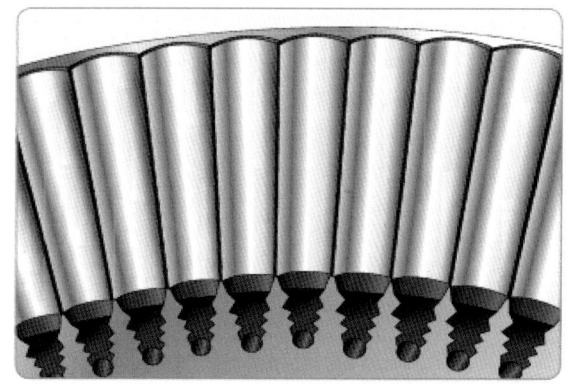

[그림 3-61] 터빈깃의 리벳 고정방식

각 블레이드는 개별 홈 속에서 여러 방법으로 고정되며, 통상적인 방법으로는 피이닝(peening), 용접, 고정 탭(lock tab) 및 리벳으로 고정시킨다. 그림 3-60은 고정 탭 방식, 그림 3-61은 리벳 고정방식을 사용한 터빈 휠을 보여준다. 블레이드 고정을 위한 피이닝 방법은, 여러 방법으로 자주 이용된다. 피이닝을 적용하기 위한 가장 일반적인 방법은 블레이드를 장착하기 전에 블레이드의 전나무 형태인 루트에 조그만 홈을 가공하는 것이 필요하다. 블레이드가 디스크에 끼워진 후 디스크의 홈 부근에 작은 펀치 자국이 만들어져 금속이 흘러 들어가는 것에 의해서 홈 속이 채워져야 한다. 터빈 블레이드는 합금 성분에 따라서 단조 또는 주조로 제작된다.

[그림 3-60] 터빈깃의 fir-tree 설계 및 lock-tab고정방식

[그림 3-62] 터빈 블레이드의 냉각 홀

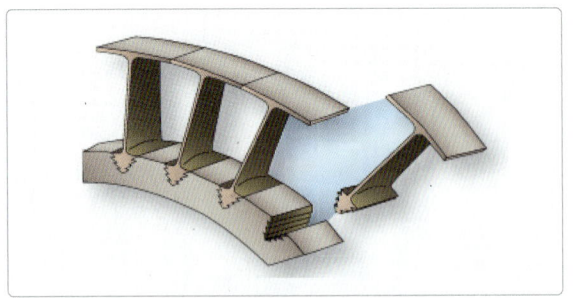

[그림 3-63] 쉬라우드 터빈 블레이드

대부분의 블레이드는 세라믹 코팅과 같은 열 차단 코팅, 그리고 터빈 블레이드와 인렛 노즐을 좀 더 냉각 시켜 주는 공기 흐름은 냉각을 도와준다. 이것은 엔진 의 열효율을 증가시키는 배기가스 온도를 높게 할 수 있다. 그림 3-62에서는 냉각을 위한 공기구멍을 낸 터빈 베인과 블레이드를 보여 주고 있다. 쉬라우드가 있는 터빈 블레이드는 터빈 휠의 바깥쪽 둘레에 띠 모양(band)으로 형성하고 있다. 이것은 효율과 진동 특성을 향상시켜 주고, 단계 중량을 감소시킬 수 있 다. 다른 한편으로는 이것이 터빈 회전속도를 제한하 게 되고 더욱 많은 수의 블레이드를 필요로 하게 된다.

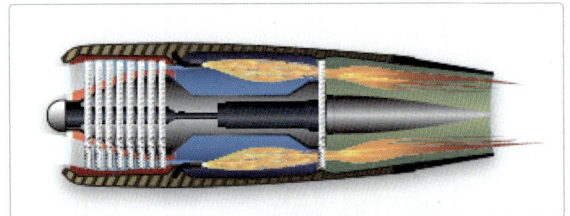

[그림 3-64] 1단 로터 터빈

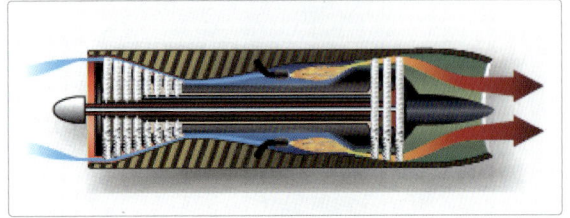

[그림 3-65] 다단 로터 터빈

터빈의 한 단계는 스테이터 베인(stator vane) 한 열과 로터 블레이드(rotor blade) 한 열로 이루어진 다. 터보프롭엔진의 일부 모델에서는, 다섯 단계 정도 의 터빈 단계가 이용되고 있다. 엔진의 구성품을 구동 시키기 위해 필요한 휠의 수에 상관없이 언제나 터빈 노즐이 각 터빈 휠 앞에 장착된다. 다단계 터빈 휠은 회전 부하가 크게 걸릴 때 보증된다. 캔형 연소실에서 사용되는 동일한 기본적인 형태이다.

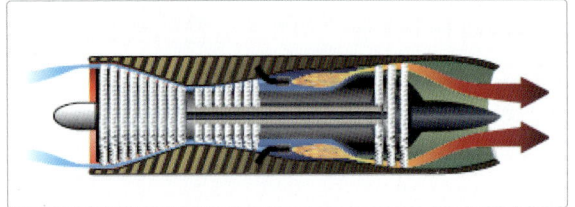

[그림 3-66] 분할 축 압축기의 이중 로터 터빈

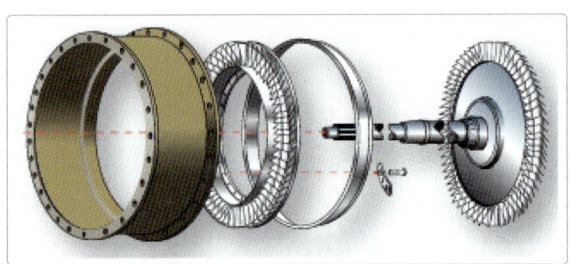

[그림 3-67] 터빈 케이스 어셈블리

터빈의 한 단계는 스테이터 베인(stator vane) 한 열과 로터 블레이드(rotor blade) 한 열로 이루어진 다. 터보프롭엔진의 일부 모델에서는, 다섯 단계 정도 의 터빈 단계가 이용되고 있다. 엔진의 구성품을 구동 시키기 위해 필요한 휠의 수에 상관없이 언제나 터빈 노즐이 각 터빈 휠 앞에 장착된다. 다단계 터빈 휠은 회전 부하가 크게 걸릴 때 보증된다. 동일한 부하 상태 로 다단계 터빈이 필요하다면, 다단계 압축기 로터를 활용하는 것이 더 유리하다. 다축 엔진에서 각 스풀 (spool)은 터빈 단계들이 한 짝을 이루고 있다. 각 짝 은 터빈 단계에 장착된 압축기를 구동시킨다. 대부분의 터보팬엔진은 2개의 스풀을 갖고 있는데 이는 저압축(압축 단계의 팬 축과 그것을 구동시키는 터빈)과 고압축(고압 압축기 축과 고압터빈)이다.

3.2.1.6 배기 부분(Exhaust Section)

배기 부분은 터빈 부분 바로 뒤쪽에 위치하고 있으며, 가스가 고속의 배기가스 상태로 분출되는 곳이다. 배기 부분의 각 구성품은 배기콘(exhaust cone), 테일파이프(tail pipe), 그리고 배기노즐exhaust nozzle)이 포함된다. 배기 콘은 터빈으로부터 방출되는 배기가스를 모으고, 점차적으로 연속적인 가스 흐름으로 변환시킨다. 이것을 수행하기 위해서 가스의 속도는 다소 감소되고 압력은 증가되어야 한다.

이것은 바깥쪽 덕트와 안쪽에 콘 사이의 확산되는 통로로 인한 것이다. 다시 말하면, 두 부품 사이의 애뉼러 공간은 뒤쪽 방향으로 증가한다. 배기 콘은 바깥쪽 쉘(shell)이나 덕트, 하나의 안쪽 콘, 3~4 개의 반지름 방향의 속이 비어 있는 스트러트(radial hollow strut)나 핀(fin), 그리고 바깥쪽 덕트로 부터 안쪽 콘을 지지해 주는 스트러트에 장착되는 몇 개의 타이로드(tie rod)로 구성된다.

배기 콘과 테일 파이프로부터의 복사열에 의해서 이들 부품 주변의 항공기 부품에 손상을 줄 수도 있다. 따라서 절연시켜야 하는 방안이 있어야 한다. 동체 구조물을 보호하기 위한 적절한 방법 중에서 가장 널리 쓰이는 방법은 단열막(insulation blanket), 또는 단열덮개(insulation shroud) 방법이다. 그림 3-70에서 보는 것과 같이, 단열막은 여러 층의 알루미늄 박판으로 구성되어 있고, 각각의 층은 유리섬유(fiber glass)나 다른 적절한 재질을 사용하여 층으로 분리되어 있다. 이들 단열막이 복사열로부터 동체를 보호한다고 하지만, 기본적으로는 배기계통으로부터 열 손실을 감소시키기 위해서 사용되고 있다. 열 손실을 줄이는 것은 엔진 성능을 향상시키는 것이다.

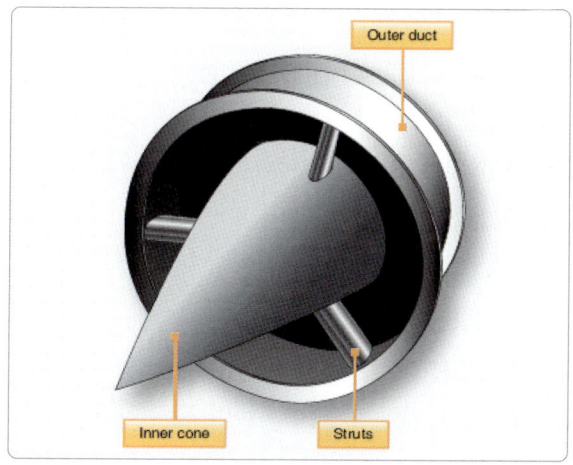

[그림 3-68] 배기 콘

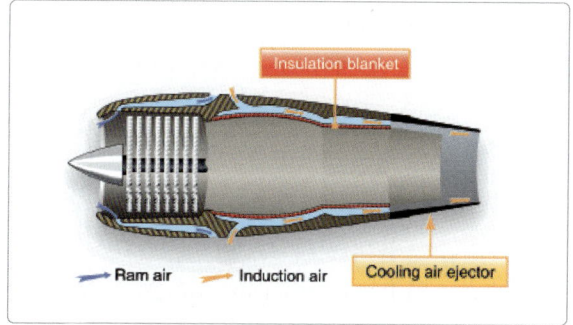

[그림 3-69] 배기계통 절연 브래킷

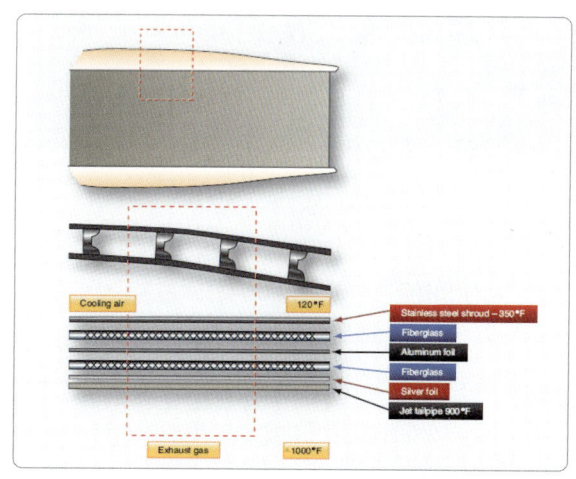

[그림 3-70] 온도와 단열 브래킷

3.2.1.7 엑세서리(Accessory Section)

가스터빈엔진 엑세서리 부분은 다음과 같은 기능을 갖고 있다.

(1) 엔진을 작동하고 제어하는데 필요한 엑세서리(accessory)를 장착하기 위한 공간을 제공해 준다. 항공기에 관련된 발전기, 유압펌프와 같은 엑세서리들도 포함된다.
(2) 오일 저장소나 오일 섬프(oil sump)로서의 역할과 엑세서리 구동기어와 감속기어 하우징 기능이다.

액세서리 부분의 기본적인 요소는 다음과 같다.

① 엔진 구동 액세서리를 위하여 기계 가공된 장착 패드가 있는 액세서리 케이스
② 액세서리 케이스 안에 들어 있는 기어열 액세서리 케이스는 오일 저장소로서의 기능을 하도록 설계된다.

[그림 3-71] 터보프롭 엑세서리 케이스

만약 오일탱크가 사용되고 있다면, 일반적으로 베어링과 구동기어를 윤활하기 위해 사용되었던 오일의 배유와 청소를 위하여 앞쪽의 베어링 지지대(bearing support) 아래쪽에 섬프(sump)가 있다. 또한, 액세서리케이스는 기어열과 베어링에 오일을 분사하고 윤활하기 위해 적절한 배관 또는 뚫어진 통로가 구비되어 있다.

3.2.1.8 베어링과 실(Bearings and Seals)

주 베어링은 엔진 회전축을 지지하는 아주 중요한 기능을 한다. 적절하게 엔진을 지지하는 데 필요한 베어링 수는 거의 엔진 회전축의 길이와 중량에 의해 결정된다. 중량과 길이는 엔진에 사용되는 압축기 형태에 의해서 직접적으로 영향을 받는다. 당연히 2축 압축기는 더 많은 베어링으로 지지하는 것이 필요하다.

대다수의 새로운 엔진들은 바깥쪽 레이스(race)에 얇은 오일 피막으로 감싸진 유압 베어링을 사용한다. 이것은 엔진으로 전달되는 진동을 감소시킨다.

일반적으로 감마 베어링이 광범위하게 사용되는 이유는 다음과 같다.

- 회전 저항이 적게 나타낸다.
- 회전 구성품의 정밀한 배열이 용이하다.
- 비교적 가격이 저렴하다.
- 교환이 용이하다.
- 순간적으로 높은 과부하에 잘 견딘다.
- 냉각과 윤활, 정비가 간편하다.
- 반경하중과 축 방향 하중에 잘 적응된다.
- 온도 상승에 대한 저항이 크다.

볼베어링은 반지름 하중 또는 추력하중을 흡수하도록 압축기나 터빈 축에 장착되어 있다.

롤러 베어링은 넓은 자리를 차지하기 때문에 추력 하중보다는 반지름 하중을 지지할 수 있는 곳에 장치된다. 고속으로 회전하는 로터의 반지름 하중과 추력 하중을 감당할 수 있어야 한다. 베어링 하우징은 보통 오일이 정상적인 흐름 통로에서 누설되는 것을 방지하기 위한 오일 실(oil seal)을 포함하고 있다. 또한, 하우징은 윤활 작용을 위해서 통상 분사노즐로 베어링에 오일을 공급해 준다.

오일 실은 미로형(labyrinth type)이나 나사형(thread type)이다. 또한, 이 실들은 압축기 축을 따

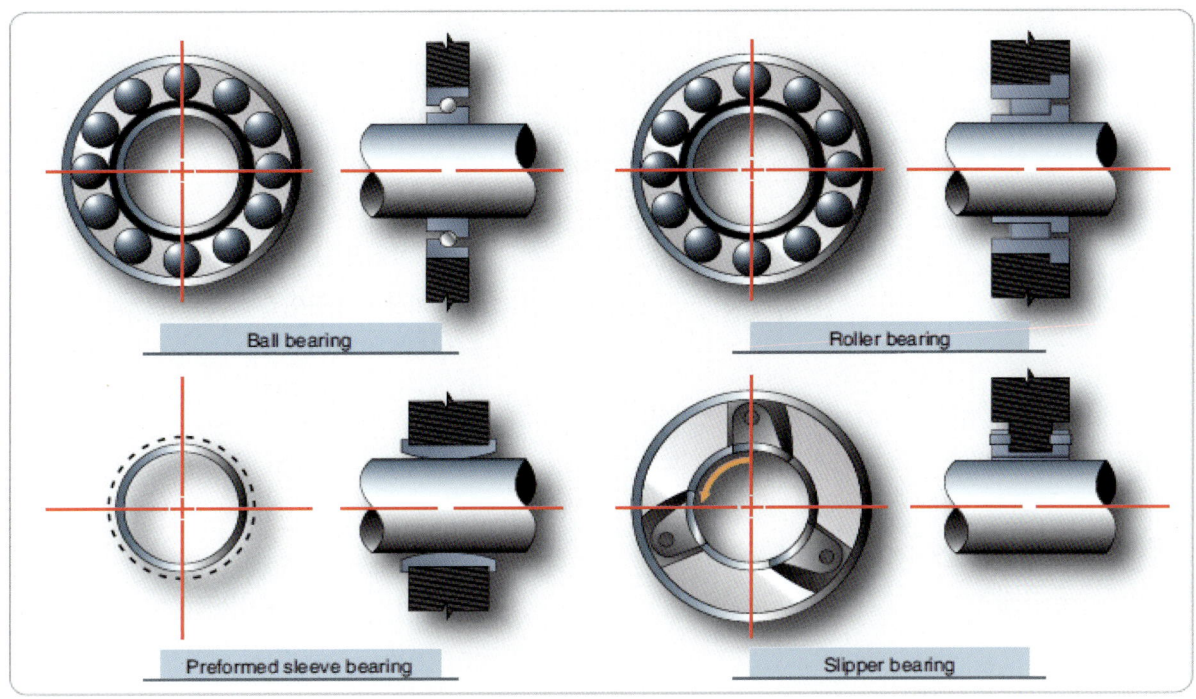

[그림 3-72] 가스터빈엔진의 주 베어링 형식

라 오일이 누설되는 것을 최소화하기 위해 여압을 한다. 미로 형 실은 보통 여압되지만, 나사형 실은 역방향의 나사에 의존하여 오일누설을 방지하고 있다. 이들 두 형태의 씰은 매우 비슷하며, 다만 나사의 크기가 다르고 미로형 실은 여압을 한다는 것이 다를 뿐이다. 근래 개발된 엔진에 사용되는 다른 형태의 오일 실은 카본 실(carbon seal)이다.

이것은 베어링 안쪽 레이스(inner race)에 응력이 전달되지 않고도 축을 방사상으로 어느 정도 움직일 수 있게 해 준다. 베어링 면은 통상적으로 장착되는 축에 기계 가공하여 저널(journal)에 안착된다.

3.2.2 터보샤프트 엔진(Turboshaft Engines)

축을 통하여 전달된 동력이 프로펠러가 아닌 다른 것을 작동시키기 위한 가스터빈을 터보샤프트엔진이라 한다. 출력축은 엔진의 터빈과 직접적으로 맞물려 있거나, 축이 배기 흐름에 위치한 자유터빈에 의해서 구동되며 독립적으로 회전한다.

[그림 3-73] 터보 샤프트엔진

3.2.2.1 터보샤프트 엔진의 구조 및 기능

헬리콥터에 장착된 가스터빈 엔진은 압축기, 연소실, 터빈, 및 기어 박스 어셈블리로 구성되어 있다. 압축기는 흡입공기를 압축하여 연료가 분사되는 연소실 내부로 압축된 공기를 공급하게 된다. 연료와 공기가 혼합되어 점화로서 연소 가스는 폭발 팽창하여 터빈 휠들을 회전시키게 된다. 회전력을 얻은 터빈 휠은 출력 샤프트를 통해 엔진 압축기와 메인로터 시스템에 회전력을 공급한 후 연소 된 가스는 배기구를 통해 배출된다.

(1) 압축기(Compressor):

압축기는 원심 압축기, 또는 다축식의 축류 압축기로 구분되며 압축기의 구성은 주요 구성품인 회전 로터와 고정 스테이터 베인으로 회전자 로터는 여러 개의 블레이드로 구성되어 있으며 회전 스핀들 및 팬과 유사하다. 회전 로터는 회전 시 공기를 뒤쪽으로 보내게 되며. 뒤쪽에는 고정 스테이터 베인이 배치되어 있다. 원심 압축기는 임펠러, 디퓨저 및 매니폴드로 구성된다.

(2) 연소실:

피스톤 엔진과 달리 터빈의 연소는 연속적으로 이루어진다. 따라서 점화 플러그(ignition plug)는 엔진 시동 시 연료와 공기가 혼합된 압축가스를 점화 시에만 작동한다.

연소실에선 지속적으로 연료와 공기가 혼합되어 공급됨으로 더 이상의 점화의 역할은 필요 없다. 그러나 연료 또는 압축공기 중 하나라도 공급이 불가할 경우 연소는 중단되는데 이것을 "프레임 아웃"(flame out)이라 한다.

(3) 터빈:

터빈 섹션의 로터 시스템 및 압축기를 구동하는 데 사용되는 일련의 터빈 휠로 구성된다. 제1단계는 일반적으로 가스 발생기 또는 N1로 지칭되며 하나 이상의

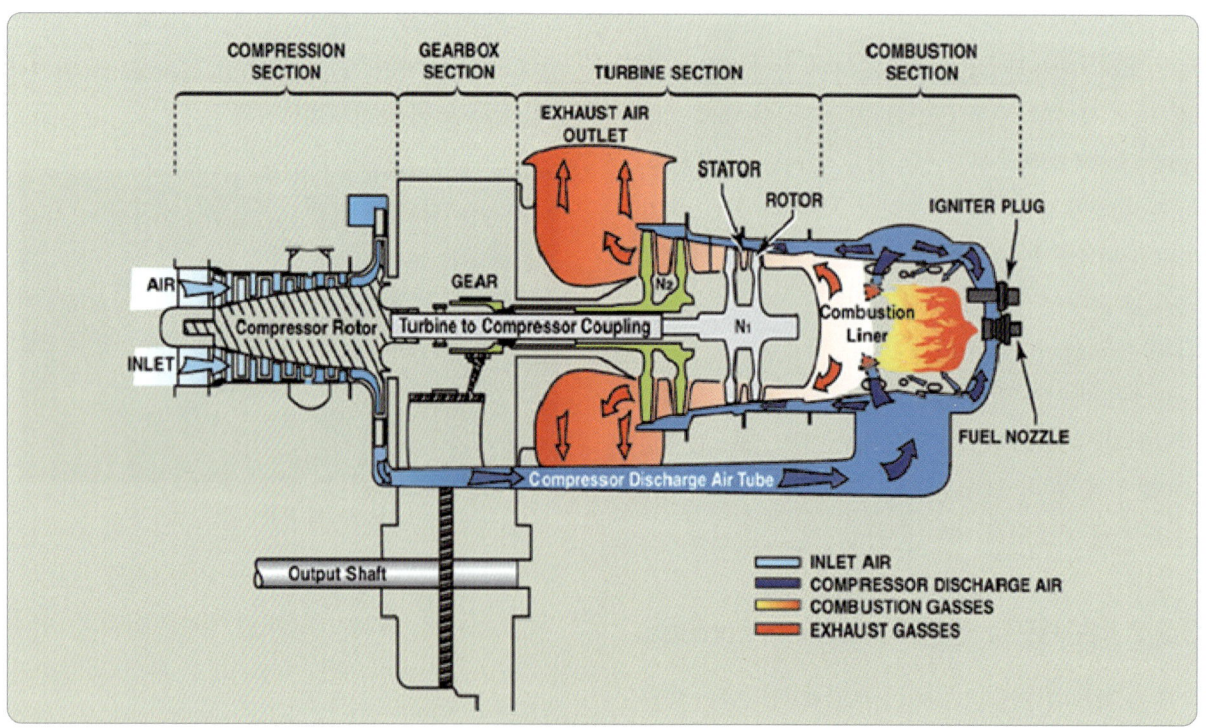

[그림 3-74] 대부분의 헬리콥터는 메인 변속기와 로터 시스템을 구동하기 위해 터보샤프트 엔진을 사용한다. 터보샤프트와 터보제트 엔진의 주된 차이점은 팽창하는 가스에 의해 발생하는 대부분의 에너지가 배기가스의 배출로 인한 추력을 발생시키기 보다는 터빈을 구동하는 데 사용된다는 것이다.

터빈 휠로 구성될 수 있다. 가스 발생기 터빈(N1)은 터빈 사이클을 완료하는 데 필요한 구성 요소로서 엔진의 자체가동 유지를 위해 작동하게 한다. 일반적인 1단계 N1 시스템의 공통 구성 요소는 N1 스테이지에 의해 구동되는 압축기, 오일펌프 및 연료 펌프 등이다.

2단계 N2 시스템 파워터빈(N2 또는 Nr)은 하나 이상의 터빈으로 구성되어 악세서리 기어박스를 통해 회전력을 감소시켜 메인 로터 시스템 액세서리를 구동하는 터빈으로 기능을 수행한다.

3.2.3 연료계통(Fuel Systems)

가스터빈엔진의 연료조정장치는 세 가지의 기본적인 그룹으로 나누어질 수 있다.

(1) 유압-기계식(Hydro-Mechanical)
(2) 유압기계/전자식(Hydro-Mechanical)/(Electronic)
(3) 전자식통합엔진제어
 (FADEC, Full Authority Digital Engine Control)

3.2.3.1 유압-기계식 연료조정 장치 (Hydro-Mechanical Fuel Control)

유압-기계식 연료조정장치는 많은 엔진에 널리 사용되고 있다. 연료조정장치는 엔진에 정확한 연료량을 공급하기 위해 수감계산 부분(computing section)과 유량조절 부분(metering section)의 2개의 부분으로 구성된다.

순수한 유압-기계식 연료조정장치는 연료유량을 계산하거나 또는 계량하는 데 도움을 주는 전자적인 장치를 갖고 있지 않다. 일반적으로 엔진의 가스발생기 기어장치를 구동시켜서 엔진 회전속도를 감지한다. 감지되는 다른 기계적인 엔진 변수들은 압축기출구압력(CDP), 연소실 압력(CCP), 배기가스온도(EGT), 그리고 흡기온도와 입구압력이다.

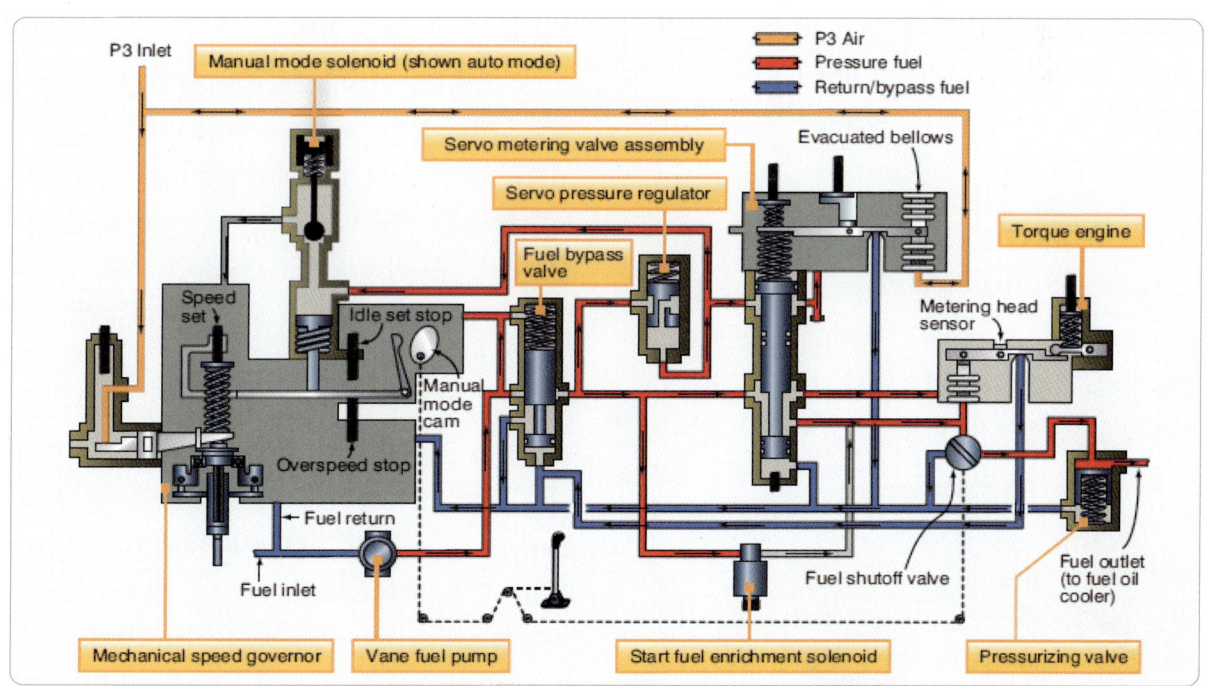

[그림 3-75] 연료 제어 어셈블리 흐름도 유압기계 / 전자장치

일단 수감계산 부분에서 정확한 연료유량을 결정하면 메터링 섹션은 캠과 서보밸브를 통해 엔진연료계통으로 연료를 공급한다.

3.2.3.2 유압-기계식/전자식 연료조정장치 (Hydro-Mechanical/Electronic Fuel Control)

기본적인 유압기계식 연료조정장치에 전자식 연료조정장치의 추가는 터빈엔진 연료조정장치의 발전 단계였다. 일반적으로 이 형식의 계통은 연료유량을 조절하기 위해 멀리 위치된 전자식 엔진제어장치(EEC)를 이용하였다. 엔진연료계통의 기본적인 기능은 연료를 가압하고, 연료 흐름을 계량하고, 그리고 분무화(vaporized) 된 연료를 엔진의 연소실로 공급하는 것이다. 연료유량은 연료차단장치와 연료조절장치를 포함하고 있는 유압기계식 연료조정장치 어셈블리에 의해 제어된다.

이 장치는 자동모드에서 정상적인 엔진 작동 중 가스발생기의 축에 기계적인 과속방지 기능을 제공한다. 자동모드에서는, EEC가 연료의 계량을 관리하고, 수동모드에서는, 유압기계식 조종장치가 담당한다.

3.2.3.3 전자식 통합엔진제어장치 (FADEC Fuel Control Systems)

전자식 통합엔진제어장치(FADEC: full authority digital engine control)는 가장 최신의 터빈엔진 모델에서 연료유량을 제어하기 위해 개발되어졌다. 진정한 전자식 통합엔진제어장치계통은 유압기계식 연료제어 예비 장치(fuel control backup system)를 갖고 있지 않다. 계통은 전자식 엔진제어장치(EEC, electronic engine controls) 내로 엔진 변수들의 정보를 공급하는 전자적인 신호를 이용한다. 전자식 통합엔진제어장치는 연료의 흐름의 양을 결정하기 위해 필요한 정보를 모으고 그것을 연료조절밸브로 전송한다. 연료조절밸브는 전자식 엔진제어장치로부터 의 명령에 단순히 반응을 나타낸다. 전자식 통합엔진제어장치는 연료분배계통의 계산장치에 해당하는 컴퓨터이며 조절밸브는 연료유량을 조절한다. FADEC 계통은 작은 보조동력장치(APU, auxiliary power unit)에서부터 가장 큰 추진력을 내는 엔진에 이르기까지 수많은 형식의 터빈엔진에 사용된다.

3.2.3.4 연료조정장치의 정비 (Fuel Control Maintenance)

가스터빈엔진 연료조정장치의 현장에서 허락되는 유일한 수리는 연료조정장치의 교환과 교환 후의 조절뿐이다. 이러한 조절에는 보통 엔진 트리밍이라고 부르는 아이들(idle) rpm의 조절과 최대속도의 조절로 제한된다. 이 두 가지 조절은 정상작동 범위 내에서 수행된다. 엔진 트리밍(engine trimming)을 하는 동안에, 연료조정장치는 완속 rpm, 최대 rpm, 가속, 그리고 감속 등을 점검한다.

엔진은 특정한 엔진에 대한 정비매뉴얼 및 오버홀매뉴얼에 있는 절차에 따라서 트림(trim)된다. 일반적인 절차는 엔진 트리밍 작업을 시작하기 직전에 외기 온도와 해수면이 아닌 비행장 대기압을 확인하는 것으로 수행된다. 대기의 온도가 엔진으로 들어오는 공기의 실제 온도와 같은 값을 얻을 수 있도록 해야 한다. 이 값을 사용하여, 요구되는 터빈배출압력 또 는 엔진압력비(EPR)의 값을 정비매뉴얼에 지시되어 있는 자료로부터 계산한다. 엔진이 완전히 안정되는 것을 보장하기 위해 충분한 기간 동안 스로틀 전개(full throttle), 또는 정해진 정격에서 작동시킨다. 보통 권고되는 안정 시간은 5분이다. 점검은 압축기 에어 블리드 밸브가 완전히 닫혔는지 확인하고, 트림 곡선이 수정되지 않은 객실 공기조화장치와 같은 모든 액세서리 구동용 에어 블리드가 꺼졌는지를 확인해야 한다.

엔진이 안정됐을 때, 트리밍이 요구되는 대략적인 값을 결정하도록 계산된 터빈출구압력 (Pt7 또는 EPR) 값과 관찰된 값을 비교해야 한다. 만약 트림 조절이 필요하다면, 계기에서 목표로 설정된 터빈출구압력 (Pt7 또는 EPR) 값을 얻기 위해 엔진 연료조정 장치를 조절한다. 연료조정장치의 조절과 동시에 회전계, 연료 흐름량 계기, 및 배기가스온도 계기를 관찰하고 기록해야 한다. 2축식 압축기를 사용하는 P&W (pratt and whitney) 엔진에서는 관찰된 N2 회전계의 rpm 값은 온도/rpm 곡선에서 경사진 방향으로 나타나는 속도에 의해서 수정된다. 관찰된 회전속도계의 rpm 값은 곡선에서 얻어진 % 트림속도로 나눈다. 결과는 백분율로 나타나는 새 엔진 트림속도이며 표준일의 온도, 즉 59°F 또는 15℃로 수정된다. rpm으로 나타나는 새로운 트림속도는 회전속도계가 100%로 나타낸 곳에서 rpm이 알려졌을 때 계산된다. 이 값은 해당 엔진매뉴얼에서 얻어지게 된다. 만약 이 모든 절차가 만족하게 수행되었다면, 엔진은 적절하게 트림된 것이다.

3.2.3.5 엔진 연료조정장치 구성 (Engine Fuel Control Components)

(1) 주 연료 펌프 (Main Fuel Pumps Engine Driven):

주 연료펌프는 적당한 압력으로, 그리고 항공기 엔진 작동 시에 항상 연료를 지속적으로 공급한다. 엔진구동연료펌프는 만족한 노즐 분무와 정밀한 연료 조절을 얻기 위해 적합한 압력에서 최대를 필요로 하는 흐름을 담당하는 능력이 있어야 한다. 이들 엔진구동 연료펌프는 두 가지의 계통의 종류로 구분하게 된다.

① 정용량식.
② 가변용량식

일반적으로 비용량식(non-positive displacement), 즉 원심펌프는 펌프의 두 번째 단계로 정압 흐름을 주기 위해 엔진구동펌프의 입구에서 사용된다. 원심펌프의 출력은 필요로 할 때 변화시킬 수 있고 때때로 엔진구동펌프의 승압 단이라고 부른다.

터빈엔진에 사용되는 엔진구동연료 펌프의 두 번째 단계, 또는 주 단계는 대체로 정용량식의 펌프이다. '정용량식' 이란 용어는 펌프 기어의 매 회전당 엔진으로 연료의 고정된 양을 공급하는 것을 의미한다.

기어형 펌프는 대략 직선적인 흐름 특성을 갖는 것에 반하여, 연료 요구조건은 비행 또는 외기 조건에 의해서 요동치는 흐름이다. 그런 이유로, 모든 엔진작동 상태의 적절한 펌프 용량은 대부분 작동 범위를 넘어서는 초과의 용량을 갖는다. 이것이 여분의 연료를 입구로 되돌려 보내는 압력릴리프밸브 출구쪽 바이패스 밸브의 사용을 필요로 하는 특성이다.

(2) 연료 필터(Fuel Filters):

저압 연료필터는 엔진구동연료펌프와 여러 가지의 제어장치를 보호하기 위해 공급탱크와 엔진연료계통 사이에 장착되어 있다. 고압 연료필터는 저압 펌프로부터 들어올 수 있는 오염에 연료조정장치를 보호하기 위해 연료펌프와 연료조정장치 사이에 장착되어 있다.

가장 일반적으로 사용되고 있는 형식의 필터는 미크론 필터, 웨이퍼스크린 필터, 그리고 평 스크린 망사 필터이다. 미크론 필터는 명칭에서 의미하듯이, 현재 사용되는 필터형식 중에서 가장 큰 여과작용을 갖는다. 1미크론은 1/1000mm이다. 필터 카트리지의 구조에서 자주 사용되는 다공성 섬유소 물질은 10 ~ 25미크론에서 측정하는 이물질을 제거할 수 있다. 미소한 열린 구멍은 막힘에 영향을 받기 쉬운 이런 형식의 필터를 만들어 낸다. 바이패스밸브는 안전요소로 필요한 것이다.

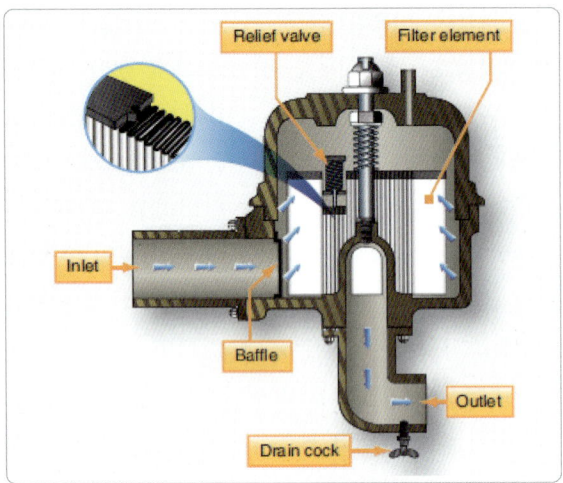

[그림 3-76] 연료필터

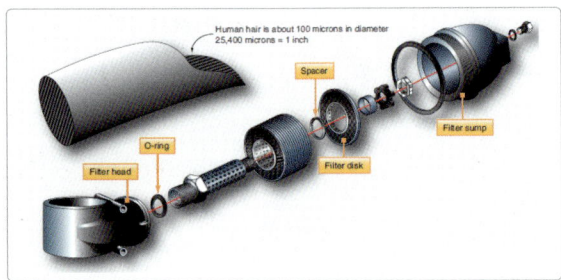

[그림 3-77] 웨이퍼 스크린 필터

가장 널리 사용되는 필터는 200-mesh와 35-mesh 미크론 필터이다. 그들은 미세한 입자의 제거가 필요로 되는 연료펌프, 연료조정장치, 그리고 연료펌프와 연료조정장치 사이에서 사용된다. 보통 고운-메시 강철 와이어로 제작된 이들의 필터는 와이어를 연속적으로 겹친 층으로 되어 있다. 그림 3-77에서 보여주는 것과 같이, 웨이퍼스크린형의 필터는 청동, 황동, 철, 또는 그와 유사한 재료의 스크린 원반의 겹으로 제작된다. 이 형식의 필터는 미세한 입자를 제거할 능력이 있으며 고압에 잘 견디는 강도를 갖고 있다.

(3) 연료 분사노즐과 연료 매니폴드
 (Fuel Spray Nozzles and Fuel Manifolds):
 연료 노즐은 가능한 한 가장 짧은 시간에, 그리고 가능한 한 가장 작은 공간에서 연소가 평탄하게 완결되도록 고도로 미세하게 분무되고, 정밀하게 만들어진 분무로서 연소 구역 내부로 연료를 분사한다. 연료가 고르게 분배되고 라이너의 내부에 화염 부분으로 잘 집중시키는 것은 아주 중요한 것이다. 아주 흔히 사용되는 두 가지 방법은 다음과 같다.

① 연소실 돔 근처에 있는 노즐로서, 케이스 또는 입구의 공기 엘보에 노즐을 부착하기 위해 마운팅 패드(mounting pad)가 마련되는 외부 설치 방법.
② 노즐의 교환이나 정비를 위해 연소실 커버(cover)를 탈거(remove)해야 하는, 내부 연소실의 돔에 장착하는 내부 설치 방법.

• 단식 연료 노즐(simplex fuel nozzle):
단식 연료 노즐은 아직도 일부의 장비에서 사용되고 있다. 각 단식 연료 노즐은 노즐 팁, 인서트, 그리고 정밀 망사 스크린과 지지대로 구성된 필터로 구성되어 있다.

• 복식 연료 노즐(duplex fuel nozzles):
복식 연료 노즐은 현대의 가스터빈엔진에 가장 널리 사용되고 흐름 분할기(flow divider)를 필요로 하지만, 동시에 넓은 범위의 작동압력을 넘어 연소에서 바람직한 분무 형태로 나타나게 한다. 그림 3-78은 전형적인 이 형식의 노즐을 보여준다.

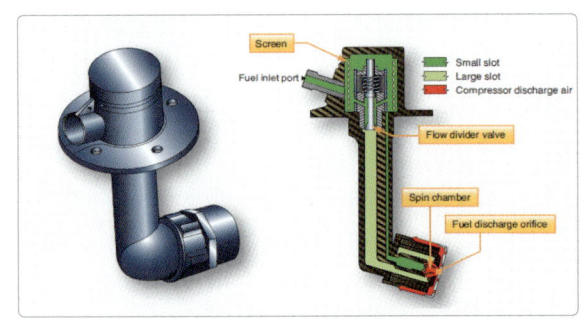

[그림 3-78] 복식 연료 노즐

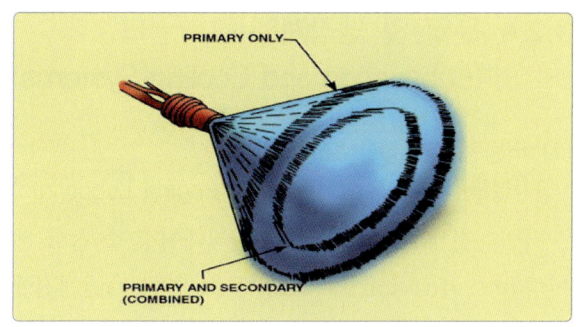

[그림 3-79] 복식 연료 노즐 분사 패턴

[그림 3-80] 컷어웨이된 단식 에어블라스트 노즐

- 에어 블라스트 노즐(air blast nozzles):

에어 블라스트 노즐은 연소에 대한 최적의 분사를 마련하기 위해 연료와 공기 흐름의 향상된 혼합을 주기 위해 사용된다. 그림 3-80에서 보여 주는 것과 같이, 스퀴럴 베인(squirrel vane)은 노즐의 끝부분에 열린 구멍에서 공기와 연료를 혼합하기 위해 사용된다. 연료 분사에서 일차 연소 공기 유량의 비율을 이용하여, 부분적으로 농후한 연료 농도는 줄여질 수 있다. 이 형식의 연료 노즐은 엔진에 따라서 단식이거나 또는 복식일 수 있다. 이 노즐 형식은 더 가벼운 펌프를 고려하여 다른 노즐보다 더 낮은 작동압력에서 조작할 수 있다. 이 에어 블라스트 노즐은 흐름 형태를 혼란 시킬 수 있는 노즐에 탄소가 끼는 경향을 줄이는 데 도움이 된다.

(4) 흐름 분할기(Flow Divider):

흐름 분할기는 분리된 매니폴드를 통해 방출되는 연료 유량을 1차와 2차 연료공급을 만들어 낸다. 연료조정장치로 부터 오는 계량된 연료는 흐름 분할기의 입구로 들어가 오리피스(orifice)를 거쳐 지나가고, 그 다음에 1차 노즐로 들어간다. 흐름 분할기에 있는 통로는 오리피스의 양쪽에서 챔버로 연료 흐름을 향하게 한다. 이 챔버는 차압 벨로우즈(bellows), 점성보상 흐름 제한장치, 그리고 서어지(surge) 완충장치를 담고 있다.

(5) 연료여압 및 배출밸브
   (Fuel Pressurizing and Dump Valves):

복식 연료 노즐을 사용하는 엔진에는 연료를 1차와 주 매니폴드(2차)로 분리하기 위하여 연료 여압밸브가 필요하다. 시동과 고공 아이들(idle)에 요구되는 연료 흐름은 모두 1차 라인으로 흐른다. 연료 유량이 증가하면 밸브가 열리기 시작해서 연료 유량이 최대일 때 메인 라인에 흐르는 연료가 약 90% 될 때까지 열리게 된다. 연료 여압밸브는 보통 매니폴드 이전에서 연료를 완전히 차단시켜 가두어 둔다. 이렇게 차단시켜서 매니폴드와 연료 노즐을 통하여 연료가 흘러 들어가지 못하게 하고, 과도한 후화(after fire)를 방지하며, 연료 노즐이 탄화를 제거해 준다. 연소실 온도가 내려가고 연료가 완전히 연소되지 못하기 때문에 탄화(carbonize)가 발생한다.

(6) 연소실 드레인 밸브(Combustion Drain Valves):

드레인 밸브는 연료가 축적되어서 엔진 작동에 문제를 일으키기 쉬운 여러 가지 구성품들로 부터 연료를 드레인 시키기 위한 장치이다. 어떤 경우에는 연료 매니폴드는 드립(drip) 또는 덤프 밸브(dump valve) 장치에 의해서 배출된다. 이러한 형식의 밸브는 압력 차이에 의해서 작동되거나 솔레노이드로 작동될 수 있다. 연소실 드레인 밸브는 엔진이 정지할 때마다 연소실에

3-47

고여 있는 연료 또는 시동이 불량할 때 고여진 연료 모두를 배출시킨다. 연료가 드레인 라인에 고인 후, 매니폴드 또는 연소실 내의 압력이 대기압 정도로 떨어지면 드레인 밸브는 드레인 라인에 고여 있던 연료를 배출시킨다. 작은 스프링은 작동이 스프링에 이겨낼 때까지 그것의 시트를 이탈하는 밸브를 잡아 주고 있다가 밸브를 닫아 준다. 밸브는 엔진 작동 시에 닫힌다. 매 엔진 정지 후 축적된 연료를 드레인 시키기 위해 밸브의 작동상태가 매우 양호해야 한다. 그렇지 않으면, 다음번 시동 시에 과열시동(hot start)되거나 또는 엔진 정지 후에 후화(after fire)가 일어나기 쉽다.

(7) 연료량 지시계(Fuel Quantity Indicating Units):

연료량 지시계는 계기 판넬에 장착되어 있고, 엔진에 이르는 연료 라인에 장착되어 있는 유량계와 전기적으로 연결되어 있다.

연료량 지시계 또는 총 잔량 기록장치는 자동차의 주행 계산기와 비슷하다. 항공기에 연료를 보급할 때는 계수기를 파운드로 표시된 모든 탱크 내의 총 연료량에 수동으로 맞추어 놓는다.

연료가 유량계의 측정 요소를 통과하면 연료량 지시계에 전기적으로 신호를 준다. 처음 눈금에서 엔진을 통과하는 만큼의 파운드 값을 감해 주도록 계수기장치가 이 신호에 의해서 작동된다. 이와 같이 연료량 지시계는 항공기에 들어 있는 총 연료량을 파운드(lb)로 계속 지시한다. 하지만 연료량 지시계의 지시가 부정확하게 될 수 있는 어떤 상태가 있는데, 버리는 연료가 사용 가능한 연료로 연료량 지시계에 지시된다는 것이다. 탱크 또는 유량계의 위쪽 연료 라인에서 누설되는 연료는 계산되지 않는다.

3.2.4 윤활 및 냉각계통 (Lubrication and Cooling Systems)

(1) 터빈엔진 윤활유 요구조건
(Requirements for Turbine Engine Lubricants)

터빈엔진에 사용하는 볼과 롤러베어링 즉 감마 베어링(anti-friction bearing)으로 인해 터빈엔진에서는 비교적 점도가 낮은 윤활유를 사용한다. 가스터빈엔진 오일은 양호한 부하전달 능력을 갖기 위해 고점도여야 하지만, 양호한 유동성을 위해 충분히 점도가 낮아야 한다. 또한 고 고도에서 엔진 작동중에 증발에 의한 손실을 방지하기 위해 저 휘발성이어야 한다. 부가적으로 오일은 거품이 생겨서는 안되고, 윤활계통 내에 있는 천연고무나 합성고무 실(seal)을 파괴하지 않아야 한다. 고속 감마 베어링에 카본(carbon) 또는 바니쉬(varnish) 형성이 최소로 되어야 한다. 터빈엔진을 위한 합성 오일은 보통 밀봉된 1쿼터 캔으로 되어 있다. 터빈엔진용으로 특별히 개발된 합성 오일은 여러 요구조건을 만족시켜 준다. 합성 오일은 석유계 오일(petroleum oil)에 비해 2가지 주요한 장점이 있다. 합성 오일은 고온에서 오일에 함유된 솔벤트를 증발시키지 않기 때문에 솔벤트가 증발하여 남게 되는 고체의 코크(coke)나 락커(lacquer)를 침전시키는 경향이 적다.

Mil-L-7808은 터빈엔진용 미육군 규격 오일로 type Ⅰ 터빈 오일이다. 미육군 규격 MIL-PRF-23699F는 210°F에서 약 5 ~ 5.5 센티 스트록(centi stroke)의 점도를 갖는 합성 오일이다. 이 오일은 type Ⅱ 터빈 오일이라고 불린다. 대부분의 터빈 오일은 type Ⅱ 규격에 부합하며, 다음의 특성을 갖도록 만들어진다.

① 증기 상태의 침전물(vapor phase deposit) – 엔진의 뜨거운 표면 접촉에 의한 오일 증기의

탄소 침전물 형성(carbon deposit)
② 부하전달능력(load-carrying ability) - 터빈 엔진의 베어링 시스템에 과부하 제공
③ 청결성(cleanliness) - 극심한 작동 중에도 침전물 형성 최소화
④ 안정성(stability) - 산화로 야기되는 물리적, 화학적 변화에 대한 저항성. 눈에 띄는 점도의 증가나 총 산도(total acidity) 혹은 산화의 징후 없이 장기간 사용 가능한 것.
⑤ 적합성(compatibility) - 대부분의 터빈 오일은 동일한 미 육군 규격을 갖는 다른 오일과 호환된다. 하지만 대부분의 엔진 제작사는 인가한 오일 제품을 무분별하게 섞어 사용하는 것을 권고하지 않으며 이것은 일반적으로 받아들여지지 않는다.
⑥ 씰의 마모(seal wear) - 카본 씰이 있는 엔진 수명에서 중요한 것은 윤활유가 카본 씰 표면의 마모를 방지하는 것이다.

(2) 분광식 오일 분석 프로그램
  (SOAP: Spectrometric Oil Analysis Program)

SOAP는 오일 시료를 분석하여 미세한 금속입자의 존재를 알아내는 방법이다. 오일은 엔진 전체를 순환하며 윤활하는 동안 마모 금속이라 부르는 미세한 금속입자를 함유하게 된다. 엔진 사용 시간이 늘어남에 따라 오일 속에는 이러한 미세한 입자가 누적된다. SOAP를 통해 이런 입자를 판별하고 무게를 백만분율(PPM)로 알아낸다. 분석된 입자들은 마모 금속이나 첨가제와 같이 범주로 나누게 되고, 각 범주의 PPM 수치를 제공한다.

상기 SOAP 분석 결과에 따라 검출된 금속 성분을 검토해 보면 마모 금속의 출처를 알 수 있어 어느 구성품에 결함이 존재하는지를 판단한다. 전형적인 마모 금속과 첨가제들은 다음과 같다.

① 철 - 엔진의 링, 축, 기어, 밸브 트레인(valve train), 실린더 벽, 피스톤의 마모
② 크롬 - 크롬 부품의 일차적 지표(링, 라이너 등)와 냉각첨가제
③ 니켈 - 마모의 이차적 지표로 베어링, 축, 밸브, 밸브 가이드
④ 알루미늄 - 피스톤, 로드 베어링(rod bearing), 부싱의 마모 지표
⑤ 납 - 테트라에틸납 오염(tetra-ethyl lead contamination)
⑥ 구리 - 베어링, 로커암 부싱, 리스트 핀 부싱(wrist pin bushing), 추력 와셔, 청동이나 황동 부품, 오일 첨가제, 고착방지제(anti-seized compound)의 마모
⑦ 주석 - 베어링 마모
⑧ 은 - 은을 포함한 베어링의 마모, 오일 냉각기의 이차적 지표
⑨ 티타늄 - 고품질 합금강으로 만든 기어나 베어링
⑩ 몰리브덴 - 기어, 링의 마모 그리고 오일 첨가제
⑪ 인 - 녹 방지제, 점화플러그, 연소실 침전물

3.2.4.1 터빈 윤활계통의 구성품
(Turbine Lubrication System Components)

다음에서 설명하는 구성품들은 여러 종류의 터빈 윤활계통에서 사용되는 것이다. 그러나 엔진 오일계통이 엔진 모델과 제작사에 따라 약간씩 다르므로, 여기에서 설명하는 부분품이 어느 엔진에나 다 필요한 것은 아니다.

(1) 오일 탱크(Oil Tank):

건식 섬프 시스템은 공급 오일의 대부분을 포함하고 있는 오일탱크를 사용하지만, 적은 양의 공급 오일을 확보하기 위하여 작은 섬프가 엔진에 포함되어 있다. 보통 오일펌프, 배유 및 가압 입구 여과기(scavenge and pressure inlet strainer), 배유 연결부(scavenge return connection), 가압 출구(pressure outlet port), 오일 필터(oil filter), 그리고 오일 압력게이지(oil pressure gage)와 온도 감지부(temperature bulb connection)를 위한 장착 부위(mounting boss)를 포함한다.

그림 3-81은 전형적인 오일 탱크를 보여 준다. 오일 탱크는 어떤 항공기 자세에서도 계속해서 오일을 공급해 주도록 제작되어 있다. 탱크 안에 장착된 회전 출구(swivel outlet), 탱크의 중앙에 장착된 수평 배플, 배플에 장착된 2개의 플래퍼 체크밸브(flapper check valve), 그리고 포지티브 벤트 시스템(positive vent system)이 있기 때문에 어떠한 비행 자세에서도 지속적인 오일 공급이 가능하다. 회전출구 피팅(swivel outlet fitting)은 배플 아래쪽에서 자유로이 흔들리는 무거워진 끝단(weighted end)에 의해 조정된다. 배플에 있는 플래퍼 밸브는 보통 열려 있으며, 이들은 감속 시 탱크 아래쪽에 있는 오일을 탱크의 위쪽으로 올리려고 할 때 에만 닫히게 된다. 이것은 탱크 하부에 오일을 가두어 두는데 여기에서 회전 피팅(swivel fitting)에 의해 퍼올려진다. 섬프 배출구는 탱크 아래쪽에 위치해 있다. 탱크 내의 벤트 시스템(vent system)은 항공기의 감속으로 인하여 오일이 탱크 위로 몰릴지라도 공기가 채워진 공간은 항상 배기되도록 배열되어 있다. 모든 오일탱크에는 팽창 공간이 있다. 어떤 탱크는 탱크 윗부분에 공기 분리기(deaerator tray)를 장착하여 배유 시스템(scavenger system)에 의해 탱크로 돌아오는 오일에 포함된 공기를 분리시킨다.

(2) 오일 펌프(Oil Pump):

많은 오일펌프는 건식섬프 시스템과 같이 가압부(pressure supply element)뿐만 아니라 배유부(scavenge element)도 구성되어 있다. 그러나 한쪽 기능만 수행하는 오일펌프도 있다. 즉 한쪽 기능만 수행하는 펌프는 오일을 공급시켜 주거나 배유하기만 한다. 이런 펌프의 구성 부분은 서로 떨어져 있을 수 있고, 엔진의 각기 다른 축으로 구동된다.

배유펌프는 공급 펌프에 비해 용량이 더 큰데, 오일

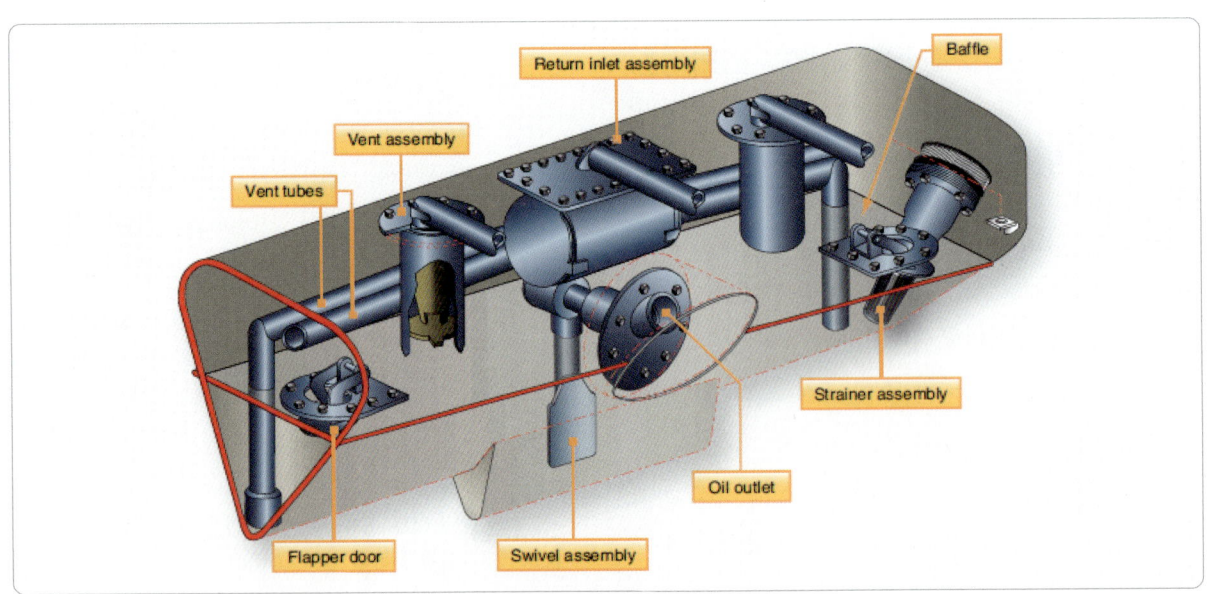

[그림 3-81] 오일 탱크

이 엔진의 베어링 섬프에 쌓이는 것을 막기 위해서다. 가장 보편적인 것 두 가지 펌프는 기어와 지로터(gerotor)인데, 기어형이 가장 많이 사용되고 있다. 기어형 오일펌프는 두 부분으로 나뉘는데, 하나는 가압하는 부분이고 다른 하나는 배유(scavenging)하는 부분이다. 기어와 기어 사이, 오일펌프 벽면과 판(plate)사이의 여유(clearance)는 정확한 펌프 출구압력을 유지하는 데 대단히 중요하다. 펌프 출구에 있는 조절 릴리프밸브(regulating relief valve)는 출구압력이 정해진 압력을 초과하게 되면 오일을 펌프 입구로 리턴(return)시켜 펌프 출구에서의 오일압력을 제한한다. 조절밸브는 오일 압력이 정해진 범위에서 유지되도록 필요시 조절할 수 있다. 또한 펌프의 기어가 고착되어 돌지 않으면 축이 부러지게 되어 있는 축 전단부(shaft shear section)도 있다. 기어펌프와 같이 지로터 펌프는 보통 가압부에 1개의 구성요소와 배유부에 여러 개의 구성요소를 갖고 있다. 가압부와 배유부의 구성요소는 모양이 거의 같다.

준다. 각 세트의 지로터는 강철판으로 격리되어 있는데, 각 세트의 내부 부품과 외부 부품으로 구성된, 개별적으로 펌프 역할을 하는 부품이다. 작은 별 모양의 내부 부품(star-shaped inner element)과 외부 부품(outer element) 안에 꼭 들어맞는 외부 로브(external lobe)를 갖고 있으며 외부 부품은 내부 로브(internal lobe)를 갖고 있다. 이 작은 부품은 펌프 축에 들어맞으며 펌프 축에 쐐기로 박혀 있어 바깥쪽 자유 회전 부품(outer free turning element)을 돌려주게 되어 있다. 바깥쪽 부품은 편심 구멍을 가진 강철판 내에 잘 맞는다. 어떤 엔진 모델에는 오일펌프가 1개의 공급용과 3개의 배유용, 총 4개가 있다. 어떤 모델은 1개의 공급용에 배유용이 5개, 총 6개를 갖고 있다. 각각의 경우에서 오일은 엔진 축이 회전하는 동안에 흐르게 된다.

[그림 3-83] 지로터형 오일펌프의 구성

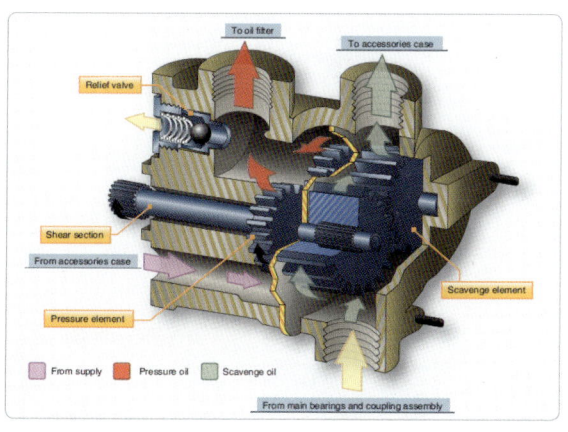

[그림 3-82] 기어 오일 펌프

압력은 엔진 회전에 따라 결정되는데, 아이들 속도일 때 최소압력, 중간과 최대 엔진 속도에서 최대 압력이 된다. 그림 3-83은 전형적인 지로터 펌프 요소들을 보여

[그림 3-84] 종이 오일필터

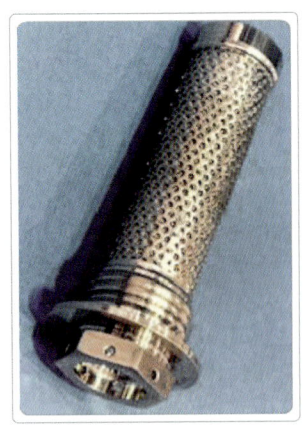

[그림 3-85] last-chance 필터

(3) 터빈 오일 필터(Turbine Oil Filters):

필터는 오일 속에 들어 있는 이물질을 제거하기 때문에 윤활계통에서 중요한 부분이다. 필터는 특히 가스터빈엔진에서 중요한데 그 이유는 엔진 속도가 고속이기 때문에 오염된 오일로 윤활시 감마 볼(anti-friction ball)과 로울러 베어링(roller bearing)의 손상이 급격히 일어나기 때문이다. 윤활이 필요한 곳으로 가는 많은 유로가 있고, 이들 유로는 통상 아주 작기 때문에 쉽게 막힐 수 있다. 터빈엔진 윤활유를 여과하기 위해 엔진의 여러 장소에서 다양한 종류의 필터가 사용되고 있다. 필터는 다양한 종류의 모양과, 메쉬 크기(mesh size)를 갖고 있다. 메쉬는 미크론 단위로 측정하며, 직선거리로 1미터의 1/1,000,000과 같은 값이다. 그림 3-84는 주 오일 스트레이너 필터(main oil strainer filter)를 보여준다. 필터의 내부는 종이나 금속 메쉬 등 여러 물질로 구성되어 있다. 오일은 보통 필터의 바깥에서 안쪽으로 흐르게 된다. 오일 필터 중 어떤 것은 교환 가능한 적층 이(replaceable laminated paper element)를 사용하고, 어떤 것은 약 25 ~ 35 미크론의 아주 미세한 스테인리스 스틸 메쉬를 사용한다. 대부분의 필터는 압력 펌프 근처에 위치하며, 필터 몸체 혹은 하우징, 필터 바이패스 밸브 그리고 체크밸브로 이루어져 있다. 그림 3-86은 조정밸브로 스프링에 의해 밸브가 밀착된다. 스프링의 장력을 증가시킴으로써 밸브가 열리는 압력을 높일 수 있으며 계통 내 압력도 높일 수 있다. 스프링을 밀고 있는 나사에 의해 밸브의 압력과 계통 내 압력을 조절한다.

(4) 오일압력 조절밸브
(Oil Pressure Regulating Valve):

대부분의 터빈엔진 오일계통은 압력조절식으로 압력을 상당히 일정하게 유지시켜 준다. 압력조절밸브는 오일펌프의 가압부에 위치한다. 시스템 내부의 압력을 정해진 범위로 유지시킨다는 점에서 조절밸브이고, 시스템의 허용 최대압력 초과 시에 릴리프 밸브는 열린다. 그림 3-87 조절밸브로 스프링에 의해 밸브가 밀착된다. 스프링의 장력을 증가시킴으로써 밸브가 열리는 압력을 높일 수 있으며 계통 내 압력도 높일 수 있다. 스프링을 밀고 있는 나사에 의해 밸브의 압력과 계통 내 압력을 조절한다.

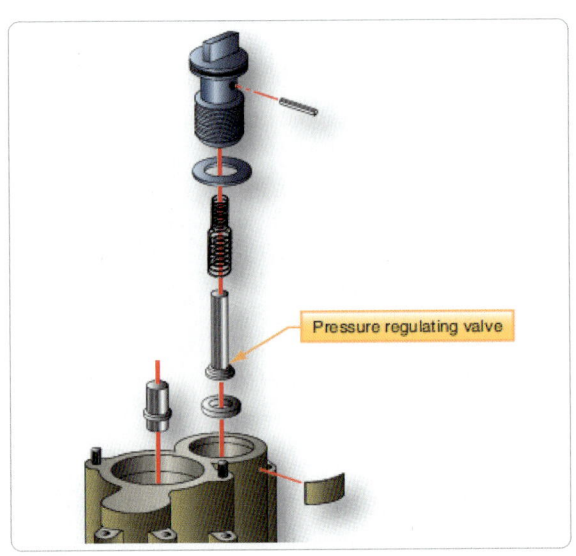

[그림 3-86] 압력조절밸브

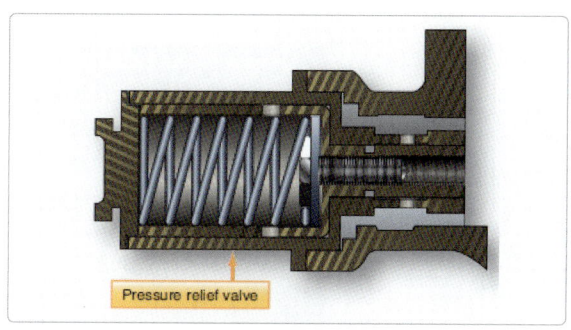

[그림 3-87] 압력조절밸브 내부

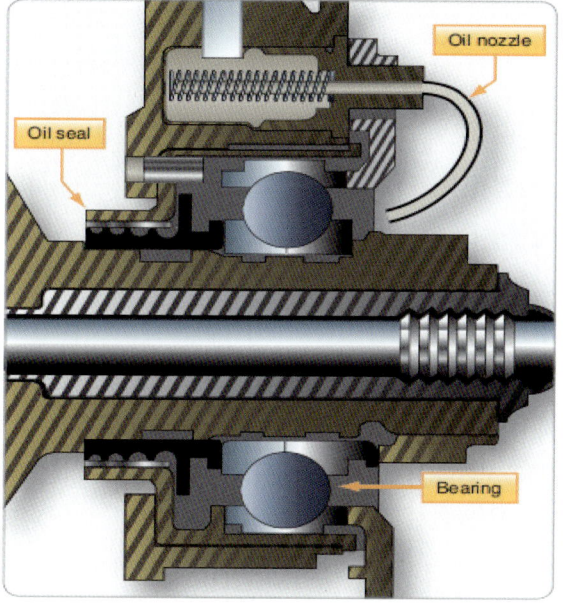

[그림 3-88] 베어링 윤활 오일 분사 노즐

(5) 오일 압력 릴리프밸브
 (Oil Pressure Relief Valve):

일부 대형 터보팬 엔진의 오일계통은 조절밸브를 갖고 있지 않다. 시스템 압력은 엔진 회전수와 펌프 속도에 따라 변화한다. 이 시스템은 넓은 압력 범위를 갖고 있다. 릴리프밸브는 시스템의 압력이 정해진 최대치를 초과했을 경우 압력을 빼 주기 위해 사용된다.

릴리프밸브는 압력이 사전에 정해 있어서 계통 내 압력이 정해진 최대치를 초과하면 오일을 펌프 입구로 바이패스 시킨다. 릴리프밸브는 특히 오일 냉각기가 시스템 내에 장착된 경우 매우 중요하다. 왜냐하면 오일 냉각기는 벽 두께가 얇아서 쉽게 터질 수 있는 구조이기 때문이다. 정상적인 작동 중에 이 밸브는 열리면 안된다.

(6) 오일 노즐(Oil Jets):

오일 제트, 혹은 오일 노즐은 베어링 장착 부위(bearing compartment)과 로터 축 커플링(rotor shaft coupling) 내에, 또는 가까운 곳의 압력라인에 위치하고 있다. 그림 3-88을 보면 오일 노즐에서 나온 오일은 안개와 같은 상태로 공급된다. 일부 엔진은 압축기에서 고압의 블리드 공기를 오일 노즐 출구 쪽으로 보내어 공기와 오일이 섞여 안개와 같이 분무하도록 한다. 이 방법은 볼베어링과 롤러베어링에 적합하다. 그러나 오일 만을 분사해 주는 것이 2가지 방법 중 더 좋은 방법으로 보인다. 오일 노즐은 끝에 있는 오리피스의 크기가 작아서 쉽게 막힐 수 있으므로 오일에는 어떤 이물질도 없어야 한다. 만약 오일 노즐에 있는 마지막 필터가 막히게 되면 통상 베어링의 고장/파손으로 이어 지는데, 이는 오일 노즐이 엔진 수리 중이 아니면 접근하여 세척해 줄 수 없기 때문이다.

(7) 윤활계통 계기
 (Lubrication System Instrumentation):

오일계통에는 게이지를 연결할 수 있도록 되어 있으며 오일 압력, 오일량, 저 오일 압력(low oil pressure), 오일 필터 차압 스위치(oil filter differential pressure switch), 그리고 오일 온도등을 감지한다. 오일 압력게이지는 오일펌프에서 압력시스템으로 들어가는 윤활유의 압력을 측정한다. 오일 압력 트랜스미터(oil pressure transmitter)는 펌프와 윤활이 이루어지는 여러 부분의 압력 라인(pressure line)에 위치한다. 전기 센서가 FADEC(full authority digital engine control)으로 신호를 보내고, EICAS(engine indication

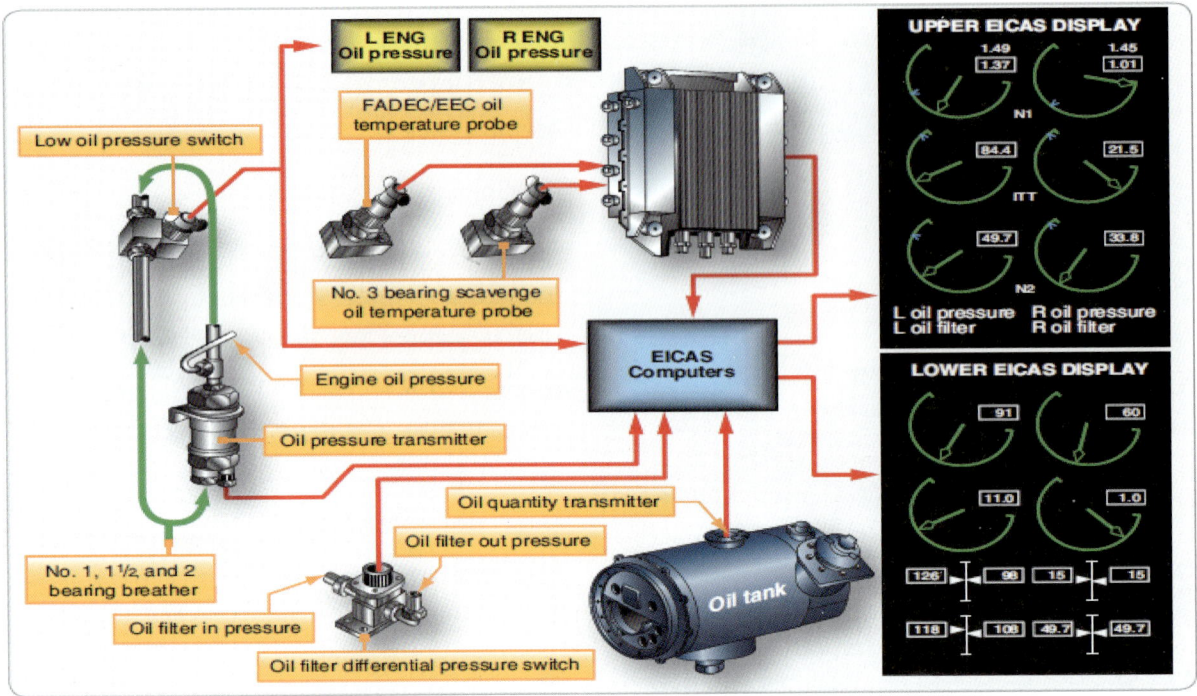

[그림 3-89] 오일 지시계통

and crew alerting system)을 통하여 조종실 계기에 나타난다. 오일탱크의 오일 양 트랜스미터 정보는 EICAS로 보내진다.

저 오일 압력스위치는 엔진 작동 중에 규정 압력보다 낮으면 조종사에게 경고를 보낸다. 차압스위치는 필터가 막히어 오일이 바이패스 되면 조종사에게 알려준다.

(8) 윤활과 브리더(벤트)계통
(Lubrication and Breather Systems(Vents)):

베어링 섬프의 공기를 배출시키는데 사용하는 것으로, 오일에 포함된 공기를 탱크로 보내서 공기분리기(de-aerator)에 의해 분리되어 대기 중으로 방출한다. 모든 베어링 실, 오일탱크, 액세서리 케이스는 함께 방출되기 때문에 시스템 내의 압력이 동일하게 유지된다. 탱크의 벤트(vent)는 탱크 내의 압력이 대기압 이하로 상승하거나 또는 떨어지지 않도록 압력을 유지한다. 그러나 벤트는 오일펌프 입구로 오일이 원활히 흐르도록 약간의(약 4 psi) 압력이 유지되도록 미리 조정된 체크 릴리프밸브를 지나가게 할 수도 있다.

(9) 윤활계통 체크밸브
(Lubrication System Check Valve):

건식섬프 시스템의 오일 공급라인에는 엔진이 정지된 후에 저장 탱크의 오일이 중력에 의해 오일펌프와 고압라인을 통해 엔진으로 들어가는 것을 방지하기 위하여 체크밸브가 설치된 것도 있다. 체크밸브는 반대 방향으로 흐르지 못하게 함으로써 액세서리 기어박스, 압축기 후방 하우징, 연소실안에 필요 이상의 오일이 축적되는 것을 방지해 준다.

(10) 윤활계통 온도조절 바이패스밸브 (Lubrication System Thermostatic Bypass Valves):

오일 냉각기를 사용하고 있는 오일계통에는 온도조절 바이패스 밸브(thermostatic bypass valve)가 있다. 그림 3-90은 전형적인 온도조절 바이패스 밸브의 단면도이다. 이 밸브는 2개의 입구와 1개의 출구가 있는 밸브 몸체와 스프링장력 온도조절밸브(spring-loaded thermostatic element valve)로 되어 있다. 냉각기 튜브가 움푹 들어가거나 막혀서 오일 압력이 너무 높아질 수 있기 때문에 이 밸브는 스프링 장력이 걸려 있다. 냉각기의 압력이 너무 높을 경우, 이 밸브가 열려 오일이 냉각기를 바이패스 하게 된다.

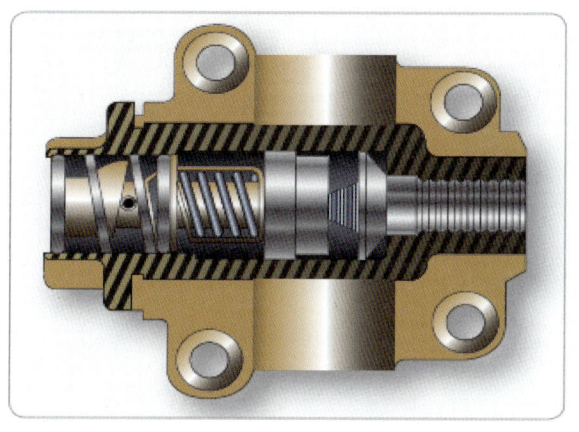

[그림 3-90] 온도조절 바이패스 밸브

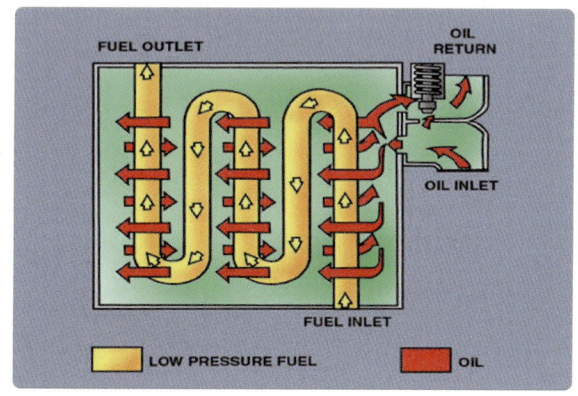

[그림 3-91] 연료-오일 냉각기

(11) 공기-오일 냉각기(Air-Oil Coolers):

일반적으로 사용하는 오일 냉각기는 공기 냉각식 오일 냉각기와 연료 냉각식(fuel-cooled) 오일 냉각기 두 가지이다. 오일이 윤활계통을 재순환하기에 알맞은 온도가 될 수 있도록 오일의 온도를 낮추기위해 터빈엔진 윤활계통에 공기-오일 냉각기(air-oil cooler)가 사용된다. 공기 냉각식 오일 냉각기는 보통 엔진 앞쪽에 장착되어 있다. 이것은 왕복엔진에서 사용되는 공냉식 냉각기와 구조나 작동 측면에서 비슷하다. 공기-오일냉각기는 보통 건식 섬프 오일시스템에 사용된다. 이 냉각기는 공기 냉각방식이거나 연료 냉각방식이지만, 많은 엔진에서는 두 가지 다 사용한다.

(12) 오일 분리기(Deoiler):

오일 분리기는 브리더 공기(breather air)에서 오일을 분리한다. 브리더 공기는 오일 분리기 하우징 내부에서 회전하고 있는 임펠러로 들어간다. 원심력에 의해 오일은 임펠러의 바깥쪽 벽으로 가게 되며, 오일 분리기에서 나와 섬프나 오일탱크로 보내진다.

공기는 오일에 비해 가볍기 때문에 임펠러의 가운데를 통하여 밖으로 배출된다.

(13) 자석식 칩 검출기(Magnetic Chip Detectors):

MCD(magnetic chip detector)는 오일에 포함된 철분 입자를 찾아서 검출하기 위해 사용한다. 되돌아오는 오일은 MCD를 지나서 흐르게 되어 있으므로, 자력이 있는 입자는 어떤 것이라도 MCD에 붙게 된다. MCD는 일반적으로 말해 배유 펌프의 배유 라인, 오일 탱크, 오일 섬프에 있다.

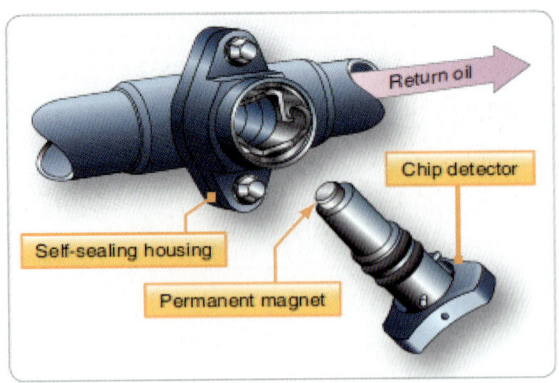

[그림 3-92] 칩 검출기

어떤 엔진은 하나의 MCD에 여러 개의 공기분리기가 있는 것도 있다. 정비 중에는 MCD를 엔진에서 장탈하여 금속입자가 있는지 검사한다. 금속 입자가 발견되면 발견된 금속이 어느 부분에서 나온 것인지 조사해야 한다.

3.2.5 시동 및 점화계통 (Engine Lgnition Systems)

3.2.5.1 엔진시동계통(Engine Starting Systems)

시동기는 엔진을 구동시키는데 적용할 수 있는 대용량의 기계적 에너지를 생산할 수 있는 전기·기계식 기계장치(electro-mechanical mechanism)이다. 터빈엔진의 시동기는 연료를 연소하기에 충분한 공기 흐름을 엔진 내부에 공급할 수 있도록 엔진을 구동시키고 자립회전속도(self-sustaining speed)까지 계속 작동하여야 한다. 엔진을 구동하기 위해서는 몇 가지 형식이나 방법이 있다. 터빈엔진은 전기 모터식, 시동-발전기식(starter-generators), 그리고 공기 터빈식 시동기(air turbine starters)를 사용한다. 공기터빈식 시동기는 엔진 압축기 중 하나, 일반적으로 고압압축기와 감속기어를 통해 기계적으로 연결된 터빈에 압축공기가 통과함으로써 구동된다.

3.2.5.2 가스터빈엔진 시동장치 (Gas Turbine Engine Starters)

가스터빈엔진은 고압압축기 회전에 의해 시동된다. 2중 축, 축류 엔진(axial flow engine)에서, 고압압축기와 터빈만 시동기에 의해 회전한다. 가스터빈엔진 시동은 연소에 필요한 충분한 공기의 공급을 위해 압축기의 가속이 필요하다. 연료가 공급되면서 점화되어 연소가 일어나면, 시동기는 엔진이 스스로 구동할 수 있는 속도에 도달할 때까지 엔진을 구동시켜야 한다.

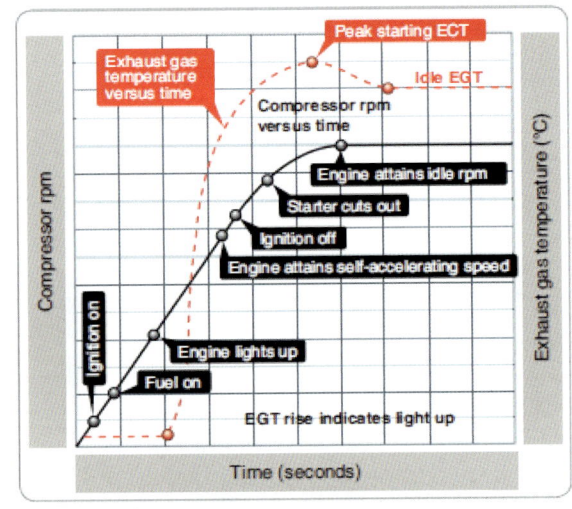

[그림 3-93] 가스터빈엔진의 시동순서

시동기에 의해 공급되는 토크는 압축기의 관성력과 마찰 하중을 극복하기 위해 요구되는 토크 이상이어야 한다. 그림 3-93에서는 적용된 시동기 형식에 관계없이, 가스터빈엔진의 일반적인 시동 순서도이다. 시동기가 엔진으로 충분한 만큼 공기 흐름이 공급되도록 압축기를 가속 시켰을 때 점화시키고 뒤이어 연료를 공급한다. 올바른 시동 절차는 연료와 공기의 혼합기가 점화되기 전에 연소를 위한 충분한 공기가 엔진으로 공급되어야 하기 때문에 매우 중요하다. 엔진의 낮은 구동 속도에서, 연료공급량은 엔진 가속을 가능하게 하기에 충분하지 않다. 따라서 시동기는 엔진이 스스로 구동할 수 있는 속도에 도달한 후까지 엔진을 계속 구동해야 한다.

가스터빈 항공기에서 전기시동계통은 직 구동 전기식과 시동-발전기식 등 두 가지 일반적인 형식이 있다. 직 구동 전기식은 보조동력장치와 같은 소형터빈 엔진에, 그리고 일부 소형 터보샤프트 엔진에 사용된다. 많은 가스터빈 항공기는 시동-발전기를 장착했다. 시동-발전기계통은 시동기로 작동한 후, 엔진이 스스로 회전할 수 있는 속도에 도달하면 발전기로 전환하도록 하는 2차 권선을 가진 것을 제외하면 직 구동 전기식과 유사하며 엔진의 무게와 공간을 줄여준다. 시동-발전기는 구동기어를 통해 계속 엔진 축에 맞물리게 되지만 직구동 시동기는 엔진 시동 완료 후 축으로부터 시동기를 분리해 주어야 한다.

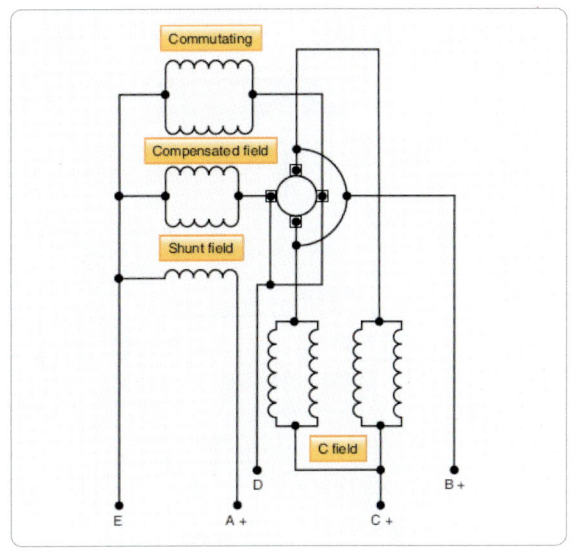

[그림3-95] 시동기-발전기 내부회로

시동-발전기를 시동하는 동안 사용된 권선은 모두가 전원과 직렬로 연결되어 있기 때문에 직 구동 시동기와 비슷하다. 시동기로 작동하는 동안에는 분권 계자(shunt field)를 사용하지 않는다. 시동할 때에는 보통 24V와 최대 1,500A의 전원이 필요하다.

시동이 완료되고 발전기로 작동할 때, 분권권선, 보상권선, 그리고 정류권선이 사용된다.

3.2.5.3 터빈엔진 점화계통 (Turbine Engine Ignition Systems)

터빈엔진 점화계통은 엔진 시동 주기가 주로 짧은 시간 동안만 작동되기 때문에, 일반적으로 전형적인 왕복엔진 점화계통보다 고장이 없는 편이다. 터빈엔진 점화계통은 작동 주기 안의 정확한 지점에서 불꽃이 튀도록 시기를 정하는 것이 필요하지 않다.

터빈엔진 점화계통은 연소실에서 연료를 점화하기 위해서만 사용되고 점화 후에는 정지한다. 저전압과 저에너지 수준에서 사용되는 연속점화와 같은 터빈점화계통 작동의 다른 모드는 특정 비행 조건에서 사용된다. 연속점화는 엔진 연소정지 현상의 발생 가능성

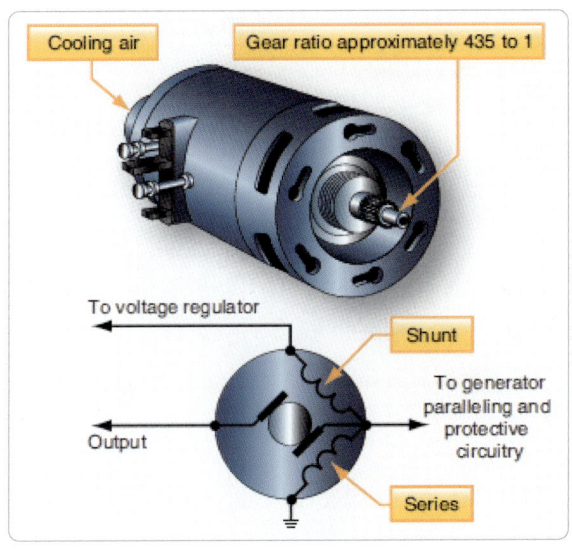

[그림 3-94] 시동기-발전기

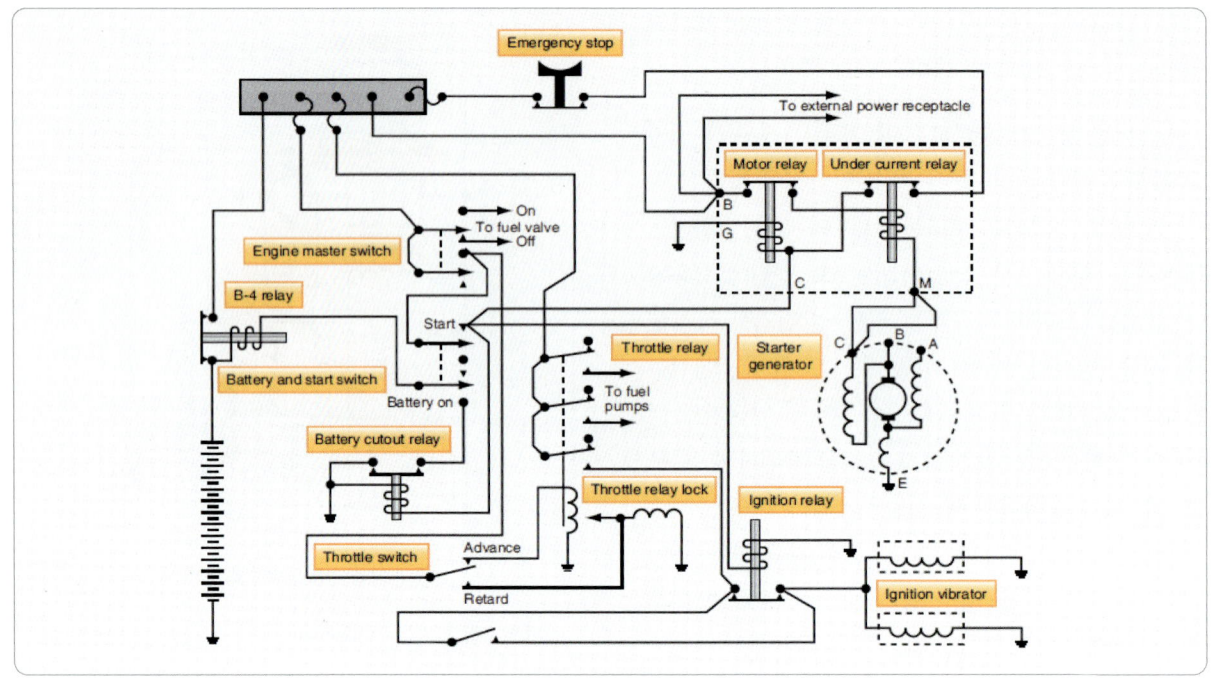

[그림 3-96] 시동기-발전기 회로

이 있는 경우에 사용된다. 이는 엔진이 정지하지 않도록 연료를 재 점화하는 것이다. 연속점화를 사용하는 중대한 비행모드의 예는 이륙, 착륙, 그리고 일부 비정상적인 상태와 비상 상태이다. 대부분의 가스터빈 엔진은 고에너지, 용량식 점화계통을 갖추고 있으며, 팬 공기 흐름에 의해 냉각되는 방식이다. 팬 공기는 익사이터(exciter) 박스까지 덕트로 연결되어 있으며, 그 뒤에 나셀 속으로 들어가기 전에 점화도선 주위를 흐르고 점화플러그를 에워싼다. 냉각은 연속점화가 어떤 연장된 기간 동안 사용될 때 중요하다. 가스터빈엔진은 그림 3-96과 같이 간단한 용량식 점화계통의 변형인 전자식 점화계통을 갖추고 있다.

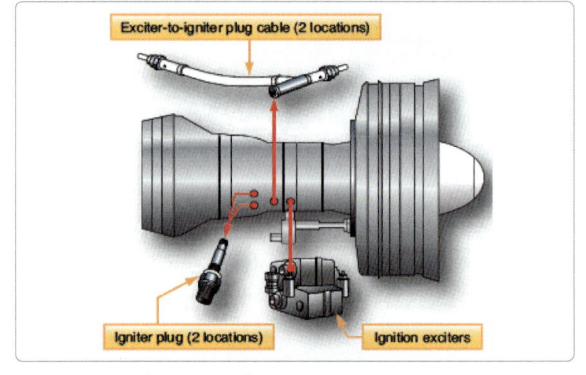

[그림 3-97] 터빈 점화계통 구성품

전형적인 터빈엔진은 일반적인 저전압, 즉 직류전원인 항공기 축전지, 115V AC, 또는 그것의 영구자석발전기로부터 작동되는 2개의 아주 동일한 독자적인 점화장치로 구성된 용량식 점화계통 또는 용량방전 점화계통을 갖추고 있다. 터빈엔진에 있는 연료는 이상적인 대기 상태에서 즉시 발화될 수 있지만, 가끔 고고도의 저온에서 동작되기 때문에, 강력한 불꽃을

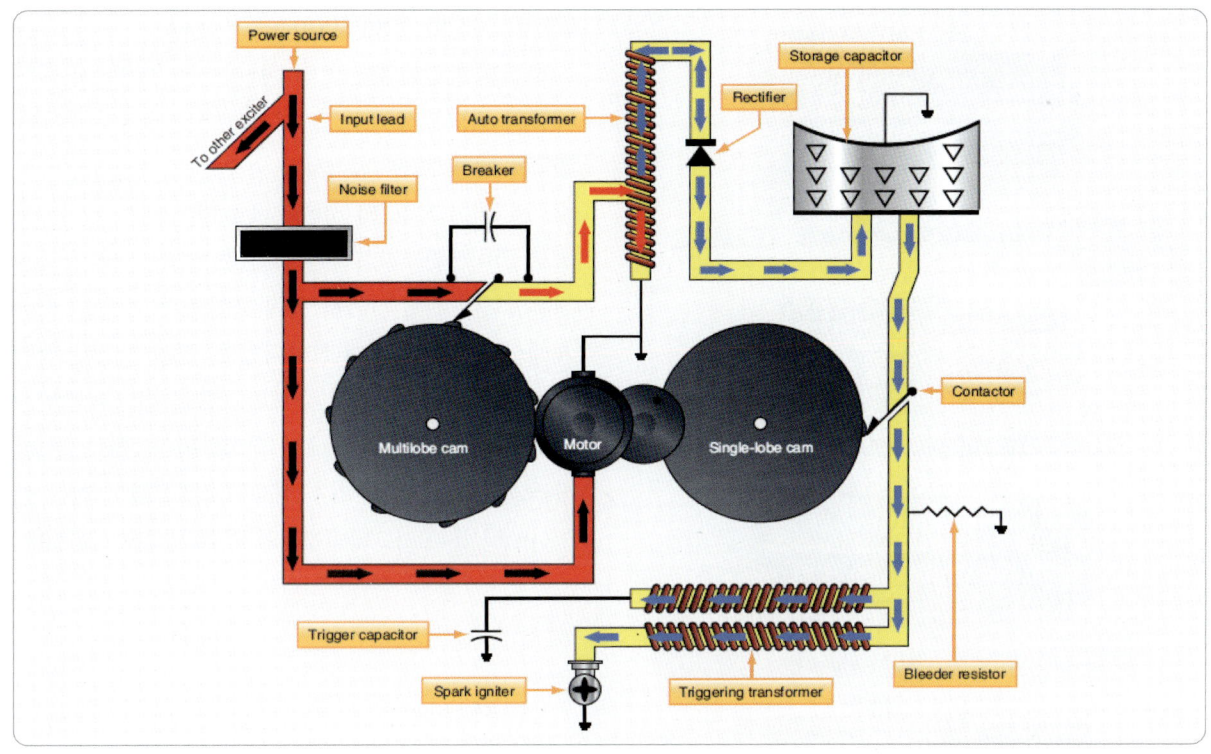

[그림 3-98] 용량형 점화계통

공급할 능력이 있는 장치가 필요하다. 그래서 고도, 대기압, 온도, 연료의 기화, 그리고 입력전압의 폭넓은 변화의 상황에서 고도의 신뢰도를 가진 점화계통을 제공함으로써 넓은 이그나이터의 간격을 뛰어넘을 수 있는 고전압이 공급된다. 그림 3-98에서 보여 주는 것과 같이, 전형적인 점화계통은 2개의 익사이터 유닛, 2개의 변압기, 2개의 중간점화도선, 2개의 고압도선을 포함하고 있다. 점화계통은 안전요소를 고려하여 실제로 2개의 점화플러그에서 점화하도록 설계된 이중 장치이다.

(1) 커패시터 방출 익사이터 유닛
 (Capacitor Discharge Exciter Unit):

그림 3-98과 같이 용량식 계통은 터빈엔진에 사용된다. 에너지는 커패시터에 저장된다. 각각의 방전회로는 2개의 저장커패시터로 되어 있는데 모두 익사이터 유닛에 위치된다. 커패시터를 건너뛰는 전압은 변압기에 의해 상승한다. 점화플러그가 점화하는 순간에, 점화플러그 간극의 저항은 간극을 건너뛰어 방전하기 위해 더 큰 커패시터를 허용하도록 충분히 낮아진다. 두 번째 커패시터의 방전은 저전압의 방전이지만, 매우 높은 고에너지의 방전이다. 익사이터는 2개의 점화플러그의 각각에서 불꽃을 나게 하는 이중 장치이다. 일련의 연속적인 불꽃은 엔진이 시동될 때까지 유지된다. 그때 동력은 차단되고, 점화플러그는 엔진이 연속점화가 필요한 특정 비행 상태가 아닌 이상 점화하지 않는다. 이것이 익사이터가 연속점화의 긴 작동 시간 내내 과열을 방지하기 위해 공기로 냉각되는 이유이다.

(2) 이그나이터 플러그(Igniter Plugs):

터빈엔진 점화계통의 점화플러그는 왕복엔진 점화계통의 점화플러그와 크게 다르다. 고에너지 전류가 전극을 빠른속도로 침식시킬 수 있지만 작동시간이 짧으므로 이그나이터의 정비에 소요되는 시간은 최소한으로 줄어든다. 전형적인 점화플러그의 전극 간극은 작동압력이 훨씬 낮아서 쉽게 불꽃을 튈 수 있으므로 재래식보다 훨씬 크게 설계되었다. 결과적으로, 점화플러그에서 흔히 일어날 수 있는 점화플러그의 오염은 고강도 불꽃의 열에 의해서 최소화된다. 이그나이터 플러그의 또 다른 한 가지 형식은 컨스트레인 간극 이그나이터 플러그로 터빈엔진의 일부 형식에 사용된다.

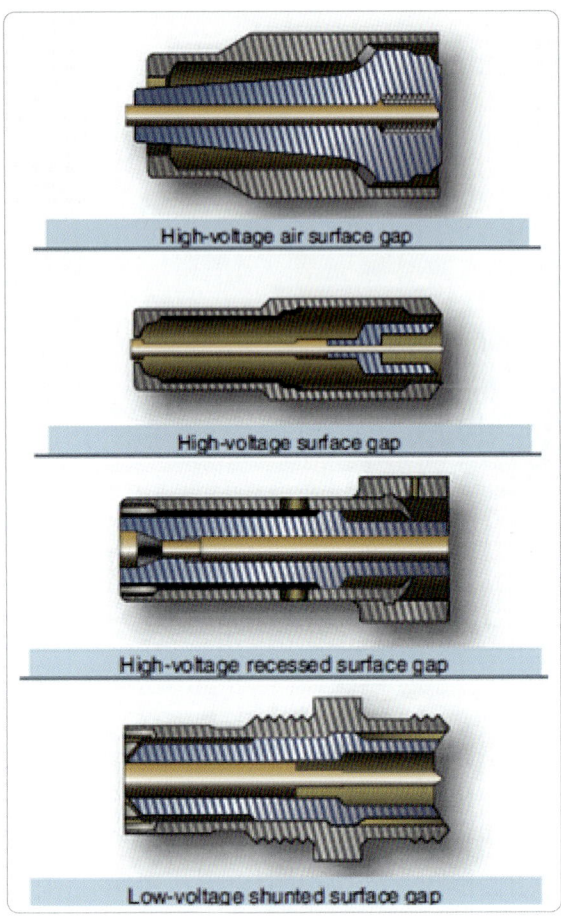

[그림 3-99] 점화프러그

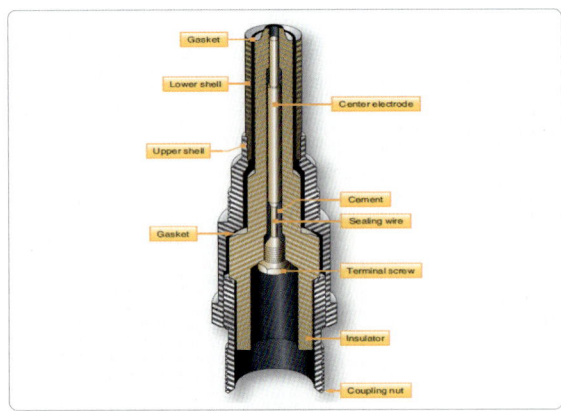

[그림3-100] 애뉼러 간극 점화프러그

제4장 동력전달장치

4.1 진동과 진동형태(Vibrations & Vibration Types)
4.2 헬리콥터의 진동(Vibration In Helicopters)
4.3 변속기(Transmission)
4.4 로터 브레이크(Rotor Brakes)

4.1 진동과 진동형태
Vibrations & Vibration Types

헬리콥터는 메인 로터와 변속기(transmission) 시스템의 근본적인 이유로 영구적이면서 때로는 일시적인 고유 진동이 발생하고 있다.

메인 로터와 테일 로터 시스템의 고유 진동은 일반적으로 공기역학적, 기계적인 힘에 의한 작은 사이클릭 변동에서 기인한다. 이러한 진동은 블레이드 속도에서의 사이클릭 변이 그리고 블레이드 플래핑(blade flapping)과 트래킹 각도(tracking angle)의 변화에서 발생하는 교차항력과 관성력을 포함한다.

변속기 시스템의 진동은 주로 구동축(drive shaft), 커플링(coupling), 마운트의 유연성과 간격으로 발생한다. 헬리콥터는 가능한 한 이러한 진동을 낮추고자 설계되었고 정비되고 있다. 이는 탑승자의 편의성과 헬리콥터 구조의 내구성을 위해서 필요하다. 하지만, 로터 또는 변속기 시스템에서 결함 발생과 연이은 진동은 수용하기 어려운 위험수준을 야기할 수 있다.

4.1.1 진동(Vibrations)

진동은 동일한 시간 간격으로 반복되는 주기적 동작으로 설명할 수 있다. 로터의 불균형으로 샤프트에 강제 진동이 번갈아 생기는 변위가 그 예이다. 그림 4-1에서, 일정한 각속도로 회전하는 로터의 무거운 지점으로 인한 샤프트의 직경 변위의 예를 보여준다. 이를 시각화하기 위해 샤프트의 움직임을 진동스프링에 달려있는 무게추의 움직임과 비교하는 것이 유용할 것이다.

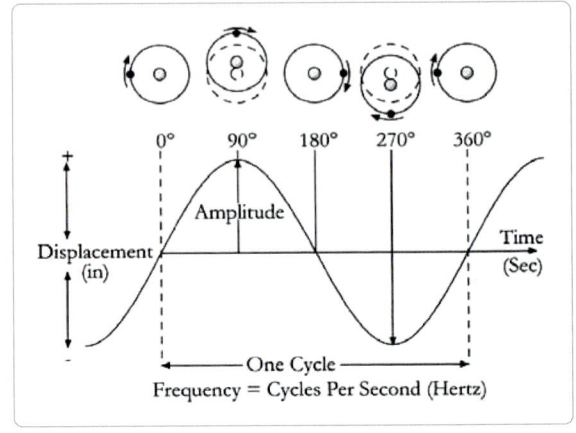

[그림 4-1] 로터의 불균형 변위

예시에서, 사이클의 시작에서 샤프트가 측 방향으로 변위되는 속도는 최대 피크 변위 및 제로 속도(90°)에 도달하기 위해 감속하기 전에 0°에서의 정지 위치를 통해 최대 속도에 도달 한다. 그 후, 변위 샤프트는 270° 위치에서 반대 방향으로 다시 최대 피크 변위 및 제로 속도에 도달하도록 감속하기 전에 180°에서 정지 위치를 통해 복귀함에 따라 최대 속도로 다시 가속된다. 그 후, 샤프트는 360°에서 정지 위치를 통해 복귀 할 때 사이클이 스스로 반복되는 최대 변위 속도까지 다시 가속된다. 1초 안에 완료된 전체 사이클의 수는 동작의 주파수이다. 주파수는 초당 한 사이클인 헤르츠(Hz)로 표시된다. 예를 들어, 한 사이클의 시간 T가 0.2초인 경우 주파수는 5Hz이다. 이것은 300RPM에서 회전하는 메인 로터의 회전당 1회 진동주기와 동일하다.

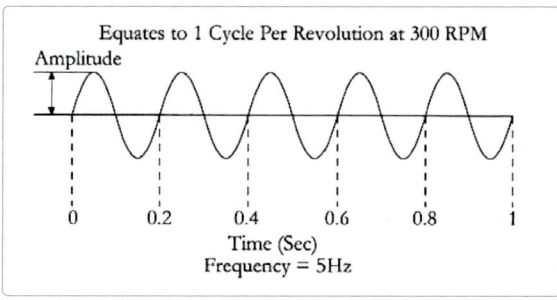

[그림 4-2] 저주파 진동의 예

정지 위치에서 샤프트의 최대 변위는 선형 측정으로 표시되는 진동의 진폭으로 알려져 있습니다. 진동 진폭은 또한 속도 단위 또는 가속도 단위로 표현될 수 있다.

4.1.2 진동 형태(Vibration Types)

헬리콥터 구조에서 느껴지는 진동은 많은 다른 원인에서 나올 수 있다. 그것들은 주파수가 다양하고 자연 진동, 외력에 의한 진동, 공명이거나 이들의 조합일 수 있다.

4.1.2.1 자연 진동(Natural Vibration)

외력이 없는 상태에서 자체의 탄성 또는 중력의 작용에 의해 몸체가 진동하면 자유 진동 또는 자연 진동이 있는 것으로 설명된다. 예를 들어, 스프링은 외력에 의해 초기에 진동하도록 만들어 질 수 있지만 그에 따른 진동은 스프링 자체의 자연 탄성에 의해 야기된다. 진자는 중력만으로도 최초에 방해받은 후에도 계속 진동하는 또 다른 예이다.

4.1.2.2 외력 진동(Forced Vibration)

외력이 가해졌을 때만 동체가 진동하고 제거되는 즉시 진동이 멈추면 외력 진동이 발생한다고 한다.

4.1.2.3 공명(Resonance)

모양과 재질 때문에 많은 물체는 물체를 두드리면 발생하는 고유 진동 주파수를 갖는다. 이 고유 주파수는 물체의 공진 주파수이다. 벨이 가장 분명한 예이다. 동체에 강제 진동이 가해지면 방해하는 힘의 주파수에서 진동하고 진폭은 그 힘에 비례한다. 그러나 강제 진동의 주파수가 동체의 공진 주파수와 일치하면 진폭이 크게 증가한다. 이런 일이 발생하면 공명이 발생한다고 한다.

4.1.2.4 강제 진동 및 공명 (Forced Vibration & Resonance)

불균형하게 움직이는 부품에서 발생하는 진동에 의해 생성된 주기력은 베어링 하우징을 통해 지지 구조물로 전달된다. 힘은 또한 회전축과 지지대에서 탄성 변형을 일으킨다. 공명이 발생하면 효과가 급격히 증폭되어 마모율이 증가하고 피로 손상이 가속화 된다. 항공기 구조 부품에서 발생하는 공명은 치명적인 결과를 초래할 수 있다. 군인들이 다리를 행진하며 건너다 무너진 다리 이야기를 들었을 것이다.

4.1.2.5 일시적 진동(Transient Vibration)

물체가 부딪히고 공진 주파수로 진동하면 진동이 천천히 사라집니다. 이를 일시적 진동이라고 한다.

4.2 헬리콥터의 진동
Vibration in Helicopters

헬리콥터의 강제 진동 주파수는 일반적으로 로터의 블레이드 수 또는 톱니바퀴의 톱니 수와 같은 요소 및 요소의 회전 속도에 의해 결정된다. 진동은 사이클이 매 회전동안 반복 될 때마다 주기적으로 이루어진다. 어떤 경우에는 회전 당 하나의 사이클이 있을 수 있지만 다른 경우에는 회전 당 여러 사이클이 있을 수 있다. 불균형 구성 요소는 일반적으로 회전 속도와 일치하는 주파수에서 진동을 일으킨다. 이것은 회전수당 진동으로 설명된다. 그러나 로터 블레이드 어셈블리는 블레이드 선택적 공기 속도, 플랩 및 항력움직임, 주기적 피치의 변화 및 블레이드와 동체 사이의 간섭에 의해 발생하는 공기 역학적 힘의 변화에도 영향을 받는다. 이러한 힘은 로터의 각 회전 중에 교대로 발생하며 로터 헤드에 작용하는 블레이드 벤딩 및 비틀림 모멘트를 생성한다. 이러한 힘 중 일부는 마주하는 블레이드에 작용하는 힘이 서로 상쇄되는 로터 어셈블리의 대칭에 의해 균형을 이룬다. 그러나 나머지는 구조물 속으로 로터 변속기를 통해 전송됩니다. 이러한 진동이 발생하는 주파수는 블레이드 주파수로 설명된다.

`Blade Frequency = Rotor Frequency x Number of Blades`

이 공식을 사용하면 3엽 로터는 회전 당 3개의 진동을 갖게 되고 4엽 로터는 회전 당 4개의 진동을 갖는 경향이 있다. 이 수준에서의 진동은 잘못된 트래킹 또는 밸런스로 인해 발생하는 회전 당 진동과 일반적으로 쉽게 구별된다. 로터, 로터 변속기 시스템, 엔진 및 보조 컴포넌트는 서로 다른 속도로 회전하기 때문에 이와 관련된 주파수 범위는 저, 중 및 고 범위로 세분 될 수 있다. 이것은 진동의 근원에 대한 단서를 제공 할 수 있다.

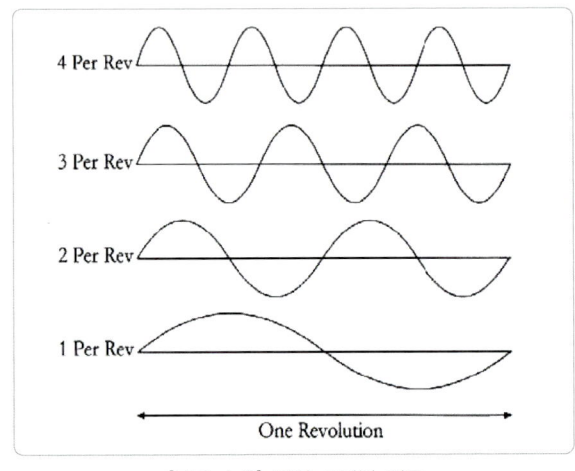

[그림 4-3] 메인 로터의 진동

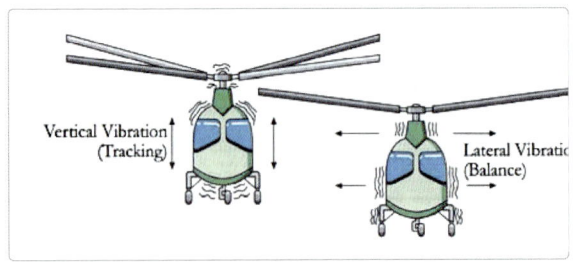

[그림 4-4] 메인 로터 어셈블리와 관련된 저주파 진동

(1) 저 주파수(Low Frequency):

1Hz~10Hz 범위의 저주파 진동은 기내 탑승자에게 매우 분명하게 나타난다. 일반적으로 메인 로터 어셈블리(main rotor assembly) 및 메인 로터 드라이브 샤프트(drive shaft)와 관련이 있다. 예를 들어, 가능한 드래그 댐퍼(drag dampers), 잘못된 트래킹 (faulty tracking), 마모된 드래그 힌지(worn drag hinges), 마모된 블레이드 슬리브(worn blade sleeves), 느슨한 로터 헤드 고정 너트(loose rotor head securing nut), 회전 또는 고정 시저스의 마모(wear in the rotating or non-rotating scissors), 부정확한 균형(incorrect balance), 부정확한 리깅(incorrect rigging), 느슨한 기어박스 장착 및 마모된 로터 샤프트 베어링(loose gearbox mountings and worn rotor shaft bearings) 등이 있다.

(2) 중 주파수(Medium Frequency):

10Hz ~ 30Hz 범위의 중주파 진동은 기내 탑승자에 의해 느껴질 수 있지만 더 낮은 주파수에서의 진동처럼 명확하지 않을 수 있다. 일반적으로 테일 로터 어셈블리와 관련이 있다. 가능한 원인으로는 느슨하거나 마모 된 부착물, 로터 블레이드 손상, 로터 팁 배출 구멍 막힘으로 인한 습기 축적 및 잘못된 테일 로터 밸런스 및 잘못된 리깅이 있다. 중주파 진동은 또한 메인로터 블레이드로부터의 회전당 다수의 사이클, 예를 들어 회전당 4회 진동과 관련 될 수 있다.

(3) 고 주파수(High Frequency):

30Hz ~ 600Hz 이상의 고주파 진동은 객실 안에서 윙윙 거리는 소리나 허밍 느낌으로 느껴질 수 있지만 탑승자에게는 분명하지 않다. 고주파 진동은 엔진 샤프트 및 베어링 또는 고속 변속기 구동 샤프트, 기어 트레인 및 엔진 구동 보조 구성품 및 냉각 팬과 관련이 있다.

4.2.1 진동 분석(Vibration Analysis)

숙련된 엔지니어는 저주파를 발생시키는 근원을 감지하여 찾아낼 수 있지만 고주파 진동 근원은 특수 진동 분석 장비를 사용하지 않으면 감지하기가 어렵다. 전자 진동 감지 및 측정 장비는 이제 일반적으로 사용되지만 기계식 장비가 여전히 대두된다. 수동 진동계는 기계 장치의 예 이다. 이 장치는 시계 모터로 제어 속도로 구동되는 기어식 드럼(geared drum)으로 구성됩니다. 장치의 스프링 프로브(spring probe)는 레버를 통해 드럼의 왁스칠한 기록지와 접촉하는 스타일러스에 연결된다. 배터리 작동 시간축은 드럼이 회전 할 때 왁스로 된 종이에 0.5초 간격을 기록한다. 장치는 동체 구조의 지정된 위치에 배치된다. 스프링 프로브 및 레버 배열은 어떤 진동을 확대하여 스타일러스로 전달하여 기록지에 흔적을 만든다. 운용자는 기록된 진동의 양과 주파수를 측정한다. 운용자는 블레이드 주파수 궤적(frequency trace)을 선택하고 비교할 수 있는 다른 주파수로부터 로터 주파수를 식별 할 수 있다. 제조업체는 모든 회전구성품의 주파수와 고유 진동의 한계를 나열하며 이 정보는 과도한 진동의 원인을 식별하는데 사용한다.

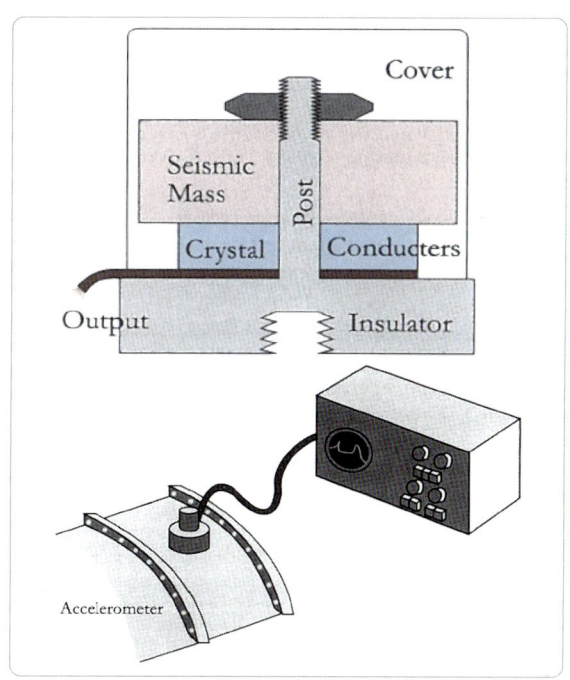

[그림 4-5] 진동 감지 장비

전자 진동 측정 장비가 이제 더 일반적으로 사용된다. 하나의 형식은 객실구조에서 선택된 위치에서 진동을 감지하기 위해 가속계와 연결된 휴대용 프로브를 활용한다. 수신 장치는 사전 선택된 주파수 범위를 스캔하고 측정 및 구성 요소의 고유 진동 한계와 비교할 수 있는 주파수 및 진폭 표시를 시현한다. 장치의 유사한 형식으로 계산되어 장착된 가속도계의 전기 신호를 수신하고 진동 주파수 및 진폭을 CRT 화면으로 시현한다.

일반적인 가속도계는 수정속으로 진동을 전달하기 위해 지진 질량의 관성을 사용한다. 이 센서는 진동 수정이 진동을 변화시키는 진동의 주파수와 일치하는 교류 전류를 방출하는 압전 효과를 사용한다. 전류 값은 진동의 진폭을 정확하게 나타낸다. 가속도계는 한 평면에서 진동을 감지한다는 점에서 방향성이 있다. 측면 및 수직 진동을 감지 할 때 가속도계를 적절히 배치해야 한다. 진동 분석 장비에는 테스트를 방해하는 불필요한 배경 클러터를 제거하는 데 사용할 수 있는 필터가 내장되어 있다. 예를 들어, 운용자는 지정된 회전 속도 및 주파수를 작동시키는 특정 구성요소로부터 발생하는 고유 진동의 진폭을 측정하고자 할 수 있다. 필터를 사용하여 운용자가 선택한 주파수를 스캔 할 수 있다.

장비가 광범위한 주파수 및 진폭을 스캔하는 데 사용될 경우, 운영자는 이를 낮은 범위, 중간 범위 및 높은 범위로 식별하고 분류할 수 있으며, 제조업체에서 정한 한계 범위를 사용하여 해당 범위에서 발생하는 비정상적인 높은 진폭을 식별할 수 있다.

4.2.2 진동 감소 방법
(Vibration Reduction Methods)

앞에서 언급했듯이 헬리콥터는 여러 가지 구성품에서 발생되는 고유한 강제 진동을 가지고 있다. 제조업체는 이러한 근원에서 발생하는 진동의 예상 주파수와 진폭을 승인된 한계와 함께 소개한다. 제어된 조작 중에도 고유 진동이 발생한다. 구조물의 고유 진동 주파수와 공진을 발생하는 구조물과 결합된 강제 진동의 위험을 줄이기 위한 단계가 설계되어 있다.

진동을 줄이고 구조로 전달하는 것을 방지하는 방법에 대한 문제에 접근할 때 가장 먼저 해야 할 가장 명백한 행동은 비정상적인 마모, 구성품 고장, 불균형, 잘못된 트래킹, 잘못된 리깅으로 인한 과도한 진동의 원인을 조사하고 수정하는 것이다. 이러한 결함에 의해 발생된 진동을 의도적으로 가리려고 시도하는 것은 가장 위험한 것으로 간주된다. 그러나 고유 진동과 구조에 미치는 영향을 줄이기 위한 단계가 수행되어야 한다. 경우에 따라 다른 근원의 진동으로 인해 실제로 서로 상쇄 될 수 있다. 다른 경우에 이를 수행할 힘을 생성하는 시스템이 사용될 수 있다. 이러한 시스템의 예를 연구하기 전에 간섭의 영향에 대해 숙지해야 한다.

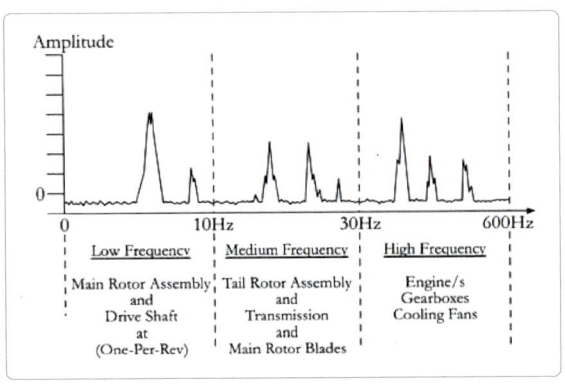

[그림 4-6] 진동의 분류 및 발생원

4.2.3 간섭(Interference)

진동 사이클에서 최대 변위점 또는 파고점은 안티노드(antinodes)라고 하며 최소 변위점은 노드(nodes)라고 한다. 다른 근원의 진동은 서로 간섭할 수 있다. 주파수가 일치하면 간섭이 파괴적이거나 건설적 일 수 있다. 파괴적인 간섭(destructive interference)의 경우, 노드는 서로 반대 방향으로 안티 노드를 남기고 교차하여 진동을 감쇠시키는 역할을 한다. 반면에, 안티노드가 서로 중첩되고 진동의 진폭을 증가시키기 위해 함께 작용하는 경우, 구조적 간섭이 발생한다.

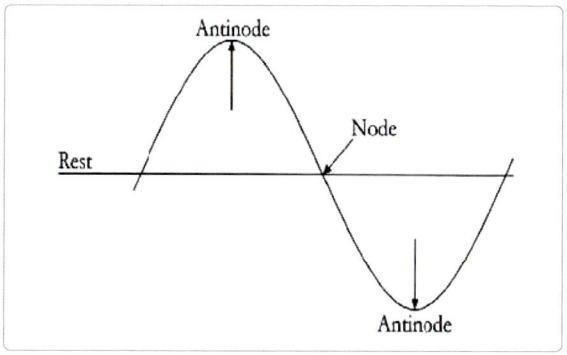

[그림 4-7] 노드 및 안티노드

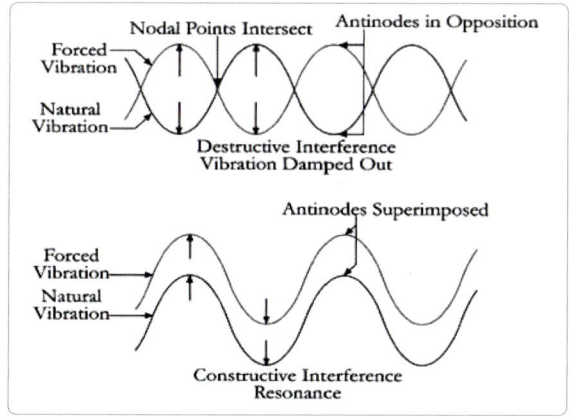

[그림 4-8] 간섭

4.2.4 전자 밸런서(Electronic Balancer)

전자 밸런서는 현재 일반적으로 사용되고 있으며 다른 현장 방법으로는 불가능한 수준으로 메인 로터 진동을 분석하고 줄일 수 있는 수단을 제공한다. 다른 모든 점검이 완료되면 절차가 수행된다. 이 장비는 교류 밀리 암페어 전류 신호 형태로 가속도계로부터 진동 진폭 정보를 수신한다. 앞에서 설명한 것처럼 가속도계의 신호를 필터링하여 다른 방식으로 테스트를 방해하는 다른 근원의 배경 주파수를 제거 할 수 있다.

진동 진폭 값을 표시하는 것 외에도, 장비는 로터 방위각의 시계 각도와 관련하여 이를 지도화해서 차트로서 사용된다. 이 작업이 완료되면 차트는 진동 감소나 제거를 위한 개선 조치를 지시한다.

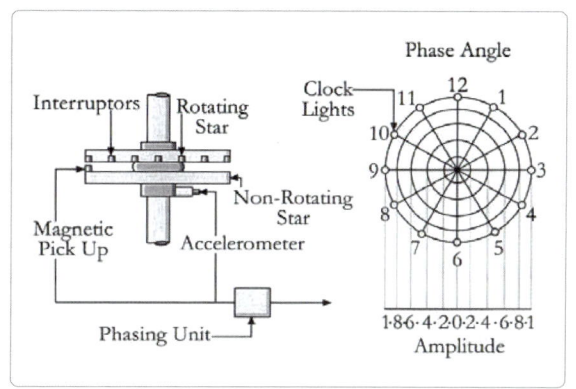

[그림 4-9] 전자 밸런서

작업자가 로터 방위각과 관련하여 차트의 진동 진폭을 도표화 할 수 있도록 하기 위해 로터의 위상 또는 시계각이 표시된다. 이는 회전경사판에서 인터럽터의 통과를 감지하는 고정경사판에 장착된 마그네틱픽업을 통해 달성된다. 마그네틱 픽업으로부터의 전류는 시계각을 표시하는 디스플레이 원형 램프를 점등한다. 이것은 일반적으로 30분 단위로 나뉜다. 간단하게 설명하기 위해 그림에서 1시간씩 증가했다. 장비가 진동을 감지하면 위상각을 지시하기 위해 반사 방위각 램프가 점등되고 진동의 진폭을 나타낸다.

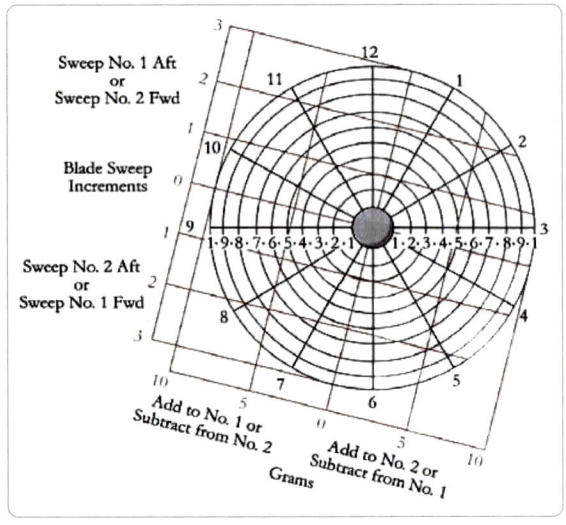

[그림 4-10] 전자 밸런서 차트(1)

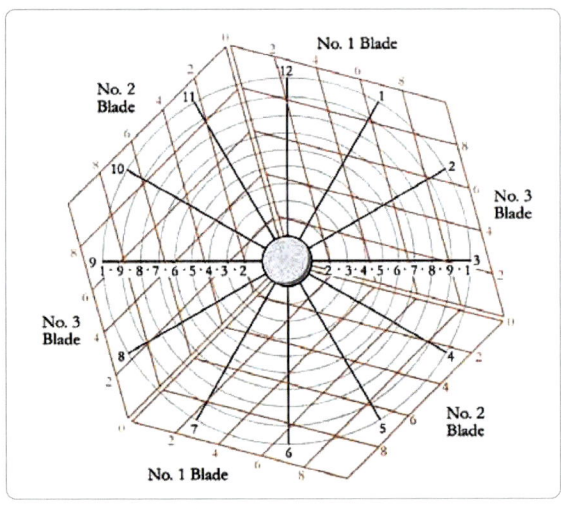

[그림 4-11] 전자 밸런서 차트(2)

그림 4-10은 2엽 반강성 로터(semi-rigid rotor)에 사용되는 일반적인 차트를 보여준다. 운용자는 관련 시계각 차트에서 진폭을 표시한다. 예를 들어, 장비가 10시 위치에서 진폭 0.5를 나타내는 경우, 운용자는 이를 차트의 10시 위치에서 다섯 번째 링에 표시

한다. 해당 위치에서 왼쪽으로 그리드를 따라 가면 0.5 단위 후방의 1 번 블레이드 스윕 증분 보정이 나타난다. 그리드를 수직으로 아래로 향한 후, 차트는 1번 블레이드에 무게가 5 그램 추가되었음을 나타낸다. 이 블레이드는 2엽 로터이기 때문에, 필요한 경우 반대 블레이드에서 취할 수 있는 다른 수정 조치가 차트에 표시된다. 도표가 가능한 한 차트 중심에 가까워질 때까지 테스트가 반복된다.

그림 4-11은 이번에 3엽 관절형 로터에 대한 유사한 차트 배열을 보여준다. 이 차트는 첫 번째 예제와 유사한 방식으로 사용되며, 관절형 로터에는 일반적으로 조정 가능한 드래그 스트럿이 없다. 이러한 이유로 모든 수정조치는 무게 교정에 국한된다. 이 경우 10시 방향에 0.5진폭의 표시에는 3.5그램을 추가해야 한다. 2번 블레이드와 3번 블레이드에 5그램 추가. 반복해서, 목표는 프로트 표시를 차트의 중심으로 이동시키는 것이다.

4.2.5 메인 기어박스 서스펜션 (Main Gearbox Suspension)

메인 기어 박스(MGB)는 로터 샤프트 하우징을 지지하며 메인 로터 샤프트에서 하우징을 통해 전달되는 수평 및 수직 진동을 받게 된다. 기어 박스 마운팅이 단단하면 이 진동이 마운팅을 통해 동체로 직접 전달된다. 이를 방지하기 위해 대부분의 진동을 흡수할 수 있는 유연한 형태의 서스펜션이 필요하다. 일반적인 배치는 두 가지 형태의 서스펜션(suspension), 강성 지지대(rigid strut) 및 특수하게 설계된 유연한 MGB 마운팅 플레이트(mounting plate)로 구성된다. 예시에서, 3개의 강성 지지 스트럿은 로터 샤프트 하우징을 동체 구조물에 연결하는데 사용된다. 지상에서 이 스트럿(strut)은 로터 어셈블리와 메인 기어

박스의 무게를 지지한다. 비행 중에는 로터 양력은 구조물로 전달된다. MGB베이스와 구조물 사이에 위치한 유연한 마운팅 플레이트는 진동을 완충하는 동안 메인 로터 토크(torque)와 수직 방향 및 수평 방향 하중에 반응하도록 설계되었다.

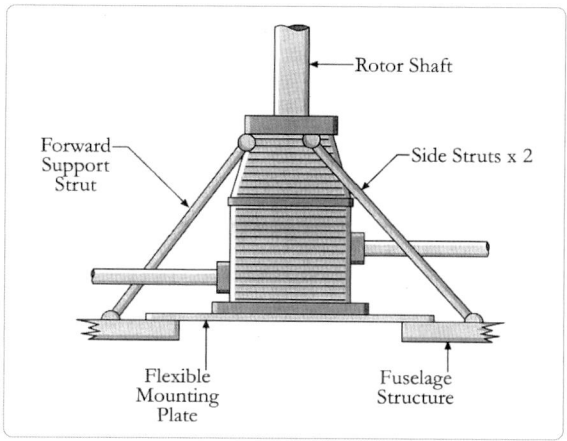

[그림 4-12] 메인 기어박스 서스펜션

4.3 변속기
Transmission

헬리콥터 변속기 시스템에는 기어 박스, 샤프트, 샤프트지지 베어링, 액세서리 드라이브, 유니버설 조인트, 커플링, 클러치, 프리 휠 유닛, 로터 브레이크 및 로터 구동 시스템에 연결된 모든 냉각 팬(cooling fans)이 포함된다. 모듈 내용은 유형에 따라 다르지 않으며 예상 결과가 무엇인지 알려주는 제목은 생략된다. 이를 염두에 두고 탠덤 로터 정렬(tandem rotor arrangement)의 예를 포함하여 다양한 변속기 시스템을 살펴볼 필요가 있다.

기어 박스에는 엔진 출력을 전달하고 메인과 테일 로터 및 보조 장비의 요구 사항에 맞게 회전 속도를 조정하는 데 사용되는 기어가 포함되어 있다. 적절한 윤활 및 냉각이 없으면 기어와 그 베어링이 오래 지속되지 않으므로 상태 모니터링에 사용 된 방법과 함께 윤활 시스템을 검사해야 한다. 각 구성 요소를 보다 자세히 다루기 전에 일반적인 변속 시스템의 구성 요소 부분을 살펴 보는 것으로 시작하겠다.

4.3.1 변속기 시스템 구성품 (Transmission System Components)

일반적인 단일 메인 로터 헬리콥터 변속기 시스템에는 메인 로터 기어 박스(MGB), 중간 기어 박스(IGB), 테일 로터 기어 박스(TGB), 중간 또는 테일 로터 구동축, 보조 장비 드라이브, 프리휠 유닛, 로터 브레이크, 경우에 따라 클러치 장치가 포함된다.

엔진과 로터의 위치에 따라 변속기 시스템의 레이아웃(layout)이 결정된다. 현대식 단일 및 트윈 엔진 설치(single and twin-engine installations)는 일반적으로 MGB에 가까운 동체 지붕 구조에 위치하므로

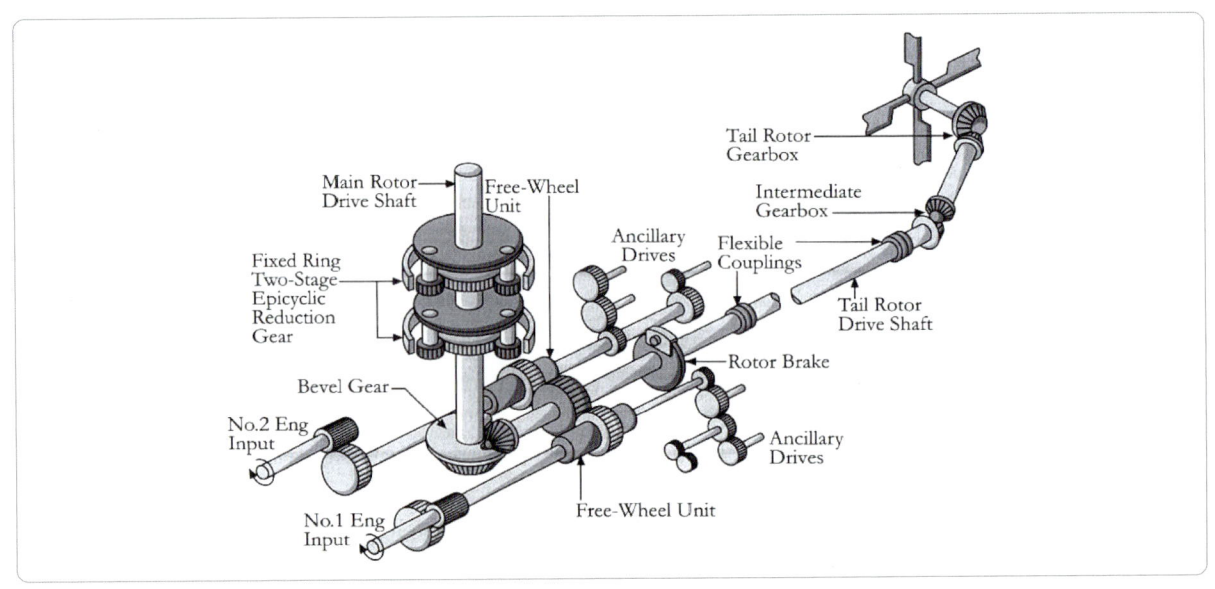

[그림 4-13] 변속기 시스템

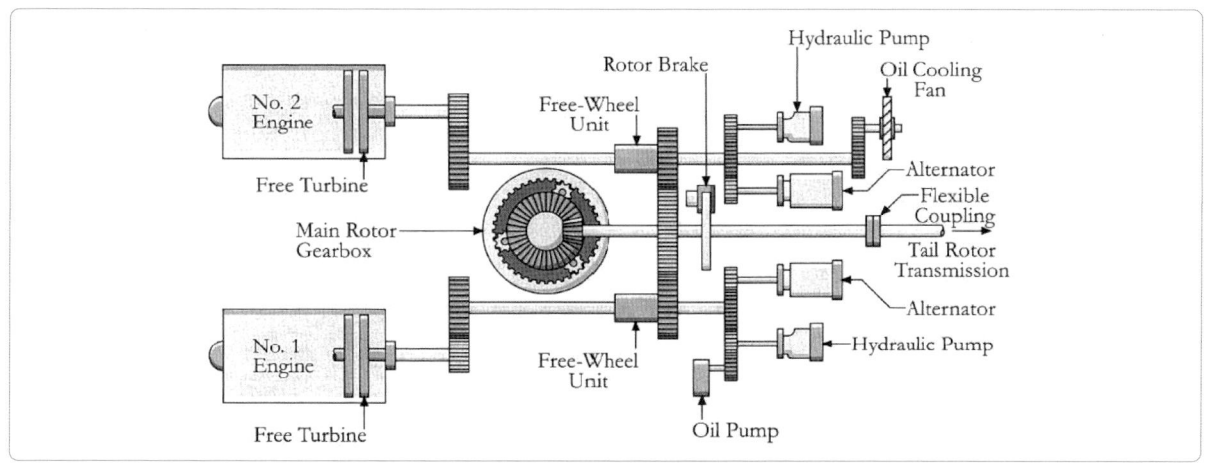

[그림 4-14] 주 동력 변속기 시스템

엔진 길이가 MGB 구동축으로 줄어든다. 지붕에 장착된 엔진은 잔해물을 덜 흡입한다는 장점이 있다. 터빈엔진 헬리콥터에 사용되는 엔진은 전방 또는 후방을 향하도록 설계 될 수 있도록 작동시 흡기 램 에어(intakes ram air)에 의존하지 않는다. 그림 4-13은 두 개의 엔진 구동 장치(engine drives)가 프리휠 장치(free-wheel units)를 통해 MGB의 단일 베벨 기어 구동 장치(single bevel gear drive)에 결합된 지붕 장착형 트윈 자유 터빈 엔진 설치를 보여준다. 베벨 기어는 2단 유성 감속 기어(two-stage epicyclic reduction gear)를 통해 메인 로터를 구동한다. MGB는 또한 직류발전기 / 교류발전기, 유압 펌프, 오일 펌프 및 오일 냉각 장치 팬(electrical generators / alternators, hydraulic pumps, oil pumps, oil cooling unit fan) 을 위한 보조 장비 드라이브를 제공한다. 중간 또는 테일 로터 구동 샤프트는 지지 베어링과 진동 방지 마운팅을 통해 테일 동체를 따라 MGB 후면에서 TGB와 연결되도록 드라이브 각도가 변경되는 위치에서 IGB로 이어진다. 이 예의 로터 브레이크는 테일 로터 구동축 출력의 MGB에 가깝다. 로터 브레이크는 주로 블레이드 회전의 위험을 줄이고 주기 중에 로터를 정지 상태로 유지하여 풍차현상을 방지하기 위해 로터를 정지시키는 데 사용된다.

자유 터빈 엔진 설치에는 클러치 메커니즘이 필요하지 않으므로 이 구성품은 그림에 표시되어 있지 않다. 다른 유형의 엔진에는 MGB로 이어진 구동축의 엔진 바로 다음에 클러치 메커니즘이 있다. 클러치는 시동되는 동안 엔진의 부하를 줄이고 로터가 속도를 높이면서 블레이드가 회전하는 기간을 줄여준다. 한편, 자유 터빈 엔진은 클러치 없이 변속기 시스템과 독립적으로 시동될 수 있다. 이 경우 엔진이 시동되는 동안 로터 브레이크가 적용되고 로터가 정지 상태를 유지한다. 엔진 회전 속도가 충분할 때까지 이것은 다시 로터 속도가 증가함에 따라 블레이드 회전이 발생할 수 있는 기간을 줄여준다.

모든 헬리콥터에는 엔진 드라이브에 MGB의 프리휠 장치가 있어야 한다. 프리휠 장치는 자동 회전 중에 엔진이 로터에 의해 구동되는 것을 방지하기 위해 고장난 엔진을 로터 변속기시스템에서 자동으로 분리한다. 트윈엔진 설치시 각 엔진에서 프리휠 장치의 작동은 고장난 엔진 또는 정지된 엔진을 로터 변속기에서 자동으로 분리하여 단일 엔진 작동을 방해하지 않는

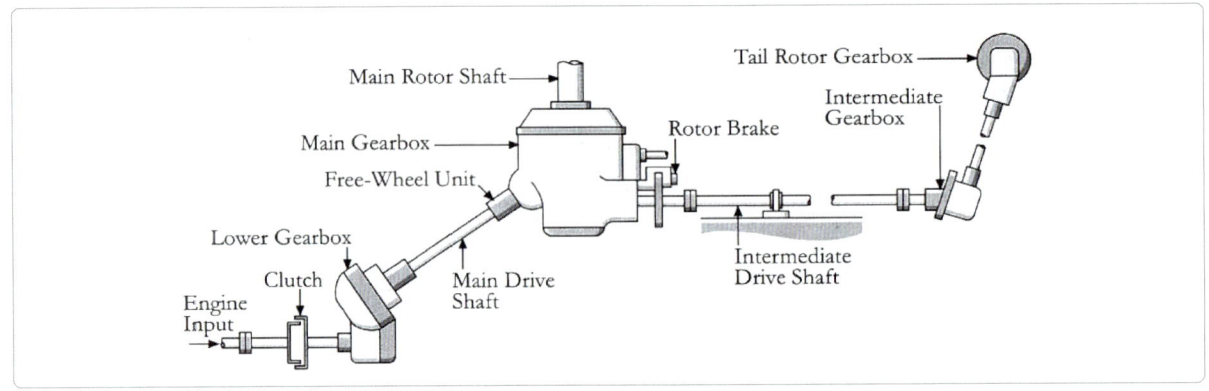

[그림 4-15] 노즈-마운트 엔진 구성

다. 일부 초기 헬리콥터 유형에는 기수부에 단일 엔진이 장착되어 있었다. 이 경우 구동각을 엔진에서 MGB로 변경하고 회전 입력 속도를 줄이기 위해 추가로 낮은 기어 박스가 설치되었다. 기수부 장착형 성형 왕복 엔진 및 프리 터빈 이외의 터빈 엔진의 경우, 클러치 메커니즘은 엔진 출력 구동부에 하부 기어 박스로 위치된다. 이 경우 프리휠 장치는 MGB로 연결하는 주 구동축 인풋(main drive shaft input)에 위치한다.

탠덤 로터 헬리콥터의 엔진은 일반적으로 테일 마운트 프리 터빈 엔진(tail-mount free-turbine engines)이다. 엔진 드라이브 샤프트는 동기화 된 샤프트를 통해 결합된 엔진 드라이브를 전방 및 후방 로터 기어박스로 전달하는 조합기어박스(combination gearbox)에 연결된다. 변속기 시스템은 전방 및 후방 로터 블레이드가 기계적 간섭없이 서로 맞물리도록 동기화된다. 조합기어박스의 프리휠 장치는 고장난 엔진에서 드라이브를 자동으로 분리하므로 고장난 엔진에 의해 방해받지 않고 나머지 엔진이 변속기 시스템을 구동할 수 있다.

4.3.2 메인로터 기어박스(Main Rotor Gearbox)

메인 로터 기어 박스(MGB)는 감속 기어를 통해 엔진에서 메인 로터 샤프트로 드라이브를 전달한다. 감속 기어 비율은 주어진 로터 속도와 엔진 속도를 일치

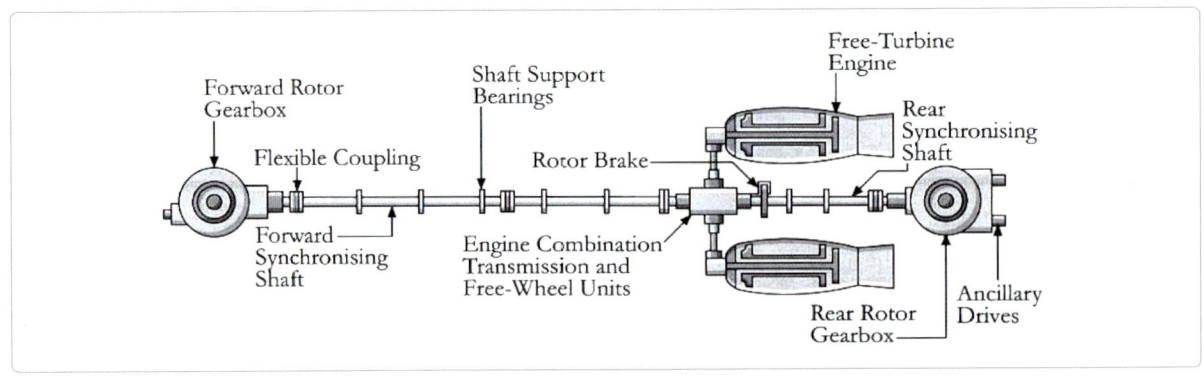

[그림 4-16] 텐덤 로터 변속기

시키도록 설계되었다. MGB는 또한 테일 로터 및 직류발전기, 교류발전기, 유압 펌프, 오일 펌프 및 냉각팬과 같은 보조 장비용 드라이브를 제공한다. 이 배열은 자동 회전 중에 모든 필수 서비스가 계속 작동되도록 한다. MGB에는 기어장치를 윤활하고 냉각시키는 자체 내장된 압력 윤활 시스템이 있다. 비행 제어 액츄에이터 및 동체 구조물에 대한 부착을 위해 경합금 MGB 하우징에 장착 지점이 제공된다.

MGB는 단단한 관형 지지 스트럿을 통해 상부 동체 구조물에 부착되며 진동 운동을 완화시키는 유연한 장착 판으로 지지된다.

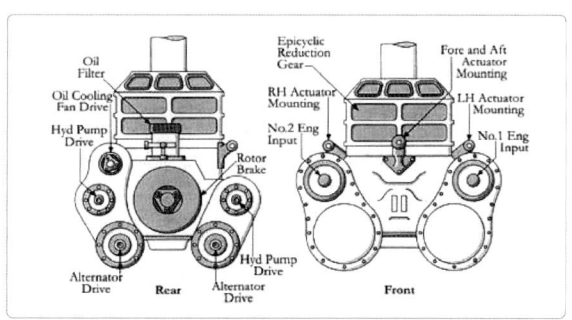

[그림 4-17] 주 기어박스

(1) 기어장치(Gearing):

기어장치는 한 축에서 다른 축으로 움직임을 전달하는 수단이다. 기어는 넓은 범위의 속도 비율 내에서 고출력을 전달할 수 있는 반면 소형이라는 장점이 있다. 기어 휠 또는 피니언은 단순히 톱니바퀴이다. 피니언이 올바르게 맞물리려면 이가 비슷한 모양을 가져야 하며 맞물릴 때 간격이나 '백래시'(back lash)를 허용하도록 절단해야 한다. 모든 기어링에서 '백래시'는 열팽창을 허용하고 윤활유를 수용하는 데 필수적이다.

(2) 기어 톱니(Gear Teeth):

기어 톱니는 일반적으로 견고한 내부 구조의 단단하고 내마모성 표면을 만들기 위해 경화 처리된 강철로 만들어 진다. 가장 일반적인 기어 톱니 프로파일은 인벌류트 및 사이클로이드 패턴입니다. 기어 톱니의 프로파일에 따라 서로 맞물릴 때 서로 다른 방식으로 서로 접촉하며 이는 허용 가능한 기계적 압력과 마모 방식에 영향을 준다.

(3) 인벌루트 기어 프로파일(Involute Gear Profile):

인벌루트 프로파일은 제조하기 쉽고 사이클로이드 프로파일(cycloid profile)보다 생산 비용이 저렴하다. 인벌루트 기어는 메쉬 기어(meshed gears)의 압력 플랭크(pressure flanks) 사이에 선형 접촉(linear contact)에 의해 구동력을 전달하며, 이는 각 기어가 수용할 수 있는 하중을 제한한다. 여기서 단점은 무거운 하중이 예상되는 경우 피니언(pinions)의 기어 수를 늘려야 하며 이는 기어 박스의 각 단계를 통해 가능한 기어 감소에 영향을 미치며 추가 단계가 필요할 수 있다는 것이다.

인벌루트 기어는 단순한 변속 기어 트레인에 사용하기에 적합하지만 사이클로이드 기어장치는 현대 헬리콥터의 메인 로터 감속 기어장치에 선호되는 선택이 되고 있다.

(4) 사이클로이드 기어 프로파일(Cycloid Gear Profile):

때때로 사이클로이드 기어를 사용하는 시스템과 관련하여 사용되는 '등각 기어장치'이라는 용어가 나타날 수 있다. 사이클로이드 기어는 전체 영역 접촉과 맞물려 부드럽고 조용하게 작동한다. 전체 면적 접촉의 이점은 인벌루트 기어 치형과 비교하여 사이클로이드 기어 치형에 의해 더 높은 하중을 수용할 수 있어 비교 가능한 하중에 필요한 치형 수를 줄인다. 사이클로이드 기어 치형의 더 높은 하중 용량은 각 단계를 통해 더 큰 기어 감소가 이루어질 수 있게 하여 더 적은 단계가 요구되어 기어박스의 무게와 크기를 줄인다.

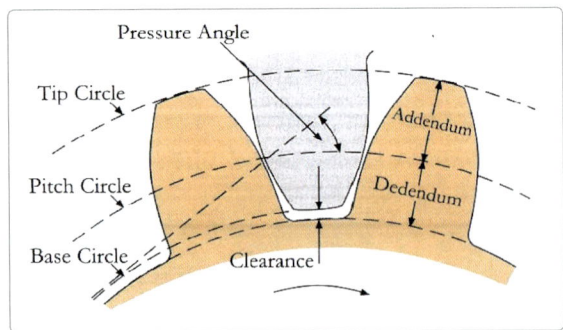

[그림 4-18] 인벌루트 기어

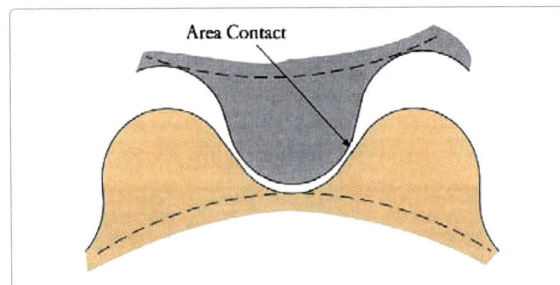

[그림 4-19] 사이클로이드 기어

되며 동일 평면에서 동력을 전달한다. 치면이 넓을수록 하중 용량이 커진다. 피니언상의 톱니는 외부 또는 내부에 형성 될 수 있다. 이러한 유형의 기어링은 단순 또는 복합 기어열 또는 유성감속기어(epicyclic reduction gear)에 사용될 수 있다.

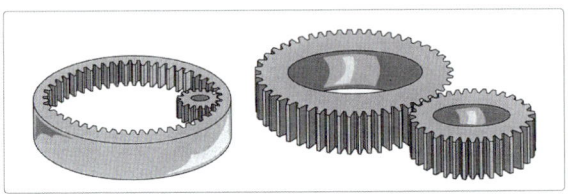

[그림 4-20] 내부 및 외부 컷 스퍼 기어

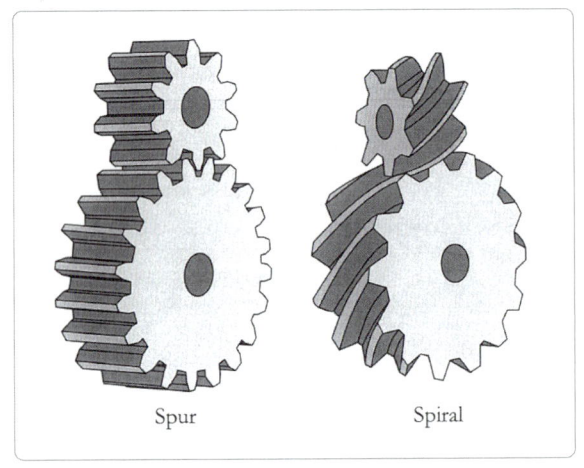

[그림 4-21] 스퍼 및 스파이럴 기어

마찰이 발생하는 기어 및 베어링이 적기 때문에 변속기 시스템의 효율이 향상된다. 더 컴팩트한 배치로 기어 박스의 안정성과 유지 보수가 쉬워진다. 약간의 단점은, 고부하 기어장치가 기어 박스 하우징에 추가적인 변형을 가하여 이를 강화시켜야 하므로 사이클로이드 기어를 사용함으로써 얻을 수 있는 중량 절감의 일부를 떨어뜨리는 것이다.

(5) 기어 피니언(Gear Pinions):

필요한 용도에 따라, 변속기 시스템에서 다수의 상이한 기어 피니언 구성 방식이 사용된다. 모듈 구성에서는 이러한 구성을 자세히 설명하기 위한 특정 요구사항은 없지만 변속기 시스템에서 사용하는 방법에 대한 아이디어가 있으면 유용하다.

(6) 스퍼기어(Spur Gears):

직선 평 기어에는 피니언 축에 평행한 톱니가 있습니다. 직선 평 기어는 평행 샤프트를 연결하는 데 사용

(7) 나선형 기어(Spiral Gears):

나선형 기어는 때때로 축이 평행하지 않은 샤프트를 구동하는 데 사용된다. 나선 형태는 직선 또는 베벨 기어 피니언에 적용될 수 있다. 나선형 기어는 높은 하중 용량을 갖지 않기에 낮은 응력에 더 적합하다.

(8) 헬리컬 기어(Helical Gears):

단일 및 이중 헬리컬 기어는 평행 샤프트 사이에서 운동을 전달한다는 점에서 직선 평기어와 유사하다. 샤프트 축에 비스듬히 기울어진 톱니가 있으며 직각 평기어보다 더 큰 하중 용량이 있으며 매끄럽고 조용

하다. 헬리컬 기어는 슬라이딩(sliding) 접촉을 하며 동력 변동으로 인한 충격에 강하다. 단일 헬리컬 기어는 전달되는 하중에 비례하는 피니언 축을 따라 측면 하중을 생성한다는 단점이 있다. 이중 헬리컬 기어는 무거운 하중과 고속을 위해 설계되었으며 물고기 뼈 형상(herring-bone configuration)으로 증가된 마찰일지라도 측면 하중을 상쇄시킨다.

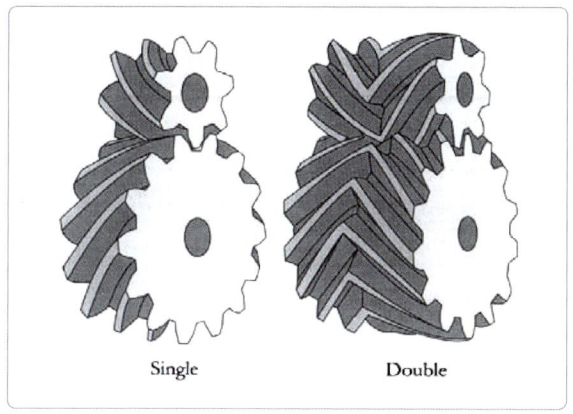

[그림 4-23] 헬리컬 기어

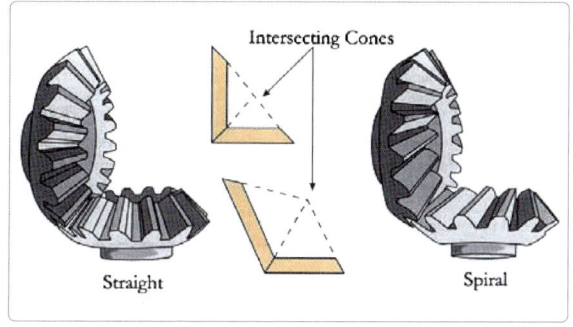

[그림 4-24] 베벨 기어

(9) 베벨 기어(Bevel Gears):

직선 또는 나선형 베벨 기어장치는 축이 교차하는 평행하지 않은 샤프트 간에 동력을 전달하는 데 사용된다. 베벨 기어의 샤프트 축 사이의 각도는 직각 또는 필요한 방향 변화에 따라 다른 각도일 수 있다.

(10) 기어 비(Gear Ratios):

변속기 시스템의 기어장치는 필요에 따라 입력 드라이브의 회전 속도를 줄이거나 늘리는 데 사용된다. 메인 로터 속도는 150 ~ 400 RPM 사이에서 변할 수 있지만 테일 로터 속도는 750 ~ 2000 RPM 사이에서 변할 수 있다. 예를 들어, 6,000 RPM의 자유 터빈 엔진 입력 구동 속도는 메인 로터를 300RPM으로 구동하기 위해 20 : 1의 감속이 필요하다. 이와 비교하여, 2,400 RPM에서 작동하는 왕복 피스톤 엔진은 0.125 대 1의 기어비에 해당하는 8 대 1의 감속이 필요합니다. 초기 감속 단계는 간단한 스퍼 또는 베벨 기어 트레인 및 하나 이상의 유성기어 단계를 통해 달성될 수 있다. 기어비가 달성되는 방식과 함께 대표적인 예를 검토할 필요가 있다.

$$\text{Gear Ratio} = \frac{\text{No. of Teeth on Driving Gear}}{\text{No. of Teeth on Driven Gear}}$$

(11) 단순 평기어 트레인(Simple Spur Gear Trains):

평 기어 트레인의 각 기어 피니언에는 일정한 수의 동일 간격 톱니가 있다. 구동 기어의 직경이 종속 기어의 직경의 절반이면, 톱니의 절반이 된다. 이 경우, 구동 기어의 1 회전은 종속 기어를 반 회전시킬 것이다. 이것을 수식으로 변환하면 다음과 같이 말할 수 있다.

예를 들어, 구동 기어에 23개의 톱니가 있고 종속 기어에 46개의 톱니가 있다면 감속 기어 비율은 23/46 또는 0.5 대 1입니다. 입력 및 출력 샤프트의 속도를 사용하여 기어비를 계산할 수도 있다.

$$\text{Gear Ratio} = \frac{\text{Speed of Output Shaft (RPM)}}{\text{Speed of input Shaft (RPM)}}$$

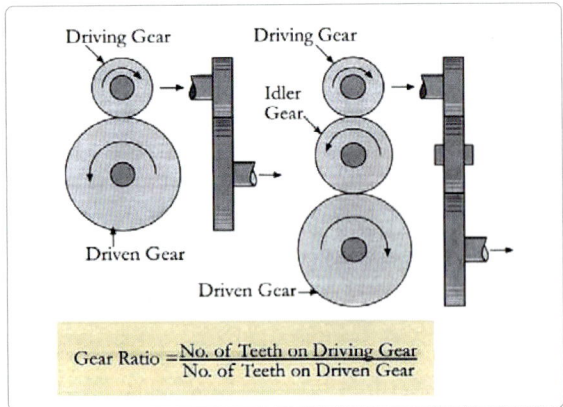

[그림 4-25] 단순 스퍼 기어 트레인

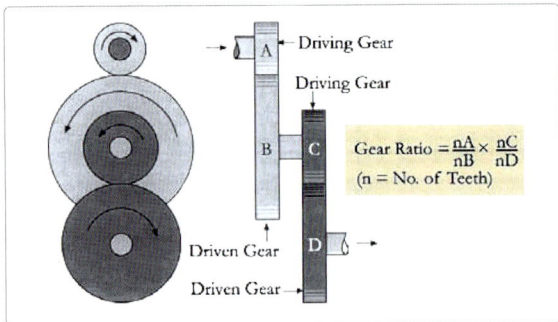

[그림 4-26] 복합 스퍼 기어 트레인

그림 4-25는 구동 기어와 종속 기어 사이에 아이들러 기어를 갖는 기어 트레인을 나타낸 것이다. 이 아이들러 기어(idler gear)의 존재는 톱니 수에 관계없이 기어 비율에 영향을 미치지 않는다. 그러나 아이들러 기어가 하는 것은 종속 기어의 회전 방향을 변경하는 것인데, 이 예에서는 구동 기어와 동일한 방향으로 회전한다.

(12) 복합 평기어 트레인(Compound Spur Gear Trains):

더 큰 감속 기어 비율이 필요한 경우 두 개의 기어 트레인을 사용할 수 있다. 이는 첫 번째 트레인의 구동 기어 출력축을 두 번째 트레인의 구동 기어에 연결하여 수행된다. 이 경우 전체 기어비는 각 열차의 기어비를 계산하고 함께 곱하여 구한다. 두 비율의 곱은 전체 기어 비율을 제공한다.

(13) 단순 베벨 기어 트레인(Simple Bevel Gear Trains):

베벨 기어 트레인의 기어비를 얻는 데 사용되는 방법은 스퍼 기어 트레인과 동일하다. 또한 기어열에 아이들러 기어를 도입해도 기어비에는 영향을 미치지 않지만 종속 기어의 회전 방향은 변경된다.

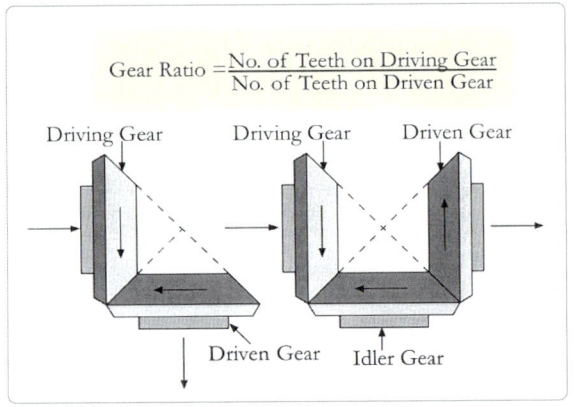

[그림 4-27] 단순 베벨기어 트레인

복합 베벨 기어 트레인의 전체 기어비를 계산하는 데 사용되는 방법은 복합 평 기어 트레인에 사용된 것과 동일하다.

(14) 유성기어 트레인(Planet Gear Trains):

유성 기어 트레인은 속도를 크게 감소시키는 매우 컴팩트한 수단을 제공합니다. 유성 기어 트레인에는 세 가지 구성이 있다. 헬리콥터의 MGB에 일반적으로 사용되는 구성은 고정 링 유형이므로 혼동을 피하기 위해 그림 4-28에서와 같이 입력 샤프트는 고정 링 기어와 맞물린 3 개의 위성 기어와 맞물리는 선 기어를 구동시킨다. 유성 기어 스핀들은 출력 구동축을 운반하는 스파이더에 장착된다. 선 기어가 회전하면 위성 기어가 고정 링 기어 주위로 회전하면서 스파이더와 출력 샤프트가 회전한다. 출력축은 입력 드라이브와 같은 방향으로 감소된 RPM으로 회전한다.

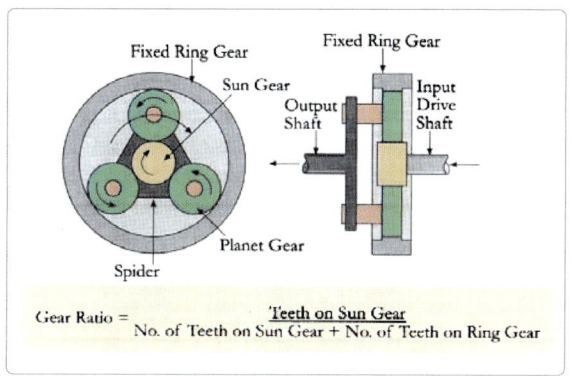

[그림 4-28] 스퍼 에피사이클릭 기어트레인(고정식)

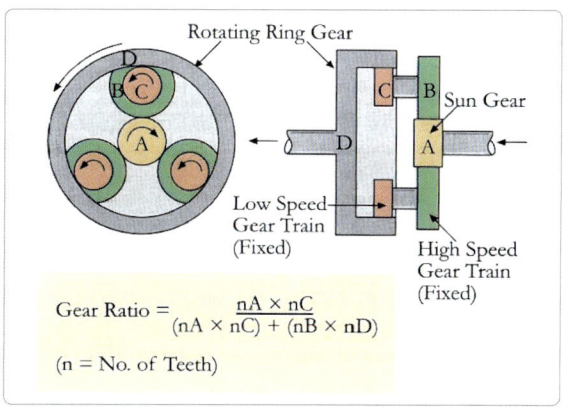

[그림 4-29] 복합 에피사이클릭 기어(회전 링 식)

예를 들어, 선 기어(sun gear)에 톱니가 50개, 고정 링 기어에 톱니가 150개인 경우, 후진 기어 감속은 0.25에서 1이된다. 이는 입력 샤프트의 4회전이 출력 샤프트의 1 회전을 초래한다는 것을 의미한다. 이는 왕복 피스톤 엔진에 의해 구동되는 시스템에 적합 할 수 있는데, 예를 들어 간단한 평 기어 트레인을 통해 3,200 RPM이 초기에 1,600 RPM으로 감소한 후 0.25 대 1의 유성 기어를 통해 400 RPM으로 감소했다.

터빈 엔진에 의해 생성된 더 높은 입력 속도는 제1 단계로부터의 출력에 의해 구동되는 제2단계 유성 감속 기어를 필요로 할 수 있다. 단일 단계를 통해 초고속 감속을 시도하면 기어장치에 과도한 변형이 발생할 수 있다.

그러나 16대 1 또는 0.0625대 1의 순서로 기어비를 생성하는 복합 유성 기어가 있다.

그림 4-29에서, 입력 기어는 3개의 피니언으로 맞물린 선 기어를 구동한다. 각 피니언은 선 기어와 맞물리는 큰 직경의 고속 기어 휠과 회전 링 기어와 맞물리는 작은 직경의 저속 기어 휠로 구성된다. 선 기어가 회전함에 따라 구동 장치는 피니언을 통해 구동 장치를 링 기어로 전달하여 링 샤프트 기어에 출력 샤프트를 회전시킨다. 이 경우 입력 샤프트와 반대 방향으로 회전한다. 이 예에서 기어비를 계산하는 방법은 관심 분야에만 표시되며 이를 기억할 필요는 없다.

(15) 헌팅 치차 비율(Hunting Tooth Ratio):

맞물린 기어의 톱니 수는 때때로 선택되어 두 개의 연속 회전 중에 동일한 두 개의 반대쪽 톱니가 접촉하지 않는다. 각 회전 동안 한 피니언의 톱니가 다른 피니언의 다른 톱니와 맞물린다. 이것을 헌팅 치차 비율이라고 하며 마모를 균일하게 퍼뜨리는 데 사용된다.

(16) 베어링(Bearings):

롤링 베어링은 일반적으로 변속기 시스템 전체에서 사용된다. 롤링 베어링은 종종 마찰 방지 베어링이라고 하며 볼 베어링과 롤러 베어링의 두 가지 유형이 있다. 볼 베어링은 마찰이 낮으며 내부 및 외부 레이스웨이(internal and external race way)의 곡선 홈에서 회전하는 고광택 케이지(cage) 합금강 볼로 구성된다. 볼 베어링 레이스는 래디얼 하중(radial load)과 축 하중(axial load)을 모두 수용하도록 설계될 수 있다. 롤러 베어링은 축 방향 이동을 방지하기 위해 홈이 있는 내부 및 외부 레이스 웨이에서 작동하는 고광택 케이지 합금강 롤러로 구성된다. 평행 롤러 베어링은 반경 방향 하중만 수용하도록 설계되었으며 유사한 크기의 볼 베어링보다 훨씬 높은 하중을 수용할 수 있다. 테이퍼 롤러 베어링은 래디얼 하중과 축 하중을 모두 수용할 수 있다.

4.3.3 엔진-기어박스 드라이브 (Engine to Gearbox Drive)

클러치 유닛과 프리휠 유닛을 통해 일부 엔진이 MGB에 연결되는 방식은 앞에서 설명하였다. 클러치 유닛은 회전자 변속기의 부하에서 분리 된 상태에서 엔진을 시동할 수 있게 하며 엔진이 주 회전자를 빠르게 회전시키기에 충분한 동력을 공급할 때 드라이브와 자동으로 결합된다.

로터가 회전하는 동안 엔진이 정지되거나 고장으로 인해 네가티브 토크가 발생하면 프리휠 장치가 엔진을 MGB에서 자동으로 분리한다. 이렇게 하면 자동 회전 중에 메인 로터가 멈춘 엔진을 운전할 수 없게 된다. 트윈 엔진 설치에서 프리휠 장치는 고장난 엔진을 자동으로 분리하여 단일 엔진 작동 중에 엔진이 구동되지 않도록 한다.

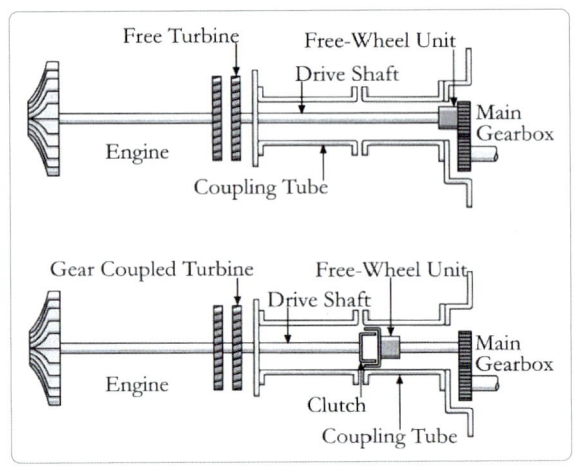

[그림 4-30] 엔진과 기어박스 구동 연결

터보 샤프트 엔진은 이제 헬리콥터에서 더 일반적으로 사용되고 있다. 엔진은 가스 발생기 섹션과 하나 이상의 파워 터빈 스테이지로 구성된다. 가스 발생기는 기본 엔진을 형성하며 단일 샤프트에 장착된 압축기 어셈블리를 구동하는 터빈 어셈블리로 구성된다. 파워 터빈 스테이지(power turbine stage)는 MGB를 구동하기 위한 전력을 생성하는 데 전용된다. MGB에 연결되는 동력터빈은 일반적으로 엔진의 출력 샤프트에 스플라인(spline) 된 짧은 고속 구동 샤프트(drive shaft)를 통해 이루어진다. 도시 된 예에서, 고속 샤프트는 외부 고정지지 튜브를 통과하여 MGB에 후방 엔진 장착을 형성한다. 도시 된 클러치 및 프리휠 유닛의 위치는 단지 편의상 도시되어 있으며 MGB 구동을 위해 엔진 내부로 위치한다.

(1) 기어 결합 터빈 엔진(Gear Coupled Turbine Engine):
동력 터빈이 가스 발생기 부분에 기계적으로 연결될 때, 이는 "기어 결합"으로 기술된다. 이러한 구성에서, 회전자 구동을 체결하기 전에 엔진이 오프로드 상태로 시작되고 미리 결정된 속도까지 주행할 수 있도록 클러치가 필요하다. 이 배치의 단점은 변속기 시스템과 직접 연결되어 있어 엔진이 항상 가장 효율적인 속도로 작동할 수가 없다. 또한 엔진 출력 구동 속도와 감속 기어 비율은 가스 발생기의 속도에 의해 결정된다.

(2) 자유 터빈 엔진(Free-Turbine Engine):

동력 터빈과 가스 발생기 부분 사이에 기계적인 연결이 없는 경우, 이들은 '가스 결합' 된 것으로 기술된다. 이러한 배열에서, 가스 발생기 샤프트는 MGB를 구동하는 동력 터빈 샤프트로 부터 분리되고 터빈을 가로 질러 흐르는 가스에 의해서만 연결된다. 이러한 유형의 엔진은 일반적으로 '자유 터빈' 엔진이라고 한다. 자유 터빈 엔진의 유동성으로 인해 동력 터빈은 변속기 시스템에 적합한 속도로 작동하는 동안 가장 효율적인 속도로 작동하는 엔진 가스 발생기 섹션. 가스 발생기 섹션은 로터 트랜스미션 및 로터에 고정된 동력 터빈으로 작동 속도까지 시동되고 작동 속도까지 올라갈 수 있기 때문에 클러치가 필요하지 않다.

(3) 기어 박스 윤활(Gearbox Lubrication):

MGB 윤활 시스템은 기어 및 베어링에 윤활, 냉각 및 부식 방지 기능을 제공한다. 이 시스템은 독립적인 가압 재순환 시스템(self-contained, pressurised recirculatory system)이다. 오일은 MGB 하우징의 섬프 영역(sump region of the MGB housing)에서 추출되어 열 교환기(heat exchanger)와 마이크로 필터(micro filter)를 통해 펌핑(pumping)되어 내부 덕트(internal ducts)를 통과하여 기어 박스의 주요 및 액세서리 섹션(main and accessory sections)에 있는 오일 스프레이 노즐(oil spray nozzles)로 전달된다.

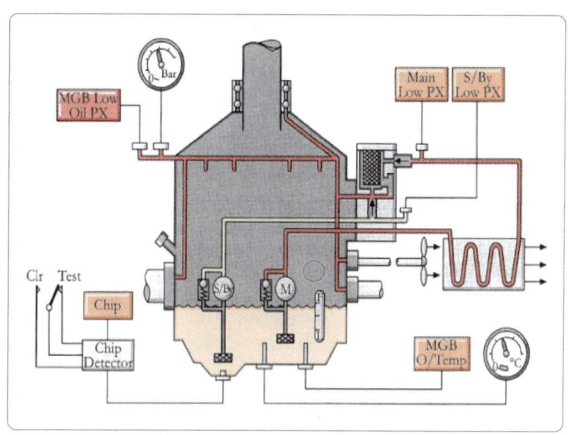

[그림 4-31] 주 기어박스 윤활계통

기어 및 베어링을 윤활 및 냉각 후, 뜨거운 오일은 중력 하에서 섬프 영역으로 다시 떨어진다. 그것이 재순환되는 곳에서. 기어 박스 하우징의 사이트 글라스 게이지를 통해 오일 레벨(oil level check through sight glass)을 시각적으로 확인할 수 있다. 최대 오일 함량 및 유형을 자세히 설명하는 플래 카드 정보와 함께 오일 보충을 위한 보충 지점이 제공된다.

그림 4-31에서 2개의 기어 박스 구동 오일 펌프, 메인 펌프 및 예비 펌프가 있다. 예비 펌프는 주 펌프보다 낮은 압력에서 작동하며 주 압력이 지정된 값 아래로 떨어지면 자동으로 시스템에 연결된다. 예비 시스템은 주 시스템 펌프 고장 또는 압력 손실 시 비상 백업 순환을 제공한다. 표시된 시스템에서 예비 시스템은 외부 오일 쿨러를 통해 오일을 통과시키지 않는다. 이는 종종 오일 누출의 원인이 되기 때문이다.

(4) 오일 펌프(Oil Pumps):

기계식 오일 펌프 드라이브는 일반적으로 MGB의 메인 베벨 기어로의 입력 드라이브에서 분리된다. 펌프 장치로는 평 기어 또는 제로터 기어 형태가 사용된다.

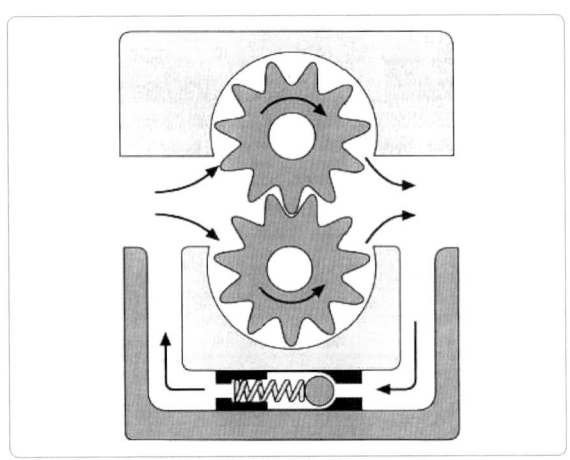

[그림 4-32] 스퍼 기어 오일 펌프

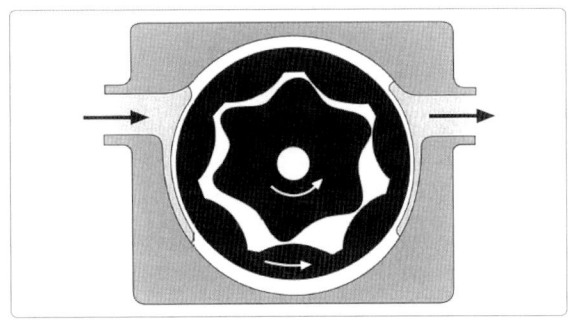

[그림 4-33] 제로터 오일 펌프

스퍼 기어 펌프는 종속 기어와 밀착되는 아이들러 기어로 구성되며, 2개 기어 모두 밀착 피팅 하우징 내에 장착된다.

오일은 넓은 메쉬 필터 스크린을 통해 펌프로 유입되어 펌프에서 배출되기 전에 기어 톱니와 하우징 사이에 형성된 공간으로 운반된다. 펌프는 일정량의 오일이 회전함에 따라 항상 움직인다. 전달된 압력을 필요한 값으로 제한하기 위해 펌프 하우징에 압력 릴리프 밸브가 장착되어 있다. 펌프 용량은 항상 시스템 요구 사항보다 높으며 초과 오일은 펌프 흡입구로 다시 전달된다. 펌프 하우징에는 각 내부 끝면을 가로질러 가공된 슬롯 컷이 있으며 기어에는 톱니가 모따기 되어 있다. 이것은 메쉬 기어 사이에 갇힌 오일이 유압식으로 잠기고 펌프가 손상되는 것을 방지하기 위해 수행된다.

지로터 펌프는 서로 다른 회전축을 갖는 2개의 딱 들어맞는 기어 휠을 갖는다. 그림 4-33에서 내부 구동 기어에는 6개의 로브 형상 톱니가 장착되는 반면, 외부 아이들러 기어는 내부 주변부로 절단 된 7개의 로브형상의 홈이 내부 주변으로 잘려있다. 드라이버 기어가 회전함에 따라 넓은 메쉬 필터 스크린을 통해 오일을 기어 휠 사이에 형성된 공간으로 끌어 당겨 펌프 배출구로 운반하여 오일 제거를 통해 오일을 제거한다. 다시 말하지만, 이것은 회전하면서 주어진 양의 오일을 움직일 수 있다는 점에서 양의 변위 펌프이다. 하우징의 압력 릴리프 밸브는 시스템 압력으로 공급 압력을 제한한다. 일부 지로터 펌프 장치에는 압력 맥동을 균일하게 하기 위해 서로 위상이 다른 2개 이상의 펌프가 작동한다.

(5) 오일 필터(Oil Filter):

메인 오일 필터는 외부 오일 쿨러 하류 흐름(downstream)의 MGB 하우징에 있습니다. 필터는 일반적으로 일회용이며 골판지 또는 주름 섬유 카트리지(cartridge)로 구성된다. 필터는 가장 작은 크기의 입자에 의해 평가된다. 입자 크기는 미크론(백만 분의 1미터 크기)으로 측정된다. 일회용 필터는 16미크론 정도의 작은 입자를 거를 수 있다. 일부 필터 어셈블리(filter assemblies)는 내부 및 외부 필터를 통합하여 더 큰 입자는 외부 필터에서 걸리고, 내부 필터는 더 미세한 조각 입자를 거른다.

필터에는 일반적으로 정비사에게 필터 막힘을 경고하기 위해 마그네틱 팝 아웃(magnetic pop-out) 표시기가 장착되어 있다. 스프링 식 표시기는 마그네틱 잠금장치로 고정되어 있으며 필터의 압력 강하를 감지한다. 압력 강하가 임박한 막힘을 나타내는 값으로 상승하면 자기 잠금이 끊어지고 표시기 버튼이 해제되어 케이싱 밖으로 돌출된다.

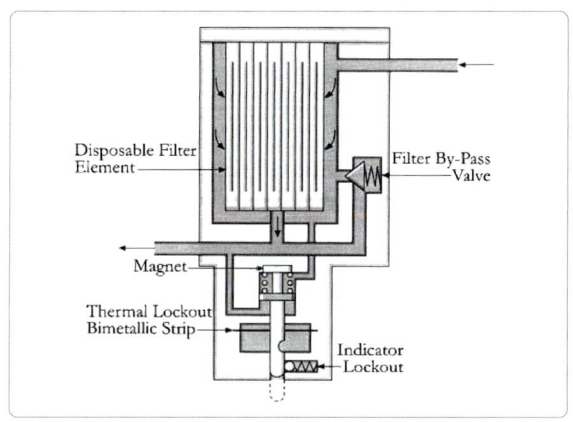

[그림 4-34] 기어박스 오일 필터

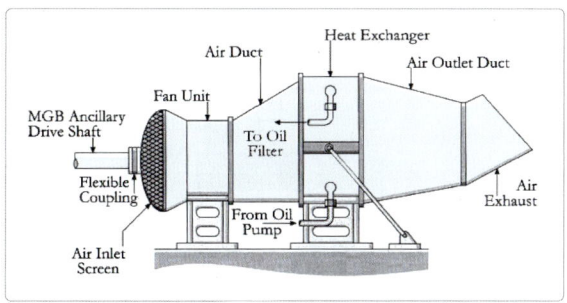

[그림 4-35] 주 기어박스 오일 냉각기

이 표시기는 온도에 민감한 바이메탈 락 아웃 스트립을 통합하여 냉각 시동 시 잘못 작동하지 못하게 한다. 일단 작동되면 필터 카트리지를 교체 할 때까지는 표시기를 정상적으로 재설정 할 수 없다. 필터가 작동 중에 막히는 경우, 필터 흡입구 압력이 상승하면 바이패스 밸브가 열려 필터가 없는 오일이 시스템으로 직접 통과할 수 있다.

(6) 오일 쿨러(Oil Cooler):

MGB 외부 오일 쿨러는 냉각 팬에서 주변 공기가 공급되는 열교환기로 구성된다. 냉각 팬은 오일 쿨러와 기어 박스 사이의 오정렬(misalignment) 시에도 정상 작동을 위해 유연한 엔드 커플링(flexible end coupling)을 통해 MGB의 샤프트로 구동된다. 냉각 팬 블레이드 고장 시 동체 구조가 손상되지 않도록 보호해야 하는 인증 요구 사항이 있다. 예를 들어 팬 케이싱은 분리된 팬 블레이드가 밖으로 이탈되지 못하게 접착제가 함유된 직물 재질로 강화시켜야 한다. 팬 커플링은 샤프트의 축 방향 응력을 완화시키는 슬라이딩 플랜지로 구성된다. 팬에는 기계식 과속 보호 장치가 장착되어 있을 수도 있다. 냉각 팬을 통과하는 공기는 배출 덕트를 통해 대기로 다시 통과하기 전에 열교환기 매트릭스를 통해 전달된다. 오일 쿨러에는 오일 온도를 지정된 최대값 미만으로 유지하는 기능이 있다. 일부 설비에서, 오일은 냉각 시동 동안 쿨러 매트릭스를 자동 온도 조질 밸브를 통해 통과시킬 수 있다.

(7) 지시 및 경고(Indications & Warnings):

그림 4-36은 전형적인 윤활 시스템으로 적색 경고 및 호박색 주의 표시등은 조종실의 MGB 윤활 패널에 게이지와 함께 현재 오일 압력 및 온도를 표시한다. 2 개의 오일 온도 센서는 일반적으로 오일 섬프에 있다. 하나는 오일 온도 게이지에 연결된 정상 온도 센서이고 다른 하나는 패널의 과열주의 표시등에 연결된 과열 스위치이다. 후자의 경우 과열주의 표시등은 MGB가 과열되었음을 나타낸다.

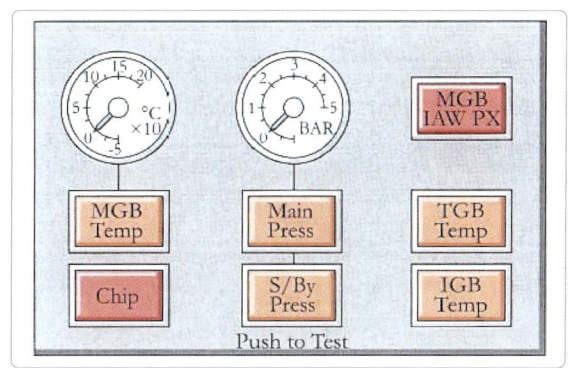

[그림 4-36] 기어박스 윤활 지시 및 경고계통

4-21

메인(main) 및 대기(standby) 윤활유 시스템의 저압 경고 스위치는 필터 유닛의 입구에 있다. 이들은 패널의 황색 주의 표시등에 연결되어 있다. 메인 시스템의 저압 주의 표시등만 점등되면 시스템이 대기 시스템의 압력으로 작동 중임을 나타낸다. 2개 시스템의 주의 표시등이 모두 켜지고, 기어 박스에 더 이상 윤활유가 공급되지 않는 압력 값 이하로 떨어지면 빨간색 MGB 저압 경고 표시등이 켜진다. 이 경고등은 MGB의 오일 분배 라인에 있는 스위치에 의해 작동된다. 시스템 오일 압력 트랜스미터는 MGB의 오일 분배 라인에 있으며 패널의 오일 압력 게이지에 연결된다.

(8) 토크 미터(Torque Meter):

엔진에서 출력되는 동력이 변속기 시스템의 안전한 부하 제한 내에서 유지되는 것이 중요하다. 스트레인 게이지 타입 토크 센서는 트랜스미션 시스템에 위치하여 현재 생성되는 토크 레벨이 캐빈의 토크 미터에서 조종사에게 표시된다. 일부 헬리콥터의 자동토크 제한 시스템은 토크를 안전한 한도 내로 유지한다. 이러한 시스템을 사용하는 경우 장치가 작동 중일 때 헬리콥터를 지속적으로 제어할 수 있어야 하는 인증 요구 사항이다. 이 시스템은 추후 정비 조치를 해야 하지만 비상 시 조종사가 제한된 기간 동안 비상 토큐를 적용할 수 있다.

(9) 칩 검출기(Chip Detector):

자석 칩 검출기는 일반적으로 펌프로 유입되는 오일의 경로에 있다. 칩 검출기는 철 조각 조각을 끌어당긴다. 검출기 하우징에는 자체 밀봉 밸브가 있어 오일 유실없이 검사를 위해 검출기를 제거 할 수 있다. 탐지기를 밀어 넣은 다음 시계 반대 방향으로 돌려 소켓 형태의 피팅을 분리하여 하우징에서 빼낸다. 일반적으로 약간의 부스러기 또는 페이스트 같은 침전물은 허용되나 기어 박스가 신품인 경우 철분 부스러기나 조각은 허용되지 않는다. 칩 검출기를 다시 장착하기 전에 오링(o-ring) 실(seal)이 제자리에 있는지 확인하는 것이 매우 중요하다. 일부 검출기는 실이 누락 된 경우 다시 장착할 수 없도록 설계되어 있다.

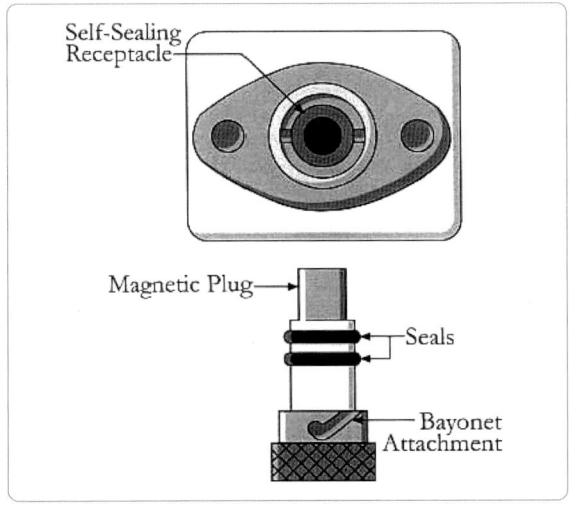

[그림 4-37] 마그네틱 칩 디텍터

일부 설비에는 양극 중앙 전극과 음극을 형성하는 하우징이 있는 칩 검출기가 있다. 철 파편이 전극을 연결하면 조종실 내의 윤활 패널에 빨간색 CHIP 경고 등이 켜진다. 이 유형의 검출기에는 전류 펄스가 발생할 수 있는 기능이 있다. 가벼운 파편을 분산시키기에 충분한 검출기를 통과해야 한다. 중앙 플레이크에서 나왔지만 강철 플레이크나 칩을 분산시키기에는 너무 약하다. 빛이 켜지면 조종사는 PULSE를 선택하고 빛이 꺼지고 다시 나타나지 않으면 즉각적인 우려의 원인이 없다. 경고등이 계속 켜져 있으면 걱정할 만한 원인이 있다. 일부 검출기에는 전극이 브리지될 때마다 전기 펄스가 검출기로 자동 전송되는 자동 모드가 있습니다. 잔해물이 가벼운 경우 경고등이 잠시 깜박인 다음 꺼진 상태로 유지될 수 있다. 그러나, 입자가 분산되지 않을 정도로 충분히 큰 경우, 경고등은 계속 유지될 것이다. 이 기능을 통해 조종사는 지속적으로 PULSE를 선택하지 않고도 위험을 평가할 수 있다.

4.3.4 테일 로터 변속기 (Tail Rotor Transmission)

MGB는 테일 로터를 위한 드라이브를 제공한다. 드라이브는 MGB에서 후면 동체를 따라 중간 기어 박스(IGB)로 전달 된 후 테일 로터 기어 박스(TGB)로 전달되는 중간 드라이브 샤프트를 통해 MGB에서 전송된다. 변속 기어비는 테일 로터가 메인 로터보다 약 5배 빠르게 회전할 수 있게 한다.

(1) 중간 드라이브 샤프트(Intermediate Drive Shaft):

중간 드라이브 샤프트는 샤프트의 각 끝에 위치한 스플라인 부착 피팅을 통해 MGB를 IGB에 연결한다. 샤프트는 플렉시블 다이어프램 커플링을 통해 서로 연결된 관형 강철 섹션으로 구성되어 비행 중 테일 구조의 굴곡으로 인해 발생되는 약간의 정렬되지 못하는 현상을 흡수한다. 샤프트는 테일 구조의 진동 방지 마운팅에 하우징된 볼 베어링으로 간격을 두고 지지된다. 각 베어링 어셈블리에는 전용 윤활 지점이 있다.

샤프트는 테일 구조의 진동 방지 마운팅에 하우징된 볼 베어링으로 간격을 두고 지지된다. 각 베어링 어셈블리에는 전용 윤활 지점이 있다.

변속기 시스템에 따라 일부 샤프트는 고주파를 생성 할 수 있는 특정 속도를 통해 회전 할 때 일시적인 반경 방향 이동이 발생할 수 있습니다. 이 경우 스너버 패드는 샤프트를 따라 중간에 있는 테일 구조에 위치하여 방사상 움직임이 발생하는 것을 제한할 수 있다.

(2) 중간 기어 박스(Intermediate Gearbox):

IGB는 중간 드라이브 샤프트에서 TGB와 연결된 수직 테일 로터 드라이브 샤프트로 드라이브 각도를 변경한다. 경사진 베벨 기어와 입력 및 출력 스플라인 축을 통해 경로가 변경된다. MGB와 달리 IGB에는 오일 펌프나 스프레이 제트가 없으며, 기어와 베어링은 케이싱 내에 포함된 오일을 사용하여 잠김 및 스플래시로 윤활된다. 경우에 따라 내부 샤프트에는 윤활을 돕기 위해 오일을 픽업하여 기어로 운반하는 나선형 홈이 있을 수도 있다. 오일은 기어박스 벽을 통한 열전도 및 복사에 의해 냉각된다. 핀이 있는 하우징 사이트 글라스 게이지는 일반적으로 기어 박스 하우징에 위치하여 오일 레벨을 시각적으로 확인할 수 있

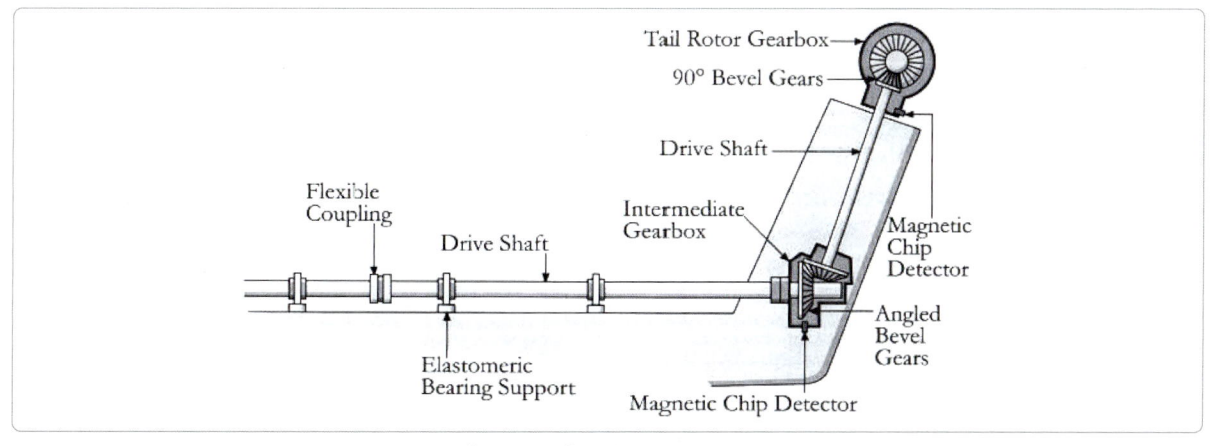

[그림 4-38] 테일 로터 드라이브

는 수단을 제공한다. 최대 함량 및 오일 유형을 자세히 설명하는 플래카드 정보와 함께 오일 서비스를 위한 보충 지점이 제공된다.

자석 칩 검출기는 IGB 하우징의 하단에 설치된다. 경우에 따라 검출기는 조종실의 경고 패널에 IGB CHIP 빨간색 표시등이 회로에 있고 펄스형일 수 있다. 유형에 따라 기어 박스 과열 스위치는 비행 캐빈 패널의 IGB TEMP 호박색주의 표시등으로 회로가 있는 하우징 하단에 있을 수 있다.

(3) 테일 로터 기어 박스(TGB: Tail Rotor Gearbox):

TGB는 테일 로터 구동축을 통해 IGB로부터 구동력을 받는다. 앵글형 베벨 기어링은 수평으로 장착된 테일 로터 어셈블리의 스파이더로 테일 로터 드라이브의 경로와 속도를 변경하는데 사용된다. 또한 TGB에는 테일 로터 피치 변경 메커니즘이 포함되어 있으며 요(yaw) 액츄에이터 메커니즘을 위한 마운팅을 제공한다.

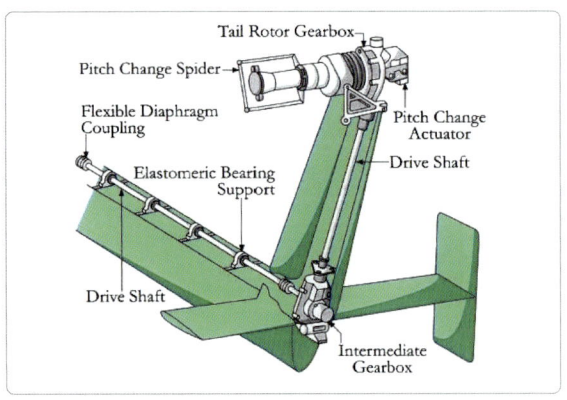

[그림 4-39] 테일 로터 기어박스

기어 박스 하우징 내에 포함된 오일을 사용하여 잠김 및 스플래쉬(splash)로 기어 및 베어링에 윤활유를 바르면 오일 냉각기 역할을 한다. 마그네틱 칩 감지기(magnetic chip detector)는 하우징 하단에 위치하며 경우에 따라 펄스 형일 수 있으며 조종실의 경고 패널(warning panel)에 TGB CHIP 빨간색 표시등이 있는 회로가 있을 수 있다. 기어 박스 과열 스위치는 조종실 패널의 TGB TEMP 호박색주의 표시등이 회로에 있는 하우징 하단에 있을 수 있다. 기어 박스 하우징의 사이트 글라스 게이지로 오일 레벨(oil level check through sight glass)을 시각적으로 확인할 수 있다. 오일의 최대 함량과 유형을 자세히 설명하는 정보와 함께 오일 서비스를 위한 보충 지점이 제공된다.

(4) 윤활 시스템 고장(Lubrication Systems Failure):

로터 드라이브 시스템은 1 차 윤활 시스템 고장 후 일정 기간 동안 약간의 손상이 있더라도 자동 회전 조건에서 안전하게 작동할 수 있어야 하는 것이 인증 요구 사항으로 이는 압력 손실 또는 윤활유의 완전한 손실을 초래한 고장이 포함된다. 대형 헬리콥터의 경우 최소 30분, 소형 회전익 항공기의 경우 최소 15분이다.

(5) 상태 모니터링(Condition Monitoring):

변속기 시스템에서 모든 기어 박스의 상태는 주기적으로 모니터링되어 마모 경향을 식별하고 초기 고장 징후를 감지한다. 이것은 각 기어 박스에서 채취되는 오일의 시료와 칩 검출기의 주기적인 찌꺼기 수집을 요구한다. 이것들은 라벨을 붙여 검사를 위해 조기 결함감지 실험실로 보내진다. 실험실 공정에는 분광계 오일 분석, 페로그래피 및 잔해 입자 검사가 포함된다. 이 섹션의 모듈 내용에 구체적으로 언급되어 있지는 않지만 이러한 프로세스를 간략하게 살펴보겠다. 분광유 분석은 필터로 보거나 포착하기에 너무 작은 오일 샘플에서 미세한 철 및 비철 마모의 농도를 감지, 식별 및 측정하는 데 사용되는 프로세스이다. 분광계는 테스트를 수행하는 데 사용된다. 두 개의 전극 사이에서 석유가 연소되고 방출되는 빛을 분석하여 존재하는 원소와 합금을 식별하고 백만분의 1단위로 표본의 입자 농도를 측정한다. 결과는 마모 경향 차트의 사전 검사와 비교되며, 패러큘러 요소 또는 합금의 입자 농도의 갑작스런 증가는 조작자에게 경고하고 마모되는 구성 요소를 식별하는 데 도움이 된다. 페로그래피는 오일 샘플에서 미세 입자의 존재와 농도를 식별하는 데 사용되는 또 다른 프로세스이다. 이전 프로세스와 달리 철분 입자를 탐지하는데 효과적 이다. 오일 샘플은 다양한 자기장의 영향을 받는 유리 슬라이드를 통과한다. 입자는 분리되어 마이크론 크기 그룹으로 형성된다. 이어서 슬라이드를 현미경으로 검사하여 각 그룹에서 입자의 성질 및 농도를 평가한다. 결과는 이전 테스트와 비교하여 비정상을 식별한다. 잔해 입자 검사는 마그네틱 칩 검출기에 갇힌 더 큰 철제 입자를 식별하는 데 사용되는 프로세스이다. 이 물질은 검출기에서 제거되어 양안 현미경으로 검사된다. 숙련된 작업자는 입자의 일반적인 모양과 모양으로 입자가 기어의 칩인지 베어링의 플레이크인지 식별할 수 있다. 예외적으로, 원형 플레이크는 볼 베어링과 관련이 있고 직각 플레이크는 롤러 베어링과 관련이 있다. 강철 칩 또는 플레이크의 경우 일반적으로 기어 박스를 거부하는 이유가 된다. 검사 플러그는 내시경을 사용하여 피니언 기어 톱니를 주기적으로 검사할 수 있는 기어 박스 하우징에 있다. 진동 분석은 서비스 중에 주기적으로 수행되는 또 다른 모니터링 프로세스이다. 이 모듈의 3 장에서 이 프로세스에 대해 논의했다. 이러한 점검 기록은 비정상적인 경향을 식별하기 위해 비교를 위해 보관된다.

(6) 클러치(Clutches):

프리 터빈 엔진 이외의 엔진에서는 자동 클러치가 엔진 출력 드라이브에 MGB로 전달되는 부분에 설치된다. 클러치는 시동되는 동안 엔진의 부하를 줄이고 로터 속도가 높아짐에 따라 블레이드가 작동할 수 있는 기간을 줄인다.

자유 터빈 엔진(free-turbine engine)은 이러한 유형의 엔진의 가스 발생기 부분이 동력 터빈에 기계적으로 연결되어 있지 않고 회전자 변속기가 회전자 브레이크에 고정되어 있는 동안 독립적으로 시동될 수 있기 때문에 클러치가 필요하지 않다. 다양한 클러치 설계가 있지만 대부분 마찰 유형이며 작동을 위해 원심력에 의존한다. 일반적인 원심 클러치 어셈블리는 엔진 구동 장치 출력에 부착된 캐리어에 장착된 마찰재가 늘어선 스프링식 브레이크 슈(spring-loaded brake shoes)와 MGB 구동축에 부착된 브레이크 드럼(brake drum)으로 구성된다. 엔진이 정지되어 있거나 미리 결정된 RPM 미만으로 작동하면 브레이크 슈가 스프링에 의해 맞물리지 않는다.

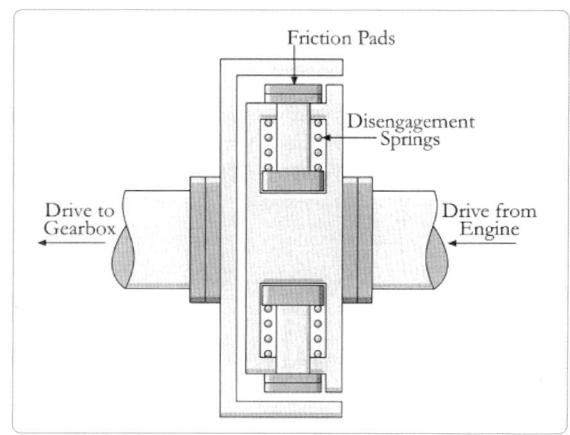

[그림 4-40] 원심형 클러치

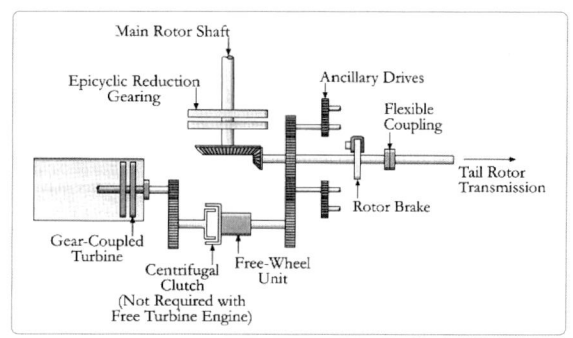

[그림 4-41] 원심 클러치가 장착된 변속기 시스템

엔진의 출력이 로터를 빠르게 회전시키기에 충분한 미리 결정된 RPM에 도달하면, 브레이크 슈와 원심력 하에서 브레이크 슈가 브레이크 드럼과 접촉하여 드라이브를 로터 변속기에 전달하기 위해 바깥쪽으로 이동한다. 클러치는 정상 작동 속도에 도달 할 때까지 엔진 구동을 약간 뒤처지게 로터 드라이브와 부드럽게 맞물린다. 프로세스(process)는 보통 몇 초가 걸린다. 이보다 훨씬 오래 걸리면 클러치가 미끄러질 수 있다.

로터 변속기의 고정 기어비(fixed gear ratio)는 정상 작동시 로터가 주어진 엔진 백분율 속도와 일치하는 백분율 RPM으로 회전한다는 것을 의미한다. 이 값들 사이의 현저한 차이는 클러치 미끄러짐으로 인한 것일 수 있다. 엔진 및 로터 백분율 RPM을 표시하는 이중 지시기가 제공될 수 있다. 엔진과 로터 지침이 서로 겹쳐지면 로터가 올바른 감속 기어 비율로 작동한다. 로터 RPM 지침은 시동 중 로터 가속도를 확인하는데 사용되며 자동 회전 중에 로터 속도를 모니터링 하는데 사용된다.

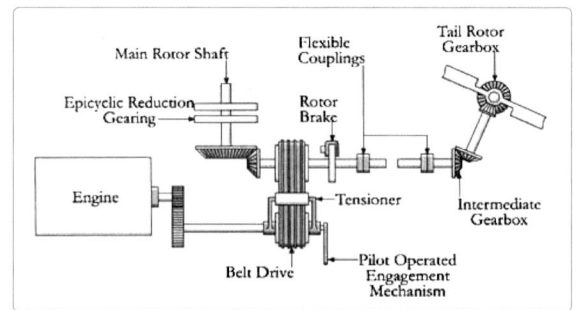

[그림 4-43] 벨트 드라이브 클러치

일부 헬리콥터에서는 수동으로 작동하는 벨트 구동 클러치 어셈블리(belt-drive clutch assembly)가 발생할 수 있다. 저압 벨트(low-tension belt)는 엔진과 MGB 구동축에 고정된 풀리(fixed pulleys)에서 작동한다. 엔진이 시동되면 벨트가 미끄러져 드라이브를 이송하지 않는다. 엔진이 미리 정해진 속도까지 가속함에 따라 파일럿는 레버를 작동시켜 벨트의 장력을 점차적으로 높이고 클러치를 체결합니다. 이러한 유형의 클러치를 사용하면 로터 드라이브를 풀기 전에 엔진을 저출력으로 줄이는 것이 중요하다. 그렇지 않으면 엔진이 오프로드(off loaded) 될 때 엔진속도가 초과 될 수 있다.

(7) 프리 휠 유닛(Free-Wheel Units):

헬리콥터 인증 사양은 다음과 같다.

각 로터 드라이브 시스템은 엔진이 고장난 경우 각 로터마다 해당 엔진을 자동으로 분리하기 위해 각 엔진마다 장치를 통합해야 한다. 클러치 장치는 이 안전 요구 사항을 충족하지 않는다. 각 회전자 구동 시스템은 주 회전자와 보조 회전자로부터 엔진을 분리한 후 자동 회전 제어에 필요한 각 회전자가 주 회전자에 의해 계속 구동되도록 배치해야 한다. 자동 회전 중에 메인 로터는 MGB를 통해 테일 로터 및 필수 장비 드라이브에 전원을 공급할 수 있어야 한다.

프리 휠 유닛(free wheel unit)은 모든 헬리콥터의

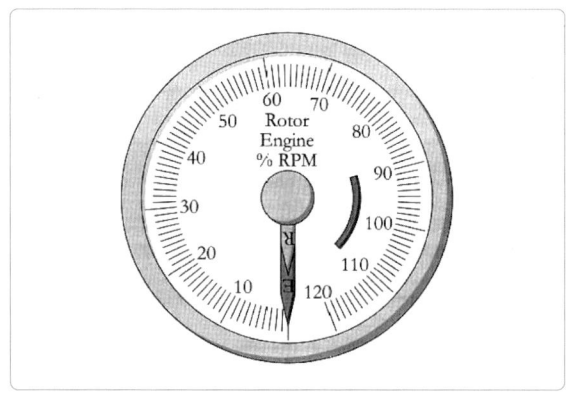

[그림 4-42] 로터/엔진 백분율 RPM 계기

각 엔진 출력 드라이브에 설치되는 기계식 오버런 장치이다. 이 장치는 엔진의 MGB 구동축에 위치하며 엔진 백분율 RPM이 로터 백분율 RPM보다 충분히 낮아서 음의 토크를 생성할 때마다 엔진을 로터 변속기에서 자동으로 분리한다. 이 동작은 자동 회전 중에 로터가 고장 나거나 탈취된 엔진을 구동하는 것을 방지하기 위해 필요하다. 엔진 압류의 경우 프리휠 장치의 작동 없이 자동 회전이 심각하게 방해된다. 트윈 엔진 설치(twin-engine installations)에서 각 엔진에는 프리휠 장치가 있어 단일 엔진 작동 중에 고장난 엔진이 로터 변속기에서 자동으로 분리된다.

을 구동하는 것을 방지한다. 프리 휠 유닛의 위치와 크기는 헬리콥터의 종류와 크기에 따라 다르다.

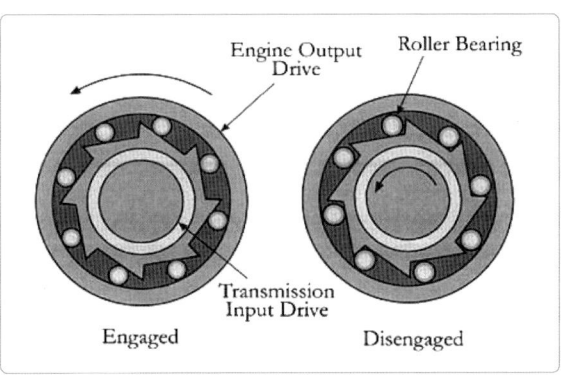

[그림 4-44] 프리-휠 유닛

스프래그 클러치(sprag clutch)는 가장 일반적인 유형의 프리 휠 유닛이다. 이 장치는 엔진 출력 드라이브의 구동 드럼으로 구성되며 회전자 변속기 입력 드라이브의 구동 캠 드럼(driven cam drum)을 둘러싼다. 긴 스틸 롤러(long steel rollers)를 포함하는 리테이너 링(retainer ring)은 스프링으로 장착되어 롤러를 캠 드럼의 캠 경사면 위로 편향시킨다. 엔진이 로터 트랜스미션을 구동할 때, 롤러는 구동 드럼과 캠의 경사면 사이에 단단히 끼워져 캠 드럼을 통한 포지티브 구동(positive drive)을 방지한다. 엔진 전원 공급이 중단되면 캠 드럼이 느리게 움직이는 드라이브 드럼을 오버런하고 롤러의 쐐기 동작을 차단하여 로터가 엔진

4.4 로터 브레이크
Rotor Brakes

로터 브레이크는 엔진이 정지될 때 로터를 느리게 회전토록 한 다음 정지시키고 주기 중에 로터를 정지 상태로 유지하여 풍차(windmilling) 현상을 방지하는 데 사용된다. 엔진이 시동되고 사전 결정된 작동 속도까지 가동되는 동안 로터를 정지 상태로 유지하는 데 사용될 수도 있다. 유형에 따라 로터 브레이크는 전체적으로 기계식 또는 유압식으로 구분할 수 있다. 브레이크는 일반적으로 메인 기어 박스와 가까운 메인 또는 중간 구동축에 있는 디스크 형 브레이크이다. 변속기 구동축에 있는 경우 엔진과 MGB 사이에서 프리휠 장치와 MGB 사이에 위치해야 한다. 그렇지 않으면 프리휠 장치가 브레이크 작동을 방해하고 로터가 고정되지 않는다. 엔진이 정지 될 때, 특히 바람이 부는 조건에서 블레이드 항해가 발생할 수 있는 기간을 줄이기 위해 로터 브레이크가 적용된다. 이러한 상황에서 로터 브레이크를 적용할지 여부를 선택하는 것은 종종 조종사의 재량에 달려 있다. 엔진이 정지되면, 브레이크가 적용되기 전에 로터가 주어진 RPM보다 자연스럽게 느려질 수 있다. 두 가지 유형의 제동이 적용된다. 엔진을 정지 한 후 로터를 정지시키기 위해 동적 제동이 저압으로 적용된다. 정적 제동은 더 높은 압력을 사용하며 주기 중에 로터를 정지 상태로 유지하는 데 사용된다. 로터가 동력을 공급하거나 자동 회전할 때 브레이크가 부주의하게 적용되는 것을 방지하고 과도한 동적 제동력의 적용을 방지하기 위해 안전장치가 설치된다. 자유 터빈 엔진을 시동 할 때 클러치가 없으면 로터가 느리게 회전하여 블레이드 회전이 발생할 수 있는 기간, 특히 돌풍(gusting winds)이 발생할 수 있다. 이 경우, 로터 브레이크는 엔진이 로터를 빠르게 회전시키기에 충분한 동력을 전달할 수 있을 때까지 로터를 정지 상태로 유지하도록 적용된다. 트윈 엔진 설치의 경우 첫 번째 엔진을 시동하기 전에 로터 브레이크가 적용된다. 로터 브레이크가 비행 교범에 지정된 엔진 속도 이상으로 적용되지 않도록 하는 것이 중요하다.

4.4.1 기계식 로터 브레이크 (Mechanical Rotor Brake)

그림 4-45에 표시된 기계식 브레이크는 MGB에 부착된 고정 하우징 내에서 미끄러지는 캐리어 및 다이어프램 어셈블리(carrier and diaphragm assembly)와 이 경우 테일 로터 트랜스미션 샤프트(tail rotor transmission shaft)에 고정되는 스틸 브레이크 디스크로 구성된다. 캐리어(carrier)는 브레이크 패드가 있는 마찰판을 지지하며 브레이크가 적용되지 않을 때 리턴 스프링에 의해 브레이크 디스크에서 고정된다. 캐리어는 조종실 천장에 있는 로터 브레이크 레버에 연결된 선택기 포크(selector fork)로 앞뒤로 움직인다. 브레이크가 적용될 때, 선택기 포크는 마찰판(friction plate)과 패드(pads)를 리턴 스프링(return spring)을 구성하고 프로세스에서 다이어프램을 굽히는 브레이크 디스크에 힘을 가한다. 브레이크가 완전히 적용되고 잠길 때, 리턴 스프링과 다이어프램의 압축은 마찰판을 브레이크 디스크와 단단히 접촉시키면서 메커니즘에서 열 팽창 또는 수축에 의

해 발생된 움직임을 흡수한다. 브레이크가 풀리면 리턴 스프링이 마찰판을 브레이크 디스크에서 멀어지게 이동시킨다.

엔진을 끈 후 브레이크를 걸 때 조종사는 로터가 감속한 다음 점차적으로 브레이크를 적용하여 로터가 정지 할 때 압력을 증가시킨다. 장치에 과도한 부하와 과열을 피하기 위해 필요한 타이밍과 제동력을 판단하려면 어느 정도의 기술이 필요하다. 마찬가지로 엔진 시동 중에 브레이크가 로터를 정지 상태로 유지하는 데 사용되는 경우 조종사는 브레이크를 해제할 적절한 시간을 판단해야 한다. 일반적으로 엔진이 지정된 RPM에 도달하면 수행된다.

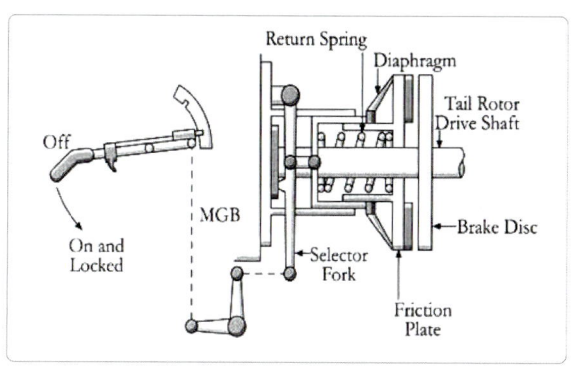

[그림 4-45] 기계식 로터 브레이크

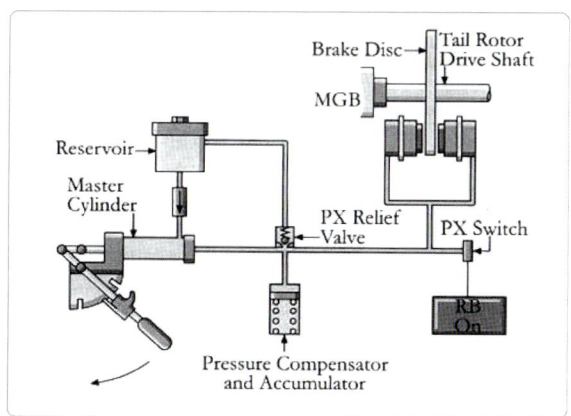

[그림 4-46] 내장형 로터 브레이크 유압 시스템

4.4.2 유압식 로터 브레이크 (Hydraulic Rotor Brake)

유압식으로 작동하는 로터 브레이크 시스템은 그 복잡성이 다양하다. 간단한 내장형 유압식 로터 브레이크 시스템은 조종실 천장에 위치한 마스터 실린더와 브레이크 레버와 변속기 샤프트에 있는 캘리퍼 브레이크 장치(caliper brake unit)로 구성된다. 그림 4-46과 같이 유닛(unit)은 MGB에 가까운 테일 로터에 대한 중간 구동 샤프트(intermediate drive shaft) 상에 다시 위치된다.

로터 브레이크 레버를 당기면 마스터의 피스톤 실린더가 움직여 유압을 생성하여 압력 어큐뮬레이터와 캘리퍼 브레이크 장치의 반대쪽 피스톤으로 전달하여 브레이크 패드를 디스크에 밀어 넣는다. 브레이크가 작동되면 시스템의 압력 스위치가 제어실의 ROTOR BRAKE 'ON' 주의 표시등을 켠다.

주기상태에서 브레이크가 켜져 있으면 어큐뮬레이터(accumulator)에 저장된 압력이 시스템 압력을 몇 시간 동안 유지한다. 축압기의 스프링식 피스톤(spring-loaded piston)은 압력 보상기 역할을 하며 온도 변화 동안 브레이크 압력을 유지한다. 열팽창으로 인해 압력이 안전한 수준 이상으로 상승하면 릴리프 밸브(relief valve)가 열리고 마스터 실린더 리필 저장소(cylinder refill reservoir)로 과잉 압력이 다시 감소한다. 주기 중에 시스템 압력이 지정된 수준 이하로 떨어지면 'ROTOR BRAKE ON' 표시등이 꺼진다. 로터 브레이크가 해제되면 시스템 압력이 마스터 실린더로 다시 방출되고 캘리퍼 유닛의 피스톤 리턴 스프링이 패드를 브레이크 디스크에서 멀어지게 이동시킨다. 브레이크 캘리퍼 유닛 설계가 다르다. 설치된 시스템에 따라 두 개의 캘리퍼 장치가 장착되어 있을 수 있다. 그림 4-47은 각각 한 쌍의 대향 피스톤과 브레이크 패드를 갖는 두 개의 캘리퍼 유닛으로 구성된 이중 브레이크 유닛을 나타낸다. 브레이크를 걸 때 피스톤이 유압으로 움직여 대향 브레이크 패드(opposing brake pads) 사이에 브레이크 디스크를 꽉 쥐게 된다. 브레이크 압력이 해제되면 피스톤 리턴 스프링이 브레이크 패드(brake pads)를 디스크에서 빼낸다. 그림 4-48은 단일 실린더 캘리퍼 브레이크를 보여준다. 이 예에서는 플로팅 캘리퍼(floating caliper)가 사용된다. 브레이크가 적용될 때, 피스톤은 브레이크 디스크의 외부면에 대해 외부 패드를 이동시키는 반면, 캘리퍼는 내부 패드를 내부면에 대항하여 내부 패드에 힘을 가하여 디스크가 패드들 사이에서 압착되게 한다. 브레이크가 풀리면 피스톤 회전 스프링(piston return spring)이 외부 패드(outer pad)를 디스크에서 빼내고 캘리퍼가 움직여 내부 패드(inner pad)의 힘을 해제한다.

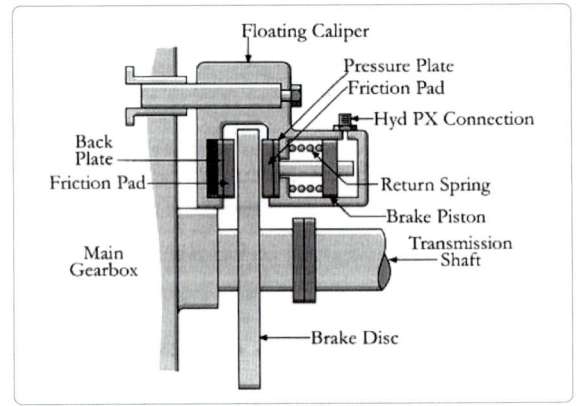

[그림 4-48] 로터 브레이크 유닛(1)

그림 4-49는 브레이크 디스크가 변속기 샤프트의 스플라인에 떠 있고 캘리퍼가 MGB 하우징에 고정되어있는 다른 배열을 보여준다. 이장치는 3개의 브레이크 실린더를 갖는다. 브레이크가 적용될 때, 브레이크 피스톤은 외부 패드를 플로팅 디스크(floating disc)에 대고 강제적으로 내부 패드에 대해 강제로 밀어 넣는다. 브레이크가 풀리면 피스톤 리턴 스프링이 바깥 쪽 브레이크 패드를 빼내어 안쪽 패드의 힘을 해제한다.

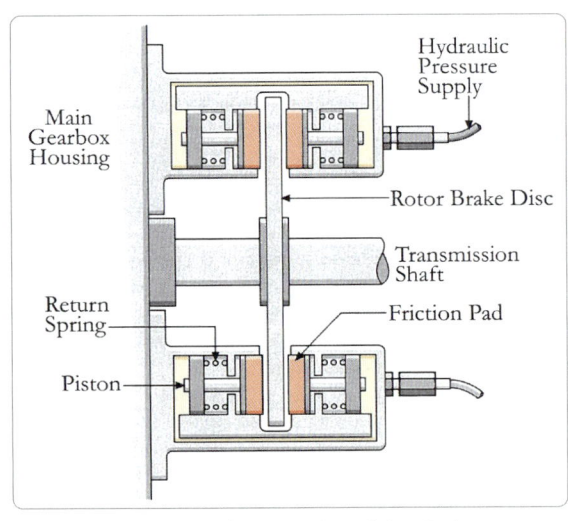

[그림 4-47] 이중 로터 브레이크 유닛

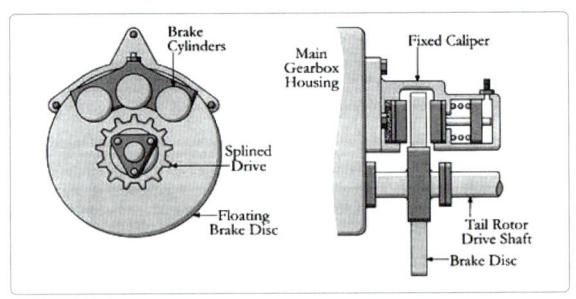

[그림 4-49] 로터 브레이크 유닛(2)

그림 4-50에서와 같이 현대식 헬리콥터의 로터 브레이크 시스템에는 종종 주 유압 발전 시스템(hydraulic power generation system)의 압력이 공급된다. 또한 부주의한 사용을 방지하기 위한 여러 가지 안전 규정이 있다. 로터 브레이크 사용과 관련하

여 헬리콥터 기술 기준에서는 엔진과 독립적으로 로터 구동 시스템의 회전을 제어하는 수단이 있다면, 그 수단의 사용에 대한 제한이 지정되어야 하며, 그 수단에 대한 제어가 부주의한 작동을 방지하도록 보호되어야 한다고 규정하고 있다. 이러한 안전 규정을 준수하는 방식에는 차이가 있으므로 발생할 수 있는 기능의 사례를 포함하는 시스템을 검사한다.

우리가 검사하고 있는 시스템에서, 압력은 헬리콥터의 주요 유압 동력 발전 시스템 중 하나에서 취해지고 캘리퍼 브레이크 장치(caliper brake unit/s)로 (압력조절 및 차단 밸브(PRSOV: pressure regulating and shut-off valve) 및 안전 차단 밸브(SIV: (safety isolation valve))를 통하여 지나간다.

로터 브레이크 유압 시스템은 압력 축압기(pressure accumulator), 압력조절밸브(pressure relief valve)와 ROTOR BRAKE ON 그리고 ROTOR BRAKE ARM 주의등과 연동된다. 이 시스템은 조종실의 3개의 레버에 의해서 제어된다. 안전 차단기, 브레이크 레버 및 정적 인터락 레버가 있다.

안전 분리 기능은 FLT와 ARM의 두 위치를 가진다. 레버를 FLT 위치에 놓으면 SIV가 닫히고 로터 브레이크가 사용되지 않는다. 이 위치는 헬리콥터가 동력 또는 자동 회전 상태에서 작동하는 동안 의도치 않은 브레이크 사용을 방지하기 위해 선택된다.

브레이크 레버는 로터 브레이크를 적용하는 데 사용된다. 레버를 아래로 내리면 PRSOV를 조정하여 제동 효과를 0에서 최대로 전달한다. 레버는 영점 압력 또는 FLT 위치에서 동적 제동 위치로 이동 한 다음 정적 제동 위치로 이동 될 수 있다. 레버를 제로 또는 FLT 위치에 놓으면 PRSOV가 압력 공급을 차단하고 제동 장치를 사용할 수 없다. 레버를 동적 위치로 옮기면 PRSOV가 동적 제동을 위해 지정된 저압으로 설정된다. 앞서 논의한 바와 같이, 동적 제동은 엔진이 정지된 후 로터를 신속하게 정지시키기 위해 사용된다.

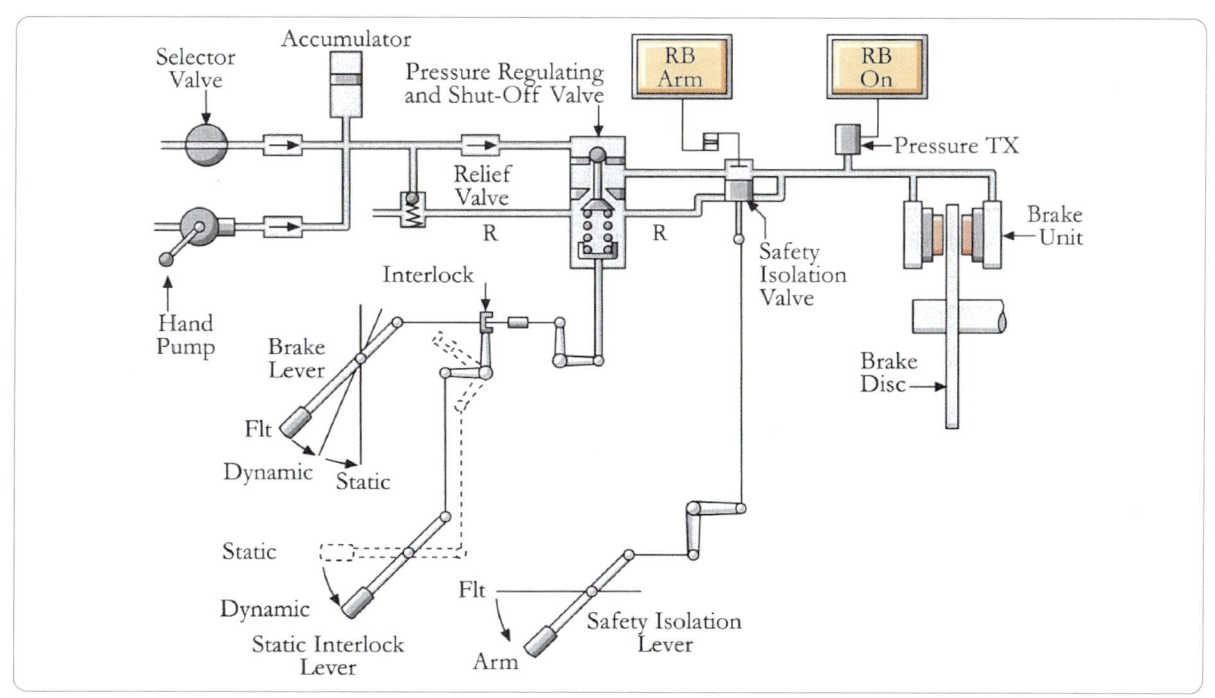

[그림 4-50] 로터 브레이크 시스템

레버가 고정 위치로 이동하면 PRSOV가 재설정되어 브레이크 상태에서 로터를 정지 상태로 유지하기 위해 더 높은 브레이크 압력을 전달한다.

정적 인터락 레버(static interlock lever)에는 정적 및 동적의 두 위치가 있다. 레버가 다이내믹 위치(dynamic position)에 놓이면 인터락(interlock)이 브레이크 레버 링키지(linkage)와 결합하여 이동이 제한되고 레버가 실수로 스태틱 위치(static position)로 이동하는 것을 방지한다. 레버를 고정 위치로 옮기면 인터록이 제거되고 브레이크 레버가 고정 제동 위치로 이동할 수 있다.

시스템의 어큐뮬레이터(accumulator)는 충분한 시간 동안 로터 브레이크를 몇 시간 동안 계속 적용할 수 있도록 충분한 압력을 유지하며 열팽창을 흡수한다. 압력 릴리프 밸브는 시스템 압력이 안전한 최대값 이상으로 상승하는 것을 방지한다. 확장된 매개변수가 필요한 동안 어큐뮬레이터를 다시 가압하는 외부 수단이 일반적으로 있다.

제어 시스템은 조종사가 로터 브레이크를 적용하기 위해 2개의 레버를 조작해야 하도록 배치된다. 안전 차단 레버와 브레이크 레버이다. 이 조치는 조종사가 로터 브레이크를 실수로 적용하는 것을 방지한다. 또한 조종사는 정적 제동을 위해 더 높은 압력을 적용하기 위해 세 번째 레버를 움직여야 한다. 이 동작은 로터가 여전히 회전하는 동안 파일럿이 실수로 제동을 가하는 것을 방지한다.

제5장 비행조종계통

5.1 개요(General)
5.2 사이클릭 & 컬렉티브 조종(Cyclic & Collective Control)
5.3 요 조종(Yaw Control)
5.4 자동조종(Autopilot)

5.1 개요 General

헬리콥터도 고정익 항공기와 마찬가지로 3축의 움직임에 의해서 조종이 된다. 롤(roll)은 세로축(longitudinal axis) 주위, 피치(pitch)는 가로축(lateral axis) 주위 그리고 요(yaw)와 헤딩(heading)은 수직 축(vertical axis) 주위로 조종이 되며 상승이나 하강에 따른 수직 움직임도 수직 축(vertical axis) 주위를 따라 조종된다.

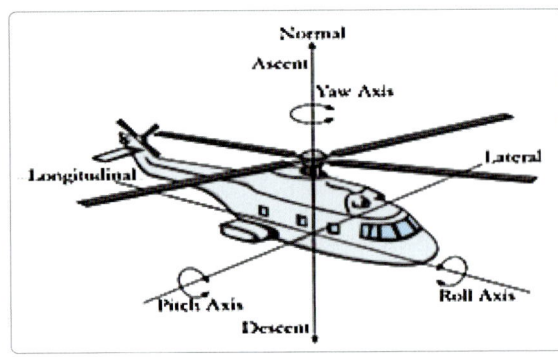

[그림 5-1] 축의 움직임

그림 5-1과 같이 롤(roll)과 피치(pitch) 움직임은 메인 로터(main rotor)를 적절한 방향으로 기울이기 위한 사이클릭 조종간(cyclic control stick)을 사용함으로서 이루어지며 어떤 경우에는 가변 안정판(variable stabilizer)을 사용해서 피치 자세(pitch attitude)를 조절할 수도 있다.

요(yaw)의 움직임과 방향(directional) 조종은 발로 조작되는 요 페달(yYaw pedal)을 사용하여 테일 로터(tail rotor)의 피치 각(pitch angle)을 변화시켜줌으로써 그에 따른 추력(thrust) 변화를 통해 얻을 수 있다.

상승이나 하강에 따른 수직(vertical) 움직임은 컬렉티브 레버(collective lever)를 사용하여 메인 로터(main rotor)의 피치 각(pitch angle)을 변화시켜줌으로써 그에 따른 양력(lift) 변화를 통해 얻을 수 있는데 이때 메인 로터(main rotor) 피치 각(pitch angle)의 변화에 따른 항력(drag) 증가는 메인 로터(main rotor)의 회전수(RPM)를 감소시킬 수가 있다. 따라서 메인 로터(main rotor)의 회전수(RPM)를 보정하기 위해 컬렉티브 레버(collective lever) 사용과 동시에 엔진 동력(engine power)은 보정되어야 하며 또한 테일 로터(tail rotor)의 경우에도 똑같이 적용되기 위해 엔진 동력(engine power)의 보정이 필요할 수도 있다.

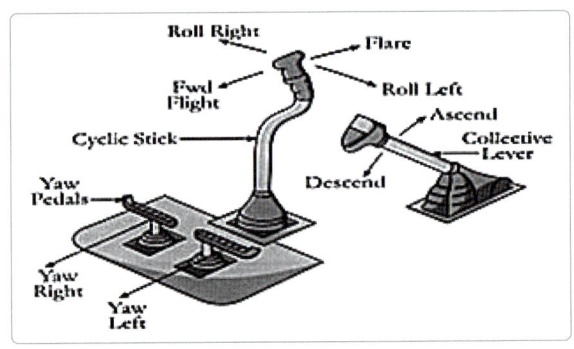

[그림 5-2] 조종간

결국 헬리콥터의 비행이란 정해진 항공기의 속도와 고도 그리고 방향에 따라 조종사의 조작에 의해 주로 메인 로터(main rotor)와 테일 로터(tail rotoe) 블레이드(blade)의 피치 각을 변화시켜 주는 것으로 이를 위해 그림 5-2와 같이 사이클릭 조종간(cyclic control stick), 컬렉티브 레버(collective lever) 그리고 요 페달(yaw pedal)을 적절하게 조작하여 비행을 할 수가 있다.

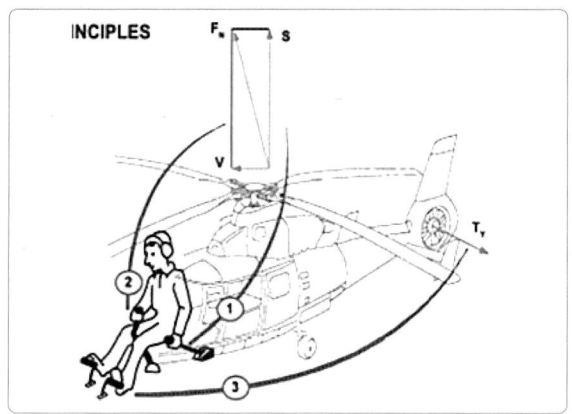

[그림 5-3] 조종개요(principle of control)

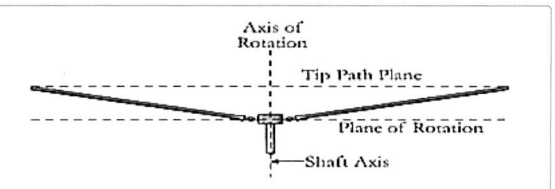

[그림 5-4] 컬렉티브 조종

그리고 그림 5-5와 같이 사이클릭 조종간(cyclic control stick)을 조작한다는 것은 회전축 자체를 기울여 주는 것으로 방향과 속도를 결정하게 된다.

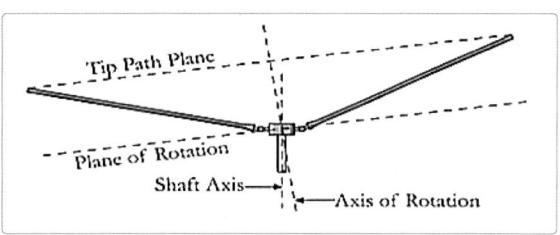

[그림 5-5] 사이클릭 조종

그림 5-3과 같이 컬렉티브 레버 ① (collective lever)는 모든 메인 로터 블레이드(main rotor blade)의 피치 각을 동시에 변화시켜 합성력(Fn)을 얻을 수 있는데 여기서 합성력(fn)이란 양력(S)과 사이클릭 조종간 ② (cyclic control stick)의 조작에 따른 전진 속도(V)로 구분된다. 그리고 페달 ③ (pedal)을 조작함으로써 테일 로터 블레이드(tail rotor blade)의 피치 각에 변화를 주고 안티-토크(anti-torque) Ty를 얻어 항공기의 방향을 결정하게 된다.

비행 원리에서도 소개되었지만 컬랙티브-레버(collective-lever)를 조작한다는 것은 그림 5-4와 같이 메인 로터 블레이드의 피치 각을 변화시켜 회전면(plane of rotation)을 아래와 같이 변화시켜 주는 것으로 이것의 원리는 블레이드의 뿌리(root)와 끝단(tip) 사이에서 작용하는 공기력 차이(주로 속도)에 의해 회전축을 중심으로 각이 형성되게 되는데 이를 코닝-각(coning-ngle)이라 한다. 이때 공기력의 균형을 위해 블레이드 뿌리보다 끝단의 받음각이 적어질 필요가 있다.

5.2 사이클릭 및 컬렉티브 조종
Cyclic & Collective Control

이제부터 조종간의 움직임에 대해 자세히 배워 보자. 360도 회전하는 메인 로터 블레이드의 피치 각을 변경하는 것을 컬렉티브 조종(collective control)이라 하고 중심축으로부터 회전면을 기울여주는 것을 사이클릭 조종(cyclic control)이라고 하는데 그림 5-6과 같이 두 개의 스타(star) 또는 스와시-플레이트(swash-plate)를 움직여주는 것이다.

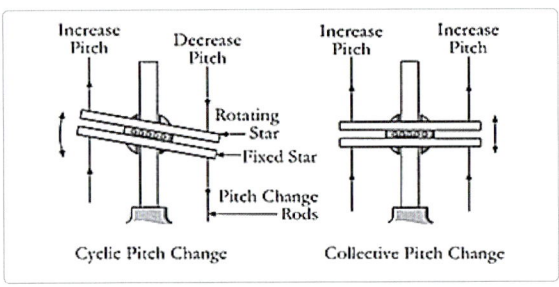

[그림 5-6] 스와시플레이트

5.2.1 사이클릭 조종(Cyclic Control)

사이클릭 조종(cyclic control)이란 조종사의 다리 사이에 위치한 조종간(control stick)을 전후좌우로 움직일 수 있으며 그 움직임의 방향에 따라 메인 로터의 회전면을 기울여 주게 되는데 이때 기울기에 따라 피치 각의 증가와 감소가 연속적으로 발생하게 된다.

이에 따라 자이로스코픽 전진(gyroscopic pression)과 위상 지연(phase drag) 현상이 발생하게 되는데 이것을 보정하기 위해 각각의 블레이드 피치 각이 서로 변화되어야 한다. 즉 회전하는 스와시-플레이트(rotating swash-plate)의 중심과 로터 축 사이에서 필요한 전진 각(advanced angle)을 얻기 위해 블레이드 중심선의 앞쪽에서는 피치 체인지-암(pitch change-arm)이 길어질 필요가 있다.

이와 같이 조종간으로부터 전달되는 움직임에 의해 블레이드 피치 체인지-암이 움직이도록 기울여주는 판을 조종궤도(control-orbit)라고 한다. 회전하는 스와시-플레이트와 회전하지 않는 스와시-플레이트로 나누어진 두 개의 면(plane)은 회전축을 중심으로 사이클릭 조종(cyclic control)에 의해 기울어지기도 하고 컬렉티브 조종(collective control)에 의해 동시에 올라가거나 내려가기도 한다.

5.2.1.1 조종 궤도(Control Orbit)

만약 전진 각(advanced-angle)을 주지 않거나 사이클릭 스틱의 움직임에 따라 조종 궤도가 기울어지도록 배열되었다면 메인 로터 회전면의 기울기는 위상 지연(phase drag)으로 인해 스틱의 움직임에서 90도 벗어날 것이다. 이것은 직관적인 조종의 측면에서 매우 혼란스러울 것이다. 예를 들어 헬리콥터를 전진시키기 위해 사이클릭 스틱을 앞으로 밀었다면 메인 로터 회전면은 옆으로 기울게 되고 헬리콥터는 앞으로 가기보다 그 방향으로 기울게 될 것이다.

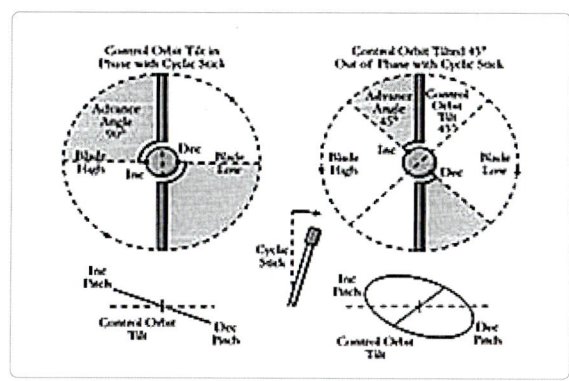

[그림 5-7] 전진각(advance angle)

또한 조종 궤도가 사이클릭 조종간과 같은 주기로 기울어진다면 메인 로터의 회전면은 사이클릭 조종간의 움직임과 같은 주기로 움직일 수 있도록 90도의 전진 각이 필요할 것이다. 그러나 이 각도는 조종 궤도가 사이클릭 조종간의 움직임 주기에서 벗어나도록 디자인함으로써 줄어들 수 있다.

그림 5-7과 같이 조종 궤도는 사이클릭 조종간의 주기보다 45도가 벗어나도록 설정되어 있고 이로 인해서 직관적인 조종을 위해서 전진 각은 45도만 필요하게 된다. 실제 전진 각과 조종 궤도 사이에서의 상쇄는 헬리콥터의 종류에 따라 다를 수가 있다.

조종 궤도에는 그림 5-8과 같이 3개의 조종 로드와 3개의 서보 작동기가 연결되어 있다. 앞뒤로 기울어지는 연결부와 좌우 가로 연결부가 바로 그것으로 헬리콥터의 중심선에 대해 앞뒤 연결부와 좌우 연결부 사이에 각도의 어긋남이 90도의 위상지연 각도차이며 전진 각이 된다.

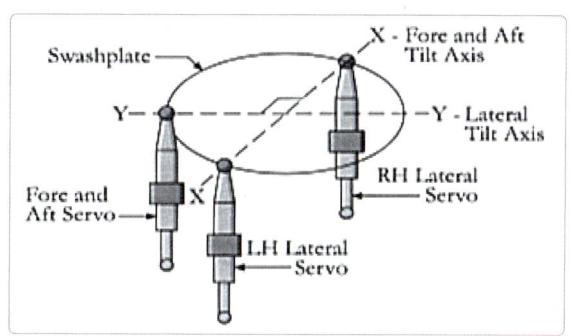

[그림 5-8] 조종궤도의 연결

5.2.1.2 위상 유닛(Phasing Unit)

대형 헬리콥터에서 컬렉티브 레버에 의한 피치 각의 변화를 주거나 사이클릭 조종에 의한 기울임을 주기 위한 힘은 특히 유압으로 작동하는 서보 작동기(servo actuator)에 의해 움직일 경우에는 스와시-플레이트에 많은 응력을 발생 시킬 수가 있다. 이를 보정하기 위해 서보 작동기(servo actuator)들은 힘을 분산시킬 수 있도록 서로 120도 간격으로 고르게 배열하지만 이렇게 간격을 두게 되면 스와시-플레이트의 기울기와 축 사이에서 조정 불량을 야기할 수도 있다. 이것을 수정하기 위해 위상 유닛(phasing unit)의 입력 연결부에 위치시켜 스와시-플레이트가 정확한 축을 따라 기울어지도록 한다.

그림 5-9와 같이 사이클릭 스틱을 앞으로 밀거나 뒤로 당길 때 작동하는 서보 작동기 1(servo actuator)의 연결은 xx축에 수직인 yy축에 위치해 있으며, 사이클릭 스틱을 좌우로 움직일 때 작동하는 서보 작동기 2와 3 (servo actuator)의 연결은 밀거나 당길 때의 축을 기준으로 양쪽 90도 지점, xx축에 위치해 있다. 이로 인해 연결부가 yy 기울기 축과 수직을 이루게 된다.

또한 그림 5-9에서 보듯 서보 작동기 2, 3 (servo actuator)들이 이상적으로 yy 축과 수직으로 위치해 있지만 그들은 스와시-플레이트에 대칭적으로 위치해 있지 않으며 결과적으로 부하의 불균형한 분배를 가져온다. 이것은 스와시-플레이트에 가해지는 굽힘 응력(bending stress)이 적은 헬리콥터에는 문제를 야기하지 않지만 상대적으로 응력이 큰 대형 헬리콥터에는 문제가 될 수도 있다.

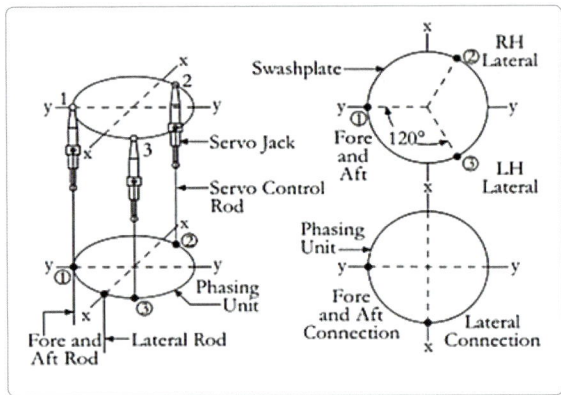

[그림 5-9] 위상유닛(phasing unit)

헬리콥터 종류에 따라 위상 유닛의 입력 연결부는 어디에라도 위치할 수 있으며 위 그림에서 보듯 3개의 서보 작동기 조종 입력 로드는 위상 유닛(phasing unit)에 직접 연결되어 있다. 원론적으로는 위상 유닛에서 발생된 어떠한 기울임일지라도 스와시-플레이트에 정확하게 다시 재생산된다는 것이다.

위상 유닛에 연결된 두 개의 입력 조종 로드 중에 하나는 yy 축에 위치해 있고 다른 하나는 xx축에 위치해 있다. 이것은 위상 유닛이 정확한 축 주변으로 기울어 질 수 있다는 것을 의미하며 스와시-플레이트 역시 조종 입력에 대한 반응으로 정확한 축으로 기울어 질 수 있다는 것을 의미한다.

5.2.2 비행 조종 계통 (Flight Control System)의 구성

그림 5-10은 사이클릭과 컬렉티브 조종 계통을 간단하게 묘사하고 있다. 먼저 사이클릭 스틱의 전후(fore & aft) 움직임은 토크 축 A 에 있는 로켓 레버를 통해서 믹싱 유닛(mixing unit)으로 전달이 되고 축 위에서 독립적으로 회전하는 크랭크로 전달된다. 그리고 전달된 이 움직임은 상부 벨 크랭크를 통해 전후 조종 로드 연결부로 전달이 되어 스와시-플레이트의 고정 스타를 움직이게 된다.

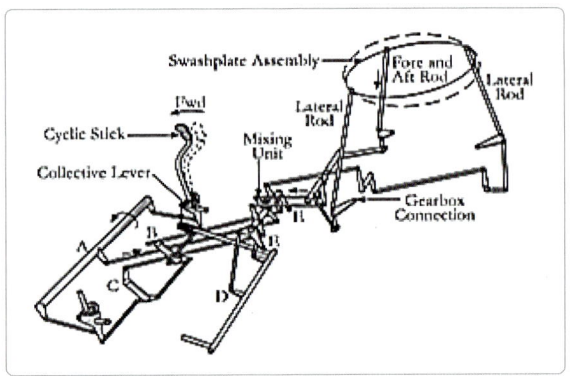

[그림 5-10] 수동조종 계통

그리고 사이클릭 조종간을 좌우로 움직일 경우에는 위 그림처럼 벨 크랭크 B 와 C를 통해서 믹싱 유닛의 축 위에서 독립적으로 회전하는 관계된 크랭크로 전달된다. 그 후 움직임은 관련된 상부 벨 크랭크를 통해서 좌 우 가로 조종 로드 연결부로 전달이 되고, 고정 스와시-플레이트로 전달된다. 조종 계통의 기계적인 배열은 전후 사이클릭 조종 움직임과 동시 다발적으로 움직일 수 있도록 연결되어 있다.

한편 컬렉티브 피치 레버가 올라가거나 내려가게 되면 움직임은 믹싱 유닛 축의 각 끝에 부착된 로켓레버로 전달된다. 레버는 샤프트 축을 만들면서 믹싱 유닛 지지대 부분품E 주위를 회전한다. 그리고 세 개의 사이클릭 축이 스와시-플레이트를 필요한 만큼 종합적으로 올리거나 낮춘다. 이것은 컨트롤 오빗(control orbit)의 기울어짐을 보장하고, 따라서 사이클릭 피치의 세팅은 컬렉티브 피치의 변화가 적용되어도 변하지 않는 상태로 남아있다.

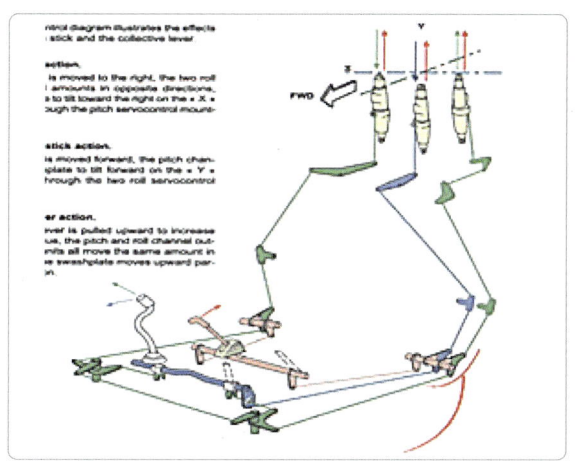

[그림 5-11] 작동기와 조종계통의 연결

그림 5-11에서 보듯 사이클릭 스틱의 전후(fore & aft) 움직임은 토크 튜브(torque tube)를 회전시키게 되고 튜브와 연결된 벨 크랭크를 밀거나 당기게 된다. 그리고 전달되는 움직임이 믹싱 유닛으로 전달되게 되면 믹싱 유닛 축에서 독립적으로 회전하는 해당 벨-크랭크로 전달된다. 그리고 전달된 이 움직임은 또 다른 벨 크랭크들을 통해 해당 서보 작동기(servo actuator)에 전달이 되고 고정 스와시-플레이트(fixed swash-plate)를 움직이게 되며 이때 다른 서보 작동기(servo actuator)에는 전달되는 움직임이 없어 작동되지 않게 된다.

그리고 사이클릭 조종간을 좌우로 움직일 경우에는 토크 튜브와 연결된 벨 크랭크를 옆으로 밀거나 당기게 되고 그 움직임이 좌우측 믹싱 유닛으로 각각 전달

이 된다. 전달된 움직임은 믹싱 유닛의 축에서 독립적으로 회전하는 해당 벨-크랭크를 움직이게 되고 상부의 또 다른 벨 크랭크들을 통해 해당 서보 작동기에 각각 전달이 되는데 서로 반대로 작동하게 한다. 그리고 고정 스와시-플레이트(fixed swash-plate)를 움직여 요구하는 각도로 기울게 된다. 물론 이때 나머지 서보 작동기는 작동되지 않는다.

한편 컬렉티브 피치 레버를 올리거나 내릴 경우에는 토크 튜브가 회전을 하게 되고 연결된 벨 크랭크를 통해 그 움직임이 좌우측 믹싱 유닛으로 각각 전달이 된다. 전달된 움직임은 믹싱 유닛 축에 연결된 벨-크랭크들을 동시에 작동하게 되고 상부의 또 다른 벨 크랭크들을 통해 모든 서보 작동기에 각각 전달이 되어 동시에 올라가거나 내려가는 방향으로 작동하게 한다. 그리고 고정 스와시-플레이트와 연동된 회전 스와시-플레이트를 동시에 올리거나 내리게 된다.

우리는 방금 어떻게 사이클릭과 컬렉티브 피치조종 연결부가 믹싱 유닛(mixing unit)을 통해 연결되어 있는지 살펴보았다. 믹싱 유닛은 컬렉티브 피치 조종 움직임이 사이클릭 피치 세팅을 그리고 그 역으로도 서로 방해하지 않도록 작동되는데 그 원리는 그림 5-12와 같다

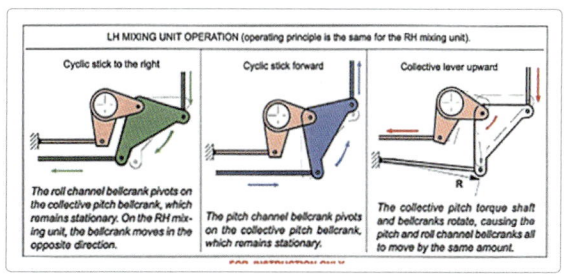

[그림 5-12] 믹싱유닛의 개요(principle of mixing unit)

5.2.3 컬렉티브 조종(Collective Control)

우리는 메인 로터에서 발생한 양력이 각 블레이드의 피치가 동시에 같은 양이 변함에 따라 어떻게 변하는지 살펴보았다. 즉 컬렉티브 레버의 조작에 따라 블레이드의 피치가 변화하게 되며 그에 상응하는 양력이 증가하지만 항력도 따라서 증가하게 되고 이 영향으로 인해 로터의 회전수(RPM)가 감소하게 되는 원인이 된다. 따라서 이를 보정하기 위해 반드시 엔진출력이 연동되어 작동을 해야 한다는 것이다. 이것은 조종사에게 상당한 양의 부하가 되며 특히 사이클릭 피치와 요 수정이 필요한 어려운 움직임을 만드는 경우에는 더욱 증가하기 때문에 요즘에는 많은 헬리콥터 기종에서 컬렉티브 피치 조종 연결부는 자동적으로 요를 수정하기 위해서 요 조종 계통과 연결되어 있다.

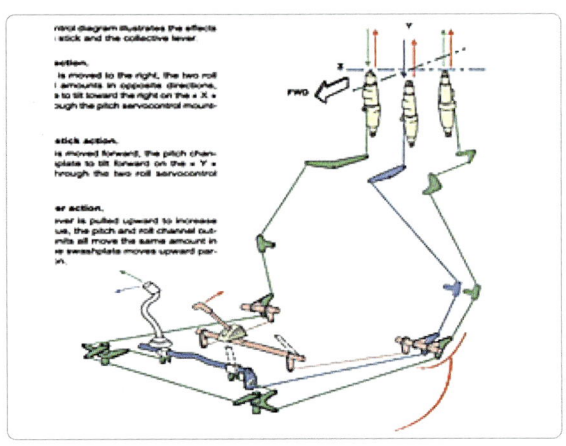

[그림 5-13] 조종간과 작동기의 연결

그림 5-13은 다른 조종계통의 조합을 보여주고 있으며 위의 경우에는 유압 서보 작동기에 의해 작동된다. 이것이 필요한 이유는 더 큰 헬리콥터의 회전하고 있는 로터 블레이드의 피치를 변화시키기에 필요한 작동 힘이 수동 조종만으로 감당하기에는 너무 커졌기 때문이다.

컬렉티브 피치 레버는 피치를 각각 증가시키거나 감소시키기 위해 올리거나 내려진다. 컬렉티브 레버가 움직이게 되면 조종 연결부를 통해서 움직임을 전달하는 로켓 레버를 회전시켜 믹싱 유닛을 회전시킨다. 결과적으로 스와시-플레이트를 필요한 만큼 올리고 내리는 서보 작동기에 움직임으로 나타난다. 이것이 발생하는 동안 믹싱 유닛은 미리 정해진 사이클릭 움직임이 유지된다는 것을 기억해야 한다.

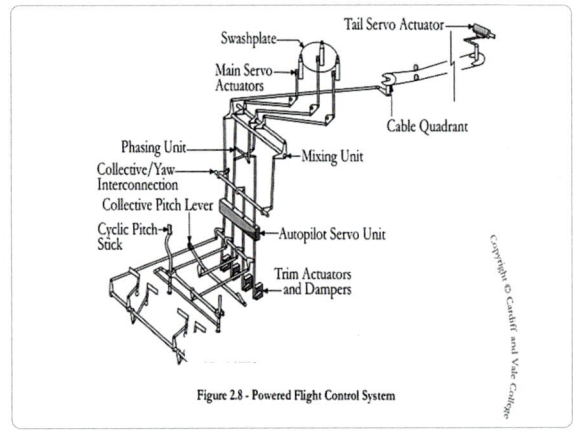

[그림 5-14] 동력조종계통(powered flight control system)

그림 5-14는 또한 믹싱 유닛의 입력부위에 자리 잡고 있는 위상 유닛을 묘사한다. 이 유닛은 이 위치에서 효과적으로 작동한다.

5.2.3.1 컬렉티브와 요 연결
(Collective / Yaw Interconnection)

그림 5-14에서 보면 컬렉티브 레버와 페달의 상호 접속이 있다는 것을 알 수 있다. 요 페달이 정지해 있는 상태에서, 컬렉티브 레버를 올리면서 엔진 출력을 보정하기 위해 동시에 그립을 회전시키게 되면 컬렉티브 레버의 움직임에 비례해서 테일 로터 피치와 연결된 기계장치를 통해 동시에 전달이 된다. 이때 이런 움직임이 있더라도 요 페달의 움직임을 만들지 않는다. 즉 컬렉티브 피치가 올라감에 따라서 기계적

인 연결부는 토크 반작용의 증가를 상쇄하기 위해 테일 로터 블레이드의 피치 각을 상승시키도록 작동하며 반대로 컬렉티브 레버를 내리게 되면 기계적 연결은 테일 로터 블레이드의 피치를 낮출 것이다. 두 경우 모두 로터의 RPM을 유지하기 위해 엔진파워의 조정이 필요하다.

만약, 조종사가 컬렉티브 레버의 움직임이 없이 요 페달을 독립적으로 작동시키면 컬렉티브와 요의 연결 기계적 연결 장치들의 작동은 느려지고 이때 컬렉티브 피치의 세팅을 바꾸지 않는다.

5.2.3.2 컬렉티브 레버와 스로틀(Throttle) 연결

앞서 이야기 했던 대로, 컬렉티브 레버가 올라가거나 내려가면 메인 로터 항력이 변하고 이것은 엔진 동력을 조정함으로써 상쇄될 수 있다. 그 두 가지의 행위가 동시에 일어나야하기 때문에 컬렉티브 레버와 엔진파워 조종 계통사이에는 상호작용하는 기구가 있다. 그림 5-15와 같이 컬렉티브 레버가 올라가면 엔진 출력은 자연스럽게 증가하며 반대의 경우도 마찬가지이다.

기계적 장치의 연결은 조종사가 엔진 동력을 따로 조작할 때 독립적으로 할 수 있도록 되어 있다. 그림 5-16과 같이 현대 헬리콥터는 컬렉티브 레버의 움직임을 감지하고, 필요한 엔진출력을 보정하는 엔진 전자 조종컴퓨터에 전달하는 전자시스템이 있다. 이러한 채널은 컬렉티브 피치 예측기라고 알려져 있기도 하다.

5.2.3.3 스와시-플레이트(Swash-Plate)

스와시-플레이트의 목적은 사이클릭과 컬렉티브 피치 조종 계통으로부터 입력된 조종간의 움직임을 회전하는 블레이드의 장치들로 전달하는 것이다. 스와시-플레이트는 유니버설 볼 조인트(universal ball joint)를 감싸고 있는 판으로 방위각 모양을 하고 있어 스타라고 불리기도 하며 회전을 하는 상부(rotating

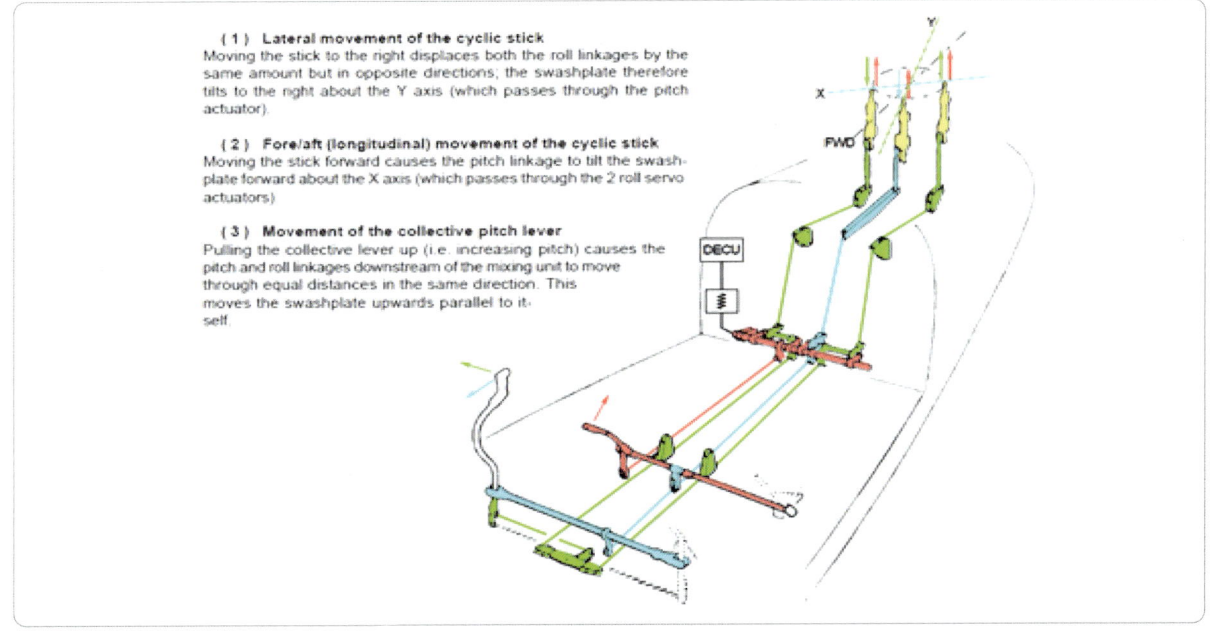

[그림 5-15] 컬렉티브와 드로틀의 연결(1)

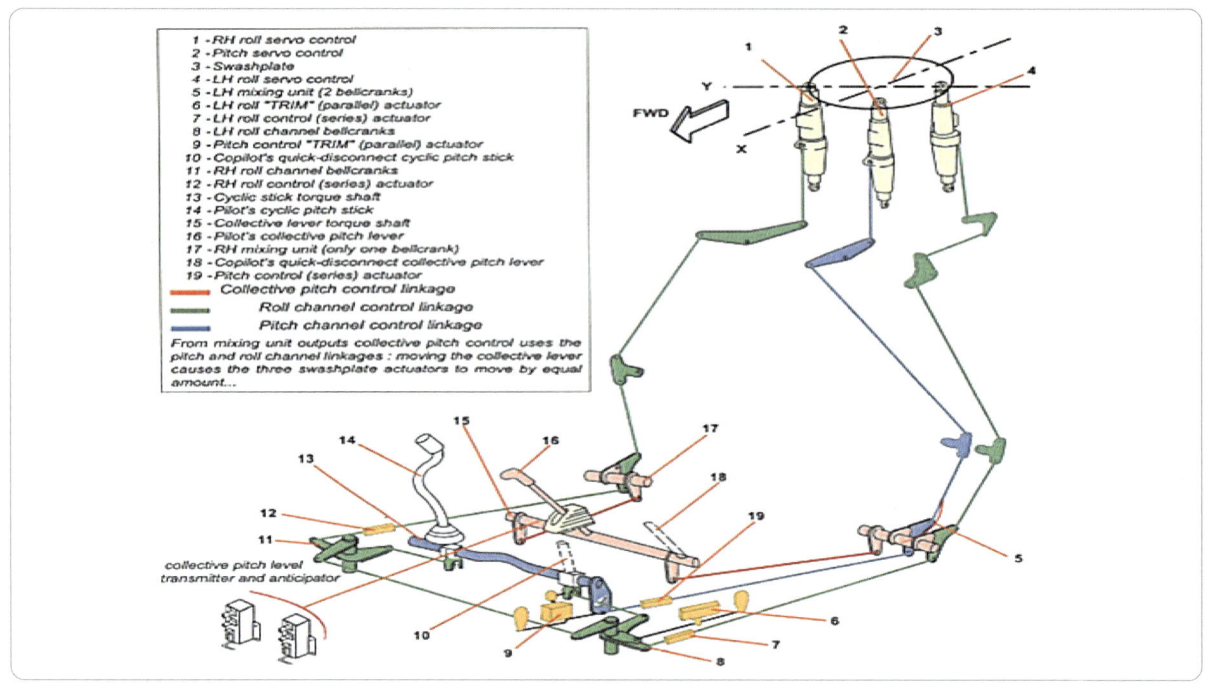

[그림 5-16] 컬렉티브와 드로틀의 연결(2)

star 혹은 swash-plate)와 고정되어 있는 하부 (fixed star 또는 swash-plate)로 나누어져 있다.

그림 5-17과 같이 회전 스타는 시저(scissors)를 통해 메인 로터 축과 연결되어 있어서 결국 로터와 같은 속도로 회전하게 된다. 회전 스타는 유니-볼 조인트(uni-ball joint) 형식으로 연결되어 어떤 방향이든지 또는 위아래로 움직이는 것도 가능하다. 그리고 시저의 연결은 움직임이 자유로운 구형 베어링을 통해서 스타에 연결되어 있다.

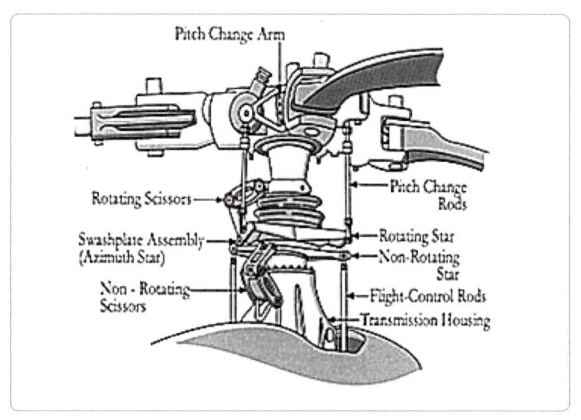

[그림 5-17] 스와시플레이트의 연결

수직의 피치 변화 로드(pitch change rod)는 그림 5-18과 같이 회전 스타와 로터 블레이드 페어링 슬리브에 있는 피치 변화 암(pitch change arm)에 연결되어 있다. 그래서 스타가 기울어질 때 블레이드가 회전하는 동안 피치 각이 주기적으로 변화하고 스타가 위, 아래로 운동할 때는 전체적으로 변하게 된다.

해 회전하지 않도록 고정되어있다. 두개의 스타에 있는 유니 볼 연결부는 메인 로터 축에서 자유롭게 미끄러질 수 있도록 되어 있다. 비행 조종 계통 로드 또는 유압 서보 작동기는 고정 스타(fixed star)에 연결되어 있다.

사이클릭 피치 변화는 스와시-플레이트를 필요한 방향으로 기울여주며 컬렉티브 피치 변화는 기울임의 변화 없이 스와시-플레이트를 위 아래로 움직이게 된다. 이러한 움직임이 만들어지는 것은 컨트롤 연결부 안에 믹싱 유닛의 변화에 의해 스와시-플레이트의 움직임이 가능하다.

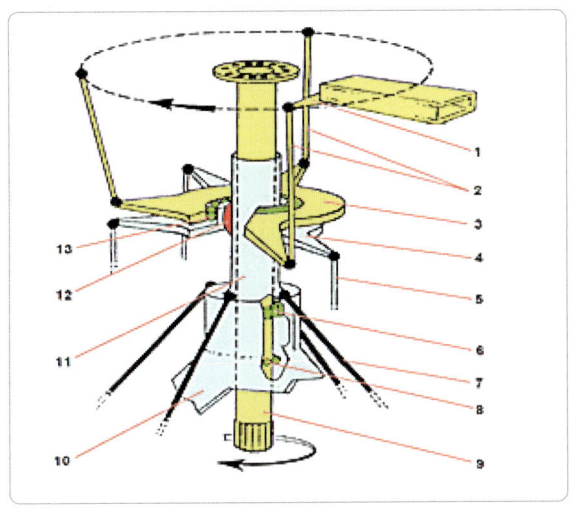

[그림 5-18] 스와시플레이트의 구성

그림 5-19와 같이 회전하지 않는 스타(fixed star) 또는 고정 스타는 회전 스타 유니 볼 조인트(uni-ball joint) 형식의 베어링에 연결되어 있는 구조로 이것은 구형 베어링을 통해서 주 변속기 하우징(main transmission housing)에 연결하는 scissors에 의

5.2.3.4 스파이더(Spider)

스파이더(spider)는 때때로 스와시-플레이트 계통의 대체품으로 사용되고 있으며 작동은 메인 로터 축 안에 있는 조종 스핀들에 연결되어 있는 슬라이딩 볼 연결부와 붙어 있다.

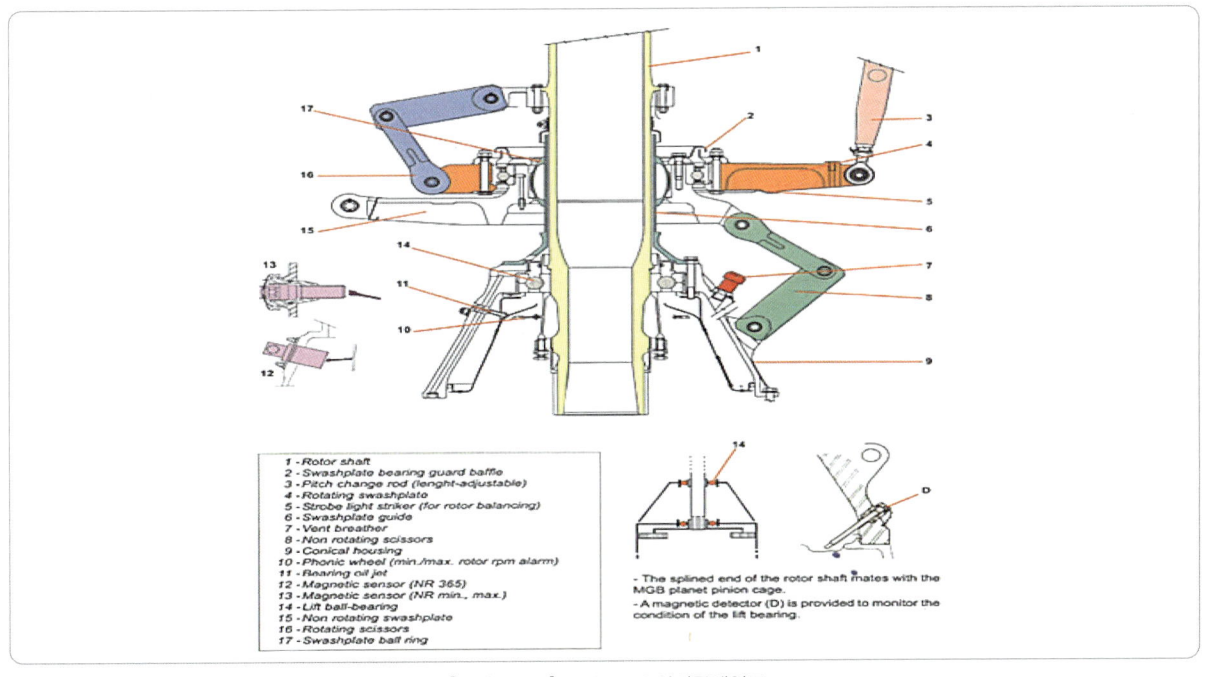

[그림 5-19] As365 스와시플레이트

그림 5-20과 같이 스파이더의 팔은 조종로드에 의해서 로터 블레이드에 있는 피치 변화 암에 연결되어 있다.

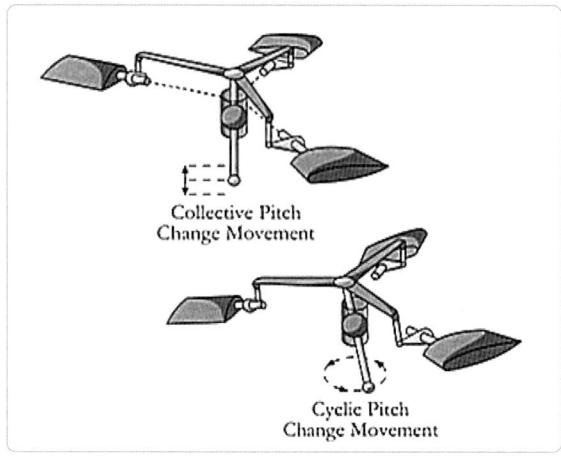

[그림 5-20] 스파이더의 작동개요

컬렉티브 피치 변화는 스파이더의 기울어짐에 의해 만들어진 사이클릭 변화 동안 십자 이음쇠를 올리고 내림으로써 만들어진다.

5.3 요 조종
Yaw Control

5.3.1 안티-토크(Anti-Torque) 조종

비행원리에서 우리는 엔진작동에 대한 토크 반응이 어떻게 메인 로터가 헬리콥터 동체를 로터의 반대 방향으로 움직이도록 하는지에 대해 이야기 했다. 수평 비행으로의 전환 그리고 상승 하강과 같은 동작은 컬렉티브 피치와 엔진출력의 보정을 요구하며 그것은 토크의 반응을 변화시키고 결과적으로 그림 5-21과 같이 안티-토크 힘에 의한 균형이 필요하게 된다. 헬리콥터 종류에 따라서 안티-토크 힘은 전통적 테일 로터와 슈라우드 페네스트론(penestron) 또는 로터 없는 시스템(NOTAR) 에 의해서 생산된다.

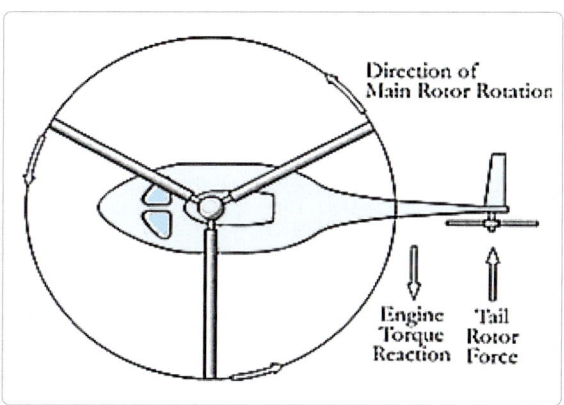

[그림 5-21] 리액션 토크(torque reaction)

앞서 설명했듯이 안티-토크 힘은 컬렉티브 피치의 변화에 의해서 만들어진 토크 반응의 변화에 균형을 맞추기 위해서 자동적으로 조종해주는 비행 조종 계통이 컬렉티브 / 요 상호작용 안에 들어있다. 또한 이 계통은 조종사가 컬렉티브 레버의 움직임이 없이 페달을 온전히 독립적으로 작동할 수 있도록 해준다.

즉 조종사가 수동으로 요를 수정하고 필요할 때 방향 조종을 할 수 있도록 해준다.

5.3.2 요(Yaw)와 방향 조종(Directional Control)

그림 5-22와 같이 수동 요 조종과 방향 조종 명령은 발로 작동되는 요 페달에 의해서 만들어진다. 이 조종은 직관적으로 왼쪽 패달을 차면 왼쪽으로 요 운동을 하고 오른쪽 페달을 차면 오른쪽으로 요 운동을 한다. 그리고 그림 5-23과 같이 수동 비행 조종 계통에서 페달의 움직임은 믹싱 유닛을 통하지 않고 연결부(linkage)를 통해서 테일 로터 피치 변화 장치로 곧바로 전달된다.

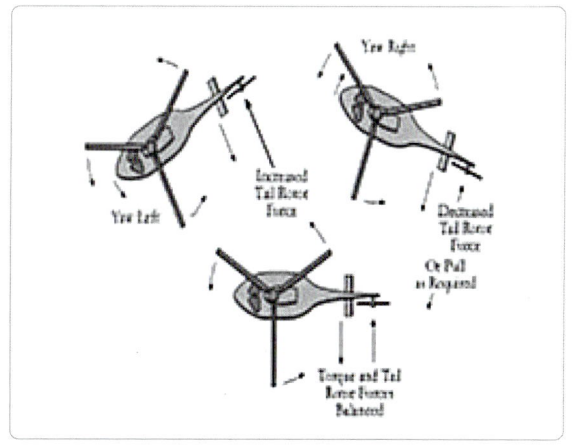

[그림 5-22] 요 조종

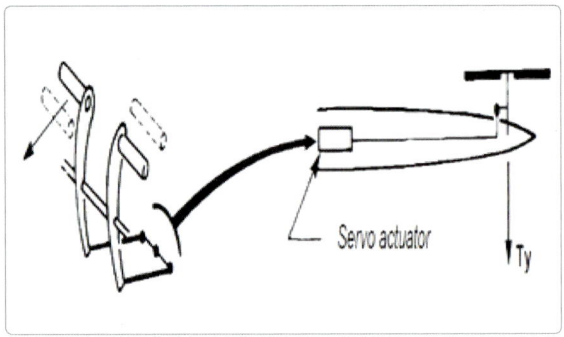

[그림 5-23] 요 조종과 페달

5.3.3 테일 로터(Tail Rotor)

테일 로터는 하나의 수평축을 따라 추력을 생산하도록 설계되었다. 그러한 이유로 사이클릭 피치 변화가 필요 없기 때문에 로터 블레이드 피치 각은 전체적으로만 바뀐다. 하지만, 로터는 안티-토크 추력에 더하여 방향 조종을 제공하도록 설계되었기 때문에 그것은 꼬리 부분을 필요한 만큼 밀거나 당길 수 있어야 한다. 이것은 또한 자동 회전 중에는 반대로 작용하는 요의 움직임이 필요하다. 이것을 맞추기 위해서 블레이드의 컬렉티브 피치는 양과 음의 피치 각 모드를 만들기 위해서 중립의 위치에서 양 방향으로 변화해야 한다.

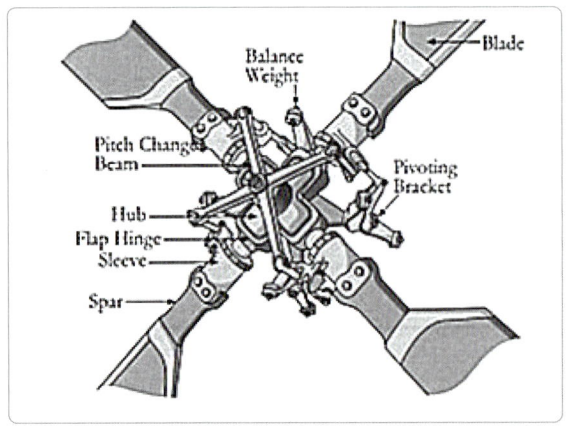

[그림 5-24] 관절형 테일로터

전통적인 테일 로터는 테일 로터 기어박스의 수평 작동 축을 고정하고 있는 허브와 블레이드 장치들로 구성되어 있다. 허브 구성은 그림 5-24와 같이 페더링(feathering)과 플래핑(flapping) 힌지(hinge)들이 관절 형태로 연결되어 있다.

5.3.3.1 델타-쓰리 힌지(Delta-Three Hinge)

테일 로터 블레이드는 전진 비행 중에 전진 블레이드와 후퇴 블레이드에 의해 생성되는 비대칭의 플래핑(flapping) 현상에 반응하려는 경향이 있다. 그러나 플래핑 현상은 로터 디스크의 뒤 쏠림 현상이 나타나는 결과를 가져오며 요가 불완전하도록 만든다. 안정성은 델타-쓰리 힌지를 설치하여 플래핑 힌지의 환경을 설정함으로써 개선될 수 있다. 이 종류의 힌지는 실제 전진하는 블레이드의 피치 각을 감소시키도록 그리고 후퇴하는 블레이드의 피치 각을 증가시키도록 설계되어 있다. 이러한 움직임은 페더링(feathering)과 플래핑(flapping)의 움직임을 감소시키고 테일 로터 디스크를 가로질러 추력을 균등하게 해준다.

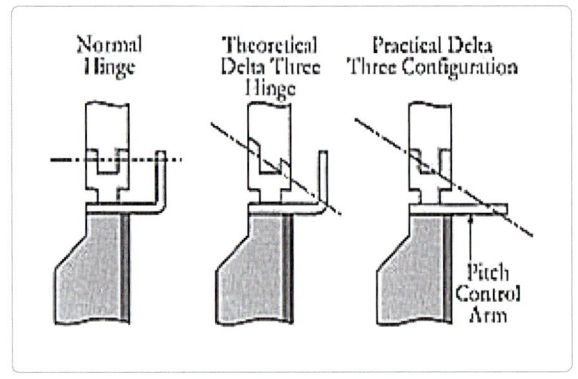

[그림 5-25] 델타형 힌지(delta three hinge)

그림 5-25는 세 개의 힌지 구조를 보여준다. 힌지가 블레이드 스팬에 대해 중립 위치에 있다면 블레이드는 플래핑 현상이 있어도 피치 각을 자동적으로 바꿀 수 없다. 따라서 자연스럽게 추력의 비대칭을 완화

할 수 없다. 반면에 앵글형 힌지는 전진하는 블레이드의 영향과 바깥쪽 떨림 현상을 감소시키기 위해 피치 각을 줄여주고 또 후퇴하는 블레이드의 영향과 안쪽 떨림 현상을 줄이기 위해 피치 각을 증가시킴으로써 균등한 로터 추력을 얻을 수 있고 안쪽과 바깥쪽의 플래핑 현상을 줄일 수 있다.

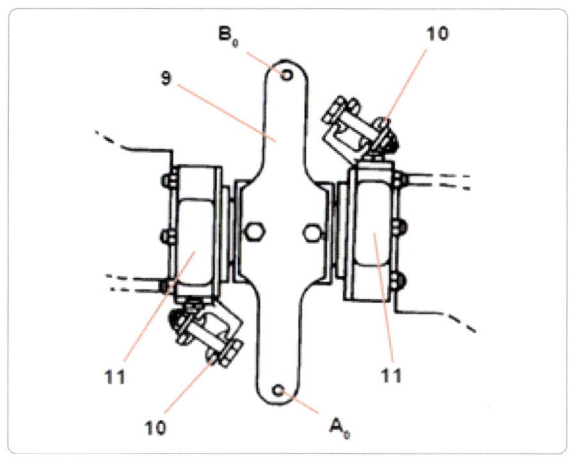

[그림 5-26] 앵글형 힌지

그림 5-26처럼 앵글형 힌지는 피치 각을 변화시키기 위해 복잡한 기계장치를 가진 3개 이상의 블레이드의 로터 형식보다 두 개의 블레이드가 장착된 로터에 더 잘 어울린다. 하지만 델타-쓰리 효과는 피치 변화 암을 그림에서와 같이 중립 힌지 보다 앞쪽에서 상쇄시킴으로써 3개 이상의 블레이드를 가진 로터에 적용되는 것도 가능하다. 그 배열은 메인 로터에서 똑 같은 효과를 만들어내는 메인 로터 블레이드 피치 변화 암의 전진 각과 비슷한 배열이다.

5.3.3.2 원심형 회전 모멘트 (Centrical Turning Moment)

피치 각이 테일 로터 블레이드에 적용 되었을 때, 앞전과 뒷전 부분은 회전면에서 벗어나도록 돌출되어야 한다. 테일 로터가 회전하므로 각 블레이드의 총량에서 작용하는 힘은 피치 변화 축 주위로 원심 형 회전 모멘트를 생성하게 되며 그림 5-27과 같이 이것은 회전면 안쪽 블레이드로 돌아오게 되어 결국 피치 각을 감소시키게 된다.

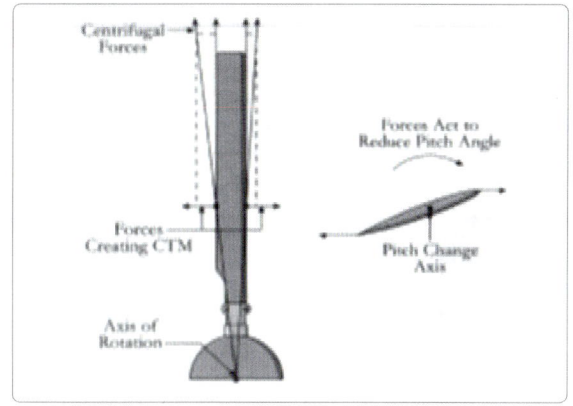

[그림 5-27] 원심형 회전 모멘트

만약 원심형 회전 모멘트가 상쇄되지 않는다면 블레이드의 피치 각을 줄이는 것 보다 증가시키는데 더 큰 힘이 필요할 것이다. 순수 수동 조종 계통에서는 조종사로 하여금 지속적으로 하나의 페달에 압력을 요 페달에 가하게 하는 불균형한 조종 힘을 만들어내게 된다. 테일 로터 피치를 변화시키기 위해서 비가역적인 스크류-잭 또는 유압 서보 작동기를 사용하는 것은 조종사의 힘을 완화시켜줄 수는 있지만 원심 형 회전 모멘트를 없애는 것은 아니다.

원심형 회전 모멘트는 블레이드 질량의 반대 방향으로 원심형 회전 모멘트를 만들어 내는 평형추를 블레이드 피치 변형 슬리브에 설치함으로써 효과적으로 원심형 회전 모멘트를 상쇄시킬 수가 있다. 평형추의 무게는 블레이드의 피치 각이 증가함에 따라 회전면의 바깥으로 회전하도록 설정된다. 따라서 균형을 유지하도록 모멘트를 상쇄시킨다.

5.3.3.3 테일 로터 피치 조종 (Tail Rotor Pitch Control)

전형적인 피치 변화 계통은 피치 변화 로드(pitch change rod)에 의해서 각 블레이드에 연결되어 있는 스파이더-빔(spider-beam))으로 구성되어 있다. 로터 작동 기어 내부의 긴 판과 연동되는 스플라인(spline) 축은 로터 구동축과 함께 회전하도록 빔(beam)에 힘을 전달한다. 스플라인 축은 추력베어링을 통해 기능을 하는 비 회전 스크류-잭에 의해 앞으로 또는 바깥쪽으로 미끄러지도록 힘을 받는다. 스플라인 축의 움직임은 로터 블레이드의 피치에 따라 피치 변화 암을 안으로 또는 밖으로 힘을 가한다.

그림 5-28과 5-29에서와 같이 스크류-잭은 요 페달에 케이블과 로드 계통을 통해 연결된 톱니바퀴와 체인에 의해 구동 된다. 아주 큰 테일 로터의 경우에는, 유압 서보 작동기가 기계를 변화시키는데 필요한 힘을 제공하기 위해 필요할 것이다.

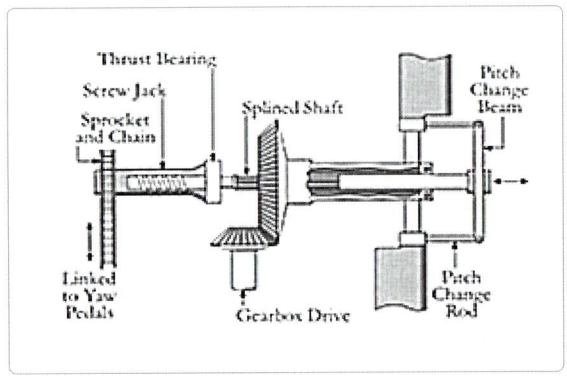

[그림 5-28] 테일 로터 피치 조종

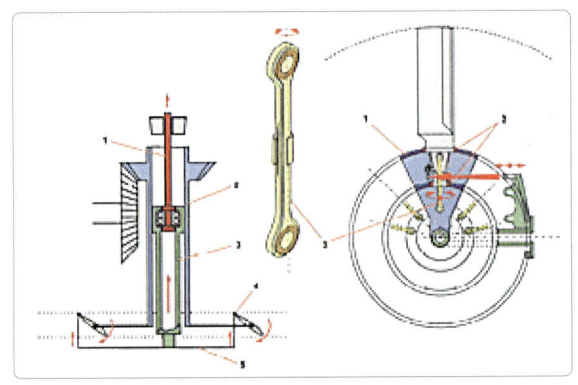

[그림 5-29] 피치변환 스파이더

5.3.4 슈라우드 테일 로터(Shroud Tail Rotor)

헬리콥터 뒷부분에 노출되어 있는 위치 때문에 전통적인 테일 로터는 동체의 공기 흐름과 메인 로터의 후류로 인한 격동적인 공기역학적 상황에 처하게 된다. 또한 전통적인 로터의 효과 또한 수직 안정판 또는 꼬리 동체에 의해 한쪽으로 떨어져 있다는 사실에 의해서 어려움을 겪는다. 거기에 더해서 지상 충동에 민감하고, 날아오는 모래와 돌에 손상을 입게 되고, 이것은 지상직원에게 위해 요소가 될 수 있다. 슈라우드 테일 로터, 혹은 페네스트론은 이러한 약점에 대안을 주는 쪽으로 가고 있다.

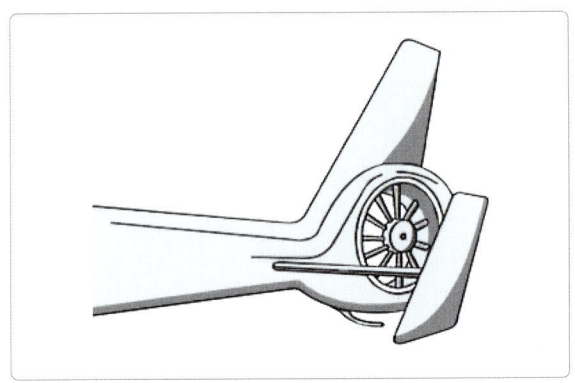

[그림 5-30] 슈라우드 테일 로터

슈라우드 로터는 그림 5-30과 같이 테일-붐 (tail-boom) 안쪽 덕트에 위치해 있는 여러 개의 블레이드와 가변 피치 팬으로 구성되어 있다. 블레이드 팁과 덕트 벽 사이의 작은 틈은 끝 와류를 줄이고, 따라서 소음을 감소시키며, 공기역학적 효율을 증가시킨다. 또한 로터가 꼬리의 구조에 의해 막히지 않기 때문에 속도에 대한 효율이 증가한다.

로터 구성품의 무게는 더 가벼우며, 전통적인 테일 로터 직경의 절반 정도이고, 더 빠른 속도로 회전한다. 그리고 로터가 추력의 비대칭에 영향을 크게 받지 않기 때문에 플래핑 힌지(flapping hinge)가 필요하지 않다. 슈라우드 로터는 크기에 비해서 많은 추력을 생산하며, 요 조종을 가하는데 전통적인 로터에 비해서 더 효과적인 수단을 제공한다. 거기에 더해서 지상 인원의 위험을 훨씬 줄여주며, 지상 충돌 가능성을 감소시켜 준다.

슈라우드 로터 형식의 피치 조종 계통에도 서보 작동기가 필요할 수 있다. 왜냐하면, 더 높은 공기역학적 힘이 회전의 속도에 의해서 생기기 때문이다. 이러한 종류의 로터를 적용하기에는 테일-붐 또는 수직 안정판의 설계 내에 위치시키는 구조적인 문제가 발생한다. 이것은 회전하는데 사용되는 로터의 사이즈, 그것이 유용하게 설치 될 수 있는 헬리콥터의 크기를 제한하기 때문이다.

5.3.5 NOTOR(No Tail Rotor) 안티-토크 조종 (Rotorless Anti-Torque Control)

NOTOR(no tail rotor) 계통은 완전히 에워싸인 동력구동 팬에 의해 제공된 매우 많은 양의 저압 공기를 사용한다. 그 공기는 테일 붐을 여압 하는데 사용되며 붐의 한쪽 면의 길이를 흐르는 두 개의 각진 틈을 통해 밖으로 분사되며 이 공기는 코안다-효과(coanda-effect)라고 불리는 메인 로터의 다운 워시(down wash)와 상호 작용하여 테일 붐의 한쪽 흐름 면으로 수직 경계층(vertical boundary layer)을 생성하게 된다. 결국 테일-붐은 메인 로터 다운 워시 안에서 날고 있는 날개와 같은 효과를 내게 되고 최대로 필요한 안티-토크의 60% 정도를 공급하는 측면 추력을 발생시킨다.

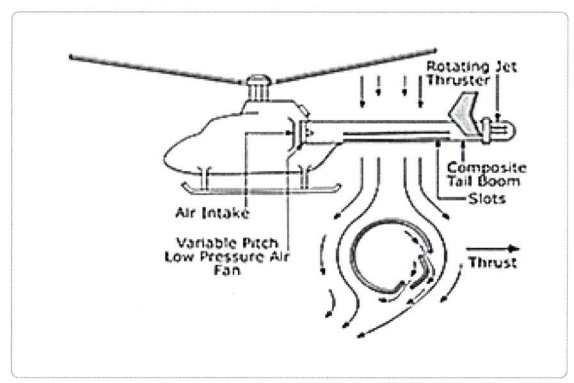

[그림 5-31] NOTOR 형태의 안티-토크 조종

또한 공기는 테일 붐의 뒤쪽에 위치한 회전식 직접 분사추진기를 통해서 배출된다. 분사추진기는 안티-토크 조종에 필요한 추력의 균형을 제공하게 된다. 수직 안정판은 꼬리 동체의 양쪽에 위치해 있으며 전진 비행을 하는 동안 안티-토크 조종을 위해 필요한 측면 추력에 기여하는 에어포일 형태를 하고 있으며 방향 조종에 사용되는 여분의 추력을 조절 가능한 분사추진기를 통해 남겨두게 된다.

그림 5-31과 같이 NOTOR(no tail rotor) 계통은 긴 구동축과 기어박스 그리고 복잡한 피치 변경 장치들이 필요하지 않기 때문에 비교적 조용하며 외부 물질에 의한 손상에 민감하지 않다.

5.4 자동조종
Autopilot

5.4.1 개요(General)

라이트 형제가 첫 번째 동력비행을 한 직후 기술자들은 조종사의 개입 없이 항공기를 조종하려는 방법을 찾기 시작하였다. 가장 성공한 경우는 자이로스코프를 개발한 로렌스 스페리(lawrence Sperry)로 1914년에 그는 그의 자이로스코프 설계로 사람의 입력 없이 항공기를 비행 상태로 유지하는 핵심 조종계통을 실험하기 시작 했다. 그는 첫 번째 계통을 1914년 파리에서 시연했지만 실행 가능한 장비가 제작되어 성공적 비행을 한 것은 1930년대. 하지만 로렌스 스페리는 계속해서 실험을 했고 그리고 가장 간단한 계기비행 장치인 선회 경사계(turn & slip indicator)를 설계하였다.

1930년대를 지나면서 항공기는 대형화 되었고 더 복잡해졌으며 밤낮으로 더 빠르고 더 멀리 비행을 할 수 있게 되었다. 항공기는 비행하는 것이 점점 더 어려워졌고 그 시대의 조종사에게 상당한 육체적 부담감을 주었는데 항공사와 항공기 설계자들은 모여서 조종사의 업무 하중을 경감시키고 일반적인 비행의 지루하고 반복적인 업무를 자동화 할 수 있는 방법을 찾기 시작하였다. 로렌스 스페리는 여전히 실험중이였고 그의 회사에서 커티스 라이스 콘더의 복엽기에 첫 번째 상업 자동 조종 시스템 A1을 도입하였다. 동방항공의 전신인 동방항공 운송은 이 항공기를 가지고 상업 운영을 1933년도에 시작하게 되었다.

오늘날의 자동조종은 조종사가 장거리 비행 시 비행기를 수동으로 조종하는 것에서부터 해방된 것뿐만 아니라 그들 자동조종 장치들은 여러 개의 항공기 계통의 입력 값에 반응하여 모든 기상 상황에서 정확하고 안정한 비행을 유지하도록 하였으며 또한 조종 패널(panel)을 통해서 비행 승무원의 명령 입력에 반응하도록 하였다. 자동조종은 이 모든 정보를 처리하고 명령 신호를 출력하여 항공기의 조종 면을 적절하게 움직이도록 하였다.

기억해야할 중요 내용은 자종조종은 지능을 가진 기계가 아니라는 것으로 그저 조종사의 요구와 외부로부터 온 입력에 반응할 뿐이었다. 조종사가 반드시 고도, 속도, 항로 등과 같은 것을 먼저 설정해야만 자동조종 계통은 그에 따라 반응하였다. 모든 컴퓨터와 같이 자동조종은 정보가 수신될 때에만 효력이 있었으며 만약 이런 정보 공급에 문제가 생기면 자동조종 계통은 항공기를 잘못된 방향으로 이끌거나 심지어 어떠한 감정의 신호나 망설임 없이 산 어귀로 이끌 것이다. 하지만 정확하게 설정된 경우 자동조종 장치는 어떠한 조종사보다 항공기를 더 안전하게 운항시킬 것이다.

5.4.1.1 자동조종의 원리

그림 5-32와 같이 자동화된 조종의 정의는 조종사의 지시 하에 항공기의 조종을 맡는 계통으로 이것을 사용하게 되면 항공기의 다른 여러 계통에 다음과 같은 도움을 준다.

① 항공기의 자세를 유지하는 것
② 항공기의 고도를 유지하는 것
③ 항공기의 속도를 유지하는 것

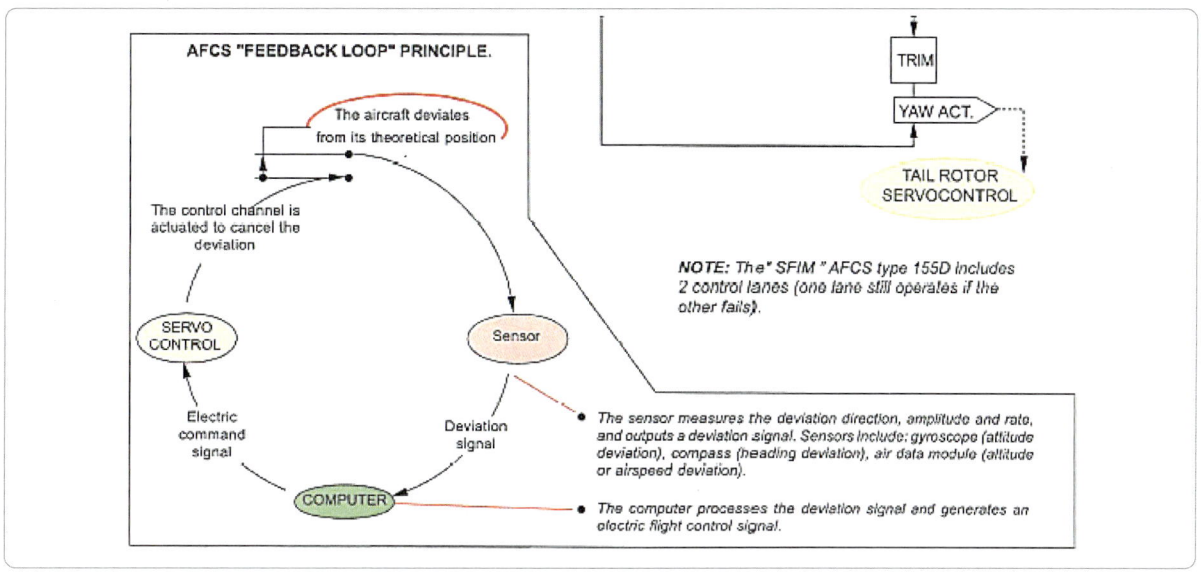

[그림 5-32] 자동조종의 피드백 개요

④ 조종간을 사용하지 않고 입력 명령으로 항공기를 작동하도록 하는 것
⑤ 조종사 또는 다른 계통으로부터 전해진 입력에 반응하여 항공기를 자동 조종하는 것

5.4.1.2 자동조종의 구성

앞서 언급한 것과 같이 이것은 비행 승무원의 정신적 육체적 압박을 경감시켜 비행의 과정에 집중할 수 있도록 하였으며 어느 비행이라도 가장 어렵고 바쁜 시간인 착륙 시간에 그들이 상쾌한 기분으로 항공기를 착륙할 수 있다는 것을 의미한다. 일반적인 헬리콥터의 자동조종 계통은 전기 작동기 또는 조종 계통에 연결된 서보로 구성되어 있으며 서보의 개수와 위치는 설치된 계통의 종류에 따라 달라진다.

2축 자동조종은 헬리콥터의 피치와 롤을 조종한다. 하나의 서보는 전후 사이클릭을 조종하고 나머지 하나는 좌우 사이클릭을 조종한다.

3축 자동조종은 안티-토크 페달에 연결된 추가적인 서보를 가지고 있으며 헬리콥터의 요 운동을 조종한다.

4축 계통은 컬렉티브를 조종하는 4번째 서보를 사용한다.

중앙 컴퓨터로부터 조종명령을 받으면 서보는 그에 상응하는 비행 조종간을 움직이게 되는데 이 컴퓨터는 자세 참고를 위해서 다양한 센서(sensor)로부터 그리고 항법과 트래킹을 참고하기 위해서 항법 장치로부터 정보를 입력받는다.

자동조종은 조종사가 원하는 기능을 설정할 수 있는 조종 패널(panel)을 가지고 있을 뿐 아니라 자동조종을 적용한다. 또한 극심한 대기 불안정 상태이거나 극한의 비행 자세가 취해졌을 때 안전을 위해 자동적으로 조종 연결을 끊는 자동 분리 특성이 포함되어 있다. 심지어 모든 자동 비행 장치들은 조종사에 의해서 무시될 수 있도록 자동조종 해제 버튼이 사이클릭 또는 컬렉티브에 위치하고 있어 조종간에서 손을 떼지 않은 채 자동조종을 해제할 수 있도록 한다.

1930년대에 자동조종, 더 정확하게는 자동비행조종계통(autopilot flight control system), 자동화비행조종계통(automatic flight control system), 간단하게 비행조종계통(flight control system)이라는 이름으로 자동조종이 도입된 이래 현대의 자동조종 비행은 엄청나게 발전하였다.

자동조종은 단발 좌석부터 가장 큰 운송용 항공기인 에어버스 A380에 이르기까지 다양한 범위의 항공기에 사용되며 당연히 그에 따른 복잡 도는 달라지긴 하지만 조종 회로의 기본 원리는 동일하다. 이 조종 회로는 그림 5-33과 같이 6개의 세부 항목으로 나눠진다.

그림 5-34는 As365 헬리콥터 AFCS 계통의 부분품(components) 조합을 묘사한 것으로 최근 제작되는 헬리콥터에도 널리 적용이 되고 있다.

5.4.1.3 자동조종의 작동

(1) 다양한 감지기와 조종 기능으로부터 들어온 입력은 비행조종컴퓨터(flight control computer) 또는 비행안내컴퓨터(flight guidance computer)에 항공기의 위치와 의도하는 경로 정보를 제공한다.

(2) FCC / FGC는 모든 감지 정보를 처리하고 필요에 따라 조종 요청으로 바꾸어준다.

(3) FCC / FGC는 필요에 따라 조종 면을 움직이는 서보-모터에 작동 명령을 내린다.

(4) 조종 면은 명령이 된 대로 움직여 항공기의 자세 또는 방향을 바꾼다.

(5) 조종면의 움직임에 따라 위치 또는 비율을 피드-백 감지기가 FCC / FGC에 조종면의 중립위치를 벗어난 정보를 제공하고 6번과 함께 FCC /

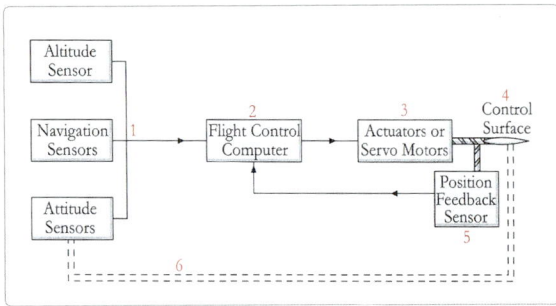

[그림 5-33] 자동조종의 기본적 단계

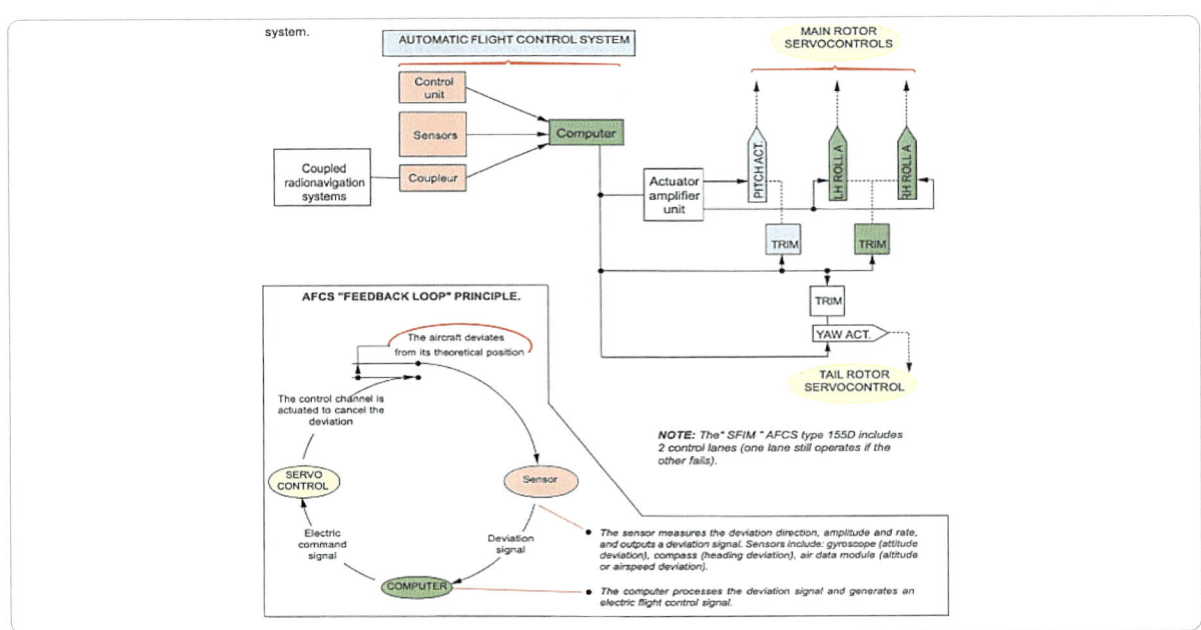

[그림 5-34] 자동조종 계통의 구성

FGC가 조종 면을 중립 위치로 자연스럽게 되돌릴 수 있도록 한다.

(6) 조종면의 움직임에 따라 항공기의 자세, 공기역학적 피드-백은 감지기에 정보를 제공하고 항공기의 움직임을 다시 FCC / FGC에 전달한다.

일반적으로 다양한 감지기로부터 온 신호들이 항공기를 수동으로 비행할 때 조종사에게 조종간 명령에 따라 시각적 방향을 주기 위해 또한 자동 조종 없이 사용되며 그림 5-35와 같이 이것들은 자세 방향 지시계기 위의 명령-바에 공급된다.

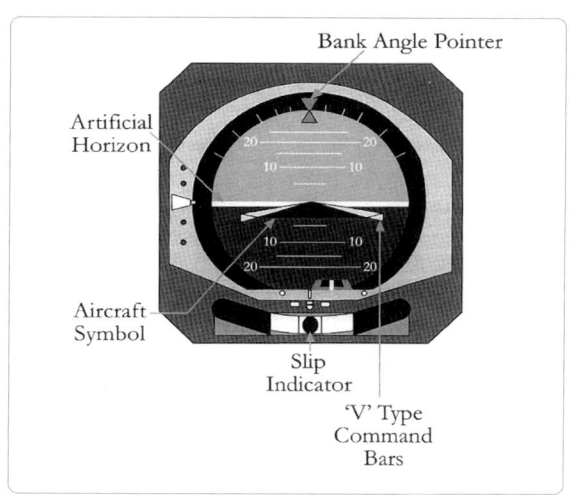

[그림 5-36] V-bar가 장착된 자세방향 지시계

어떤 제한된 범위를 가진 작은 항공기의 경우에는 FCC / FGC를 완전히 가동할 필요가 없지만 명령 정보는 사용할 수가 있다. 이런 항공기 역시 입력과 처리 기능에 의존하지만 명령-바를 구동시키기 위해 처리기로부터 온 출력만을 사용하는데 이렇게 서보나 작동기의 출력 없이 이 방법을 사용하는 것을 비행 디렉터 또는 비행 안내 계통이라고 부른다.

자동조종 계통들은 구매 후 장착되기도 하지만 자동조종 계통에 사용되는 모든 기성품은 기종에 따라 주문 제작되는데 모든 경우 승인을 받아야 하며 그들 모두는 공통적인 특징을 가지고 있다. 예를 들어 헬리콥터의 고도유지와 A380의 고도유지 모드는 동일하지만 각 계통의 효율은 항공기의 다양한 공기역학을 수용하기 위해 매우 다양하다는 것이다.

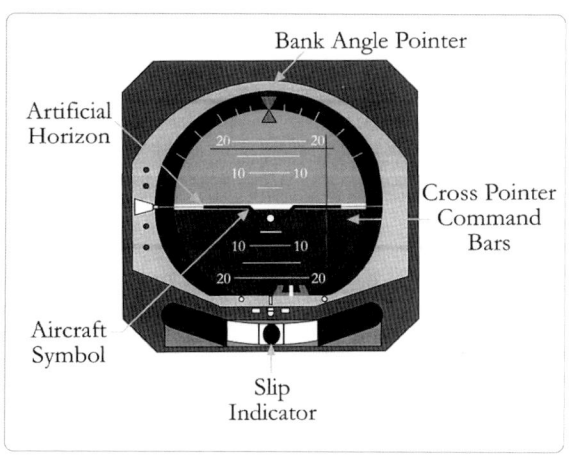

[그림 5-35] 자세방향 지시계

명령-바는 그림 5-36에서 보이는 것과 같이 ADI의 중앙 근처에서 움직이는 간단한 수직과 수평 십자 포인터이거나 혹은 항공기를 의미하는 고정된 삼각형 주위를 움직이는 V-바 형태일 수 있다. 하지만 어떤 형태의 표현이든지 항공기는 그것이 항공기 표식에 안착할 때까지 항상 명령-바를 향해서 비행을 한다.

오늘날의 자동조종은 복잡도, 항공기 기종, 그리고 항공사 정책에 따라 달라지는데 가장 현대적인 것은 그림 5-37과 같이 이륙 직후부터 터치-다운할 때까지 자동적으로 비행할 수가 있지만 상당수는 항공기가 상승할 때 연동되고 최종 접근할 때에 해제가 된다. 헬리콥터는 내재적으로 불안정한 부분이 있다. 따라서 고정익과는 다르게 일반적인 헬리콥터의 자동조종은 항상 연동상태가 되도록 설계가 된다. 모든 항공기에서 자동조종 계통은 일차 비행 조종계통보다 더 적은 권한을 가지고 있기 때문에 손쉽게 무시될 수 있습니다. 아래 그림은 일반적인 비행에서 사용된 자동조종을 묘사하고 있다.

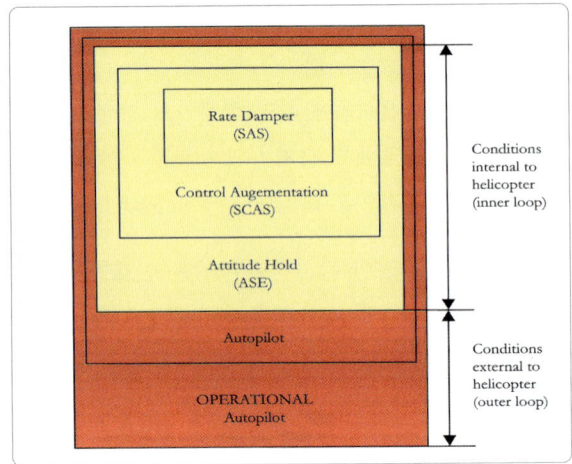

[그림 5-38] 자동조종의 체계

5.4.2.1 안정성 증가 계통 (Stability Augmentation System)

안정성 증가 계통, 일명 "SAS Mode" 라고 불리는 가장 안쪽 단계는 헬리콥터에 제동 율을 제공해서 비행 중에 헬리콥터를 안정시켜 준다. 내재된 불안정성을 가진 운송 수단이기 때문에 헬리콥터에서 안정은 매우 중요하고 만약 그대로 둔다면 헬리콥터는 안정성에서 벗어나 불안정하게 될 것이다. 비율 자이로 (rate-gyro) 또는 자세 자이로(attitude gyro)를 통해 자이로의 비율이나 자세를 세밀하게 구분하는 감지기(sensor)는 어긋나는 것을 감지하게 된다. 이러한 경우를 돌풍이라 가정한다면 AFCS는 방해에 의해서 발생된 움직임을 최소하도록 조종신호를 보내게 된다.

많은 헬리콥터는 비행 중과 제자리 비행 시에 헬리콥터의 안정을 돕기 위해서 안정성 개선 계통을 가지고 있다. 이 계통의 가장 단순한 형태는 해제되었던 자리에서 사이클릭 조종을 유지하기 위해 스프링과 자석 클러치(magnetic clutch)를 사용하는 포스-트림(force trim) 방식이다. 더 복잡한 형태의 계통은 실제로 조종면을 움직이는 전자 서보(electric servo)

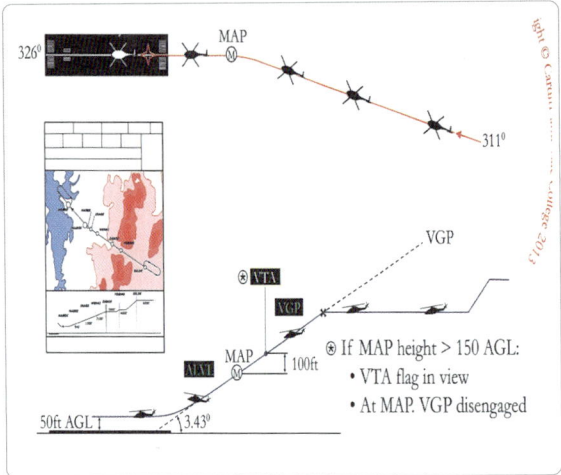

[그림 5-37] 전형적인 자동조종

5.4.2 헬리콥터 자동비행조종 계통 (Helicopter AFCS)

헬리콥터 AFCS는 기본 항공기 안정성부터 운용의 자동조종까지 단계별로 구성되어 있으며 각각의 안쪽 단계는 더 쉽게 적용할 수 있도록 이전 단계의 기초 위에 만들어진다. 따라서 우리는 가장 안쪽 단계부터 차근차근 학습을 시작하도록 할 것이다. 그림 5-38은 AFCS의 단계를 보여주고 있다. 전체적인 시스템은 안쪽과 바깥 회로로 나누어질 수 있으며 안쪽 회로는 피치와 롤 그리고 요의 기본적인 안정을 제공하게 되고 반면 바깥쪽 회로는 조종사로 하여금 대기 속도와 고도 그리고 다른 항법 정보 등을 이용하여 기본 내부 회로 조종을 변화할 수 있도록 하게 한다.

를 사용하며 이러한 서보는 헬리콥터의 자세를 감지하는 컴퓨터로부터 조종 명령을 받아 작동하게 된다.

SAS Mode는 자이로의 자세(attitude)와 비율(rate)을 감지해서 기준 자세로부터의 물리적 편차들을 비교해서 적절한 조종을 제공한다. SAS는 헬리콥터를 트림된 그 기준에 유지하도록 설계가 된다. 예를 들어 SAS는 비율 자이로에서 피치 비율을 감지해서 간단한 피드-백을 통해 스와시-플레이트가 로터 조종의 수단인 경우 통합적으로 스와시-플레이트에 수정된 입력을 제공하게 된다. 하지만 그림 5-39와 같이 피드백 회로에서 누설 적분기(leaky integrator)라는 경로를 통해 비율 자이로 출력과 평행을 이루게 되는데 이것은 헬리콥터가 방해 받은 각도와 비례하는 신호로 이어지게 되고 초기 각 변위에 대응하도록 스와시-플레이트에 입력을 제공한다. 장기적으로 보았을 때 입력이 사라지거나 누설되어 헬리콥터가 수정 행위에 반응하지 않을 때 또는 조종사에 의해 새로운 자세를 유지했을 때에는 최종 위치는 새로운 균형 상태가 된다.

기본 센서는 로터에 수정 입력을 제공하는 비율 자이로가 된다. 평행 경로는 출력 자이로에서 발생한 출력신호가 누설 적분기를 거치며 통합되고 기준으로 사용될 수 있는 자세 신호를 유도하게 한다.

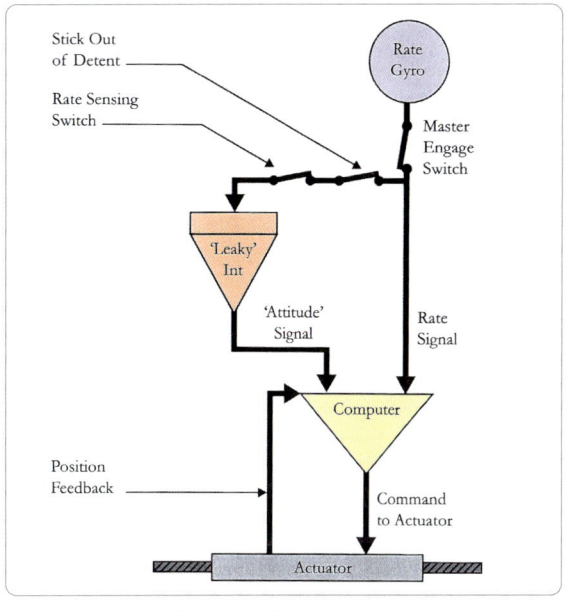

[그림 5-39] 누수 적분기(leaky integrator)

조종사로부터 명령된 움직임 없이 비율 자이로는 신호를 바로 컴퓨터로 보낸다. 그리고 또한 비율 신호를 통합함으로써 유도된 자세를 만들어내는 누수 적분기를 통하게 한다. 현재의 자세 신호는 20-30초 전에 있던 신호와 비교가 된다. 그렇기 때문에 누수라는 단어를 쓰긴 하지만 이것은 기억을 오래 가지고 있지는 않다.

예를 들어 비행경로가 돌풍 또는 난기류로 인해서 방해를 받는다면 오차 신호는 컴퓨터로 보내져 작동기를 구동시키기 위해 수정 신호를 보내게 되는데 작동기는 조종 면을 움직여서 각 비율을 멈추게 하고 헬리콥터를 기준 자세로 돌아갈 수 있도록 만드는 것이다.

평행 경로에서 누수라는 의미는 유도된 자세가 짧은 시간 뒤에 사라지게 하여 계통은 끊임없이 새로운 자세를 기준으로 여길 것이다. SAS Mode는 헬리콥터가 트림된 기준을 유지하도록 할 것이며 만약 기준이 방해를 받으면 다시 그 기준으로 돌아오려고 시도할 것이다. 비율 자이로로부터 오는 신호만 받을 경우 오차는 시스템이 원하는 위치에서부터 벗어나게 될 것이며 이러한 이유 때문에 계통은 단지 제한된 기간에 자세 유지 기능을 제공할 수가 있는 것이다.

계통을 유지하려는 자이로의 허위 자세나 단순한 비율의 감소는 둘 다 조종사에 의해 명령된 움직임을 방해로 인식하게 될 것이기 때문에 그래서 움직임을 허락하도록 조종사는 반드시 요구되는 명령을 입력해야만 한다. 보통 조종은 조종간에 터치-아웃(pickoff) 감지기(sensor)나 선형 가변 변압기(LVDT, linear variable displacement transformer) 감지기(sensor)가 장착되어 있다. 아래 그림 5-40은 SAS Mode 작동 시 조종간은 새로운 비행 상태를 명령하기 위해 움직이는 상태를 보여주는 것으로 스틱을 움직이자마자 2가지 일이 발생하게 된다.

(1) 조종간 터치-아웃(pickoff) 감지기(sensor)는 비율 자이로부터 누설 적분기 까지 신호를 분리하고 자이로의 허위 자세도 멈추게 된다.
(2) 개방된 터치-아웃(pickoff) 감지기(sensor)에서 비율을 감지하는 스위치는 또한 비율 신호가 누설 적분기로 가는 것을 방지하게 한다. 이것은 터치-아웃(pickoff) 감지기가 스틱이 기준 위치 또는 조절된 위치에 있다는 것을 나타내기 전까지 열려있는 채로 유지될 것이며 비율은 미리 설정된 값인 약 2°/sec 내외 아래로 떨어지게 된다.

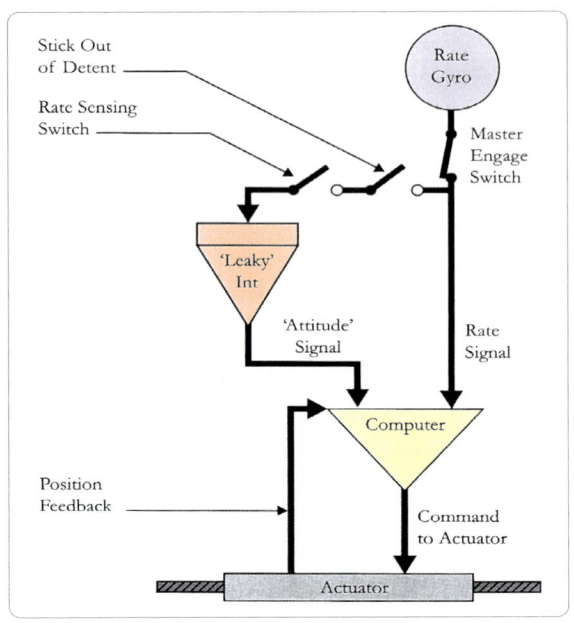

[그림 5-40] 안정성증가 계통의 작동

심지어 조종사가 스틱을 새로운 위치로 움직였을 때 비율 자이로 신호는 직접적으로 컴퓨터로 보내지기 때문에 여전히 비율 감소가 일어나게 된다. 하지만 움직임 초기에 존재했던 기준으로 돌아오려는 시도는 하지 않을 것이며 단지 계통은 헬리콥터가 트림 비행을 할 때 자세를 유지하도록 해줄 뿐이다. 이 비율 감지 스위치는 스틱이 움직인 후에만 열리게 되는데 만약 스틱이 조정된 위치에 있고 비율 감지 스위치가 닫혀 있다면 스틱이 제한치를 벗어나려는 움직임이 있을 때까지 닫힌 상태를 유지하게 될 것이다.

5.4.2.2 안정성 조종 증가 계통 (Stability Control Augmentation System)

이 계통의 목적은 헬리콥터의 조종에 있어 조금 더 편리한 기능을 제공하는 것으로 만약 이 계통이 존재하지 않는다면 SAS Mode는 헬리콥터에서 자동조종 명령과 같은 조종 입력으로부터 모든 방해를 감지하고 버리게 된다. 대신에 자이로 비율 감소가 지연되는 결과를 나타내는 신호를 선행해서 보내게 되면 안정성 조종증가 계통(SACS)은 즉시 비율의 감소 없이 직접 이루어지고 헬리콥터의 반응은 최대한 천천히 하게 될 것이다.

5.4.2.3 자세 안정화 계통 (Atitude Stabilization System)

내부 회로의 마지막 단계는 자세 안정화 계통으로 이 계통은 헬리콥터의 장기적 자세를 유지하게 한다. 그림 5-41과 같이 자세 안정화 계통은 SAS 계통의 발전된 형태이며 이러한 계통에서 주 감지기는 수직 변위 자이로(vertical displacement gyro)가 되며 수직 자이로를 사용한다는 것은 꾸준하고도 정확한 자세 신호를 확보한다는 것이다.

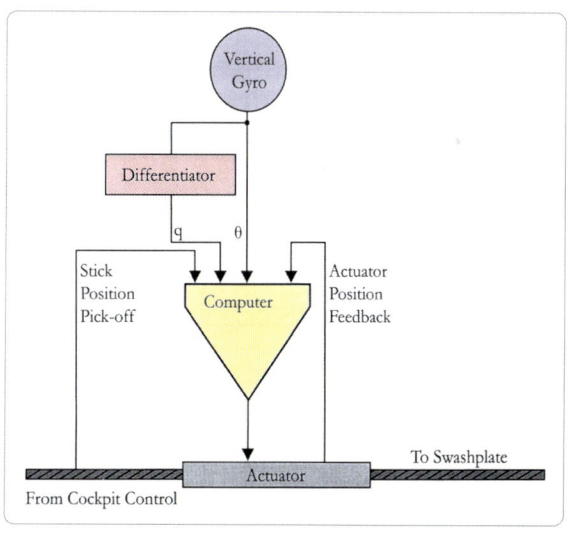

[그림 5-41] 자세안정화 계통의 작동

이것은 명령된 자세가 오랜 시간 동안 매우 정확하게 유지된다는 것을 의미한다. 예를 들어 1도의 기수 상승은 언제나 1도 기수가 올라가 있어야 한다는 것이고 30초 전에 존재했던 신호와의 1도 차이가 아니라는 것이다. 작동하기 위한 요구 조건은 여전히 조종간 위치 터치-아웃나 LVDT 감지기를 통해 조종간의 조작이 요구된다는 의미이다. 조종간이 힘을 받거나 또는 기준 그리고 고정 위치에서 벗어나게 되면 센서는 임시로 수직 자이로로부터 오는 자세 신호를 끊어주게 된다. SAS와 같은 방식으로 역시 비율 감지 스위치를 열어 준다. 이러한 계통에서 비율 감소의 수단은 여전히 SAS 형식의 회로에 의해 제공된다는 것을 기억하는 것이 매우 중요하다.

5.4.2.4 자동조종(Auto Pilot)

자동조종은 이전 그림에서 보듯 외부 회로에서 가장 낮은 단계가 되고 이를 속도와 고도 그리고 사이드슬립(sideslip)을 유지하게 해준다. 헬리콥터는 내재된 사이드슬립 현상으로 인해 전진 비행을 하는 동안 직진을 하는 것이 아니라 그림 5-42와 같이 사선으로 비행을 한다는 것이다. 단일 로터를 가진 헬리콥터는 비행 중에 로터 추력의 안티-토크와 같은 방향으로 이동하려는 경향이 있는데 이 경향을 이동 경향 즉 트랜스레이팅-텐던시(translating-tendency)라고도 한다. 테일 로터는 토크와 반대 방향으로 추력을 생산하도록 설계되어 있다. 테일 로터에 의해 생산된 추력은 헬리콥터를 가로 방향(laterally)로 움직이는데 충분하다. 자동조종 계통을 작동시키면 설정한 정도에 맞추어 높이와 사이드슬립을 유지하게 될 것이다.

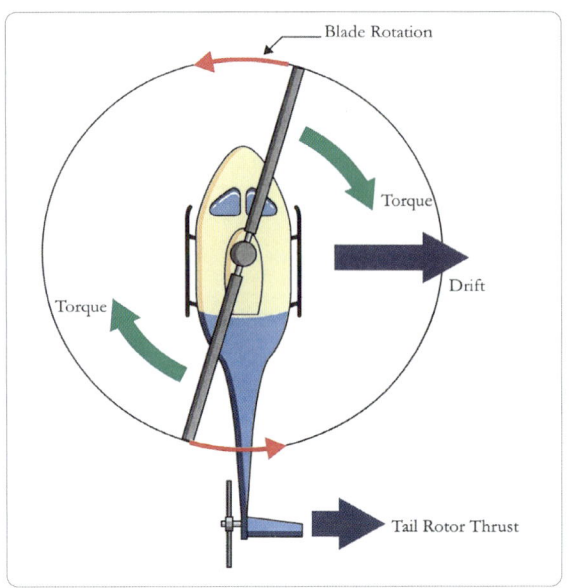

[그림 5-42] 내재된 사이드슬립(Inherent sideslip)

5.4.2.5 자동조종의 작동

자동 조종의 마지막 단계는 전자동방식으로 이것은 더 높은 단계의 기능을 수행하며 실제로 헬리콥터를 조종사에 의해 선택된 특정 기능을 수행하며 비행을 하게 된다. 이 계통을 작동하면 헬리콥터는 제자리 비행(hover flight)에서 전진 비행으로의 전환과 같이 조화롭게 작동을 하게 되며 지점에서 지점까지의 항법 비행을 수행할 수가 있다.

이러한 기능은 헬리콥터에 장착된 계통과 자동 조종의 종류에 따라 다르지만 그림 5-43처럼 자동조종 계통의 일반적인 사항을 보여 준다.

이 계통은 피치와 롤 그리고 요 계통의 자동적인 조종을 제공하고 조종사에게 다음과 같은 선택 가능한 기능을 제공하고 있다.

① 자세와 기수 유지
② 고도 유지
③ 대기속도 유지
④ 동조 회전(옆 미끄러짐 방지)

계통의 기능은 또한 계기착륙 계통과 같은 무선 항법 장치에 자동 저장과 유도 기능을 포함하고 있다.

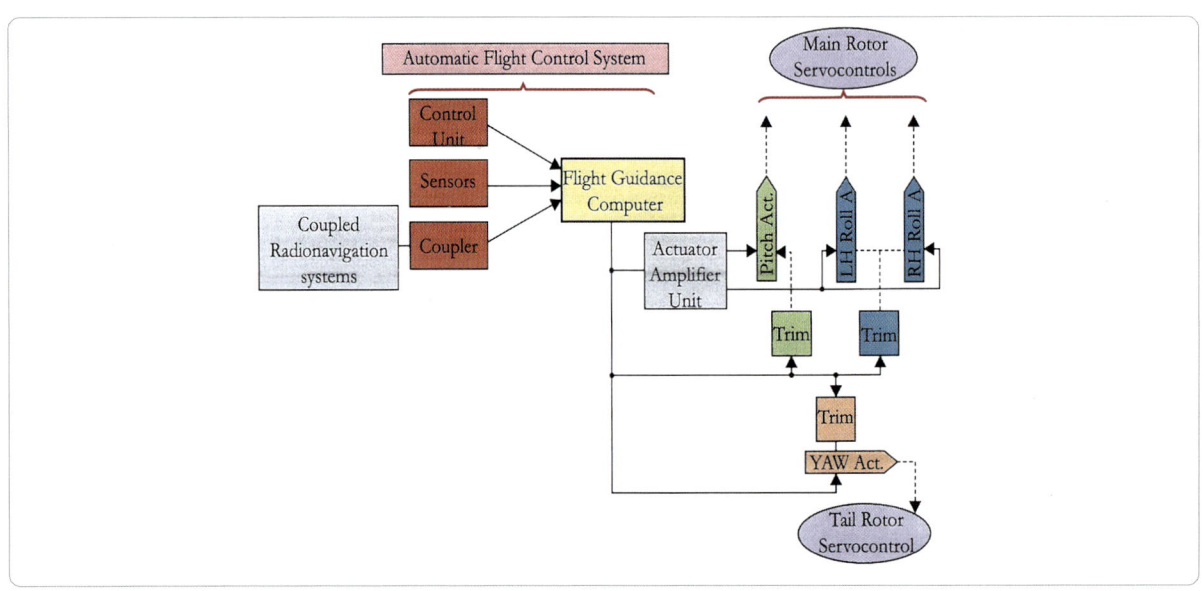

[그림 5-43] 자동조종의 구성

5.4.3 헬리콥터 트림 계통 (Helicopter Trim System)

헬리콥터에서 조종사는 규칙적으로 요 페달 위치뿐 아니라 가로와 세로 조종의 큰 움직임을 만들어야 하고 조종간을 원래 위치에서 장시간 벗어난 상태로 유지해야 하고 이것은 독특한 종류의 트림으로 연결이 되는데 그림 5-44와 그림 5-45와 같이 보통 포스-트림 계통(force-trim system)이라고 하며 항상 새로운 위치로 옮겨가는 동안 사이클릭과 페달의 힘을 제거하기 위해 사이클릭 스틱에 장착된 포스-트림 스위치에 의해 작동을 하며 버튼이 해제 될 때 힘의 변화는 영점(zero force point)에서 새로운 위치로 재설정이 된다.

복잡한 자동조종장치를 가진 더 큰 헬리콥터는 일반적으로 비퍼-트림 스위치 (beeper-trim switch) 라고 불리는 4방향(four-way) 트림 스위치를 가지고 있으며 이 스위치를 작동시키면 사이클릭이 전진이나 후진 또는 좌우로 움직이게 되고 스위치 작동을 멈추면 사이클릭은 다시 새로운 지점을 영점(zero force point)으로 설정하게 된다.

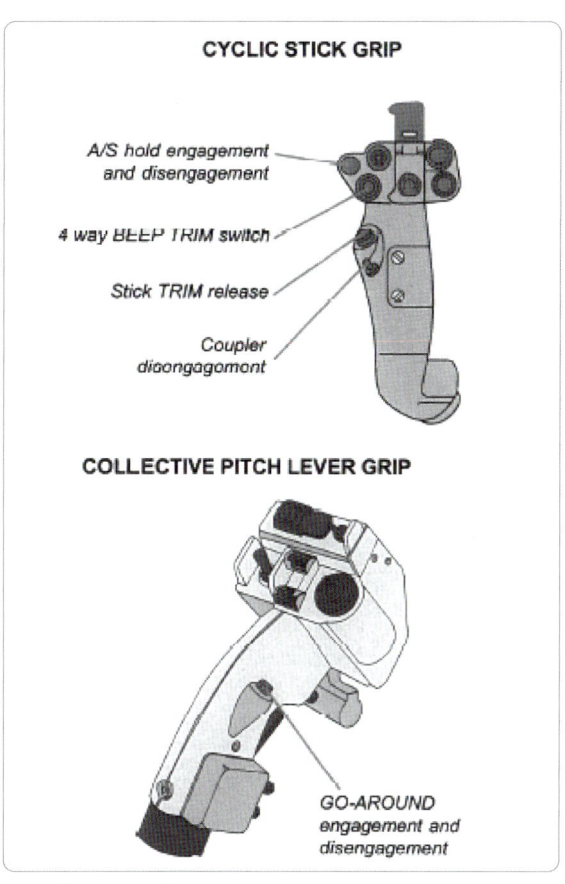

[그림 5-45] 사이클릭과 컬렉티브 조종간의 스위치

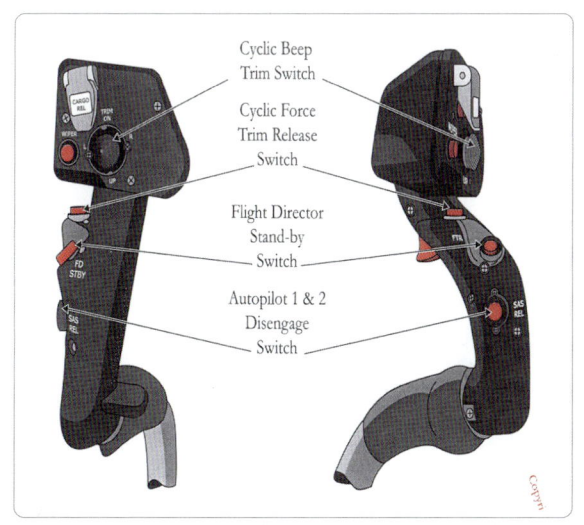

[그림 5-44] 사이클릭 트림스위치

5.4.4 헬리콥터 자동비행의 구성

5.4.4.1 비행조종 컴퓨터/ 비행안내 컴퓨터 (FCC & FGC)

FCC & FGC는 자동조종 계통의 심장에 해당하며 다양한 센서와 조작으로부터 정보를 받아들여 계산하고 처리해서 조화로운 명령으로 바꾸어 비행지도를 만들어 낸다. 이것은 또한 일차 서보와 트림 모터 또는 작동기가 작동하도록 명령을 제공하고 거기에 더해서 FCC & FGC는 ADI 명령 바와 조종사의 화면 그리고 호출표시장치 패널을 구동하게 한다. 대부분의 FCC & FGC는 안전 때문에 두 개의 독립적인 채널과 서보 출력 시스템을 가지고 있다. 그리고 계통에 오류가 발생하는지 계속적으로 서로를 추적 감시하고 있다. 그림 5-46과 같이 FCC & FGC는 또한 초기 시동이나 작동 전에 자가-진단(self-test) 절차를 수행하고 센서 입력의 유효성을 점검하는 등 전체 계통을 추적 감시하는 기능을 가지고 있다.

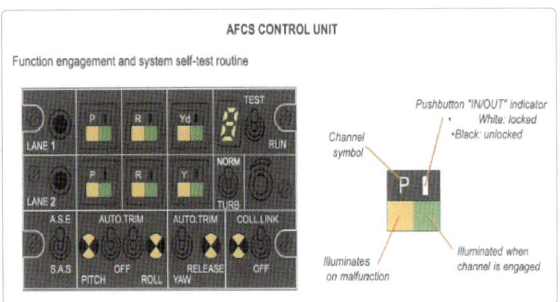

[그림 5-46] 자종조종 제어판

5.4.4.2 자동조종 패널(Autopilot Control Panel)

자동조종은 그림 5-47과 같이 패널 조작에 의해 비행을 제어(control)를 할 수 있지만 패널의 외형이나 복잡도에 따라 상이할 수 있다.

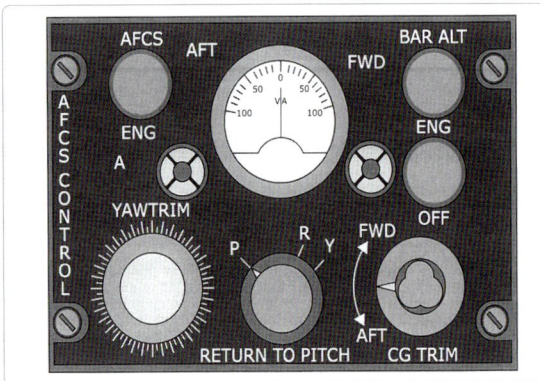

[그림 5-47] 기본적인 자종조종 제어판

AFCS 조종 패널을 조종사가 계통을 사용하고 모니터 하는데 사용되는 제어 장치를 포함하고 있으며 주로 중앙 조종콘솔(center control panel)에 위치하고 있다.

AFCS 패널에는 다음과 같은 스위치들로 구성되어 있다.

(1) AFCS ENG button(AFCS 작동 버튼):

이 버튼은 누르게 되면 계통이 비로소 작동이 되고 작동 중임을 알리는 녹색등이 켜지게 된다.

(2) C of G Trim(무게중심 트림):

이것은 조종사가 무게 중심 변화를 상쇄하기 위해서 전후 비프 트림을 사용한 이후 지시기를 무효화 시키는데 사용이 된다.

(3) YAW trim(요 트림):

이것은 요 채널과 함께 사용되며 AFCS가 작동되었을 때 조종사로 하여금 가벼운 기수 변화를 가능하게 한다. 이 조종간은 각 눈금이 헬리콥터 기수의 1도와 같도록 보정되어 있다.

(4) The BAR ALT ENG and OFF button (기압고도 버튼):

이것은 눌러서 작동하는 스위치로 기압고도 유지를 작동하고 해제하는데 사용이 된다.

(5) Channel Selector Knob(채널 선택 스위치):

이것은 선택된 채널을 감시 추적하는 널 미터(Null meter)와 함께 사용되며 이 선택 패널은 P, R, 그리고 Y로 표시되어 있고 각각은 피치와 롤 그리고 요를 나타낸다.

(6) Null Meter(널 미터):

이것은 AFCS 시스템이 선택된 채널을 위해 특정 방향으로 치우침을 지시하는데 일반적으로 트림 조종과 함께 사용되어 AFCS가 각 방향에 동등한 통제 권한을 가지고 있음을 보증한다.

일반적으로 최근의 자동조종 패널(modern autopilot control panel)은 아래의 그림과 같이 각 계통과 기능을 작동하고 해제하기 위해서 푸시버튼을 사용하게 되어 있다.

① 자동조종 시스템 1 (AP1, autopilot system 1)
② 자동조종 시스템 2 (AP2, autopilot system 2)
③ 자동조종 비행 전 검사 기능
(TEST, autopilot pre-flight test function)
④ 자동조종/비행 방향 커플링과 디-커플링
(CPL, coupling & de-coupling)
⑤ 안정성 증가 계통 모드
(SAS, stability augmentation system mode)
⑥ 자세 안정 모드
(ATT, attitude stabilization mode)

그림 5-48과 같이 자종조종 제어기에 있는 각각의 푸시버튼은 녹색 지시등을 내재하고 있어 관련 기능이 활성화 되면 불빛이 켜지게 된다.

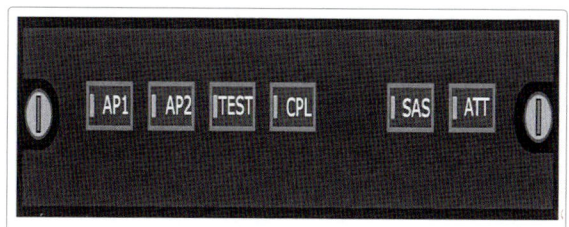

[그림 5-48] 자동조종의 연결장치(modem ACP)

ATT모드는 자동조종이 기본 모드로 활성화 되면 자동적으로 선택이 된다. 이것은 손을 뗀 채 장시간 비행하는 경우 피치와 롤 자세를 유지해 주며 SAS 기능의 기본적인 안정화를 제공하기 위해 비행지시장치(flight director)와 연결이 된다.

SAS Mode는 피치와 롤 그리고 요 축에 단기적 외부 불안정의 효과를 감소시켜줌으로써 헬리콥터의 조작 성능을 증가시켜 주고 저속 비행이나 제자리 비행 시에 조종성능을 향상시켜 준다. SAS기능은 ATT 또는 SAS 모드에서 AP가 연동될 때 마다 활성화되지만 헬리콥터의 폭넓은 기동이 필요하거나 조종사가 자세 유지 없이 수동을 더 선호할 때 사용하기 위한 것이다.

CPL(couple)기능은 ATT Mode에서 자동조종기능과 비행 지시(flight director) 모드가 연동되었을 때 활성화 되며 CPL 푸시-버튼은 누를 때마다 커플과 비-커플로 전환이 된다.

이 특정 AFCS는 두 개의 자동조종이 연동될 수 있기 때문에 동시에 작동할 수 있는 계통이다. 1번과 2번 자동조종과 비행 지시(FD) 계통은 일반적으로 함께 작동을 하지만 각 AP와 FD는 짝지어진 계통의 문제가 발생하였을 때에도 각각의 계통에 완전한 기능 제공할 수가 있다. 조종사는 AFCS를 언제든지 무시하고 비행조종을 수동으로 작동할 수 있다.

비행 전 계통 점검의 일부분으로 조종사는 자동조종 제어기에 있는 TEST 버튼을 눌러 다음의 항목을 만족시키는지 확인하기 위해서 AFCS 점검을 수행하여야 한다.

① 항공기 운항불가 상태 (WOW)
② 전기 또는 유압동력의 사용가능 상태
③ 자동조종 해제 여부
④ 포스-트림을 작동시킨 상태에서 조종간으로부터 손 떼기

5.4.4.3 채널 모니터 패널(Channel Monitor Panel)

그림 5-49와 같이 채널 모니터 패널에는 채널 해제 스위치와 각 채널의 기능점검 스위치를 포함하고 있다. 해제 스위치는 결함이 발생한 특정 채널을 조종사가 선택하지 않도록 해주며 작동중인 자동비행 채널에 고정을 시켜 준다. 의도하지 않은 작동을 방지하기 위해 기능 시험 스위치에 장착된 빨간색 가드(red guard)가 장착되어 있으며 반드시 지상 점검을 위한 목적으로 사용되어야만 한다.

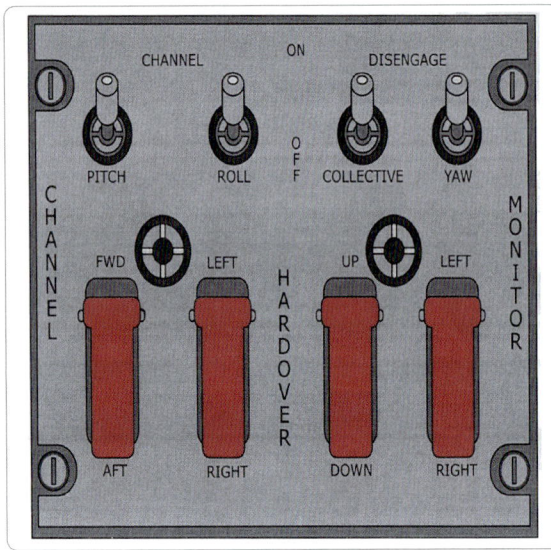

[그림 5-49] 채널모니터 패널

5.4.4.4 모드 선택 패널(Mode Selector Panel)

그림 5-53과 같이 모드 선택 패널 또는 더 큰 항공기에서 사용하는 모드 조종 패널은 시스템의 비행 안내 모드 선택을 가능하게 하며 일반적으로 푸시-온과 푸시-오프 혹은 로터리 스위치를 통해서 이루어진다. 순간적으로 푸시-온, 푸시-오프를 선택할 수 있는 몇몇의 MSP도 그림 5-50처럼 내재된 경보장치와 백-라이트를 가지고 있다.

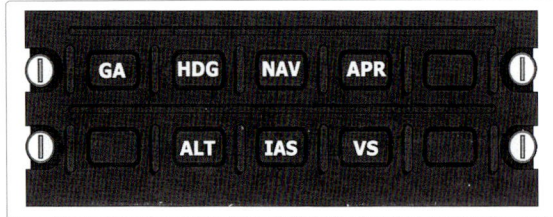

[그림 5-50] 모드 선택 패널(1)

비워진 것들은 일반적으로 사용하지 않는 것으로 기계적 잠금장치를 통해서 물리적으로 막을 수도 있다. FCC & FGC는 할당된 와이어를 통하거나 현대 항공기에서는 일련의 데이터베이스를 통해서 모드 선택을 수신하게 된다. 거짓된 전기적 노이즈 또는 실수로 누르는 것 때문에 의도하지 않은 모드 또는 상태 변화를 방지하기 위해서 모든 버튼은 최소한 4분의 1초(250미리세컨드)이상 눌려야 시스템이 반응을 하도록 되어 있다.

항공기 제작자는 일반적으로 자동조종계통의 작동 모드를 초기 비행 시험을 하거나 항공기 형식증명 중에 설정을 하게 되는데 이것은 제작사와 항공기 종류 그리고 항공기의 복잡도에 따라 다르고 비행 한계에 따라서도 다르게 된다. 가장 최신 시스템의 소프트웨어를 기반으로 하고 있기 때문에 그들은 다양한 모드에 환경 설정될 수 있지만 일반적으로 승인된 모드는 아래의 목록과 같다.

① 가로 모드(lateral mode)
② 기수 선택 (HDG, heading select)
③ 횡적 항법 (NAV, lateral navigation)
④ 접근 (APPR, approch)
⑤ 수직모드(vertical mode)
⑥ 수직 속도 유지/선택 (VS, vertical speed hold / select)
⑦ 고도 예비선택(ALTS, altitude pre-select)
⑧ 고도 유지 (ALT, altitude hold)
⑨ 속도 유지/선택 (IAS, speed hold / select)
⑩ 글라이드슬로프 모드 (APPR, glideslope mode)
⑪ 고어라운드 모드(GA, go around mode)

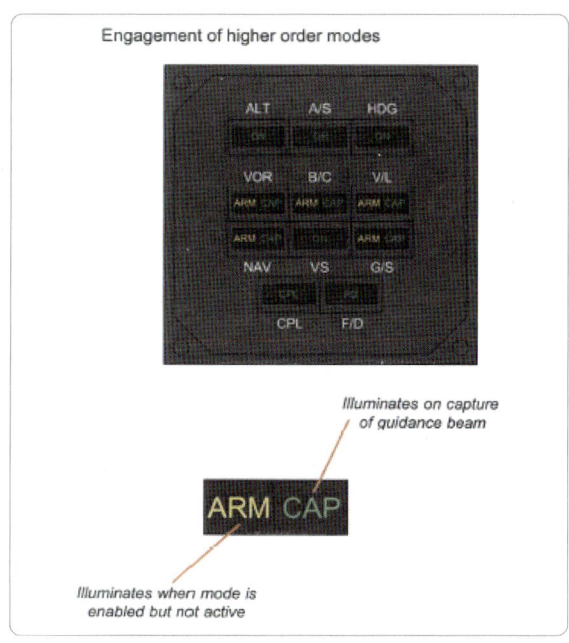

[그림 5-51] 모드 선택 패널(2)

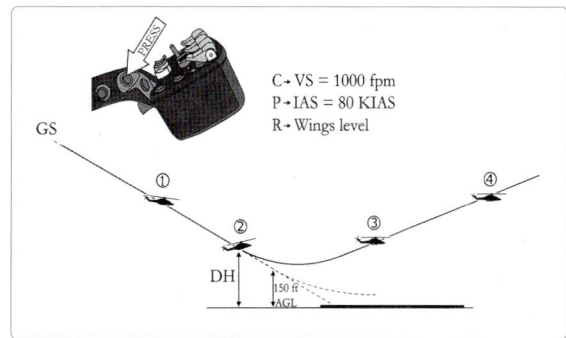

[그림 5-52] 고-어라운드 mode

하나의 수직과 하나의 가로 모드만이 가이드를 제공하기 위해서 선택될 수 있다. 다른 모드를 선택하게 되면 수직이나 가로 모드의 이전 모드를 해제시키게 된다. 이러한 모드 대부분의 목적과 기능은 상당히 명확하기 때문에 상세한 설명이 더 필요하진 않겠지만 고-어라운드 모드에는 익숙하지 않을 것이다.

고-어라운드 기능은 접근을 놓치거나 실패하였을 경우 조종사에게 설정된 명령으로 비행할 수 있도록 비행 접근단계에서 우선적으로 사용될 수 있도록 의도되었다. 그림 5-51과 같이 GA모드는 컬렉티브에 있는 GA 푸시-버튼을 누름으로써 작동이 되는데 이후 다른 비행 지시 모드는 해제가 된다. GA 모드를 누르게 되면 분당 1000피트로 상승할 수 있도록 컬렉티브 레버에게 명령을 내리고 80KIAS 속도 또는 그 보다 더 높은 속도로 날개 수준의 피치와 롤을 작동할 수 있도록 명령을 내린다.

5.4.4.5 입력(Input) 및 표시(Annunciations)

(1) 모드 표시(Mode Annunciations):

항공기의 진행을 모니터 하기 위해서 조종사는 언제나 자동조종의 상태를 반드시 알고 있어야만 한다. 구형 항공기에서는 모드 표시 패널에 모든 자동조종과 비행 계통 모드와 함께 계통의 상태를 표시하였다. 또한 대부분의 모드는 아밍(arming), 캡처와 같은 서브-모드(sub-mode)가 있다. 그리고 선택이 되면 PFD 또는 비행 패널에 해당하는 표시기에 불빛이 켜지게 되며 녹색은 작동하고 있는 모드, 황색 또는 흰색은 작동 대기 중이거나 그 상태, 그리고 적색은 작동 불능 상태를 표시하게 된다. 형식 기준에 맞추기 위해 이러한 패널은 반드시 조종사의 일상적인 시각 범위 안에 설치가 되어야 하며 각각의 조종사를 위해 하나씩 설치되어야 한다. 그림 5-52는 모드 표시의 일반적인 예를 보여주고 있다.

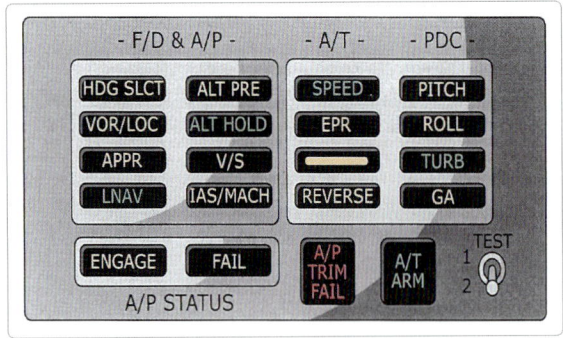

[그림 5-53] 모드 표시 패널

그림 5-53과 같이 EFIS(electronic flight instrument system)가 장착된 최근 항공기에는 대부분의 표시기가 조종사의 PFD 화면으로 이동되었으며 이로 인해 조종사가 필요한 시기에만 보여줄 수 있어 아래 그림처럼 모드와 상태 표시기를 상당히 정리할 수 있게 되었다.

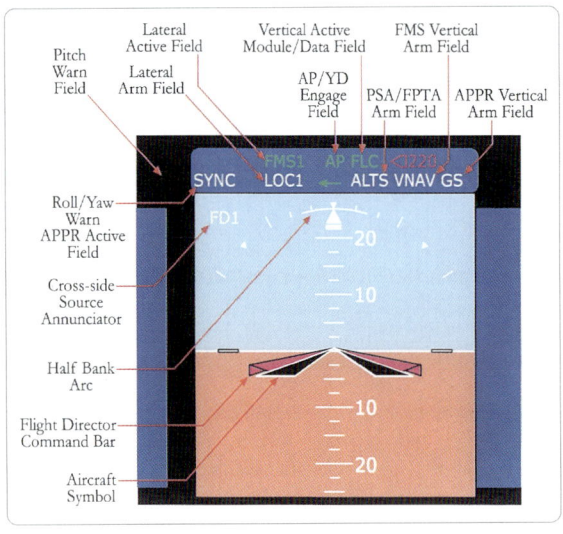

[그림 5-54] 전형적인 PFD

(2) 대기 자료 입력(Air Data Input):

모든 자동조종은 속도와 고도 그리고 수직 속도 등 참고 값을 제공하기 위해 일정한 형태의 대기 자료가 필요하다. 몇몇의 작은 계통에서는 이들 자료를 받기 위해 일차적인 계기의 뒤에서 픽-오프 연결을 해서 사용하지만 대부분의 항공기에서는 중앙 대기자료 컴퓨터(CADC)를 통해 받게 된다. 이 CADC는 피토 튜브와 정압 포트에서 오는 그들 정보를 받기 위해 원격 장치를 통해 직접적으로 제공받는다. 이것은 이러한 공압 입력을 계산하기 위한 전기적 신호로 변환하기 위해 반도체 센서를 포함하고 있다. 이 계산된 대시 자료 장보는 디지털 형식으로 다시 변환되어 데이터 베이스를 통해서 자동조종과 다른 항공기 계통에서 사용될 수 있도록 전달이 된다.

(3) 사전선택 경고 장치(Pre-Selecter Alerter):

고도에 대한 사전선택 경고 장치는 그림 5-55처럼 목표 고도의 선택을 가능하게 하며 자동조종장치를 참조하여 입력이 된다. 작은 항공기에서는 사전선택기가 내재되어 있다.

일반적으로 자동조종은 미리 선택된 고도를 자동적으로 인지하여 항공기가 지정된 고도나 비행 단계를 벗어나지 않도록 한다.

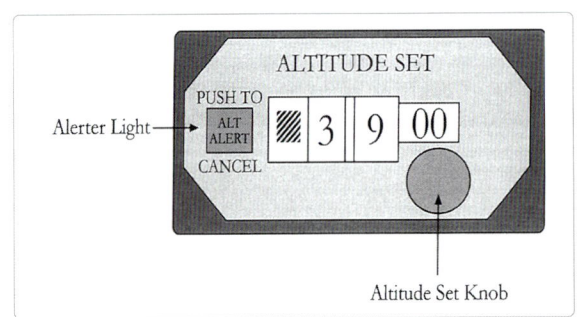

[그림 5-55] 사전선택 경고장치 패널

(4) 자세 입력(Attitude Input):

모든 자동조종은 참고 자료로 이용하거나 항공기 축에 대한 움직임을 추적 감시하기 위해 항공기의 자세 정보가 필요한데 일반적으로 자동조종은 조종사가 ADI를 작동하는 것과 같은 고도 정보를 사용하게 되고 또 다른 여러 곳으로부터 전달 받을 수도 있다.

구형 항공기에 설치된 간단한 것들은 각각 다르게 설치된 두 개의 자이로스코프로부터 자세 정보를 수집한다. 수직 자이로는 피치와 롤 축의 움직임을 참고하고 측정하며 반면 방향 자이로스코프는 일반 또는 요 축의 움직임에 대해서 참고하고 측정을 한다.

모든 자이로스코프는 회전하는 물체가 공간에서 그들의 위치를 유지하려한다는 뉴턴의 운동 법칙 원리에 따라 작동을 한다. 항공기 자이로는 일반적으로 25000에서 3000RPM으로 고속 회전하며 큰 관성력을 가지고 있다. 대부분의 헬리콥터와 소형 항공기에서 수직 자이로와 방향 자이로는 자세와 방향을 참고하기 위한 계통으로 대체되는 반면 최근의 대형 항공기에서는 관성기준시스템(IRS, inertial reference system)의 자세 출력으로 사용이 된다.

(5) 자동조종 끊기 입력
(Autopilot Disconnect Input):

조종사는 당연히 자동조종 해제 방법도 알아야 하고 그에 따라 자동조종 해제 스위치는 아래의 그림 5-56처럼 편리하게 각 조종간에 위치하고 있다.

정상적인 작동 상태에서 자동조종을 해제하는 것은 비행 안내 모드를 취소하지 않는다. 그리고 조종사는 ADI 명령-바에 의해서 여전히 비행을 할 수가 있다. 그림 5-56과 같이 해제 스위치를 누르게 되면 항상 FCC 또는 FGC의 지정된 입력 핀 위 별도의 위치로 놓이게 된다.

해제 스위치를 누르면 자동조종은 1-2초 뒤에 종료한다는 소리와 시각 경보를 제공하게 된다. 시각적 경고는 적색이며 청각적 경고는 일반적으로 기병의 진격하는 소리와 같다고 묘사가 된다. 만약 자동조종이 계통내의 어느 부분에서 고장을 탐지하면 자동적으로 해제되며 경보음과 깜빡이는 시각적 경보가 지속적으로 작동이 되는데 만약 이런 현상이 발생하게 되면 자동조종 해제 버튼을 눌러 경보음을 멈추거나 깜빡이는 시각경보를 멈출 수가 있다.

(6) 계기 화면(Instrument Display):

앞에서 설명했듯이 자동조종은 일반적으로 ADI 위의 명령-바에 출력을 만들어내고 이러한 장비들은 AFCS의 통합된 부분으로 여겨진다. 전자기술의 발전으로 최근의 대부분 항공기에서는 전자 비행장비 계통(EFIS, electronic flight instrument system)과 함께 조종실에 장착되어 있다. EFIS 화면에서 AFCS 모드와 상태 표시는 필요한 만큼만 조종사에게 보여주기 때문에 추가적인 표시 패널이 필요하지 않다. 그림 5-57은 일반적인 PFD의 모습을 보여주고 있다.

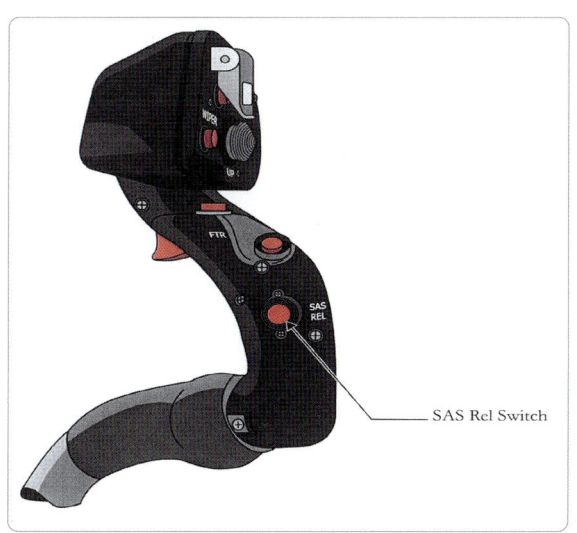

[그림 5-56] 자동조종 해제스위치

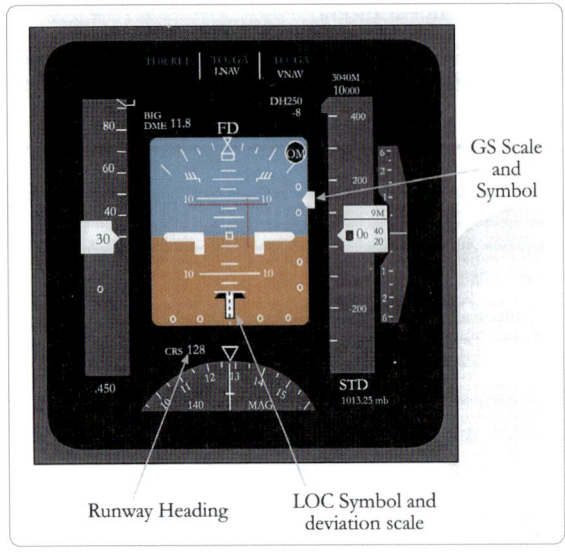

[그림 5-57] 전형적인 1차조종 화면

(7) 자동조종 작동기(Autopilot Actuator):

헬리콥터 AFCS의 복잡함에 따라 직렬과 병렬로 연결되는 두 종류의 전자-기계식 작동기가 사용된다. 작동기의 정확한 작동을 확보하기 위해 그림 5-58처럼 위치 정보를 FCC와 API(actuator position indicator)로 피드-백 한다.

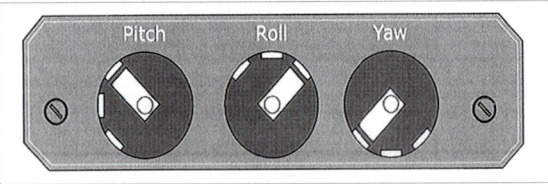

[그림 5-58] 작동기 위치 지시계(API)

API는 조종사에게 직렬 작동기중에 어느 작동기가 작동하고 있는지 또는 그렇지 않은 지를 지시해 준다.

5.4.4.6 기타 구성 요소

(1) 직렬 작동기(Series Actuator):

그림 5-59와 같이 직렬 작동기는 조종간을 움직이지 않은 채 조종 면을 움직인다. 그들은 자동조종 컴퓨터의 명령을 받아 헬리콥터를 무게중심 주위로 안정화 시키거나 또는 내부 회로에서 입력된 비행경로를 유지하게 해준다. 작동기는 인가된 조종 구간의 약 10 ~ 20% 정도로 움직이며 작은 흔들림을 빠르게 수정하기 위해 빠른 속도로 작동하고 전체 작동 구간을 움직이는데 1초도 걸리지 않는다. 직렬 작동기의 사용은 중요한데 왜냐하면, SAS의 작동은 조종사에게 명백한 결과로 나타나는데 비해 사이클릭 스틱에는 반응하는 피드백을 제공하지 않기 때문이다. 직렬 작동기는 작동하지 않을 때 보통 고정 형태의 링-케이지 역할을 하게 된다. 안전한 작동을 위해 작동기는 내부적으로 전기적 또는 기계적 멈춤 장치가 있다.

만약 작동기가 끝단의 정지위치에 있다면 조종사는 정지 상태로 있는 작동기 실린더를 구동시키기 위해 연관된 조종간을 움직이게 된다. 이것은 조종사로 하여금 작동기를 다시 중심에 맞추도록 하고 시스템이 더 큰 범위에서도 지속적으로 작동할 수 있도록 하게 한다. 직렬 작동기를 다시 중심을 맞추기 위해 조종간을 움직이는 방법은 조종사에게 끊임없이 API를 추적 감시하도록 요구하게 되고 더 나아가 조종간을 재 위치시키고 다시 조작하게 하는 등 조종사들의 업무를 증가시키게 되는데 해결책으로서 트림 작동기라고 알려진 또 다른 병렬 작동기를 도입하는 것이다.

(2) 병렬 작동기(Parallel Actuator):

병렬 트림 작동기는 조종 링-케이지에 장착이 되어 작동기가 움직일 때 그림 5-61처럼 조종간을 움직여 조종사가 작동기의 동작 상태를 알 수 있도록 하게 한다.

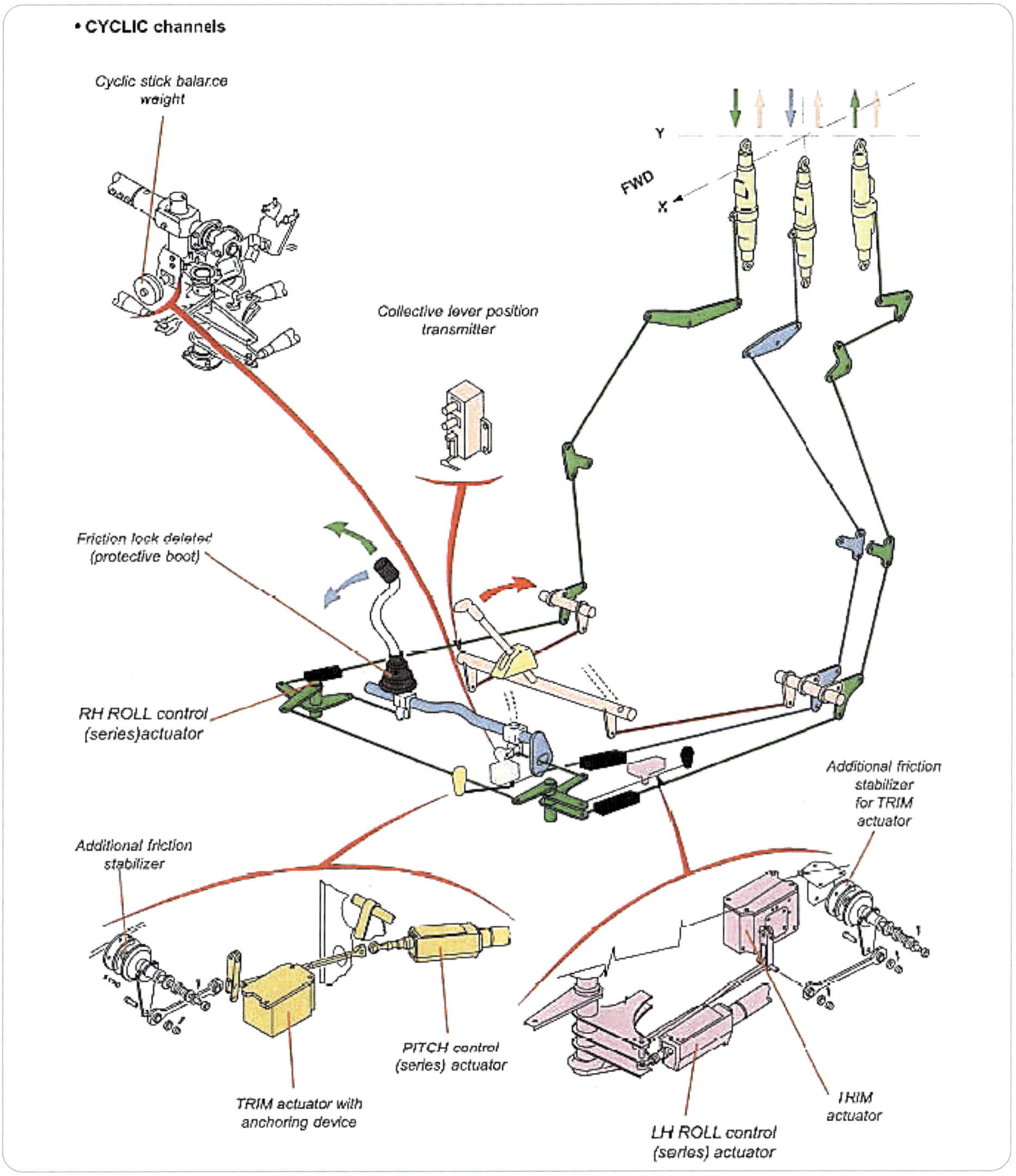

[그림 5-59] 사이클릭 채널 구성품(cyclic channel components)

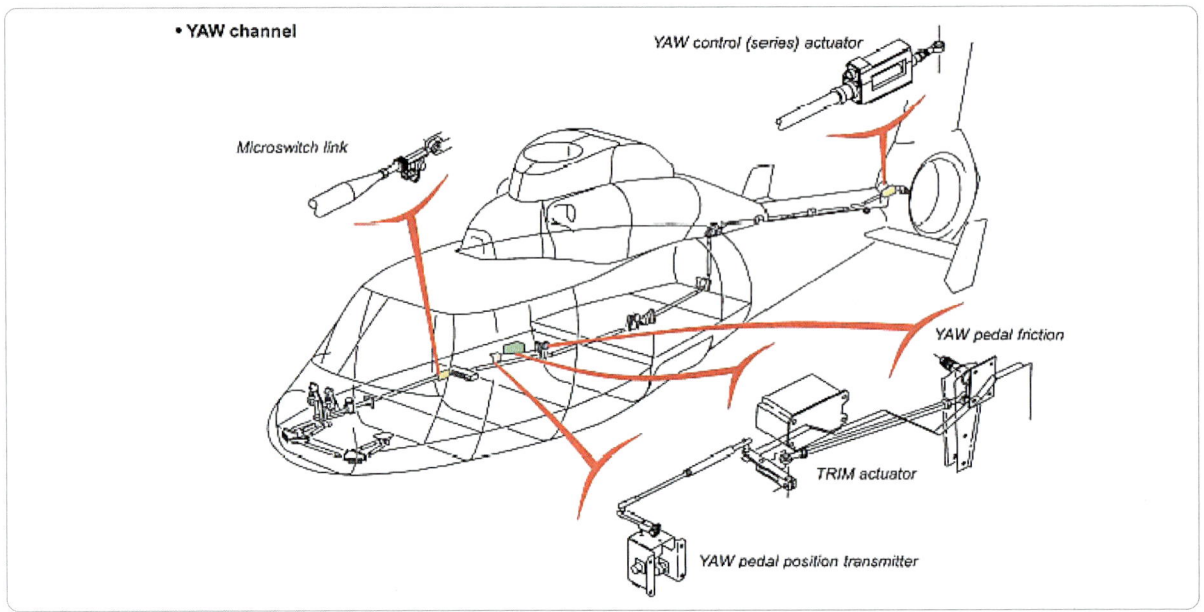

[그림 5-60] 요 채널 구성품(yaw channel components)

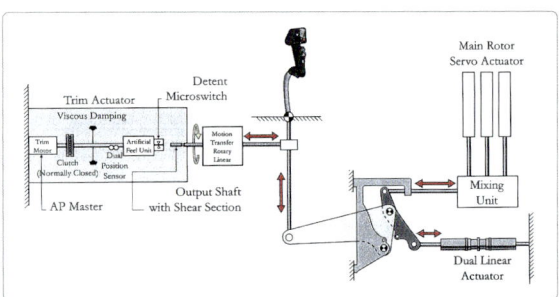

[그림 5-61] 자동조종 계통 축의 작동개요

병렬 트림 작동기는 작동기 움직임의 전체 범위에서 비행 조종간을 움직일 수 있으며 또한 직렬 작동기가 다시 기준을 잡을 때에도 사용이 된다. 그들은 천천히 작동을 하고 비록 많은 권한을 가지고는 있지만 조종사에 의해서 쉽게 무시될 수가 있다.

(3) 자동-트림(Auto-Trim):

직렬 작동기에 있는 위치 피드-백 센서는 작동기의 움직임을 측정하고 자동트림 시스템을 작동시킨다. 직렬 작동기 움직임의 30%가 감지되었을 때 피드백 신호는 병렬 트림 작동기의 출력을 변화시키게 되는데 이것은 사이클릭 스틱을 움직여 결과적으로 직렬 작동기를 중심에 맞추고 같은 방법으로 조종사에게 수동으로 SAS의 작동기를 재 설정하도록 한다. 자동트림 수정 중에는 어떠한 항공기 움직임도 작용하지 않는다.

(4) 자동조종 제어(Auto-Pilot Control):

자동조종 제어는 두 가지의 기술을 사용하여 얻을 수 있다.

첫 번째로 몇몇의 계통에서는 자동조종 입력이 외부 회로 조종을 위해 병렬 트림 작동기로 직접 입력이 되어 전 범위의 움직임을 가능하게 한다. rate gyro의 비율 감소는 여전히 직렬 작동기에 의해 제공이 된다.

두 번째는 자동조종 입력을 직렬 작동기에 입력하는 것으로 만약 직렬 작동기가 30%이상 벗어나게 되면 앞서 설명했던 것처럼 위치를 잡기 위해 자동 조작이 될 것이다.

트림 작동기의 일반적인 형태는 그림에서 보여주는 것과 같으며 각 트림 작동기는 다음과 같이 구성되어 있다.

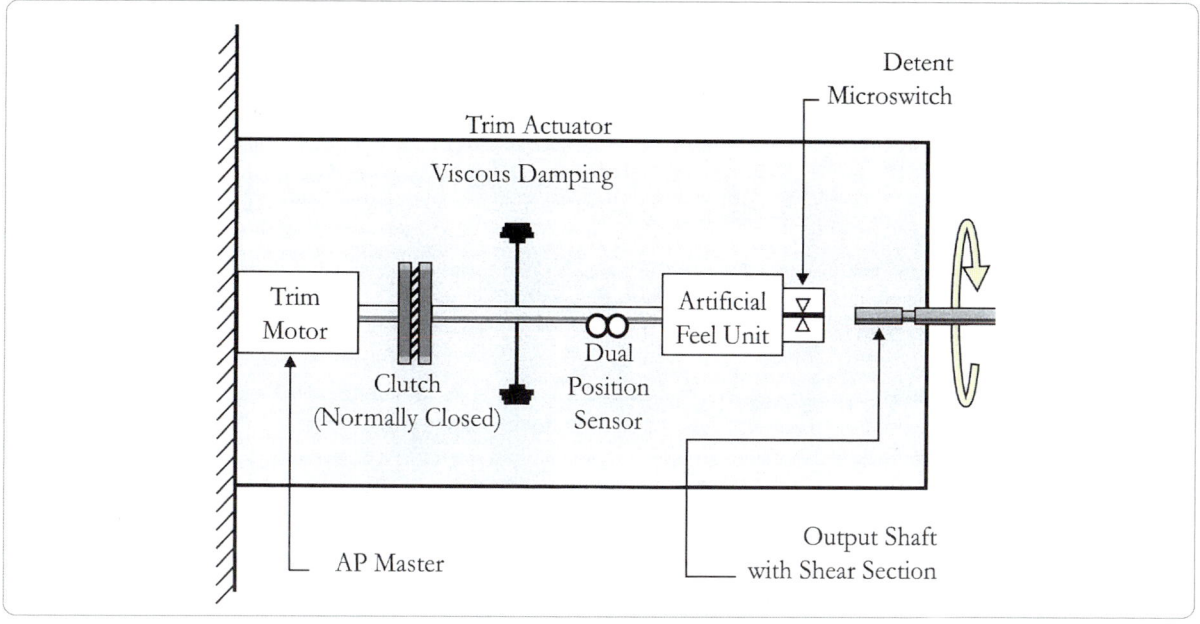

[그림 5-62] 트림 작동기의 작동개요

① 트림 모터
② 자성 클러치(포스-트림)
③ 마이크로 스위치 멈춤 장치가 있는 인공감각 장치
④ 두 개의 위치 센서

(5) 트림 모터(Trim Motor):

이 두 개의 자동조종 시스템에서 트림 모터는 한 번에 하나씩 자동조종 시스템에 의해 작동을 하고 먼저 선택된 계통이 첫 번째로 활성화되며 마스터 트림으로도 불리어 진다.

(6) 포스-트림(Force Trim):

포스-트림 클러치는 손을 대지 않는 채 비행을 위해서 관련 조종 계통을 잠그게 된다. 그림 5-62와 같이 포스-트림은 보통 클러치가 닫히는 전기적 동력이 없이 연결이 된다. 클러치는 사이클릭 조종간에 있는 포스-트림 스위치를 눌러줌으로써 계통을 분리시켜 주고 비로소 수동 조작 비행이 가능해 진다.

(7) 인공 감각 장치(Artificial Feel Device):

인공 감각 장치에 있는 두 개의 작동 스프링은 포스-트림이 연결되어 있는 동안 조종사에게 피드-백 되는 가상의 조종 력을 제공해 준다. 조종사가 손을 대지 않은 채 다시 비행을 하기 위해 조종간을 놓게 되면 스프링은 포스-트림과는 반대로 그들의 중립 위치로 관계되는 조종 계통을 돌려놓는다.

스프링이 중립 위치에서 벗어날 때마다 멈춤 마이크로 스위치는 두 개의 자동조종이 모두 자세 안정 모드 작동을 제한하도록 제어하고 SAS 기능은 활성화 된 상태로 남아있게 된다.

(8) 두 개의 위치 센서(Dual Position Sensor):

그림 5-63과 같이 두 개의 위치 센서는 두 개의 AP컴퓨터에 폐쇄-회로 조종을 위해 피드-백을 제공한다.

그림 5-64는 As365 기종의 AFCS System을 묘사한 것이다.

제5장 비행조종계통

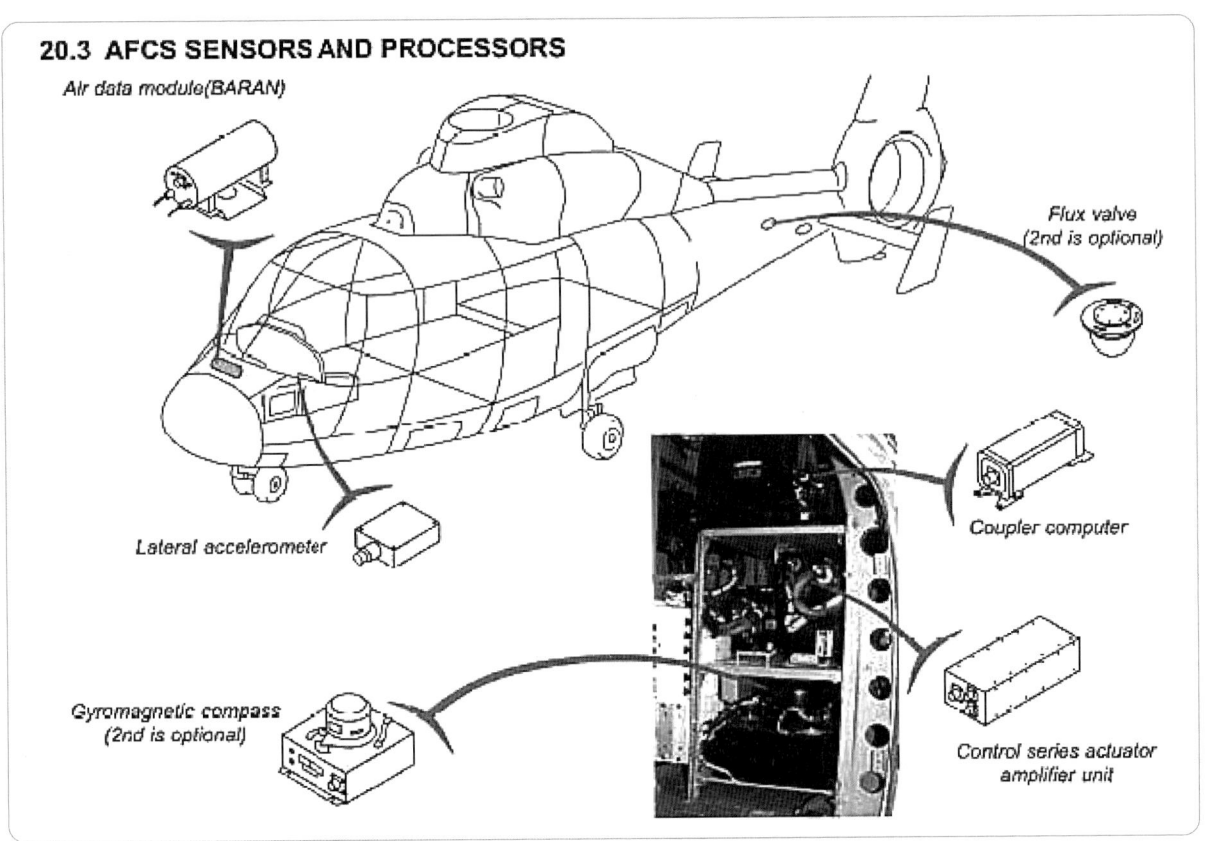

[그림 5-63] As365 자동조종 계통의 감지기들

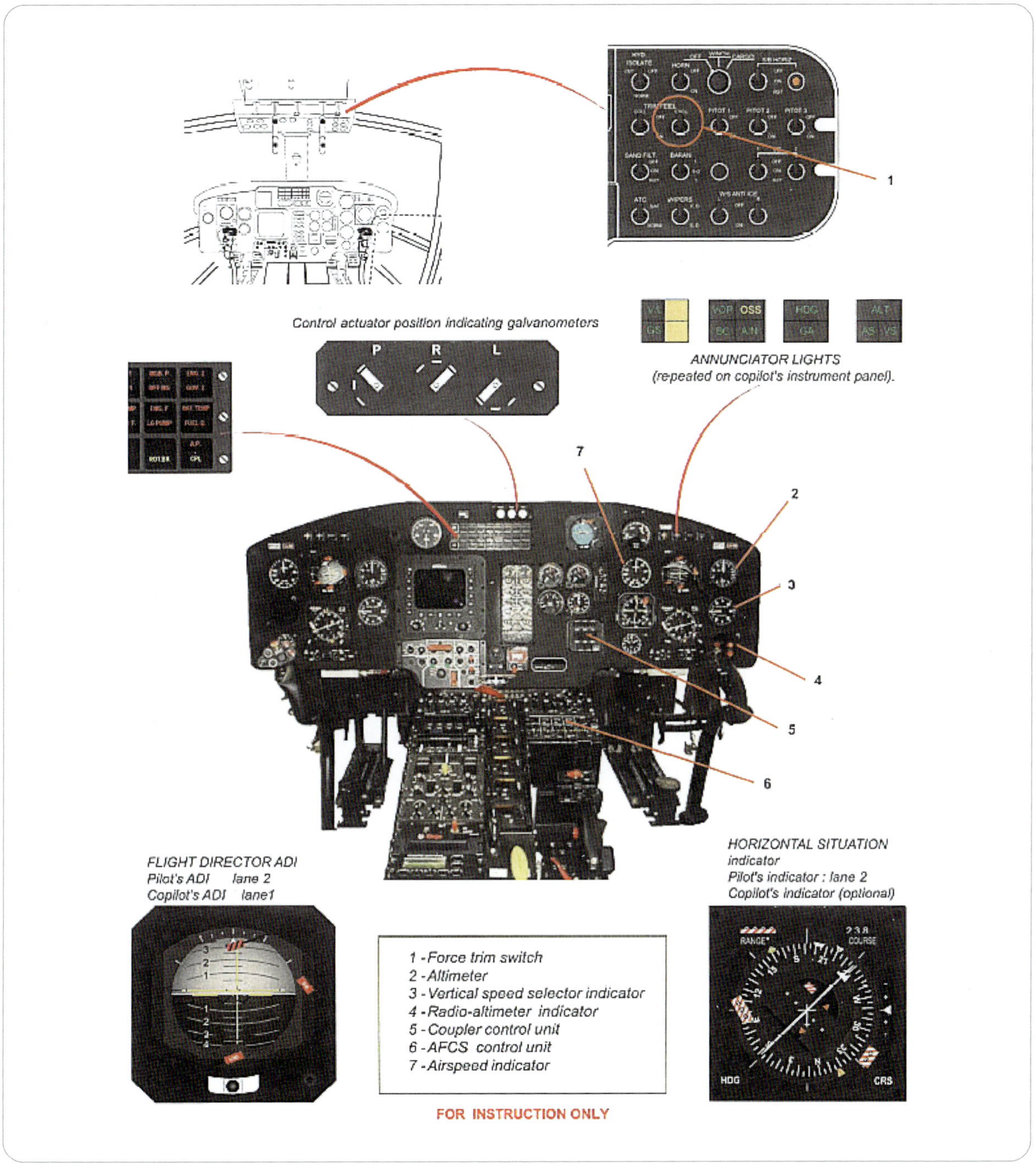
Control actuator position indicating galvanometers
P
R
L
ANNUNCIATOR LIGHTS
(repeated on copilot's instrument panel).
OSS
1
2
3
4
5
6
7
FLIGHT DIRECTOR ADI
Pilot's ADI lane 2
Copilot's ADI lane1
HORIZONTAL SITUATION
indicator
Pilot's indicator : lane 2
Copilot's indicator (optional)
HDG
CRS
1 - Force trim switch
2 - Altimeter
3 - Vertical speed selector indicator
4 - Radio-altimeter indicator
5 - Coupler control unit
6 - AFCS control unit
7 - Airspeed indicator
FOR INSTRUCTION ONLY

[그림 5-64] As365 자동조종의 구성

헬리콥터

제6장 비행조종장치

6.1 메인 로터 헤드(Main Rotor Head)
6.2 블레이드 댐퍼(Blade Damper)
6.3 로터 블레이드(Rotor Blade)
6.4 인공 감각과 트림 계통(Artificial Feel and Trim Systems)
6.5 고정형 안정판(Fixed Stabilizer)
6.6 비행조종계통 작동
6.7 작동기(Actuator)
6.8 밸런스와 리깅(Balancing & Rigging)
6.9 블레이드 트래킹과 진동분석(Blade Tracking and Vibration Analysis)

6.1 메인 로터 헤드
Main Rotor Head

6.1.1 일체형 로터 헤드 (Fully Articulated Rotor Head)

그림 6-1과 같이 일체형 로터 헤드는 블레이드를 3개 이상 가지고 있는 로터에 적합하다. 각 블레이드에는 플래핑 힌지(flapping hinge) 항력 힌지(drag hinge) 페더링 힌지(feathering hinge) 또는 슬리브(sleeve)라고 하는 세 개의 기계적 힌지들이 있으며 독립적으로 움직일 수 있다.

수평 플래핑 힌지(horizontal flapping hinge)는 전진하거나 후진하는 블레이드의 플래핑(flapping) 현상을 허용하기 위해 로터 헤드 중심축에서 벗어나 있으며 컬렉티브 및 사이클릭 피치 변화에 의해 발생한 양력의 변화에 따라 전진 비행 시 양력 또는 추력의 균형을 맞춰 준다.

각각의 블레이드에는 보통 두 개의 플래핑 구속 장치가 있다. 하나는 스프링 힘에 의해 작동되는 힌지로써 강풍 상황에서 저 회전하는 로터에 가해지는 과도한 플래핑 현상을 잡아주는 기하학적 잠금 장치로 블레이드 회전이 증가하면 원심력에 의해 기하학적 잠금이 풀리게 된다. 그리고 드루프 구속 장치(droop restrainer)는 저 회전하거나 움직이지 않을 때 블레이드가 처지는 현상을 제한한다. 이 장치는 블레이드의 회전수가 증가했을 때 구속 장치를 제거할 수 있도록 흔들리는 무게추가 있는 암을 포함하고 있다.

항력 댐퍼(drag damper)와 같이 작동하는 수직 항력 힌지(vertical drag hinge)는 가속 시 코리올리스 효과에 의해 생기는 변화를 상쇄시키기 위해 블레이드가 회전면에서 앞으로 나가거나 뒤로 처지도록 잡아 주며 주기적으로 변하는 항력 변화에 의해 블레이드 뿌리(root)에 가해지는 변동 응력을 해소해 준다.

플래핑 힌지가 로터 헤드의 중심축으로 부터 벗어나 있기 때문에 일정한 속도는 아니지만 헤드와 블레이드 사이에서 유니버설 연결 형태와 유사한 연결을 이루고 있다. 후크의 연결 효과라고 알려진 가속 회전의 변화는 블레이드 뿌리에서 변형 응력을 생성하는데 이것 역시 항력 힌지의 댐퍼 움직임에 의해 보정이 된다.

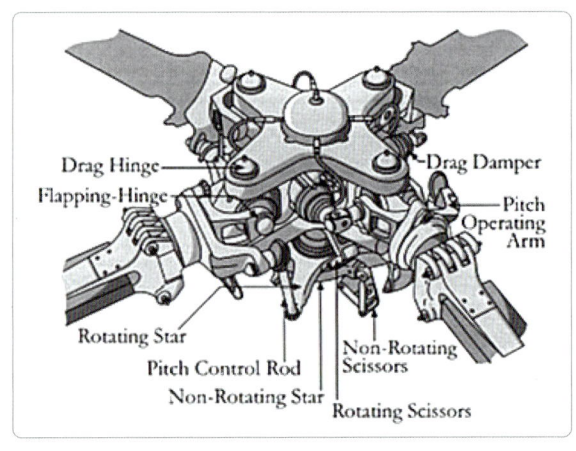

[그림 6-1] 완전 관절형 로터헤드(1)

페더링 힌지는 블레이드가 중심축 주위를 회전하도록 그림 6-2와 같이 슬리브의 형태로 되어 있다. 이것은 수평 비행을 위한 추력을 만들기 위해 로터 면이 기울어지도록 사이클릭 피치 변화에 대응하고 전진 속도가 증가에 따른 롤링과 피칭 모멘트를 상쇄시키기 위해 사이클릭 페더링이 적용되도록 한다. 추가로 상승 비행에 따른 추력 보정을 위해 컬렉티브 피치

각의 변화도 적용되도록 한다. 위 그림처럼 페더링 슬리브는 항력과 플래핑 힌지 장치의 바깥쪽 전형적인 위치해 있다.

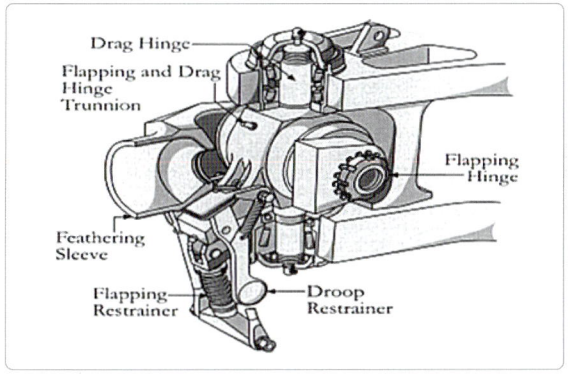

[그림 6-2] 플래핑과 드래깅 힌지의 구조

페더링 힌지는 그림 6-3과 같이 위상 지연을 상쇄하기 위한 고정된 전진 각에 의해 블레이드 뿌리의 앞쪽으로 어긋나있는 피치변화 암을 통해서 작동이 된다. 각 로터 블레이드의 피치변화 암은 rotating swash-plate와 수직으로 피치변화 로드(pitch change rod)에 의해 연결이 된다. 이런 배열이 블레이드의 피치 각을 조정하는 델타-쓰리(delta-three) 힌지 구성이 되고 전진과 후퇴하는 블레이드가 flapping과 추력을 자동적으로 균형을 맞추게 된다.

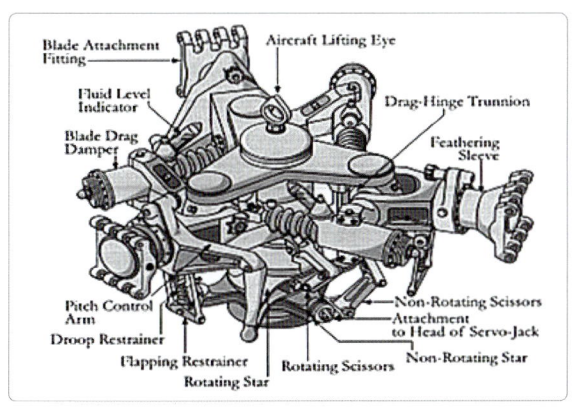

[그림 6-3] 완전 관절형 로터헤드(2)

6.1.2 시소 형 로터 헤드 (Teetering Rotor Head)

시소 형 로터 헤드는 두 개의 블레이드에 적합한 반 강성 로터의 초기 형태로 그림 6-4와 같이 이 형태는 두 개의 블레이드가 허브 중심에 단단하게 연결되어 있고 플래핑 힌지가 없는 대신에 로터는 고정된 코닝-각(coning angle)을 가지며 사이클릭 피치 변화에 대한 대응을 위해 중심 시소 힌지 주위의 구동축에 기울어 질 수 있다. 각 블레이드는 360도 회전을 따라 위와 아래 방향으로 효율적으로 움직인다.

오프셋 피치 변화 암(offset pitch change arm)은 블레이드가 수평 비행 시에 발생하는 양력 즉 전진과 후진에 따른 비대칭 양력을 보정하기 위해 자동적으로 피치 각을 조절하는 것을 가능하게 한다. 자세히 설명하면 후퇴하는 블레이드가 양력을 잃고 떨어지기 시작하면 피치 각이 증가하여 양력을 회복하게 되고 반대로, 전진하는 블레이드는 양력을 얻어 올라가기 시작하면 피치 각을 감소하게 된다.

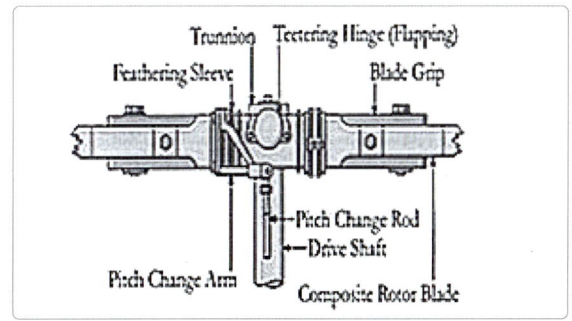

[그림 6-4] 시소형 로터헤드

시소 로터 디스크가 플래핑 힌지를 가진 로터 보다 더 고정된 형태이기 때문에 안정성 문제를 가지고 있다. 만약 헬리콥터 동체의 비행 자세가 어떠한 이유로든지 방해를 받게 되면 그 움직임은 직접적으로 로터 디스크에 전달되어 로터 디스크가 회전면에서 벗어나는 결과를 가져온다. 비슷한 이야기로 만약 로터 궤도의 회전면이 어떠한 이유로 방해를 받는다면 그 움직임은 즉각 헬리콥터를 기울게 할 것이다. 이 문제는 그림 6-5와 같이 안정 바(stabilizer bar)를 설치함으로써 극복할 수 있고 그 바는 각 끝에 추를 가지고 있으며 로터 구동 축 위에 피봇 지지(pivot mounting) 형식으로 연결되어 있다.

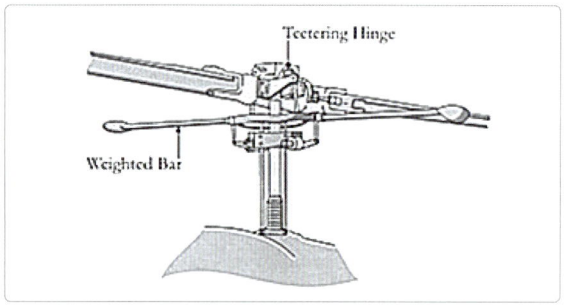

[그림 6-5] 안정-바가 장착된 시소형 로터헤드

스와시-플레이트는 조종 로드에 의해 안정 바(stabilizer bar)와 연결되며 로드에 의해서 블레이드 피치 변화 암에 연결된다. 안정 바는 로터 구동축에 의해서 구동되며 회전면이 변화하는 경향에 저항하는 자이로와 같은 역할을 한다.

스와시-플레이트는 안정 바에 연결되어 있기 때문에 조종사의 사이클릭 조종이 움직여지면 안정 바는 조종면을 변화시킬 것이다. 이러한 현상이 발생하면 로터 디스크는 바의 새로운 회전면에 스스로 다시 맞추어 짐에 따라서 자동적으로 입력된 방향으로 기울어진다. 이 안정 바의 움직임은 일반적으로 헌팅을 방지하기 위해 역할이 줄어들게 된다. 그래서 안정 바의 위치에 영향을 주지 않도록 컬렉티브 피치 조종이 배열된다.

6.1.3 반 강성 로터 헤드 (Semi-Rigid Rotor Head)

그림 6-6과 같이 이 방식은 복합 소재(composite)로 된 로터 블레이드와 함께 사용하는데 적합하며 일체형 로터에 비해서 매우 향상된 성능과 조종 특성을 가지고 있다. 기계적인 플래핑 힌지, 항력 힌지가 없는 대신에 이것들은 로터 허브와 로터 블레이드 루트(root) 부분에 플렉슈어(flexures) 혹은 매우 유연하게 작동하는 장치들로 구성되고 이렇게 유연한 부분은 힌지를 사용하는 것보다 훨씬 더 단단하고 움직임이 더 제한적이다. 로터 디스크의 증가된 강성은 조종 움직임에 매우 잘 반응한다.

블레이드들은 서로 양력이 균등하지 않고 플래핑 현상으로부터 자유롭지 못하기 때문에 전진 비행을 하는 동안 발생하는 롤링 모멘트를 수정하기 위해서 자동 사이클릭 페더링이 요구되며 또한 빠른 속도로 비행할 경우 피치와 롤이 특히 불안정한 경향도 있다. 피치와 롤 움직임은 자동 안정 시스템을 통해서 많이 감소되기도 하지만 그렇더라도 반 강성 로터 헤드 방식의 향상된 성능은 조종 요구의 복잡성을 상쇄하고 남는다.

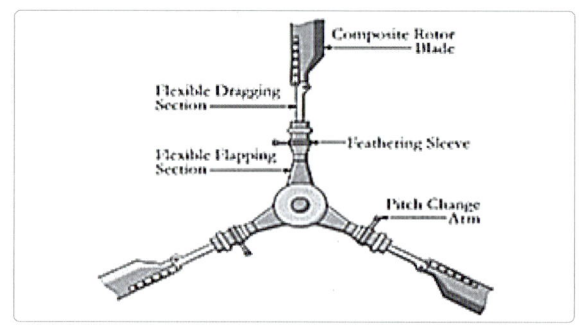

[그림 6-6] 반-강성형 로터헤드

과도한 항력 모멘트를 감당해야 하는 허브와 블레이드의 유연성이 때문에 진동과 지상 공명 문제가 발생할 수 있다. 이것은 설계 과정에서 블레이드 구조에 damping 장치들을 추가하거나 항력 댐퍼(drag dampers)들을 추가함으로써 제거될 수 있다.

6.1.4 강성 로터 헤드(Rigid Rotor Head)

강성 로터 헤드의 등장은 헬리콥터에 엄청난 성능 향상과 매우 민첩한 조종 성능을 가져왔다. 이것은 놀라운 곡예비행 능력을 보여주었다. 그림 6-7과 같이 이 방식은 더 강하게 구성된 케이스 안의 허브와 덜 유연해진 복합소재 블레이드 구조를 제외하고는 반 강성 로터 방식과 비슷한 점이 있다. 블레이드는 기계적인 페더링 힌지와 유사한 장치들을 가지고 있지만 플래핑 힌지와 항력 힌지는 없다. 따라서 플래핑 현상과 드레깅 모멘트는 블레이드의 유연성으로 감당을 하지만 이러한 움직임은 매우 제한적이며 그 역할이 상당히 줄어들 수 있다.

더 설명을 하자면 블레이드가 매우 적은 플래핑 움직임을 가지고 있기 때문에 전진비행 시 발생하는 비대칭 양력으로 인한 롤링 현상을 방지하기 위해서 자동적 사이클릭 페더링 움직임을 통해 보정을 해야 한다. 작은 플래핑 현상이라 코리올리스 효과를 감소시키는데 기여하는 드레깅 움직임으로 인해 초래되는 즉 블레이드 무게중심에서 방사형 움직임은 적거나 없을 수 있다. 로터의 균형을 틀어지게 하는 회전면과 블레이드 사이에서의 작은 움직임 때문에 진동은 감소되고 반 강성 로터 헤드 방식보다 덜 유연한 블레이드 때문에 공중과 지상에서의 공명은 큰 문제가 되지 않는다.

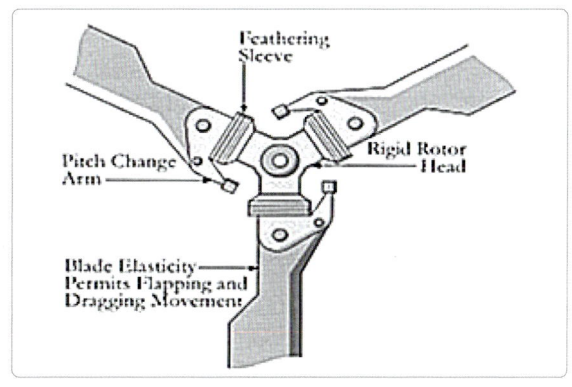

[그림 6-7] 강성형 로터헤드

적은 코닝 각(coning angle)으로 인해 로터 디스크는 거의 평평하고 매우 견고해지고 그 효과는 어떠한 로터 기울어짐도 구동 축을 통해서 동체로 움직임이 전달되어 헬리콥터의 비행 자세의 즉각적인 변화를 만들어낸다. 반대로 어떠한 헬리콥터의 비행 자세에 방해는 로터에 전달되어 즉각적으로 그것의 기울기를 추력을 내는 방향으로 변화시킬 것이다. 태생적으로 불안정한 강성 로터의 특성은 자동 안정화 시스템을 통해 빠르고 정확한 사이클릭 피치 수정을 요구하게 되고 이것은 특히 헬리콥터가 피치와 롤에서 증가된 불안정성을 경험할 수 있는 고속 비행에서 매우 중요하다.

6.1.5 힌지와 베어링 없는 헤드 (Hinge & Bearing Free Head)

이 종류의 로터 헤드는 강성 로터 헤드 개발의 후기에 등장했다. 이 방식은 로터가 기계적인 플래핑과 드레깅 그리고 페더링 힌지들이 없어서 그 움직임들은 온전히 복합 블레이드 유연함과 그 탄성체로 감당하게 된다. 그림 6-8과 같이 플래핑과 페더링 움직임 모두를 수용하는 유연한 빔(flexible beam)은 엘라스토머릭 댐퍼(elastomeric damper)를 통해 드랙 움직임을 제한하는 알루미늄 합금 허브와 블레이드를 연결해 준다. 이 배열은 상대적으로 무게가 적고 정비가 용이한 장점에 더해서 강성 로터 방식의 향상된 성능과 조종 특성을 제공한다.

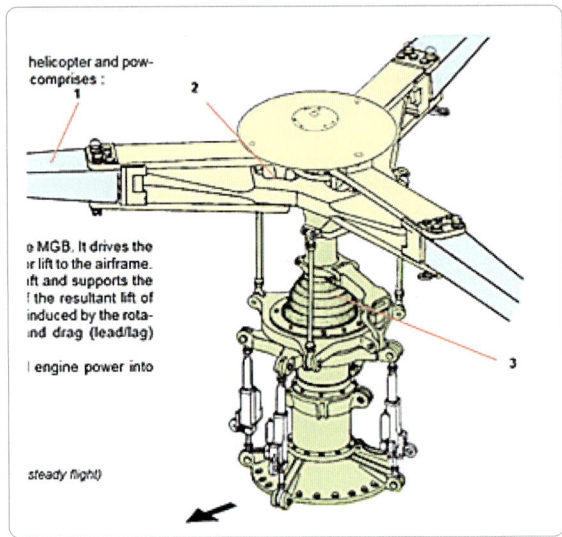

[그림 6-8] 힌지와 베어링이 없는 헤드

6.2 블레이드 댐퍼
Blade Damper

일체형 로터 헤드 방식에서의 항력 힌지는 코리올리스 효과와 후크의 조인트 효과 그리고 다른 관성과 항력 효과로부터 발생하는 회전면에서의 제한되는 블레이드 전진과 지연 움직임을 가능하게 한다.

만일 이러한 움직임들이 정확하게 상쇄되지 않거나 과도하게 되면 로터를 불균형하게 하며 심한 진동을 일으키고, 지상 공명의 위험성이 높아진다. 이것을 보정하기 위해 항력 댐퍼는 드랙 힌지 주위의 움직임과 이동을 제한하기 위한 로터 허브와 각 블레이드 사이에 장착 된다.

여기서 주의해야 하는 부분은 바로 헬리콥터의 진동과 지상 공명 현상이 발생하게 되면 가장 먼저 올바르지 않은 항력 댐퍼를 의심한다는 것인데 항력 댐퍼는 가속도의 빠른 변화에 의해서 또는 로터 브레이크의 적용에 의해서 발생되어 허브로 전달되는 것을 막는 블레이드의 관성 쇼크 부하를 흡수하는데 사용된다. 지금부터 3가지 댐퍼의 종류에 대해 살펴볼 것이다.

① 유압 댐퍼(hydraulic damper)
② 마찰 댐퍼(friction damper)
③ 탄성 댐퍼(elastomeric damper)

6.2.1 유압 댐퍼

유압 댐퍼는 항력 힌지의 연장선 상에 유압 실린더와 피스톤 그리고 로터 허브에 붙어 있는 로드로 구성되어 있다. 댐핑(damping) 기능은 피스톤의 한쪽에서 실린더 안쪽의 구멍을 통해 유체의 흐름을 조절함으로써 얻을 수 있다. 오일이 흐르는 정도는 차압 체크 밸브와 통로에 위치한 오리피스(orifice)에 의해 조절된다.

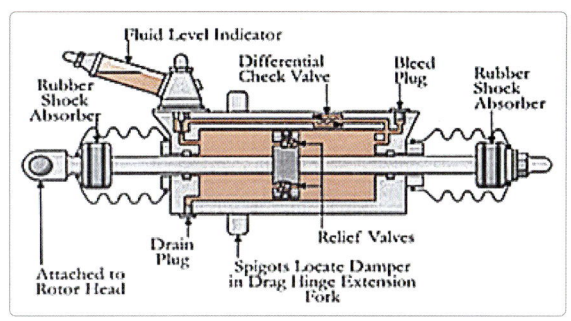

[그림 6-9] 유압식 댐퍼

두 개의 릴리프 벨브는 피스톤 헤드 안에 위치하며 서로 반대 방향으로 작동하고 로터 속도에 빠른 변화가 있을 때 오일 흐름의 양을 증가시켜주는 역할을 한다. 댐퍼의 움직임은 피스톤 로드의 각 끝에 위치한 고무 충격흡수 체에 의해 제한된다. 그림 6-9에서 보여 지는 댐퍼에는 주입구와 함께 유량 지시계가 있으며 조절이 가능한 오리피스구멍이 있는 반면에 최근에 나오는 댐퍼는 주유나 조절이 필요 없는 밀폐된 구조로 되어 있다.

6.2.2 마찰 댐퍼(Friction Damper)

마찰 댐퍼는 그림 6-10처럼 로터 디스크에 마찰판(friction disc)들이 끼워진 채 팩(pack) 형태가 밀폐된 공간 안쪽에 위치해 있다. 로터 디스크는 항력 힌지 암에 연결된 긴축의 중심에 위치해 있으며 마찰판은 스플라인에 의해서 로터 허브에 고정된 하우징

안에 위치하고 있다. 밀폐된 하우징은 냉각과 윤활 작용을 하는 오일로 채워져 있다.

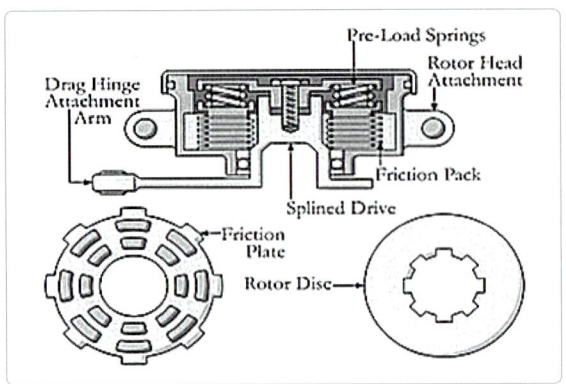

[그림 6-10] 마찰식 댐퍼(multiple disc drag damper)

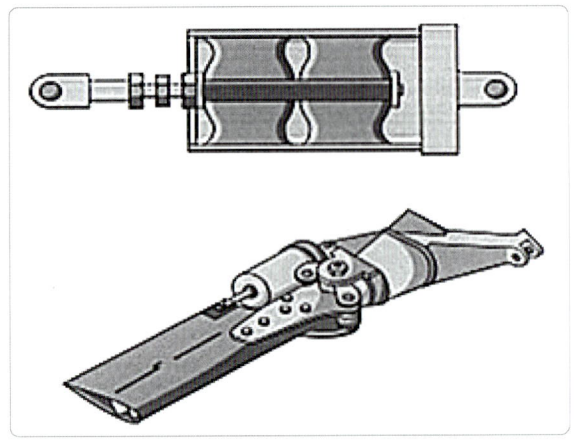

[그림 6-11] 탄성체 댐퍼

마찰 팩은 미리 설정된 충격 흡수력을 위한 스프링에 의해서 부하가 걸려있으며 항력 힌지 주위의 블레이드에 작용하는 어떠한 움직임에도 중심의 스플라인 축(spline axis)을 회전시켜 팩 안에서 마찰을 발생시키고 움직임 충격을 흡수하게 된다.

6.2.3 탄성체 댐퍼(Elastomeric Damper)

그림 6-11과 같이 이 방식은 실린더에 붙어있는 탄성체 재료로 만들어진 실린더와 중심 로드로 구성되어 있다. 실린더는 로터 허브에 붙어 있으며 로드는 블레이드 뿌리에 붙어 있다. 탄성체는 수축이나 팽창을 하면서 면 모양을 바꾸지만 힘이 가해지지 않으면 원래의 면 모양으로 천천히 되돌아가게 되며 이러한 자연적 이력현상에 의해 충격이 흡수되는 동안에도 블레이드는 움직일 수 있게 한다.

부하가 걸리지 않거나 정확한 중립 위치가 없는 마찰 댐퍼와 유압 댐퍼와는 다르게 탄성체 댐퍼는 정확한 위상을 확보하기 위해 자신들의 중립 위치와 같은 선상에서 로터 블레이드가 장착이 되어야 한다. 댐퍼 로드는 댐퍼가 무부하 상태에 연결되어 있도록 조절되어 있다. 이렇게 하지 않으면 로터 블레이드는 중립 위치에서 앞으로 또는 뒤로 영구적으로 치우쳐지는 결과를 가져오게 되며 이로 인해 회전할 때 로터 장치에 불균형을 가져오게 되고 그 결과로 진동과 지상 공명을 만들게 된다.

6.3 로터 블레이드
Rotor Blade

6.3.1 일반(General)

헬리콥터의 메인 로터 블레이드는 굽힘과 비틀림 전단 그리고 인장 응력이 수반되는 회전 날개이다. 그리고 각 블레이드는 스팬 방향으로 원심력이 발생하게 되는데 어떤 경우에는 로터 허브와 블레이드 접합부에 수 톤의 힘이 가해질 수도 있다. 이 응력들에 대응하기 위해 그림 6-12와 같이 로터 블레이드는 튼튼하고 유연성도 있으며 가볍고 내구성이 좋아야 하며 자체로써 균형을 갖추어야 할 필요가 있다. 이번 장에서 나무와 금속 그리고 복합재료 블레이드의 구조에 대해 이야기 할 것이다. 테일 로터 블레이드는 메인 로터와 비슷한 구조를 가졌지만 상대적으로 더 적은 응력을 받기 때문에 더 가벼운 구조를 가진다.

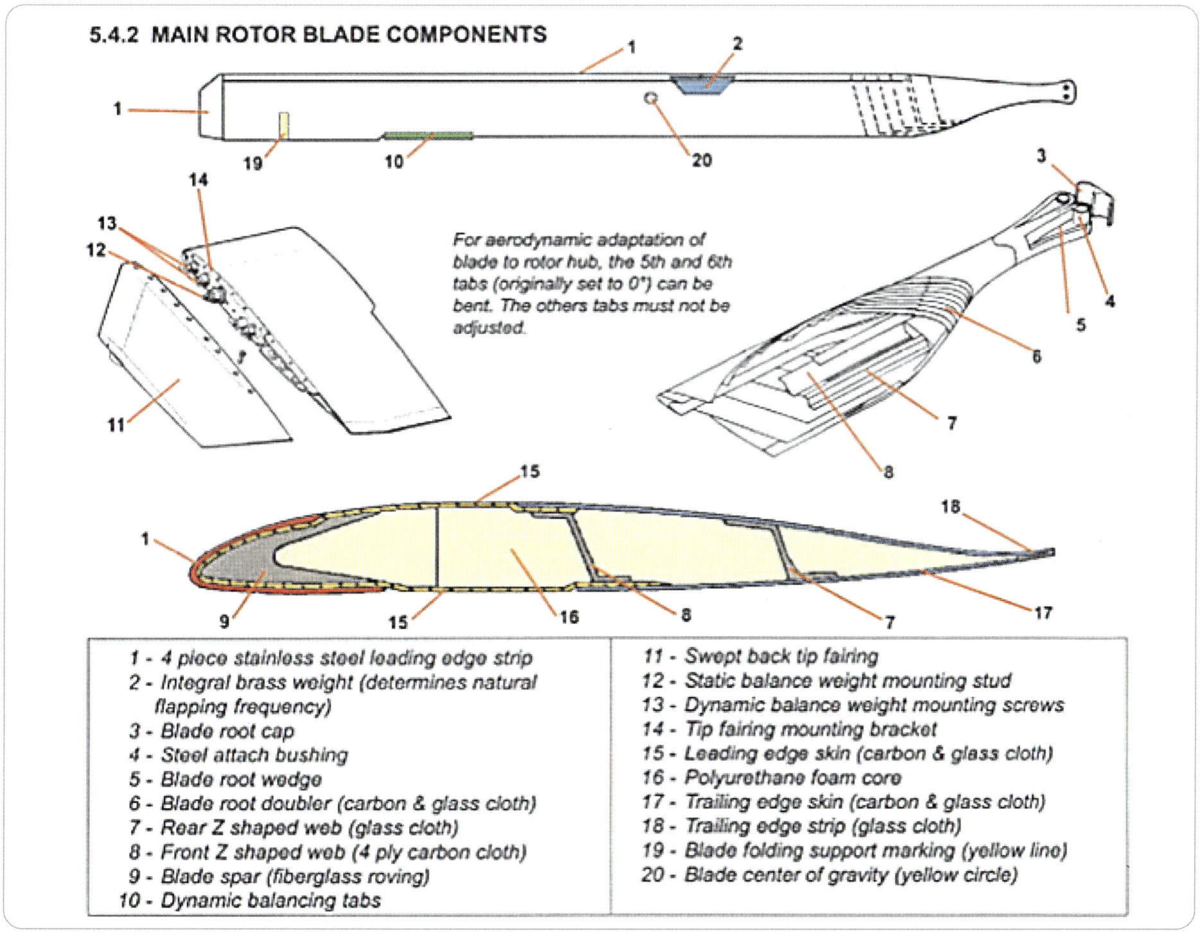

[그림 6-12] 메인로터 블레이드의 구조

로터 블레이드의 구조는 앞전 부분이 보강된 보(spar)를 기반으로 강하고 뒷전 부분은 상대적으로 가볍게 되어 있다. 금속 커프(cuff)는 블레이드의 뿌리에 있는 날개 보에 장착되어 블레이드를 허브 접합부와 연결하도록 되어 있다. 그리고 앞전에는 부식을 방지하기 위한 캡이 붙어있다. 금속제 블레이드의 뒷전은 휘어지는 현상을 흡수하기 위해서 포켓 또는 조각 형태로 만들어 졌다. 일체형 고정 트림 탭은 뒷전의 안쪽에서 바깥쪽을 따라 위치해 있으며 블레이드 트랙과 공기역학적 균형을 조절하는데 사용된다. 가끔 메인 로터 블레이드의 뒷전을 따라서 특정된 위치에 그리고 테일 로터 블레이드의 끝단에 작은 배수구가 있는데 이것은 블레이드의 균형에 영향을 주거나 파괴의 위험성을 증가시키는 습기를 배출해 준다.

때때로 블레이드 날개 보의 아래 부분에 계류를 위한 장치가 부착되기도 하는데 이것은 돌풍 또는 강풍이 예상되는 환경에 노출되었을 때 로프나 스트랩을 사용해서 블레이드가 흔들리는 것을 잡아주기 위해 스크류 형식의 피팅으로 되어 있다. 또한 비상 처치 방법으로 블레이드 끝단에 계류 백(mooring bag)을 매다는 경우도 있다.

로터 블레이드는 블레이드가 비틀어지는 것을 방지하기 위해 제한적으로 시위선(cord-line) 기준의 무게 중심점에서 균형이 확보되어야 하며 더불어 로터 회전면의 균형을 유지하고 진동을 방지하기 위해 길이선(span wise) 기준의 무게 중심점이 확보되어야 한다. 또한 그것들은 공기역학적으로도 공력 중심 움직임의 한계 안에 있어야 한다.

6.3.2 원심력과 공기역학적 회전 모멘트 (Centrifugal and Aerodynamic Turning Moment)

메인 로터 블레이드는 회전하고 있는 동안 원심력(CTM)에 의해 스스로 피치 각을 줄이려는 영향을 받게 된다. 앞 장에서 테일 로터 블레이드와 연계하여 어떻게 이 모멘트가 만들어 지는지를 소개했었다. 메인 로터 블레이드는 테일 로터 보다 상대적으로 더 크고 무겁기 때문에 원심 회전 모멘트에 의해서 발생하는 힘이 훨씬 더 크게 되고 그 영향으로 비틀어지는 경향이 생긴다. 그리고 원심 회전 모멘트로 인한 또 다른 영향은 회전하고 있는 메인 로터 블레이드의 피치를 증가시키기 위한 조종력이 상당히 필요하다는 것이다. 크고 여러 개의 날을 가진 로터의 피치 변화 조절력은 너무 커서 수동만으로 조종하는 것이 불가능 하다.

블레이드의 관성 축(inertial axis)과 연관되는 공력 중심(CP)의 위치는 매우 중요하다. 만약에 공력 중심의 위치가 페더링(feathering) 축보다 앞에 있다면 블레이드는 비틀리거나 받음각이 증가되려는 경향이 있으며 따라서 플랩이 올라갈수록 양력을 증가시켜 상승 가속 현상이 발생하게 되고 이것으로 인해 블레이드에 진동과 떨림 현상을 만들게 된다.

또한 로터 블레이드의 페더링 축(feathering axis)과 관련되어 있는 공력 중심(CP)의 위치도 매우 중요한데 만약 공력 중심이 페더링 축보다 앞에 있으면 피치 각을 증가시키려는 회전 공력 움직임(ATM)이 만들어 져서 블레이드를 비틀리게 만든다. 공력 중심의 위치는 피치가 증가하면서 앞으로 움직이려는 경향 때문에 고정되지 않으며 이에 따라 피치를 감소시키기 위해 필요한 조종력을 증가시키게 되지만 대칭 되는 에어포일(aerofoil)의 공력 중심 움직임은 다른 에어포일의 부분에서보다 훨씬 더 적다.

원심 회전 모멘트(CTM)과 공기력 회전 모멘트(ATM)는 서로 반대 회전 모멘트를 만들지만 원심 회전 움직임이 회전 공기력 모멘트보다 훨씬 크기 때문에 원심 회전 움직임 영향이 주로 남아있게 된다. 그러나 만약에 블레이드의 받음 각이 적어진다면 회전 공력 움직임이 원심 회전 움직임과 합쳐져서 피치를 줄이고 블레이드를 비틀려는 더 강한 회전 움직임을 만들게 된다. 앞서 말한 모든 것을 생각해 보면 당신은 아마 원심 회전 모멘트와 회전 공기력 움직임은 로터 블레이드의 균형과 구조적인 부분이 설계 때부터 고려되어야 한다는 것을 알게 될 것이다.

6.3.3 블레이드

6.3.3.1 나무 블레이드

가장 초기에 사용하던 로터 블레이드는 나무를 적층 구조로 쌓은 형식이며 질량 균형을 맞추기 위해 속이 빈 강재 보(hollow steel spar) 구조물로 되어 있다. 자작나무가 앞전과 중심 날개 보는 응력에 대응하기 위해 자작나무가 사용되었으며 반면에 몸체는 일반적으로 소나무가 사용되었다. 뒷전 부분은 일반적으로 소나무 또는 살사 나무를 쓰고 끝단에는 가문비나무 캡-스트랩 구조로 되어 있다. 나무 구조는 공기역학적 모양에 따라 필요한대로 윤곽을 잡고 천으로 감싼 후에 직조된 섬유 유리 소재를 레진(resin)을 사용하여 덮은 뒤 왁스로 최종 칠을 하였다. 앞전은 표면을 평평하게 하고 충격에 보호될 수 있도록 스테인리스 스틸 스트립을 붙여 사용하였다. 그리고 그 이후 블레이드에 사용되었던 더 가벼운 종류의 나무 구조는 겹으로 된 강재 보와 나무 재질의 리브(rib) 그리고 천으로 덮인 합판으로 만들었다.

금속 합금과 다르게 나무의 밀도는 서로 다르기 때문에 상호 교환이 가능한 블레이드를 생산하는 것이 불가능했기 때문에 나무 블레이드는 종종 같은 허브에 사용되는 균형 잡힌 한 쌍으로 생산되었다. 더불어 각 블레이드는 시위(chord)와 스팬(span) 기준의 균형을 맞추기 위해 앞전과 끝단 캡에 무게를 추가하였다. 고정된 트림 탭은 트래킹과 공력 균형을 맞추기 위해 블레이드의 뒷전에 위치해 있다.

6.3.3.2 금속 블레이드

금속 기준의 통일성과 제조공정은 서로 교환할 수 있는 블레이드를 생산하는 것을 가능하게 했다. 각 블레이드는 생산되는 동안 마스터 블레이드에 맞춰지게 되고, 정확하게 공기역학과 응력 조건에 맞추어 균형이 잡혀지게 된다.

금속블레이드의 구성품은 그림 6-13과 같이 서로 열과 압력을 사용하여 제작이 되고 또 그런 방법을 사용해서 연결이 된다. 이 공정은 가볍고 유연하면서도 강한 구조물이 될 수 있도록 접합부에 이음새가 없이 매끄러운 윤곽을 만들 수가 있다.

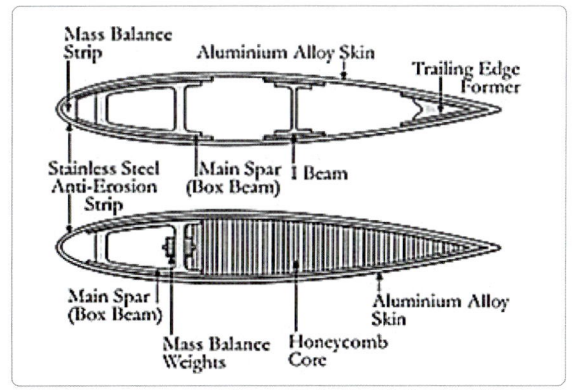

[그림 6-13] 메인로터 블레이드

금속 블레이드는 보편적으로 알루미늄합금으로 만들어진다. 다른 종류들이 있지만 대표적으로 두 가지만 예를 들어보도록 하자. 그림(6-14)과 같이 첫째 스킨을 접어서 필요한 공기역학적 모양을 만들어내고 알루미늄 합금을 압출 성형한 박스형 날개 보와 중간 I 빔 그리고 뒷전은 고형재 형태로 구성되었다. 뒷전은 때때로 금속판으로 만들어진 20개 이상의 분리된 조각 또는 포켓이 있기도 하다. 이것들은 굽힘 응력을 지탱하는 날개 보의 뒷부분에 연결이 되고 고정 트림 탭은 블레이드의 트랙을 목적으로 뒷전을 따라 지정된 위치에 붙여져 있다.

압출된 알루미늄 합금 박스형 보(spar)는 주요 구조부이며 날개의 앞전을 형성하고 블레이드 전체 길이를 따라 구성되어 있고 강철 단조로 가공된 블레이드 접합 피팅이 날개 보의 뿌리 끝과 볼트로 연결되며 결과적으로 부하를 분산하도록 이중재와 그립 플레이트를 강화시킨다. 스테인리스 스틸 연마 스트랩은 강재와 알루미늄 합금 사이에 존재하는 전극 전위를 고려하여 앞전에 평평하게 부착된다. 어떠한 경우엔 티타늄이나 폴리우레탄 마모스트립이 사용되기도 한다. 마지막으로 블레이드는 부드러운 표면 코팅을 한다.

두 번째는 넓은 의미에서 알루미늄 합금 스킨이 주위에 감싸지고 날개 보와 뒷전 스트립에 접합된다는 것에서 첫 번째와 같지만 블레이드의 몸체가 공기역학적 프로파일 안에서 스킨을 지지하는 알루미늄 허니컴 코어(honeycomb core)로 채워지고 앞에서와 같이 마모-스트랩이 앞전을 따라 평평하게 부착되어 있다.

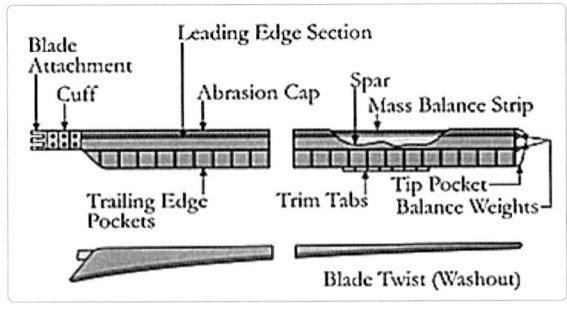

[그림 6-14] 로터 블레이드의 구성

앞서 이야기 한 것과 같이 로터 블레이드는 반드시 시위(chord)와 스팬(span) 방향의 기준에서 균형이 맞아야 한다. 시위 중심의 균형은 일반적으로 금속 평형추 스트립을 앞전의 안쪽을 따라 더하는 것으로 가능하며 스팬 중심의 균형은 끝단 포켓안에 날개 보의 바깥쪽 끝에 무게를 더하는 것으로 가능하다. 이러한 추들은 보통 제거가 가능한 끝단 캡을 통해 접근할 수 있다. 또한 관성 균형을 맞추기 위해서 날개 보를 따라 평형추를 더할 수 도 있다.

금속 블레이드는 피로 파괴와 부식 그리고 외부 물질에 의한 충격에 손상될 수가 있으며 그 한계와 수리와 관련된 부분은 수리 매뉴얼에 나와 있다. 일반적으로 손상이 블레이드의 뿌리 부분에 가까울수록 더 한계가 더 엄격하다. 대부분의 경우에 융합될 수 있는 가벼운 흠집이나 손상 외에는 블레이드 바로 주변 또는 부착 장치의 손상이나 수리는 허용되지 않는다.

손상과 흠집은 잠재적으로 응력을 증가시키기 때문에 이러한 것들은 일반적으로 실제 손상 아래 0.0002인치의 최소깊이까지 블렌딩(blanding) 작업이 필요하며 그 후 갈라짐 탐지 검사와 표면 마감의 복구가 이어진다. 특히 날개 보를 따라 입은 손상을 위해 블랜딩 작업을 수행할 때는 그 손상의 엄격한 깊이와 부위가 제한이 되고 한 부위에 허용된 수리 횟수에도 제한을 두게 된다. 번개에 의한 화재 손상은 또 다른 제한의 대상으로 더 깊은 깊이까지 자재의 성질에 영향을 주기 때문에 엄격한 제한을 두게 되며 수리에 관한 제한은 모든 경우에 반드시 준수되어야 한다.

6.3.3.3 갈라짐 척도 시스템

나무 블레이드와는 다르게 금속 로터 블레이드는 제한된 피로 시간이 있고 비행시간이 경과되면 교체되어야 한다. 로터의 손상은 매우 위험하기 때문에 일체형 갈라짐 척도 검사시스템이 구비되어 있는 경우가 있다. 블레이드 검사 시스템과 블레이드 검사 방법에는 두 가지의 가능한 시스템이 있다. 두 검사 방법은 앞전 날개 보가 비어있으며 예를 들어 질소와 같은 불활성 기체로 여압을 한다는 점에서 서로 비슷하다.

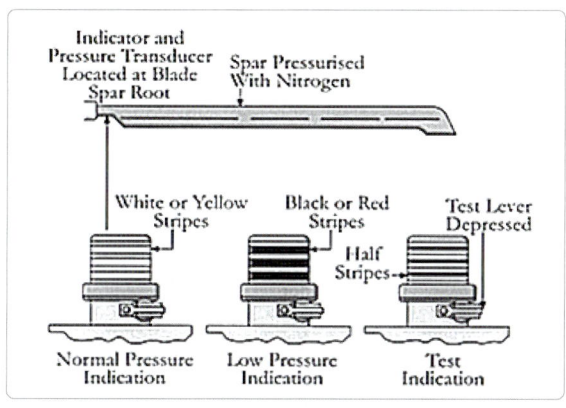

[그림 6-15] 블레이드 점검방법

블레이드 검사 방법에서 가스 압력은 블레이드 뿌리 끝단에 위치한 시각 줄무늬 지시 계에 온도 보상을 하기 위해 작동하며 지시계는 흰색 또는 검정색 줄무늬로 나타낼 수 있다. 그림 6-15처럼 보통 갈라짐이 없는 정상 작동상태에서는 지시계에 흰색 줄이 나타나고 만약 압력이 떨어지는 원인이 되는 날개 보에서 갈라짐이 발견되면 지시기는 검정색 줄로 바뀔 것이다. 지시계에는 시스템이 작동하는 것을 확인하는데 사용하는 시험 레버가 있

다. 레버가 아래로 내려지면 지시 계는 시험의 결과가 정상적이라는 것을 보여주기 위해서 반은 검정 반은 흰색 줄무늬를 표시할 것이다. 경우에 따라 흰색 대신 노란색, 검정색 대신 빨간색을 사용하는 지시계도 있을 수 있다.

블레이드 검사 시스템 이라고 알려진 또 다른 종류의 길라짐 감지 시스템도 가압된 불활성 기체를 사용하며 로터가 회전할 때나 지시계의 시험스위치가 눌렸을 때 언제라도 원심형 스위치를 통해 스스로 활성화 되는 메모리를 가진 전자감시회로가 포함되어 있다. 테스트 스위치가 작동하면 적색 LED램프가 깜빡거리며 정상적인 시험결과를 나타낸다. 하지만 적색 등이 지속적으로 점등이 되면 검사 시스템에 갈라짐 현상이 있었다는 것을 나타낸다.

6.3.3.4 복합소재 블레이드(Composite Blade)

현대의 로터 블레이드는 유리와 단단한 폼을 가진 탄소섬유의 강화 플라스틱과 허니콤 경화제로 구성되어 있으며 각 제조사는 그들만의 특정한 구조로 생산이 된다. 대부분의 날개 보가 유리섬유 또는 탄소섬유 합판으로 제작된 반면에 몇몇은 복합 소재라고 하더라도 금속 날개 보를 가지고 있다. 그림 6-16과 같이 적층 합판과 스트립은 층층으로 쌓여있고 레진을 사용하여 부착한 후에 열처리와 압력 처리를 하여 원하는 모양을 만들어낸다. 복합재료 블레이드를 사용했을 때의 장점은 부식에 영향을 받지 않는다는 것이고 피로에 대한 저항이 금속 블레이드보다 더 있으며 중량 대비 더 높은 강도를 가진다. 그들은 항력을 줄이고 성능을 향상시키는 복잡한 공기역학적 모양을 만들기 위해서 제작된다.

합판과 폼 또는 허니콤 샌드위치 구조에 대해서 몇 가지를 살펴보면 왜 그렇게 인기가 있는지 이해하는 데 도움이 된다. 합판 구조는 함께 접착된 몇 개의

합판으로 구성되어 있다. 각각의 합판은 폴리에스테르나 에폭시 수지 안에 한 방향의 섬유 밧줄로 구성되어 있다. 섬유 밧줄은 한 방향에 대해 높은 강성을 주도록 설계되어 있으며 그들은 유리섬유 다발 또는 아라미드(케블라) 섬유 또는 탄소 섬유로 구성되어 있다.

여러 합판이 같이 접착될 때에는 각각 서로 다른 섬유 방향으로 접착이 되며 그로 인해 각 방향에서 강성을 가진다. 그래서 최종 합판은 인장과 비틀림 그리고 굽힘 응력을 균일하게 견딜 수 있다. 합판은 여러 겹으로 쌓이고 구조가 공기역학적 특성을 가진 스킨-판넬부터 빈 날개 보와 같은 복잡한 형상으로 만들기 위해 열과 압력을 사용해서 제작이 된다.

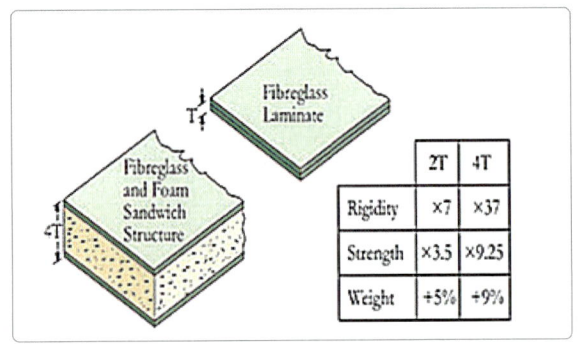

[그림 6-17] 샌드위치 구조

샌드위치 구조의 코어는 발포 폴리에스테린 폼(스티로폼)과 폴리우레탄(우레탄) 또는 PVC 폼(스트러스)등으로 구성 될 수 있다. 그림 6-18과 같이 허니콤은 또 하나의 매우 튼튼하고 가벼운 코어 재료로 이것은 알루미늄과 노멕스 그리고 케블러 같은 재료로 생산될 수 있다. 이러한 재료들로부터 만들어질 수 있는 구성품의 모양과 범위는 그들의 높은 강성과 적은 중량과 함께 그것들을 로터 블레이드에 아주 적절하게 만든다.

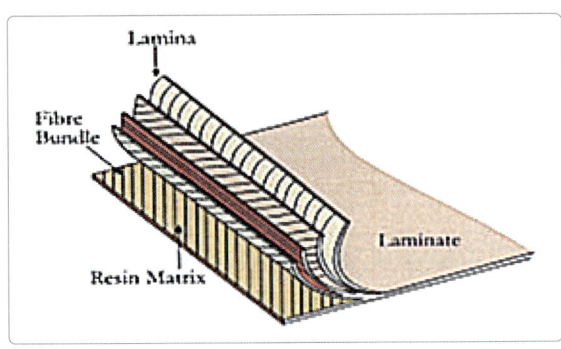

[그림 6-16] 적층 구조

샌드위치 구조는 발포플라스틱 폼 또는 허니콤 재료의 두꺼운 코어에 의해서 갈라진 두 개의 합판으로 구성되어 있다. 얇은 고어는 그림 6-17과 같이 일차적으로 충돌에 저항할 수 있도록 설계가 되며 비교적 두꺼운 코어는 무게가 매우 적게 증가하지만 구조는 더 단단하고 더 강해진다.

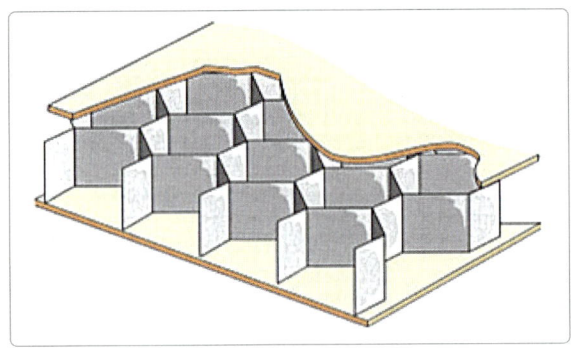

[그림 6-18] 허니콤 구조

보통 복합소재 블레이드는 앞전에 고정 형태의 모양을 가지는 강화된 D 형태 스파 구조로써 강화 섬유 플라스틱 판을 적층하기 때문에 강하고 공기역학적으로도 유연한 형태를 가진다. 앞전은 날개 보에 부착되어 있으며 바깥쪽 길이를 따라 니켈 부식스트립이 붙어있는 티타늄 노즈 캡(nose cap)에 의해 보호된다. 앞전 부분에 있는 내부 빈 공간은 발포 강화 폼으로 채워지는 반면 뒷전은 발포 강화 폼 또는 노멕스 코어로 지지된다.

십자형 적층 구조는 여러 방향의 응력에 대해 강도를 제공한다. 현대 복합소재 블레이드에서 탄소섬유 강화플라스틱의 더 많은 사용이 블레이드 단단함을 증가시키고 진동을 감소시킨다.

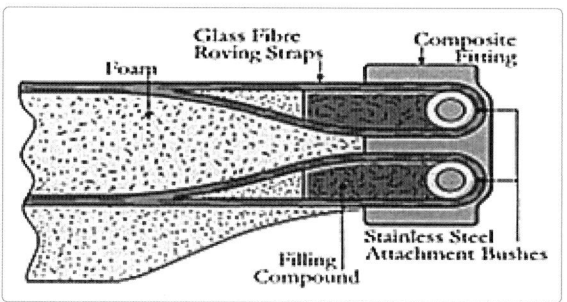

[그림 6-19] 복합소재 블레이드의 접합부

그림 6-19와 같이 블레이드 접합 피팅 부분에서 복합소재 날개 보는 블레이드의 끝단에서 뿌리까지 이어지는 강화 섬유 스트랩으로 만들어지고 다시 끝단으로 이어지기 전에 스테인리스 스틸 블레이드 연결부 부싱(bushing)를 감싸며 이어진다. 이런 종류의 스트랩은 날개 보 부분을 덮는데 사용하는 탄소섬유 적층판이나 유리섬유 재질로써 주 원심력 부하를 감소시키며 비틀림 하중도 감소시킨다. 앞전의 빈 공간은 발포강화 폼으로 채워지는 반면, 뒷전 부분은 폼 또는 허니콤 코어도 구성되어 있으며 십자 적층 유리섬유 합판의 스킨으로 덮여있다.

대부분의 복합소재 재료들은 높은 전기 저항성을 가지며 결과적으로 번개가 치게 되면 접지가 안되기 때문에 블레이드 셀을 파괴할 수도 있으며 작동 중에는 로터 블레이드에 많은 양의 정전기가 쌓이게 된다.

이것을 방전시키기 위해 블레이드의 표면 안쪽으로 와이어 메시 스크린이 장착되어 본딩 점퍼(bonding jumper)를 통해서 금속 허브와 연결된다.

복합소재 수리는 일반적으로 블레이드를 장탈한 후 인증을 받은 수리 기관에서 수행할 수 있도록 보내는 것이 필요하다. 일반적으로 수리 매뉴얼에서는 손상을 두개의 그룹으로 나누고 있는데 수용 가능한 것과 수용 불가능 한 것이 바로 그것이다. 이전에 발생한 수용 가능한 손상이 지정된 한계를 벗어나 악화되도록 두었을 때 수용 불가능한 손상이 발생된다. 그래서, 가벼운 수용 가능한 손상을 확인하고 모니터 하는 것이 중요하다. 또한 블레이드에 수용 가능한 손상 자체가 수용 불가능한 상태인 경우가 있을 수 있다. 로터 블레이드와 마찬가지로 날개 보 부분과 블레이드의 뿌리 부분에서의 허용 가능한 손상 범위는 더 엄격해 졌다.

복합소재 블레이드와 관련된 일반적인 손상은 블레이드 셀의 분리(de-lamination) 현상, 충격으로 인한 뒷전의 스플릿(split) 현상, 표면 부식(surface erosion), 부식 캡의 균열, 표면의 찍힘(nick)과 찔림(gouges) 현상, 그리고 번개로 인해 탄(burn) 현상 등이 있으며 특히 본딩(bonding) 잘못으로 인해 생기는 분리(de-lamination) 현상이나 충격으로 인한 표면 안쪽의 손상은 특별한 도구없이 찾아낼 수가 없다. 단지 현장에서는 표면을 동전으로 두드렸을 때 나는 데드-톤(dead-tone)의 소리로써 결함을 찾아내는 코인 테스트 방법이 유일하며 이동식 음향 시험기(potable acoustic tester)가 있지만 그 원리는 동일하다.

복합소재 로터 블레이드 역시 금속 블레이드에서 설명한 것과 같이 시위 방향 그리고 길이 방향으로 균형이 잡혀 있다. 금속 재질과 유사하게 뒷전의 안쪽과 바깥쪽을 따라 위치한 일체형 고정 트림 탭을 가지고 있으며 그것의 역할은 트랙킹(tracking)과 공기역학적 균형을 맞추는데 사용된다. 이러한 탭 중 몇몇은 제조공정 중에만 조절이 가능한 것도 있는 반면에 다른 것들은 운영 중 트랙 조정이 가능하도록 제공될 수 있다.

6.3.4 블레이드 연결(Blade Attachments)

제작사는 각각 블레이드를 허브에 부착시키는 그들만의 방법이 있다. 그림 6-20과 같이 첫 번째는 블레이드를 허브 위 그립의 포크에 견고하게 연결하기 위해서 핀을 사용해서 연결하는 방법으로 블레이드는 장착하기 전에 들어 올려져 핀이 잘 들어가도록 해야 하며 제거하는 동안에도 똑같이 적용되어야 한다. 종종 핀을 제거하기 위해서 특수한 도구가 사용되기도 하며 만약 블레이드가 제대로 들어 올려지고 지지가 되었다면 이 과정은 단지 중간 정도의 힘만이 필요할 것이다.

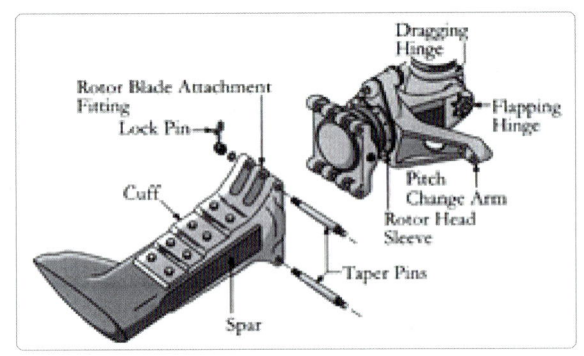

[그림 6-21] 테이퍼 핀을 사용한 블레이드 연결

두 번째는 허브 피팅에 테이퍼 핀(tapered pin)으로 블레이드를 연결하는 방법으로 역시 핀에 가해지는 압력을 줄이기 위해서 들어 올려지거나 지지 되어야 한다. 그림 6-21처럼 블레이드에 있는 금속 커프(cuff)는 날개 보에 부착되어 있는 일체형 이중재를 가진 포크-그립 형태로 되어 있다. 종종 블레이드 피팅과 날개 보 사이에 마찰 손상을 방지하기 위해 스페이서(spacer)가 삽입되기도 하는데 이것은 블레이드의 한 부분으로 작동 중에 마모로 인한 손상이 발생하지 않도록 하는데 목적이 있다.

6.3.4.1 폴딩 블레이드(Folding Blade)

헬리콥터는 격납고 공간을 줄이기 위해서 접히는 블레이드를 장착할 수도 있는데 허브 피팅에 연결하는 블레이드에서 하나의 핀을 제거하고 남은 핀을 받침으로 사용해서 블레이드가 뒤로 접히도록 하는 방법이다. 3개의 로터 블레이드가 달린 경우에는 한 개의 블레이드를 꼬리 동체 위쪽으로 위치시키고 남은 블레이드는 뒤로 접혀지도록 하는데 이때 블레이드들은 동체의 후미에 붙어있는 받침으로 지지되어야 한다.

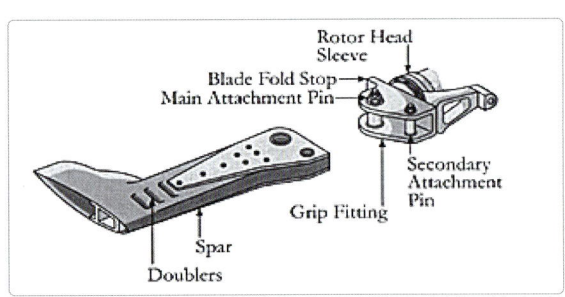

[그림 6-20] 블레이드의 연결

적당한 보조도구 없이 작업을 하게 되면 접촉 부분에 긁힘이 나타날 수도 있으며 홀이 어긋날 수도 있다. 더불어 흔들어서 핀을 제거하는 방법도 허브에 있는 그립 피팅의 포크를 뒤틀리게 하고 블레이드 연결 부시에 손상을 야기할 수가 있다. 블레이드 날개 끝의 피팅은 금속 부시가 있는 날개 보를 통해 볼트로 고정된 그립 플레이트들로 구성 되어 있다.

6.4 인공 감각과 트림 계통
Artificial Feel and Trim Systems

인공 감각과 트림 계통은 일반적으로 함께 조합하여 사용되도록 설계가 되며 이것은 조종사에게 비행하면서 로터에 가해지는 힘을 감각적으로 느끼게 해주는 장치로 만약 이런 감각적인 느낌이 없다면 과도한 조종 움직임에 대응하게 되어 잠재적으로 트랜스미션과 로터에 과부하를 가져올 수가 있다. 또한 쉽게 조작할 수 있도록 하는 조종 장치들은 그 힘이 가해지는 만큼 더 많은 위험에 처할 수가 있다. 예를 들어 자동차에서 운전대 또는 브레이크나 클러치, 그리고 가속 페달을 작동하는데 아무런 저항이 없는 경우를 상상해보라. 헬리콥터는 속도에 대한 제한 때문에 고정익과는 다르게 조종간에 스프링감각에 의한 인공적인 힘을 제공하는 시스템을 사용하지는 않는다.

몇몇의 초기 헬리콥터는 인공 감각을 사이클릭 조종간에만 제공 했으나 현대 헬리콥터에서는 사이클릭과 컬렉티브 조종간 그리고 요 페달에도 사용한다. 사이클릭 조종간을 예로 들면 인공 감각은 각 조종축에 위치해 있는 경사 스프링들로 구성되어 있다. 유닛 안에 있는 스프링은 이미 두 방향의 힘을 받고 있어 조종간이 움직여지는 각 방향으로 저항을 만들게 된다. 스프링 감각 유닛은 평행하게 연결되어 있으나 안전을 위해서 조종 계통에 직렬로 연결되지는 않는다. 예를 들어 만약 스프링 유닛에 고장이 발생하여도 이것이 조종의 정확한 움직임을 방해하지는 않을 것이다.

스프링은 조종간이 양쪽 방향으로 움직일 상응하는 저항하는데 스프링의 굴절은 거기에 작용하는 힘에 직접적으로 비례한다는 것을 기억해야 한다. 이것은 스틱의 이동 방향에 비례하여 조종간 움직임에 저항하는 스프링 감각의 힘이 증가하는 것을 의미한다. 만약 어느 순간에 조종간을 놓는다면 스프링 압력은 풀리게 되고 조종간은 자동적으로 다시 중심으로 돌아가게 될 것이다. 요 페달은 감각을 제공하고 중심을 잡는 경사도 스프링 유닛과 비슷하게 짝지어져 있다.

그림 6-22와 같이 컬렉티브 레버는 경사진 스프링 유닛과 연결이 되고 레버에 붙어 있는 전자식 마찰 브레이크에 의해 작동되는 스위치에 의해 지정된 위치를 유지할 수 있다. 컬렉티브에 걸리는 감각적인 힘은 정상 작동 범위를 초과하는 컬렉티브 피치 조작을 조종사에게 경고하기 위해 레버 구간에 주어진 지점을 표기함으로써 자동적으로 작동할 수 있도록 배열이 된다. 만약 조종사가 증가된 힘에 맞서 레버를 올리게 되면 트랜스미션에 오버-토크가 걸린다는 것을 알게 될 것이다. 대부분의 헬리콥터는 비록 점검을 요하거나 일부 부품을 교체할 수 있을지언정 트랜스미션이 오버-토크 상황에서 안전하게 사용할 수 있는지 확인할 수 없기 때문에 트랜스미션만의 특별한 사용시간 제한을 가지고 있다.

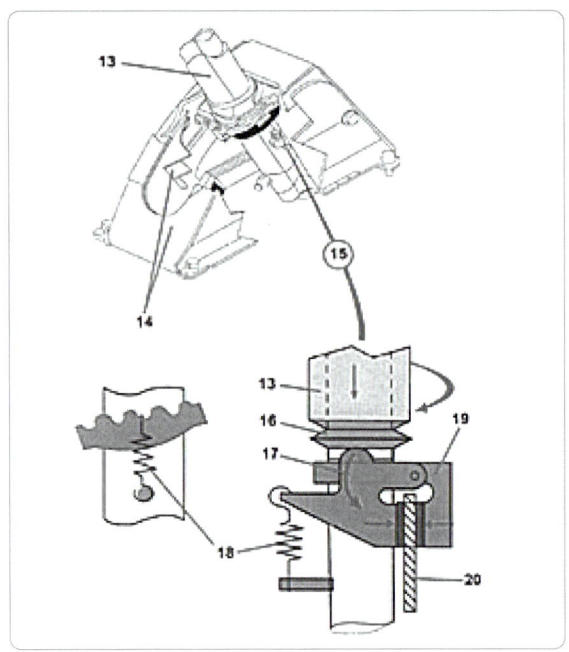

[그림 6-22] 스프링 유닛이 장착된 컬렉티브 레버

6.4.1 트림 조종(Trim Control)

수평 또는 제자리 비행을 할 경우 적당한 조종을 유지하기 위해 스프링 감각에 대항하여 그들의 중심 기준 위치에서부터 멀어지도록 긴 시간 동안 지속적으로 압력을 가해야 한다면 조종사는 매우 피로할 것이다. 더불어 롤과 피치 그리고 요 조정에 필요한 작은 움직임을 지속적으로 해야 한다는 것 역시 조종사에게는 역시 피로감을 주게 될 것이다. 이 문제는 그림 6-23과 같이 조종간의 중심 위치를 선택적으로 바꿔 필요한 만큼 필요한 방향으로 치우쳐진 상태를 유지하도록 하는 포스-트림 계통(force trim system)을 사용함으로써 극복할 수 있게 되었다. 이것은 또한 제자리 비행(hover flight)을 하는 동안 헬리콥터가 회전하지 않거나 이동하지 않도록 가벼운 트림 조종이 가능하도록 한다. 헬리콥터의 포스-트림 계통(force trim system)은 종종 스프링 감각 계통과 함께 사용되며 시스템에 따라 트림 움직임은 전자석 브레이크 또는 트림 작동기를 사용해서 가할 수 있다.

세부적인 조종에 대해 알아보기 전에 기본적인 포스-트림 계통을 설명해보면 먼저 그림에서처럼 조종사에 의한 조종간의 움직임은 전자석 브레이크에 저항하면서 조종간 위에 있는 스위치에 의해 작동되는 강제 스프링 유닛을 압축하거나 늘어지게 된다. 스프링 유닛의 몸체가 움직임에 따라 조종간의 움직임은 조종 계통으로 전달되고 브레이크가 적용된 상태에서 조종사는 조종간의 움직임에 비례하는 스프링 감각의 힘을 느끼게 되며 스프링 유닛은 조종간이 놓아지게 되면 다시 중립으로 돌아온다.

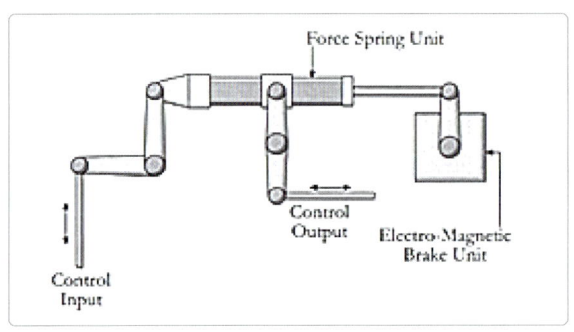

[그림 6-23] 포스-트림 조종

조종사가 트림을 적용하기 위해 브레이크를 풀고 조종간을 원하는 트림 위치로 조작한 후 브레이크를 다시 작동시키면 조종간은 이제 새로운 트림 위치에서 중심을 잡게 된다. 조종사는 여전히 조종간에 움직임을 가할 수 있지만 조종간이 풀어지면 언제나 현재의 트림 위치로 돌아오게 된다.

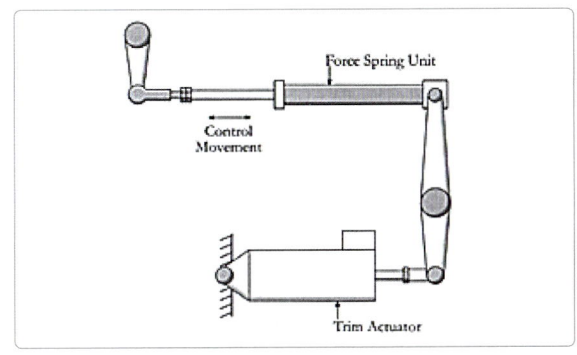

[그림 6-24] 트림 작동기가 장착된 포스-트림 조종

그림 6-24처럼 포스-스프링 유닛은 조종 계통과 병렬로 연결되어 있고 따라서 조종간을 움직이게 되면 스프링 유닛은 순차 작동기(linear actuator)에 대항하여 적절히 압축되거나 늘어나게 되고 그에 상응하는 감각적인 힘을 만들게 된다.

작동기는 조종간에 있는 포스-트림 해제 스위치(release switch)에 의해 조종되는 내장된 전기 조종 브레이크에 의해 위치가 고정되며 조종간을 놓게 되면 다시 중립 위치로 돌아오게 된다. 트림을 사용하게 되면 조종사는 트림 작동기의 잠금을 풀기 위해 포스-트림 스위치를 누른 다음 원하는 만큼 새로운 위치를 찾기 위해 트림 작동기 스위치를 움직이게 된다. 이렇게 한 후 포스-트림 스위치는 브레이크를 다시 잡기 위해 해제하고 조종간은 해제가 될 때까지 새로운 트림 위치로 중심을 잡게 될 것이다.

트림 스위치를 사용해서 트림 계통을 적용할 때에는 두 가지 기술을 사용할 수 있다. 조종사는 원하는 트림 위치까지 조종간을 움직인 후 원하는 트림 위치로 움직일 수 있으며 스프링에 미치는 감각적인 힘이 "0"으로 줄어들 때까지 트림을 적용하고, 조종간을 놓았을 때 트림 위치를 유지하게 될 것이다. 그렇지 않으면 조종사는 조종간에서 그립을 잡지 않은 채 트림을 적용하면 된다. 트림 작동기가 조종 계통과 병렬로 연결되어 있기 때문에 조종데크는 트림을 적용하는 대로 작동할 수 있다.

6.4.1.1 사이클릭 트림 조종(Cyclic Trim Control)

사이클릭 조종간의 손잡이에는 그림 6-25와 같이 포스-트림, 포스-트림 해제 그리고 4방향(four way)으로 움직이는 트림 스위치 등 3개의 스위치가 달려 있다. 포스 트림 계통 스위치는 포스-트림 해제 스위치 작동하기 전에 반드시 ON으로 눌려져야만 계통이 정상 작동을 할 수 있다. 사이클릭 트림 작동기의 전자석 브레이크를 해제하기 위해 포스-트림 해제 스위치를 누르는 것은 조종사에게 조종간을 4방향 트림 스위치의 조작을 통해서 다시 위치 잡을 수 있도록 하는 것이다.

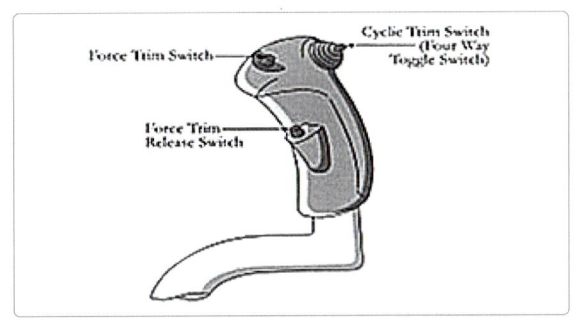

[그림 6-25] 사이클릭 조종간의 트림 스위치

트림 스위치의 왼쪽 또는 오른쪽 움직임은 롤 자세를 특정한 비율로 변화시키는 반면에 앞, 뒤로의 움직임은 피치 자세를 특정한 비율로 변화시킨다. 트림 변화의 규모와 비율은 헬리콥터의 현재 속도와 자세만 아니라 트림 스위치가 작동시킨 트림과도 자동적으로 관련이 되어 있으며 이것은 다른 트림 조정과 교차 커플이 되어도 보정이 된다. 그리고 요구된 트림이 한번 적용되면 조종사는 전자식 브레이크를 적용하기 위해 포스-트림 해제 스위치를 해제하면 된다.

6.4.1.2 컬렉티브 트림 컨트롤 (Collective Trim Control)

일반적으로 컬렉티브 레버에는 컬렉티브/요 트림(collective/ yaw trim), 엔진 RPM 컨트롤(engine RPM control), 안정판 트림(stabilizer trim), 서치라이트(search-light), 윈치 작동(winch control)을 위한 스위치들이 있는데 그 중에 컬렉티브/요 트림 스위치에 대해 설명하고자 한다. 그림 6-26과 같이 3방향 트림 해제 스위치(3-way trim release switch)와 4방향 컬렉티브 트림 스위치가 있는데, 이 스위치들은 포스-트림(force-trim) 계통의 스위치가 ON 상태이며, 사이클릭 스틱이 ON 상태일 때만 작동이 된다.

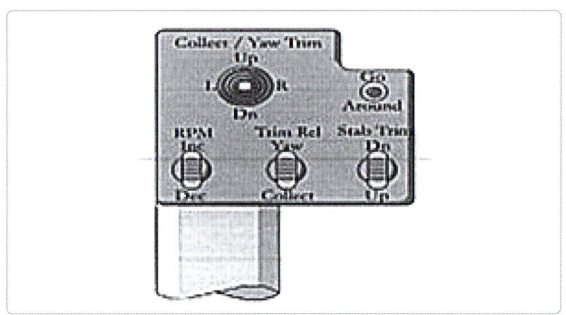

[그림 6-26] 컬렉티브 조종간의 트림 스위치

트림 해제 스위치는 컬렉티브와 요 페달에 있는 전자석 브레이크를 선택적으로 조종하는데 사용되며 만약 스위치가 중앙 또는 Both 위치에 있다면 컬렉티브와 요 페달 트림 작동기에 있는 브레이크는 해제 되었다는 것이다. 또한 스위치가 요(yaw) 위치로 옮겨지게 되면 오직 요 페일 트림 작동기에 있는 브레이크만 해제가 된다. 그리고 만일 위치가 Collect 위치로 옮겨지게 되면 단지 컬렉티브 트림 작동기의 브레이크만 해제가 된다. 4방향 트림 스위치는 관계된 브레이크를 해제하여 컬렉티브와 요 컨트롤 모두를 트림하기 위해서 사용될 수 있다.

6.4.2 병렬과 직렬 작동기 (Parallel & Series Actuator)

트림 계통은 전자 비행 조종 계통(electronic flight control system)을 통해서 자동 조종과 자동 안정화 시스템에 연계되어 있으며 이런 계통에 대한 자세한 설명은 제7장 자동 조종에서 소개된다. 그리고 이런 시스템들은 그림 6-27과 같이 병렬과 직렬 작동기를 사용하게 되는데 목적에 맞게 여기에서는 이러한 것들이 조종 계통에 어떻게 영향을 미치는지를 알아보고자 한다.

병렬 작동기는 관계되는 조종 데크와 피치 변화 장치들을 동시에 움직이게 된다. 이것은 조종 중에 직렬 작동기의 길이를 변화시키지 않으며, 사용하지 않을 때에는 작동에 방해를 하지 않는다.

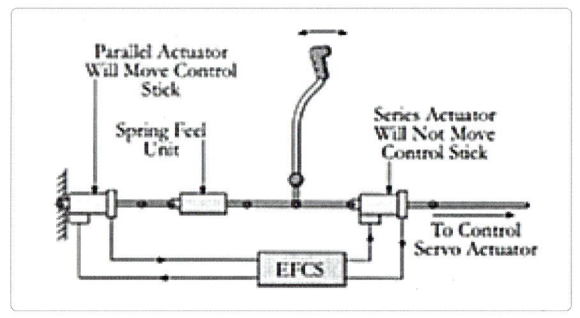

[그림 6-27] 직렬과 병렬 작동기

직렬 작동기는 조종 중에 길이를 변화시켜 연관된 피치 변화 장치를 움직이게 하지만 스프링 감각 시스템이 조종 데크 계통의 움직임으로부터 피치 변화 장치들을 보호한다. 브레이크가 잡혀있을 때 직렬 작동기는 조종 연결 부분의 한 형태를 유지하고 그것의 작동에 방해를 주지 않는다.

6.5 고정형 안정판
Fixed Stabilizer

6.5.1 수평안정판(Horizontal Stabilizer)

헬리콥터가 전진 비행 중일 때 로터의 앞쪽 부분은 기수를 내리는 비행 자세를 취하게 하는 경향이 있는데 이것은 형상 항력을 증가시키고 최대 속도를 제한하게 하며 연료 소모가 증가시킨다. 거기에다 헬리콥터가 전진 비행 중에 돌풍이 불게 되어 로터의 플랩백을 야기시키면 그것으로 인해 동체가 들어 올리려는 경향이 있는데 만약 이것을 고려하지 않으면 로터의 뒤쪽 기울어짐이 증가하게 되고 더 나아가 불안정성을 만들게 된다.

이 문제를 극복하기 위해 수평 안정판을 후방 동체에 위치시킴으로써 후방 동체 부분을 아래로 잡아주어 전진 비행을 하는 동안 수평 자세를 유지하도록 한다. 안정판은 일반적으로 속도의 증가에 따라 아래 방향으로 양력이 작용하도록 역 에어포일(reverse aerofoil) 형태를 하고 있지만 동체의 기수가 올라가거나 내려가게 되면 수평 안정판의 받음각을 자동적으로 변화시켜 동체의 그 움직임들을 상쇄시켜 준다.

고정 안정판이 가진 문제는 조종사가 비행 조건이나 부하 배분의 변화를 상쇄하기 위한 자체의 영향을 바꿀 수 없다는 것으로, 예를 들어 만약 헬리콥터가 역풍 상황에서 제자리 비행을 하거나 후진 비행을 할 때 안정을 유지할 수 없는 효과를 가질 수가 있는데 이러한 상황에서 뒤에서 돌풍이 불어오게 되면 로터는 플랩 포워드(flap forward) 상태로 로터 회전면이 전방으로 들리게 되어 결과적으로 동체를 아래쪽으로 향하게 한다. 이런 경우 고정형 수평 안정판 형태는 피칭 모멘트를 증가시키려는 로터의 역할과 유사하게 될 수가 있다.

6.5.2 수직 안정판(Vertical Stabilizer)

고정된 수직 안정판은 종종 메인 로터의 토크와 배치되는 사이드 토크(side torque)를 만들어 테일 로터의 부하를 경감시키기 위해서 사용이 된다. 수직 안정판이 이러한 역할을 하기 위해서는 그림 6-28에서 보듯 안정판이 사이드 토크를 발생시키는 비대칭 에어포일 부분을 가지고 있어야 한다. 이것은 테일 로터가 방향 조종을 달성하는데 더 효과적이고 또 요의 불안정성도 상쇄시키는 역할을 하게 된다. 헬리콥터의 종류에 따라 그림 6-29와 같이 수평 안정판은 하나의 비대칭 테일 핀(tail fin)이 부착되기도 하고 꼬리 동체의 양면에 위치하기도 한다.

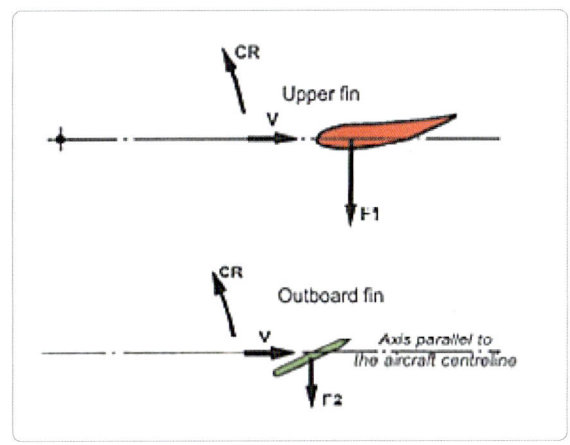

[그림 6-28] 수직안정판과 핀

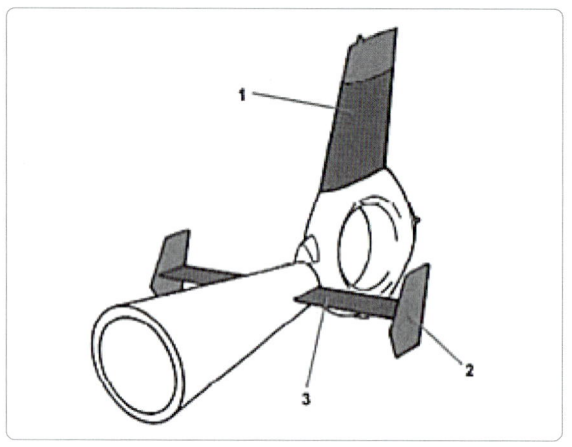

[그림 6-29] 수직, 수평안정판과 핀

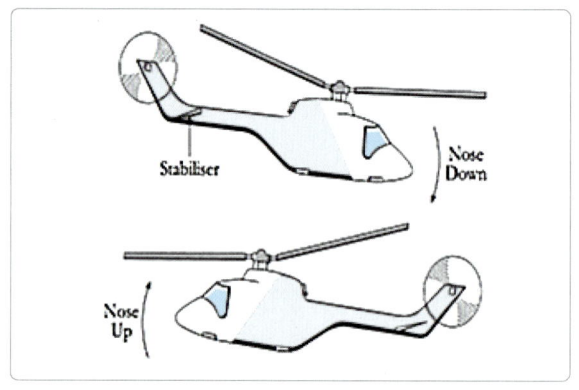

[그림 6-30] 가변 수평안정판의 개요

6.5.3 가변 안정판(Adjustable Stabilizer)

요즘의 헬리콥터들은 조종사가 전진 비행 시에 피치 자세를 조정 할 수 있도록 받음각을 바꿀 수 있는 수평 안정판이 장착되어 있다. 예를 들어 조종사는 평형을 조정하기 전에 우선적으로 속도를 증가시키기 위해서 의도적으로 이륙 직후 헬리콥터의 기수를 아래로 내리도록 조절하기를 원할 것이며 반대로 조종사는 착륙지점에 다다를 때 기수를 위로 올리도록 조절하기를 원할 것이다. 그림 6-30과 같이 이렇게 부하 배분에 다른 변화를 상쇄시키기 위해 안정판의 트림이 필요한데 어떤 경우에는 안정판이 사이클릭 조종과 함께 동시에 일제히 움직여 자동적으로 로터 기울기에 대한 피치 자세를 수정하게 되는데 더 중요한 점은 이렇게 모든 트림의 변화가 조절되어 안정성이 유지될 수 있도록 한다는 것이다.

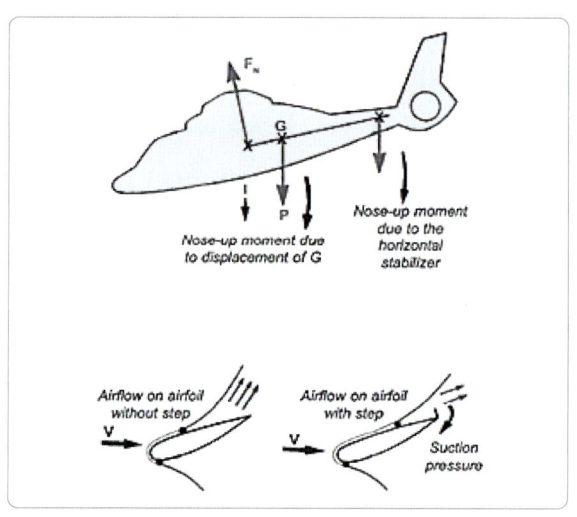

[그림 6-31] 가변 수평안정판 구조물의 작동개요

이렇게 안정판 트림 시스템은 보통 조종간에 있는 스위치를 통해 작동되고 많은 경우 컬렉티브 레버 위에 부착이 된다. 그림 6-31에서 보듯 안정판의 뒷전이 아래로 향하면 기수를 아래로 향하게 하고 뒷전이 위로 향하면 기수는 위로 향하게 된다. 스스로 효과적이지 않은 안정판의 적극적인 움직임은 오로지 입력되는 조종에 의해 움직이게 되는데 전형적인 작동 장치로는 케이블 드럼이나 탠덤(tandem) 방식 그리고 전기나 유압으로 작동하는 작동기가 있다.

6.6 비행조종계통 작동

헬리콥터의 종류에 따라 비행 조종 장치의 작동은 수동과 보조 동력을 사용하며 이 경우 전기식이나 플라이 바이 와이어(fly by wire) 형식의 작동기를 사용하고 있는데 이번에는 계통을 구성하고 있는 장치에 대해 상세히 학습을 하고 조종 계통의 리깅(rigging)에 대해서도 후반부에 다루게 될 것이다.

6.6.1 수동 조종 계통

많은 헬리콥터가 조종간의 움직임을 전달하기 위해서 케이블과 로드(rod)를 사용해서 조종 계통을 작동시키는데 이러한 장치들은 체인, 톱니바퀴, 케이블, 턴버클, 장력조절기, 풀리, 페어리드, 쿼드런트, 토크암, 레버, 벨 크랭크, 토크튜브, 그리고 푸시-풀 로드로 구성되어 있다.

6.6.1.1 체인과 톱니바퀴(Chain & Sprockets)

롤러 형 체인은 조종 계통에서 강하고 유연하며 확실한 연결을 하기 위해 사용이 된다. 톱니바퀴와 함께 사용 되었을 때 체인은 회전 움직임을 정확한 직선 움직임으로 변환시키며 반대로 직선 움직임을 정확한 회전 움직임으로 바꾸는 데 사용이 되며 체인이 톱니바퀴를 지나가면서 이탈이 되는 것을 방지하기 위해 체인 가드를 장착하게 된다. 체인은 케이블 시스템과 연결하는 엔드 피팅과 조합하여 완벽하게 하중을 부담하는 역할을 한다. 어떠한 상황에서도 체인 연결은 반드시 스프링 클립과 함께 연결이 되거나 제거되어야 한다.

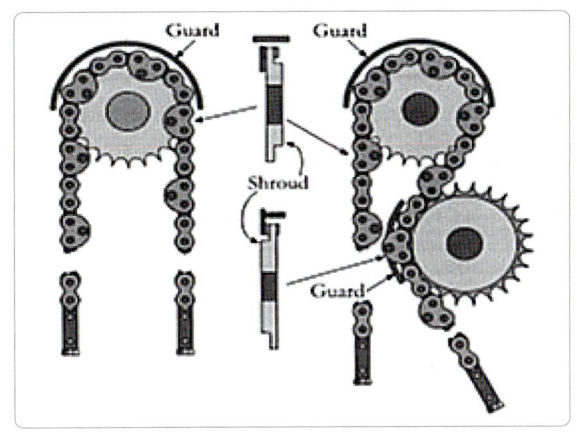

[그림 6-32] 비가역형 체인

그림 6-32와 같이 비가역(non-reversible) 형식을 추가한 것으로 연장된 사이드 판이 톱니바퀴를 감싼 채 회전하는 체인 가드 방식은 정확한 위치에서 맞아떨어져 힘을 전달하게 된다. 그리고 부주의한 교차 연결을 피하기 위해 끝단의 연결은 일반적으로 상호 교환이 불가능 하다.

6.6.1.2 조종 케이블(Control Cable)

케이블 방식은 조종간의 움직임을 풀리(pulley)를 통해서 방향전환을 해야 하고 상대적으로 긴 거리를 전달해야 하는 곳에 적당한 방식으로 강하고 가벼우며 유연하게 전달할 수 있기 때문에 사용된다. 케이블은 장력의 손실이나 조종간 조작 시 뻑뻑함이 증가하는 형태로 나타나기 때문에 경고 없이 끊어지지는 않는다. 이들은 잠재적인 손상의 조기경보를 제공하는 시각적 표시가 동반된다.

비행 조종 계통에 가장 자주 사용되는 케이블은 부식방지 처리된 강재 7가닥으로 구성되어 있고 각각의 가닥은 19개의 와이어(wire)가 꼬여있어 유연성이 매우 뛰어나다. 가볍고 더 유연한 7X7 케이블이 사용되기도 한다. 하나의 가닥은 킹-와이어 주위에 하나 또는 그 이상의 층을 이루며 나선형으로 감겨있는 강재 와이어로 구성되어 있고 각 가닥은 돌아가며 코어 가닥을 중심으로 나선형으로 꼬여 완성된 케이블이 된다. 케이블은 생산 과정에서 많은 윤활유를 스며들게 하여 만들기 때문에 절대로 솔밴트를 사용해서 세척하면 안 되고 굳이 세척을 해야 한다면 일반적으로 보풀이 일지 않는 천으로만 닦도록 제한이 된다.

비행 조종 계통 케이블의 최소 손상 부하는 각 가닥의 와이어 숫자, 가닥의 숫자, 그리고 호칭지름에 의해 결정되는데 미국에서는 케이블이 인치단위 호칭지름으로 구분 되고 영국에서는 100웨이트 단위의 최소 손상부하로 구분이 된다. 케이블에는 과도한 응력이 가해지지 않도록 하는 것이 매우 중요한데 만약 과도한 응력이 가해지면 케이블은 늘어나 영구 변형이 진행될 것이다. 이것은 종종 케이블에 힘이 제거 되더라도 와이어가 원래의 꼬임으로 돌아갈 수 없으며 외형에 버드케이지(birdcage) 현상으로 나타나게 된다.

케이블은 당기는 힘만을 가할 수 있지만 적절하게 배열된 풀리(pulley)와 쿼드런트(quadrant)와 함께 사용되면 양쪽으로 당기는 행위를 제공하는 닫힌 회로(close loop)로도 구성할 수 있다. 단선 케이블 시스템에서는 때때로 당겼던 힘을 되돌리기 위해 스프링을 이용한 장치들이 사용되기도 하며 케이블은 벨-크랭크와 체인 그리고 쿼드런트와 턴-버클 등과 완벽한 연결을 하기 위해 끝단에 적절한 스웨이지 처리를 한 조립품으로 제작이 된다.

케이블 끝단에는 일반적으로 스웨이지-섕크(swaged shank) 안으로 작은 구멍이 뚫려 있으며 이 구멍을 통해 가공 공정 중에 적당한 양의 케이블이 삽입되는지 확인할 때 사용을 하지만 트레드(thread)가 안정한 상태인지를 체크하는 검사 구멍(inspection hole)과 착각을 하면 안 된다.

6.6.1.3 턴-버클(Turn-Buckle)

케이블 계통에 존재하는 장력은 매우 중요한데 장력이 너무 과하게 되면 조종간과 조종면은 증가된 마찰 때문에 움직이기 힘들게 된다. 그리고 이것은 풀리와 베어링에 마찰력을 증가시켜 풀리(pulley)가 장착되는 구조물에 과도한 부하를 발생시키게 된다. 그리고 장력이 너무 약하면 조종 계통에 미끄러짐이 나타나 조종 반응이 느리게 된다. 턴-버클은 케이블 길이를 조절하는데 사용하며 케이블로 작동되는 조종 계통에 특정한 장력을 제공하게 된다.

일반적으로 턴-버클은 배럴 형(barrel type)과 텐션-로드 형태(tension-rod tupe)의 두 가지가 사용되며 배럴 형식은 턴-버클에 나사산이 있는 터미널(terminal)날을 양쪽으로 연결하여 사용하고 이 때 터미널의 한쪽은 왼나사, 다른 쪽은 오른나사로 되어 있다. 미국식 배럴 형 턴-버클은 보통 배럴의 한쪽 끝에 홈(groove)이 파여 있어 이 부분이 왼 나사임을 표시해 준다. 턴-버클을 조절할 때는 배럴을 회전시키게 되는데 이때에는 양쪽 터미널이 회전하지 않도록 반드시 고정되어야 한다. 이와 같은 방법으로 배럴을 적절한 방향으로 회전시키면 터미널의 나사 부분이 균등하게 배럴의 안쪽 또는 바깥쪽으로 움직여서 장력이 조절되게 된다.

텐션-로드 형 턴-버클은 안쪽으로 나사산이 있으며 왼쪽 바깥으로 맞물리는 케이블 끝단 연결부와 텐션-로드의 오른나사로 구성되어 있다. 이러한 턴-버클을 조정할 때에는 나사산이 있는 끝단을 케이블 끝단 연결부의 안쪽 또는 바깥쪽으로 균일하게 움직여 케이블의 길이와 장력을 변화시킨다.

조정 이후에는 턴-버클에 나사산이 충분히 물려있어야만 힘을 유지하고 안전하게 계통의 움직임을 전달할 수 있게 된다. 배럴 형태의 턴-버클은 조정 후 각 끝단에 노출된 나사산이 있으면 안 되는 반면 미국식 턴-버클의 경우에는 배럴의 각 끝에 3개 이상의 나사산이 보이면 안 되는 경우도 있기 때문에 반드시 관련된 정비교범을 참고해야 한다. 반면 텐션-로드 형식의 턴-버클은 검사(inspection) 구멍이 케이블 끝단 연결부에 있는데 이것은 텐션-로드 나사산의 부분이 안전하게 장착되어 있는지 확인이 가능하게 하며 안전을 위해 검사 구멍과 같은 크기의 지름을 가진 강재 핀으로 막아 준다.

6.6.1.4 비 조절 케이블 계통
(Unregulated Cable System)

헬리콥터는 고도와 지리적인 위치 변화에 따라 주위 온도의 급격한 변화를 경험하게 되는데 알루미늄 합금 구조의 팽창 계수는 강재 케이블보다 상대적으로 더 크기 때문에 팽창률 차이에 대한 효과를 적용해야 한다. 예를 들어 헬리콥터가 고고도를 비행 중일 때에는 알루미늄 합금 구조의 온도가 줄어듦에 따라 케이블로 작동되는 계통의 장력이 천천히 줄어들게 된다. 단순하게 생각해서 헬리콥터의 구조는 강재 조종케이블 보다 더 수축함으로 치수의 변화가 더 두드러지는 큰 헬리콥터일수록 그 효과는 뚜렷하게 나타난다.

만약 케이블 계통에 이러한 팽창률의 차이를 상쇄하는 자동 장력조절기가 없다면 조종 케이블의 장력은 주위의 온도에 따라 변하게 되고 이를 보정하기 위해 케이블 장력은 일반적으로 지상에서보다 더 높은 값으로 설정이 되어야 하고 그래서 고도에 따른 값으로 감소가 된다. 불행하게도 이것은 지상에서 증가된 케이블의 장력에 견디기 위해서 더 강한 풀리 지지 구조물을 필요하게 된다.

비 조절 케이블 계통에서 케이블 장력은 케이블 장력계를 사용하여 확인할 수 있다. 정확한 장력 값은 주변 온도에 따라 변하는 조정 표에서 확인할 수 있다. 이 장력계는 장력을 측정하기 위해서 정확한 라이저-블록(riser-block)을 끼우고 케이블의 중간에 위치시켜야 하며 케이블 장력은 계통 안에 있는 모든 턴-버클을 고르게 조절함으로써 설정할 수 있다.

6.6.1.5 케이블 장력 조절기
(Cable Tension Regulator)

조절된 케이블을 사용하는 조종 계통은 자동 장력 조절기를 포함하고 있다. 계통 장력이 증가하거나 감소하는 것을 감지했을 때 조절기는 케이블 길이를 조절할 수 있도록 설계되어 있으며 그림 6-33과 같이 장력이 주의 온도의 변화에 따라 미리 설정된 일정 값을 유지하도록 한다.

조절계는 케이블 길이의 변화에 따라 움직이는 용수철이든 두 개의 쿼드런트로 구성되고 케이블은 앵커 포인트에 고정된 쿼드런트 림의 홈에 놓이게 된다. 보정기 눈금과 지시계는 온도 보상상태를 지시하는 조절기에 맞물려 있으며 케이블의 장력이 떨어지기 시작하면 쿼드런트가 바깥쪽으로 움직여 아래쪽 스프링 힘이 케이블을 당겨 미리 설정된 장력 값을 유지한다. 이로 인해 쿼드런트를 조절기 크로스-헤드에 연결하는 링크 암이 그것을 잠금 축 위에 있는 새로운 위치로 이동시키게 된다. 조종사가 조종 계통을 움직일 때 크로스-헤드가 잠금 축으로 기울어져 두 개의 쿼드런트를 잠기게 하고 그 후 조절기는 회전하며 일반적인 풀리와 같은 역할을 하게 된다.

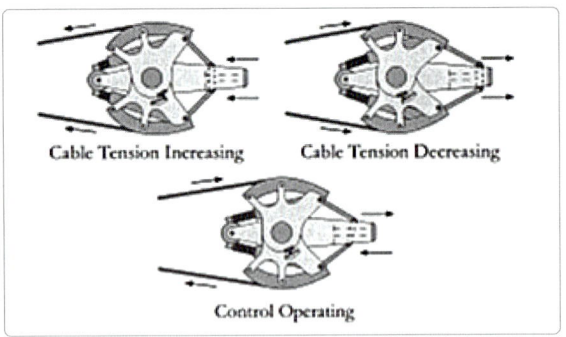

[그림 6-33] 케이블 장력조절기의 작동개요

자동 장력계가 장착된 계통에서는 장력계를 사용하여 장력을 확인할 필요가 없다. 조절계 위에 있는 보정기는 주변 온도를 나타내고 조절기 세팅은 보정기의 눈금 값의 기록을 온도/세팅 그래프와 비교하여 확인하기만 하면 된다. 케이블 장력을 조절할 때와 비슷하게 유효한 주위 온도에서의 장력 값은 세팅 그래프로부터 선택이 되고 계통의 턴-버클은 보정기 바늘이 필요한 값에 도달할 때까지 균일하게 조절이 된다.

조절기구의 정확한 기능은 각 조절기 입구 가까이에 있는 조절 케이블을 잡아 쥔 다음 놓아 확인하고 이렇게 하는 동안 쿼드런트는 유연하고 균일하게 움직여야 한다.

6.6.1.6 풀리(Pulley)

풀리는 케이블의 긴 구간에서 케이블을 지지하며 그들의 방향을 바꾸는데 사용이 된다. 풀리의 재질은 알루미늄 합금이나 터프놀(tufnol, linen reinforced phenolic resin) 재질로 제작이 되고 미리 윤활된 볼 베어링 레이스(ball bearing race)에 의해 회전하는데 다음 그림처럼 이탈을 방지하기 위해 격벽으로 쌓여 있다. 그리고 상응하는 케이블에 맞추어 움푹 파진 림(grooved rim) 구조의 간단한 바퀴 구조로 되어 있다.

풀리 재료는 강재 케이블보다 더 유연하며 케이블이 풀리 안에 홈의 양쪽 면의 중심선에서 2도 이내에 위치해야 한다는 점이 매우 중요하다. 풀리 홈의 한쪽 벽에 과도한 마모는 케이블이 잘못된 위치에 있음을 지시하는 것으로 풀리는 베어링 위에서 자연스럽게 회전해야만 하며 풀리가 멈추게 되면 케이블은 홈 안쪽으로 파고들어간다. 케이블이 풀리의 그루브 안쪽으로 각인된 징후가 있다면 이는 과도한 장력을 나타내는 것이다.

6.6.1.7 페어리드(Fairlead)

강재 조종 케이블의 유연한 특성은 주위 구조에 문질러지거나 진동되게 되면 위협이 될 수가 있다. 이로 인해 케이블이 실제로 구조 부 안쪽으로 파고들어 와 이어 가닥에 마찰 손상을 입히게 된다. 케이블 움직임의 범위 안에서 어느 한 곳이라도 구조부와 케이블이 접촉될 위험이 있다면 페어리드 또는 러브스트립을 통해 지나가도록 해야 한다. 페어리드와 러브스트립은 터프놀 또는 나일론과 같은 복합소재로 만들어지며 페어리드의 1차 목적은 케이블 진동을 감쇠시키고 벌크헤드(bulkhead)에 있는 케이블 구멍을 밀폐시키며 케이블 위치를 유지시키는 것으로 페어리드는 절대로 케이블 방향을 바꾸기 위해서 사용해서는 안 된다.

6.6.1.8 쿼드런트와 토크-암 (Quadrant & Torque-Arm)

쿼드런트는 원형 움직임의 호를 따라 회전하는 큰 풀리 바퀴의 한 부분으로 주로 조종간 또는 레버의 끝단에 설치되어 조종 움직임을 케이블 계통에 선의 움직임으로 바꾸는데 사용이 된다. 토크-암이 역할을 하기 위해 대신 사용될 수 있다.

두 개의 쿼드런트는 케이블로 작동되는 시스템에 설치되어 움직임을 로드와 레버 시스템 사이에 전달하며 조종 로드는 종종 케이블 계통과 결합되어 움직임을 조종 데크부터 이중 쿼드런트까지 그리고 이중 쿼드런드부터 비행 조종 계통 장치까지 전달한다.

6.6.1.9 벨-크랭크(Bell-Crank)

벨-크랭크는 힘을 전달하고 케이블 혹은 로드 계통에서 방향전환을 만들어 내는데 사용된다. 그들은 기계적 이득과 레버-암의 길이를 통한 움직임의 범위에 자주 사용이 되고 크랭크는 보통 마찰력이 적은 밀폐된 볼 레이스에 설치가 된다.

6.6.1.10 푸시-풀 로드(Push-Pull Rod)

푸시-풀 로드는 로드와 레버 조종 계통에서 사용되며 다양한 케이블로 작동되는 계통에 사용한다. 로드를 대신해서 푸시-풀 튜브를 사용하기도 한다. 푸시-풀 조종로드는 고정되거나 조절 가능한 피팅이 끝단에 리벳으로 고정되어 있으며 매끄러운 알루미늄 합금 튜브 모양을 하고 있다. 때때로 쿼트런트와 작동레버에 연결된 케이블로 작동되는 계통에 포함되기도 한다. 대신에 그들은 벨 크랭크와 토크 축이 조종로드 흐름의 방향을 바꾸는데 사용되는 로드와 레버 계통에 전용으로 사용될 수 있다. 로드는 밀거나 당김으로써 힘을 전달하며 강재 케이블과는 다르게 늘어남으로 인한 염려가 없다. 로드와 레버 계통은 확실하게 움직임을 전달하고 심각한 백-래쉬(backlash) 현상을 만들어 내지 않는다.

또한 로드는 헬리콥터의 구조와 비슷한 자재로 만들어져 같은 비율로 팽창하고 수축하기 때문에 주변 온도 변화에도 영향을 크게 받지는 않는다. 어떤 조종 로드는 고정된 길이를 가진 반면에 다른 것들은 자체 정렬 볼-엔드(ball-end) 또는 포크 엔드(fork-end)를 가진 가변 끝단 연결부를 가지고 있다.

가변 끝단 연결부에는 안전을 위해서 로드 끝에 나사산이 난 플러그로 반드시 막혀 있어야 하는 목격자 구멍이 있으며 피팅은 목격자 구멍과 같은 지금의 강재 핀을 통해 막혀 있을 때 안전하다고 여겨진다. 그것을 제자리에 안착시키기 위해서 잠금 너트가 피팅의 끝에 단단하게 조여져 있어야 하며 로드 엔드 피팅은 볼트 또는 핀에 의해 레버에 고정되어야 하고 코터-핀을 사용해서 고정시켜야 한다.

6.6.1.11 레버(Lever)

레버는 단일 구조 또는 복합적인 구조로 제작이 된다. 그것들은 제작 과정에서 그리스로 채워진 저마찰 볼 베어링 위에 지지되어 있다. 몇몇 레버 조립품은 조종의 움직임을 제한하는 기계적 멈춤 장치를 포함하고 있고 몇몇 레버는 토크 튜브에 리벳으로 고정되어 있어 결과적으로 밀폐된 볼 레이스 위에 지지가 된다. 반면에 다른 종류는 스플라인 축에 고정되도록 설계되기도 하며 몇몇 레버는 레버의 유효길이를 변화시킴으로써 움직임 조절의 범위를 만드는 가늘고 긴 연결슬롯을 포함하고 있다.

토크 튜브 조립품은 하나의 입력 레버를 통해 종합적으로 작동되는 여러 개의 레버를 가지기도 한다. 대신 몇몇 레버는 각각 관련된 입력을 가지는 튜브에서 독립적으로 자유롭게 움직일 수 있으며 그림6-34와 같이 믹싱 유닛(mixing unit)은 이러한 형태를 취하고 있다.

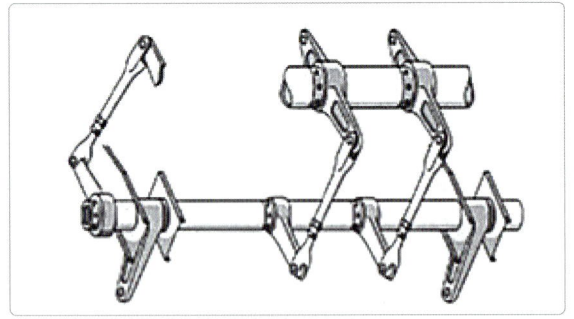

[그림 6-34] 토크 튜브 구조물

몇몇 레버와 벨 크랭크는 계통이 리깅 작업을 하는 동안 레버를 중립 기준 위치에 잠글 수 있게 하는 리깅-핀의 삽입을 위한 구멍을 가지고 있으며 이 장의 후반부에 조종의 리깅 작업에서 다루게 될 것이다.

6.6.1.12 컨트롤 스톱(Control Stop)

수동 조종 계통의 출력에서 움직임의 범위는 시스템 안에 있으며 조절 가능한 기계적 스톱과의 접촉에 의해 제한을 하게 되는데 그림 6-35와 같이 이러한 것들은 양 방향에서 조종 작동 움직임을 제한하는 일차 조종 스톱이라고 알려져 있다.

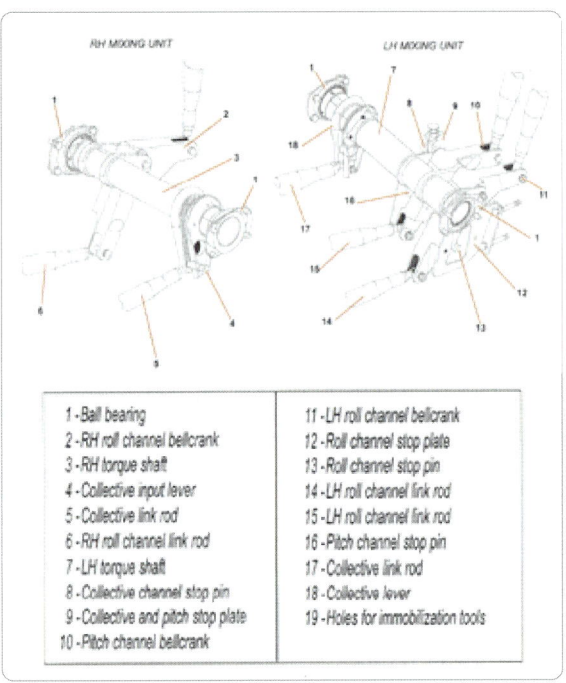

[그림 6-35] 컨트롤 스톱

오버라이드-스톱(overridge-stop)이라고 알려진 이차적 조종 스톱은 일반적으로 비행 데크 조종에 위치하고 있으며 이러한 스톱은 일차 스톱과의 접촉이 이루어지지 않았을 때 비행 데크 조종간의 움직임을 제한하도록 설계되어 있다. 정확하게 설정된 계통에서는 일차 조종 스톱이 먼저 접촉을 하고 이것은 비행 데크 조종간이 적절한 2차 스톱과 접촉 될 때까지 계속해서 눌러지면서 스프링-백(spring-back)현상을 만들게 된다. 특정한 스프링-백 틈의 존재는 관련된 조종 계통이 일차 조종 스톱과 물리적으로 접촉한다는 증거로 이것에 따라서 움직임의 정확한 작동 범위를 만들게 된다.

6.7 작동기
Actuator

6.7.1 유압 작동(Hydraulic Operation)

로터 블레이드에 작용하는 원심력과 공기역학적 움직임은 피치 변화의 적용을 방해한다. 특히 비교적 크고 여러 개의 블레이드를 가진 로터의 경우 회전하고 있는 블레이드의 피치를 바꾸는 데에는 상당한 힘이 필요하게 된다. 헬리콥터의 크기와 속도가 증가함에 따라 조종력이 수동 조종만으로 너무 커져서 조종사를 도울 수 있는 방법을 제공하는 것이 필요하게 되었다.

많은 헬리콥터들은 케이블과 로드의 조합 또는 케이블이나 로드를 통해 유압 서보 작동기(hydraulic servo actuator)의 입력 레버를 움직이기 위한 레버 작동 계통을 통해 조종사의 조종 움직임을 전달하는 비행 조종 계통을 가지고 있다. 그림 6-36처럼 3개의 유압 서보 작동기는 일반적으로 메인 로터와 연결된 스와시-플레이트(swash-plate)의 회전하지 않는 스타(non-rotating star)와 연결이 되어 있으며 이 중에 하나는 전진과 후진을 위한 작동기이고 남은 두 개는 좌우측 횡으로 작동하는 작동기가 된다. 그리고 테일 로터 조종을 위한 서보 작동기가 장착될 수도 있다. 작동기는 조종사가 입력하는 만큼 조종간을 움직여 요구되는 조종을 할 수 있도록 설계되어 있다.

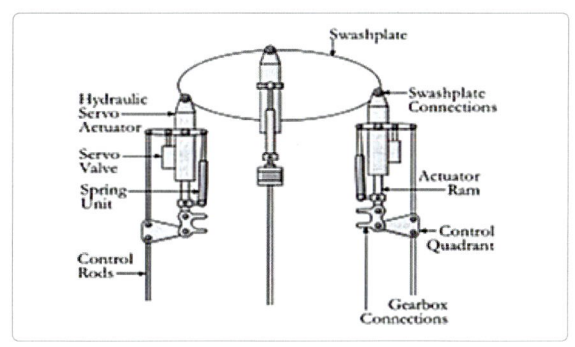

[그림 6-36] 동력비행조종

조종사에 의한 조종간의 조작이 직접적으로 로터 블레이드 피치 변화 장치와 연결되어 있지 않기 때문에 조종 계통을 통해 전달되는 로터의 진동은 많이 줄어들게 되지만 조종간을 움직이는데 자연스런 감각을 잃어버리게 된다. 이 문제는 인공 감각 계통을 제공하여 반드시 해결되어야 하며 헬리콥터의 경우 이 인공 감각 계통은 스프링 감각의 형태로 만들어지게 된다.

물론 모든 헬리콥터에서 유압 서보 작동기가 사용되지는 않는다. 일반적으로 두 개의 독립된 유압 계통에 의해 공급받는 고정-암(fixed-arm)이나 텐텀(tandem) 형식의 작동기가 사용되긴 하지만 다른 형태도 있다. 예를 들어 어떤 경우에는 각각의 작동기가 그것과 병행하며 개별적으로 작동되는 형식도 있다. 하나의 작동기는 스와시-플레이트에 위치한 반면 다른 작동기는 계통의 다른 곳에 위치하게 된다. 텐텀 형식 또는 병행 형식의 작동기들은 작동기 또는 유압 계통의 고장 시 수동 조종이 불가능한 큰 헬리콥터에 적합하다.

6.7.1.1 보조 동력 조종 작동기
(Power Assisted Control Actuator)

보조 동력 조종 작동기는 유압-램(hydraulic-ram), 서보-밸브(servo-valve), 그리고 몸체(body)로 구성되어 있다. 램은 그림 6-37에서와 같이 피봇-포인트(pivot-point) Y 주위를 움직이는 입력 레버 한쪽 끝에 고정되어 있다. 유압의 차이가 램-피스톤을 가로질러 공급이 되면 램이 입력 레버에 고정되어 있기 때문에 작동기 몸체가 움직이게 된다. 입력-레버는 조종사 입력 힘에 의해 적용된 영향력을 극복하지 못한다. 작동기 몸체는 스와시-플레이트 위에 회전하지 않는 스타의 한쪽 끝에 연결이 되어 있으며 만약 몸체가 움직이게 되면 결국 스와시-플레이트를 움직이게 될 것이다.

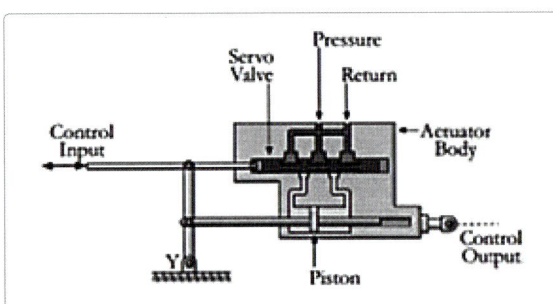

[그림 6-37] 보조 동력 조종 작동기

서보-밸브는 조종 입력레버의 한쪽 끝 상단부에 연결되어 있으며 레버를 움직이면 동시에 움직이게 된다. 그림 6-37에서 서보-밸브는 잭으로 향하는 압력과 귀환 포트가 닫혀있는 중립 위치에 있으며 램 피스톤의 양쪽 끝의 유체를 가두어 유체 고착 현상을 만들게 된다. 이러한 상황에서 설정된 현재의 피치 변화는 제자리에 단단하게 고정되게 된다.

만약 조종사의 조종 움직임이 입력 레버를 오른쪽으로 움직이게 한다면 이 움직임은 고착된 작동기에 직접적으로 전달되어 스와시-플레이트를 움직이게 된다. 조종사는 처음에 조종간을 움직이기 위해 필요한 모든 힘을 가할 것이다. 그러나 곧 바로 작동기 몸체가 움직이기 시작하면서 서보-밸브가 오른쪽으로 치우치게 된다. 이것은 램 피스톤을 가로질러 차압을 형성하게 되는 압력과 귀환 밸브를 열게 되고 작동기의 몸체를 오른쪽으로 치우치도록 하여 조종사에 의한 조종간이 움직이는 것을 도와주게 되고 램이 입력 레버에 고정되어 있기 때문에 조종사는 조종 움직임에 비율적 감각에 해당하는 힘을 느끼게 된다.

조종사가 조종간 움직이는 것을 멈추게 되면 곧바로 작동기 몸체는 압력과 귀환 포트를 막아주어 움직임이 멈추게 된다. 그 후 작동기는 설정된 장소에 후속 조종 입력이 있을 때까지 유체를 가두게 되고 그 효과로 작동기는 조종사의 양 방향 움직임을 따라 움직이다가 그 입력을 멈추게 되면 작동기도 따라서 멈추게 된다.

6.7.1.2 동력 작동기(Powered Actuator)

보조-동력 작동기는 조종력이 증가함에 따라 동력 서보 작동기의 도입만큼 그 힘을 이겨내지 못한다. 완전 동력 계통은 보조 동력 계통과는 다르게 조종사의 조종 입력만으로 작동기에 있는 서보-밸브를 움직인다. 유압 동력은 스와시플레이트를 움직이기 위해 필요한 모든 힘을 제공하고 이 움직임에 대한 피드백은 조종사에게 전달되지 않는다. 서보-밸브를 움직이는데 필요한 힘이 적기 때문에 인공 감각 시스템이 필요하게 된다.

작동기의 유압 공급에 문제가 발생하면 예비 유압 계통이 사용되거나 혹은 마지막 수단으로 레버에 입력되는 서보-밸브에 의해 작동기 전체가 움직이고 그 움직임을 통해 얻을 수 있는 수동 조종 방법이 사용되기도 한다. 유압 서보 작동기는 고정-램(fixed-ram)을 가진 작동기와 가변-램(moving-ram)을 가진 2가지의 종류가 있다.

6.7.1.3 고정 램 작동기(Fixed-Ram Actuator)

작동기 램은 로터 변속기 기어박스 케이스의 한쪽 끝에 고정되어 있고 작동기 몸체는 서보-밸브의 조종에 따라 움직임이 자유로우며 스와시 플레이트 위에서 회전하지 않는 스타(non-rotating star)와 연결이 된다. 그림 6-38과 같이 작동기의 최대 운동 범위는 램 피스톤의 행정에 의해 제한이 된다. 작동기의 출력부 방향으로는 기계적 멈춤 장치는 없지만 조절 가능한 장치가 서보-밸브의 움직임을 제한하기 위해 입력 레버에 항상 부착되어 있다.

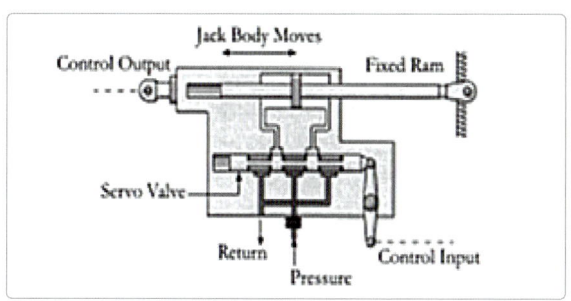

[그림 6-38] 고정형 램작동기

그림 6-39는 조종 입력이 되었을 때 작동되는 순서를 보여주고 있다.

첫 번째 그림은 서보 밸브의 압력 공급과 귀환 포트가 막혀있는 중립 위치를 표시하고 있으며 유체가 갇혀 작동기는 유압 고착 상태가 되어 있는 상태로 이것은 현재의 피치가 계속 유지하고 있다는 것이 된다.

두 번째 그림은 서보-밸브의 움직임에 의한 입력 상태를 묘사한 것으로 램-피스톤의 오른쪽으로는 입력 포트가 연결이 되고 왼쪽으로는 귀환 포트가 연결이 된 모습이다. 램이 고정되어 있기 때문에 작동기 몸체가 오른쪽으로 움직이기 시작하고 스와시플레이트도 순서대로 움직이게 된다.

세 번째 그림은 작동기의 움직임에 따라 압력 및 귀환 포트는 유압이 같아지는 상태가 되어 막히는 쪽으로 움직이게 되고 다음 입력이 있을 때까지 정해진 위치를 유지하게 된다.

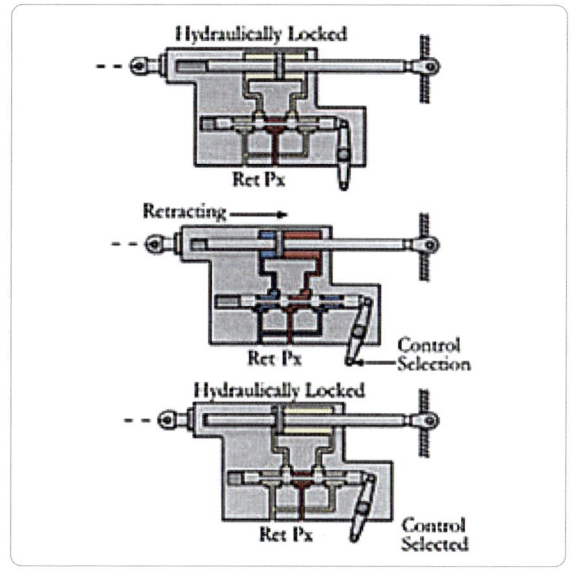

[그림 6-39] 동력작동기의 작동순서

작동기 움직임은 조종간의 움직임 정도와 관련이 있다. 조종 입력이 크면 클수록 작동기는 필요한 피치 변화를 달성하기 위해서 더 멀리 움직이게 된다.

6.7.1.4 가변-램 작동기(Moving-Ram Actuator)

가변-램 작동기는 몸체가 주 변속기 기어박스(main transmission gear box) 케이싱에 고정되어 있으며 램은 스와시-플레이트의 회전하지 않는 스타(fixed star)에 부착되어 있다. 그림 6-40과 같이 작동기가 움직일 수 없기 때문에 서보-밸브를 작동시키는 램 움직임의 피드백(feed back)을 위한 또 다른 방법이 필요하다. 이것은 램과 서보-밸브의 입력 밸브 사이에 연결된 서밍-메커니즘(summing mechanism)이라 불리는 피드백 연결부에 의해서 행해진다. 램의 움직임에 따라서 서밍-메커니즘은 서보-밸브를 지정된 위치에 도달할 때 램 작동을 멈추게 하는 중립 위치로 되돌리게 한다.

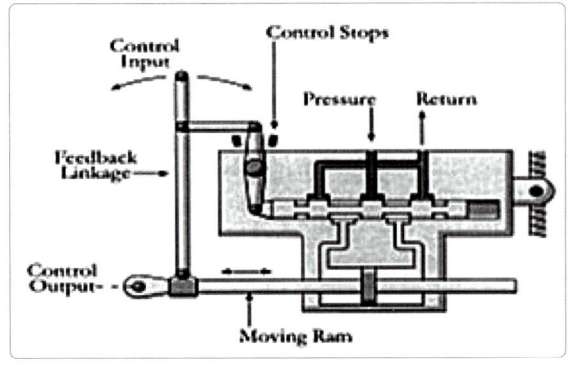

[그림 6-40] 가변-램 작동기

램 움직임의 정도는 조종 입력의 양과 관계되어 있으며 조종 입력이 커지면 커질수록 램은 더 멀리 움직여 지정된 피치 변화에 도달하게 된다. 램의 최대 이동 범위는 램 피스톤의 행정에 의해서 제한이 되고 가변 스톱은 서보-밸브의 이동 범위를 제한하는 입력 레버에 위치한다.

6.7.1.5 탠덤 작동기(Tandem Actuator)

텐덤 작동기는 공통으로 사용하는 램을 작동시키는 두 개의 일체형 작동기를 포함하고 있으며 각각의 작동기는 필요에 따라 자체적으로 피치 변화를 할 수가 있다. 그림 6-41과 같이 각 작동기는 공통으로 사용하는 입력 레버에 의해 움직이는 연관된 쪽의 서보-밸브에 의해 제공을 받으며 각 작동기는 독립된 유압 라인을 통해 유압을 제공 받는다. 이 유닛의 작동은 앞서 학습했던 가변-램 방식과 유사하며 고정-램 형식의 탠덤 작동기를 가지는 것도 가능하다.

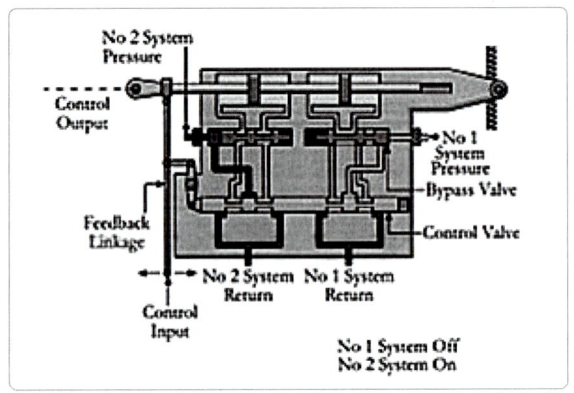

[그림 6-41] 탠덤 작동기

스프링 부하(spring-loaded)에 의해 작동되는 바이패스 셔틀 밸브(bypass shuttle valve)가 각 작동기까지 가는 압력 공급 라인에 위치하고 있으며 유압이 작동기로 공급되면 연관된 바이패스 밸브는 스프링 압력에 대항하여 움직이며 압력이 서보-밸브를 통과할 수 있도록 한다. 유압 계통에 문제가 발생하게 되면 연관된 바이패스 밸브는 자동적으로 스프링 힘보다 적어져 해당 작동기 피스톤의 양쪽을 접촉시키게 되고 이것은 유압이 피스톤의 한쪽에서 다른 쪽으로 자유롭게 움직일 수 있도록 하며 그래서 작동기가 공회전을 할 수 있도록 하고 남아 있는 작동기에는 저항을 주지 않는다. 그림 6-41은 1번 계통의 감압을 나타내고 있다.

설치된 계통의 종류에 따라서 탠덤 작동기의 배열은 능동적 또는 수동적 반복을 제공한다. 두 개의 작동기가 함께 작동되고 있는 곳에는 자동적으로 반복을 하며 각각은 독립된 라인을 통해 유압을 공급받는다. 한 유압 계통에 고장이 나면 연관되는 작동기는 공회전을 하는 반면에 다른 작동기는 작동을 유지하게 된다. 대신에 하나 또는 두 개의 작동기는 정상적인 유압 계통에서 공급 받는 반면 하나는 우선순위 밸브를 통해 정상 계통의 고장 시에만 사용되는 예비 유압계통으로 교차 연결되어 있다. 3개의 탠덤 작동기는 스와시-플레이트에 연결되어 있다.

6.7.1.6 병렬 작동기(Parallel Actuator)

병렬로 작동하는 2개의 독립된 작동기의 사용은 반복을 제공하는 또 다른 수단이다. 편의를 위해서 두 개의 작동기를 함께 그렸지만 실제로 하나의 작동기가 스와시-플레이트 위의 회전하지 않는 스타에 연결되어 있고 반면에 다른 쪽은 조종 계통의 다른 쪽에 위치하고 있다. 그림 6-42와 같이 각 작동기가 독립된 유압 계통에 의해 제공받으며 압력이 제공되지 않을 때 작용하는 원리는 비슷하다. 예를 들어 스와시-플레이트에 연결된 작동기가 정상 유압 계통에 의해 제공받는 반면에 다른 쪽은 예비 유압 계통에 의해서 제공받는다.

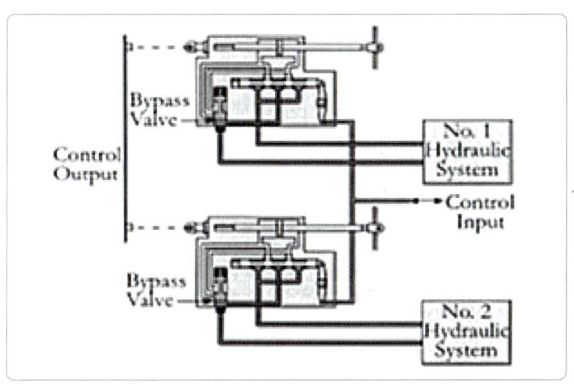

[그림 6-42] 병렬 작동기

스프링 부하(spring-loaded)에 의해 작동되는 바이패스 셔틀 밸브(bypass shuttle valve)가 조합된 각각의 작동기는 그림 6-43과 같이 서보 밸브로 압력을 받아 움직이지만 유압에 이상이 있을 때 전환 라인을 열어주기 위해 다시 되돌아온다.

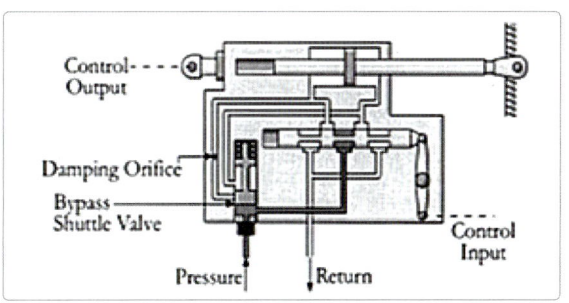

[그림 6-43] 바이패스 밸브

계통의 다른 쪽과 3개의 동반 연결된 스와시-플레이트 위의 회전하지 않는 스타와 3개의 작동기가 연결되어 있으며 동반 연결된 3곳은 조종 계통과도 병렬로 연결되어 스와시-플레이트를 독립적으로 움직일 수 있도록 한다.

6.7.2 전기 작동(Electrical Operation)

일부 현대 헬리콥터에 있는 유압 서보 작동기는 그림 6-44와 같이 기계적 연결로 작동되기보다 전자 신호 계통에 의해 작동이 된다. 조종석의 사이클릭 스틱과 컬렉티브 레버 그리고 요 페달은 움직임 감지 변환기를 작동시켜 조종 움직임을 전압 신호로 바꾸어 서보 작동기에 있는 전자 유압 서보 밸브에 전달이 되고 2개 혹은 3개의 병렬 변환기 회로가 조종사의 조종 축에 각각 설치되어 있어 능동적으로 보완 기능을 제공한다. 더 가볍고 회로 설계도 더 쉬워진 전기 회로를 통해 조종 요구를 수행할 수 있기 때문에 복잡한 기계적 연결과 지지 구조물이 필요가 없게 되었다. 이러한 특징으로 플라이-바이-와이어라는 단어가 새롭게 생성되기도 했지만 초기의 전기 신호 계통은 계통에 문제가 생겼을 때 기계적 보완 형태가 필요했다.

현대의 플라이-바이-와이어 시스템(fly-by-wire systems)은 이제 전압 신호를 처리하는 컴퓨터를 탑재하게 되었고 적절한 유압 서보 작동기로 전달하기 전에 제한된 권한 수정을 적용할 수 있게 되었다. 먼저 플라이 바이 와이어 계통에 대해 설명하기 전에 전기적으로 작동되는 유압 작동기에 대해서 학습을 할 것이다.

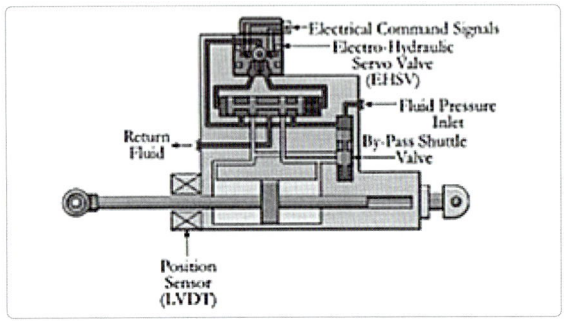

[그림 6-44] 전기식 작동기

EHSV(electro-hydraulic servo-valve)는 전기적으로 작동되는 토크 모터와 유압으로 작동되는 스풀-밸브로 구성된 두 단계의 서보-밸브로 토크 모터(torque motor)는 입력 전압 신호에 대한 반응으로 자기장의 영향 아래 방향을 바꾸게 된다.

모터는 유압이 스풀-밸브의 확장 또는 축소 부분에 작용하도록 지시하는 신호를 받을 때 방향을 바꾸는 제트노즐을 가지고 있으며 스풀-밸브는 그 후 유압을 움직이도록 지시하여 작동기 램을 적절하게 늘이거나 수축을 시키게 된다. 작동기 내 전기 회로(servo loop)는 지정된 위치에 도달한 작동기의 입력 신호를 없애기 위해 피드백 신호를 만든다. 제트 노즐과 스풀 밸브 사이에 연결된 판 스프링(leaf-spring)은 노즐의 움직임을 안정시키고 입력신호가 제거되었을 때 중심을 맞춘다. 스풀-밸브도 스프링 부하(spring-loaded)에 의해 작동이 되고 역시 신호가 제거되면 자동적으로 중심을 맞추게 된다.

요약해서 작동기가 전압 신호를 받게 되면 토크-모터가 제트-노즐을 명령된 방향으로 바꾸며 유압을 전달하여 스풀-밸브를 움직여 작동기 피스톤의 적절한 방향으로 유도해주고 다른 쪽은 귀환을 위해 열어주게 된다. 작동기 램의 움직임에 따라 그것의 움직임은 작동기가 지정된 위치에 도달했을 때 입력 신호를 제거하기 위한 서보-루프를 통해 피드백 신호를 만드는 LVDT(linear variable differential transformer)에 의해 선형 가변 차동 변압기에 의해 추적이 된다. EHSV(electro-hydraulic servo-valve)는 그 후 중심을 잡고, 다음 조종 신호를 받을 때까지 작동기를 지정된 위치에서 유압에 의해 고착이 된다.

6.7.3 플라이-바이-와이어(Fly-by-Wire)

플라이-바이-와이어 계통은 위에서 설명한 것과 비슷한 전기적 신호를 채택하는데 이런 경우 조종 움직임은 유압 작동기에 부착된 EHVS에 전달되기 전에 컴퓨터에 의해서 변형되고 진행을 하는 전압 신호로 전환이 된다. 다시 설명하면 서보 작동기에 있는 동작 센서는 그림 6-45와 같이 지정된 위치에 도달한 작동기의 입력 신호를 제거하거나 컴퓨터의 기능을 차단하는 서보 회로를 통해 되돌리려는 피드백 신호를 만들게 된다.

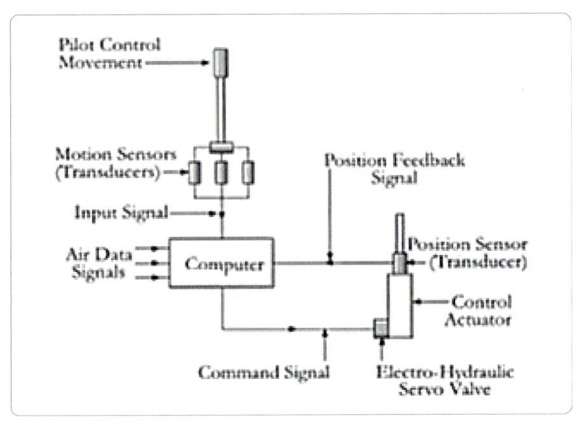

[그림 6-45] 플라이-바이-와이어

기계적 조종 계통용 부분품을 사용하지 않아 무게를 줄이고, 대규모의 기계적 조절이 필요하지 않아 정비 시간을 절약할 수 있다. 전기 회로를 구성하는 것은 기계적인 케이블과 로드를 사용해서 구성하는 것보다 쉬우며 반복 작동을 제공하는 다중 회로를 구성하기도 쉬우며 자동 조종(auto-flight) 그리고 자동 안정화(auto stabilization) 계통과 통합할 수도 있다.

　　플라이-바이-와이어 계통은 많은 특성들을 추가하면서 발전을 해왔다. 예를 들어 컴퓨터는 조종 움직임의 비율과 정도를 추적 감시할 수 있도록 설계되어 헬리콥터가 공기역학 한계와 구조적 비행 한계를 절대로 벗어나지 못하도록 하였고, 자동 안정화 계통과 연결이 된다는 것은 조작과 취급이 향상된다는 의미이다. 왜냐하면 컴퓨터가 이것에 영향을 주는 문제의 상당부분을 미리 제거하기 때문이다. 이 방식은 조종사가 조종을 하는 동안 자동적으로 안정화 작업이 동시에 수행되도록 하며 특히 난기류 상황에서 조종사의 업무 부하를 경감시켜 준다.

　　이러한 특성 때문에 플라이-바이-와이어 시스템은 반드시 내재된 자동 반복 시스템을 갖추어야 하며 또한 조종사가 어떠한 제한적 특성을 무시할 수 있는 수단이 갖추어져 직접적인 조종이 필요할 때 조작할 수 있어야만 한다.

　　플라이-바이-와이어 시스템 조합은 복잡도에 따라 종류가 많다. 이번 장에서는 이 시스템이 전기적 케이블을 지나 전자-유압 서보 밸브까지 통하는 전압 신호의 형태로 조종을 전달한다는 기본적인 작동에 집중하였는데, 광케이블의 사용이 증가함에 따라 앞으로는 플라이-바이-와이트 시스템이 더 폭넓게 적용될 수도 있다.

6.8 밸런스와 리깅
Balancing & Rigging

본 과정에서는 로터 배열과 블레이드 트래킹 그리고 다음 장에서 배울 스테이틱(static) & 다이내믹(dynamic) 밸런스와 진동에 대해 세밀하게 배울 것이다. 여기서 균형에 대한 내용을 포함하는 것은 비행 조종 계통을 리깅한 후 트래킹 검사를 통해 블레이드 끝 회전면이 같은 면에서 회전하고 있다는 것을 확인해야 하고 이로 인해 발생하는 진동이 한계 내에 있다는 것을 확인하기 위한 것이다. 공력 특성과 질량에 대한 균형은 특별한 도구와 방법을 사용하여야 한다. 그러한 이유 때문에 정적(static)과 동적(dynamic) 그리고 항공역학적(aero-dynamic) 균형에 대해 학습을 해야 한다.

6.8.1 균형(Balancing)

로터 구성품은 거대한 회전 질량체이며 만약 블레이드가 궤도를 벗어나거나 정확하게 균형이 잡히지 않는다면 진동을 야기하여 기체에 지지된 변속기에 전달이 된다. 그리고 그 진동의 폭과 주기는 로터 구성품의 회전 속도와 불균형에 연관이 된다.

만약 로터 블레이드의 피치 각이 리깅을 하는 동안 부정확하게 조절이 되었다면 블레이드는 회전 궤도를 이탈하게 되는 결과를 가져 오게 되는데 이로 인해 영향을 받은 블레이드는 회전하면서 스스로 다른 블레이드 회전면과 재 배열되게 하고, 그에 따라 역학적 불균형과 진동을 만들게 된다. 로터 헤드의 리깅 점검은 일반적으로 블레이드의 회전 궤도와 진동 검사를 포함하고 있다.

내제된 공기역학적 불균형 또한 블레이드를 회전 궤도로부터 이탈하도록 하는데 블레이드 뒷전(trailing edge) 부분을 따라 장착된 고정-탭(fixed tab)의 각도를 조절하여 특정한 균형을 잡을 수 있으며 이 과정은 제조 과정에서 수행해야만 한다. 그리고 하나 또는 그 이상의 탭은 회전 궤도를 재 조절할 필요가 있을 때 사용될 수 있도록 설계되어 있다. 하지만 이 방법은 리깅 중에 간과하거나 발생한 블레이드 피치 각의 오류를 상쇄하는데 이용하면 안된다.

메인과 테일 로터 헤드 그리고 블레이드는 제조 공정에서 무게에 대한 균형이 잡혀야 한다. 블레이드 스팬(span-wise) 방향의 불균형은 로터의 관성 축이 실제 회전 축과 어긋나는 결과를 가져오게 되고 시위(chord-wise) 방향의 불균형은 블레이드의 진동과 비틀어짐의 결과를 가져오게 된다.

각 블레이드는 스팬 방향과 시위 방향으로 정적 균형(static balance)이 되어야 한다. 스팬(span-ise) 방향 혹은 종축 방향(longitudinal direction)의 균형은 블레이드 스파(blade spar)의 바깥쪽과 뒷전 부분에 무게(weight)를 더하고 빼는 것을 통해서 조절을 할 수가 있으며 제작 중에 수행되어야 하는 시위 방향(chord-wise)의 균형은 블레이드 스파의 앞전(leading edge)을 따라 평행 추(counterbalance weight)를 조절함으로써 균형이 잡혀야 한다.

균형 검사가 시행되는 순서는 서로 간섭과 영향을 주기 때문에 매우 중요하다. 예를 들어 정적 균형을 잡은 후 동적 균형 검사를 해야만 하고 이후 로터 구성품의 균형을 맞추게 되면 블레이드 스팬(span-wise) 방향의 균형을 잡기 전에 반드시 시위(chord-wise) 방향의 균형을 맞추어야만 한다.

6.8.2 리깅(Rigging)

주기적인 검사 이후나 때때로 부품을 교환하는 경우 그리고 과도한 진동으로 인해 조종하는데 방해가 있다면 영향을 받는 조종 계통의 일부 또는 전부를 검사할 필요가 있는데 완벽한 조립이나 헬리콥터의 운영을 위해 조절을 하는 것이 필요하다. 이런 과정을 리깅 작업이라 하며 헬리콥터의 종류에 따른 정비교범에 이 절차가 포함되어 있다. 비행 조종 계통에 대한 전체적인 리깅 작업은 일반적으로 중요한 정비를 수행한 후 또는 비행 조종 계통의 중요한 부품을 교환한 후 시행한다.

대부분 헬리콥터의 리깅 작업은 그림 6-46과 같이 잠금장치(fixture)와 리깅핀(pin)을 사용하게 된다. 그림 6-47과 같이 잠금 장치는 조종 데크와 같은 부품을 중립 위치에 잡아두는 목적으로 사용되고 또한 스와시-플레이트와 로터 헤드를 지정된 자리에 고정시키는 목적으로도 사용하며 측정 장비와 결합되어 블레이드 정렬 상태와 입사각을 확인하는 목적으로 사용을 한다. 리깅 핀은 로드와 케이블이 연결된 후 특정 벨 크랭크와 쿼드런트를 중립위치에 잡아두기 위해 사용이 된다.

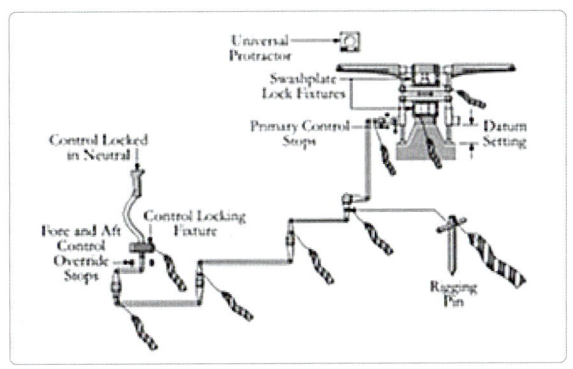

[그림 6-46] 조종간 리깅(1)

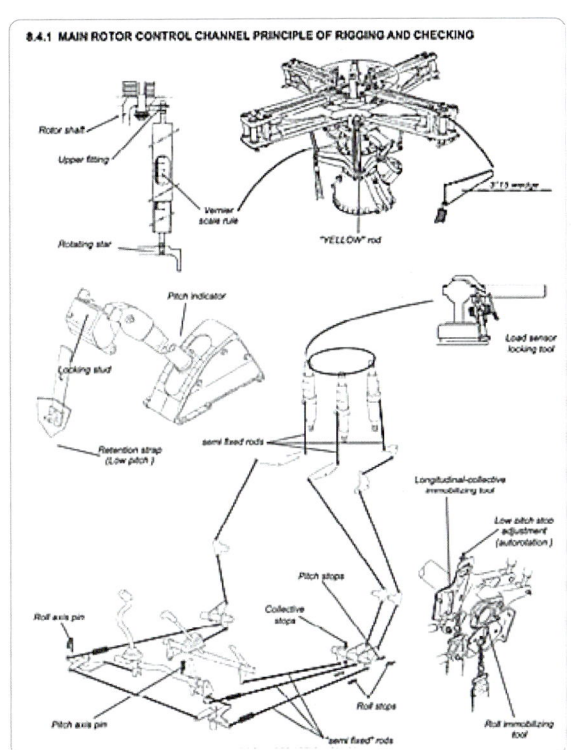

[그림 6-47] 조종간 리깅(2)

정확하게 리깅 작업이 수행 된 조종 계통에서 두 개의 리그 핀 사이에 지속적으로 방해를 받는 경우에는 리깅 작업의 검사 범위가 고정된 리깅 핀 포인트를 포함한 그 계통의 일부분으로 국한될 수 있다. 예를 들어 조종 로드와 같은 간단한 부품이 교환되었을 때와 같은 경우가 해당이 된다. 적절한 리깅 핀은 딱

맞을 것이며 조종 로드를 교체하는 것은 조절되고 연결될 것이다.

　수동으로 작동되는 조종 계통은 일반적으로 조종 로드와 케이블로 구성되어 있으며 플라이-바이-와이어 시스템을 제외하고 작동되는 조종 계통의 서보 작동기는 일반적으로 로드와 케이블 시스템에 연결되어 있다.

　우리는 조종 계통의 리깅 작업에 대해 광범위하게 소개한 후 케이블 및 로드로 작동되는 계통과 관련하여 수행되는 다양한 순서를 자세하게 설명할 것이다. 쉽게 설명하면 리깅 과정은 조종간이 중립 위치에 고정된 후 수행이 되어야 하는데 이를테면 사이클릭 스틱과 요 페달은 중립 위치에 고정되어야 하고 컬렉티브 레버는 완전히 내려온 상태가 되어야 하는 것이다.

　서보 작동기로 가는 조종 연결부는 조종간에서 시작하여 리깅 핀으로 고정되어 있는 해당 지점까지 되집어 가며 필요하다면 조절이 되고 그런 다음 확인이 되어야 한다. 가변 서보 작동기 연결부는 그 후 필요 시 조절되어 수평면에 위치함과 동시에 스와시-플레이트의 비 회전 스타와 연결이 되어야 한다. 특정 위치에 배열된 로터 헤드와 함께 스와시-플레이트의 회전 스타부터 피치 변화 암까지 연결이 되는 피치 변화 로드는 블레이드 피치 각을 중립이나 혹은 중립 점으로부터 특정 각도로 맞춰지도록 조절이 되고 확인되어야 한다.

　메인 로터 헤드의 리깅 체크는 두 단계로 나눠질 수 있는데 첫 번째 단계는 사이클릭 스틱이 중립 점에 있고 컬렉티브 레버가 완전히 내려간 상태에서 비 회전 스타가 수평면에 있는지 확인하는 것을 포함하고 있으며 이 위치에서 로터 블레이드의 피치 각은 특정 값과 같아야 한다. 두 번째 단계는 사이클릭 스틱을 앞으로 움직여 로터가 돌아갈 때 각각의 블레이드가 같은 지점을 지나는지 확인하는 것을 포함하고 있으며 이 체크는 사이클릭 스틱을 뒤쪽 그리고 왼쪽과 오른쪽으로 움직이며 반복적으로 검사를 해야 한다. 검사를 수행하는 순서나 블레이드 피치 각의 정확한 각도는 해당 기종의 정비 교범에 따라 작업되어야 한다.

　트림과 자동 조종 작동기는 종종 일차 조종 계통과 병렬로 연결되어 있는데 이것들은 일차 조종 계통이 정확하게 조절된 후 리깅 작업이 되어야 한다. 그렇지 않으면 그들의 올바른 중립 위치를 찾을 수 없게 된다.

　블레이드 트래킹과 진동 검사는 일반적으로 전체 조종 계통의 리깅 작업을 완료한 후 수행되어야 한다. 전체 조종 계통의 리깅 작업은 작업 전과 작업 중 그리고 작업 후 등 3가지의 중요 단계로 구분할 수 있다.

6.8.2.1 리깅 전 준비작업

(1) 해당 정비 교범에 따른다.
(2) 계통 부품의 부식, 마모의 증거, 연결부의 견고함, 그리고 움직임의 자유성을 확인한다.
(3) 계통의 모든 정비가 완료 되었는지 확인한다.
(4) 해당 정비교범에 따라 헬리콥터가 조종계통 리깅에 필요한 위치에 있는지 확인한다.
(5) 조종간을 조작하는 인원에게 경고하기 위한 경고 사인이 있는지 확인한다.
(6) 계통의 모든 움직이는 부분에 장애물이 없는지 확인한다.

6.8.2.2 리깅 일반 절차(Rigging General)

　다음의 열거하는 사항은 일반적인 내용으로 실제 설정 작업은 해당 헬리콥터의 정비 교범에 따라야 한다.

(1) 사이클릭 조종간을 중립 위치에 두고 컬렉티브 레버는 완전히 내린다.

(2) 스와시-플레이트의 비 회전 스타가 로터 헤드와 평행한지 확인한다.

(3) 블레이드의 입사각을 확인하기 위해 그림 6-48과 같이 로터 블레이드 장치들을 지정된 위치에 둔다.

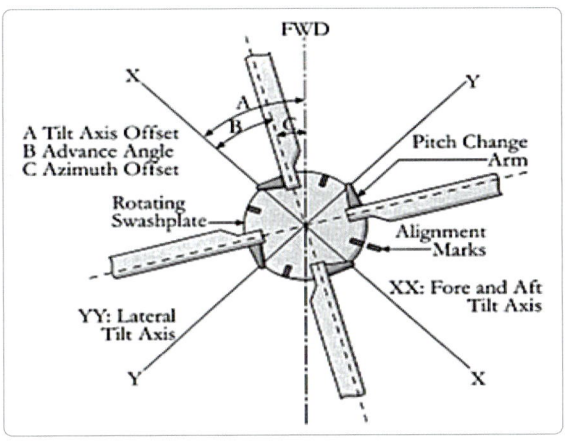

[그림 6-48] 블레이드 입사각의 리깅위치

케이블로 작동하는 계통과 로드로 작동하는 계통의 리깅 작업은 약간의 차이가 있기 때문에 분리하여 다룰 것이다. 많은 계통은 로드와 케이블의 조합으로 구성되어 있는 반면 온전히 로드로만 작동하기도 한다.

6.8.2.3 리깅 작업

(1) 케이블 시스템:

① 작업 전 체크 사항을 수행하고 위에 있는 일반적인 리깅 순서에 따라 다음과 같이 케이블 계통을 조절한다.
② 케이블에 장착된 모든 턴-버클을 느슨하게 하고 모든 조종 로드를 분리한다.
③ 조종 체인이 톱니바퀴와 정확하게 일치하는지 확인한다.
④ 조종 쿼드런트와 레버 그리고 벨 크랭크를 중립 위치에 맞추고 필요하다면 조종로드를 조절한 후 지정된 곳에 리깅-핀을 삽입 한다.
⑤ 케이블 장력 조절을 하는 경우 모든 턴-버클을 똑같이 조절해야 한다. 장력조절장치(cable tension regulator)가 달린 계통은 장력 조절 스케일을 사용하여 알맞게 조절하고 그렇지 않은 경우에는 케이블 장력계를 사용한다.
⑥ 수평면 상의 비 회전 스타와 연결되는 스와시-플레이트 로드를 연결하고 필요하다면 조절한다.
⑦ 피치 변화 로드(pitch change rod)를 연결한 후 지정된 피치각으로 설정하기 위해 필요하다면 피치 변화 로드를 조절한다.
⑧ 각각의 리깅-핀을 차례대로 제거 후 다시 넣어 자연스럽게 움직이는지 확인한다.
⑨ 모든 잠금장치를 풀고 리깅-핀을 제거한다.
⑩ 트림 작동기와 자동 조종 작동기를 필요한 곳에 다시 연결한다.
⑪ 조종간을 작동하여 움직임의 범위와 자연스러움을 확인하고 필요한 곳에 1차 조종 스톱을 조절한다.
⑫ 메인 로터 장치들의 리깅 체크를 수행한다.
⑬ 조종간에 있는 오버라이드-스톱의 스프링-백 간격을 확인하고 정확한 간격을 얻기 위해 필요한 곳을 조절한다.
⑭ 정적과 동적 마찰이 범위 안에 있는지 확인한다.

(2) 조종 로드 계통:

작업 전 체크 사항을 수행하고 위에 있는 일반적인 리깅 순서에 따라 다음과 같이 조종 로드 계통을 리깅 작업을 수행한다.

① 모든 조종 로드를 분리한다.
② 조종간에 앞 로드를 연결하고 1번 리깅-핀을 삽입한다.
③ 1번 리깅 핀으로부터 거슬러 올라가면서 모든

조종 로드를 연결하고 조절한다. 필요하면 로드를 조절하여 벨-크랭크와 레버를 중립 위치에 오도록 하고 지정된 곳에 리깅-핀을 삽입한다.

④ 수평면에 있는 회전하지 않는 스타에 로드를 연결하고 회전 스타에 있는 피치 조종로드를 블레이드 피치 변화 암에 연결하여 정확한 블레이드 피치 각을 설정한다.

⑤ 리깅-핀을 제거하였다가 다시 삽입하여 그림 6-49와 같이 정렬 상태와 움직임이 자유로운지 확인한다.

⑥ 잠금장치를 풀고 모든 리깅-핀을 제거한다.

⑦ 트림작동기와 자동 조종 작동기를 필요한 곳에 연결하고 리깅 작업을 한다.

⑧ 조종간을 움직여 작동 범위와 움직임이 자유로운지 확인한다. 필요하면 일차 조종 스톱을 조절한다.

⑨ 메인 로터 장치들의 리깅 작업을 수행한다.

⑩ 조종간에 있는 오버라이드-스톱의 스프링-백 간격을 확인하고 정확한 간격을 얻기 위해 필요한 곳을 조절한다.

⑪ 정적과 동적 마찰이 범위 안에 있는지 확인한다.

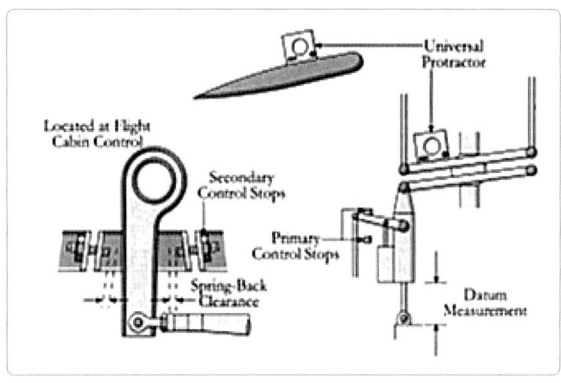

[그림 6-49] 조종로드의 움직임

(3) 동력 조종 계통:

대부분의 동력 조종 계통은 수동 조절 케이블과 로드 계통을 포함하고 있으며 유압 서보 작동기 레버까지 조종간의 움직임을 전달하는 수동 조작 로드와 케이블이 조합되어 있다. 케이블 또는 로드 계통의 끝단 쿼드런트 또는 벨-크랭크까지 리깅 작업을 하는 것은 앞에서 기술한 것과 비슷하다. 중립 위치에서 조종장치가 고정이 되면 서보 작동기로 연결된 조종 로드는 입력 레버를 중립으로 맞추기 위해 조절한 후 연결한다. 입력 레버에 의해 움직이는 서보 작동기의 작동 범위는 레버에 있거나 끝단 쿼드런트 또는 벨 크랭크에 있는 일차 조종 스톱에 의해 제한이 된다.

스와시-플레이트의 움직임은 일반적으로 서보 작동기의 행정에 의해 제한된다. 서보 작동기 출력 쪽에는 움직임을 제어할 수 있는 기계적인 스톱이 없기 때문에 동력을 사용하여 조작할 때에는 매우 주의를 기울여야 한다. 왜냐하면 기계적 방해로 인해 손가락 부상을 입을 수 있다.

동력 조종 계통은 종종 트림 계통과 연결되는 인공 감각 계통을 포함하고 있다. 이들 계통은 적절한 작동을 위해 리깅 작업이 수행되고 확인 되어야 한다. 스프링 감각 유닛과 관련하여 조종은 중립 점에 설정된 트림 계통이 중립 위치에 중심을 맞추고 있는지 확인하기 위해서 점검되어야 한다.

(4) 정적/동적 마찰 점검:

조종사가 조종간을 움직이기 위해 가하는 힘은 결과적으로 그 상태에 의해 영향을 받는 기계적 조종 계통의 마찰의 정도에 영향을 받는다. 케이블과 로드 계통에 장애가 있으면 조종 계통의 마찰이 지정된 한계 안에 있는지 확인하기 위해서 정적 동적 마찰 점검이 필요하다.

전형적인 마찰 점검은 전용 피팅을 사용해서 조종간에 스프링 균형 장치를 부착하는 것을 포함한다. 스프링 밸런스는 두 개의 값을 측정하기 위해 사용하는데 첫 번째는 조종간을 움직이기 시작하는데 필요한 정적인 힘이고 두 번째는 조종간의 움직임을 지속하는데 필요한 동적 힘이다.

완전한 수동 계통에서 동적 힘은 일반적으로 정적 힘보다 작다. 마찰과 한계를 점검하는 것은 정비교범에 포함되어 있다. 동력 조종계통의 경우 점검은 인공 감각 계통을 고려해야 한다. 왜냐하면 이 계통은 언제나 조종간이 움직이고 스프링 감각의 힘이 항상 조종움직임에 비례하여 증가할 것이기 때문이다. 여기에서 마찰 점검이 어떻게 진행되는지 살펴볼 것이며 몇몇의 경우에는 감각 유닛을 분리하여 점검하고 그 후 다시 연결할 필요가 있다.

6.8.2.4 리깅 후 작동 점검

리깅 작업이 수행된 후 작동 점검을 할 때에도 중요한 조치들이 수행되어야 한다.

(1) 조종간을 작동하여 움직임의 정도를 확인하여 계통의 어느 한 부분도 움직임의 전 범위에서 구조를 엉키게 해서는 안 된다.
(2) 모든 케이블이 풀리와 정확하게 맞추어 졌는지 확인한다.
(3) 턴-버클의 나사산 부분, 케이블과 로드엔드 피팅의 모든 부분을 점검하고, 제한 스톱이 안전한지 점검하여 그것들이 정확하게 고정되어 있는지 확인한다.
(4) 조종 계통 부품 지지 구조가 단단한지 확인하고 모든 연결이 정확하게 고정되어 있는지 확인한다.
(5) 인가된 절차에 따라 계통을 윤활한다.
(6) 로터 블레이드와 연결부가 손상되지 않았는지 확인 한다.
(7) 도구, 천 조각, 리깅핀 또는 다른 외부 물질이 계통 안에 남아있지 않은지 확인한다. 리깅-핀은 세트로 제공이 되며 경고 플래그를 포함한 모든 핀의 소재 확인을 위해 점검해야 한다.
(8) 중복검사를 준비한다.
(9) 모든 접근판과 페어링을 다시 넣은 후 여전히 완전하고 자유로운 움직임이 있는지 확인한다. 이것은 일반적으로 중복 검사의 일부분이다.
(10) 지정된 곳에서 블레이드 트래킹과 진동 점검을 실시한다.
(11) 정비 확인서 발행을 준비한다.

6.8.2.5 중복 검사 (Duplication Inspection)

조절작업을 포함해서 비행 조종 계통에 수행된 모든 작업은 중복 검사를 받아야 하는데 검사는 자격을 갖춘 사람이 첫 번째로 확인하고 검사한 것을 다시 자격을 갖춘 사람이 두 번째 확인해야 한다.

조종 계통의 검사는 정확한 감지, 정확한 조립품과 결속, 그리고 자유롭고 정확한 조종간의 움직임들을 포함하고 있다. 그리고 커버와 페어링을 장착한 후 고정된 상태에서 전체적으로 움직임이 자유로운지에 대한 후속 검사가 필요하다.

조종 계통은 첫 번째와 두 번째 검사 사이에서 방해를 받거나 조절되어서는 안되며 만약 이러한 경우가 발생했다면 두 검사 모두 반드시 완전하게 다시 반복되어야만 한다.

6.8.3 측정 장비

리깅 작업을 하는데 사용되는 측정 장비는 정비교범에 기술되어 있지만 블레이드 입사각을 측정하는데 자주 사용되는 각도기의 종류에 대해서 익숙해야 한다. 유니버셜 프로펠러 각도기는 수평면과 수직면의 각도를 측정하는데 사용되며 또한 메인 로터와 테일 로터의 블레이드의 입사각을 측정하는데 자주 사용된다.

블레이드 움직임을 각도 측정하기 위해서 각도기가 사용되었을 때 중립 위치에서 블레이드의 입사각을 영점으로 맞추는 것을 첫 번째로 수행해야 한다. 이 작업은 보통 각도기를 지정된 로터 블레이드의 지정된 스테이션 위치에 올려놓고 시행을 한다.

그리고 익숙하게 사용할 줄 아는 또 다른 측정 장비는 비 조절 케이블 계통의 장력을 확인하는데 사용되는 장력계로 그림 6-50처럼 장비는 반드시 장비와 함께 제공된 캘리브레이션 차트에서 케이블 굵기에 따라 선택된 라이저(riser)가 끼워져야 한다.

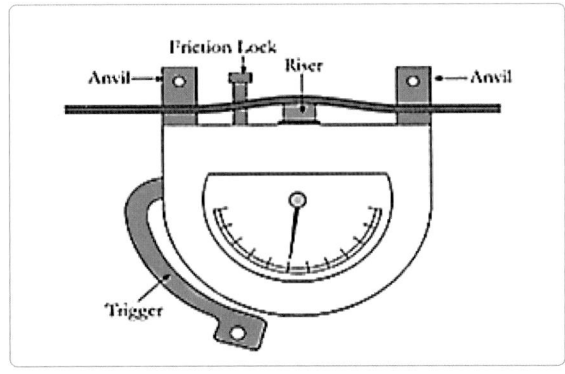

[그림 6-50] 장력측정계

이 장비는 풀리와 페어리드가 없는 케이블 흐름의 중간에서 측정되어야 하며 케이블을 라이저와 두개의 엔빌(envil) 사이에 위치시킨다. 케이블이 장비에 정확하게 위치했다는 것을 확인 한 후 트리거(trigger)를 당기면 다이얼이 해당되는 값을 지시하게 된다. 이 장비는 장치를 제거했을 때 지시 값을 유지시키는데 적용되는 마찰 로크가 있다. 다이얼의 지시 값은 바로 값을 읽을 수 있거나 장비와 함께 제공된 장력 지시 표에 의해 변환되어야만 한다.

6.9 블레이드 트래킹과 진동분석
Blade Tracking and Vibration Analysis

6.9.1 개요(General)

헬리콥터는 로터와 변속기들에 내재된 영구적이거나 일시적인 진동에 의해 방해를 받게 되는데 메인 로터와 테일 로터에 내재된 진동은 일반적으로 공기 역학적, 기계적 힘의 작은 사이클릭 변화에 기인한다. 이것은 곧 블레이드의 공기 속도에 의한 항력과 관성력의 변화, 그리고 블레이드 플랩핑-각(flapping angle)과 드래깅-각(dragging angle)의 변화를 포함한다는 것이며 또 변속기들에 내재된 진동은 대부분 구동축 커플링, 그리고 마운트에 작용하는 유연성에서 기인하게 된다.

헬리콥터는 이런 진동이 가장 적을 수 있도록 설계되고 유지되어야 하는데 이것은 사용자의 편안함과 헬리콥터 구조의 완전함을 유지하는데 모두 필요하다. 만약 로터나 변속기에 고장이 발생하고 뒤이어 발생한 진동으로 인해 수용 불가능 하거나 매우 위험한 수준을 야기할 수 있다.

이번 장에서는 진동의 주된 원인에 대해서 학습을 하고 그것을 어떻게 확인해야 하며 진동효과를 줄이거나 없앨 수 있는지에 대해 학습할 것이다. 제조사는 내재된 진동에 대한 한계를 측정하기 위해 사용되는 방법으로서 모든 회전하는 부분의 주파수와 진폭을 명시해야 하며 정비 교범에 발생 가능한 고장과 취할 수 있는 수정 조치들이 포함되어야 한다.

6.9.1.1 로터 배열(Rotor Alignment)

로터 구조물의 무게 중심(center of gravity)은 회전하는 진축(true-axis of rotation)을 중심으로 축선(shaft axis)과 함께 나란히 정렬되어야만 한다. 그림 6-51과 같이 정렬되지 않으면 로터는 축선에서 벗어나 관성축(inertial-axis) 주위를 회전하려고 할 것이다. 축선과는 다르게 관성축의 위치는 고정되어 있지 않으며 로터의 무게 중심 경로를 따라 축선을 중심으로 공전할 것이다. 이렇게 어긋난 축 주위를 회전하려고 하다보면 로터 구성품의 축 베어링에 가해지는 회전력(radial-force)이 반복적으로 발생하게 되고 결국 진동을 만들면서 360도 회전을 하게 된다.

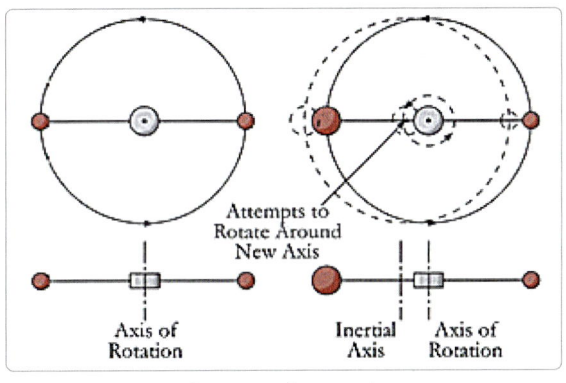

[그림 6-51] 로터 배열

이 장 뒤에서 진동의 종류에 대해 자세히 배우겠지만 그림 6-52와 같이 지금은 축선과 관련하여 무게 중심의 위치에 영향을 줄 수 있는 요소에 대해서 집중할 것이다. 바로 정적 균형과 블레이드 정렬 그리고 로터의 동적 균형에 영향을 주어 진동을 유발시키는 요인들을 찾아내는 트래킹 작업을 포함하는 것이다.

수직면으로 발생하는 진동은 잘못된 트래킹 결과에서 오는 경향이 있는 반면 측면으로 발생하는 진동은 스팬 방향(span-wise)의 부정확한 정적 균형에서 기인한다.

불균형한 로터에 의해 만들어진 원심형의 힘은 로터 속도의 제곱으로 증가하게 되는데 이것은 낮은 RPM에서 로터가 방위를 유지하며 축선 주위를 회전하지만 RPM이 증가하게 되면 관성축 주위를 회전하려는 힘이 증가한다는 것을 의미한다. 이것은 사이클릭의 반복적인 움직임 안에서 베어링에 가해지는 힘이 축을 흔들게 되는 조화운동에 놓이게 하는데 이 힘이 축 베어링과 변속기 마운트를 통해서 지지하고 있는 동체구조에 진동의 형태로 전달 되는 것이다. 이것과 좋은 비교대상으로 차의 속도를 증가시킴에 따라 진동의 폭이 급격하게 증가하는 것을 느낄 수 있는 불균형한 자동차 바퀴에서 찾아 볼 수 있다. 같은 맥락에서 만약 진동이 증가한다면 RPM과 함께 진폭과 주파수가 증가하게 되고 이것이 로터 불균형의 신호가 되는 것이다.

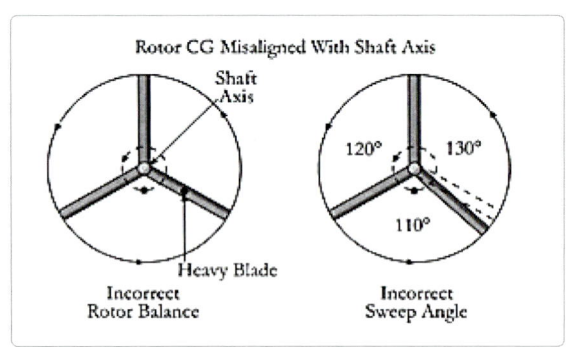

[그림 6-52] 로터 축의 불균형

6.9.1.2 블레이드 정렬(Blade Alignment)

로터 구성품(rotor assembly) 중에 블레이드는 로터 허브(rotor hub)를 중심으로 대칭적으로 배치되어서 균형을 유지하여야 하고 각 블레이드의 위치는 서로에 대해서 로터의 회전면 또는 방위각 면(azimuth plane of rotor)이 정확하게 일치해야 한다. 예를 들어 3개의 블레이드를 가진 경우에는 서로 120도 떨어진 곳에 위치해야 하는데 이것을 블레이드의 뒤쳐짐 각(sweep-angle)이라고도 한다.

방위각 안에서 적절한 위치에 뒤쪽 혹은 앞쪽으로 뒤쳐진 블레이드는 로터 구조물에 전체적인 영향을 주게 되고 그 결과 무게 중심이 축선에서 벗어나게 될 것이다. 이것은 각각의 블레이드가 정상 작동하는 동안 드래깅 힌지(dragging hinge) 주위에 리드-레그(lead-lag) 현상이 어느 정도 발생하게 되고 이것이 사이클릭 피치를 바꾸는 중에 내재적으로 전환이 되는 진동의 원인이 될 수도 있다. 하지만 블레이드 뒤쳐짐-각이 완벽한 상쇄가 되어도 이어지는 진동은 늘 따라올 수가 있는데 블레이드 그립 피팅(grip fitting)이 부정확하게 정렬되었거나 잘못된 항력 댐퍼(drag damper)가 이런 진동을 야기할 수도 있다는 것이다.

로터 블레이드의 정렬은 일반적으로 허브 연결부 피팅까지 블레이드 설계 과정에서 모두 표기되어야 한다. 로터가 회전을 하게 되면 원심력이 작용하여 블레이드를 정확한 배열로 유지시키고 모든 블레이드가 유사한 뒤쳐짐-각을 가지도록 해야 하지만 로터의 설계와 실제 블레이드 연결 사이에는 많은 차이가 존재한다.

일부 블레이드는 정렬을 확인하는데 단순하지만 효과적인 조준선을 이용하는 방법이 있다. 설정된 코닝-각(coning angle)으로 지지되고 있는 블레이드에 스트링(string)을 블레이드 팁과 로터 헤드 위의 연결부 또는 반대편 블레이드 위 정렬 핀에 부착을 시키고 스트링을 팽팽하게 당긴 다음 고정시킨 블레이드 그립 위로 표시한 정렬선 맞은편에 거울을 위치시킨다. 이렇게 작동자로 하여금 반사된 선이 고정시킨 그립 위의 정렬선과 일치하는지 확인할 수 있도록 하는 것이 조준선을 이용하는 방법이며, 이때 작동하는 사람은 점검을 수행할 때 관측 위치에 따른 물체의 위치와 방향 오차(parallax)에 주의해야 한다.

큰 로터에 사용되는 더 정확한 체크 방법으로 로터 헤드 위 고정물에 거울을 붙여 사용하기도 하는데 그림 6-53과 같이 이 거울은 로터 헤드 위의 표시선과 블레이드 정렬 핀 사이의 정렬을 보는데 사용이 된다. 이 방법은 길이가 긴 블레이드 위에 스트링 라인을 사용하는 것에서 비롯되는 부정확도를 피할 수 있는 방법이다.

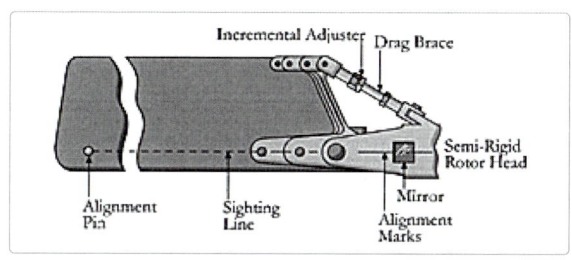

[그림 6-53] 블레이드의 축과 정렬

블레이드 정렬 핀과 시각선의 경로는 때때로 블레이드 부분의 압력 중심(center of pressure)과 시위(chord wise) 방향의 무게 중심(center of gravity)과 일치하기도 하며 그러한 이유로 정렬 핀을 압력 중심 핀이라고 부르기도 한다. 이것은 압력 중심과 무게 중심을 가진 목재 블레이드에만 적용이 된다. 반면에 금속과 복합 소재 블레이드는 정렬 핀이라고 불리는 핀 하나만을 가지고 있다.

몇몇의 반-강성(semi-rigid) 로터 블레이드는 리드-레그 축(lead-lag axis) 안에서 요구되는 블레이드를 조절할 수 있도록 조절이 가능한 항력-브레이스(drag-brace)를 가지고 있다. 항력-브레이스는 일반적으로 기준점에서 요구되는 만큼 리드-레그 축에 있는 해당 블레이드를 움직이기 위해 숫자로 표시되는 점진적 조절기(incremental adjuster)를 가지고 있어서 균형을 맞추어야할 필요가 있는 각 블레이드를 개별적으로 조절하는 것이 가능하도록 되어 있다.

블레이드 스위핑(blade sweeping)이라 불리는 이 과정은 블레이드가 초기 정렬과 트래킹 그리고 동적 균형 체크가 수행된 후에 진행을 하게 된다. 완전-관절(fully-articulated)형 로터 헤드는 항력 브레이스를 가지고 있지 않으며 정렬을 맞추기 위해서 다른 방법을 사용하게 되는데 트래킹과 균형에 대해서 자세히 살펴보기로 하자.

6.9.2. 메인 로터 및 테일 로터 트래킹 (Main & Tail Rotor Tracking)

모든 로터 블레이드는 끝단 경로-면(path-plane)이 같은 면에서 회전하는 것이 매우 중요하다. 만약 메인 로터가 그 경로를 벗어나게 되면 이것은 무게 중심이 회전면과의 정렬에서 벗어나게 된다는 것으로 로터가 회전함에 따라 회전축이 축선과의 정렬에서 벗어나게 될 것이다. 이로 인해 1회전 당 1회씩 동체를 통해 전달되는 수직 진동을 발생시키는 동적 불균형을 발생시키게 된다. 만일 이 오차가 적어진다면 그 진동 효과는 사이클릭 스틱을 통해서 느껴지는 주기적 박자와 합쳐지는 거친 느낌에 지나지 않을 것이다.

테일 로터가 트랙에서 벗어난 경우 진동은 더 높은 주파수가 발생되며 꼬리 동체와 요 페달을 통해서 윙윙거림이 전달될 것이다. 트래킹이란 로터 블레이드의 트랙을 점검하고 필요시 수정하는데 사용되는 순서를 묘사하는데 쓰이는 용어이다.

트래킹 실패는 변함없이 로터의 동적 균형에 영향

을 주고 그 결과 1회전 당 1회의 수직 진동을 발생시킨다. 전자적으로 균형을 점검하고 수정하는 방법에 대해서는 다음에서 설명될 것이다. 동적 균형 점검을 수행하기 전에 로터의 트래킹이 점검되고 필요시 수정되는 것은 매우 중요하고 이와 유사하게 트래킹 체크하기 전에 로터가 정적 균형을 잡고 있다는 것을 확인하는 것도 또한 중요하다.

6.9.2.1 메인 로터 트래킹

기종에 따라 메인 로터 블레이드 구조물과 관련해서 사용될 수 있는 다양한 트래킹 방법들은 많이 있다. 몇몇은 지상에서만 수행할 수 있지만 다른 방법은 지상과 상공에서 모두 사용할 수 있어야 한다. 지상에서의 트래킹 작업은 헬리콥터가 바람을 바라보고 정확하게 계류된 안정된 상태에서 수행되어야 한다. 현대의 대부분 헬리콥터는 블레이드 코닝-각의 변화에 따른 RPM이 높거나 낮아짐에 따라 트래킹 작업이 필요하며 정지 비행(hover flight)이나 전환 비행(translation flight)시에도 트래킹 작업이 필요한데 왜냐하면 비행 중에는 지상에서와 블레이드의 트랙이 다를 수 있기 때문이다. 이 모든 상황을 고려해서 몇 개의 트래킹 과정을 학습하게 될 것이다.

(1) 스틱-트래킹 체크(Stick-Tracking Check):

이 방법은 가장 초기에 적용했던 것으로 해석의 측면에서 가장 덜 정확한 방법이며 지상에서만 수행할 수 있다. 앞서도 이야기 했듯 이 검사를 수행하기 전에 반드시 헬리콥터를 바람과 마주하고 있는 안정된 상태로 견고하게 계류하여야 한다.

그림 6-54와 같이 로터는 낮은 RPM에서 그리고 최소 피치-각에서 회전하도록 설정되어야 한다. 프러시안 블루 같이 씻을 수 있는 액체가 묻은 표시지(marker)를 길고 유연한 막대기에 붙이고 막대기를 들어 블레이드 끝단 근처 표면에 접촉할 수 있도록 한다. 이 검사를 수행할 때 막대기를 너무 높이 들어 발생하는 상해를 방지하기 위해 작업자는 자신과 전진하고 있는 블레이드 사이에서 막대를 들면 안 된다. 막대는 직접적인 접촉이 일어났을 때 수행자로부터 멀리 떨어질 수 있도록 쥐어야 하며 가볍고 짧게 접촉시켜야 한다.

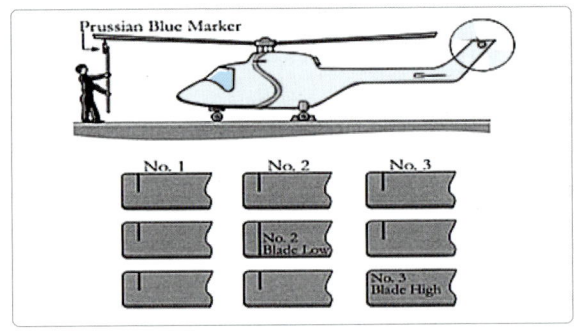

[그림 6-54] 스틱-트래킹

로터를 정지하고 각 블레이드에 묻은 표식을 점검하면 되는데 그 표시가 비슷하다면 트랙은 비교적 정확한 것이다. 이 방법의 문제는 만약 블레이드에 표시가 되지 않았다면 어떤 것이 트랙에서 벗어났는지 알 수 없다는 점이다.

(2) 플래그-트래킹 체크(Flag-Tracking Check):

그림 6-55와 같이 이 점검도 지상에서만 수행할 수 있으며 앞선 스틱-트래킹과 마찬가지로 헬리콥터가 바람을 마주하고 안정된 상태에서 견고하게 계류되어있어야 한다. 이 검사를 수행하기 전에 각 블레이드의 끝단을 각기 다른 색의 분필 또는 크레용으로 색칠한 후 수행자가 캔버스 플래그가 달린 막대를 들고 저속 RPM과 제로 피치에서 회전하고 있는 로터 근처로 접근해서 막대에 달린 플래그 끝이 회전하는 블레이드 끝단에 살짝 닿도록 한다.

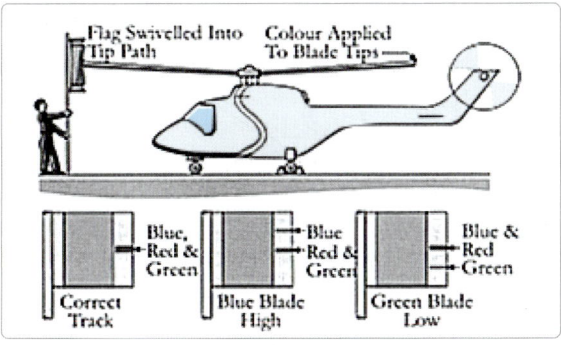

[그림 6-55] 플래그-트래킹

각 블레이드 끝단은 해당하는 색깔을 플래그에 남길 것이다. 만약 블레이드가 트랙 조정이 되었다면 색깔은 서로 겹쳐서 표시될 것이고 트랙을 벗어난 블레이드는 트래킹 오류의 정도에 따라 다른 블레이드보다 낮거나 높은 곳에 표시를 남기게 될 것이다. 사용되는 막대와 플래그는 때때로 트래코미터(trackometer)라고 불리기도 한다.

(3) 빛-반사 트래킹(Light-Reflection Tracking):

그림 6-56과 같이 이 방법은 지상에서나 공중에서 사용할 수 있으며 점검을 위한 준비단계에서 각 블레이드 끝단에 반사면(reflector)을 부착한다. 이때 각각의 반사체는 비행 객실을 향해 안으로 향하도록 설치되어야 한다. 두 개의 블레이드를 가진 로터에서 반사면 중 하나는 일반적인 반면 다른 하나는 눈에 띄는 색이 있는 줄무늬를 가지고 있다. 그 후 로터는 지정된 RPM으로 회전하고 그와 동시에 비행 객실 안에 배터리로 작동되는 불빛을 로터 디스크의 끝단으로 비추면 줄무늬 반사면의 수직 위치와 일반 반사면의 위치를 비교할 수 있게 되어 각 블레이드의 수직 위치를 확인할 수가 있다.

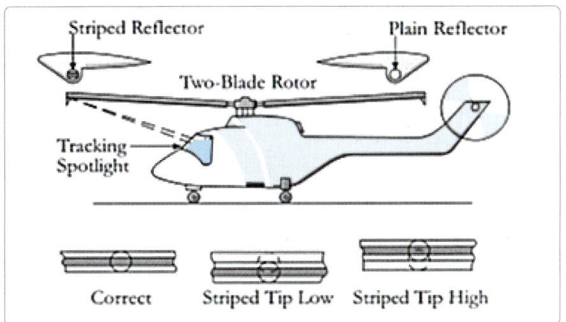

[그림 6-56] 빛-반사 트래킹

여러 개의 블레이드를 가진 경우 로터의 점검을 수행하는 것은 조금 더 복잡하긴 하지만 반사면이 블레이드에서 블레이드로 반복 옮겨가는 것이기 때문에 여러번 점검을 하는 것이 필요하다.

(4) 섬광 트래킹(Strobe-Light Tracking):

그림 6-57과 같이 이 전기적 시스템은 지상과 공중에서 트래킹 점검을 하는데 사용될 수 있으며 점검을 준비하는 단계에서 빛-반사 방법과 같이 각 블레이드 끝단에 객실에서 볼 수 있도록 반사면을 부착한다. 그리고 반사면들은 점검이 필요할 때에만 부착해야 한다. 그렇지 않으면 블레이드에 항력이 발생하고 자동 회전하는 동안 회전수를 감소시킬 것이다. 각 반사면은 식별 가능한 줄무늬와 색깔을 가질 때도 있다.

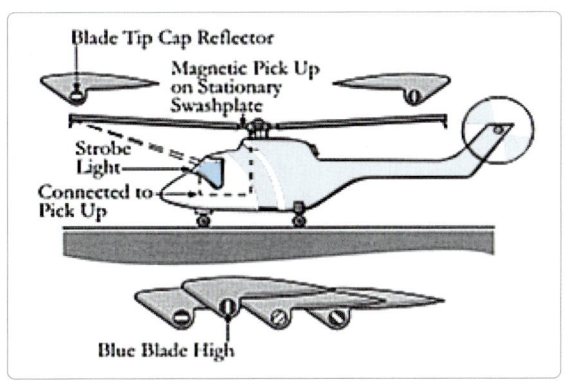

[그림 6-57] 섬광 트래킹

이 점검을 수행하는 방법은 비행 객실에 비치한 스트로브를 통해 섬광을 로터 디스크의 끝단 반사판을 향하여 비춘다. 이때 섬광은 회전 스와시-플레이트 (rotating swash-plate)와 고정 스와시-플레이트 (fixed swash-plate) 사이에 장착된 전자 감지 장치 (magnetic pick-up)에 의해 블레이드의 회전수만큼 비춰지게 된다. 이것은 블레이드가 특정 지점을 지날 때 빛이 깜빡거리도록 하여 반사체에 움직임이 없는 이미지를 만들어내게 된다.

만약 블레이드가 온-트랙(on-track)이면 반사체에 비친 이미지는 정렬이 된 상태가 되고 아웃 오브 트랙(out of track)이면 반사체에 비친 이미지는 수직으로 파상 배치가 될 것이다. 트래커(tracker)는 특징적인 표시(무늬, 색깔, 모양, 숫자) 등을 통해 어떤 블레이드가 얼마만큼 기준이 되는 블레이드의 트랙에서 벗어났는지 알 수가 있게 된다. 그리고 기준이 되는 블레이드는 해당 기종의 정비교범에서 지정이 된다.

(5) 전자-광학 트래킹(Electro-Optical Tracking):

그림 6-58과 같이 이 전자-광학 계통은 또한 지상에서와 공중에서 사용될 수 있으며 헬리콥터에 영구적으로 부착 될 수도 있다. 전자-광학 유닛은 블레이드 끝단 경로면(path-plane) 바로 아래 후방 동체에 부착을 하고 이 유닛은 두개의 광학 헤드를 가지고 있으며 각각은 적외선 빛줄기를 수신하고 전송할 수 있다. 광학 헤드 중 하나를 통해 마스터 블레이드(master blade) 끝단 아래에 있는 설정된 지점에서 빛줄기를 교차시키기 위해 원격 조정할 수가 있다.

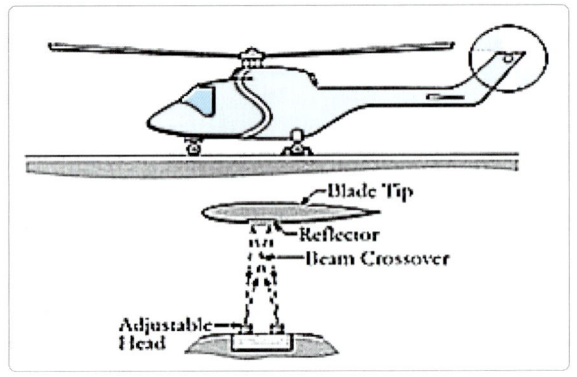

[그림 6-58] 전자-광학 트래킹

빛이 전송되고, 반사되고, 송신되는데 소요된 시간은 교차점 위에 있는 블레이드의 높이를 측정할 수 있다. 그리고 고정 스와시-플레이트와 회전 스와시-플레이트 사이에 장착된 전자감지 장치(magnetic pick-up)는 로터의 회전수(RPM) 정보와 블레이드 위치를 제공하게 되는데 반사된 광선의 시차 정보와 조합하게 되면 마스터 블레이드와 각 블레이드 사이에서 트랙을 비교할 수 있게 된다.

(6) 프리 트래킹(Pre-Tracking):

어떤 제작사들은 그들의 블레이드를 프리-트랙을 수행하는데 그 방법이 다양하다. 그중 하나의 방법은 회전 검사 시에 각 블레이드의 트랙을 마스터 블레이드와 맞추는 것으로 각 테스트 블레이드 피치 변화 로드(pitch change rod)를 블레이드의 트랙이 마스터 블레이드와 일치할 때까지 기준 길이보다 점진적으로 증가시켜 조절하는 것이다. 증가 조절에 필요한 양은 블레이드 루트에 스텐실로 찍히게 된다. 블레이드가 손상되었거나 교체 되었을 때에는 피치 변화 로드를 확인하여 필요시 블레이드 뿌리 부분에 명시된 수치와 맞추어 조절을 한다. 다른 문제가 없다면 블레이드는 트랙 안에 있을 것이다.

6.9.2.2 트래킹 조절(Tracking Adjustment)

그림 6-59와 같이 블레이드의 지상 트랙은 일반적으로 피치 변화 로드의 길이를 조절함으로써 피치-각을 변화시켜 수정을 한다. 피치 변화 로드의 길이를 늘이는 것은 피치-각을 증가시켜 블레이드를 들어 올리는 것이며 반대로 길이를 줄이면 블레이드가 내려가게 된다. 어떤 피치 변화 로드는 한쪽 끝에 가는 나사산 조절기가 있고 반대편에는 굵은 스레드(thread) 조절기가 있어 가늘고 굵은 조절이 가능하다. 몇몇의 로드는 기준 값으로부터 정확한 변화의 양이 기록될 수 있는 증가 조절기를 가지고 있다. 조절 필요의 양은 종종 반복적인 트래킹 검사를 통한 시행 착오에 의해서 수립이 된다.

몇몇의 블레이드는 뒷전을 따라 위치한 고정 트림-탭(trim-tab)을 가지고 있다. 이것은 블레이드의 양력과 공기 역학적 균형에 영향을 주고 일반적으로 지상 트래킹보다는 비행 중의 트래킹을 위해서 사용이 된다. 탭 중에 어떤 탭은 제작사에 의해서 사용에 제약이 있는 반면 몇몇은 조작자가 사용할 수 있도록 제공되어 지상과 공중에서 트래킹 작업을 위해 사용이 된다. 탭은 특별한 도구와 각도기를 사용하여 적절한 방향으로 구부려 조절을 할 수 있도록 되어 있으며 탭으로 인해 실속에 빠지거나 효능을 잃기 전까지 방향이 얼마나 바뀔 수 있는지는 한계가 정해져 있고 해당 정비교범에 정확한 방법과 한계가 적용되어야 한다.

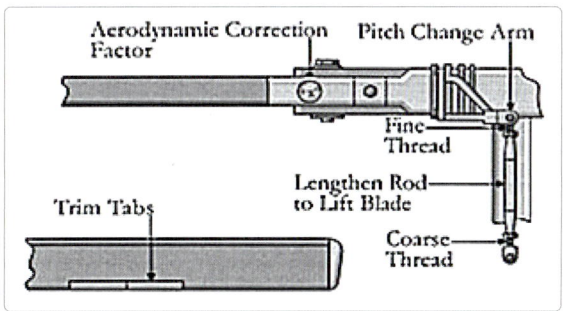

[그림 6-59] 트래킹 조절

6.9.2.3 테일 로터 트래킹(Tail Rotor Tracking)

앞에서 설명했던 것과 같이 트래킹 결함은 로터의 동적 균형에 다양한 영향을 주기 때문에 로터의 트래킹은 필요시 동적 균형 점검 수행 전에 수정하고 점검을 하는 것이 매우 중요하다. 하지만 테일 로터의 빠른 속도와 위치 때문에 메인 로터에 사용되었던 트래킹 방법은 적용할 수 없다.

헬리콥터의 종류에 따라서 회전하는 로터 디스크의 단순 관찰부터 전자-광학을 포함하고 있는 전자적 방법까지 트래킹 방법의 복잡도가 달라지며 진동 주기 분석 장비도 달라진다. 손으로 로터를 회전하여 각 블레이드의 정렬 상태를 보드에 그려진 기준선과 비교하는 정적 점검은 오차를 발견하는데 유용하지만 이 방법이 동력으로 회전할 때보다 트래킹이 정확하다는 것을 보장할 수 없다.

6.9.3. 정적 & 동적 균형 (Static & Dynamic Balancing)

로터는 정적으로나 동적으로 균형이 잡혀 있어야 한다. 정적 균형은 무게 배분과 관련이 있는 반면에 동적 균형은 주로 로터가 회전할 때 발생하는 관성력과 관련되어 있다. 자전거 바퀴를 상상해보며 만약 손가락으로 차축을 지지한 상태에서 바퀴를 회전시키면 바퀴는 자연스럽게 회전하고 손가락에는 진동이 느껴지지 않을 것이다. 그런데 바퀴 림에 납을 추가한 후 같은 실험을 반복하게 되면 납 무게가 회전의 180도마다 반대되는 원심력을 가하기 때문에 방사형 진동을 느낄 수가 있을 것이다. 이것이 발생되는 이유는 정적 불균형으로 인한 바퀴의 무게 중심이 회전축의 바깥에 위치하기 때문이다. 원심력이 방사 속도의 제곱에 비례하기 때문에 속도가 증가할수록 진동은 더 심해지고 이러한 경우 정적 균형 맞추기 위해 회전축 주위로 무게 배분하는 것을 고려해야만 한다.

이제 자전거 바퀴가 휘어져있다고 상상해보면 이것은 바퀴의 일부분이 면 밖 또는 바퀴 회전의 트랙에서 벗어났다는 것을 의미하게 되며 회전면에서 벗어 낫을 때 회전 로터의 무게중심은 언제나 회전면으로 돌아오려고 할 것이다. 이런 상태에서 바퀴를 회전시키면 휘어진 부분이 스스로 회전면으로 정렬되려고 시도하게 되고 속도가 증가될 때마다 더 악화되는 떨리는 현상이 매 반회전마다 반전되는 힘의 불균형한 움직임이 만들어지게 된다. 거기에 더해 바퀴가 회전하면서 회전의 축은 차축과의 정렬에서 벗어나려고 움직이게 된다.

바퀴 부분이 비틀어졌기 때문에 길이(span-wise) 방향의 정적 안정 또한 영향을 받아 결과적으로 무게 중심이 회전축에서 벗어나게 될 것이다. 이러한 경우에 균형은 로터 질량의 무게 중심을 회전하는 면과 일치시켜 결과적으로 회전축이 축선과 정렬이 되도록 만들어야 할 것이다.

6.9.3.1 정적 균형(Static Balance)

헬리콥터 로터 블레이드는 시위 방향(chord-wise)과 스팬 방향(span-wise) 모두 정적 균형이 필요하다. 시위 방향의 정적 균형은 블레이드의 시위를 따라가는 무게 중심의 위치와 관련이 있으며 길이 방향의 정적 균형은 블레이드의 길이를 따라가는 무게 중심의 위치와 관련이 있다. 로터는 일반적으로 시위 방향 균형을 이룬 후 길이 방향의 균형을 맞추게 되는데 왜냐하면 시위 방향 균형의 어떠한 조절은 길이 방향의 균형에 영향을 줄 수 있기 때문이다.

여기서 주의해야 할 점은 많은 메인 로터 블레이드에는 구조부에 축적되는 수분을 제거하기 위해서 끝단에 드레인 홀(hole)이 있으며 테일 로터 블레이드의 경우도 동일한 형태이다. 만약 이 드레인 홀 중에서 어느 하나라도 막히게 되면 수분이 축적되어 균형에 영향을 줄 수가 있다. 로터 블레이드의 쌓이는 얼음도 정적 균형에 영향을 주며 이것은 비행 중에 일반적이지 않은 진동의 보고서를 조사할 때 고려할 부분이기도 하다.

(1) 시위 방향의 정적 균형
 (Chord-Wise Static Balance):

블레이드의 관성축과 양력이 작용하는 압력 중심 사이에 형성된 커플을 줄이기 위해서 로터 블레이드는 시위 방향의 균형이 맞아야 한다. 시위 방향의 균형이 없다면 무게 중심을 통해 기능을 하는 관성축이 압력 중심을 통해 기능을 하는 양력축 뒤에 위치하게 된다. 만약 이러한 경우라면 블레이드의 상승 가속은 블레이드가 비틀어지게 하는 원인이 되고 받음각의 증가와 더불어 양력이 증가하게 되는데 블레이드의 탄성력이 결과적으로 비틀어진 것을 바로 잡아 받음각을 감소시키고 블레이드가 처지게 되는 원인이 되기도 한다. 그리고는 반대 방향으로 비틀어지게 하여 블레이드가 격렬하게 흔들리게 되는 극심한 플러터 현상이 나타나게 된다.

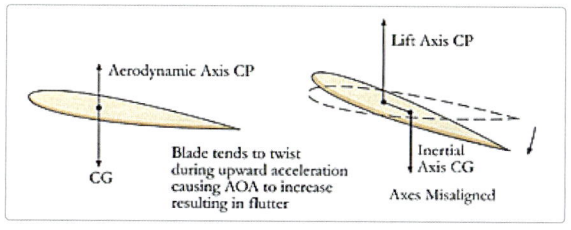

[그림 6-60] 시위방향의 균형

그림 6-60과 같이 로터 블레이드의 시위 방향 균형은 제작 과정에서 관성축을 압력 중심축과 정렬될 수 있도록 스파(spar)의 앞전을 따라 카운터-웨이트(counter weight)를 부착한다.

(2) 스팬-방향 정적 균형
 (Span-Wise Static Balance):

로터 블레이드가 길이 방향으로 정적 안정 상태라면 그것의 무게는 축을 따라 고르게 분포되어 있고 무게 중심도 축의 회전축에 위치해 있다는 것으로 만약 그렇지 않다면 무게 중심이 회전축에서 벗어난 것에 비례하여 진동이 발생할 것이다. 불균형한 로터에 의해서 만들어진 불균형한 방사력(radial force)은 원심 형 특성이 있으며 매 회전의 180도 마다 역행하며 가로 진동을 만들어 축 베어링을 통해 구조부터 전달하게 된다. 원심력은 로터 방사 속도의 제곱에 비례하기 때문에 회전 속도가 증가함에 따라서 진동은 급격하게 증가를 하게 된다.

더 큰 로터 조립품의 경우 로터 헤드와 블레이드가 각각 균형을 잡고 있으면 조립 후 하나의 유닛으로 균형이 잡힌다. 초기 균형은 제작자 또는 정비 수리 조직에 의해서 임명된 특별한 밸런싱(balancing) 조직을 통해 수행이 된다. 로터 헤드의 균형은 일반적으로 특정 위치에 종종 특수 와셔(special washer)의 형태로 무게를 추가함으로써 조절 할 수 있으며 각 블레이드의 무게와 시위 방향 무게 중심 위치는 점검 되고 필요에 따라 조절되어 특정 균형 한계 안에 들도

록 해야 한다. 이것은 일반적으로 블레이드 끝단 포켓과 블레이드 구조 안에 지정된 위치에 무게를 가감함으로 달성할 수가 있다.

장착 후에는 로터 조립품의 균형 검사가 수행되어야 하는데 현재는 특수 전자 균형 장치에 의해 이 시험을 수행된다.

3) 공기역학적 균형(Aerodynamic Balance):

시위 방향 관성축의 위치와 관련하여 블레이드의 공력 중심의 위치는 중요하다. 압력 중심의 위치는 일반적으로 블레이드의 설계에 의해 판단이 되고 제작 과정에서 확인이 되어야 한다. 더불어 블레이드에 의해 발생된 양력은 공기 속도와 받음각과 관련하여 로터 조립품 안의 다른 블레이드에 대한 비행과 지상 트랙에도 영향을 준다.

이 장의 앞부분에서 언급했던 것과 같이 몇몇의 블레이드 종류는 뒷전을 따라 위치한 고정 트림-탭을 가지고 있는 경우도 있다. 이러한 탭은 제작자가 트래킹 목적으로 사용하는데 제공이 된다. 탭은 일반적으로 비행 트래킹에 사용되지만 어떤 경우에는 작동하는 사람이 비행과 지상 트래킹 하는데 사용될 수 있도록 제공이 되기도 한다.

6.9.3.2 동적 균형(Dynamic Balance)

앞에서 설명한 것과 같이 만약 찌그러진 자전거 바퀴를 회전시킨다면 바퀴는 그 일부분이 회전면에서 벗어났기 때문에 불균형이 발생하고 결국에는 진동을 유발하는 현상과 마찬가지로 블레이드가 트랙에서 벗어나게 되면 로터 조립품의 무게 중심도 회전의 면에서 벗어난 곳에 놓이게 된다. 트랙을 벗어난 블레이드가 회전함에 따라 부품들의 원심력은 다시 회전면 안으로 들어오려 시도할 것이고 그때마다 수직 진동을 발생시킬 것이다. 거기에다 로터가 회전함에 따라 회전축이

축선과의 정렬에서 벗어날 것이다. 블레이드가 트랙에서 벗어나게 되면 로터 부품의 길이 방향 무게도 영향을 받아 축선과의 정렬에서 벗어나게 된다.

로터 부품들의 동적 균형은 블레이드 트랙 이외의도 영향을 받을 수 있으며 이러한 이유로 동적 균형 점검 전에 블레이드의 트래킹을 점검하는 것이 매우 중요하다.

메인 로터가 불균형하게 되면 동체에도 진동이 전달되는데 로터 1회전 당 1회 진동은 일반적으로 구분하기 쉽지만 더 높은 주파수 진동은 그 원인을 발견하기 어렵고 종종 서로 겹쳐지기도 한다. 진동의 근원이 어떻게 추적되고 감소시킬 수 있는지 학습하기 전에 먼저 마주칠 수 있는 진동의 특성과 다양한 종류에 대해서 알아볼 것이다.

6.9.3.3 진동(Vibration)

진동은 같은 시간에 반복되는 주기적인 움직임으로 묘사될 수 있다. 불균형한 로터로 인해 발생하는 진동은 축에 교차되는 변위로 나타낼 수 있다. 아래 그림처럼 일정한 각속도로 회전하는 로터의 무거운 부분에 의해서 발생된 축의 움직임이 정반대에 위치한다는 것을 알 수가 있다. 이것을 상상하기 위해서는 축의 움직임과 진동 스프링에 의한 진자 운동과 비교하는 것도 도움이 된다.

그림 6-61은 사이클 시작점에서 축이 좌우로 벗어나 있는 속도가 최대속도에 도달하여 0도 위치에서 정지 점을 지나 감속되어 90도에서 속도가 0이 되고 변위는 최대 크기에 도달하게 된다. 축의 변위는 그 후 가속되어 최대 각도로 돌아가며 180도에서 정지 점을 통과하여 최대 변위까지 감속되고 다시 반대 방향 270도 위치에서 속도가 0이 된다. 다시 가속되어 사이클이 반복되는 360도에서 정지 점을 지나 돌아오면서 최대 속도까지 가속이 된다.

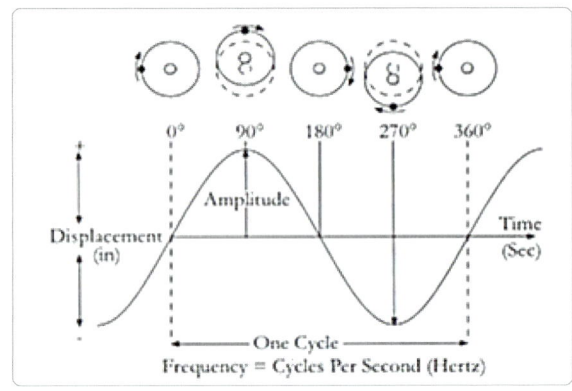

[그림 6-61] 불균형 로터의 변위

그림 6-62와 같이 1초에 완료된 완전한 사이클의 수가 그 움직임에 대한 주파수가 된다. 주파수는 헤르츠로 표시되며 1초에 1사이클이 1헤르츠로 표시된다.

예를 들어 1사이클의 시간이 0.2초라면 주파수를 5헤르츠가 되는 것이며 이것은 300 RPM으로 회전하는 메인 로터의 1회전 당 진동 주기와 같게 되는 것이다. 정지 점으로부터 축의 최대 변위는 길이 측정으로서 대표되는 진동의 진폭으로 표시되는데 진동 폭은 또한 속도 단위 또는 가속도 단위로 표시될 수가 있다.

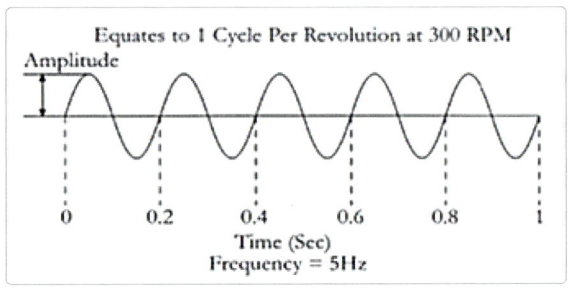

[그림 6-62] 저주파 진동

(1) 진동 종류(Vibration Type):

헬리콥터의 구조에서 느껴지는 진동은 많은 다른 원인에서부터 유발될 수가 있으며 그것은 주파수가 다르고 자연적이거나 인위적이거나 혹은 공진일 수도 있거나 이러한 것들의 조합으로 나타날 수가 있다.

① 자연 진동(natural vibration):

동체에 가해지는 외력이 없이 자신의 탄성이나 중력에 의해 몸체가 떨린다면 이것을 자유 혹은 자연 진동이라고 한다. 예를 들어 스프링은 외부에 의해서 초기에 진동이 되지만 뒤를 잇는 진동은 스프링의 자연적 탄성에 의해서 발생이 되고 처음 건드린 추가 이후에는 중력에 의해 지속적으로 흔들리게 된다.

② 강제 진동(forced vibration):

인위적 진동은 동체에 외력이 작용했을 때에만 동체가 진동하고 힘이 제거되면 진동이 즉시 멈추는 경우에 나타난다.

③ 공진(resonance):

많은 물체는 그들의 형태와 형질 때문에 물체가 부딪혔을 때 발생하는 자연적인 진동 주파수를 가지고 있다. 이 자연적인 주파수가 물체의 공진 주파수로 벨이 울리는 경우가 바로 이것이다.

몸체에 힘을 가해 진동을 발생시키면 방해하려는 힘에 의해 주파수가 발생하여 떨리게 되고 진폭은 그 힘에 비례하게 된다. 하지만 만약 인위적 진동의 주파수가 동체의 공진 주파수와 일치하게 되면 진폭은 급격하게 상승을 할 것이며 이때를 공진이 발생했다고 하는 것이다.

④ 강제 진동과 공진(forced vibration & resonance):

부품의 불균형한 움직임으로부터 발생된 진동에 의해 주기적인 힘은 베어링 하우징을 통해 지지 구조부로 전달이 되며 그 힘은 또한 회전축과 지지부에 탄성 변형을 야기하게 한다. 만약 공진이 발생했다면 그 효과는 급격하게 증폭되고 마모와 피로 파괴의 비율을 증가시키게 된다. 항공기 구조부에서 발행한 공명은 재앙적인 결과를 가져올 수 있으며 예로써 군인이 발을 맞춰 다리를 행진할 때 다리가 무너진 이야기를 들어보았을 것이다.

⑤ 과도 진동(transient vibration):

물체가 부딪혀 그것에 의한 공진 주파수로 진동할 때 진동은 천천히 줄어들 것이며 이것을 과도 진동이라고 한다.

6.9.3.4 헬리콥터의 진동(Vibration of Helicopter)

헬리콥터에서 강제 진동으로 인한 주파수는 일반적으로 부품의 회전 속도에 의해서 결정되고 로터의 블레이드 개수 또는 톱니바퀴의 톱니 수와 같은 요인에 의해 결정이 된다. 진동은 주기적으로 주기가 각 회전 동안 반복이 되며 어떤 경우에는 1회전에 1주기가 있는 반면 1회전에 여러 주기가 발생하기도 한다.

불균형한 부품은 일반적으로 회전 속도에 맞는 주파수로의 회전을 야기하는데 이것을 회전 당 진동이라고 한다. 하지만 로터 블레이드 조립품은 블레이드 공기 속도, 플래핑(flapping)과 드래깅(dragging) 움직임, 사이클릭 피치 변화, 그리고 블레이드와 동체 사이의 혼선에 의해서 생성되는 공기역학적 힘의 변화에 영향을 받게 된다. 이러한 힘이 로터의 각 회전 동안 교대로 발생하며 로터 헤드에 영향을 주는 블레이드에 굽힘과 비틀림 모멘트를 만들게 된다. 이러한 힘들 중 몇몇은 그 힘들이 반대 블레이드에 작용하여 서로 상쇄시키는 로터 어셈블리의 균형에 의해서 균형이 잡히기도 하지만 나머지는 로터 변속기를 통해 구조부로 전달될 것이다. 이러한 진동이 나타나는 주파수는 블레이드 회전수로 설명을 할 수가 있다.

블레이드 주파수 = 로터 주파수 X 블레이드 개수

이 공식을 사용하면 3개의 블레이드가 있는 로터는 회전 당 3회 진동하는 경향이 있고 4개의 블레이드가 있는 로터는 회전 당 4회 진동하는 경향이 있다. 이 단계의 진동은 일반적으로 잘못된 트래킹 또는 밸런스에 의해 발생한 회전 당 1회 진동과 쉽게 구분을 할 수가 있다.

일반적으로 헬리콥터의 메인 로터 속도는 300 RPM과 500 RPM 사이에 있다. 따라서 낮은 주파수의 진동은 일반적으로 메인 로터 부품들에 의해 발생하게 된다. 그림 6-63처럼 동적 또는 정적인 불균형 때문에 메인 로터로부터 전달된 진동은 수직 또는 측면에서 발생할 수 있다. 수직 진동은 일반적으로 잘못된 트래킹에서 기인한 반면 측면 진동은 일반적으로 잘못된 길이 방향 불균형의 결과로 인해 발생이 된다.

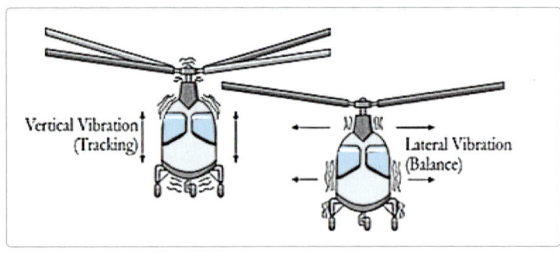

[그림 6-63] 메인로터의 저주파 진동

로터나 로터 변속기 계통 그리고 엔진과 보조 부품들이 서로 다른 속도로 회전하기 때문에 관련된 주파수의 범위는 낮음과 중간 그리고 높음 범위로 세분화될 수가 있으며 이점이 진동의 원인을 찾는데 실마리를 제공하기도 한다.

(1) 저 주파수(Low Frequency):

1 ~ 10 헤르츠 사이의 저 주파수는 일반적으로 객실에서 자주 느끼게 된다. 이것은 특히 메인 로터 부품들과 로터 구동축과 관련이 있는데, 예를 들어 가능한 원인은 잘못된 드래그 댐퍼, 잘못된 트래킹, 마모된 항력 힌지, 마모된 블레이드 슬리브, 헐거운 로터 헤드 고정 너트, 회전 또는 비 회전 씨저(scissor)의 정확한 리깅, 느슨한 기어박스 마운트, 그리고 마모된 로터 축 베어링에 의해 발생된다.

(2) 중 주파수(Medium Frequency):

10 ~ 30 헤르츠의 중간 주파수 진동은 객실에서도 느낄 수 있지만 저 주파수만큼 분명하진 않다. 이것은 일반적으로 테일 로터 어셈블리와 관련되어 있으며 가능한 원인으로는 헐겁거나 마모된 연결부, 로터 블레이드 손상, 로터 끝단 드레인 홀이 막혀 축적된 수분, 그리고 부정확한 테일 로터 균형과 부정확한 리깅에 의해 발생을 한다. 중 주파수 진동은 또한 메인 로터 블레이드의 회전 당 주파수와도 관계가 있는데 예를 들어 회전 당 4번의 진동이 올 수도 있다.

(3) 고 주파수(High Frequency):

30 ~ 600 헤르츠 그리고 그 이상의 고 주파수 진동은 사용자가 분명하게 느낄 순 없지만 객실에서 윙윙 거림 또는 허밍으로 느껴질 수 있다. 이것은 엔진 축과 베어링 또는 고속 변속기 작동축, 기어 트레인과 엔진 구동 보조 부품과 냉각 팬과 관련 있다.

6.9.3.5 진동 분석(Vibration Analysis)

경험 있는 엔지니어들은 저 주파수 진동의 원인을 감각을 통해 찾아낼 수도 있다. 특수 진동 분석 장비 없이 더 높은 주파수 진동의 원인을 감지하는 것은 훨씬 더 어렵다. 전자 진동 감지와 측정 장비가 이제는 일반적으로 사용되고 있지만 기계적 장비들도 여전히 사용되고 있다.

소형 진동계는 기계적 장비로 시계태엽에 의해서 조절된 속도로 구동되는 기어가 있는 드럼으로 구성되어 있으며 장비에 있는 스프링 탐침이 레버를 통해서 왁스가 발라진 기록지에 접촉되어 있는 드럼 위의 바늘과 연결되어 있고 배터리로 작동하는 시간 기준은 드럼이 회전함에 따라서 왁스가 발려진 종이 위에 0.5초 간격으로 기록을 하게 된다. 이 장비는 동체 구조부의 특정 위치에 위치하며 스프링 탐침과 레버 배열은 현재 있는 진동을 확대시켜 바늘로 전달해서 결과적으로 기록지에 흔적을 만들게 된다. 작업자는 기록된 진동의 진폭과 주파수를 가장 높은 곳부터 시작하여 측정을 하게 되는데 숙련된 작업자는 블레이드 주파수 흔적을 발췌할 수 있으며 로터 주파수를 비교할 수 있는 다른 주파수로부터 알아낼 수가 있다. 제작사에서는 모든 회전하는 부분의 주파수와 내재 진동의 한계를 소개하여 과도한 진동의 원인을 찾는데 사용토록 한다.

전자 진동 측정 장비는 요즘 더 일반적으로 사용이 된다. 그중 한 종류는 객실 구조 부위의 지정된 위치에서 진동을 탐지하기 위해서 가속도계를 포함한 소형 탐침을 사용한다. 수신 장비는 미리 설정된 주파수 범위를 살피고 주파수와 측정되어 부품의 내재 진동 한계와 비교될 수 있는 진폭을 표현한 인쇄물로 만든다. 비슷한 종류의 장비는 전략적으로 놓여 진 가속도계로부터 전기 신호를 수신하여 진동 주파수와 진폭의 그래픽 CRT디스플레이를 만들어 낸다.

전형적인 가속도계는 진동을 크리스탈(crystal)로 전달하기 위해 지진에 의한 질량의 관성을 이용한다. 센서(sensor)는 진동하는 크리스탈(crystal)이 밀리-암페어 교류 전류를 발생시키고, 교류 전류의 주파수는 그것을 변형시켜 진동의 주파수와 일치하게 하는 압전 효과를 사용하며 전류의 값은 진동의 진폭의 정확한 표시를 나타낸다. 가속도계는 한 평면에 진동을 감지한다는 점에서 방향성을 가지고 있으며 가로 방향 또는 수직 방향의 진동을 측정할 때에는 가속도계가 그에 맞게 위치되어 있어야 한다.

진동 분석을 위해 사용되는 장비는 삭제하지 않으면 시험 결과를 가리게 되기 때문에 원하지 않는 배경 클러터를 삭제할 수 있는 필터를 포함하고 있다. 예를 들어 작동자가 특정 회전 속도와 주파수로 작동되고 있는 특정 부품에서 내재 진동을 측정하고자 할 때 필터는 작동하는 사람이 선택된 주파수만 살펴볼 수 있도록 하는데 사용이 될 수 있다.

장비가 넓은 범위의 주파수와 진폭을 살피는데 사용된다면 작동하는 작업자는 개별적으로 식별할 수가 있고 저, 중, 고 범위로도 구분할 수 있으며, 제작사의 한계치를 사용하여 이 범위에서 발생한 몹시 높은 어떤 진폭을 식별할 수가 있다.

6.9.3.6 진동 감소 방법 (Vibration Reduction Methods)

앞에서 설명했듯이 헬리콥터는 여러 부품으로부터 내재된 강제진동을 경험하게 된다. 제작자는 이러한 부품으로부터 발생된 진동의 예상된 주파수와 진폭을 그들의 승인된 한계치와 함께 발표를 해야 한다. 내재 진동은 또한 몇몇의 조종 동작에 의해서도 발생하며 설계 시에 부품의 자연 진동에 의한 강제 주파수 그리고 공명을 생산하는 부품과 결합되는 위험을 줄이기 위한 단계가 수행되어야 한다.

어떻게 진동을 줄이고 구조부로 전달되는 것을 막을 수 있을까? 라는 문제를 대할 때 첫 번째 취할 가장 명백한 행동은 비정상적인 마모, 부품 결함, 불균형, 잘못된 트래킹, 잘못된 리깅 등의 결과로 일어난 과도한 진동의 원인을 조사하고 수정하는 것이다. 이러한 결함에 의해 발생된 진동을 고의적으로 가리려고 시도하는 것은 가장 위험한 것으로 간주되긴 하지만 구조부에 내재 진동과 그 효과를 감소시키려는 단계를 거치게 되며 어떤 경우에는 다른 원인으로부터 온 진동이 사실상 서로 상쇄할 수 도 있다. 다른 경우에는 이것을 할 수 있는 힘을 만들어내는 시스템을 채용하는 것으로 이러한 시스템을 공부하기에 앞서 우리는 간섭의 효과에 익숙해져야만 한다.

(1) 간섭(Interference):

그림 6-64와 같이 진동 주기의 꼭대기 혹은 최대 변위 점은 파복(antinodes)이라고 하며 최소 변위 점은 마디(node)라고 한다.

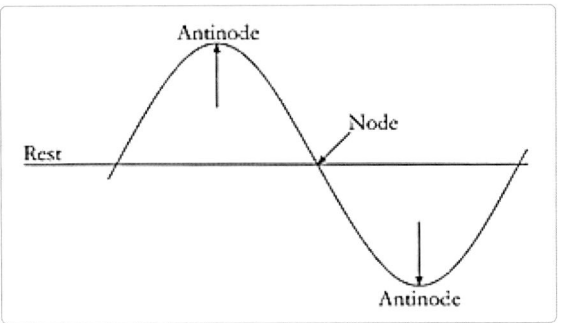

[그림 6-64] 주파수

다른 원인으로부터 온 진동은 서로 간섭할 수 있는데 그들의 주파수가 일치하면 간섭은 그림 6-65와 같이 상쇄 적이거나 보강 적일 수 있다. 상쇄 간섭(destructive interference)의 경우 마디가 교차하며 파복을 서로 반대 두어 진동을 감쇄시키는 역할을 하고 반대로 보강 간섭(constructive interference)의 경우 마디가 서로 겹쳐져 진동의 진폭을 증가시키는 역할을 한다.

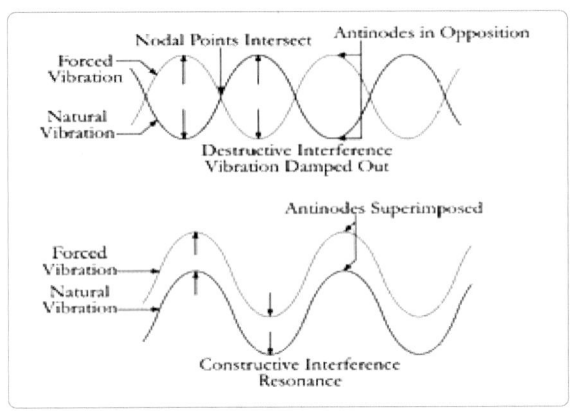

[그림 6-65] 상쇄와 보강간섭의 변위

메인 로터에서 발생한 강제 진동의 주파수가 자연적 또는 동체 구조 지지부의 공명 주파수와 일치하고 스스로 겹치게 되면 구조적 진동의 진폭은 급작스럽게 증가하여 탑승자에게 불편한 느낌을 주고 구조 피로를 가속시키게 된다. 몇몇의 경우 다양한 주파수 사이에서의 상관관계는 구조를 통해 주기적으로 진동을 보내는 사이클릭 비트를 만들어 보내줌으로써 상쇄 간섭에서 보강 간섭으로 변환시키기도 한다.

제작사들은 메인 로터에 의해 생성된 진동의 단계를 줄이기 위한 진보된 방법을 가지고 있으며 이것을 통해 진동이 헬리콥터 동체로 전달되는 것을 막기도 한다.

(2) 전기 균형기(Electronic Balancer):

그림 6-66처럼 전기를 이용하여 균형을 잡는 방법은 현재 널리 사용되고 있으며 메인 로터 진동을 분석해서 메인 로터의 진동을 감소시킬 수 있는데 다른 방법을 사용해서 얻을 수 있는 수준 이상으로 감소시킬 수 있는 수단을 제공한다. 이 절차는 모든 점검이 완료 되었을 때 수행할 수 있으며 장비는 진동 진폭 정보를 가속계(accelerometer)로부터 밀리-암페어 교류 전류 신호의 형태로 수신을 한다. 앞서 설명한 것과 같이 가속계로부터 오는 신호는 제거하지 않으

면 시험 결과를 방해 할 수도 있기 때문에 다른 원인에서 발생한 배경 주파수를 제거하기 위해 걸러질 수도 있다.

진동의 진폭 값을 표시하는 것에 더해서 이 장비는 차트와 함께 사용되어 이것들을 로터 방위각 안에 시계 각에 대해서 연결시켜서 이것이 완료 되었을 때 차트는 진동을 줄이거나 없애기 위해서 취해야 할 개선책을 지시해 준다.

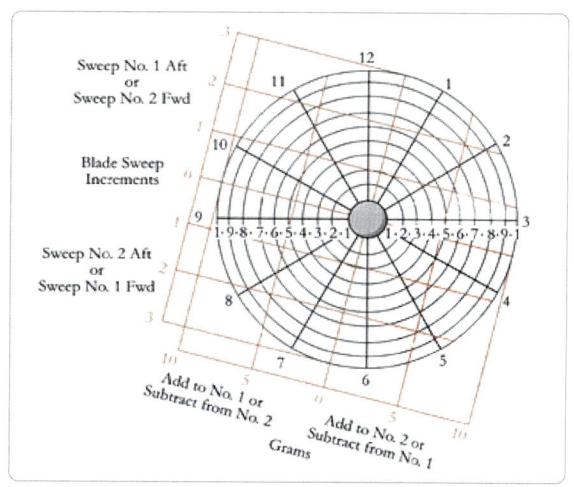

[그림 6-67] 2개의 블레이드 균형 챠트

그림 6-67에서와 같이 2개의 블레이드를 가진 반강성 로터에 사용되는 일반적인 차트를 보여주고 있다. 작동하는 사람은 진폭을 차트 위에 관련 시계 각에 표시를 하고 예를 들어 만약 장비가 0.5의 진폭을 10시 방향 위치에 지시한다면 작동하는 사람은 그것을 차트 위에 10시 방향 5번째 고리에 표시를 한다. 그 위치로부터 격자를 따라 왼쪽으로는 1번 블레이드의 0.5단위 후의 증가 수정 스위프(sweep)를 나타내게 된다.

격자를 따라 수직으로 내려오면 차트는 제 1번 블레이드에 5그램의 무게를 증가시키도록 지시한다. 2개의 블레이드를 가진 로터이기 때문에 챠트(chart)는 반대편 블레이드에 취해질 필요가 있는 어떤 대안적 수정 행위도 지시하게 된다. 이 검사는 표시가 차트의 중심에 최대한 가까이 움직일 때까지 반복을 하면 된다.

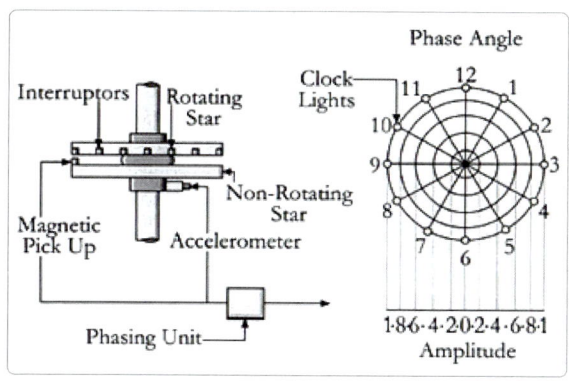

[그림 6-66] 전기 균형기

작동하는 사람이 차트의 진동 진폭을 로터 방위각과 연결하기 위해 주기 또는 로터의 시계 각에 표시하고 이것은 스와시-플레이트 사이에 장착된 마그네틱 픽-업(magnetic pick-up) 장치를 이용해서 얻을 수 있으며 마그네틱 픽-업으로부터 발생한 자극을 이용해 표시판 위의 빛의 고리에 비추게 되면 시계 모양으로 보여 지게 된다. 이것은 일반적으로 30분 단위로 증가된 채 쪼개어 비춰진다. 장비가 진동을 감지하면 그에 해당하는 시계 빛을 비추어 위상각을 보여주게 되고 그에 해당하는 진동의 폭을 보여준다.

6-57

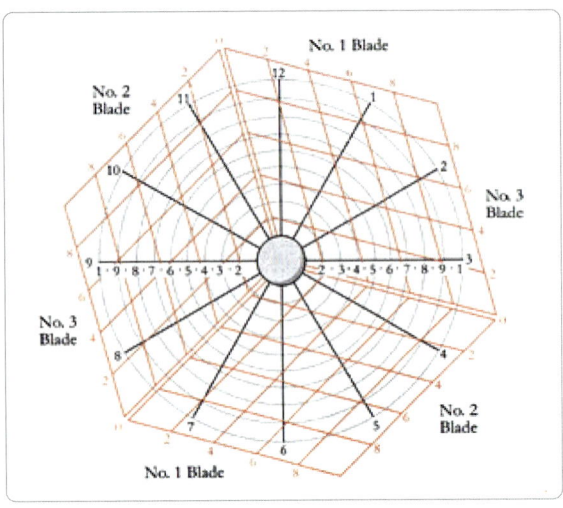

[그림 6-68] 3개의 블레이드 균형 챠트

그림 6-68은 3개의 블레이드를 가진 관절형 로터를 위한 챠트로 관절형 로터는 일반적으로 조절 항력 스트러트(strut)가 없다는 것을 제외하고는 첫 번째 예시와 비슷하게 사용이 된다. 그러한 이유로 어떤 개선책은 무게 수정으로 국한될 수 있으며 위 예시처럼 10시 방향에 0.5 진폭 표시를 하게 되면 제 2번 블레이드에는 3.5 그램의 무게를 더하고 제 3번 블레이드에는 5 그램을 더하는 것으로 지시를 하게 된다. 다시 이야기 하면 표시를 챠트의 중앙 쪽으로 이동시키는데 목적이 있다.

(3) 메인 기어-박스 서스팬션
   (Main Gear-Box Suspension):

메인 기어-박스는 로터-축을 지지하고 하우징을 통해 메인 로터 축으로부터 전달된 측면과 수직 진동을 받게 된다. 만약 기어박스 마운트가 견고하다면 이 진동은 마운트를 통해서 직접적으로 동체에 전달하게 되는데 그림 6-69와 같이 이것을 방지하기 위해 유연한 형태의 서스팬션을 장착해서 대부분의 진동을 흡수한다.

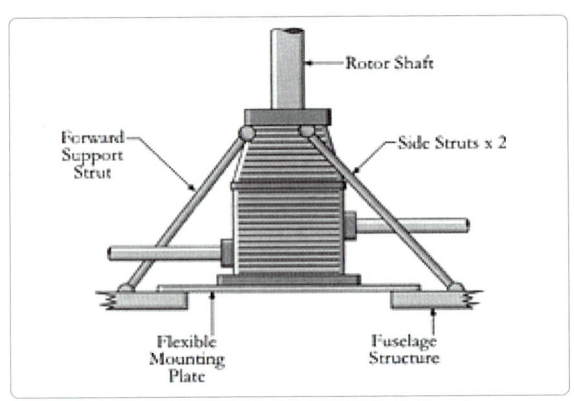

[그림 6-69] 메인 기어-박스 서스팬션

일반적인 배열은 두 개의 서스팬션 형태의 단단한 스트러트와 특수 설계된 메인 기어-박스 지지 플레이트로 구성되어 있으며 위 그림에서는 3개의 단단한 지지 스트러트가 로터 축 하우징을 동체 구조부와 연결하는데 사용되고 있다.

지상에서 이러한 스트러트는 로터 부분품과 메인 기어-박스의 무게를 지지하게 되고 비행 중에는 로터의 양력을 구조부로 전달하여 동체를 들어 올리게 된다. 메인 기어-박스의 하단부와 구조 부 사이에 위치한 유연한 지지 플레이트는 진동을 상쇄시키는 동안 세로 방향과 가로 방향의 하중과 로터 토크에 반응하도록 설계가 되어 있다.

(4) 수동적 진동 조절(Passive Vibration Control):

수동적 진동 조절의 예는 그림 6-71과 같이 바이파일러(bifilar)라고 불리는 추(oscillating flyweight) 형식의 도구로 이 도구는 메인 로터 헤드 위에 위치하고 있으며 구동 링의 암에 연결되어 있으며 떠있는 상태의 추다. 만약 진동이 로터-헤드를 교대로 리그와 래그(lead & lag)하게 한다면 무게 추는 반대로 움직여 진동을 상쇄시키는 원심력을 만들어 낸다.

또 다른 수동적 도구는 그림 6-70과 같이 객실 안의 수직 진동을 줄이기 위해서 설계된 것으로 공명기

(resonator)라고 불리며 객실 바닥에 위치한 금속 블레이드 위에 지지되어 있는 무거운 카운터-웨이트(counter weight)로 구성되어 있다. 동체의 수직 진동은 카운터-웨이트가 공명하게 하여 객실에 마디 점을 형성하게 함으로써 진동을 상쇄시켜 준다. 앞서 이야기 했던 것처럼 진동 주기 안에서 마디는 진폭이 최소값을 가지는 지점이 된다.

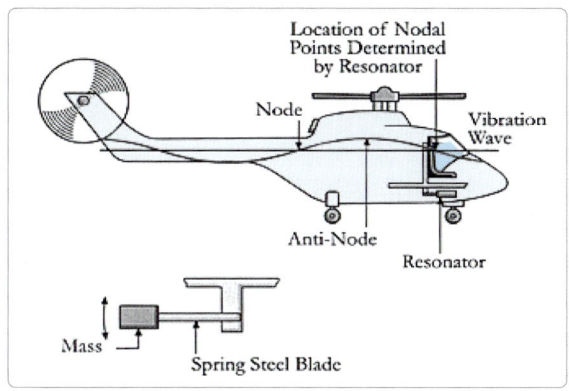

[그림 6-70] 공명기(resonator)

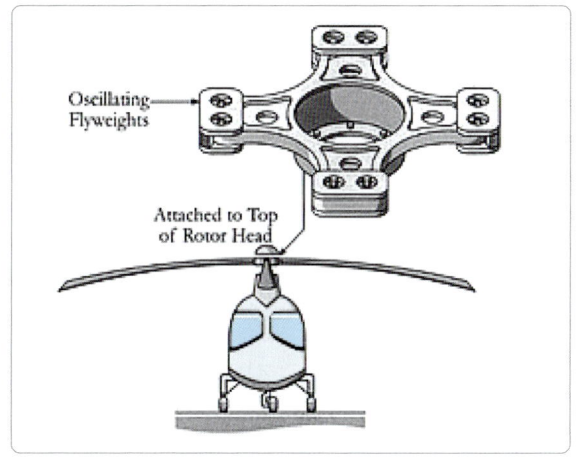

[그림 6-71] 추 형식 공명기

로터가 회전하고 있을 때에 지상에서의 진동은 랜딩-기어에 의해서 상쇄가 된다. 보통 스키드가 플렉시블 부싱(flexible bushing)안에 부착되어 있거나 스프링 스트러트(spring strut) 또는 유압 댐퍼(hydraulic damper)에 의해 지지되고 있고 바퀴가 달린 랜딩-기어는 타이어의 공기압과 충격흡수장치(shock absorbers) 방식을 통해 진동을 흡수한다. 타이어공기압과 충격흡수장치의 압력이 일정하게 유지되는 것은 매우 중요하다. 그렇지 않으면 지상 공명의 원인이 되기도 한다.

(5) 능동적 진동 조절(Active Vibration Control):

능동적 진동 조절은 반대되는 힘을 발생시켜 메인 로터로부터 전달되는 동체의 내재 진동을 감소시키도록 하는 방식으로 이런 방식의 전형적인 예시는 회전당 4회의 블레이드 주파수에서 동체의 진동을 감소시키도록 설계되어 있다.

이 방식은 동체의 다양한 위치에서 진동을 측정하는 가속계로부터 전자 신호를 수신하고 처리하게 한다. 이후 진동 조절 컴퓨터를 통해 명령 신호를 기체에 붙어있는 여러 개의 관성력 발생기로 전달하여 동체 진동과 반대되고 줄일 수 잇는 진폭과 주기를 가진 진동 힘을 만들어 낸다. 이 관성력 발생기는 동체의 특정된 장소에 위치하고 있으며 각각은 수직 또는 좌우 평면과 정렬되어 있다.

또 각각의 관성력 발생기는 두 개의 기계적 부분으로 구성되어 있으며 각각은 반대로 회전하고 메인 로터의 주파수와 동일한 속도로 끊임없이 회전하며 중심을 달리하는 균형이 잡힌 플라이-휠로 구성되어 있다. 각각의 유닛은 비슷한 교류 관성력 출력을 선택된 방향 안으로 가하도록 한다.

두 개의 기계적 유닛 사이에서 회전 단계의 관계는 변경되거나 명령될 수가 있으며 유닛들이 맞춤 회전하도록 명령이 되면 그들은 선택된 방향에 한해서 결합된 관성력을 만들게 된다. 예를 들어 그들이 주기에서 180도 벗어나 회전하도록 명령이 입력되면 출력은

0이 된다. 각 발생기에 발생하는 출력의 값은 두 기계 유닛의 주기 관계를 변화시킴으로써 0 부터 최대까지 다양한 값을 가질 수가 있다.

(6) 반 공명 시스템(Anti-Resonance System)

어떤 헬리콥터들은 그림 6-72와과 같이 로터에서 발생한 진동이 동체로 전달되는 것을 방지할 수 있는 반 공명 로터 분리 계통을 가지고 있다.

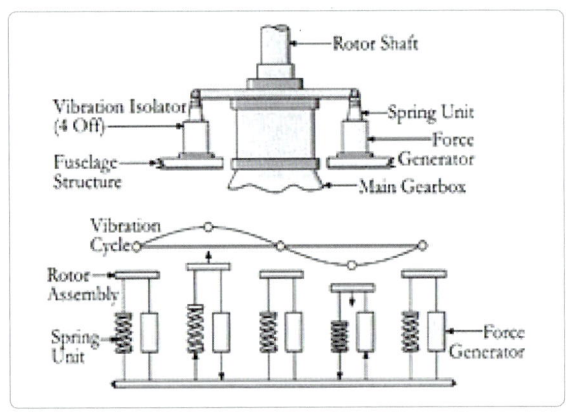

[그림 6-72] 반 공명 시스템

이 방식은 4 개의 동체 구조부와 로터 축 하우징 사이에 연결되어 있는 진동 분리 유닛으로 구성되어 있으며 각 분리 유닛은 나선형의 힘 스프링과 병렬로 배열되어 있는 동적 힘 발생기로 구성되어 있다. 공진 주파수에서 진동의 대상이 되면 스프링과 발생기는 분리 유닛의 동체 지지 포인트에 작용하는 크기는 같고 방향이 반대인 주파수를 발생시켜 이 힘으로 서로 상쇄하도록 결과적으로 동체에는 진동이 전달되지 않도록 한다.

6.9.3.7 지상 공명(Ground Resonance)

지상 공명은 로터가 회전하고 있는 상태에서 헬리콥터가 지면에 닿았을 때 발생하는 불안정한 진동 상태를 말하며 이것이 발생하면 동체는 진폭이 걷잡을 수 없이 상승해서 헬리콥터가 옆면으로 구르게 되는 요동 운동을 하기 때문에 빠르게 수정해야만 한다. 시장 공명의 시작은 점진적이거나 또는 특정 로터 RPM에서 급작스럽게 발생하기도 한다.

(1) 지상 공명의 원인 (Causes of Ground Resonance):

이 상황은 헬리콥터가 지면에 접촉했을 때 지면 마찰 효과로 인해 헬리콥터가 로터 블레이드에 이미 존재하는 진동에 의해 요동치는 현상으로 상황의 시작은 무겁거나 불균형한 터치-다운에 의해 또는 랜딩-기어가 지면과 가볍게 접촉할 때 그리고 특히 타이어 또는 착륙장치 스트러트가 흔들리거나 그 진동이 메인 로터 부분품의 진동 주파수와 맞을 때 야기될 수가 있다.

(2) 로터-헤드 진동(Rotor-Head Vibration):

만약 메인 로터의 무게 중심이 회전축으로부터 벗어나 있다면 로터에는 떨림이 발생하고 동체로 전달이 된다. 이것은 블레이드에 얼음이 얼거나 수분 흡수 또는 블레이드 손상에 의해 무게나 균형이 일정하지 않은 블레이드에 의해서 발생될 수가 있다.

잘못된 항력 댐퍼는 로터 블레이드의 저침 각(sweep angle)에 영향을 주고 이것은 또한 로터를 불균형하게 하여 로터 무게 중심을 회전축에서 벗어나게 하여 동체로 전달되어 흔들림을 만들게 되며 잘못된 트래킹 또한 로터의 균형을 잃게 하고 로터 무게 중심을 벗어나게 하여 흔들림을 만든다. 몇몇의 헬리콥터에는 자동 안정화 시스템이 착륙장치 스트러트 또는 타이어의 회전에 반응하여 지상 공명의 시작으로 이끄는 조종 입력 값을 만들게 될 수도 있다. 이런 위험이 있어 터치-다운 때에는 자동 안정화 시스템을 해제해야만 한다.

(3) 동체 진동(Fuselage Vibration):

동체 진동은 특히 불균형하거나 둔탁한 착륙 이후에 발생하는 불균일한 착륙장치 스트러트와 타이어 압력 때문에 발생을 하게 되는데 이것은 지속적인 가로 사이클릭 조종 움직임으로 진동을 수정하려고 할 때 더욱 심해진다. 또한 헬리콥터가 지면과 가볍게 접촉된 상태에서 승객이 타고 내릴 때에도 발생할 수가 있다.

(4) 지상 공명의 회복
 (Recovery From Ground Resonance):

지상 공명을 일으키는 힘은 최대한 빨리 제거되어 진동이 악화되는 것을 방지해야 한다. 이 상태의 시작이 인지되었을 때 조종사는 즉시 로터 RPM을 변경하거나 브레이크를 사용하여 지상 접촉을 공고히 해야 한다. 로터 RPM은 운용 범위에서 유지 되어야 하며 최종적으로 착륙이 완료되고 로터를 멈춰야 한다. 그리고 만약 이륙이 불가능하다면 로터는 즉시 멈춰져야 한다.

헬리콥터

제7장 연료계통

7.1 일반사항(General)
7.2 연료 시스템 배치(Fuel System Layout)
7.3 연료 탱크(Fuel Tanks)
7.4 연료 공급계통(Fuel Supply System)
7.5 연료 배출(Fuel Dumping)
7.6 연료 벤팅(Fuel Venting)
7.7 연료 드레인(Fuel Drain)
7.8 크로스 피드(Cross-Feed & Transfer)

7.1 일반사항
General

7.1.1 요구사항(Requirements)

연료 계통은 엔진이나 보조동력장치(APU)에 공급되는 연료를 저장하는데 목적이 있다. 하부계통으로는 연료저장, 분배, 이송, 크로스 피드(cross feed), 급유(refueling)/배유(defueling), 관련 지시 및 경고계통이 있다. 연료계통 형식에 따라 연료 배출(dumping) 및 비상투하(jettison) 계통과 가압 연료 보급계통이 포함된다.

7.1.1.1 연료계통(Fuel System)

(1) 연료계통은 인가된 운용 및 기동 조건에서 엔진 및 보조 동력 장치(APU)에서 요구되는 규정된 유량과 압력으로 연료를 공급할 수 있도록 구성되고 배열되어야 한다. 각 엔진의 연료 공급은 해당 엔진에 인가된 모든 운용 및 기동 조건에서 연료를 100% 공급해야 한다.

(2) 연료 계통은 엔진이나 연료펌프가 한 번에 1개 이상의 연료탱크로부터 연료를 공급받지 않도록 배열해야 하며, 공기가 계통에 유입되지 않도록 해야 한다.

(3) 연료 계통은 연료가 다른 엔진에 연료를 공급하는 계통의 부품과 독립적인 시스템을 통해 각각의 엔진으로 공급되도록 해야 한다. 하지만 별도의 연료탱크가 각각의 엔진에 연료를 공급할 필요는 없다.

(4) 엔진이 하나 이상의 탱크로부터 연료를 공급받으려면 수동 전환 능력이 구비되어야 한다. 또한, 엔진에 연료를 공급하는 탱크에 사용 가능한 연료가 고갈되어 다른 탱크에서 사용 가능한 연료를 엔진에 공급할 수 있을 때 연료 흐름을 자동으로 중단시킬 수 있도록 설계해야 한다.

(5) 계통의 정상 작동을 위해 연료를 다른 탱크로 이송(transfer)해야 할 경우 연료를 공급받는 탱크의 연료 레벨을 비행 중 또는 지상에서 수용 가능한 한계 이내에서 유지하는 시스템을 통해 자동으로 이송(transfer)할 수 있어야 한다.

(6) 비행 중 하나의 탱크에서 다른 탱크로 연료를 펌프를 통해 보내야 하는 경우 벤트(vent) 및 연료 이송 계통은 연료가 넘쳐 탱크 구조물이 손상되지 않도록 설계해야 하며, 연료가 벤트(vent)를 통해 오버 플로우(overflow)가 발생하기 전에 조종사에게 경고하는 기능이 구비되어야 한다. 탱크 출구가 상호 연결되어 중력이나 비행 기동으로 탱크 사이에 연료가 흐르게 되어 있는 경우 벤트(vent)를 통해 오버플로우(overflow)를 유발할 정도로 많은 양의 연료가 탱크 사이를 흐르게 해서는 안 된다.

(7) 터빈 엔진에 사용되는 연료 시스템은 연료를 27°C(80°F)에서 물로 포화시켜 자유수(free water)가 리터당 0.20cm3가 포함되도록 한 것을 운용 중 겪게 되는 가장 극심한 착빙 조건으로 냉각시켰을 때 요구되는 유동과 압력 범위에서 계속 작동할 수 있어야 한다.

(8) 연료 시스템에서 흡입과 관련된 부품은 연료의 온도가 유증기(vapor)가 가장 잘 형성되는 임계 온도인 경우 모든 작동조건에서 연속적으로

만족스럽게 작동해야 한다. 즉, 연료 시스템은 베이퍼 록(vapor lock)이 형성되지 않도록 설계되어야 한다.
(9) 직접 또는 간접적인 낙뢰로 인해 방전이 발생하거나 연료 벤트(vent) 출구에서 연기가 나거나 불꽃이 발생하여 연료 시스템 내의 연료 유증기(vapor)가 점화되지 않도록 시스템을 설계하고 배치해야 한다.

7.1.1.2 연료탱크(Fuel Tanks)

(1) 연료탱크는 인가된 비행 및 기동에서 탱크에 걸리는 관성, 진동, 유체 및 구조 하중을 견딜 수 있어야 한다.
(2) 유연 탱크 용기(tank bladder) 및 라이너(liner)는 구멍이 쉽게 나지 않아야 한다.
(3) 일체형 탱크(integral tank)는 내부를 검사하고 수리할 수 있는 설비를 구비해야 한다.
(4) 연료 벤트(vent) 출구에서 연기가 나거나 불꽃이 발생하여 연료 계통 내의 연료 유증기(vapor)가 점화되지 않도록 시스템을 설계하고 배치해야 한다.
(5) 연료탱크는 구조물에 의해 지지되지 않은 탱크 표면에 탱크 하중이 집중되지 않도록 각각 지지되어야 한다. 탱크의 격실(compartment)은 튀어나온 부분으로 인해 탱크 라이너(liner)에 마모나 손상을 초래하지 않도록 매끄러워야 한다. 탱크 주변은 환기가 되어야 하고 드레인(drain) 장치가 구비되어야 한다.
(6) 인원이 탑승하는 격실에 연료탱크가 설치되어 있을 경우 헬리콥터 외부로 드레인(drain)되거나 배출되는 연료에 대해서는 연료 내성과 증기 내성이 있고 내충격성이 있는 구역으로 격리시키고 보호해야 한다.
(7) 모든 운용 조건에서 연료탱크 내부의 모든 구성품의 최대 표면 온도는 안전 여유상 연료의 자동 발화나 연료 유증기(vapor)를 유발하는 최저 온도보다 더 낮아야 한다.
(8) 각각의 연료탱크 또는 복수의 연료탱크 그룹에 상호 연결된 벤트(vent) 시스템이 구비된 경우 팽창 공간이 통합 탱크 용량의 2% 보다 낮아서는 안 된다. 헬리콥터는 정상적인 지상 자세에서 팽창 공간을 채우는 것이 불가능해야 한다.
(9) 연료탱크는 탱크 용량의 0.1% 또는 0.24 리터(0.06 G/L) 중 더 큰 이상의 용량을 가진 섬프(sump)가 있어야 한다. 헬리콥터에서 섬프(sump)의 용량은 어느 자세이든 유효해야 하며, 내용물이 탱크 출구를 통해 나가지 않는 장소에 위치해야 한다.
(10) 연료탱크는 헬리콥터가 어떤 지상 자세이든 간에 탱크 어느 부분에서든 섬프(sump)를 통해 물이 드레인(drain)되도록 해야 한다. 섬프(sump)에는 지상에서 섬프(sump)가 완전하게 드레인(drain)이 되도록 드레인(drain) 밸브가 설치되어 있어야 한다. 드레인(drain) 밸브는 탱크 섬프(sump)에 쌓이는 자유수와 침전물을 드레인(drain) 시키는데 사용된다. 이 밸브는 탱크 안에 사용되지 않은 연료를 드레인(drain)시키는데에도 사용할 수 있다.
(11) 가압 연료 급유(refueling) 장치가 설치되는 경우 연료 내용물이 탱크의 최대값을 초과하지 않도록 연료 급유(refueling) 시 공급을 자동으로 차단시키는 수단이 구비되어 있어야 한다. 또한, 정상적으로 차단 밸브에 결함이 발생했을 때 탱크에 손상을 가하지 않도록 추가적인 수단이 강구되어야 한다.

7.1.1.3 연료탱크 벤트(Fuel Tank Vent)

(1) 연료탱크는 확장 공간 상부로부터 벤트(vent) 되도록 해야 한다. 연료 출구와 서로 연결되어 있는 탱크의 공간은 벤트(vent) 장치를 통해 서로 연결되어야 한다. 벤트(vent)는 정상 운용 시 연료의 사이펀(siphone) 현상을 방지하고 얼음이나 먼지가 형성되어 벤트(vent)가 막히는 것을 방지하도록 배치해야 한다.

(2) 연료탱크 벤트(vent) 출구는 연료가 배출될 때 화재의 위험이 있거나 연료의 증기가 인원이 탑승하는 격실(compartment)로 유입되어서는 안 된다.

(3) 연료탱크 벤트(vent)의 용량은 정상 비행조건과 급유(refueling) 및 배유(defueling) 과정에서 탱크의 내부 및 외부의 압력차가 수용 가능한 수준으로 유지될 수 있어야 한다.

7.1.1.4 연료탱크 출구(Fuel Tank Outlets)

연료탱크 출구 또는 연료탱크 가압 펌프(boost pump)로 향하는 입구에는 그물망 형태의 연료 스트레이너(strainer)가 구비되어야 한다. 스트레이너(strainer)의 청정 면적은 배출 라인 단면적의 5배 이상이어야 하며, 스트레이너(strainer)의 지름은 최소한 탱크 출구의 지름과 동일해야 한다. 스트레이너(strainer)는 검사 및 세척을 위해 접근 가능해야 한다.

7.1.1.5 연료탱크 주입구 연결 (Fuel Tank Filler Connection)

(1) 헬리콥터에서 연료탱크 주입구는 탱크 이외의 다른 부품으로 연료가 주입되지 않도록 설계해야 한다. 연료 보급구(refueling point)가 움푹 들어간 곳에 설치되어 있다면 헬리콥터에 유출된 연료를 배출할 수 있는 드레인(drain)이 설치되어야 한다.

(2) 연료 주입구의 마개 또는 마개 주변에 "FUEL"이라고 표기하고, 터빈 엔진의 경우에는 허용된 연료 기호를, 왕복엔진의 경우에는 최소 연료 등급을 표기해야 한다. 가압 연료 시스템의 경우 최대 허용 급유와 배유 압력을 표기해야 한다.

(3) 연료 주입구 마개를 설계할 때 마개가 완전히 잠금이 되지 않았거나 주입구 연결부에 마개가 안착되지 않았을 때 이를 표시하는 경고장치를 포함시켜야 한다.

(4) 연료 주입 지점은 헬리콥터를 연료보급 장비에 전기적으로 본딩(bonding) 시킬 수 있는 수단을 구비해야 한다.

7.1.1.6 사용 불가한 연료량 (Unusable Fuel Contents)

(1) 탱크에서 사용할 수 없는 연료량은 인가된 모든 비행 및 기동 조건에서 탱크에서 최초로 연료 공급이 되지 않을 때의 양보다 낮아서는 안 된다.

(2) 어느 탱크이건 사용 불가한 연료량이 3.8리터 또는 탱크 용량의 5% 중 더 큰 값을 초과하면 교정된 "0" 아래로 연장하여 수평비행에서 얻을 수 있는 가장 낮은 지시 값까지 적색 호선으로 계기에 표시할 수 있도록 해야 한다.

(3) 연료탱크 내의 연료량이 사용 불가한 수준이 되면 연료량 게이지는 '0'을 지시해야 한다. 탱크 펌프는 사용 불가한 연료를 끌어 올릴 수 없으며, 정상적인 배유(defueling) 작업으로 제거할 수 없다. 만일 사용 불가한 연료를 드레인(drain)할 필요가 있다면 탱크의 섬프 드레인(sump drain)을 통해 수동으로 드레인(drain) 시켜야 한다.

7.1.1.7 연료 시스템 구성품
(Fuel System Components)

(1) 연료 라인은 진동을 회피하고 연료 압력과 기동으로 인한 하중을 견딜 수 있도록 설치하고 지지해야 한다. 연료 라인의 연결 부품 간에 상대적인 움직임이 있을 경우 유연성이 있어야 한다. 유연성 있는 연결부가 압력이나 축 하중에 노출될 가능성이 있는 경우 유연성 있는 호스 조립체를 사용해야 한다.

(2) 단일 탱크 펌프나 연료 공급에 필요한 부품이 작동할 때 발생되는 결함으로 인해 연료 흐름이 영향을 받아서는 안 된다.

(3) 누설이 발생할 수 있는 실(seal)과 다이어프램(diaphragm)이 설치된 펌프는 누설 연료를 드레인(drain)시키는 수단을 강구해야 한다. 드레인(drain) 라인의 출구는 화재 위험이 있는 장소로 배출되지 않도록 해야 한다.

(4) 오염으로 인해 영향을 받을 수 있는 첫 번째 연료 계통 구성품의 연료 입구와 연료탱크 출구 사이에 연료 스트레이너(strainer)와 필터를 설치해야 한다. 스트레이너(strainer)는 드레인(drain)과 세척을 위해 접근 가능해야 하며, 쉽게 탈거할 수 있는 엘레멘트(element) 또는 필터와 침전물 수거 장치를 구비해야 한다.

(5) 헬리콥터가 지상에 있을 때 연료를 완전히 드레인(drain)할 수 있도록 연료 계통의 가장 낮은 지점에 적어도 1개 이상 접근 가능한 드레인(drain) 지점이 설치되어야 한다. 드레인(drain) 장치에 쉽게 접근하여 개폐할 수 있는 밸브가 설치되어야 한다. 드레인(drain)은 헬리콥터에서 모든 것을 배출할 수 있어야 하며, OFF 위치에서 완전히 닫혀있는가를 자동 또는 수동으로 확인하는 수단이 있어야 한다.

7.1.1.8 연료 비상투하 시스템
(Fuel Jettison System)

(1) 연료 비상투하 시스템이 설치되어 있는 경우 해면으로부터 5,000피트까지 모든 엔진을 가동하여 최대 동력으로 상승한 후 최대 항속 동력으로 30분간 순항하는데 필요한 연료 레벨 미만에서는 자동으로 연료 비상투하를 방지하는 수단을 구비해야 한다.

(2) 연료 비상투하 시스템 제어 장치는 비상 투하 조작 중 조종사가 연료의 비상투하를 안전하게 차단시킬 수 있도록 설계되어야 한다.

(3) 연료 비상투하 시스템은 화재 위험성이 없어야 하며, 연료 또는 헬리콥터에 나쁜 영향을 미치는 연료 유증기(vapor)로 인한 어떠한 위험이 없어야 한다.

(4) 연료 비상투하 시스템은 헬리콥터를 안전하게 조종하는데 영향을 미쳐서는 안 된다.

7.2 연료 시스템 배치
Fuel System Layout

7.2.1 연료 저장(Fuel Storage)

헬리콥터에서 연료를 저장하는데 사용되는 가장 공통적인 방법은 블래더(bladder) 형식의 유연성 있는 연료 셀(fuel cell)을 이용하는 것이다. 다른 저장 수단으로는 견고한 탱크(rigid tank)와 일체형 탱크(integral tank)가 있다.

헬리콥터는 형식에 따라 연료저장 탱크는 동체 구조물 하부 또는 스폰슨(sponson)에 설치한다. 보조 연료저장 탱크는 동체 내부에 수평 또는 수직으로 설치하거나 스폰슨(sponson) 외부에 설치할 수 있다.

(1) 그림 7-1은 메인 연료탱크와 분할 공급 연료탱크가 바닥 하부에 설치되어 있는 경우이다. 연료 공급 탱크는 2개의 셀(cell)로 나누어지며 서로 봉인되어 있다. 연료는 메인 탱크에서 지속적으로 펌핑(pumping)되거나 뽑아 올려져 공급 탱크에 있는 2개의 셀(cell)을 완전히 채우고 넘치는 연료는 메인 탱크로 회송된다. 이러한 탱크 배열은 쌍발 엔진이 장착된 헬리콥터로서 각각의 엔진에 정해진 공급 탱크에서 연료가 공급되도록 배치된 기종에 적합하다. 이러한 구조는 어느 엔진이든 한 번에 1개 이상의 탱크에서 연료를 공급받지 않도록 규정된 인증 규격을 충족시킬 수 있다. 메인 탱크와 공급 탱크 사이에 설치된 이송 덕트(transfer duct)는 그림 7-1에 예시한 바와 같이 메인 탱크에 부착된 단일 연료 주입구(single gravity fill point)를 통해 중력으로 연료 시스템에 급유할 수 있도록 해야 한다.

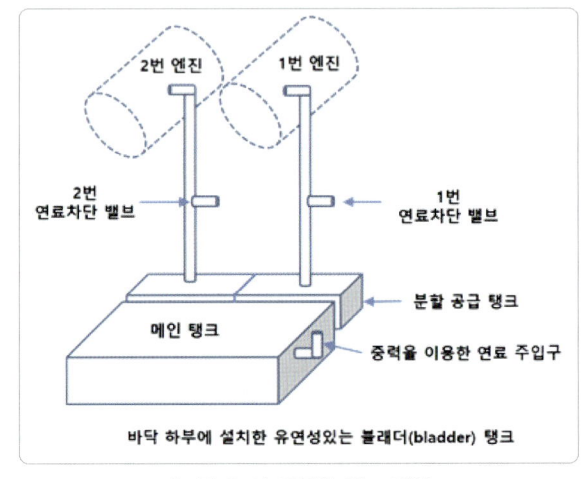

[그림 7-1] 간단한 탱크 배열

(2) 그림 7-2는 그림 7-1과 유사하나 메인 탱크가 전방 및 후방으로 나뉘어 있으며, 전방 및 후방 메인 탱크는 연료 셀(cell)로 연결되어 있는 구조이다. 이러한 배열은 2개의 공급 탱크가 설치되어 지정된 공급 탱크에서 해당 엔진에 연료를 공급하게 되어있다. 탱크는 객실 바닥 하부에 있는 구조물에 설치한다. 연료는 앞에서의 사례와 같이 메인 탱크에서 지속적으로 펌핑(pumping)되거나 뽑아 올려져 공급 탱크에 있는 2개의 셀(cell)을 완전히 채우고, 넘치는 연료는 메인 탱크로 회송된다. 탱크 사이에 설치된 이송 덕트(transfer duct)는 그림 7-2에 예시한 바와 같이 메인 탱크 각각에 부착된 연료 주입구를 통해 중력으로 연료 시스템에 급유할 수 있도록 배치되어 있다.

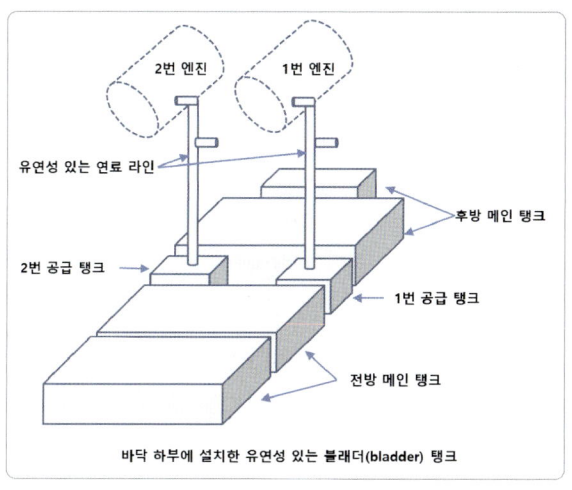

[그림 7-2] 다중 탱크 배열

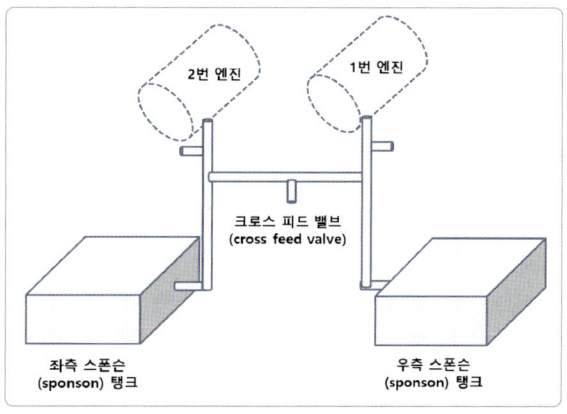

[그림 7-3] 스폰슨 탱크 배열

(3) 그림 7-3은 강제 착륙 또는 하드 랜딩(hard landing)할 때 찌그러질 수 있는 동체 구조물 부위에 어떠한 연료도 저장하지 않고, 대신 스폰슨(sponson)에 각각 설치된 탱크에 모든 연료를 저장하는 방식이다. 그림 7-3에 예시된 바와 같은 배열 방식의 경우 스폰슨(sponson) 탱크는 지정된 엔진에 연료를 공급하는 공급 탱크의 역할을 한다. 통상적으로 크로스 피드 라인 및 밸브(cross feed line & valve)가 장착되어 있어서 엔진 하나가 정지되었을 때 2개의 스폰슨(sponson) 탱크 중 어느 1개의 탱크로부터 연료가 공급되도록 배치되어 있다.

지금까지 살펴본 탱크 이외에 연료 적재량을 증가시키기 위해 1개 이상의 보조 탱크를 장착하기도 한다. 보조 탱크를 장착했을 경우 메인 탱크와 상호 연결되도록 해야 한다. 보조 탱크는 객실 후방에 있는 봉인된 격실 내부에 수직으로 위치시키거나 견고한 금속탱크를 그림 7-4와 같이 외부에 스폰슨(sponson)에 부착할 수도 있다. 외부 장착 탱크는 충돌 하중을 받으면 봉인(sealing)된 후 떨어져 나가도록 설계되어 있다.

[그림 7-4] 외부 연료탱크

7.3 연료 탱크
Fuel Tanks

앞에서 소개했듯이 연료 저장 탱크는 유연한 탱크, 견고한 탱크, 일체형 탱크가 있지만, 헬리콥터에서는 유연한 탱크나 블래더(bladder) 탱크가 가장 많이 사용된다. 탱크의 형식과 관계없이 인증 규격에는 "개별 연료탱크 또는 연료탱크들을 연결하는 벤트(vent) 시스템이 구비되어 있는 연료탱크는 팽창 공간이 전체 탱크 용량의 2%보다 낮아서는 안 되며, 헬리콥터는 정상적인 지상 자세에서 팽창 공간을 채우는 것이 불가능해야 한다"고 규정하고 있다.

개별 탱크의 빈 공간은 외부 벤트(vent) 출구로 향하는 벤트(vent) 시스템에 연결되어 있다. 개별 탱크의 벤트(vent) 연결부는 기동 비행 중 탱크로부터 연료가 급작스러운 사이펀(siphon) 현상을 방지하도록 공기 누출 밸브(air-no-fuel valve)로 보호되어 있다. 이 밸브는 연료 급유(refueling) 시 탱크로부터 공기가 빠져나가게 하고, 정상 작동을 위해 탱크로부터 연료를 뽑아 올리는 경우 및 배유(defueling)할 때 공기가 탱크의 빈 공간으로 들어가게 하는 역할을 한다. 또한, 이 밸브는 지상에서 헬리콥터가 급작스럽게 옆으로 기울어질 경우 탱크로부터 연료가 사이펀(siphon)되는 현상을 방지하는 역할도 한다. 메인 탱크 내부에는 연료의 서지(surge)를 감소시킬 수 있도록 격벽(baffle)을 설치할 수 있다. 탱크 내부에 펌프를 설치할 경우 기동 중에도 연료 안에 항상 담겨져 있도록 격벽(baffle)이나 댐(dam) 사이에 설치한다. 연료 이송 또는 공급을 위해 사용되는 유연성 있거나 견고한 연료 라인은 탱크 내부를 통해 설치되어 있다. 탱크에서 가장 낮은 지점에 사용 불가한 연료 레벨 이하에서 탱크의 가장 낮은 지점에 섬프(sump) 및 수분 침전물 드레인(drain) 밸브가 각 탱크 별로 설치되어 있다.

7.3.1 유연성 있는 연료탱크 (Flexible Fuel Tank)

그림 7-5와 같이 유연성 있는 탱크나 블래더(bladder) 탱크는 내충격성 고무 직물(impact resistant rubberized fabric)를 이용하여 제작된다. 이 탱크는 네오프렌(neoprene)과 같이 연료에 녹지 않는 합성고무 화합물을 먹인 케블라(kevlar) 섬유나 나일론을 2겹 이상을 적층한 재료로 제작한다. 이 탱크는 그림 7-5에 예시한 바와 같이 구조물에서 매끈한 면을 가진 격실(compartment) 내에 여유 있게 넣을 수 있는 형상으로 되어있으며, 탱크 상부에 몰딩되어 있는 스터드(stud)를 이용하여 탱크를 격실(compartment) 천정에 고정하게 되어있다. 탱크에 연료가 채워지면 탱크의 무게는 탱크의 부착물로 지지하지 않고 격실(compartment) 구조물에 의해 지지된다. 탱크는 지지되지 않는 부분에 탱크 하중이 집중되지 않도록 배치되어 있다.

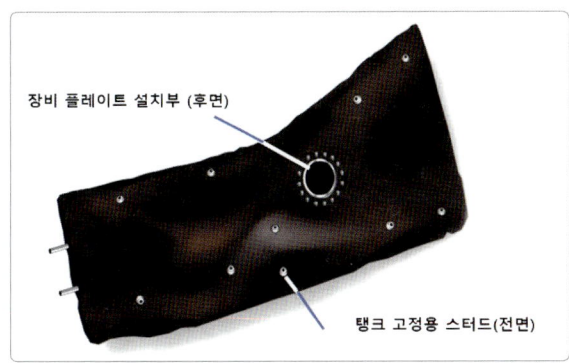

[그림 7-5] 유연 블래더형 탱크

탱크 벽면에는 다음과 같은 부품을 장착하기 위해 마운팅 플랜지(mounting flange)가 본딩되어 있다.

(1) 연료펌프, 이송 및 공급라인, 플로트(float) 스위치, 벤트(vent), 연료량 측정장치(fuel content unit)
(2) 수동 및 섬프 드레인(sump drain) 밸브 및 연료 주입관(filler neck)

일부 헬리콥터에서는 연료펌프, 연료량 측정장치(fuel content unit), 섬프 드레인(sump drain) 밸브는 장비 플레이트에 고정하고, 장비 플레이트는 탱크에 있는 마운팅 플랜지(mounting flange)에 고정하는 경우도 있다. 통상적으로 내부가 금속인 탱크 피팅(fitting)은 공통 접지에 전기적으로 본딩(bonding) 시켜야 한다. 이를 위해 구리로 편조된 본딩 스트립(bonding strip)이 탱크 마개에 내장되어 있다. 헬리콥터에 장착된 상태로 장기간 사용하지 않은 탱크에는 규정된 연료량을 남겨서 탱크 내부가 건조해져 균열이 발생하지 않도록 해야 한다.

7.3.2 견고한 금속탱크(Rigid Metal Tank)

견고한 금속탱크는 그림 7-6과 같이 일반적으로 알루미늄 합금이나 스테인리스강으로 제작한다. 탱크의 외벽에 사용되는 금속판은 리벳을 박거나 용접으로 가벼운 구조 형상을 만들어 내부 보강재(stiffner)와 격벽판(baffle plate)을 이용하여 고정시킨다. 탱크는 헬리콥터의 구조물 내부의 적절한 공간에 여유 있게 설치하고 장착 브라켓(mounting bracket)이나 유연성 있는 금속 스트랩(strap)으로 고정시킬 수 있는 외형을 가지고 있다. 탱크의 무게는 격실(compartment) 구조물로 지지한다. 경우에 따라 내충격성을 향상시키기 위해 탱크 외벽을 강화 섬유층으로 만든 탱크도 있다. 이러한 탱크는 외벽 층이 자기 밀봉 재료로 만들어져 연료와 접촉하면 화학적 반응을 일으켜 외벽 층이 부풀어 올라 연료가 누설될 경우 소량의 연료 누설도 발생하지 않게 되어 있다.

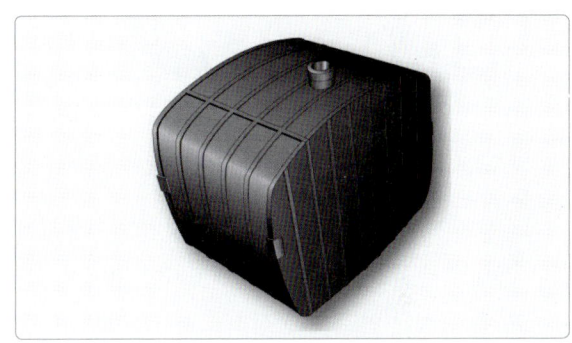

[그림 7-6] 견고한 연료탱크

7.3.3 일체형 탱크(Integral Tank)

일체형 탱크는 격실(compartment)의 벽이 탱크의 벽이 될 수 있도록 헬리콥터 구조물에 격실(compartment)을 막은 형태이다. 탱크를 감싸고 있는 격실(compartment)에서 구조물 접합부는 그림 7-7과 같이 연료에 녹지 않는 컴파운드로 밀봉되어 있고, 탱크의 피팅(fitting)과 연결부는 가스켓이나 실(seal)이 장착되어 있다. 탱크는 구조물의 한 부분이므로 탈거할 수 없다. 따라서 일체형 탱크의 인증 규격에는 "탱크의 내부를 검사하거나 수리할 수 있도록 해야 한다"고 규정하고 있다.

이를 위해 격실(compartment) 벽에 액세스 패널(access panel)이 부착되어 있다. 이러한 경우 패널이 제자리에 장착되면 패널 자체가 헬리콥터에서 하중 지지 구조물의 일부분이 되기도 한다. 인증 규격에는 "엔진 격실(compartment)로부터 나오는 공기 배출구에 근접하지 않은 표피(skin)는 일체형 탱크의 벽으로서 역할을 할 수 있다"고 규정하고 있다.

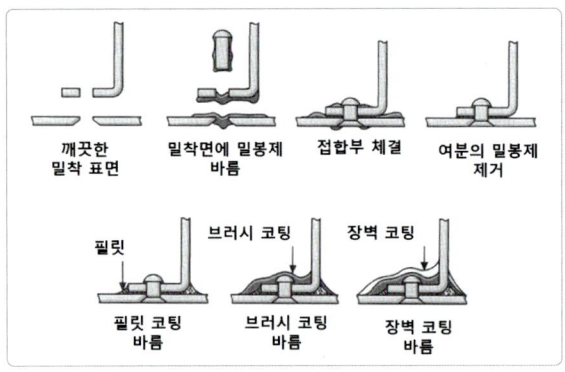

[그림 7-7] 일체형 탱크의 밀봉 접합부

일체형 탱크가 장착된 헬리콥터를 장기간 사용하지 않은 상태로 유지하면 밀봉제가 건조되어 떨어져나가지 않도록 규정된 연료량, 통상적으로 10% 정도를 탱크 안에 유지하는 것이 중요하다. 일체형 탱크에서 누설되는 부분을 찾는 것이 아주 힘든 일이 되기도 한다. 누설은 밀봉제가 떨어져 나가거나 균열이 발생한 부위에서 지속적으로 연료가 누출되는 것으로 구조물의 이음매 내부를 따라 스며들게 되며, 어느 정도의 거리에 떨어져 있는 편리한 출구를 통해 외부로 누설된다.

일체형 탱크에서 누설되는 정도에 따라 얼룩(stain), 스며듬(seep), 흐름(run)으로 구분하며 이에 대한 판단 기준과 요구되는 조치사항은 통상적으로 해당 정비 매뉴얼에 규정되어 있다. 예를 들어, 얼룩과 천천히 스며드는 현상이 발생하면 차기 정비 시 탱크를 드레인(drain) 후 개봉하여 영구적으로 수리하는 정비주기가 도래하기 전까지 외부 밀봉제를 이용하여 임시로 수리할 수 있다. 그 이전까지는 누설 결함이 더 나빠지지 않는가를 모니터해야 한다. 한편 탱크에서 연료가 뚝뚝 떨어지는 현상이 발견되면 흐름(run)으로 정의한다. 이러한 누설 결함은 즉시 수리되어야 한다.

7.3.4 검사 및 수리(Inspection & Repair)

헬리콥터 표면에서 연료 누설이 발견되면 탱크의 장착 부위와 피팅(fitting)을 검사해야 한다. 누설의 원인을 찾을 수 없으면 의심이 가는 견고한 금속탱크 또는 유연성 있는 블래더(bladder) 탱크를 공기로 가압한 후 인증된 비누 용액을 발라 누설 부위를 찾아내야 한다. 모든 누설 결함은 헬리콥터 수리 매뉴얼에 규정된 제작자의 지침에 따라 수리해야 한다. 결함 수정을 위해 헬리콥터에서 누설과 관련된 견고한 금속탱크 또는 블래더(bladder) 탱크의 장탈이 필요할 수도 있다. 유연성이 있는 탱크에 펑크가 난 경우 통상적으로 관련 부위 양면에 냉간 패치(cold cure patch)를 붙여 수리한다. 이 때 수리절차를 반드시 따라야 한다.

7.3.5 압력시험(Pressure Testing)

탈거 가능한 견고한 금속탱크와 블래더(bladder) 탱크는 수리 작업을 한 후 압력시험을 수행한다. 탈거 가능한 견고한 금속탱크는 통상적으로 약 3.5 psi(24 kPa), 유연성 있는 블래더(bladder) 탱크는 약 2 psi(14 kPa)의 압력으로 시험한다. 또한, 탱크를 헬리콥터에 장착하고 연료를 보급한 후 추가로 압력 시험을 실시하도록 정비 매뉴얼에 규정되어 있다.

7.4 연료 공급계통
Fuel Supply System

연료 공급계통은 형태가 다양하며, 크로스 피드(cross feed), 이송(transfer), 벤트(vent), 배출(dump) 설비가 포함되어 있다. 연료 공급계통은 헬리콥터 형식 및 크기에 따라 상당히 다양하게 배열하므로 대표적인 사례를 살펴보고자 한다.

7.4.1 중력을 이용한 연료 공급계통 (Gravity Feed System)

주로 단일 엔진으로 동력이 공급되는 소형 헬리콥터에 장착되는 가장 간단한 연료 공급계통으로 중력을 이용하는 연료 방식부터 살펴보기로 한다. 이러한 방식은 연료를 엔진의 기화기보다 높은 위치에 설치된 견고한 금속탱크에 저장하고 중력을 이용하여 연료를 공급한다. 연료는 그물망 형태의 연료 스트레이너(strainer)를 통과하여 연료 출구 연결부로 전달되며, 공급라인에 설치되어 있는 연료 차단밸브와 필터를 거쳐 엔진으로 공급된다. 수분 침전물을 배출시키기 위한 드레인(drain) 밸브가 필터 하부에 설치되어 있다.

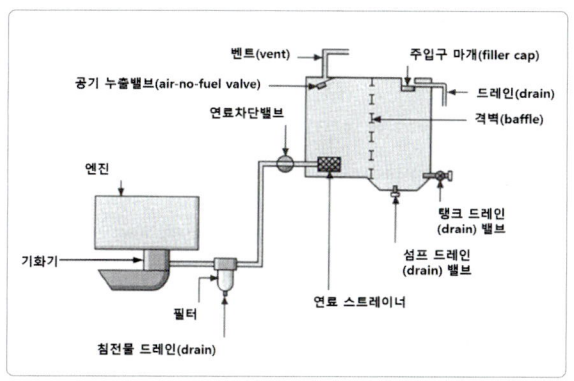

[그림 7-8] 소형 헬리콥터에 사용되는 간단한 연료 시스템

탱크의 빈 공간은 기동 비행 중 탱크의 연료가 벤트(vent)를 통해 사이펀(siphon) 되는 현상을 방지하는 공기 누출 벤트 밸브(air-no-fuel vent valve)를 통해 대기로 연결되어 있다. 탱크의 연료가 움직이게 되면 연료 배출구에 연료가 노출되므로 탱크 내부에 설치된 격벽(baffle)이 연료가 탱크 주위로 이동하는 것을 감소시키는 역할을 한다. 연료탱크에는 연료 주입 마개(fuel filler cap)와 급유 드레인 라인(refuel cavity drain line)이 설치되어 있다. 연료는 탱크 바닥에 설치된 수동 드레인(drain) 밸브를 통해 배유시킨다. 탱크 섬프(sump)에는 사용 불가한 연료를 드레인(drain)시키는데 사용되는 수분 침전물 드레인(drain) 밸브가 부착되어 있다. 보다 정교한 연료 공급 시스템을 살펴보기에 앞서 먼저 연료 공급 시스템에 포함되어 있는 구성품에 대해 먼저 알아보고자 한다.

7.4.1.1 연료펌프(Fuel Pump)

연료탱크에는 모터로 구동되는 연료펌프가 설치되어 연료를 이송하고 공급하는데 사용된다. 연료펌프는 출력이 1 bar(14.7 psi) 가량 되는 저압 펌프이다. 헬리콥터에 장착된 연료 펌프는 일반적으로 28V DC 모터를 사용하여 원심 임펠러(impeller)를 구동시킨다. 다른 형태로서 115V AC 유도 모터를 사용하여 1단계 또는 2단계 원심 임펠러(impeller)를 구동시키는 것도 있으나 이러한 방식은 통상적으로 대형 고정익 항공기에 사용된다. 펌프 모터는 연료에 완전히 잠겨있을 때에만 작동하는 방식이 있고, 모터가 밀봉된 캐니스터(canister) 내부에 설치되어 있는 방식도 있다. 캐니스터(canister) 형식의 펌프는 탱크를 드레인(drain) 하지 않고 교체할 수 있다. 펌프 모터가 작동되면 탱크의 가장 낮은 부분으로부터 연료를 뽑아 거름망 필터 스크린을 거쳐 펌프 임펠러(impeller)로 보내어 연료를 가압한 후 체크 밸브를 거쳐 공급 라인 또는 이송(transfer) 라인으로 보내게 된다. 펌프의 작동을 지시하기 위해 압력 스위치를 체크 밸브의 상류에 설치할 수 있다. 체크 밸브는 펌프가 연료를 가압할 때만 개방하게 되어 있다. 펌프에 결함이 발생하면 체크 밸브가 닫혀 연료가 펌프를 거쳐 탱크로 역류되는 것을 방지한다. 이 때 압력 스위치가 닫히며 조종사 제어 패널에 펌프 저압을 경고하는 주의등(caution light)이 점등된다. 탱크 연료 펌프가 발생되면 엔진 구동 펌프가 탱크로부터 탱크 펌프 케이스를 거쳐 연료를 뽑아 올릴 수 있게 되어 있다. 대부분의 탱크 펌프는 한 쪽 방향으로만 작동되는 바이패스 밸브가 구비되어 있으며, 체크 밸브를 개방시킬 정도로 충분한 흡입력을 가하면 바이패스 밸브가 개방된다.

펌프로 유입된 연료는 연료를 냉각하고 윤활하는데에도 사용된다. 펌프에 따라 연료의 일부만 이러한 목적을 위해 사용된 후 탱크로 벤트(vent)되어 회송된다. 펌프 모터에는 모터가 과열될 경우 모터에 공급되는 전력을 자동으로 차단하는 열 감지(thermal) 스위치가 구비되어 있다.

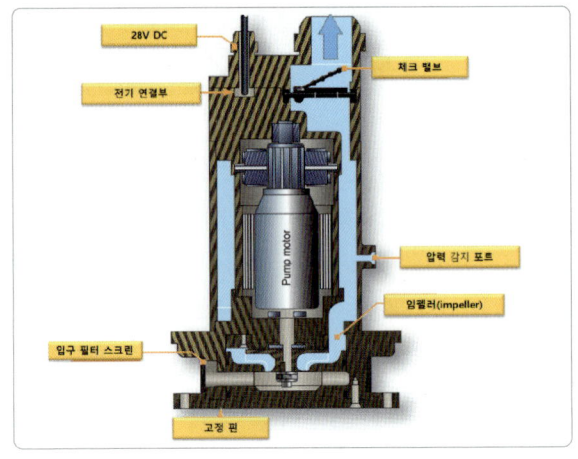

[그림 7-9] 연료펌프

그림 7-9와 같은 캐니스터(canister) 형식의 펌프는 탱크를 드레인(drain) 하거나 장비 장착 플레이트를 제거하지 않고 교체할 수 있다. 이를 위해 고정 스크류를 제거한 후 펌프를 스톱(stop) 위에 내려서 슬라이드 밸브를 닫히게 하고, 캐니스터(canister)가 봉인된 상태로 탱크로부터 장탈되도록 한다. 그러면 펌프 케이스에 있는 드레인(drain) 밸브가 열려 펌프를 돌려 스톱(stop)에서 분리하여 캐니스터(canister)로부터 탈거되도록 한 후 캐니스터(canister)를 드레인(drain)시킨다. 이러한 방식은 하나의 예에 불과하며, 다른 형태도 있다.

7.4.1.2 역류방지 밸브(Non-Return Valve)

역류방지 밸브(non-return valve) 또는 체크 밸브(check valve)는 각 탱크에서 연료 공급 측에 설치되어 있다. 해당 연료펌프가 압력이 가해지면 밸브가 개방된다. 체크 밸브가 작동되면 펌프가 작동하지 않을 때 연료가 공급 또는 이송(transfer) 라인으로부터 펌프를 거쳐 탱크로 회송되는 것을 방지한다. 체크 밸브 케이스에 표시된 화살표는 연료의 흐름 방향을 지시하며, 밸브의 연결부는 밸브가 잘못 장착되는 것을 방지하도록 설계되어 있다. (그림 7-10 참조)

[그림 7-10] 역류방지 밸브

7.4.1.3 차단 밸브(Shut-Off Valve)

차단밸브(shut-off valve)는 엔진으로 가는 공급 라인에 있으며, 장착될 경우 크로스 피드 라인(cross feed line)에 설치되어 있다. 이 밸브는 2-포지션 (two position) 볼 밸브(ball valve) 또는 게이트 (gate valve) 밸브로서 전자기 브레이크가 구비된 28V DC 작동기(actuator)로 구동된다. 작동기 (actuator)의 전원이 차단되면 브레이크가 자동으로 걸리고, 전원이 인가되면 풀린다. 완전 열림 또는 닫힘 위치에서는 한계 스위치가 작동기(actuator)로 연결되는 전원을 차단시킨다. 이러한 한계 스위치는 조종석의 제어 패널에 설치된 지시기에 밸브 위치 신호를 전달하는데도 사용된다. 밸브에서 미끄러지는 부분은 연료로 윤활한다. 밸브에 따라서 밸브가 닫혔을 때 공급 라인의 온도 변화로 인해 밸브에 발생하는 잉여 압력차를 해소하도록 설계된 열 감지 완화 메커니즘이 구비되어 있는 것도 있다.

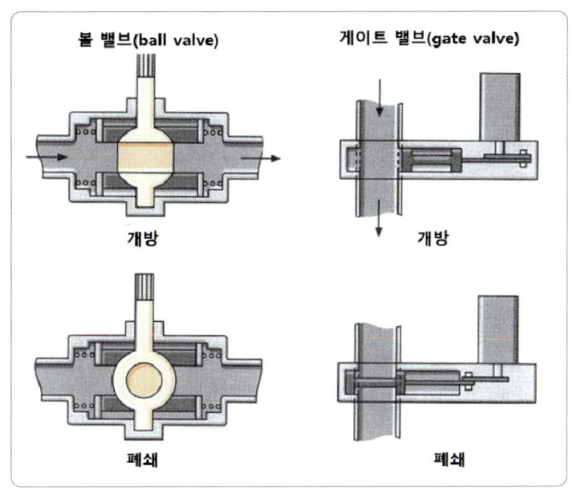

[그림 7-11] 차단 밸브

7.4.1.4 제트 펌프(Jet Pump)

제트 펌프는 이젝터 펌프(ejector pump)라고도 부르며, 연료 시스템에 장착되어 메인 탱크에서 공급탱크로 연료를 이송하는 역할을 한다.

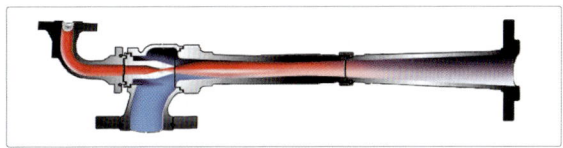

[그림 7-12] 제트 펌프

이 펌프에는 벤츄리(venture) 내부에 제트 노즐이 구비되어 있다. 노즐에는 탱크 펌프 출구로부터 나오는 연료가 공급된다. 노즐로부터 사출되어 벤츄리 (venture) 관으로 유입된 연료는 압력을 형성하여 제트 펌프 입구 챔버로 연료를 끌어들여 믹싱 튜브 (mixing tube)와 디퓨저(diffuser)를 거쳐 출구로 보낸다.

7.4.1.5 엔진 구동 펌프(Engine Driven Pump)

저압 연료 부스터(booster) 펌프는 엔진 연료 계통에 있는 고압 연료펌프에 연료를 공급하는 역할을 하며, 헬리콥터 엔진으로 구동된다. 헬리콥터의 형식과 크기에 따라 부스터(booster) 펌프는 공급 탱크로부터 연료를 끌어 올리거나 공급 탱크에서 전기로 구동되는 펌프로부터 저압의 연료를 공급받는다. 전기 구동 펌프로부터 저압의 연료를 공급받는 방식은 탱크로부터 엔진 펌프 입구까지 연료를 끌어 올리는데 필요한 흡입력 때문에 공급라인에 베이퍼 록(vapor lock)이 형성될 리스크가 있는 경우에 적용한다. 앞에서 설명한 두 가지 방식을 적용하는 연료 시스템을 살펴보고자 한다.

7.4.2 연료 시스템(Fuel Systems)

연료 시스템의 첫 번째 사례로 2개의 터빈 엔진이 동력을 제공하는 헬리콥터에 장착된 연료 시스템이다. 연료는 동체 하부의 유연성 있는 메인 탱크와 분할 공급 탱크에 저장된다. 분할 공급 탱크는 각각 지정된 엔진에 연료를 공급한다.

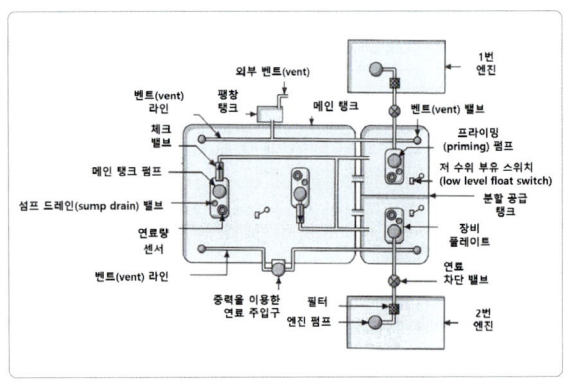

[그림 7-13] 연료 시스템 형식 - 1

메인 탱크에 있는 28V DC 모터로 구동되는 2개의 연료펌프는 입구에 있는 그물망 형태의 스트레이너(strainer)를 통해 연료를 각각 끌어 올려 체크 밸브를 거쳐 공통 이송 라인으로 보내어 2개의 분할 공급 탱크를 채운다. 펌프 출구의 체크 밸브는 펌프가 동작하지 않을 때 펌프를 통해 연료가 메인 탱크로 회송되지 않게 하는 역할을 한다. 공급 탱크 2개가 모두 채워지면 이송 연료 잉여분은 탱크 상부에 있는 오버플로우 덕트(overflow duct)를 통해 메인 탱크로 회송된다. 각 엔진에서 해당 공급 탱크로부터 연료를 뽑아 올리는 속도는 2개의 공급 탱크가 항상 충만(full) 상태가 유지되도록 메인 탱크로부터 연료가 이송되는 속도보다 항상 낮다. 시스템에 따라 각 엔진이 저압 연료펌프를 구동시켜 해당 공급 탱크로부터 연료 차단 밸브 및 필터를 거쳐 피드 라인으로 연료를 끌어 올린 후 이를 가압하여 엔진의 고압 연료펌프로 이송시킨다. 우측의 공급 탱크는 우측 엔진, 좌측의 공급 탱크는 좌측 엔진으로 연료를 공급한다. 좌측 및 우측 공급 탱크는 동일한 메인 탱크에서 연료를 공급받으므로 좌측 및 우측 탱크 사이에 크로스 피드 라인(cross feed line)은 설치할 필요가 없다. 공급 탱크에는 28V DC 모터로 구동되는 2개의 프라이밍 펌프(priming pump)가 있는데 이 펌프는 엔진 시동 시에만 작동하며, 해당 엔진으로 구동되는 연료펌프가 작동되면 작동이 중지된다. 메인 탱크와 공급 탱크는 공통 벤트(vent) 시스템에 연결되어 있다. 벤트(vent) 시스템에서 탱크의 빈 공간은 팽창 탱크를 거쳐 항공기 외부로 배출되는 벤트(vent) 출구 및 중력을 활용하는 연료 주입구에 각각 연결되어 있다. 탱크의 벤트(vent) 출구에는 공기 부출 밸브(air-no-fuel valve)가 구비되어 있다. 이 밸브는 급유(refueling)하는 동안 공기를 탱크 밖으로 통과시키고, 배유(defueling) 하는 동안 공기를 탱크 안으로 통과시키며, 비행 기동 중에는 폐쇄되어 연료가 벤트(vent) 시스템을 통과하지 못하도록 한다. 또한, 벤트(vent) 시스템은 탱크 내의 빈 공간의 공기압이 균형을 유지되도록 한다. 헬리콥터 외부 벤트(vent) 라인에 있는 팽창 탱크는 벤트

(vent) 라인으로 유입되는 잔여 연료를 모아 외부 출구로 향하게 하지 않고 탱크로 드레인(drain) 되도록 하는 역할을 한다. 각 탱크에는 캐패시터 형식의 연료량 센서와 연료 레벨 감지 센서가 구비되어 있다. 하부 이송 덕트 2개는 좌측 및 우측 분할 공급탱크를 메인 탱크에 연결되어 메인 탱크의 단일 연료 주입구에서 중력을 이용하여 연료를 급유할 경우 모든 탱크를 급유할 수 있게 되어있다. 하부 이송 덕트의 체크 밸브는 메인 탱크로부터 공급 탱크까지 연료가 한 쪽 방향으로만 흐르게 한다. 이렇게 함으로써 메인 탱크의 연료가 감소되더라도 공급 탱크의 연료 레벨에 영향을 주지 않게 된다. 연료계통 정비를 용이하게 하도록 탱크의 연료펌프는 캐패시터 연료량 센서와 섬프 드레인 밸브(sump drain valve)와 함께 장비 플레이트 위에 각각 설치되어 있다.

두 번째 연료 시스템 형식은 연료를 좌측 및 우측 스폰슨(sponson) 탱크에 저장하는 방식이다. 이러한 배치는 하부 동체에서 찌그러질 가능성이 있는 부위에 연료를 저장하지 않아도 되는 이점이 있다. 엔진은 별개의 스폰슨(sponson) 탱크로부터 연료를 공급받기 때문에 추가적으로 공급 탱크가 요구되지 않는다. 이러한 방식은 연료탱크 내부에 연료펌프가 없다. 각 엔진에 설치된 엔진 구동 펌프는 해당 탱크로부터 그물망 형태의 스트레이너(strainer), 체크 밸브, 연료 선택 밸브를 거쳐 연료를 뽑아 올린다. 엔진은 스폰슨(sponson) 탱크로부터 연료를 뽑아 올리므로 엔진이 둘 중 하나의 탱크로부터 연료를 공급받을 수 있도록 엔진 공급 라인과 연료 선택 밸브가 상호 연결되어 있다. 이러한 크로스 피드(cross feed) 배열 방식은 엔진 하나에 결함이 발생하더라도 나머지 엔진이 2개의 탱크에서 사용 가능한 연료를 모두 사용할 수 있도록 한 것으로서 연료는 선택된 하나의 탱크로부터 이

송되며, 빈 탱크로부터 연료 시스템에 공기가 유입되지 않도록 한다. 28V DC 모터로 구동되는 프라이밍(priming) 펌프는 엔진 시동 시 좌측 스폰슨(sponson) 탱크로부터 연료를 뽑아 올려 각각의 엔진에 공급한다. 프라이밍(priming) 연료는 프라이밍(priming) 시스템에 설치된 차단 밸브를 거쳐 선택된 엔진으로 공급된다. 또한 프라이밍(priming) 펌프는 필요 시 보조동력장치(APU)에 연료를 공급하는데 이때 2개의 프라이밍(priming) 차단 밸브는 닫히고, 보조동력장치(APU) 차단 밸브는 열린다.

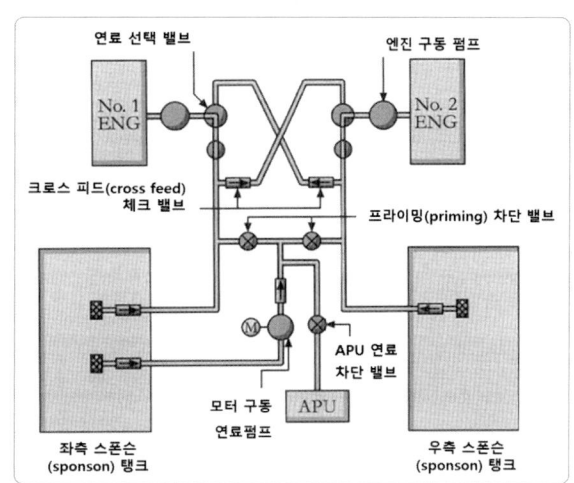

[그림 7-14] 연료 시스템 형식 - 2

세 번째 연료 시스템 형식은 제트 펌프를 이용하여 메인 탱크로부터 공급 탱크까지 연료를 이송하는 방식이다. 이러한 시스템은 공급 탱크에 28V DC 모터로 구동되는 펌프로 해당 엔진에 연료를 공급하고, 메인 탱크에 있는 이젝터 펌프(ejector pump)의 노즐에 연료를 공급한다. 전기로 구동되는 펌프가 작동하면 메인 탱크로부터 연료가 지속적으로 이송되어 공급 탱크의 연료 레벨이 충만(full) 상태가 유지되도록 한다. 또한, 엔진에서 해당 공급 탱크로부터 연료를 사용하는 속도는 메인 탱크로부터 연료가 이송되는

속도보다 항상 낮으며, 이송 연료 잉여분은 탱크 상부에 있는 오버플로우 덕트(overflow duct)를 통해 메인 탱크로 회송된다. 공급 탱크에는 메인 탱크로부터 동일하게 연료가 공급되므로 크로스 피드(cross feed) 시스템이 필요 없다. 공급 탱크의 펌프로 향하는 출구에 체크 밸브가 설치되어 펌프가 작동하지 않을 때 부주의로 연료가 펌프로 회송되지 않도록 한다. 메인 탱크의 이젝터 펌프(ejector pump)로 향하는 라인에 설치된 체크 밸브는 공급 탱크의 펌프가 작동하지 않을 때 부주의로 탱크 간에 연료가 이송되지 않도록 한다.

적으로 보충하고, 잉여 연료는 오버플로우 포트(overflow port)를 통해 회송시키게 되어있다.

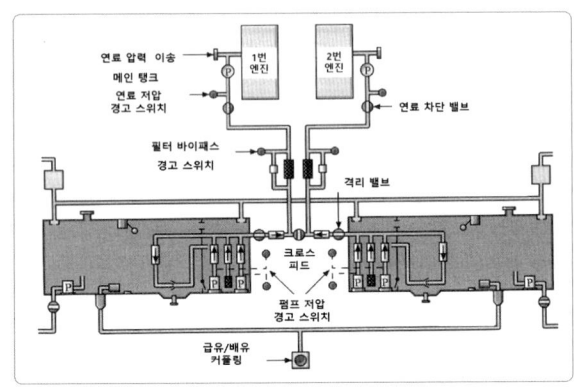

[그림 7-16] 연료 시스템 형식 - 4

저압 연료는 각 공급 탱크에서 28V DC 모터로 구동되는 한 쌍의 펌프에 의해 엔진으로 공급된다. 만일 펌프에 결함이 발생하더라도 엔진으로 구동되는 펌프가 공급 탱크의 흡입 밸브를 거쳐 연료를 뽑아 올릴 수 있게 되어있다. 이러한 비상상황이 발생하면 공급 탱크는 중력을 이용하여 하부 이송 덕트를 거쳐 유입되는 연료로 보충된다. 각각의 엔진은 별도의 메인 탱크를 사용하므로 공급 라인은 크로스 피드(cross feed) 밸브를 통해 상호 연결되어 있다. 하나의 엔진에 결함이 발생하면 나머지 엔진은 둘 중 하나의 탱크에서 연료를 공급받게 되어있다. 각 탱크에는 조종사가 사용하지 않은 탱크를 차단할 수 있도록 격리 밸브(isolation valve)가 구비되어 있어서 크로스 피드(cross feed)를 사용할 경우 사용하지 않은 탱크로부터 공기가 연료 시스템에 유입되는 리스크를 예방한다. 이러한 방식에서 탱크는 연료 주입관(filler neck)을 통해 연료를 개방 라인 방식으로 급유(refueling)하거나 단일 가압 보급구를 통해 급유(refueling) 할 수 있다. 급유(refueling) 시 공급 탱크는 메인 탱크로부터 하부 이송 포트를 통해 연료를 채울 수 있게 되어

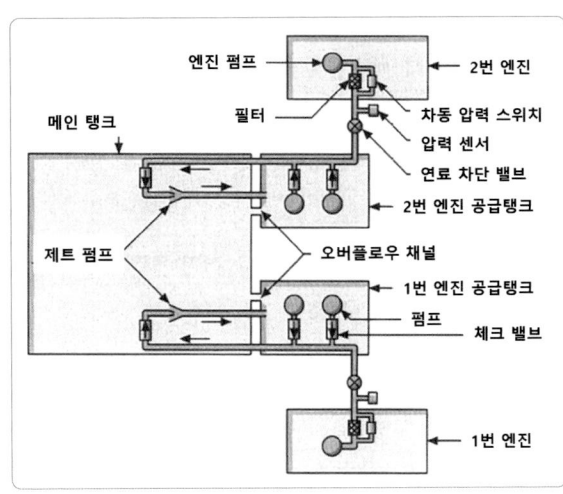

[그림 7-15] 연료 시스템 형식 - 3

그림 7-15는 엔진 연료 필터에 차동 압력 스위치가 설치되어 있음을 보여주고 있다. 만일 연료 필터 엘리먼트가 침전물로 막혀서 연료를 우회시키면 차동 압력 스위치가 닫혀서 조종석 계기판에 필터 바이패스 주의등(caution light)이 점등된다.

네 번째 연료 시스템 형식은 대형 헬리콥터에 사용되는 방식이다. 이 방식은 2개의 대형 메인 탱크에 공급 탱크가 각각 통합되어 있어서 제트 펌프를 통해 메인 탱크로부터 이송되는 연료로 공급 탱크를 지속

있다. 하부 이송 포트에는 체크 밸브가 설치되어 연료가 메인 탱크로 회송되는 것을 방지한다. 추가 설비로 연료 배출(dumping) 및 비상투하(jettison) 시스템이 구비되어 있다.

7.4.3 파이프라인(Pipelines)

헬리콥터 연료 시스템은 저압 시스템이다. 구조물 부품들 사이에서 상대적인 움직임이 있는 부위에는 가요성 있는 연료 파이프를 장착하고 기타 부위에는 알루미늄 합금 파이프가 사용된다. 파이프가 화재 위험이 있는 부위나 승객이 있는 객실 근처를 통과하는 경우 파이프는 연료의 누설을 억제할 수 있도록 덮개를 설치할 수 있다. 덮개(shroud)는 통상적으로 드레인(drain) 시스템에 연결되어 있다.

"파이프라인 식별 체계" 표준에는 헬리콥터 시스템에 장착된 파이프라인에 대해 기호와 색깔로 표기하기 위한 표준 식별 마킹에 대해 규정하고 있다. 연료계통 배관은 그림 7-17과 같이 길이 방향으로 적색 바탕에 "FUEL"이라고 표기하고, 백색 바탕에 흑색 별 4개를 띠로 표기한 마킹 테이프를 1인치 간격으로 부착한다. 표준 마킹 이외에도 연료 흐름의 방향을 지시하는 화살표와 파이프에 가연성 액체가 흐른다는 표기를 보충적으로 할 수 있다. 경우에 따라 시스템 내에서 연료 배관의 기능, 예를 들어 "벤트(vent)", "공급(supply)", "드레인(drain)"을 표기할 수 있다.

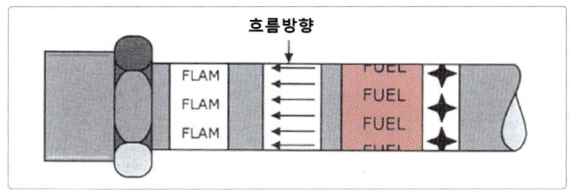

[그림 7-17] 연료시스템 파이프 식별 마킹

7.4.4 연료 필터(Fuel Filter)

엔진에 연결되는 연료 공급 라인은 연료 필터를 거치게 되어있다. 필터 엘레멘트(element)는 교체 가능한 골판지나 초음파로 세척으로 재사용 가능한 철사로 만든 엘레멘트(element)이다. 필터 케이스에는 필터의 입구와 출구의 압력을 측정하기 위한 차동 압력 스위치와 바이패스 밸브가 부착되어 있다. 만일 엘레멘트가 막히게 되어 필터 양단의 압력 차이가 규정된 값에 도달하게 되면 바이패스 밸브가 열리고, 차동 압력 스위치가 닫혀 조종석 연료 패널에 "FILTER BYPASS" 등이 점등된다. 바이패스 밸브가 열리면 여과되지 않은 연료는 아무런 제한을 받지 않고 엔진으로 유입된다. 필터는 형식에 따라 스프링으로 작동되는 적색 지시기 단추(red indicator button)가 구비되어 있는데 이 단추는 필터 케이스 내부의 오목한 부위에 자기 잠금장치로 고정되어 있다. 차동 압력이 규정된 값에 도달하면 자기 잠금장치가 해제되고, 지시기 단추(indicator button)가 풀려 스프링 힘에 의해 지시기 단추(indicator button)가 케이스 외부로 튀어 나와 엘레멘트가 곧 막힐 것이라는 것을 정비사에게 사전 경고하고, 필터 엘레멘트를 교체하거나 차기 정비 작업 시 세척해야 한다는 것을 지시한다.

7.4.5 연료 히터(Fuel Heater)

헬리콥터 일부 기종에는 연료 필터 이전에 엔진 공급 라인에 연료 히터가 설치되어 있는 것도 있다. 연료, 특히 케로신 계열의 연료의 경우 온도가 낮으면 연료 내부의 자유수가 얼어 얼음이 형성되는데 이로 인해 연료 필터가 막혀 바이패스 밸브가 열리는 결과를 초래하게 된다. 연료 히터는 라인에 설치하는 소형 열교환기로서 엔진 블리드 공기를 사용하거나 고온의 엔진 오일을 사용하여 공급 라인의 연료에 열을 전도하는 방식이다. 연료 히터 작동은 조종사가 선택하거나 시스템에 따라 필터의 바이패스 밸브가 열리면 자동으로 "ON"이 선택되게 되어있다.

7.4.6 연료 흐름 시험(Fuel Flow Test)

연료 흐름시험은 일반적으로 연료 시스템에 대한 중요 작업이 수행된 이후와 연료 공급계통에 영향을 미치는 구성품을 교환한 후 수행한다. 흐름시험은 시스템의 연료 공급능력이 모든 운용 조건에서 최소 가용 연료로 최대 동력을 발생시키는데 필요한 연료 공급량을 초과한다는 것을 검증하기 위한 것이다. 흐름시험 절차는 해당 정비 매뉴얼에 규정되어 있는데 헬리콥터에 장착되어 있는 연료 시스템 형식에 따라 다르다. 일반적으로 헬리콥터를 수평으로 위치시키고 탱크는 시험에 필요한 최소한의 연료를 적재한 후 수행한다. 이 시험은 통상적으로 흐름시험 리그(rig)를 활용하여 수행되는데 연료펌프를 시험 리그(test rig)에 연결하고 엔진 펌프와 수평을 맞춘 후 시험한다. 이를 위해 시스템의 공급 라인을 엔진으로 향하는 연료 입구에서 분리하고, 흐름시험 리그(rig)에 입구를 연결한다. 그다음으로 시험 리그(rig)의 출구 호스를 눈금이 새겨진 컨테이너에 연결한다. 연료 흐름시험에는 공급 탱크로부터 연료를 끌어 올리는 엔진 저압 펌프를 모사하기 위해 리그(rig)의 펌프를 활용하는 흡입 흐름시험이 포함된다. 이 시험은 공급 탱크로부터 교대로 연료를 뽑아 올리는 크로스 피딩(cross feeding)을 포함하여 모든 연료 공급 형태에 대해 수행한다. 연료를 펌프를 이용하여 공급 탱크로부터 엔진으로 공급하는 시스템에서는 시험 리그(rig)의 펌프를 정지시키고 공급 탱크를 "ON" 시킨 상태에서 추가적인 시험을 수행한다. 연료 시스템에서 공기를 빼내거나 불어낸 후 규정된 양의 연료가 눈금이 새겨진 컨테이너를 채울 때까지 걸리는 시간과 공급압력을 측정하여 시험 규격을 충족하는가를 확인한다. 왕복 엔진이 장착된 경량 헬리콥터의 경우 기화기 위에 연료탱크가 장착되어 있는 기종도 있다. 이러한 경우 중력을 활용한 연료 보급 시험이 필요하다. 이를 위해 탱크를 시험에 필요한 최소 가용 연료로 채우고, 탱크의 격리 밸브를 닫는다. 기화기 입구에서 공급 라인을 분리하고 눈금이 새겨진 컨테이너에 연결한다. 다음 단계로 격리 밸브를 개방하고 공급 라인에서 공기를 불어낸 후 컨테이너에 규정된 양까지 연료가 채워지는 시간을 측정하여 시험 규격을 충족하는가를 확인한다.

7.5 연료 배출
Fuel Dumping

일부 헬리콥터에는 연료 배출(dumping)이나 비상 투하(jettison) 기능이 구비되어 있다. 이 시스템은 비상시 무게를 줄이기 위해 헬리콥터의 연료를 외부로 비상 투하하기 위한 것이다. 예를 들어 기계적 결함이나 다른 비상상황에서 항공기의 중량을 감소시키는 것이다. 인증 요구사항에서 제시한 바와 같이 이러한 시스템이 설치되어 있는 경우 연료 배출(dumping) 후 잔여 연료는 최대 동력으로 5,000피트까지 지속적으로 상승한 후 최소 30분간 순항하는데 필요한 수준이어야 한다. 연료 배출(dumping) 시스템이 작동되면 연료를 펌프로 배출시키거나 탱크의 스택(stack) 파이프를 통해 중력으로 드레인(drain) 시킨다. 이렇게 하는 이유는 연료 레벨이 비상시 요구되는 수준 미만으로 떨어지지 않게 하기 위해서이다. 그림 7-18과 같이 탱크에는 28V DC 모터로 구동되는 비상투하(jettison) 펌프가 구비되어 비상투하 선택 시 스택(stack) 파이프를 통해 연료를 끌어 올려 비상투하(jettison) 밸브와 비상투하(jettison) 튜브를 통해 항공기 외부로 배출시킨다. 모든 시스템이 비상투하(jettison) 펌프를 구비하고 있지는 않고, 조종사에 의해 전기적 또는 기계적으로 작동되는 비상투하(jettison) 밸브를 통해 중력에 의존하여 연료를 드레인(drain) 시키는 시스템도 있다.

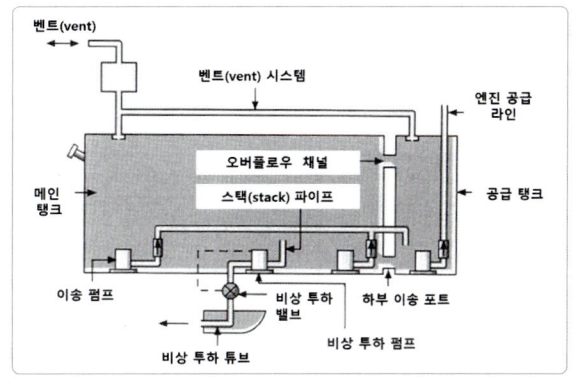

[그림 7-18] 연료 비상투하시스템

비상투하(jettison) 시스템은 조종사가 통제한다. 비상투하(jettison)가 선택되면 비상투하(jettison) 밸브가 열리며 비상투하(jettison) 펌프가 자화되어 연료가 메인 탱크로부터 배출된다. 이 때 하부 이송 포트(port)에 있는 체크 밸브가 닫혀 연료가 메인 탱크로 회송되는 어떠한 움직임도 방지하므로 공급 탱크에 있는 연료는 손실되지 않는다. 이와 같은 기능은 연료 배출(dumping)에 의해 엔진에 연료 공급이 영향을 받지 않으므로 매우 중요하다. 조종사는 연료 배출(dumping)을 하는 동안 어느 시점이든 비상투하(jettison) 밸브를 닫을 수 있다. 비상투하(jettison) 튜브는 통상적으로 연료 점화의 리스크가 없거나 승객에 영향을 미치지 않는 동체 하부에 설치되어 있다. 비상투하 연료 출구는 낙뢰를 맞을 가능성이 낮은 부위에 설치하며 전기적으로 본딩(bonding) 되어있다.

7.6 연료 벤팅
Fuel Venting

 연료 벤트(vent) 시스템은 모든 운항 고도와 비행자세에서뿐 아니라 탱크의 연료 레벨이 변화하는 동안 연료탱크의 빈 공간이 벤트(vent)되도록 기능을 제공한다. 연료탱크는 팽창 공간의 상부부터 벤트(vent) 되어야 하며, 연료 출구가 상호 연결되어 있는 탱크의 빈 공간은 벤트(vent) 시스템을 통해 서로 연결되어야 한다.

 연료탱크는 연료의 온도 변화로 인해 발생되는 열팽창(heat expansion)을 허용할 수 있도록 빈 공간이 필요하다. 앞에서 살펴본 바와 같이 각각의 연료탱크 또는 벤트(vent) 시스템이 상호 연결되어 있는 연료탱크 그룹(fuel tank group)은 팽창 공간이 전체 탱크 용량의 2% 보다 낮아서는 안 된다. 헬리콥터는 정상적인 지상 자세에서 팽창 공간을 연료로 채우는 것이 불가능해야 한다.

 연료탱크 벤트(vent) 시스템의 용량은 모든 정상 비행 조건과 급유(refueling) 및 배유(defueling) 과정에서 탱크의 내부 및 외부의 압력차가 수용 가능한 수준으로 유지되는 수준이어야 한다.

 연료 급유(refueling) 중에는 탱크 내부에 공기압력이 형성되어 탱크에 손상을 주지 않도록 탱크 내부의 공기가 벤트(vent) 시스템을 거쳐 외부로 빠져나가게 되어있다.

 배유(defueling) 중에는 연료탱크 내부에 음압(negative pressure)이 형성되지 않도록 공기가 벤트(vent) 시스템을 거쳐 탱크 내부의 빈 공간으로 유입되도록 설계되어 있다. 비행 중에는 연료 공급 및 이송 시스템이 중단되지 않도록 벤트(vent) 시스템이 탱크의 빈 공간의 압력과 외부의 압력이 균형을 이루게 되어있다.

 또한 벤트(vent) 시스템은 연료 온도의 변화로 인해 탱크의 빈 공간의 부피가 변화하는 것을 보상해준다.

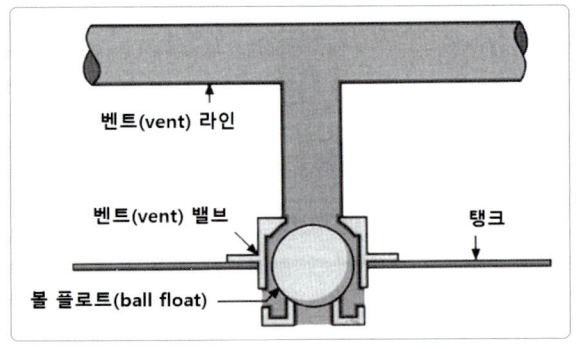

[그림 7-19] 공기 부출 밸브의 예

 벤트(vent) 시스템은 정상 비행 운용 시 연료의 사이펀(siphon) 현상을 방지하고, 결빙이 발생하거나 먼지가 쌓여 벤트(vent)가 막히는 것을 방지하도록 배치되어 있다. 탱크의 벤트(vent) 연결부에는 공기 부출 밸브(air-no-fuel valve)가 구비되어 있다. 이 밸브는 열린 상태를 유지하여 탱크에 공기가 들어오거나 나갈 수 있도록 하나 연료 레벨이 탱크의 벤트(vent) 출구에 도달하면 밸브가 닫혀 연료가 벤트(vent) 시스템으로 유입되는 것을 방지한다. 이러한 현상은 비행 기동 중에 가장 많이 발생한다. 헬리콥터가 피치(pitch)나 롤(roll)을 할 때 마다 외부로 연료가 쏟아져 나오지 않게 하려면 공기 부출 밸브(air-no-fuel valve)가 필요하다. 그림 7-19는 볼 플로트(ball float)가 장착된 공기 부출 밸브(air-no-fuel valve)로서 간단한 벤트(vent) 시스템 배열을 나타내고 있다. 공기는 이 밸브를 통해 어느 방향이든 통과하지만, 연료 레벨이 벤트(vent) 연결부에 이르게 되면 볼이 벤트(vent) 라인을 막는다. 또한, 이 밸브는 헬리콥터가 지상에서 어느 한쪽으로 넘어질 때 연료가 누출되는 것을 방지하는 역할도 한다. 이 밸브는 여러 가지 형태로 설계되고 있으나 기능은 유사하다.

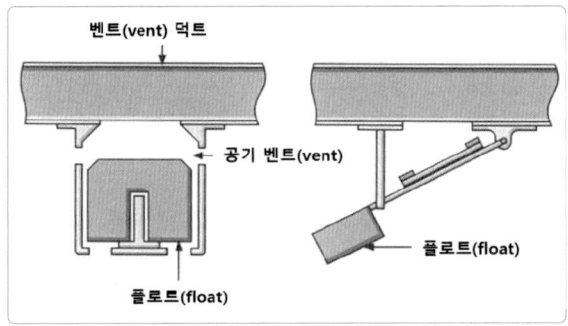

[그림 7-20] 공기 누출 벤트 밸브

벤트(vent) 시스템 파이프는 작은 팽창 탱크를 통해 외부 벤트(overboard vent) 출구로 연결한다. 팽창 탱크는 벤트(vent) 시스템으로 유입되는 연료를 수거하기 위해 설치되어 있다. 헬리콥터가 수평 자세에 도달하면 팽창 탱크에 수거된 연료를 탱크 벤트(vent) 밸브를 거쳐 탱크로 회송시킨다. 만일 헬리콥터가 지상에서 넘어질 경우 벤트 파이프라인(vent pipeline)에 갇혀 있는 연료가 외부 벤트 출구(overboard vent outlet)로 나가지 않고 저장된다.

7.7 연료 드레인
Fuel Drain

연료탱크에는 수동으로 작동되는 드레인(drain) 밸브가 구비되어 탱크에 사용 불가한 연료를 드레인(drain)할 수 있게 되어있다. 드레인(drain) 피팅에는 드레인(drain) 호스 연결을 위해 자기 밀봉 커플링을 구비되어 자동 잠금 캡(self-locking cap)으로 밀봉할 수 있게 되어있다. 탱크를 드레인(drain)하기 전에 헬리콥터와 컨테이너를 독립적으로 접지시키고, 서로 본딩(bonding) 해야 한다. 드레인(drain) 호스를 연결하고 드레인(drain) 밸브를 개방하기 전에 컨테이너를 헬리콥터에 있는 드레인(drain) 피팅에서 접지 지점에 본딩(bonding) 시킨다. 본딩(bonding) 케이블은 드레인(drain) 호스를 분리하고 캡(cap)을 드레인(drain) 피팅에 재장착하기 전까지 분리해서는 안 된다. 탱크는 하나 이상이 수동으로 작동되는 섬프 드레인(sump drain) 밸브가 한 개 이상 장착되어 있다. 이 밸브는 정비사가 수분 침전물 여부를 일상적으로 점검하기 위해 연료 샘플을 채취하는데 사용된다. 이 밸브는 정비 작업 목적상 드레인(drain)이 필요하여 탱크에서 사용 불가 연료를 뽑아 내는 경우에도 사용된다. 섬프 드레인(sump drain) 밸브는 여러 가지 형태가 있다. 이 밸브는 통상 스프링으로 작동되는 밸브와 밸브의 막힘을 방지하기 위한 필터 스크린으로 구성되어 있다. 이 밸브는 스프링 하중에 의해 잠금 위치에 고정되어 있는데 밸브 스템에 있는 슬롯에 공구를 삽입 후 돌린 다음 드레인(drain) 위치까지 밀어 넣으면 밸브가 개방된다. 드레인(drain) 공구는 연료 표본 채취병과 함께 사용된다. 연료는 밸브의 중앙부로부터 표본 채취병으로 드레인(drain) 된다. 밸브를 해제하면 스프링이 작동하여 밸브가 닫히고, 슬롯이 정확히 일치되면서 장비 플레이트와 동일한 평면에 위치하게 된다. 사용하지 않는 연료를 드레인(drain) 해야 하는 경우에는 밸브에 연결하고 밸브를 개방 상태로 유지하기 위한 특수 드레인(drain) 공구 및 호스 키트가 제공된다.

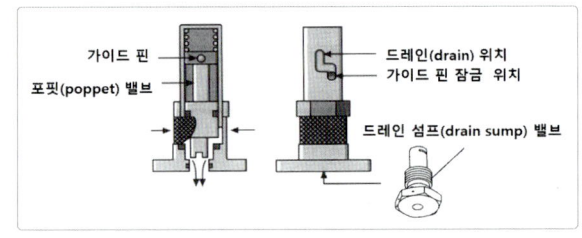

[그림 7-21] 섬프 드레인 밸브

유류 저장소로 회송할 연료는 오염 방지를 위해 탱크 바닥에 사용 불가한 연료로부터 뽑아내지 않는다. 일반적으로 사용 불가한 연료는 섬프 드레인(sump drain) 밸브를 통해 별도의 컨테이너로 드레인(drain) 시킨다. 탱크로부터 드레인(drain)한 연료는 유류 저장소로 회송하기 전에 순도를 검증해야 한다. 대형 헬리콥터에는 단일 가압 연료 주입구가 설치된 급유(refueling) 및 배유(defueling) 시스템이 구비되어 있다. 이러한 형식에서는 배유(defueling) 시스템이 사용 불가 연료를 제거하지 못한다. 정비 목적상 사용 불가 연료를 제거해야 할 필요가 있다면 섬프 드레인(sump drain) 밸브를 통해 드레인(drain) 시켜야 한다.

연료 크로스 피드(cross-feed) 및 이송에 대해서는 이미 연료 시스템과 관련하여 설명한 바 있다.

7.8 크로스 피드 및 이송
Cross-Feed & Transfer

 연료 시스템은 엔진이나 연료펌프가 한 번에 1개 이상의 연료탱크로부터 연료를 뽑아 올리지 않도록 배열해야 하며, 하나의 엔진에 연료를 공급하는 시스템은 다른 엔진에 연료를 공급하는 시스템과 독립적으로 작동해야 한다고 인증 규격에 규정되어 있다. 그림 7-13은 단일 메인 탱크로부터 연료가 펌프에 의해 2개의 공급 탱크로 이송되는 것을 나타내고 있다. 이러한 배열에서 각 엔진은 단지 하나의 공급 탱크로부터 연료를 공급받으며, 엔진의 연료 공급계통은 서로 독립적이다. 하지만 어느 한 엔진에 결함이 발생하면 메인 탱크의 가용 연료는 나머지 엔진에서 사용할 수 있으므로 공급 탱크 또는 공급 시스템 사이에 연료를 크로스 피드(cross-feed) 시킬 필요가 없다. 그림 7-16은 또 다른 탱크 배열로서 각 엔진이 별도의 메인 탱크로부터 연료를 뽑아 올리는 방식을 보여주고 있다. 엔진은 한 번에 하나의 탱크만 사용하며, 각 엔진에 연료를 공급하는 시스템은 서로 독립적이다. 하지만 비상상황이 발생하면 각 엔진이 가용한 모든 탑재 연료에 접근할 수 있도록 크로스 피드(cross-feed) 라인이 필요하다. 어느 하나의 엔진에 결함이 발생하면 나머지 엔진은 필요 시 크로스 피드(cross-feed) 밸브를 통해 반대편 탱크로부터 연료를 공급받을 수 있다. 이와 같은 특별한 시스템에서는 어느 하나의 탱크가 손상되었거나 작동이 되지 않더라도 2개의 엔진은 비상 상황에 준하여 나머지 탱크의 연료에 접근할 수 있다. 크로스 피드(cross-feed) 밸브의 위치는 조종사가 선택하며, 2개의 엔진이 정상적으로 작동하는 동안에는 닫혀있다. 그림 7-16과 같은 시스템에서 탱크는 격리 밸브(isolation valve)가 각각 구비되어 있다. 연료 공급을 다른 탱크로 전환시키기 위해 크로스 피드(cross-feed) 밸브를 개방할 때 사용하지 않은 탱크의 연료량이 낮은 경우 연료 시스템에 공기가 유입되지 않도록 조종사는 사용하지 않는 탱크의 격리 밸브를 닫는다. 헬리콥터는 기종에 따라 여러 개의 동체 탱크가 설치되어 있어서 연료 레벨이 변화되면 이송 포트를 통해 탱크 사이에 연료가 자동적으로 이송되는 방식도 있다. 이러한 방식은 단일 주유구(refueling point)를 통해 모든 탱크를 급유(refueling)할 수 있다. 공급 탱크로 향하는 포트에는 체크 밸브가 장착되어 있어서 메인 탱크에서 공급 탱크로 연료가 흐르는 것은 허용하고, 그 반대의 흐름은 허용하지 않는다. 만일 비행 중 균형을 유지하기 위해 메인 탱크 간에 연료를 이동시킬 필요가 있다면 메인 탱크에 이송 펌프(transfer pump)를 설치하여 이송 라인(transfer line)과 이송 밸브(transfer valve)를 통해 연료를 밀어낼 수 있도록 하고 있다. 이때 연료 이송 시스템을 탱크 내부에 있는 고수위 플로트(high-level float) 스위치와 연결하여 연료가 채워지면 연료 이송을 자동으로 중지하여 탱크가 넘쳐나지 않도록 설계되어 있다.

헬리콥터

제8장 공유압 계통

8.1 시스템 개요(System Overview)
8.2 유압 시스템 일반(Hydraulic System General)
8.3 유압 작동유(Hydraulic Fluids)
8.4 유압 저장소 및 축압기(Hydraulic Reservoir & Accumulator)
8.5 압력 발생(Hydraulic Power Generation)
8.6 공압계통(Pneumatic Systems)

8.1 시스템 개요
System Overview

8.1.1 기본 원리(Basic Principle)

8.1.1.1 유체 압축성(Compressibility)

유체라는 용어는 액체와 기체를 의미하는데, 액체는 비압축성으로 압력은 이를 통해 전달될 수 있다. 한편 기체는 압축성으로 압축 시 위치에너지의 형태로 저장된다. 압력은 축압기와 같은 폐쇄된 용기에 유압 작동유를 기체로 만들 경우에만 유압 시스템에 저장할 수 있다. 압력은 액체가 아니라 기체를 통해 저장된다. 10,000 psi 이상의 압력에서 일부 유압유는 아주 작은 정도의 압축된다. 그러나 매우 높은 압력으로 인해 액체가 보관된 폐쇄된 용기가 뒤틀리거나 확장될 경우 이러한 상태로 균형을 이룰 수 있다. 헬리콥터 유압 시스템은 이보다 훨씬 더 낮은 작동 압력에서, 일반적으로 1,500에서 3,000 psi의 범위에서 작동하기 때문에 힘을 효과적으로 전달할 수 있다.

8.1.1.2 유체 압력(Fluid Pressure)

유체의 압력은 모든 방향으로 동등하게 전달된다(파스칼의 법칙). 단순히 말해 잭 실린더(jack cylinder)의 유체가 압력을 받을 경우, 압력이 잭 피스톤(jack piston)의 표면을 포함하여 실린더의 모든 내벽으로 동등하게 전달된다는 것을 의미한다. 또한, 이 법칙은 유체의 압력의 2개 이상의 속성들을 확인하는데 사용된다.

(1) 정지된 액체에 있는 모든 지점의 압력은 모든 방향에서 동일하다.

(2) 정지된 액체에 가해진 압력은 동일한 수평면의 모든 지점에서 동일하다.

(3) 정지된 액체가 고체 표면에 가하는 압력은 해당 표면에 항상 수직이다.

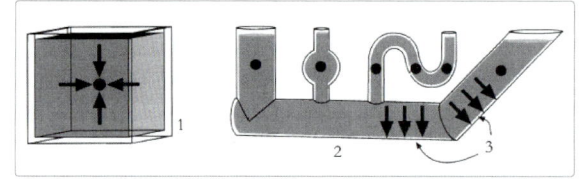

[그림 8-1] 유체의 압력 특성

그림 8-1의 좌측 그림에서 액체 내부의 모든 지점의 압력이 모든 방향으로 동일하게 작용하지 않을 경우 이 지점에 표시된 가상 흑색점이 지속적으로 움직일 것이라는 것을 알 수 있다.

8.1.1.3 압력(Pressure)

압력은 힘을 면적으로 나눈 것이다. 그림 8-2는 면적이 16cm2인 판에 작용하는 80N의 힘을 보여준다. 따라서 이 판의 표면 영역에 작용하는 압력은 5N/cm2이다.

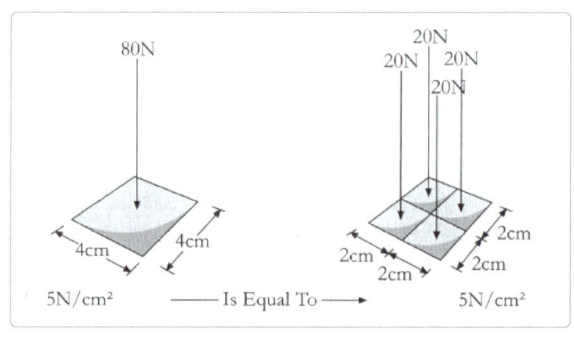

[그림 8-2] 압력

압력, 힘, 면적 사이에는 관계가 있다. 예를 들어 힘은 압력과 면적의 곱이다. 판이 4개의 동일한 부분으로 구분되고, 각 부분의 면적이 4cm2라고 가정하면 cm2 당 작용하는 압력은 여전히 5N/cm2이며, 따라서 각 부분에 작용하는 힘은 20N이다. 물론 판의 4개의 부분에 작용하는 힘의 총합은 80N이다.

8.1.1.4 비압축성 유체 흐름 (Incompressible Fluid Flow)

유체의 흐름에서 에너지의 형태가 서로 달라 교환될 수 있다고 하더라도 에너지의 합은 에너지 보존 법칙에 따라 항상 일정하다. 운동 에너지(kinetic energy)는 유속(flow velocity)과 관련이 있고 위치 에너지는 압력과 관련이 있다.

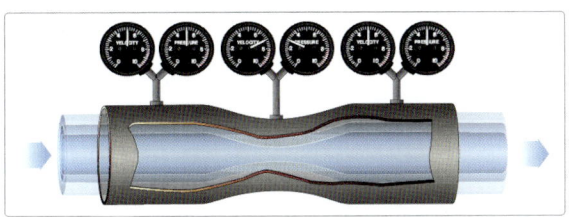

[그림 8-3] 비압축성 유체 흐름

그림 8-3과 같이 질량 유량을 일정한 속도로 유지하려면 유체가 협소한 덕트 부분을 통과할 때 유속 V와 운동 에너지가 증가해야 한다. 이러한 경우 위치 에너지의 일부가 운동 에너지로 전환되어 압력이 감소하게 된다. 덕트가 다시 넓어지면 운동 에너지가 다시 위치 에너지로 전환되면서 압력은 증가하고, 유속은 감소한다.

운동 에너지와 위치 에너지 사이의 실제 교환은 정확하지 않다. 왜냐하면, 에너지 교환 시 일부 열에너지가 손실되거나 획득되고, 마찰로 인해 열에너지가 생성될 것이기 때문이다. 또한, 덕트의 벽을 통해 열이 빠져나갈 것이다. 그러나 이러한 모든 형태의 에너지의 합은 에너지 보존 법칙에 따라 항상 일정하다.

8.2 유압 시스템 일반
Hydraulic System General

8.2.1 요구사항(Requirement)

(1) 유압 시스템의 각 부분은 규정된 보증압력(proof pressure)을 견디도록 설계되어야 한다. 보증압력은 시스템의 해당 부분이 정상 작동 시 받게 되는 최대 압력의 1.5배이어야 한다.
(2) 메인 유압 동력 시스템의 압력을 표시할 수 있는 수단이 구비되어 있어야 한다.
(3) 시스템의 일부 압력이 시스템의 최대 작동 압력 이상의 안전 한계를 초과하지 않도록 하는 수단이 있어야 한다. 여기에는 정상 작동 동안 일어날 수 있는 서지 압력(surge pressure)이 포함된다. 또한, 이러한 방법을 통해 계속 닫혀 있는 라인에서 유체의 부피 변화(확장)로 인한 과도한 압력을 방지해야 한다.
(4) 각각의 유압관(hydraulic line), 피팅, 부품은 과도한 진동을 방지하고 관성 하중(inertia load)을 견디도록 설치 및 지지되어야 한다. 시스템의 각 부분은 마모, 부식, 기계적 손상으로부터 보호되어야 한다.

8.2.2 고정 및 가변 출력 시스템 (Fixed & Variable Output System)

유압 출력 시스템은 고정 부피 및 가변 부피 출력 펌프(fixed & variable volume output pump)가 있다. 유압 동력 시스템은 설치된 펌프의 종류에 따라 기본 배치가 달라진다. 메인 시스템 펌프 구동(drive)은 일반적으로 보조 구동축(ancillary drive shaft)을 통해 복합 트랜스미션 기어박스(combined transmission gearbox)를 통해 연결 또는 분리된다. 스탠바이(standby) 및 유틸리티(utility) 시스템의 경우, 전기 모터 혹은 저압 공기 터빈이 구동력을 제공한다. 헬리콥터에는 일반적으로 독립적인 메인 유압 동력 시스템이 2개로서 비행 제어 작동기(flight control actuator)에 유압을 공급하며, 헬리콥터 형식에 따라 다른 계통에 유압을 제공하기 위한 유틸리티(utility) 시스템이 구비되어 있는 기종도 있다.

8.2.3 고정 부피 송출 시스템 (Fixed Volume Delivery System)

고정 부피 방출 펌프는 유압 관련 부품이 작동하지 않는 때에도 계속 유체를 펌핑(pumping)한다. 시스템에 필요하지 않을 때도 유체를 어딘가로 보급되어야 하므로 초과압(over-pressurization) 문제가 발생할 수 있다. 이로 인해 필요가 없을 시 시스템에서 펌프를 차단하는 유휴 회로(idling circuit)가 제공되어야 한다. 이 시스템에 사용되는 선택 밸브(selector valve)는 과도한 펌프 송출량을 처리하는 방법에 따라 종류가 달라진다. 예를 들어 어떤 선택 밸브가 중립(neutral) 위치에 있을 시 유체가 밸브를 통해 돌아가지 못하게 하는 차단 중립 위치가 있지만, 다른 선택 밸브에는 다시 돌아가는 직접 경로를 만들어주는 개방 중립 위치가 있는 밸브가 있다. 폐쇄 시스템(closed system)과 개방형 중앙 시스템(open center system)이라는 2가지 종류의 고정 부피 송출 시스템이 있다. 시스템의 구성은 차단 중립 선택 밸브가 사용되는지 혹은 개방 중립 선택 밸브가 사용되는지에 따라 달라진다. 차단 중립 선택 밸브가 구비된 시스템은 폐쇄 시스템이라고 하며, 개방 중립 밸브가 있는 시스템은 개방형 중앙 시스템이라고 한다.

8.2.3.1 폐쇄 시스템(Closed System)

폐쇄 시스템에 고정 부피 송출 펌프가 사용될 경우, 시스템에서 요구가 없을 시 전체 펌프 출력 유량을 돌아가도록 방향을 바꾸는데 단순 압력 릴리프 밸브(pressure relief valve)로는 충분하지 않다. 한편 단순한 최대 유량(full flow) 압력 릴리프 밸브는 과도하게 민감하며, 시스템 작동 압력 제어를 위해 단독으로 사용될 경우 흔들리는(fluttering) 경향이 있다. 이러한 문제를 극복하기 위해 시스템 압력 라인(pressure line)에 자동 차단 밸브(ACOV : automatic cut out valve)를 설치한다. ACOV는 시스템 압력을 조절하며, 유압이 필요한 계통이 선택되지 않을 시 펌프에 유휴 회로(idling circuit)를 제공한다.

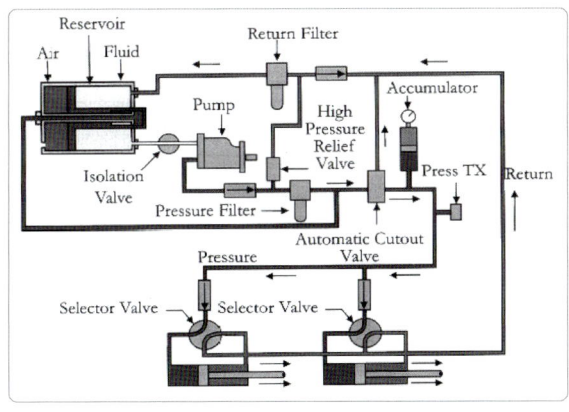

[그림 8-4] 고정 부피 송출 폐쇄 시스템

ACOV는 시스템 압력이 규정된 값에 도달할 시 리턴 라인(return line)을 통해 시스템 저장소로 돌아오도록 전체 펌프 출력 유량을 열어 우회시키게 되어있다. 이 밸브는 압력이 규정된 하한 값보다 떨어질 경우 밸브가 닫혀 펌프 출력 유량을 시스템으로 복귀되도록 연결한다.

축압기는 ACOV의 압력 라인 하류에 위치해 있다. 축압기에는 가스 압력을 받는 유압유가 저장되어 있다. ACOV가 열려서 밸브로 역압력(back pressure)을 제공하는 동안 가스를 통해 저장된 압력으로 시스템 압력을 유지한다. 이를 통해 ACOV가 원활하고 확실하게 작동할 수 있게 하고, 밸브가 채터링(chattering)하거나 쿵쿵 소리를 내는 해머링(hammering)을 야기하는 단기 사이클링(short period cycling)을 방지한다. 또한, ACOV의 고장 시 불안전한 초과 압력으로부터 시스템을 보호하기 위해 고압 릴리프 밸브가 압력 라인에 설치되어 있다. 이 밸브는 압력 라인이 닫혀있는 동안 유체의 열팽창으로 인해 생성되는 과도한 압력을 방출시킨다. ACOV가 시스템에서 펌프를 차단한 후 다시 차단하기까지의 시간을 '사이클링 시간(cycling time)'이라고 부른다. 사이클링 시간은 정비 검사(maintenance check)를 수행할 시 측정하여 ACOV가 열린 후 시스템 압력을 얼마나 오래 유지할 수 있는지를 확인한다. 이는 동력 시스템의 무결성(integrity)과 내부 누설 속도(leakage rate)가 한계 이내 인지의 여부를 확인하기 위한 것이다. 시스템 사이클링 시간의 최소 허용 값은 정비 매뉴얼에 규정되어 있다. 그림 8-4를 살펴보면, 고정 부피 송출 펌프(fixed volume delivery pump)는 가압 유체 저장소로부터 유압유를 끌어들여 펌핑한 후 체크 밸브(check valve)와 압력 필터를 통해 동력 시스템의 압력이 필요한 부분으로 송출한다. 가압 저장소는 압력 수두(pressure head)를 제공하여 펌프 흡입구의 캐비테이션(cavitation) 발생을 방지한다. 압력 필터는 펌프의 기계적 고장으로 인한 미세한 잔류물로 인해 시스템 부품이 오염되지 않도록 보호한다. 고압 릴리프 밸브는 필터로 가는 펌프 송출 라인(delivery line)에 위치해 있다. 이 릴리프 밸브는 단순히 ACOV의 안전 백업(safety backup)의 역할을 하며, 정상 시스템 작동 압력 이상 시 안전 압력에서 열리도록 사전 설정되어 있다. 유체는 ACOV를 통해 차단된 중립 선택 밸브로 넘어간다. 시스템 압력이 작동기가 전체 이동 거리에 도달한 후 최대로 돌아가거나 선택 밸브가 중립 위치로 돌아갈 시, ACOV가 열려 출력 유량을 회수관(return line)으로 가도록 우회시켜 펌프를 시스템으로부터 차단한다. ACOV 바로 뒤에 위치한 축압기는 시스템의 요구가 없을 시 가스에 저장된 압력을 사용하여 압력을 유지시키며, 역압력(back pressure)을 제공하여 시스템에서 내부 누설로 인해 ACOV가 계속적으로 연결 및 차단되거나 '해머링(hammering)' 이 발생되는 것을 방지한다. 저압 회수관(return line)은 체크 밸브와 필터 조립체를 통해 유체를 저장소로 돌려보내며, 필터 엘레멘트(element)가 막혀 회수 필터(return filter) 전체에 걸쳐 차압(differential pressure)이 상당히 증가할 경우 열리도록 사전 설정된 바이패스 밸브가 필터 조립체에 구비되어 있다. 체크 밸브는 유체가 필터를 통해 시스템으로 역류하는 것을 방지한다. 압력 및 회수 필터 조립체에는 각각 적색 표시기 버튼이 필터 케이싱(casing)에 설치되어 있는데 필터 부품 전체에 걸쳐 압력강하가 막힘이 임박함을 나타내는 값 이상으로 증가할 경우 돌출되어 필터가 곧 막힐 것임을 미리 정비사에게 알려주는 역할을 한다. 그림 8-4에 제시된 격리 밸브(isolation valve)는 화재 발생 시 조종사가 시스템을 정지시킬 수 있는 기능을 제공한다. 현대적인 유압 시스템에서 격리 밸브는 실제로 펌프의 부하를 경감하고 출력 유량을 저장소로 직접 회송하여 시스템으로부터 펌프를 차단시킨다.

8.2.3.2 개방형 중앙 시스템(Open Center System)

개방형 중앙 시스템은 고정 부피 송출 시스템 중 하나이며, 배치가 훨씬 더 단순하다. 그러나 각 선택 밸브가 중립 위치에 있을 때 펌프 출력 유량을 직접 돌려보내기 때문에 작동기가 한 번에 하나만 작동할 수 있다는 단점이 있다. 선택 밸브는 펌프에 유휴 회로(idling circuit)를 제공하기 때문에 ACOV 혹은 축압기가 필요하지 않다. 이는 유압이 필요한 계통이 작동하지 않을 시 시스템 압력은 낮은 값을 가지며, 유압을 필요로 하는 계통이 선택될 시 반응이 느리다는 것을 의미한다.

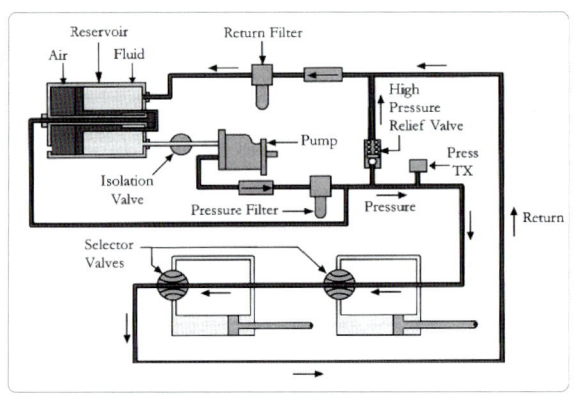

[그림 8-5] 고정 부피 보급 개방 시스템

릴리프 밸브는 압력 라인에 설치되어 있다. 작동기(actuator)가 작동되어 완전 가동 위치(full travel position)에 도달되면 릴리프 밸브가 열려 관련된 선택 밸브가 중립으로 돌아올 때까지 과도한 압력을 방출한다. 이 시스템은 대부분 앞서 설명한 시스템과 유사하다.

8.2.4 가변 송출 시스템 (Variable Delivery System)

이 시스템은 현대 헬리콥터에서 가장 흔히 접할 수 있는 유압 동력 시스템이다. 가변 송출 펌프는 요구에 따라 출력 부피(delivery volume)을 자동으로 조절한다. 유압이 필요한 계통의 요구가 없을 경우 시스템이 정상 작동 압력에 도달하더라도 펌프 송출량은 '0'이 되며, 출력 유량을 조정하여 압력을 일정하게 유지한다. 이 펌프는 이러한 방식으로 작동하기 때문에 정압 펌프(constant pressure pump)라고 부른다. 이러한 종류의 펌프는 자체적으로 유휴 상태(self-idle)가 되므로 펌프의 유체를 지속적으로 되돌려 보내기 위한 노력이 낭비되지 않는다는 것이 장점이다. 고압 릴리프 밸브는 압력 라인에 설치되어 펌프 제어 시스템의 고장으로 인해 발생하는 초과 압력으로부터 시스템을 보호한다. 또한, 이 밸브는 온도로 인해 유체가 팽창하여 발생한 과도한 압력을 배출하는 역할도 한다. 고압 릴리프 밸브는 정상 최대 작동 압력을 제어하지 않는다. 이 밸브는 규정된 최대 안전값 이상에서 작동하도록 설정되어 정상 압력 제어 시스템 고장 시 시스템을 손상으로부터 보호한다. 이 시스템에는 차단 중립 선택 밸브가 포함되어 있으며, 이 밸브가 닫힐 시 펌프 송출량을 즉시 감소시키는 역압력을 발생시킨다. 이러한 형식의 시스템에는 ACOV 혹은 축압기가 필요하지 않다. 항상 정확한 작동 압력을 유지하기 위해 펌프 송출량은 자체 조절된다.

8.2.5 유압 동력 시스템 (Hydraulic Power System)

대부분의 헬리콥터에는 2개의 독립된 유압 시스템이 있으며, 이는 비행제어 작동기로 동력을 제공하기 위해 동시에 작동된다. 각 유압 시스템은 비행제어 시스템의 전체 동력 요구사항을 독립적으로 충족시킬 수 있다. 헬리콥터의 종류에 따라 로터 브레이크(rotor brake), 트랜스미션 냉각 팬(transmission cooling fan), 카고 램프(cargo ramp), 착륙 장치(landing gear)와 같은 다른 계통에 동력을 제공하는 유틸리티(utility) 유압 시스템도 있다. 그림 8-6은 가변 송출 펌프가 포함된 상세한 유압 동력 시스템의 배치를 보여주고 있다. 이 펌프는 가압 저장소로부터 유체를 끌어들여 펌핑(pumping)한 후 체크 밸브와 리플 댐퍼(ripple damper)를 통해 압력 필터로 이를 송출한다. 체크 밸브는 유휴 시 펌프를 통해 유체가 역순환(back circulation)되는 것을 방지한다.

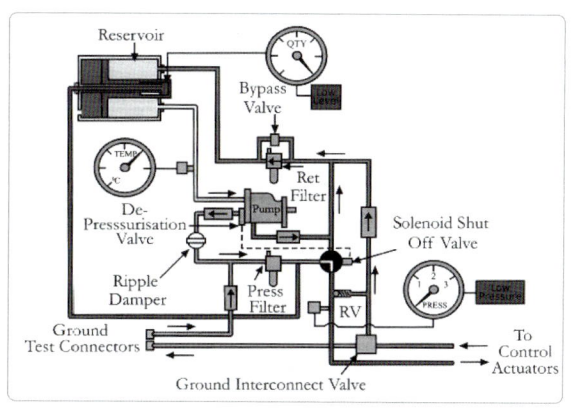

[그림 8-6] 유압 동력 시스템 -1

유압 저장소는 유압 시스템으로 가압하며, 압력 수두(pressure head), 통상적으로 약 25 psi의 압력을 펌프 흡입구에 제공하여 펌프 흡입(pump suction)으로 인해 발생되는 캐비테이션을 방지한다. 온도 센서는 펌프 흡입구 라인에 설치되어 있고, 유체 온도 게이지(gauge) 및/또는 조종사 제어 패널에 과열 주의 경고등과 회로가 연결되어 있다. 펌프를 통과하는 유체의 일부는 케이스를 통해 방향을 바꾸면서 냉각되며, 냉각 이후 펌프 케이스의 드레인 필터와 체크 밸브를 통해 회송된다. 이러한 냉각 흐름을 '펌프 케이스 유체(pump case fluid)'라고 부른다. 일부 시스템의 경우 펌프 케이스 배출 유체가 저장소에 도달하기 전에 열 교환기를 거쳐 냉각하도록 되어 있는 시스템도 있다. 그뿐만 아니라 저장소에는 외부 대기에 노출된 냉각핀이 설치된 것도 있다. 다중 피스톤 펌프의 왕복운동으로 인해 송출되는 유압유에 유해한 고주파 진동(high frequency pulsation)이 발생되는데 이를 줄이기 위해 펌프 배출구 라인에 리플 댐퍼(ripple damper)를 설치한다. 그림 8-6의 예시에서는 압력 필터에 바이패스 밸브가 구비되어 있지 않지만, 정비사에게 필터 차단이 임박했다는 것을 조기에 경고하기 위해 적색 표시기 버튼이 튀어나오도록 설계되어 있다. 압력 필터를 거쳐 전달된 유체는 차단 밸브(shut off valve)를 통과한다. 차단 밸브는 조종사가 제어하는데 선택 시 출력 유량을 저장소로 직접 회송되도록 유체 흐름의 방향을 바꾸어 저장소와 펌프를 시스템으로부터 차단시킨다. 이러한 경우 펌프의 감압 솔레노이드 밸브(de-pressuring solenoid valve)가 열려 압력이펌프 제어 작동기 피스톤에 직접 이송되어 펌프 송출량이 '0'으로 감소하게 된다. 차단 밸브를 통과한 유체는 비행제어 작동기로 전달된다. 차단 밸브의 하류에는 고압 릴리프 밸브, 압력 트랜스미터(pressure transmitter), 저압 스위치가 설치되어 있다. 앞서 논의한 것처럼 고압 릴리프 밸브는 펌프 제어 메커니즘이 고장날 경우 시스템을 초과 압력으로부터 보호하도록 설계되어 있고, 정상 시스템 작동 압력보다 더 높은 안전 압력에서 열리도록 사전 설정되어 있다. 정상 시스템 작동 압력은 시스템 형식에 따라 1,500 psi에서 3,000 psi 사이이다. 고압 릴리프 밸브는 약 300 psi 더 높은 압력에서 열리도록 사전 설정되어 있다. 또한 이 밸브는 시스템 유휴 시 압력 라인에 갇힌 유체의 열팽창으로 인해 발생하는 과도한 압력을 방출한다. 압력 트랜스미터는 조종사 제어 패널에 있는 시스템 압력 게이지와 연결되어 있다. 저압 스위치는 시스템 압력이 규정된 값 이하로 떨어질 경우 중앙 경고 디스플레이에 주의 메시지(cautionary message)로 경고한다. 서브시스템에서 되돌아가는 유체는 체크 밸브와 리턴 필터를 거쳐 저장소로 다시 회송된다. 체크 밸브는 유체가 필터를 통해 시스템으로 역류하는 것을 방지한다. 리턴 필터에는 필터 전체의 차압에 민감한 바이패스 밸브가 포함되어 있다. 필터가 막힐 경우 바이패스 밸브가 열려 여과되지 않은 회수 유체를 저장소로 회송한다. 또한 이 필터에는 정비사에게 필터 차단이 임박했다는 것을 조기에 경고하기 위해 튀어나오는 적색 표시기 버튼이 구비되어 있다. 그림 8-6에 표시한 시스템에는 자체 밀봉 능력이 있는 지상시험 연결부(self-sealing ground test connection)가 2개 있다. 이를 통해 계통 정비 및 시험 시 외부 지상 유압장비(ground hydraulic cart)에서 유압을 공급할 수 있다. 지상 유압장비에는 압력 조절 및 릴리프 시스템이 있으며, 이는 사전에 설정할 수 있다. 그러나 지상 유압장비의 압력 릴리프 시스템에 결함이 발생할 경우 헬리콥터의 유압 시스템에 있는 고압 릴리프 밸브가 불안전한 초과 압력이 발생되는 것을 방지한다.

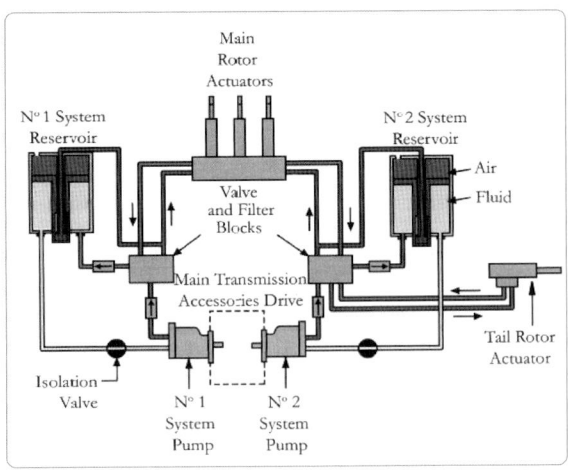

[그림 8-7] 유압 동력 시스템 -2

앞서 논의한 것처럼 대부분의 헬리콥터에는 비행 제어장치에 동력을 제공하기 위해 그림 8-7과 같이 2개의 완전 독립된 유압 동력 시스템이 구비되어 있다. 시스템 펌프는 일반적으로 복합 트랜스미션 기어박스로 구동되므로 어느 한 엔진이 정지되어도 영향을 받지 않는다. 각 시스템의 압력 및 리턴 필터, 밸브는 쉽게 접근 가능한 하나의 모듈로 통합시킬 수 있다. 통상적으로 유압 동력 시스템을 배치하는 경우 시스템 저장소, 펌프, 구성품은 메인 로터 기어박스에 인접한 지붕(roof)에 위치한 장비 선반(equipment deck)에 가깝게 장착되어 있다. 주 작동기(main actuators)에 연결하는 압력관(pressure line) 및 회수관(return line)은 일반적으로 유연성 있는 고압 배관을 사용하며, 테일 로터 작동기(tail rotor actuator)에 연결하는 압력관(pressure line) 및 회수관(return line)은 강관(rigid line) 및 유연관(flexible line)을 활용하여 연결한다.

그림 8-8은 중형 헬리콥터의 일반적인 유압 시스템 배치를 보여주고 있다. 유체 시스템은 매우 간단한데 저장소는 각각 2리터를 약간 상회하는 유체를 저장할 수 있다.

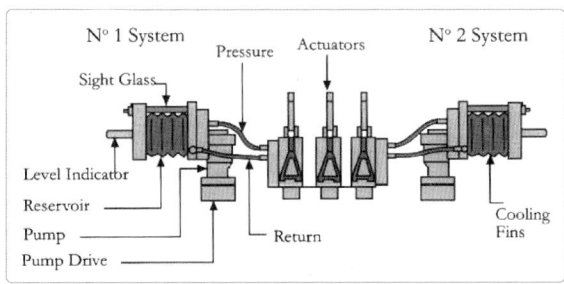

[그림 8-8] 유압 시스템 배열 예시

8.3 유압 작동유
Hydraulic Fluids

모든 액체는 압력을 전달할 수 있다. 그러나 유압 동력 시스템에는 광범위한 온도에 걸쳐 안정된 상태를 유지하고 구동부(moving part)를 부식에서 보호하고 윤활을 제공하는 유체가 필요하다. 온도가 상승하면 오일의 점도(viscosity)가 줄어든다. 유압유는 파이프라인에서 불필요한 마찰이 발생하지 않고 작동기(actuator), 펌프, 모터가 고속 작동할 수 있도록 점도가 낮아야 한다. 반대로, 점도가 밀봉 부위와 파이프 연결부에서 누설을 방지하기에 충분할 정도로 높아야 한다. 유압유는 매우 공격적인 편이며 밀봉 컴파운드, 고무 재료, 대부분의 페인트에 나쁜 영향을 끼친다. 잘못된 규격의 유압유가 시스템에 공급될 경우 실(seal), 호스, 기타 다른 재료가 빠르게 악화될 수 있다. 이러한 이유때문에 유압유는 쉽게 인식할 수 있도록 착색하며, 각 그룹 내의 유체에는 명확한 지정 코드가 부여된다. 시스템 저장소, 용기, 시험 장치(test rig)에서 상이한 규격의 유체로 오염되거나 부주의하게 혼합되는 것을 방지하려면 유압유를 보급할 때 주의를 기울여야 한다. 유체는 이전에 개봉된 캔(can) 혹은 열려 있는 캔(can)에 담긴 것을 사용해서는 안 된다. 유압유는 공기에 노출되면 주변 대기에서 빠르게 습기를 흡수한다. 뿐만 아니라 유체가 분진과 기타 잔류물에 오염될 수 있다. 용기가 개봉되었거나 열려있는 것이 확인되면 수거하여 처분해야 하며, 이를 유압 시스템 보급을 위해 사용해서는 안 된다.

8.3.1 식물성 유체 (Vegetable Based Fluids)

식물성 혹은 셀룰로오스계 유체는 현재 헬리콥터에서 사용되지 않는다. 알코올로 희석된 피마자유(castor oil)는 주로 구형 고정익 항공기의 브레이크 시스템에 사용되었다. 식물성 유체는 무색에서 옅은 담황색이며, 천연 고무 밀봉 및 호스가 설비된 시스템에서만 사용해야 한다. 이 유체는 내화성이 낮다.

8.3.2 광물성 유체(Mineral Based Fluids)

광물성 혹은 석유계 유체는 일반적으로 진홍색(crimson red)이며 합성 고무(neoprene) 밀봉제 및 호스가 장착된 시스템에서만 사용해야 한다. 이러한 종류의 유체는 유압 시스템 및 착륙 장치 완충 버팀대(landing gear shock strut)에서 볼 수 있다. 이 유체는 특별히 내화성이 아니며, 고온에 영향을 받을 수 있다.

8.3.3 합성 유체(Synthetic Based Fluids)

인산 에스테르(phosphate ester)계 합성 유체는 일반적으로 현대 유압 시스템에 사용된다. 이 유체는 내화성이며, 매우 광범위한 작동 온도에서 안정적이다. 고압이 걸려 누설이 발생할 경우 미세한 무화 분무(atomized spray)가 발생할 때 매우 높은 온도와 접촉할 경우 점화될 수 있지만, 이로 인한 화재는 일반적으로 제한적이다. 합성 유체는 규격에 따라 보라색, 녹색, 호박색으로 착색될 수 있다. 인산 에스테르계 유체는 가장 일반적으로 접할 수 있는 유형이며 상표명에는 Skydrol, Aero-safe, Chevron 등이 있다. 이러한 유체들은 부틸(butyl) 고무, 테프론(Teflon), 에틸렌프로필렌(ethylene propylene)으로 제작된 실(seal) 및 호스가 구비된 시스템에서만 사용해하며, 규격에 따라 어떤 유체를 선택할지를 결정해야 한다. 합성 유체는 다른 재료로 제조된 씰(seal) 및 호스에 영향을 끼치며 부풀음(swelling)을 유발하기도 한다. 사용이 권장되는 유체 규격에 대해서는 기종별 정비 매뉴얼을 참조해야 한다. 내화성 유체를 사용하도록 설계된 시스템의 부속품은 보라색 밴드로 표기되어 있다.

8.3.4 과열로 인한 영향 (Effects of Overheating)

합성 작동유가 과열될 경우, 산성이 되어 파이프와 부속품에 부식의 위험을 초래한다. 또한, 과열로 인해 산화가 일어나거나 대부분의 유체에 유화된 침전물(emulsified sediment) 혹은 슬러지(sludge)가 형성될 수 있다.

8.3.5 안전(Safety)

인산 에스테르계 유체는 매우 공격적이며 인간을 포함하여 동물의 생명에 유독하다. 이 유체는 피부와 눈에 심한 자극을 유발하며, 섭취하거나 피부를 통해 흡수될 경우 유독하다. 장기적으로 노출될 경우 증기도 유독하다. 피부에 유체가 직접 닿으면 화상과 아주 유사하게 피부가 빨갛게(reddening)되고 쓰라림이 발생

할 수 있다. 합성 유체는 폴리우레탄(polyurethane) 및 에폭시(epoxy) 페인트를 제외하고 대부분의 페인트 마감에 공격적이다. 작동유, 특히 합성 유체를 처리할 경우에는 손과 팔의 노출된 부분에 보호 크림을 사용하고, 보호안경, 내유성 장갑, 방어 앞치마(protective apron)를 착용하여 유체에 접촉되지 않도록 보호해야 한다. 또한 압력이 누설되거나 유체가 새어나올 위험이 있는 시스템 부속품을 검사하거나 작업할 때에도 안전 수칙을 준수해야 한다. 유체가 쏟아질 경우 이를 제거하고 비누와 물로 접촉된 구역을 문질러 씻어야 한다. 인가된 규격의 유체만 유압 시스템에 보급되도록 주의를 기울여야 한다. 잘못된 유체가 부주의하게 사용될 경우 심각한 고장의 위험이 생길 뿐만 아니라 플러싱(flushing) 및 잠재적 부속품 교체 등 고가의 복구 작업이 초래될 수 있다. 광물성 유체를 사용하는 부속품은 합성 유체를 사용하는 부속품과 분리시켜야 한다. 동일한 구역에서 분리 혹은 정비하거나 함께 보관해서는 안 된다. 공구도 특정 유체에 대한 전용 공구이어야 하며, 다른 종류의 유체를 사용하여 부속품이 오염되도록 해서는 안 된다.

8.4 유압 저장소 및 축압기
Hydraulic Reservoir & Accumulator

8.4.1 저장소(Reservoir)

유압 저장소(hydraulic reservoir)는 다음과 같은 기능을 제공한다.

(1) 시스템 외부에 유압유가 누설될 경우 이를 보상하기 위한 비상 유체 보유
(2) 유체 팽창을 감안한 공간(air space) 제공
(3) 시스템에서 회수되는 유체를 위한 공간 제공
(4) 작동기 작동으로 변화되는 유체 부피에 대한 저장 공간 제공
(5) 캐비테이션을 방지하기 위해 시스템 펌프 흡입구에 약간의 유체 압력 제공

헬리콥터 유압 저장소는 일반적으로 시스템 유압 펌프의 흡입구에 약간의 양(+)의 유체 압력 수두(pressure head) 제공을 위해 가압되어 있다. 이러한 압력 전달을 통해 펌프 흡입구의 캐비테이션 위험이 감소하는데 만일 이러한 기능이 없을 경우 유압에 대한 수요가 높을 때 펌프 흡입으로 인한 캐비테이션이 발생할 수 있다. 일반적으로 '부트-스트랩(boot-strap)' 유형의 저장소는 헬리콥터에 설치되는 저장소 유형 중 하나이다. 이러한 종류의 저장소에는 2중 작동기 피스톤이 설치되어 있다. 메인 시스템의 유체 압력은 피스톤의 더 작은 면적에 힘을 가하고, 더 큰 면적이 저장소를 가압하는 방식이다. 예를 들어 피스톤 면적비가 60:1일 때 메인 시스템 압력이 1,500 psi라면 저장소에 가해지는 압력이 줄어들어 25psi의 양(+)의 압력이 가하지게 된다.

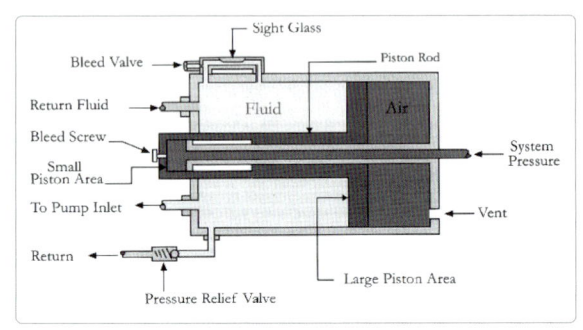

[그림 8-9] 가압된 유압 저장소

저장소에 장착된 피스톤 로드(piston rod)의 돌출량으로 유체 용량(fluid content)을 지시한다. 그림 8-9에 표시한 바와 같이 유체 용량이 낮을 경우 피스톤 로드기 더 돌출된다. 저장소의 상부에 검사 유리창(sight glass)이 구비되어 있어서 시스템에 공기가 들어있는가의 여부를 정비사가 확인할 수 있다. 초과 압력을 방지하기 위해 저장소의 회수 시스템에 릴리프 밸브가 연결되어 있다. 저장소의 상단에 블리드 밸브(bleed valve)가 설치되어 있는데 이 밸브는 정비작업 시 공기를 시스템에서 빼내는데 사용된다. 일반적으로 소형에서 중형 헬리콥터에 사용되는 시스템 저장소는 펌프와 밸브 블록(valve block)이 하나의 장치로 설치되어 있다. 유체 용량은 일반적으로 1리터에서 2리터 정도이다. 대형 터빈 엔진 헬리콥터에서 접할 수 있는 또 다른 종류의 저장소로서 그림 8-10과 같이 엔진으로부터 공급되는 블리드 공기를 여과한 것을 이용하여 저장소내의 압력을 유지하는 방식이 있다. 이 저장소에는 공기 압력 릴리프 밸브가 구비되어 있어서 공기 압력 조절기에 고장이 발생한 경우 초과 압력을 방지한다. 이 저장소는 엔진 시동 후 자동으로 가압된다.

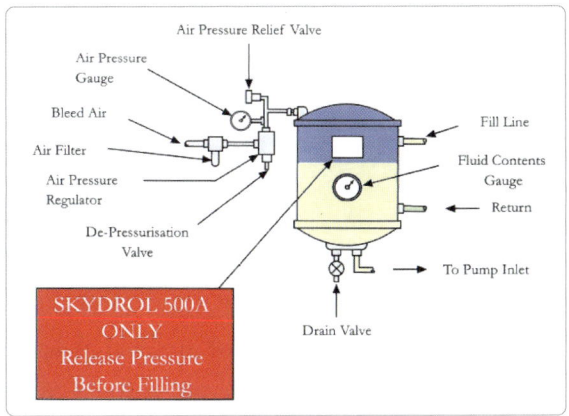

[그림 8-10] 공기로 가압된 유압 저장소

(1) 시스템 혹은 서브시스템의 압력 저장 및 유지
(2) 최고 수요를 지원하기 위해 압축된 예비 유체를 제공
(3) '해머링(hammering)' 방지를 위한 자동 차단 밸브에 역압력 제공
(4) 작동기 선택 시 작동기에 최초 추동력(impetus) 제공
(5) 시스템 압력의 일시적인 저하 보상
(6) 다중 피스톤 펌프의 진동(pulsation)의 감소
(7) 닫힌 라인에서 유체의 열팽창 흡수
(8) 중요 서브시스템에 압축된 비상 예비 유체 제공

일반적인 축압기는 자유 부동(free floating) 피스톤 혹은 다이어프램(diaphragm)이 포함된 폐쇄 실린더로 이루어져 있다. 이 실린더에는 작동 피스톤 혹은 다이어프램 쪽에는 압축된 건조 질소가 채워져 있고, 다른 쪽에는 유체가 있으며 유압 시스템에서 압력을 발생시키는 라인에 연결되어 있다. 또 다른 형식의 축압기로는 분리 피스톤 또는 다이어프램이 포함되어 있지 않고, 가스가 실린더의 유체와 직접 접촉하는 방식이 있다. 이러한 종류의 축압기는 가스가 유체에 흡수되어 거품이 발생할 위험이 있기 때문에 현대 시스템에서는 거의 찾아볼 수 없다. 축압기의 형식과 무관하게 체크 밸브는 축압기의 상류에 설치되어 있어서 유체가 펌프를 거쳐 압축되어 저장소로 다시 방출되는 것을 방지한다.

유압 시스템을 보충하기 전에 모든 시스템 압력을 방출해야 한다. 시스템에 축압기가 설비되어 있을 경우 이러한 조치를 통해 유체를 각 축압기에서 배출시켜야 한다. 블리드 공기 가압 저장소의 경우 저장소를 감압해야 한다. 일반적으로 이러한 용도로 압력 조절 장치에 감압 밸브가 있다. 축압기의 최초 가스 압력도 확인하고 필요 시 보충해야 한다. 유압 시스템 유압유 보충에 대해서는 정비 매뉴얼의 절차가 기술되어 있으며, 비행제어 장치는 중립, 착륙 장치(landing gear)는 펼침(extension), 카고 램프(cargo ramp)는 닫음(close) 등과 같이 각 시스템에서 사용하는 작동기의 위치도 상세히 설명되어 있다.

8.4.2 축압기(Accumulator)

액체는 비압축성이기 때문에 압력을 저장할 수 없다. 메인 유압 동력 시스템 혹은 서브시스템에 축압기가 설치할 수 있으며, 여기서 축압기는 압축가스의 형태로 시스템 압력을 저장하는데 사용된다. 축압기는 여러 이유로 설치할 수 있는데 그 이유는 다음과 같다.

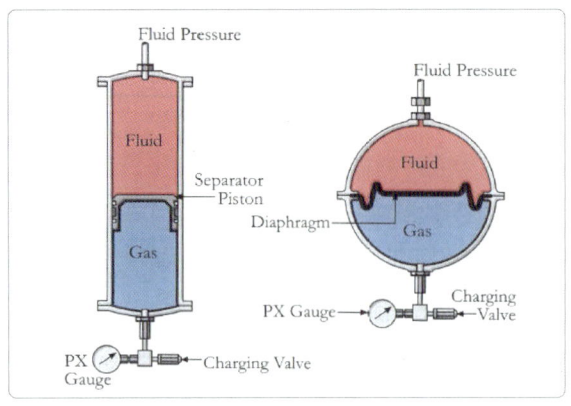

[그림 8-11] 축압기

축압기는 초기에 가스를 채우는 공간에 규정된 기본 압력으로 일반적으로 약 1,000 psi 정도의 건조 질소를 충전한다. 공기를 충전할 경우 '경유화(dieseling)' 가 발생할 수 있으므로 이를 방지하기 위해 건조 공기보다 질소 가스가 우선적으로 사용된다. 건조 질소는 부식을 유발할 수 있는 포화 습기를 포함하지 않기 때문에 널리 사용된다. 축압기의 가스압력은 가스 충전구 근처에 있는 시각 게이지(sight glass)로 표시된다. 고정 부피 폐쇄 시스템의 경우 시스템 압력이 형성되기 시작하여 메인 시스템 작동 압력과 동일해질 때까지 축압기의 가스가 압축된다. 사실상 축압기는 ACOV가 펌프를 차단한 후의 시스템 압력을 저장한다. 축압기는 서브시스템이 선택될 경우 ACOV가 펌프를 연결시켜 다시 라인으로 복귀할 때까지 서브시스템을 작동시킬 수 있도록 압축된 유체가 충분한가를 확인한다. 가변 부피 방출 시스템의 경우에는 자체 압력을 조절하는 펌프(self-regulating pump)가 시스템 압력을 유지하므로 메인 시스템에 축압기가 필요하지 않다. 그러나 펌프가 응답하는데 시간 지연이 있을 경우 축압기를 설치할 수 있다. 일반적으로 축압기는 접개들이식 착륙 장치(retractable landing gear) 시스템 혹은 휠 브레이크(wheel brake) 시스템과 같은 서브시스템에 설치한다.

8.4.2.1 축압기 충전(Accumulator Charging)

축압기는 축압기에 직접 연결된 충전밸브 또는 원격 지상 충전구에서 위치한 충전밸브를 통해 가스를 충전한다. 충전밸브에는 타이어 팽창 밸브와 유사한 형태의 역지 밸브(non-return valve)가 구비되어 있어서 충전 어댑터로 밸브 대(valve stem)를 밀어 과도한 압력을 빼내거나 필요한 경우 압력 완전히 방출시킬 수 있게 되어 있다. 축압기에 가스를 충전하기에 앞서 유압 시스템의 압력을 완전하게 제거해야 한다. 이렇게 해야 분리 피스톤이 유체를 배출시키고 축압기의 가스 압력을 초기 값으로 되돌릴 수 있다. 필요하다면 시스템 저장소를 감압할 수도 있다. 시스템에 압력이 걸린 상태에서 축압기 압력을 조절하려고 시도해서는 안 된다. 유압 시스템의 압력이 완전히 방출되면 축압기를 확인한 후 필요한 경우 초기에 규정된 압력, 예를 들어 1,000 psi로 가스를 충전한다. 유압 시스템을 다시 가압할 경우 축압기의 가스 압력이 시스템 작동 압력과 동일한 값까지 상승하게 된다. 예를 들어, 시스템 작동 압력이 1,500 psi라면 축압기의 가스 압력은 1,500 psi이어야 한다. 초기 가스 충전 압력 때문에 축압기의 압력이 이 보다 더 높아지는 것은 아니다. 유압 시스템의 압력이 완전히 방출되어도 측압기 압력은 최초 충전 압력으로 되돌아간다.

8.5 압력 발생
Hydraulic Power Generation

앞에서 설명한 것과 같이 유압 펌프는 고정 송출 방식과 가변 송출 방식이 있다. 유압 펌프는 시스템의 정상 작동 요건보다 훨씬 더 큰 부피와 압력으로 유체를 보급할 수 있는 능력을 구비하고 있다. 펌프 여유 용량(excess pump capacity)은 차단, 릴리프 밸브 혹은 펌프 압력 조절 시스템을 통해 시스템에서 요구 되는 값으로 조절된다. 고정 송출 펌프로는 다중 피스 톤 펌프, 스퍼 기어(spur gear) 펌프, 베인(vane) 펌 프, 제로터(geroter) 펌프, 핸드 펌프(hand pump)가 있다. 이중에서 마지막 4개의 방식의 펌프는 메인 시 스템에 동력을 제공하는데 사용되지는 않지만 일부 서브시스템에서 제한된 용도로 사용된다. 유압펌프는 트랜스미션 기어박스, 전동기(electrical motor), 경 우에 따라서 공기 구동 터빈(air driven turbine)으로 구동된다. 독립적인 메인 동력 시스템이 2개인 경우 각 펌프는 독립적으로 구동되어 어느 한 쪽 엔진 혹은 트랜스미션 구동장치(transmission drive)에 결함이 발생하더라도 양쪽 시스템을 사용하는데 영향을 주지 않는다. 한 시스템에 2개의 펌프가 설치될 경우 각 펌프는 독립적으로 구동된다. 이러한 경우 어느 펌프 는 기계적으로 구동되고 나머지 펌프는 전기 혹은 공 압 시스템으로(pneumatically) 구동시킬 수도 있다.

8.5.1 고정 부피 송출 펌프 (Fixed Volume Delivery System)

이 펌프는 '비-자체 유휴(non self-idling)' 펌프 로서 일정 부피(constant volume) 혹은 고정 부피 송출 펌프라고도 한다. 이 펌프는 유압 시스템이 요구하 는 압력과 관계없이 주어진 회전 속도에서 일정한 부피 의 유체를 전달한다. 앞서 논의한 것처럼 이러한 방식 의 펌프는 시스템에서 요구가 없을 경우 펌프의 송출량 (output)을 회송시켜야 하므로 폐쇄 시스템에서 자동 차단 밸브(ACOV)와 축압기와 같이 흐름의 방향을 전 환시킬 수 있는 수단이 필요하다. 고정 부피 펌프 중 일부는 메인 시스템에 압력을 제공하는데 사용되지는 않지만 일부 시스템에서 2차적인 역할을 수행한다.

8.5.1.1 방사형 피스톤 펌프(Radial Piston Pump)

방사형 피스톤 펌프는 고정 부피 송출 펌프로서 구 형 유압 동력 시스템에 주로 사용된다. 방사형으로 전개된 스프링 작동식 피스톤이 편심 축(eccentric shaft)상에 위치하므로 편심 축이 회전할 때마다 피스 톤은 해당 실린더에서 각각 상향 및 하향으로 운동한 다. 그림 8-12는 방사형 피스톤 펌프를 예시한 것이 다. 이 펌프는 하향 행정(down stroke)에서 피스톤이 펌프 케이스의 흡입구(inlet port)를 노출시키므로 유 체가 실린더로 들어온다. 상향 행정(up stroke)에서 는 흡입구가 닫혀 실린더 상단의 체크 밸브를 통해 유체가 밀려나간다. 펌프의 유체 전달 속도는 펌프의 회전속도와 직접적인 관계가 있으며, 펌프 내에서 변 경할 수 없다.

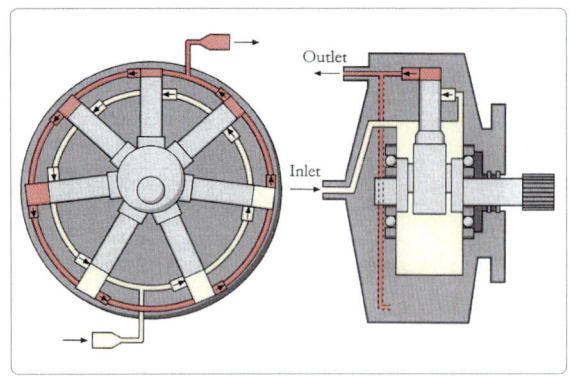

[그림 8-12] 방사형 피스톤 펌프

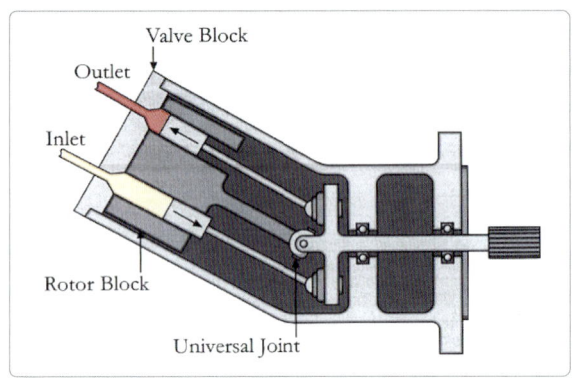

[그림 8-13] 축 방향 피스톤 펌프

이 펌프는 통상적으로 엔진 기어박스로부터 '쉬어-넥(shear-neck)' 혹은 퀼 드라이브(quill drive)를 통해 동력을 받아 구동된다.

8.5.1.2 축 방향 피스톤 펌프(Axial Piston Pump)

축 방향 피스톤 펌프도 고정 부피 송출 펌프로서 구형 유압 동력 시스템에 주로 사용된다. 구동축은 여러 개의 피스톤이 연결되어 있고, 실린더 보어(cylinder bore)가 통합되어 있는 로터 블록(rotor block)을 회전시킨다. 그림 8-13에 나낸 바와 같이 로터 블록과 구동축 사이에 형성된 각도 때문에 한번 회전할 때마다 각각의 피스톤이 관련 실린더에서 안으로 또는 밖으로 운동을 하게 된다. 로터는 펌프 케이스에 장착된 정지 밸브 블록(stationary valve block)에 인접해 있으며, 펌프 케이스에는 각 실린더 상단의 흡입구 및 배출구와 연결되는 환형(circumferential) 덕트가 있다. 피스톤이 밖으로 운동할 때 유체가 각 실린더로 빨려 들어가며, 피스톤이 다시 안으로 운동할 때 배출구를 통해 밀려 나간다. 펌프의 유체 전달 속도는 펌프의 회전속도와 직접적인 관계가 있으며, 펌프 내에서 변경할 수 없다.

8.5.1.3 스퍼 기어 펌프(Spur Gear Pump)

스퍼 기어 펌프는 메인 유압 시스템에 동력을 제공하는 펌프로 사용되지 않고 구성품의 압력을 증가시키는 펌프로 더 많이 사용된다. 예를 들어 일부 고압 유압펌프(high pressure hydraulic pump)에 펌프 흡입구 압력을 증가시키기 위해 펌프를 보조하는 스퍼 기어가 통합되어 있다. 펌프의 유체 전달 속도는 회전 속도와 직접적인 관계가 있으며, 펌프 내에서 변경할 수 없다.

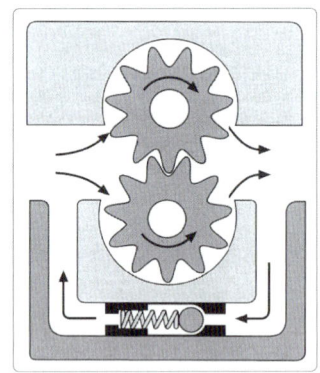

[그림 8-14] 스퍼 기어 펌프

이 펌프는 아이들 기어(idle gear)와 맞물린 구동 기어(driven gear)로 이루어져 있으며, 이 2개의 기어가 꼭 들어맞는 케이스 내부에 위치한다. 유체가 펌프로 유입되어 기어치(gear teeth)와 케이스 사이에 형성된 공간으로 이송된 후 출구를 통해 외부로 전달된다. 압력 릴리프 밸브는 출구 하류에 있으며 출구 압력이 규정된 값을 초과할 경우 초과된 유체를 입구로 다시 흐르게 한다. 맞물린 기어 사이에 갇혀 있는 유체로 인한 펌프의 손상을 방지하기 위해 기어 치(gear teeth)는 모따기(chamfer) 처리가 되어 있고, 펌프 케이스 내부 종단면에는 기계 가공으로 만든 홈(machined groove)이 있다.

8.5.1.4 제로터 펌프(Geroter Pump)

이 펌프는 고정 송출 방식의 펌프로서 메인 유압 시스템 동력을 제공하는 펌프로 사용되지는 않지만 스퍼 기어 펌프와 같이 압력을 증가시키는 2차 역할을 하는 펌프로 사용된다.

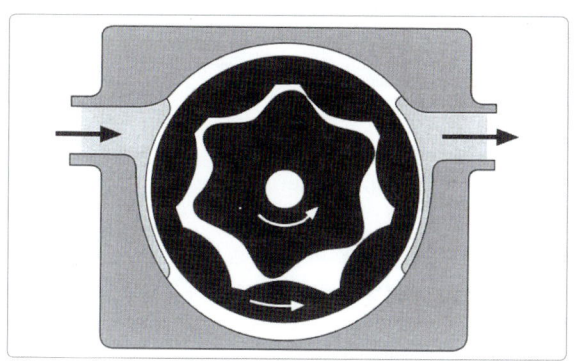

[그림 8-15] 제로터 펌프

이 펌프는 2개의 맞물린 둥근 돌출부 휠(lobed wheel)로 구성되며, 휠의 회전축은 서로 다르다. 내부 '구동(driver)' 휠에는 6개의 둥근 돌출부 형태의 기어치(teeth)가 있으며, 외부의 '아이들러(idler)' 휠에는 내부 원주면에 7개의 둥근 돌출부 형태의 홈(recess)이 있다. '구동 휠'이 회전하면 2개의 휠에 의해 형성된 큰 공간으로 유체가 유입된다. 이 공간의 부피는 유체가 주위로 이동하면서 점차 감소되므로 결국 출구 연결부를 통해 유체가 외부로 전달된다.

유체의 전달 속도는 펌프의 회전 속도와 직접적으로 관계가 있다.

8.5.1.5 베인 펌프(Vane Pump)

이 펌프는 고정 송출 방식의 펌프로서 메인 유압 시스템 동력을 제공하는 펌프로 사용되지는 않지만, 보조 역할로 사용할 수 있다.

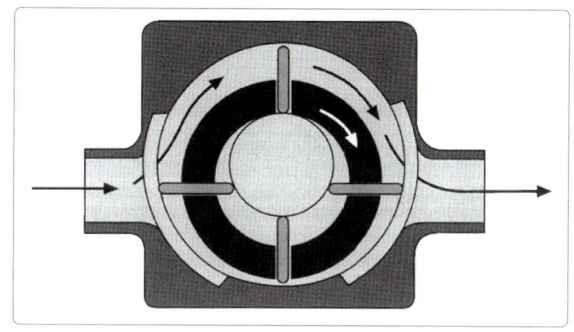

[그림 8-16] 베인 펌프

이 펌프에는 편심 로터 축이 있으며, 스프링 작동식 베인이 이 축에 설비되어 있다. 축이 회전하면 베인, 축, 펌프 케이스 사이에 형성된 크고 개방된 공간으로 유체가 유입된다. 축이 계속 회전하면서 점차 이 공간의 부피가 줄어들며, 펌프 배출구를 통해 유체가 강제로 빠져나간다. 전체 전달 속도는 펌프의 회전 속도와 직접적인 관계가 있다.

8.5.1.6 핸드 펌프(Hand Pump)

핸드 펌프는 화물실 도어(cargo door) 혹은 램프(ramp)와 같은 유틸리티 서비스 장치(utility service)를 작동시키는데 사용되며, 헬리콥터가 지상에서 장기간 대기할 시 로터 브레이크 혹은 휠 브레이크 시스템의 축압기에 압력을 저장하는데 사용된다. 핸드 펌프의 출력은 부피가 고정된 유량을 가지며, 출력 유량은 작동 속도와 직접적인 관련이 있다.

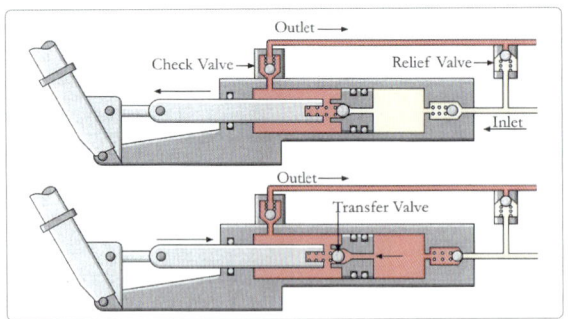

[그림 8-17] 이중 작동식 핸드 펌프

핸드 펌프는 대부분 이중 작동식(double acting)이며, 각 행정(stroke)시 마다 유체를 송출한다. 그림 8-17에 예시한 바와 같이 작동 핸들을 조작하여 피스톤을 뒤로 밀면 변환 밸브(transfer valve)가 닫히고 유체가 펌프 입구 연결부의 체크 밸브를 통해 펌프 실린더의 전방 끝(forward end)으로 유입된다. 이와 동시에 피스톤 반대편의 유체는 배출구 연결부의 체크 밸브를 통해 실린더에서 강제로 빠져나간다. 피스톤이 반대 방향으로 조작할 경우 펌프 입구에 있는 체크 밸브가 강제로 닫히고 전환 밸브가 열린다. 실린더의 전방 끝의 유체는 전환 밸브를 통해 실린더의 후방 끝(rear end)으로 강제로 이동하며, 여기서 지름이 큰 피스톤 로드(large diameter piston rod) 때문에 가용 부피가 줄어든다. 이로 인해 유체가 체크 밸브를 거쳐 펌프 출구를 통해 펌프 외부로 빠져나간다. 압력 릴리프 밸브는 흡입 라인과 배출 라인 사이에 있다. 시스템의 압력이 사전 설정된 값에 도달할 경우 릴리프 밸브가 열려 유체가 즉시 펌프 입구로 방출된다.

8.5.2 가변 부피 송출 펌프 (Variable Volume Delivery System)

가변 부피 송출 펌프는 자체 유휴(self-idling) 기능이 구비된 펌프로서 현대적인 메인 및 유틸리티 유압 동력 시스템에 공통적으로 사용된다. 이 펌프는 압력이 일정한 다중 피스톤 방식의 펌프이다. 로터 블록과 구동축은 동축(coaxial)이다. 스프링 작동식 피스톤은 스워시 플레이트(swash plate)라고 부르는 고정 요크(stationary yoke) 조립체 위에서 각도가 변화하며 미끄러진 상태로 접촉이 유지되는 슈(shoe)에 부착되어 있다.

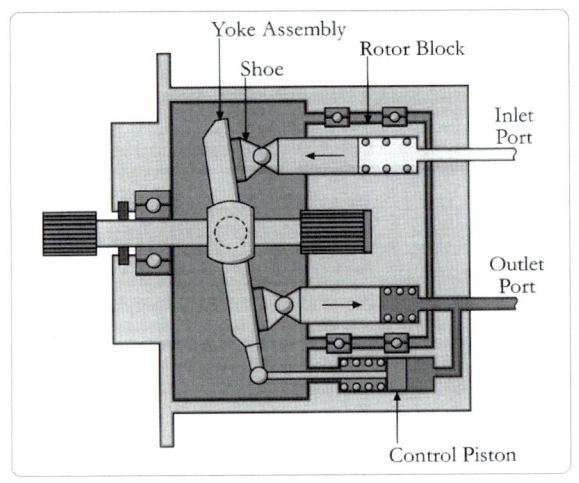

[그림 8-18] 가변 부피 송출 펌프

펌프가 회전하면서 요크 조립체와 로터 블록 사이에 형성된 각도로 인해 피스톤이 실린더 보어(cylinder bore)의 안팎으로 왕복운동(stroke)을 하게 된다. 실린더는 펌프 케이스의 입구 및 출구 덕트와 연결되어 있다. 요크 조립체 혹은 '스워시 플레이트(swash plate)'의 각도는 시스템 압력에 대응하여 피스톤의 행정을 변경시킬 수 있도록 스프링 작동식 제어 피스톤에 의해 자동으로 변화된다. 시스템 압력이 감소할 때 제어 피스톤은 요크 각도가 증가하는 방향으로 이동한다. 이로 인해 펌프 행정이 증가하며, 따라서 시스템으로 전달되는 유체의 부피가 증가하게 된다. 시스템 압력이 정상 작동 값으로 회복되면 제어 피스톤이 스프링 압력에 의해 요크 각도를 줄이는 방향으로 이동하므로 펌프의 행정이 감소한다. 펌프에서 시스템으로 전달되는 송출량이 '0'이더라도 소량의 유체가 펌프를 통해 케이스에 항상 흐르도록 하여 열을 발산시키고, 윤활을 제공한다. 그림 8-18과 같이 제어 피스톤은 스프링에 의해 최대 행정 위치를 향하도록 작동된다. 펌프가 정지되면 제어 피스톤은 자동으로 최대 행정 위치에 있게 되므로 시동 시 최대 송출량이 전달된다. 대부분의 펌프에는 감압 시스템이 구비되어 조종사가 필요 시 펌프를 ON 또는 OFF를 선택할 수 있다.

8.5.2.1 맥동류(Pulsating Flow)

모든 고정 및 가변 송출 다중 피스톤 펌프에서 피스톤 행정 작동으로 인해 출력 유량에 압력파(wave) 혹은 맥동파(pulsation)를 발생시킨다. 맥동파의 주파수는 펌프 속도 및 피스톤의 수량과 관계가 있으며 배관과 구성품에 진동을 유발할 수 있다. 이러한 진동은 관련 배관 혹은 부속품의 공진 주파수와 맥동이 일치할 경우 심해질 수 있다. 다중 피스톤 방식의 펌프는 대개 피스톤의 수량이 홀수이며, 이는 공진 발생 위험을 줄이는데 도움이 된다. 맥동파의 진폭은 피스톤의 수량 및 행정과 관련이 있다. 피스톤이 많을수록 맥동이 더 잔잔해진다. '리플 댐퍼(ripple damper)'로 알려진 맥동 댐퍼는 펌프 출구 라인에 설치된다. '리플 댐퍼'는 펌프가 일정한 부피로 송출되도록 하여 맥동파를 감소시키는 작용을 한다. 시스템에 축압기가 설치되어 있을 경우 이 역시 감쇄 작용을 한다.

8.5.2.2 트랜스미션 구동 펌프 (Transmission Driven Pump)

메인 유압 시스템 펌프는 일반적으로 트랜스미션 시스템에서 구동력을 얻는다. 이러한 구동 방식은 펌프 속도를 정확하게 발생시킬 수 있도록 기어 트레인(gear train)을 통해 구동력을 제공 받는다. 서로 독립되어 있는 메인 시스템에서 펌프는 개별적인 위치에서 구동력을 얻는다. 이를 통해 어느 하나의 엔진이 정지하더라도 양쪽의 메인 시스템이 모두 사용 불능이 되는 것을 방지할 수 있다.

8.5.2.3 퀼 드라이브(Quill Drive)

펌프는 일반적으로 퀼 드라이브를 통해 트랜스미션 기어박스와 결합되어 있다. 이러한 결합방식에서는 유압 펌프가 고착되기 시작할 때 허리 모양의 부분(waisted section)이 절단되도록 설계되어 있다.

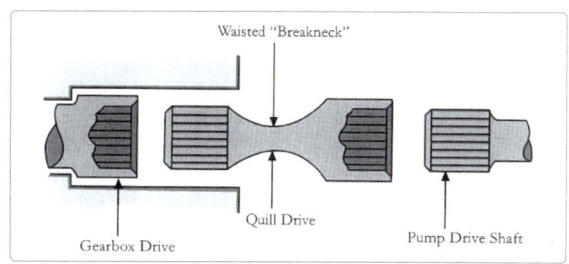

[그림 8-19] 퀼 드라이브(quill drive)

이것은 펌프 내부에서 추가로 손상이 발생하여 잔해물이 유압 시스템으로 유입되는 것을 방지하기 위한 것이다. 펌프가 고착될 경우 트랜스미션 대신 구동 커플링(drive coupling)이 절단(shear)된다.

8.6 공압계통
Pneumatic Systems

8.6.1 일반사항(General)

  헬리콥터는 기종 및 크기에 따라 여러 가지 계통에 고압 및 저압 공압 시스템이 사용되고 있으며, 진공 시스템도 사용되고 있다. 공압 시스템의 용도를 살펴보면 비상 플로트 장치, 비상 착륙 장치 블로우-다운 시스템(emergency landing gear blow-down system), 비상 제동 시스템 작동을 위해 고압가스 저장 실린더가 사용된다. 이러한 실린더는 지상에서 사전에 가스로 충전되며 공중에서 재충전할 수 없다. 엔진으로 구동되는 고압 공기 압축기가 장착된 공압 시스템은 접개들이형 착륙 장치(retractable landing gear), 휠 브레이크 작동에 사용된다. 현재 헬리콥터에서 공압 시스템 사용과 관련된 규격은 없다. 저압 공압 시스템은 엔진 블리드 공기를 활용하여 객실 난방, 엔진 결빙 방지, 스크린 제습, 유압 저장소 가압에 사용된다. 또한, 이 시스템은 터빈 구동 유압 펌프와 같이 공기로 구동되는 구성품에 압축 공기를 공급하는데 사용된다. 앞에서 설명한 것처럼 NOTAR 요(yaw) 제어 시스템에도 트랜스미션으로 구동되는 공기 압축기 혹은 송풍기로부터 공급되는 저압 공기를 사용한다.

8.6.2 고압 공압 시스템 (High Pressure Pneumatic System)

  압축 공기로 항공기 각 계통을 작동시키면 장점이 있다. 공기는 가볍고, 자유롭게 이용할 수 있고, 회수 시스템이나 무거운 액체 저장소가 필요하지 않다. 이러한 요소 때문에 공압 시스템이 유압 시스템의 대안으로 사용될 수 있다. 하지만 공기는 압력강하가 일어나기 때문에 대용량 부속품의 작동에는 적합하지 않다. 또한, 무거운 하중의 부속품에 공기를 사용하는 것과 관련하여 유증기(oil vapor)가 있을 시 압축성과 '경유화'에 대해 취약하다는 단점이 있다. 단일 혹은 제한된 비상 작동 시스템 이외에 공기를 질소 가스로 대체하는 것은 불가능하다. 그 이유는 비행 중에 시스템을 재충전할 수단이 없다면 시스템 작동 기간이 충전된 가스의 양으로 제한되기 때문이다. 착륙 장치(landing gear) 혹은 브레이크와 같이 공압 장치를 작동하는데 필요한 압력은 배관이나 부품 고장 시 인명 상해의 위험성이 있다. 예를 들어 접개들이형 착륙 장치(retractable landing gear) 시스템 작동에 1,000 psi가 필요할 경우 해당 구성품이 빠르고 정확하게 작동하려면 메인 시스템은 약 3,000 psi의 압력이 필요하기 때문이다. 공압 시스템은 가스가 누설될 경우 매우 찾기 힘들고 감지하기 어렵다.

8.6.2.1 시스템 배치(System Layout)

  여기서 설명할 고압 공기 시스템은 쌍발 엔진으로 구동되는 헬리콥터에 설치된 방식이다. 엔진은 기어 박스, 왕복 피스톤, 공기 압축기를 구동시킨다. 압축기에는 4개의 압축 단계가 있으며, 다른 형식의 압축기는 단계가 더 적다. 압축기에는 압력 조절기가 구비되어 시스템의 요구가 없을 시 압력을 해제하도록 제작되어 있다.

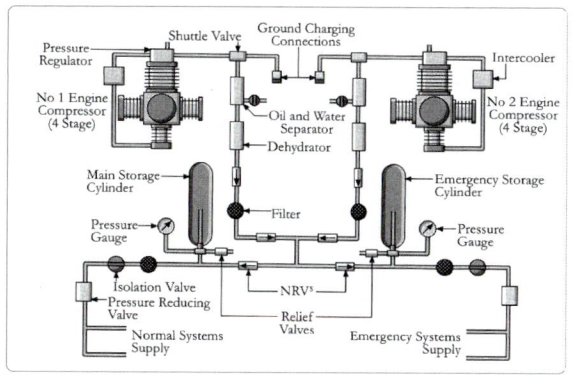

[그림 8-20] 고압 공압 시스템

그림 8-20에 예시한 바와 같이 공기는 흡입구 필터를 거쳐 대용량 1단계 실린더로 유입된다. 최초 압축 단계를 거친 공기는 나머지 3개의 감소 용량 압축 단계를 통과하면서 압력이 점점 높아진다. 그 후 고온, 고압 공기가 인터쿨러(intercooler)를 통과하면서 온도를 낮춘 다음 압력 조절기로 전달된다. 시스템 압력이 규정된 최대 작업 값에 도달하면 압력 조절기의 오프-로드(off-load) 밸브가 열려 압축 공기를 기체 외부로 배출하여 압축기의 부하를 해제한다. 압축 공기는 압력 조절기를 통과한 후 습기 분리기로 이송되어 물과 기름을 제거한다. 그다음에 건조제가 포함된 탈수기(dehydrator)를 거쳐 공기를 건조시킨 후 체크 밸브와 필터로 전달된다. 각 압축기에서 출력되는 압축 공기는 메인 시스템의 저장 실린더와 비상 시스템 저장 실린더에 공급하는 공통 라인으로 전달된다. 각 실린더 헤드의 공급 연결장치에는 직독식 압력 게이지와 시스템 최대 압력 릴리프 밸브가 장착되어 있다. 공통 라인에 설치된 체크 밸브는 압축기의 역압력을 방지하며, 메인 및 비상 저장 실린더 사이의 교차 공급을 방지한다. 저장 실린더의 공기는 여과 후 사용자 시스템 격리 밸브로 전달된다. 사용자 시스템 작동 압력은 메인 시스템 압력보다 상당히 낮아서 압력 감소 밸브가 각 사용자 시스템 격리 밸브의 하류에 설치되어 있다. 각 저장 실린더에는 실린더 압력을 방출할 필요 없이 사용자 시스템에서 정비를 수행할 수 있도록 수동 작동 차단 밸브가 장착되어 있다. 고압 공기 시스템 공급 및 분배 라인은 일반적으로 스테인리스 강관이다. 메인 공급 시스템의 각 면에는 지상 충전 밸브와 셔틀 밸브가 있어서 필요 시 외부 공급원을 통해 실린더를 독립적으로 충전할 수 있다.

8.6.2.2 압축기(Compressor)

공기 압축기는 용적식(positive displacement)으로서 엔진 또는 동력전달장치 구동 기어박스로 구동되는 왕복 피스톤 펌프이다. 공기 압축기는 종류에 따라 1단계부터 4단계까지 다양한 압축기가 있다. 그림 8-20에 예시한 압축기는 크랭크 축 주위에 작은 용량의 실린더 4개를 방사형으로 연결한 방식이다. 이러한 방식의 압축기는 이전 단계의 압축 행정을 다음 단계의 유도 단계와 부합시켜 공기 압력이 점차 증가되도록 압축 단계가 배열되어 있다. 압축기는 기어박스의 오일계통에서 공급하는 오일로 윤활시킨다.

8.6.2.3 압력 조절기(Pressure Regulator)

압력 조절기는 압축기 송출 압력을 조절하며, 시스템에 요구가 없을 시 압축기의 부하를 차단한다. 조절기의 오프-로드(off-load) 밸브는 시스템 압력이 최대 작업 값에 도달할 경우 기체 외부로 배출하여 압축기를 감압한다. 이를 통해 압축기가 유휴 상태가 되어 이를 구동하는데 필요한 노력을 줄일 수 있다. 사용자 시스템이 작동할 경우 오프-로드 밸브가 닫혀, 메인 시스템 압력이 지정된 값 이하로 떨어지게 될 경우 압축기가 다시 작동하게 된다.

8.6.2.4 습기 분리기(Moisture Separator)

고압 공압 시스템에 사용되는 공기는 건조해야 한다. 압축기로 들어온 대기에는 습기가 응축되어 시스템에 자유수(free water)를 생성할 수 있다. 압축 이후 초기 단계에서 제거되지 않을 경우 물이 동결되어 밸브와 다른 부속품의 작동을 간섭할 수 있으며, 내부 부식을 유발할 수 있다. 습기 분리기는 주로 물을 제거하도록 설계되어 있지만 압축기를 통과하는 오일 방울도 수집한다. 습기 분리기에서 오일이 발견되었다면 압축기 성능이 저하되었다는 것을 의미한다.

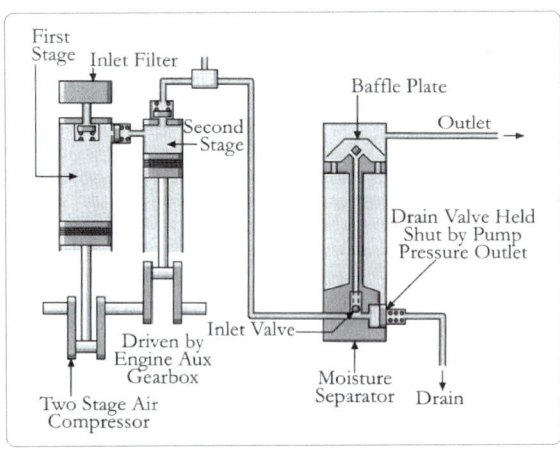

[그림 8-21] 습기 분리기

그림 8-21에서 습기 분리기는 압축기 출구 하류에 수직으로 설치한다. 압축기가 작동할 때 습기 분리기의 스프링 작동식 배출 밸브가 닫히고, 공기가 흡입구 밸브와 스택 파이프(stack pipe)를 통해 격판(baffle plate)으로 방출된다. 격판(baffle plate)은 액체 방울의 방향을 바꾸어, 이를 공기의 흐름에서 분리하여 공기는 상단의 출구를 통해 시스템으로 전달되고 액체 방울은 습기 분리기 챔버 바닥에 떨어지게 되어 있다. 압축기의 전달 압력이 떨어질 경우 흡입 밸브가 닫히고 배출 밸브가 열려서 잔여 공기압은 외부로 배출되며, 수집된 침전물도 밖으로 퍼낼 수 있다.

8.6.2.5 제습기(Dehydrator)

습기 분리기는 공기에서 약 98%의 습기를 제거한다. 화학 제습기는 습기 분리기의 하류에 설치하며, 시스템으로 공기가 전달되기 전에 최종적으로 건조시킨다. 공기는 활성 알루미나와 같은 건조제를 통과하며, 여기서 마지막 습기의 흔적이 제거된다. 건조제는 시간이 지나면 포화되므로 주기적으로 교체해야 한다

8.6.2.6 필터(Filter)

압축기 공기 흡입구 필터는 일반적으로 교체 가능한 종이 엘레멘트이다. 공기가 제습기를 통과한 후 저장 실린더로 가기 전에 미세 필터를 거쳐 고체 오염물을 제거한다. 공기는 일반적으로 사용자 시스템 격리 밸브로 가기 전에 다시 여과된다. 미세 필터 엘레멘트는 구멍이 뚫려 있고 소결 처리한 강철 카트리지(sintered steel cartridge)로서 교체 가능하다.

8.6.2.7 저장 실린더(Storage Cylinder)

저장 실린더는 압축 공기 저장소의 역할을 한다. 고압가스 실린더는 일반적으로 고장력 강철로 제조되며 추가로 강도를 높이기 위해 권선(wire wound)을 감은 형태로 되어있다. 실린더의 내부 표면에는 부식으로부터 보호하기 위해 중합체 코팅(polymer coating)이 되어있다. 각 실린더는 실린더 헤드 밑바닥에 세워진 상태로 설치한다. 압축 공기 공급 연결부는 병 내부의 스택 파이프에 연결되어 있으며, 직독식 압력 게이지, 시스템 압력 릴리프 밸브, 최대 안전 압력 릴리프 밸브가 포함되어 있다. 일반적으로 수동 차단 밸브와 실린더 배출 밸브가 공급 연결 장치 가까이에 있다. 수동 차단 밸브를 이용하여 실린더를 배출하지 않고도 시스템에서 정비작업을 수행할 수 있다. 배출 밸브는 실린더 바닥에 축적되는 습기 침전물을 제거하는데 사용된다. 저장 실린더는 점검 및 압력

검사를 위해 주기적으로 탈기한다. 최종 압력 시험일자는 일반적으로 실린더의 넥 링(neck ring)에 표기되어 있다. 고압 공압 시스템 부품에 대한 압력 시험을 수행하려면 일반적으로 최대 작동 압력의 1.5배의 시험 압력이 필요하다.

8.6.2.8 감압 밸브(Pressure Reducing Valve)

고압 공압 시스템이 제공하는 사용자 시스템은 항상 메인 시스템 압력보다 상당히 낮은 압력에서 작동한다. 앞서 논의한 것처럼 사용자 시스템 작동 압력은 1,000 psi인 반면 메인 공급 시스템 압력은 3,000 psi이다. 감압 밸브는 메인 시스템의 압력을 필요한 만큼 줄이기 위해 사용자 시스템 격리 밸브의 공급 라인 하류에 설치되어 있다.

8.6.2.9 공압 작동기(Pneumatic Actuator)

공압 선형 작동기는 과도하게 빠른 작동을 방지하기 위해 압력을 감소시켜야 한다는 것을 제외하고 유압 작동기와 유사하다. 일반적으로 감쇄 장치는 오일이 들어있는 내부 실린더로 구성되며, 그림 8-22와 같이 램(ram)이 이동하면 오일이 제한 오리피스를 통해 댐퍼 피스톤(damper piston)으로 이송된다. 댐퍼는 한 쪽 방향으로만 작동하는 것도 있다. 공압 작동기는 확장 속도가 제어되어야 하는 착륙 장치 작동기(landing gear actuator)로 적합하다.

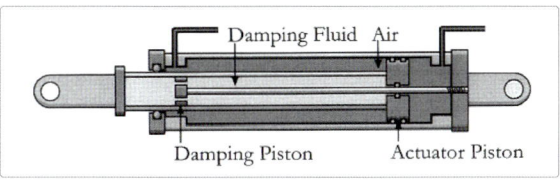

[그림 8-22] 감쇄된 공압 작동기

8.6.3 저압 공압 시스템 (Low Pressure Pneumatic System)

저압 공기는 주로 객실 난방 및 환기에 사용되나 유압 저장소 가압과 같은 경우에도 사용된다. 터빈 엔진 구동 헬리콥터의 저압 공압 시스템은 그림 8-23과 같이 메인 엔진 압축기, 보조 동력 장치(APU), 지상장비에서 압축 공기가 공급된다.

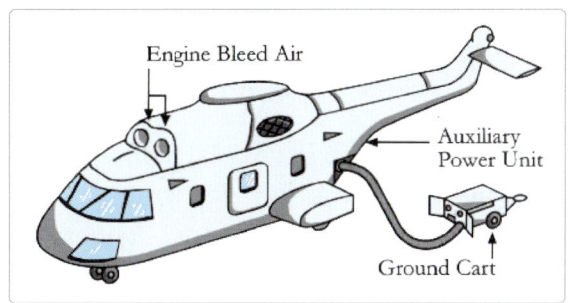

[그림 8-23] 저압 공기 공급원

저압 시스템에 공급된 공기의 실제 압력 및 온도는 헬리콥터의 기종에 따라 다르다. 일반적으로 압력은 20 psi에서 40 psi가 정도이다. 메인 엔진에서 공급된 공기는 압축기 단계에서 유입되는 블리드 공기로서 상대적으로 고온이다. 이와 유사하게 터빈 구동 보조 동력장치(APU)로부터 유입되는 공기는 자체 압축기의 블리드 공기 혹은 APU를 통해 구동되는 압축기에서 유입된다. 객실 냉방 및 난방에 사용되는 공기 온도는 난방 및 환기 시스템에서 제어된다.

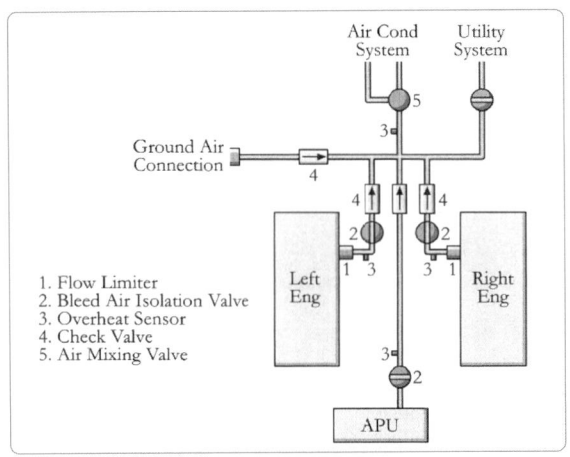

[그림 8-24] 저압 공기 시스템

에 외부 공급이 없으면 밸브는 계속 닫혀 있고 덕트는 밀봉된 상태로 유지된다. 저압 공기 지상장비는 엔진 구동 공기 발생기이며 정비사가 필요한 압력 및 온도로 공기를 공급하도록 조정하는 조절기가 있다. 지상장비에는 초과 압력 및 과열로부터 보호하기 위한 안전장치가 포함되어 있다. 메인 엔진, APU, 지상 공기 공급 덕트는 각각 플래퍼형 체크 밸브(4)를 통해 공통 분배 덕트로 연결된다. 블리드 공기 격리 밸브 작동기가 닫히지 않으면 그림 8-25의 체크 밸브가 작동하지 않는 엔진이나 APU로 공기가 교차 공급되는 것을 방지한다.

그림 8-24와 같이 공기는 각 메인 엔진 압축기에서 유량 제한기(1)와 블리드 공기 격리 밸브(2)로 유입된다. 유량 제한기는 엔진에서 전달되는 블리드 공기 유량을 압축기 공기 유량의 약 5%로 제한한다. 블리드 공기 격리 밸브를 개방에 선택하면 메인 엔진 % RPM이 규정된 값(예를 들어 약 60% RPM) 이하로 떨어질 경우 블리드 공기 격리 밸브가 자동으로 닫힌다. 일부 시스템의 경우 블리드 공기 격리 밸브가 통합 압력 조절 및 차단 밸브(PRSOV) 역할을 한다. 지상에 동력이 OFF 상태인 경우 압력 조절기 및 파일럿 제어 격리 밸브(2)를 통해 APU로부터 공기를 공급받을 수 있다. APU 블리드 공기 격리 밸브는 APU가 해당 속도, 즉 약 95% RPM 이상으로 작동할 때까지 열리지 않는다. 저압 공기를 공급하는 또 다른 방안으로 지상장비 연결부를 통해 저압공기 지상장비로부터 공기를 공급받는 방안도 있다. 지상장비를 통해 제공되는 저압 공기 공급 연결부는 동체 측면의 힌지 패널(hinged panel) 후방에 위치한다. 연결 지점에는 스테인리스 강으로 제작된 체크 밸브가 있으며, 이 밸브는 중앙 핀 주변에 힌지로 고정된 2개의 반원형, 스프링 작동식 플래퍼(flapper)가 있다. 지상장비 연결부

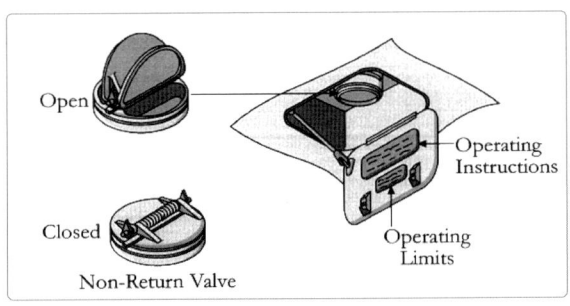

[그림 8-25] 지상장비 연결부

엔진실에 있는 블리드 공기 덕트는 스테인리스강으로 제작되며, 유연 확장 벨로우(bellow)가 포함되어 있다. 덕트는 V 밴드 클램프 및 E자형 금속 밀봉 링으로 연결되도록 플랜지 끝단 피팅이 있다. 사용자 시스템 공급 라인은 티타늄 강으로 제작된 덕트(duct)로 구성되어 있다.

헬리콥터

제9장 전기계통

9.1 전력원(Electrical Power Source)
9.2 모선(Busbar)
9.3 배전시스템(Power Distribution System)
9.4 배터리(Battery)
9.5 발전기(Generator)
9.6 회로 보호(Circuit Protection)
9.7 동력 변환(Power Conversion)
9.8 비상전원(Emergency Power)

9.1 전력원
Electrical Power Source

헬리콥터의 비행환경에서 많은 작업들이 항공기 전기 시스템에 의존한다. 헬리콥터의 전기계통은 대부분 정교한 항공 전기·전자장치들을 사용한다. 주요 전력원으로 대형 항공기는 교류를 사용하는 반면에 헬리콥터는 직류를 사용한다. 헬리콥터는 14V 또는 28V 직류 전기 시스템을 가지고 있다. 그림 9-1은 일반적인 헬리콥터 전기계통도이다.

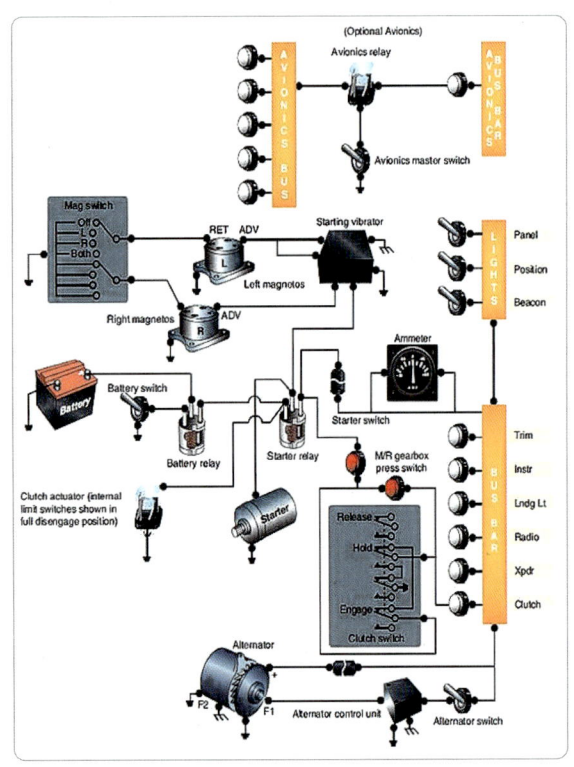

[그림 9-1] 헬리콥터 전기계통도

항공기 전력원은 항공기의 사용용도, 크기, 수명 등에 따라 다양하고 복잡하다. 항공기 전력은 다음과 같이 다양한 전력원에서 나온다. 하지만 이들 전력원이 모든 유형의 항공기에 설치되지는 않는다.

- 배터리
- 교류(AC) 또는 직류(DC) 발전기
- 지상동력장치(ground power unit, GPU)
- 보조동력장치(auxiliary power unit, APU)
- 램 에어 터빈(ram air turbine, RAT)
- 예비 발전기

소형 왕복 항공기에서 전력은 엔진구동 교류기에 의해 공급된다. 이런 교류기는 구형 발전기에 비해 가볍고 유지관리가 수월하며, 낮은 엔진 회전수에도 균일한 전기출력을 유지하는 장점이 있다.

터빈 헬리콥터(turbine powered helicopter)는 시동기-발전기 시스템을 사용한다. 시동기-발전기 시스템은 엔진 기어박스에 영구적으로 연결된다. 엔진을 가동할 때, 배터리 전원이 시동기-발전기에 공급된다. 일단 엔진이 가동되면, 시동기-발전기는 엔진에 의해 구동되며 후에 발전기로 사용된다.

발전기의 전류는 전압조절기(voltage regulator)를 통해 모선(bus bar)으로 전달된다. 모선은 전류를 항공기의 다양한 전기장치에 분배한다. 전압조절기는 발전기의 출력을 규제함으로써 전기계통에 요구되는 전압을 일정하게 유지한다.

배터리는 주로 엔진시동에 사용되며 무선장치 및 조명장치에 제한된 전원을 공급한다. 또한 발전기가 고장났을 때 비상 전력원으로 사용된다.

9.2 모선
Busbar

다양한 항공기 전력원에서 나오는 동력은 조직화된 방법으로 많은 시스템과 전기장치에 보내진다. 전원이 배열되는 방법은 항공기 유형, 전기 시스템, 전기전자장치의 수량 및 위치 등에 따라 달라진다.

헬리콥터 및 경비행기의 필요 동력은 소형 개별 전기장치와 좁은 구역에 위치한 전기장치들로 제한된다. 이런 유형의 항공기 동력은 몇 개의 퓨즈와 회로 차단기로 보호되는 간단한 단자대(terminal block)와 짧은 길이의 전선(cable)을 통해 분배된다.

전력은 모선 시스템을 통하여 전기장치에 배분된다. 모선(busbar)은 항공기 내 중심점에 위치한 배전반이나 분전함(junction box)에 위치한 저 임피던스(impedance) 전도체(conductor)이다. 모선은 다양한 전기장치에 전원을 공급하기 위해 중심 지점과 편리한 지점에 위치한다. 그림 9-2는 기본적인 모선 구성을 보여준다. 여기서 전력원은 배터리, 엔진 발전기나 보조동력장치(APU) 발전기가 될 수 있다. 각 시스템의 전기장치는 퓨즈나 회로 차단기를 통해 모선에 연결된다.

간단한 시스템에서 모선은 일련의 상호 연결된 단자(terminal)가 될 수 있다. 반면에 복잡한 항공기에서는 두꺼운 금속 스트립(strip)이나 로드(rod)가 모선이 될 수 있다. 이런 스트립은 주요 구조와 차단되며 피복 보호처리가 된다. 구리 브레이드(braid)의 평평하고 유연한 스트립은 소형 항공기에서 주요 모선으로 사용되거나 대형 항공기에서 간선으로 사용된다. 항공기의 주요 모선은 전기안전을 위해 보통 다른 전기장치들로부터 격리시켜 놓는다. 다음 그림 9-3과 같이 전원은 전원 접촉기(contactor)를 통해 모선으로 공급된다. 헬리콥터 조종실의 작은 스위치로 전원 릴레이를 작동시켜 여러 전기장치로 전류를 공급한다.

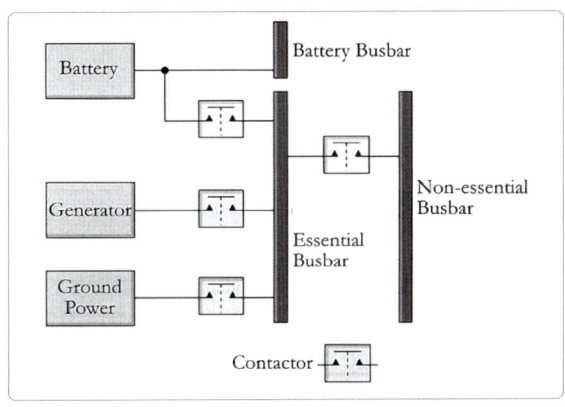

[그림 9-3] 직류전원 시스템의 모선 구성

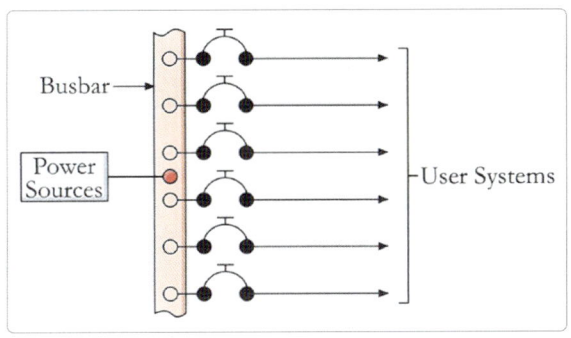

[그림 9-2] 기본적인 모선 구성

9.3 배전시스템
Power Distribution System

단발 엔진 항공기는 각 발전기가 발전기 회로차단기(generator circuit breaker, GCB)를 통해 전원을 필수 모선에 공급한다. 일반적인 비상 상태에서, 모든 필수 모선은 모선 연결차단기(bus tie breakers, BTB), 분할 시스템 차단기(split system breaker), 동기화된 모선(synchronising busbar)을 통해 병렬로 배치된다. 그림 9-4는 배터리와 직류 발전기로부터 전원을 공급받는 단발 엔진 항공기 배전 시스템을 나타낸다.

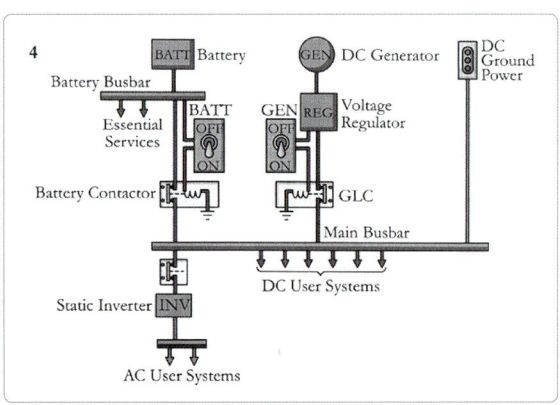

[그림 9-4] 단발 엔진 항공기 배전시스템

먼저 배터리 마스터 스위치를 켜면 필수부하(essential service) 모선과 주 모선에 직류를 보내기 위해 배터리 접촉기(contactor)가 작동한다. 엔진이 가동되고 발전기의 출력 전압이 28V로 조정된다. 발전기 마스터 스위치로 발전기 접촉기를 작동시켜 주 모선에 전압을 공급하고, 배터리 접촉기(contactor)를 통해서는 필수부하(essential service)에 전압을 전달한다. 동시에 배터리 충전도 가능하게 한다. 외부 동력이 항공기와 연결되고 주 모선에 동력이 공급된

다. 이러한 단순 배열은 현장에서 항공기 시스템이 모두 작동할 수 있게 한다. 주 모선은 고정형 인버터에 28V의 직류를 공급한다. 이 고정형 인버터는 직류를 400Hz 115V 단상 교류로 변환시킨다. 헬리콥터 및 소형 항공기에서는 교류의 필요성이 디지털 프로세싱과 디지털 데이터베이스의 도입으로 인해 상당히 감소하고 있다. 그림 9-5는 발전기 2대를 병렬 연결하여 개별 모선에 연결된 부하(consumer)에 전기를 공급하는 단순화된 형태의 배전시스템이다. 배전시스템을 보면 병렬로 작동되는 엔진 동력 발전기에서 28V 직류가 공급되며 고정형 인버터에서 115V 400Hz 교류가 공급된다. 배터리에서는 24V 직류가 공급된다.

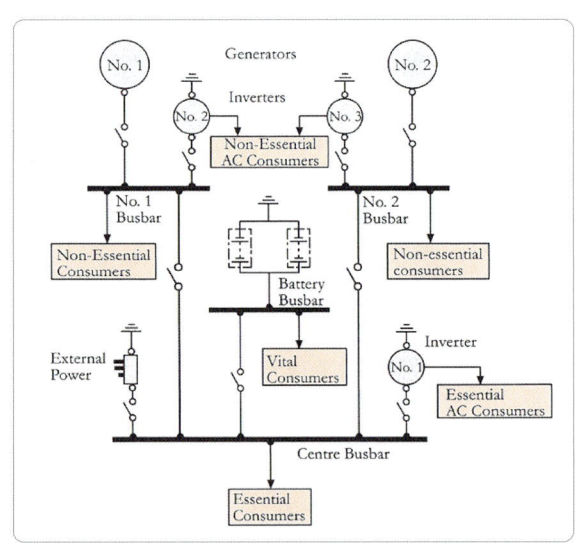

[그림 9-5] 단순화된 병렬 배전 시스템

각 발전기는 각자의 모선을 가지며 이 모선들은 일반부하(non-essential consumer)에 연결되어있다. 또한 모선들은 모두 필수부하(essential consumer)

에 동력을 공급하는 주 모선에 연결된다. 그러므로 발전기가 모두 작동할 때, 직류 전원을 요구하는 전기장치에 동력이 모두 정확히 공급된다. 주 모선은 또한 배터리를 충전 상태로 유지시키는 배터리 모선에 연결된다. 만약 발전기 한 대가 작동하지 않으면, 자동적으로 해당 부하는 고장 발전기의 모선과 독립되며 해당 부하는 작동하는 발전기 모선으로부터 전원을 공급받게 된다. 만약 발전기가 모두 작동하지 않으면 부하에 전원 공급이 차단된다. 하지만 배터리가 자동적으로 필수 전기장치에 동력을 공급하여 작동을 유지시킨다.

9.4 배터리
Battery

9.4.1 항공기 배터리

배터리는 항공기에서 직류 전력원으로 널리 사용된다. 일반적으로 배터리는 다음과 같이 사용된다.

- 대형 직류전동기로 구동되는 전기장치를 기동할 때, 대전류 과도상태(transients)로부터 항공기 모선을 안정시키고 적절한 직류전압(28V)을 유지하기 위해 사용된다.
- 엔진이 작동하지 않고 외부전원이나 보조동력장치(APU)의 전력을 이용할 수 없을 때, 단시간에 필수 전력을 공급하기 위해 사용된다.
- 외부 지상 전원을 사용할 수 없을 때, 가동되는 엔진이나 보조동력장치(APU)에 전력을 공급하기 위해 사용된다.
- 비상 상태에서 필수부하에 전력을 공급하기 위해 사용된다. 비상 상태에서, 중요 비행과 통신 시스템을 작동하기 위해 항공기 배터리는 75%의 용량으로 60분 동안 전원을 공급할 수 있도록 유지해야 한다.

항공기에서 사용되는 일반적인 배터리는 황산납 배터리(lead-acid battery)와 니켈카드뮴 배터리(NiCd battery)이다.

황산납 배터리(lead-acid battery)의 전해질은 희석된 황산이다(H_2SO_4). 완전히 충전되었을 때 비중(special gravity)은 1.285이며, 완전히 방전되었을 때 비중은 최소 1.15이다. 비중은 배터리의 충전 상태를 나타낸다. 각 전지(cell)는 완전히 충전되었을 때 최소 2.1V의 개회로 전압을 가진다. 배터리의 전압은 배터리를 만들기 위해 직렬로 연결된 전지(cell)의 수에 의해 결정된다. 막 충전이 끝난 황산납 배터리의 전지(cell) 전압은 약 2.1V이지만 부하에 적용되는 공칭전압(nominal voltage)은 2.0V이다. 12V의 황산납 배터리는 직렬로 연결된 6개의 전지(cell)로 구성되며 24V의 황산납 배터리는 12개의 전지(cell)로 구성된다.

니켈카드뮴 배터리(NiCd battery)는 전해질이 희석된 수산화칼륨(KOH)이다. 완전히 충전됐을 때 1.3V의 개회로 전압을 가지며, 부하에 적용되었을 때 1.2V의 공칭전압(nominal voltage)을 가진다. 그러므로 24V의 공칭전압을 위해서 니켈카드뮴 배터리전지는 20개가 필요하다. 비중은 1.24에서 1.3이며, 완충상태에서 방전상태까지 거의 변하지 않는다.

황산납 배터리는 납을 사용하여 만들어지므로 같은 양의 니켈카드뮴 배터리보다 훨씬 무겁다. 황산납 배터리의 전압은 대전류 부하에서 빠르게 떨어지는 경향이 있는 반면, 니켈카드뮴 배터리는 완전히 방전될 때까지 전압을 유지할 수 있다. 하지만 이것이 니켈카드뮴 배터리가 명백히 우월하다는 것을 의미하지는 않는다. 만약 니켈카드뮴 배터리가 과충전 된다면, 전지(cell)의 내부 저항이 낮더라도 과열될 것이다. 이것은 전지(cell)를 파괴할 수 있는 열폭주(thermal runaway)로 이어진다. 따라서 니켈카드뮴 배터리는 이런 위험을 낮추기 위해 정전류(constant current) 충전방법을 사용한다.

대부분의 소형 항공기는 12V 공칭전압 배터리를 사용하지만, 대형 항공기는 24V 공칭전압 배터리를 사용한다. 배터리를 만들기 위해서, 전지(cell)들은 직렬 또는 병렬로 다음 그림 9-6과 같이 연결하여 요구되는 전압과 용량[AH]을 제공한다. 전지가 직렬로 연결될 때 전압은 증가하지만 전체적인 용량[AH]은 같다. 전지가 병렬로 연결 될 때, 전체적인 전압은 같지만 용량[AH]은 증가한다. 이와 같이 전지를 결합하여 요구하는 전압과 용량[AH]을 가진 배터리로 만들 수 있다.

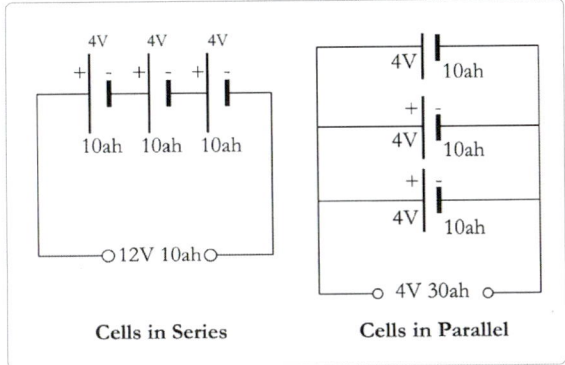

[그림 9-6] 전지의 직렬연결 및 병렬연결

9.4.2 황산납 배터리(Lead-Acid Battery)

황산납 배터리의 각 전지(cell)는 2.1V의 전압을 가지기 때문에 12V 배터리를 만들기 위해서는 직렬로 연결된 6개의 전지(cell)로 구성된다. 소형 항공기 배터리는 밀폐된 구조이므로 사용하는 동안 발생한 과잉 가스를 제거할 방법이 있어야 한다. 그래서 그림 9-7과 같이 파이프를 연결하여 항공기 밖으로 배출(vent)시킨다.

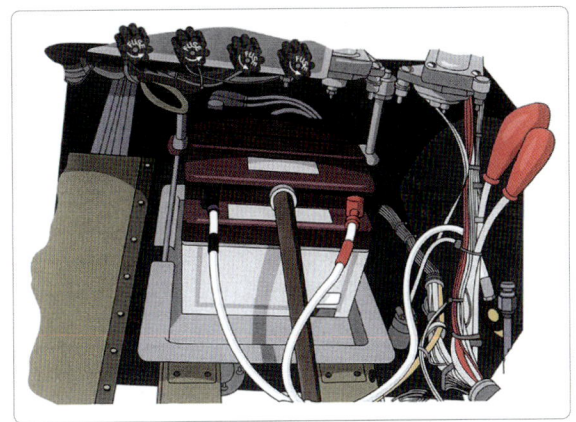

[그림 9-7] 황산납 배터리 설치

24V 배터리를 사용하는 대형 항공기에서 배터리 연결은 그림 9-8과 같이 신속분리연결기(quick release connector)로 하는 것이 좋다. 이런 신속분리연결기의 항공기 쪽은 덮인 핀(pin) 2개와 고정 나사를 포함한 플라스틱 하우스로 구성된다. 이는 배터리에 장착된 소켓(socket) 안에 짝지어지며 와이어(wire) 잠금장치로 보호된다. 24V 배터리를 쓰는 항공기는 모두 신속분리연결기를 가지며 12개의 전지(cell)로 구성된다.

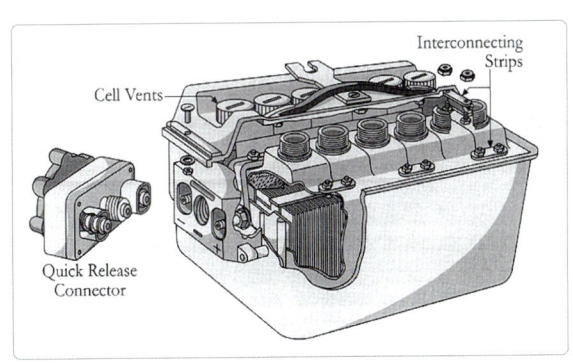

[그림 9-8] 24V 황산납 배터리

9.4.3 니켈카드늄 배터리(NiCd Battery)

니켈카드늄 배터리는 보통 20개의 전지(cell)로 구성한 24V 배터리이다. 그림 9-9는 각 전지(cell)들이 서로 연결된 방법을 보여준다.

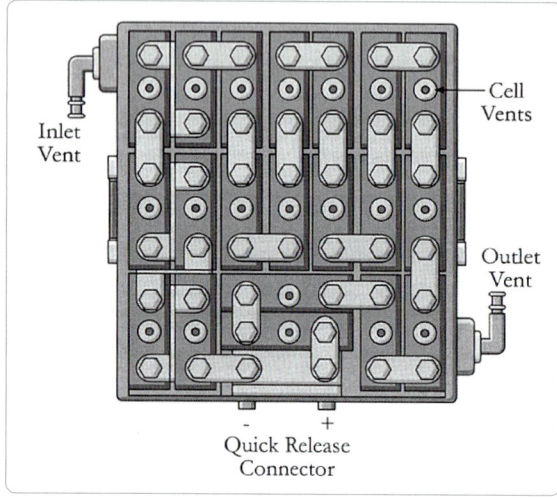

[그림 9-9] 니켈카드늄 전지연결

니켈카드늄 배터리에서 나타나는 문제 중 하나는 열폭주가 나타나기 쉽다는 것이다. 만약 배터리 출력 전압이 떨어지면 충전전류가 증가한다. 이는 더 많은 열기를 발생시키며 전압이 더욱 떨어져 전류 증가 등의 결과로 이어진다. 이 작용은 열폭주라고 불리며 그림 9-10과 같이 배터리가 손상되거나 항공기 안의 화재를 야기할 수 있다.

[그림 9-10] 배터리 열폭주 현상

열폭주의 원인은 다음과 같다.

- 열악한 배터리 위치 및 환기 상태
- 엔진 시동과 같은 높은 전류를 사용한 후 보통보다 많은 충전전류를 사용
- 자주 또는 장시간 엔진 및 보조동력장치(APU) 작동을 위해 사용
- 느슨한 전지 연결
- 전해질 비중의 감소
- 가스 방어벽의 손상
- 전지(cell) 연결 불량

니켈카드늄 배터리는 그림 9-11과 같이 보통 2개의 온도조절장치가 필요하다. 온도조절장치 중 한 개는 57°에서 반응하고, 다른 온도조절장치는 71°에서 작동한다. 온도조절장치의 신호는 항공기의 주 경보시스템(master warning system)이 57°에서 배터리 핫(battery hot) 경보와 71°에서 배터리 오버히트(battery overheat) 경보를 보낸다.

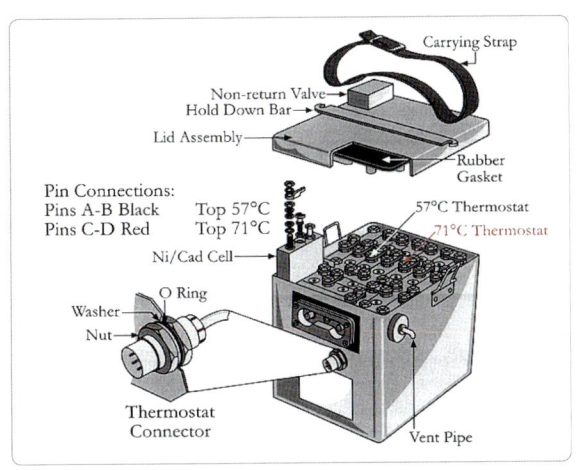

[그림 9-11] 니켈카드뮴 배터리 구성

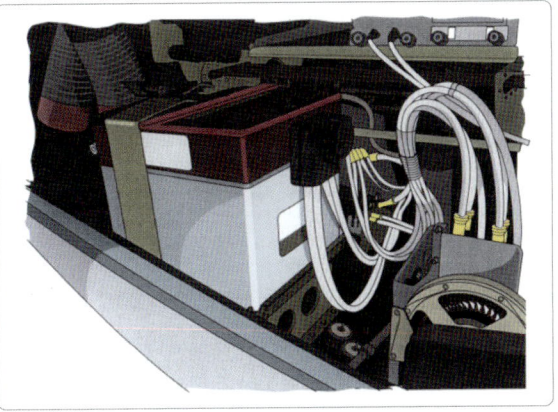

[그림 9-12] 배터리 설치

9.4.4 항공기 배터리 설치

항공기의 종류가 매우 다양하기 때문에 항공기의 배터리 설치에는 매우 다양한 방법이 있다. 헬리콥터의 경우 공간이 부족한 경우가 많으므로 배터리를 어디에나 장착할 수 있지만 황산납 배터리의 무게는 최대 96lbs(43.7kg)이므로 위치가 헬리콥터의 무게중심에 지장을 주지 않도록 주의해야 한다. 대부분의 항공기 배터리는 1대뿐이며 무게중심의 문제를 피하기 위해 대개 전면부에 장착한다. 그리고 그림 9-12와 같이 리드선을 사용하지 않고 고저항이 발생하지 않도록 메인 모선이나 및 배터리 모선 가깝게 배치해야 한다.

대형 비즈니스 제트기, 터보프롭 여객기, 대형 항공기의 경우 배터리의 위치는 별 문제가 되지 않는다. 그러나 대형 항공기는 비행시간이 길기 때문에 충전 중에 발생하는 가스의 축적에 대한 우려가 있다. 따라서 배터리는 보통 전해액 유출이 있을 경우 항공기 구조물을 보호하고 환기 및 냉각을 위한 보호 기능을 제공하는 별도의 구획에 위치한 특수 트레이에 장착한다. 환기 시스템은 환기 캡을 통해 전지(cell)에서 나오는 배터리 가스를 제거하고 배터리 냉각을 돕기 위해 사용된다. 환기 시스템은 배터리 케이스 또는 배터리 보관함에 직접 연결한다.

9.4.5 배터리 환기

배터리는 전기를 생산하기 위한 화학 공정의 일부로 가스를 생성한다. 만약 이러한 가스들이 흩어지지 못하게 된다면, 폭발할 가능성이 있는 상황을 초래할 수 있다. 대형 항공기의 경우 배터리와 충전기는 공기 조절 장치에 위치하므로 추가 냉각 또는 배기가 필요하지 않다. 비즈니스 제트기 든 배터리를 사용할 수 있는 공간이 충분히 있 항공기에서는 항공기의 외부에 있는 벤투리관(venturi tube) 또는 실내에서 나오는 가압된 공기를 사용하여 배터리에 공기를 통과시켜 환기한다. 단, 항공기가 지면에 있고 압력을 받지 않을 때는 역류 방지 밸브를 장착해야 한다. 항공기 배터리 경우, 한 쪽을 공기 흡입구와 연결하고 배터리 구획을 통해 가스와 열을 간단히 밖으로 배출한다.

그림 9-13은 대표적인 배터리 환기 시스템 설치를 나타내고 있다. 배기조(sump jar)는 항상 장착되는 것은 아니지만, 사용할 경우 항공기 표면과 주변 환경을 오염시키는 산성 또는 알칼리 가스를 방지한다. 환산납 배터리 시스템의 경우에는 산성 가스를 중화시키기 위해 중탄산나트륨이 주입되며, 니켈카드뮴배터리 시스템에서는 붕산염이 알칼리 가스를 중화시키는 데 사용된다.

- 배터리가 스케일링되지 않은 경우 전해액 누출이 발생하지 않도록 주의한다.
- 전해액이 튀거나 쏟아진 경우 절차에 따라 누출물을 청소해야 한다.
- 전해액이 피부에 쏟아지거나 튀는 경우, 최소 15분 동안 피부에 많은 양의 신선한 물로 씻어내고 의사의 조언을 구한다.
- 전해액이 눈에 들어갔을 경우 상하의 눈꺼풀을 충분히 벌려서 깨끗한 물이 눈꺼풀 아래로 흐를 수 있도록 하고 의사의 도움을 받도록 한다.

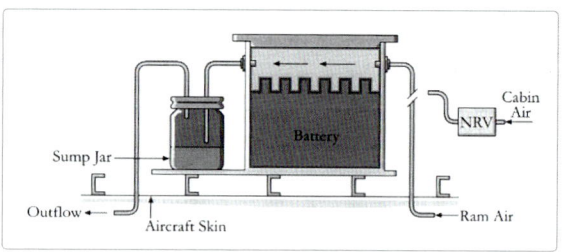

[그림 9-13] 배터리 환기 시스템

9.4.6 배터리 안전 주의사항

모든 유형의 배터리는 주의하여 취급해야 한다. 일반적인 안전 주의사항은 다음과 같다.

- 배터리 단자를 단락시키지 않는다.
- 배터리가 무거우므로 운반할 때는 운반 스트랩을 사용해야 한다.
- 배터리 작업 시에는 고무 앞치마, 고무 장갑, 안면 마스크와 같은 보호 장구를 착용해야 한다.
- 충전 배터리 근처에서는 금연이며 전기 스파크 또는 불꽃을 발생시키지 않도록 한다.

9.5 발전기
Generator

9.5.1 교류 발전기(AC Generator)

가장 단순한 발전기는 교류 발전기이며 그림 9-14와 같은 회로로 구성되어 있다. 정지된 자기장에서 회전할 수 있고 회로 내에 유도 기전력을 만들어 낼 수 있다. 흔히 브러시(brush)라고 불리는 미끄럼 접촉(sliding contact)은 유도 기전력을 만들어 내거나 사용하기 위해 외부 부하와 회로를 연결한다. 극편(pole piece)은 자기장을 제공하며 극편은 자기장을 회로에 가능한 가깝게 집중시키기 위해 위에 그려진 것과 같은 모양과 위치를 가진다. 회전되는 전선은 전기자(armature)이라고 불리며, 끝이 슬립링(slip ring)과 연결된다. 이 슬립링은 전기자와 함께 회전된다. 보통 탄소로 구성되는 브러시(brush)는 슬립링에 접촉되어 돌아가며 외부 부하와 연결되어 있는 전선과 붙어있다. 발전된 전압은 어떤 것이든 이 브러시를 통해 나타난다. 교류 발전기는 전기자 회로가 시계방향으로 돌아갈 때 교류를 발생시킨다.

교류 발전기와 직류 발전기의 주 차이점은 그림 9-15와 같이 교류 발전기는 전류를 회로에 보내기 위해 2개의 슬립링을 사용한다는 것이고, 이에 반해 직류 발전기는 정류자(commutator)를 사용하여 전류가 한 방향만 흘러가게 한다. 교류 발전기에서 회로의 한 면(side)이 자기장의 다른 극으로 이동하면, 전류가 방향을 바꾼다. 교류 발전기에 쓰이는 두 개의 슬립링은 전류가 방향을 바꾸고 교류가 되게 한다.

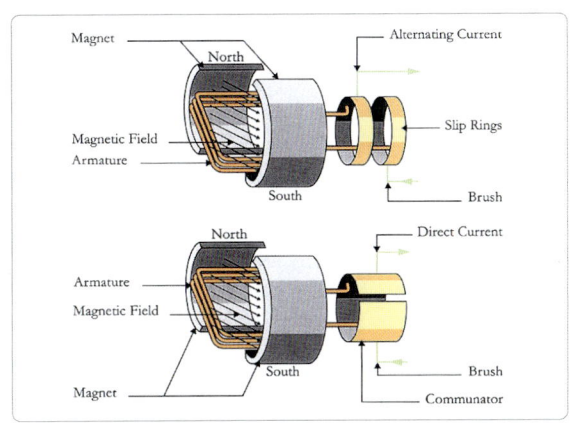

[그림 9-15] 슬립링과 정류자

9.5.2 직류 발전기(DC Generator)

직류 발전기를 사용하는 항공기는 대개 좌석이 60석이하인 항공기로 제한되며 보통 250~300A 직류를 발생시킬 수 있는 발전기를 사용한다. 일부는 그림 9-16과 같이 시동기-발전기가 결합된 형태를 사용하고 일부는 시동기 모터와 발전기가 분리되어 있는 것을 사용한다.

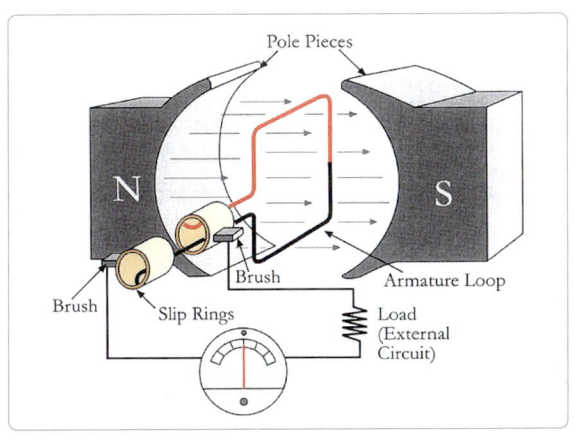

[그림 9-14] 교류 발전기 구성요소

[그림 9-16] 시동기-발전기

직류 발전기는 정류자가 회로의 전류방향 변화를 수용하여 브러시를 통해 직류를 만들어 낸다. 브러시를 통해 생성된 직류는 한 방향만을 가지며 최소값에서 최대값 사이에서 각 회전 동안 두 개의 반파가 발생한다. 이 변화는 리플(ripple)이라 불린다. 그림 9-17과 같이 두 번째 코일을 추가함으로써 진동의 빈도, 즉 리플의 빈도는 두 배가 되고 한 개의 코일에서 생성된 것보다 훨씬 부드러워진다.

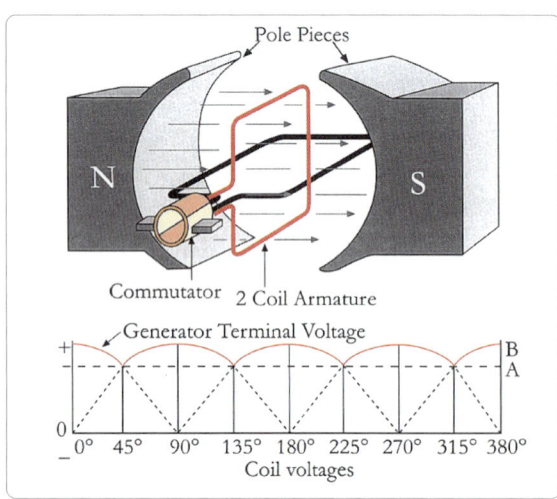

[그림 9-17] 추가 코일의 효과

네 개의 정류자 부분이 있기 때문에, 정류자의 새로운 부분은 모든 180°의 부분 대신에 모든 90°의 부분에서 각 브러시를 지나간다. 이는 브러시가 검은색 코일에서 붉은색 코일로 전환하게 한다. 이때 두 코일에서의 전압은 동등하다. 전압은 'A' 지점에서의 전압보다 낮아질 수 없으며, 리플(ripple)은 그래프의 'A', 'B' 지점 사이에서만 상승하고 하락하도록 제한된다. 더 많은 전기자 코일을 추가하는 것은 리플 효과를 더욱 줄일 수 있으며, 이런 식으로 줄어든 리플은 출력을 거의 직류에 가깝게 만든다.

9.5.3 발전기의 분류

발전기는 보통 여자(excitation) 방법에 따라 영구자석 발전기, 타여자 발전기, 자여자 발전기로 분류된다. 영구자석 발전기는 속도에 정비례하는 전력을 발생하지만 출력이 한정적이다. 그래서 주요 동력에만 한정적으로 사용한다. 하지만 부차적인 동력 시스템으로 사용되거나 교류 발전기의 자기장 공급원으로 사용된다.

타여자 발전기는 항공기의 비상 동력을 위한 배터리와 같은 외부 전원으로부터 자기장을 만든다. 일반적으로 현대 항공기에서는 널리 사용되지 않는다.

자여자 발전기는 전류를 스스로 공급한다. 자여자는 극편(pole piece)이 잔류자기(residual magnetism)라 불리는 영구자기를 경미하게 가지고 있을 때만 가능하다. 발전기가 회전하기 시작할 때는 약한 잔류자기가 작은 전압을 전기자에서 발생되게 한다. 계자코일에 적용되는 이 작은 전압은 작은 계자전류(field current)를 유발한다. 작음에도 불구하고, 이 계자전류는 자기장을 강화하고 전기자가 더 큰 전압을 생성하게 할 수 있다. 더 큰 전압은 자기장의 세기를 높이는 역할을 한다. 이 과정은 출력 전압이 발전기의 정격 출력에 도달할 때까지 계속된다. 계자코일의 전류는 이후 발전기의 전압조절기로 조절되며, 발전기의 출력을 규정된 제한 값 내로 유지시킨다.

자여자 발전기는 자기장 코일 권선방법에 따라 다시 직권(series wound), 분권(shunt wound), 복권(compound wound)으로 분류된다.

9.5.3.1 직권발전기(Series Wound Generator)

그림 9-18과 같이, 직권발전기에서 계자권선은 전기자와 함께 직렬로 연결된다. 발전기와 연결된 외부회로는 부하회로라고 한다.

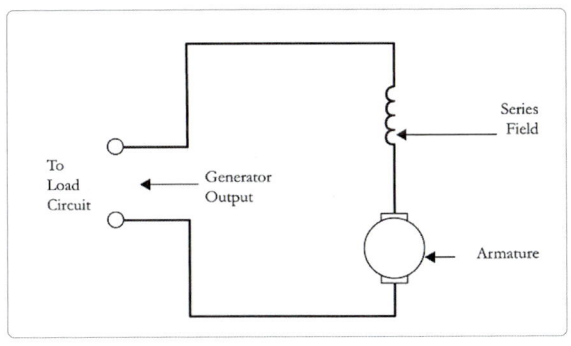

[그림 9-18] 직권 발전기

직권발전기는 매우 낮은 저항의 계자코일을 사용한다. 전압출력은 부하회로가 더 많은 전류를 보내기 시작할 때 증가하며, 저부하 상태일 때는 발전기에서 부하에 보내는 전류는 작아진다. 작은 전류는 계자극(field pole)이 작은 자기장을 형성한다는 것을 의미하기 때문에, 전기자에 오직 작은 전압만 유도된다. 만약 부하의 저항이 감소하면, 옴의 법칙(E=IR)에 의해 부하전류가 증가하고 더 많은 전류가 자기장에 흐르게 된다. 이는 자기장과 출력전압을 증가시킨다. 따라서 직권발전기는 부하전류에 의해 출력전압이 변화하는 특성을 가지고 있어 발전시스템에서 직권발전기가 실제 쓰이는 경우는 극히 드물다.

9.5.3.2 분권발전기(Shunt Wound Generator)

그림 9-19와 같이 분권발전기는 계자코일이 부하와 평행하게 연결되어 있다. 즉 전기자의 출력 전압을 가로질러 연결되어 있다. 분권발전기의 계자전류는 부하전류에 영향을 주지 않는다. 계자전류와 세기가 부하전류에 영향 받지 않기 때문에, 출력전압은 직권발전기의 출력전압보다 거의 변함이 없이 유지된다. 실제 사용할 때, 분권발전기의 출력전압은 부하전류의 변화와 반비례하여 변화한다. 옴의 법칙(E=IR)에 따라, 출력전압은 부하전류가 증가할 때 감소한다.

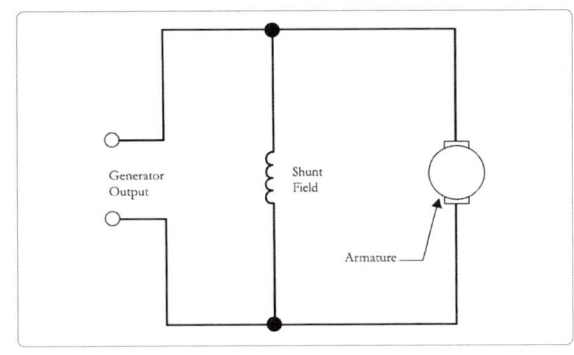

[그림 9-19] 분권 발전기

9.5.3.3 복권발전기(Compound-Wound Generators)

직권발전기에서 출력전압은 부하전류에 비례하여 변화하고, 분권발전기에서는 출력전합이 부하전류에 역비례하여 변화한다. 두 권선의 혼합형을 복권발전기라고 하는 데, 직권과 분권의 단점을 극복할 수 있다. 복권발전기는 그림 9-20과 같이 분권계자권선뿐 만 아니라 직권계자권선을 가지고 있다. 분권계자와 직권계자는 같은 극편으로 감싸진다.

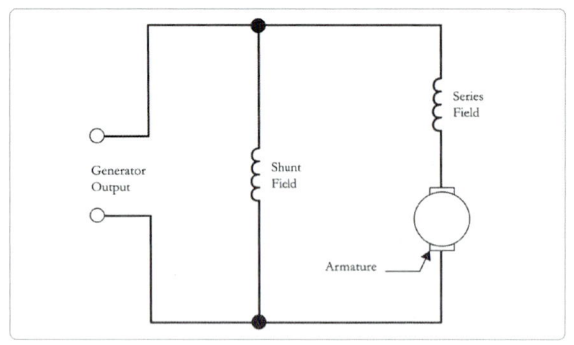

[그림 9-20] 복권발전기

복권발전기에서, 부하전류가 증가할 때는 전기자 전압이 감소한다. 분권발전기와 마찬가지로 자기장의 감소로 이어진다. 부하전류 증가는 직권 권선에도 흐르기 때문에 이 권선에서는 자기장의 증가를 야기한다. 분권계자의 감소가 직권계자의 증가로 보상되기 위해서 두 계자를 배합함으로써 출력 전압은 변함없이 유지된다.

스스로 조절되는 것을 원한다면, 복권 발전기가 선택되어야 한다. 하지만 항공기는 대부분 출력 전압과 전류 조정의 형태를 일부 가지고 있다. 가장 흔한 항공기 직류 발전기 시스템은 전압조절기와 분권발전기를 사용한다. 항공기는 시동 시에 대전류와 높은 회전력(torque)을 제공하기 위해 직권 권선과 함께 하나의 전기자를 가지는 시동기-발전기가 혼합된 형태를 사용한다.

9.5.4 3상 교류발전기

대부분 대형 항공기의 전원은 교류(AC)이다. 결과적으로, 교류 발전기는 전력을 생산하는 가장 중요한 수단이다. 이는 전력 부하 요건에 따라 크기가 달라진다. 일반적인 항공기 교류시스템은 115V와 28V를 생성하며, 교류를 1차 전원으로 사용하는 3상 시스템을 사용한다. 즉 발전기는 다음 그림 9-21과 같이 서로 120°에 위상을 가지는 3개의 사인파를 생성한다. 3상 회로는 3개의 전압이 단일 발전기에 의해 생성되는 회로이다. 생성되는 3개의 전압은 진폭과 주파수는 동일하지만 각각 120° 간격으로 피크 값에 도달한다. 일반적인 회전 순서는 빨강, 노랑, 파랑 / A, B, C / 1,2,3이다. 3상 교류 발전기의 3개의 출력 권선을 연결하는 방법은 Y결선과 △결선, 두 가지가 있다.

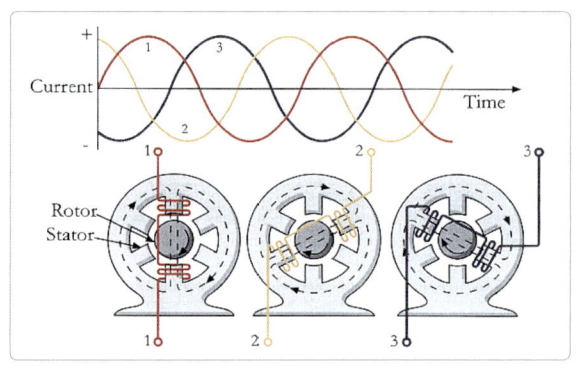

[그림 9-21] 3상 교류발전기

9.5.4.1 동작 주파수(Frequency of Operation)

교류발전기의 출력 진동수는 회전자(rotor)의 회전 속도와 극(pole) 수에 따라 변화한다. 속도가 빨라질수록 주파수가 높아지고, 회전자에 더 많은 극이 있을수록 역시 주파수가 높아진다. 회전자가 두 인접한 회전 극, 즉 N극과 S극이 하나의 권선을 지날 때와 같은 각도로 회전할 때, 그 권선에서 유도된 전압은 하나의 사이클(cycle)를 통해 변화한다. 항공기의 전형적인 400Hz 주파수에서 극이 더 많을수록 회전 속도가 낮아진다. 이 원리는 다음 그림 9-22를 통해서 알 수 있다.

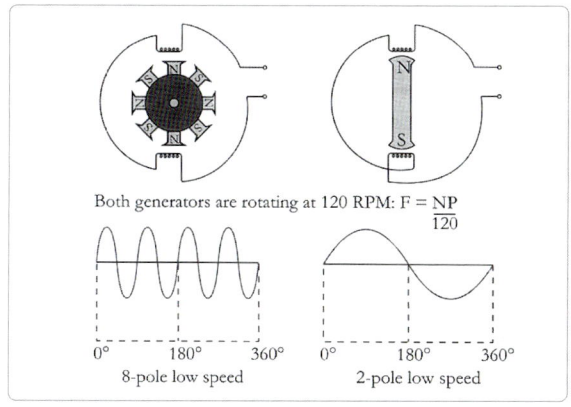

[그림 9-22] 발전기 주파수

두 개의 극을 가진 발전기는 8개의 극을 가진 발전기의 4배의 속도로 돌아야만 발전된 전압과 동일한 주파수를 만들어 낼 수 있다. 교류발전기의 주파수는 극(pole) 수 및 회전수와 관련이 있다. 이는 다음의 식으로 표현된다.

$$f = \frac{PN}{120}$$

여기서, P : 극수, N : 회전수(rpm)

9.5.4.2 정속구동장치(Constant Speed Drive, CSD)

교류발전기 시스템이 주요 에너지원으로 사용될 때, 많은 전기 부하는 정주파(constant frequency)에 의존한다. 항공기의 엔진은 비행의 다양한 단계 속에서 매우 다른 속도로 작동한다. 만약 발전기가 엔진에 직접적으로 연결되면 출력 주파수는 엔진 속도에 따라 달라진다.

정속구동장치(CSD)는 다양한 엔진의 속도를 발전기에 요구되는 일정한 속도로 전환시킨다. 이런 효과는 기본적으로 정속구동장치(CSD) 안에 있는 2개의 피스톤형 유압장치(hydraulic unit)에 의해 발생한다.

그림 9-23에서와 같이 고정형 유압장치는 입력 구동축에 연결되고, 가변형 유압장치는 출력 구동축에 연결된다. 이 두 장치는 정지된 상태일 때, 서로에 독립적으로 자유롭게 회전할 수 있다. 일반적인 작동 상태에서 정속구동장치(CSD) 안의 펌프가 2개의 유압장치에 오일을 공급한다. 이는 두 유압장치 사이의 연결을 유도하여 가변 입력 속도를 고정 출력 속도로 바꾸기 위해 사용된다.

정속구동장치(CSD)는 엔진의 속도를 증가시키거나 감소시키는 것이 모두 가능하며, 발전기에 일정한 출력 구동 속도를 유지할 수 있다. 기계식 조속기로 유압장치로 흘러가는 충전 오일(charge oil)을 조절하여 발전기 출력을 400Hz로 유지한다. 발전기를 구동하기 위해 쓰이는 동력은 유압장치와 차동장치의 결합된 효과를 통하여 조정되고 전송된다.

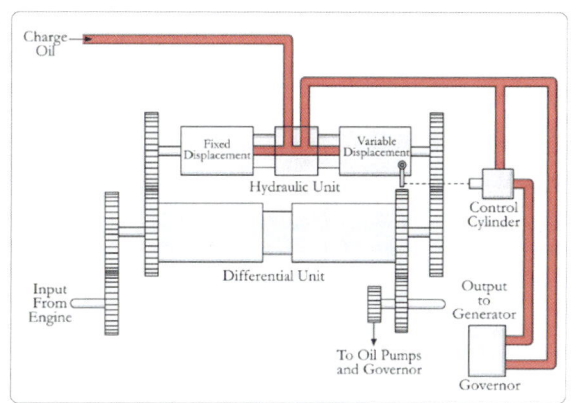

[그림 9-23] 정속구동장치(CSD)

9.5.4.3 교류발전기의 부하

정속구동장치(CSD)는 교류발전기 시스템으로부터 안정된 전압 및 주파수 출력을 제공할 수 있다. 하지만 발전기의 출력은 발전기의 속도와 부하의 유형에 따라 더 복잡하게 결정된다. 전기 회로에서 부하라 함은 회로 내에서 에너지를 흡수하는, 즉 동력을 소비하는 모든 장치를 의미한다.

교류발전기는 3가지 유형의 전기 부하, 즉 저항성 부하(resistive loads), 유도성 부하(inductive loads), 용량성 부하(capacitive loads)를 취급한다. 유도성 부하와 용량성 부하는 보통 무효부하(reactive loads)라고 한다.

조명이나 제빙 시스템과 같이 순수한 저항만을 가지는 교류 회로에서, 전류와 전압은 증가와 감소를 함께한다. 저항성 부하는 전압과 전류 사이의 위상변위(phase shift)를 야기하지 않는다. 발전기에 순수한 유도성 부하가 있을 때, 전기자의 전류는 전압보다 위상이 90° 뒤진다. 이는 전기자 자장을 90°로 뒤로 움직이게 한다. 전기자 자장은 계자 자장과 상쇄되며 약한 자장을 생성하여 출력 전압이 약하다. 만약 용량성 부하가 사용된다면, 전기자 자장은 90° 앞으로 이동한다. 이는 계자 자장에 도움을 주며, 전체 자장의 힘을 강화시켜 발전기 출력 전압을 증가시킨다.

모든 무효 부하가 발전기를 느리게 만들지는 않는다. 단지 출력 전압만 영향을 받으며, 주파수는 변하지 않는다. 이렇게, 무효 부하로 인한 발전기 출력 전압의 변화를 조정하기 위해 정속구동장치(CSD)를 사용할 수는 없다. 이는 전압 조정기를 사용함으로써 발전기 전류를 조절해 시정 가능하다.

9.5.5 발전기의 제어

9.5.5.1 전압 조절기(Voltage Regulation)

교류 시스템에서 전압 조절기는 기본적으로 직류 시스템에서와 다르지 않다. 각각의 경우에 조절 시스템의 역할은 전압 조절, 시스템에 흐르는 전류 순환의 균형 유지, 시스템 부하 전압의 급작스런 변화 제거이다.

전압조절기는 계자전류를 조절해 주 계자의 세기를 조절한다. 조절하는 방법은 다양하다. 일부 오래된 항공기는 계자권선에 직렬로 가변저항기를 사용한다. 소형 항공기는 계자회로의 안팎에 있는 저항기를 조절하며, 현대 항공기는 단순히 계자 회로를 on/off 로 제어한다.

가장 일반적인 전압 조절기는 진동접촉(vibrating contact) 전압조절기, 카본파일(carbon pile) 전압조절기, 트랜지스터(transistor) 전압조절기이다.

(1) 진동접촉 전압조절기
(Vibrating Contact Voltage Regulator)

진동접촉 전압조절기는 그림 9-24와 같이 계자 회로와 직렬로 연결된 계자 저항기 양단의 접촉 조절을 통해 작동한다.

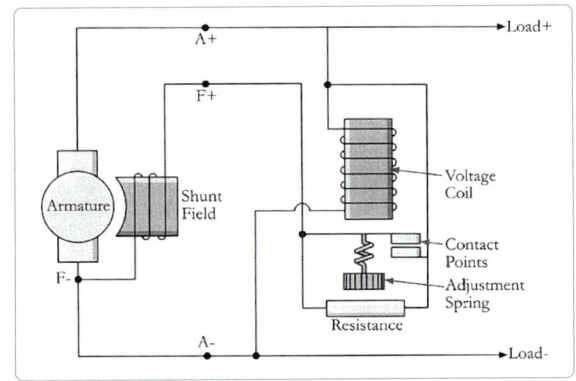

[그림 9-24] 진동접촉 전압조절기

조절기는 계자에 직렬로 연결된 계자 저항기, 한 쌍의 접점 스위치, 솔레노이드(solenoid)로 구성되어 있다. 발전기가 가동되면 발전기 출력 전압이 낮고 솔레노이드 자기력도 낮아 스위치 접점이 닫혀있다. 계자 저항이 단락되어 있어 계자 전류가 증가하고 발전기 출력도 증가하게 된다.

발전기 출력 전압이 규정된 값에 도달하게 되면 솔레노이드 자기력이 강하게 되어 스위치 접촉점을 열어 계자 저항기가 직렬로 삽입하게 된다. 그러면 계자 전류와 전계 강도(field strength)는 모두 감소하게 된다. 전계 강도의 감소는 발전기 출력 전압의 감소로 이어지며 솔레노이드 흐르는 전류와 자기력도 감소하게 만든다. 이때 스프링의 압력이 솔레노이드의 자기력 이기게 되면 스위치 접촉점이 닫힌다.

(2) 카본파일 전압조절기
(Carbon Pile Voltage Regulator)

그림 9-25는 카본파일 전압조절기를 나타낸다. 카본파일 전압조절기는 계자회로에 가변저항 요소의 역할을 하는 탄소원판(disk)들이 있다. 이 탄소원판들은 세라믹 튜브(ceramic tube) 안에 쌓아져있으며 각 끝 지점의 금속 접점 플러그(plug)이다. 카본파일의 저항은 압축의 정도에 의해 결정된다. 압축을 강화하면 카본파일의 저항이 감소하며, 압축을 약화하면 카본파일의 저항이 증가한다. 카본파일의 저항의 증가는 계자전류를 감소시킨다. 마찬가지로 역도 성립한다. 정지 상태에서는 카본파일이 전압코일 철심에 부착된 판 제어 스프링(plate control spring)에 의해 압축된다. 발전기 출력전압이 낮을 때는 스프링이 카본파일을 압축하고 저항을 감소시켜 많은 양의 계자전류가 흘러 발전기 출력을 증가시킨다. 발전기 출력이 높으면 전압코일에 더 큰 전류가 흐르고, 카본파일이 당겨져 간격이 확장된다. 이는 카본파일의 저항증가로 이어져 발전기 계자전류가 감소하고 출력전압은 감소하게 된다.

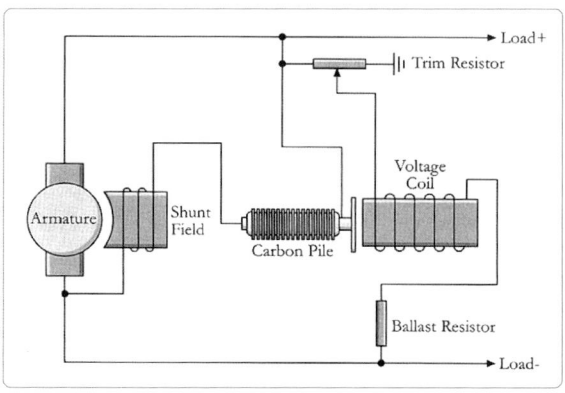

[그림 9-25] 카본파일 전압조절기

카본파일 전압조절기에서는 트림 저항기(trim resistor), 전압코일 저항기(voltage coil resistance), 자기 코어 공극(magnetic core air gap) 세 가지를 조절할 수 있다.

트림 저항기는 약 ±1.5V 내에서 비행대기 시 조정 가능하다. 전압코일 저항기는 발라스트 저항(ballast resistance)을 변화시킴으로써 조절된다. 발라스트 저항은 온도 안정 저항(temperature stable resistor)이며, 제조사에 따라 설정된다. 제조사에서 발라스트 저항을 선정할 때는 트림 저항기의 중앙부에 설치한다. 자기 코어 공극과 카본파일의 첫 압축은 제조사나 작업장(workshop)에 따라 설정된다.

(3) 트랜지스터 전압조절기
(Transistor Voltage Regulator)

그림 9-26은 간단한 트랜지스터 전압조절기이다. 조절기 회로는 세 개의 NPN 트랜지스터, 제너 다이오드, 저항기로 구성되어 있다. 트랜지스터를 사용하는 목적은 단순히 제너 다이오드와 저항기 네트워크를 통해 계자 회로를 on/off 하는 스위칭 조절 수단이다.

항공기 엔진이 발전기를 가동시키면, 스위치가 계자 계전기에 동력을 공급하고, 전류는 R2, R1, RV1을 통해 모선에서 접지로 흐른다. 동시에 제너 다이오드에 전위가 발생한다. 동시에 전위는 TR2에도 걸리고 따라서 TR2와 TR3가 on 되면서 전류가 발전기 계자 권선에 흐르게 된다. 제너 다이오드의 항복(break down) 전압값은 발전기 출력값 바로 위 값이다. 출력 전압이 미리 설정된 값보다 증가하면 제너 다이오드가 TR1에 양극 전위를 넣고 스위치 시킨다. TR2, TR3가 off되면 계자 전류가 감소하고 출력 전압이 떨어진다. 그러면 제너 다이오드가 바로 동작을 멈춘다. 이 절차를 스스로 반복하면서 트랜지스터가 빠르게 전환되어 발전기 출력 전압을 규정 값으로 유지한다.

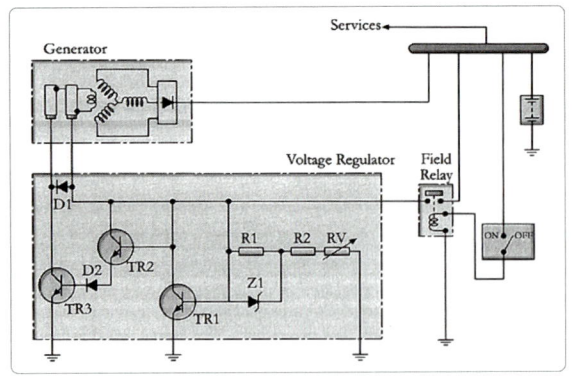

[그림 9-26] 트랜지스터 전압조절기

9.5.5.2 3유닛 조절기(Three Unit Regulators)

대부분의 헬리콥터 및 경비행기는 발전기 시스템을 위해 그림 9-27과 같이 3유닛 조절기를 사용한다. 전압 조절기 뿐 만 아니라 전류 제한기(current limiter), 역전류 차단기(reverse current cutout)를 포함한다.

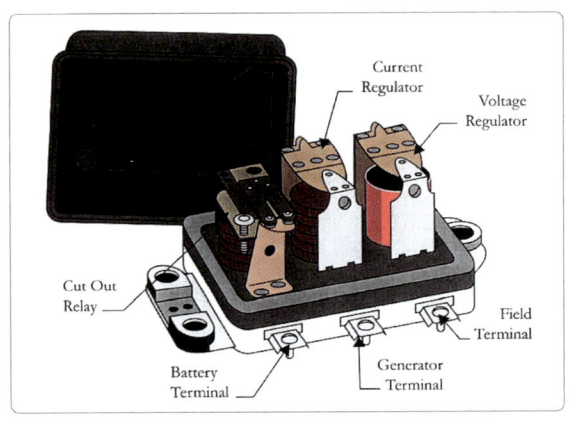

[그림 9-27] 3유닛 조절기

이 3유닛 조절기의 전압조절 작동방식은 앞에서 설명한 진동접촉형(vibrating contact type)과 비슷하다. 3유닛 중 두 번째는 전류조절기로, 발전기의 출력 전류를 제한한다. 세 번째 유닛은 발전기와 배터리를 단절시키는 역전류 차단기이다. 만약 배터리가 단절되지 않으면 발전기 전압이 배터리의 전압보다 떨어져 발전기를 모터로 가동시킬 때 발전기 전기자를 통해 방전될 것이다. 이러한 작동은 발전기를 모터링 한다고 하며, 이것이 사전에 예방되지 않는다면 발전기가 손상을 입어 단시간에 배터리를 방전시킬 수 있다.

그림 9-28 3유닛 조절기 회로도를 보면, 전압조절기 내의 진동접촉점 C1은 R1과 L2사이에 간헐적인 단락을 일으킨다. 발전기가 작동하지 않을 때 스프링 S1, S2는 접촉점 C1, C2를 당겨 닫아놓고 있다. 발전기가 작동을 시작하면 발전기가 도달한 속도만큼 전압이 증가하게 되고, 닫힌 접촉점 C1과 C2를 통해 계자에 전류를 공급하게 된다. 전압이 증가하면 L1을 통해 흐르는 전류가 증가하며 철심의 자기력도 증가한다.

특정 속도와 전압에서 가동 전자석의 자력이 스프링 S1의 탄성을 이길 수 있을 정도로 커지면서 C1이 열린다. 그러면 계자 전류가 R1과 L2에 흐르게 된다. 이때 회로의 저항이 증가해 전류가 금방 약해지고 전압도 더 이상 증가하지 않는다. 또한 L1 권선과 L2 권선의 자기력 방향이 반대로 놓이게 되고, 철심의 자력이 중성화되어 스프링 S1이 C1을 다시 개방시킨다. 다시 한 번, R1과 L2은 단락되고 계자 전류도 다시 증가한다. 출력 전압이 증가하고 L1의 작동으로 인해 C1이 다시 개방된다. 이 순환적 작동은 1초에 여러번 매우 빠르게 이루어진다.

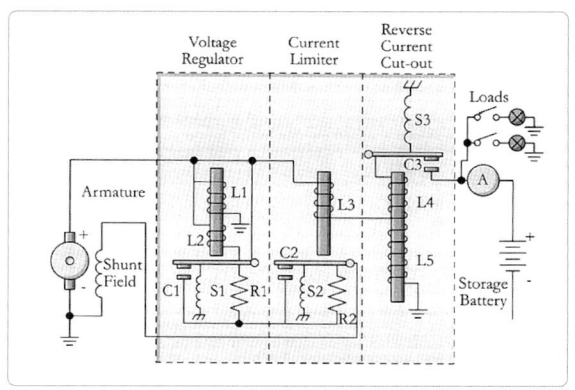

[그림 9-28] 3유닛 조절기 회로도

전류 제한기(current limiter)의 목적은 발전기의 출력전류가 최대값을 넘지 않게 제한하여 발전기를 보호하는 것이다. 전압 조절기는 선간전압(line voltage)에 의해 작동되는 반면, 전류 제한기는 선전류(line current)에 의해 작동된다. 부하가 증가하면 전류도 증가한다. 그림 9-30에서 L3는 주 전선과 부하에 직렬로 연결되어 있다. 전류가 특정 값을 넘어설 때, L3 철심은 스프링 S2를 당겨 C2를 개방되게 한다. 이때 R2는 발전기의 계자 회로에 삽입하게 되어 계자 전류와 발전 전압을 감소시킨다. L3 철심은 부분적으로 자기 소거되며 다시 한 번 S2 접촉점을 닫는다. 이렇게 전류가 모든 순환적 작동을 다시 한 번 가동시키기에 충분한 값을 가질 때까지 발전기 전압과 전류는 다시 증가한다.

역전류 차단기(reverse current cut-out, RCCO)는 발전기 전압이 배터리 전압보다 낮을 때 자동적으로 배터리를 발전기에서 단절시킨다. 보통 항공기 엔진이 정지할 때(shut down) 역전류 차단기가 작동한다. 만약 발전기 회로에 차단기가 사용되지 않으면, 발전기의 배터리는 방전된다. 이는 발전기가 전동기와 같이 작동하게 하지만, 발전기는 엔진에 맞물려 있기 때문에 그렇게 큰 부하를 가동시킬 수 없다. 만약 이런 일이 발생한다면, 발전기 권선(winding)은 과도한 전류가 흘러 심각한 손상을 입을 수 있다.

그림 9-28에서 권선 L4는 전선과 직렬로 연결되어 있으며 전체 선전류를 공급한다. 발전기가 작동하지 않을 때는 접촉점 C3가 S3에 의해 개방되어 있다. 발전기 전압이 커지면 L5가 철심을 자화시킨다. 전류가 철심에 충분한 자력을 생성하면, C3이 닫히고 배터리에 충전 전류를 공급한다. L4와 L5의 자기력이 합쳐져 접촉점들을 단단히 닫아두게 한다. C1, C2와 다르게 C3은 진동하지 않는다. 발전기가 느려지거나 어떤 이유에서든 발전기 전압이 배터리의 값보다 감소할 때, 전류가 L4를 통해 역류하게 되면 L4의 자기력 방향은 L5와 반대가 된다. 이런 상황이 발생할 때, 배터리의 순간적인 방전류가 철심의 자력을 감소시키고 C3이 개방되어 배터리가 발전기에서 방전되는 것과 발전기를 모터링되는 것을 예방한다. C3은 발전기 전압이 다시 배터리 전압의 설정값을 초과할 때까지 열린 채로 유지된다.

9.6 회로 보호
Circuit Protection

보호 회로는 과전압, 과전류, 위상순서(phase sequence), 전류 차동(differential) 등을 포함한 다양한 전기 시스템 한도를 감시한다. 결함이 발생하면 보호 회로가 상응하는 계전기(relay)를 작동시켜 결함 부분을 분리한다. 발전기 시스템이 고장난 경우에는 발전기 제어장치(generator control unit, GCU)가 많은 회로 보호 기능을 제공한다.

9.6.1 발전기 제어장치 (Generator Control Unit, GCU)

기본적인 발전기 제어장치는 전압조절(voltage regulation), 과전압보호(overvoltage protection), 차동전압보호(differential voltage protection), 역전류감지(reverse current sensing), 발전기 병렬운전(parallel operation) 등과 같은 다양한 기능을 수행한다.

9.6.1.1 전압조절(Voltage Regulation)

항공기 전압조절은 출력표본을 얻고 표본을 기준과 비교한다. 만약 수집된 표본이 기준값을 넘어선다면 출력 정도를 조절할 필요가 있다. 발전기 제어장치(GCU) 경우에는 다음 그림 9-29와 같이 발전기 출력 전압을 감지하고 기준전압(램프신호)과 비교한다. 램프의 상승 모서리(rising edge)에 오류신호가 나타나면 비교기(comparator) 출력이 상위값을 가지며, 역으로 램프의 하강 모서리(falling edge)에 오류 신호가 나타나면 비교기의 출력이 하위값으로 바뀐다. 오류 신호가 사라지면 펄스폭이 증가하여 조절기에 더 많은 신호를 보낸다.

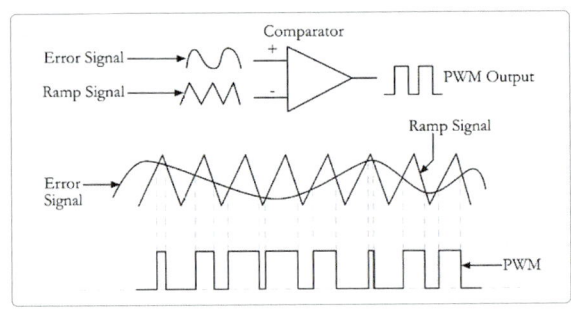

[그림 9-29] 오류신호의 펄스폭 변조

9.6.1.2 과전압보호

발전기 제어장치(GCU)의 전압조절 특성과 같이, 과전압 보호 시스템은 표본 전압과 기본 전압을 비교한다. 과전압 보호 회로의 출력은 계자 전압을 조절하는 계전기를 개방하기 위해 사용된다. 이런 유형의 결함들은 많은 이유에서 발생할 수 있다. 가장 흔한 원인은 발전기 제어장치(GCU) 내 전압 조절 회로에서 결함이 발생하는 경우이다.

명칭에서 알 수 있듯이 과전압 조절은 과전압이 발생할 때 시스템을 보호한다. 과전압 계전기는 발전기 출력이 설정값에 도달하면 계자제어 계전기의 트립 코일(trip coil)이 작동한다. 조종석의 리셋 스위치는 계자제어 계전기의 코일 회로를 정상상태로 돌려놓기 위해 사용된다. 리셋 스위치가 작동되면 발전기가 작동을 시도한다. 만약 고장 상태가 지속되면 발전기는 다시 한 번 정지한다. 발전기 리셋은 안전장치로서 단 한 번만 시도할 수 있다.

9.6.1.3 차동전압보호

발전기 제어장치(GCU)가 발전기 접촉기(generator line contactor)를 닫으면 발전기 전압은 부하 모선의 허용값 내에 있어야 한다. 출력값이 명시된 허용값 이내가 아니면 접촉기가 발전기와 모선을 연결시킬 수 없다. 발전기 출력전압이 0.35V에서 0.65V의 모선 전압범위를 초과하면 차동형 계전기 스위치가 발전기와 주 모선을 연결한다. 이것은 모선에서 발전기로 역전류가 흐를 때 발전기의 연결을 끊는다.

그림 9-30과 같이 차동전압보호장치는 두 개의 계전기와 두 개의 접촉기로 구성되어 있다. 계전기는 전압 계전기 한 개와 차동 계전기 한 개를 사용한다. 두 계전기는 영구 자석을 가지고 있으며, 이 자석은 계전기 코일로 감싼 임시자석(temporary magnet)의 극편(pole pieces) 사이에서 회전한다. 한쪽 극성의 전압은 계전기 접촉점을 닫아 영구자석(permanent magnet)을 필요한 방향으로 움직이게 하여 임시자석(temporary magnet)의 계자를 만들어낸다. 반대쪽 극성의 전압은 계전기 접촉점을 개방시키는 계자를 만든다. 차동 계자는 같은 철심에 감싸진 두 코일, 즉 역전류 코일과 차동 코일을 가진다.

제어반(control panel)의 발전기 스위치를 닫으면 발전기 출력과 전압 계전기 코일이 연결된다. 발전기 전압이 22V에 도달하면, 전류가 코일을 통해 흐르며 전압 계전기의 접촉점들을 닫게 한다. 이 과정으로 차동 코일을 관통하여 발전기에서 배터리로 이어지는 회로가 완성된다. 발전기 전압이 0.35V의 모선 전압을 초과하면 전류가 차동 코일로 흐른다. 차동 계전기 접촉점이 닫히면 주 접촉기 코일 회로가 연결된다. 주 접촉기의 접촉점들이 닫히고 발전기와 모선이 연결된다.

9.6.1.4 역전류 감지

항공기 전기 시스템은 일반적으로 여러 유형의 역전류 계전기 스위치를 사용한다. 이 스위치는 역전류 계전기 차단기로서 언제든지 발전기를 전기 시스템에서 분리할 수 있는 원격제어 스위치로 기능한다. 역전류 계전기 스위치 중 한 유형은 발전기의 전압 준위를 조절한다. 하지만 대형 항공기에서 흔히 사용되는 유형은 차동 계전기 스위치로 배터리 모선과 발전기 간

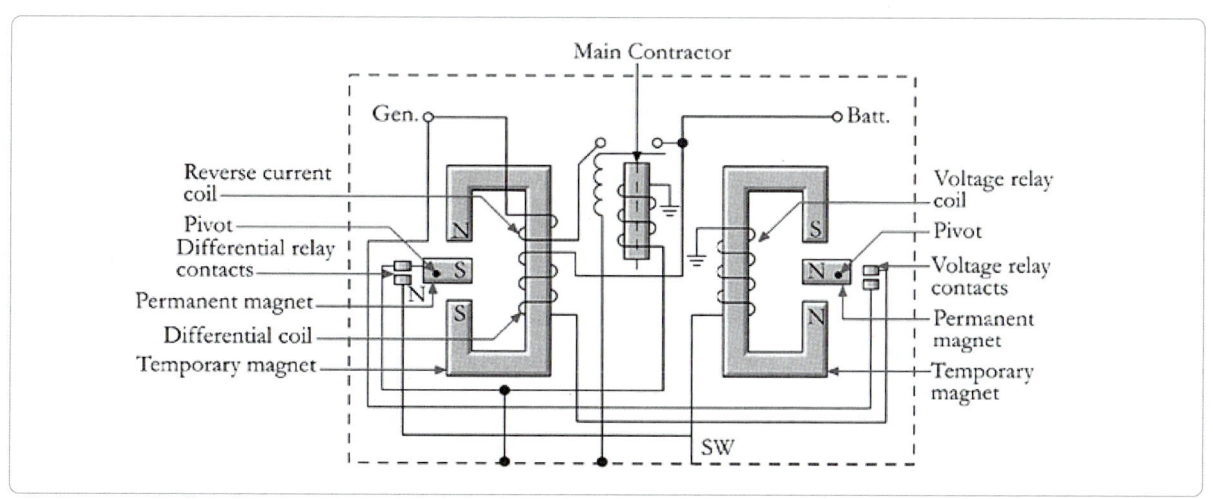

[그림 9-30] 차동전압보호 시스템

의 전압 차로 조절된다. 만약 발전기가 요구된 전압 준위를 유지할 수 없으면 전류를 제공하는 대신 인출하게 된다. 발전기 전압이 모선(혹은 배터리) 전압 아래로 떨어지면 역전류는 차동 계전기의 임시자석(temporary magnet)의 자기장을 약화시키게 된다. 약해진 자기장으로 인해 스프링이 차동 계전기 접촉점을 개방시키고 주 접촉기 계전기 코일의 회로를 차단하여 발전기를 모선으로부터 분리시킨다.

9.6.1.5 발전기 병렬운전

그림 9-31은 발전기 병렬운전 시스템을 나타낸다. 발전기 제어장치(GCU)의 병렬접속 특성은 두 개 이상의 발전기가 항공기 전기 시스템에 전류를 제공할 수 있게 한다. 발전기들 간의 전압과 주파수를 비교하여 이 시스템을 조절할 수 있다. 어떠한 차이라도 전압조절 회로(무효부하) 또는 정속구동장치(CSD)(실제 부하)에 보내져 출력조절이 이루어진다. 이러한 출력조절은 모든 모선의 부하배분이 균등해 질 때까지 계속된다.

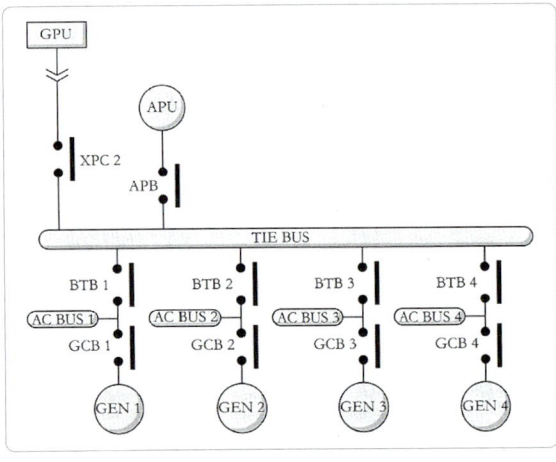

[그림 9-31] 발전기 병렬운전 시스템

이 병렬배열을 통해 발전기가 전 시스템에 전력을 공급하고 부하를 나누는 것이 가능해진다. 발전기 회로차단기(GCB)와 모선연결 차단기(BTB)가 닫혀 병렬로 작동될 때, 발전기가 연결모선(tie bus)을 통해 부하를 배분할 수 있다. 실제 부하배분은 정속구동장치(CSD)의 거버너(governor) 세팅으로 결정되는 발전기의 상대 속도에 의해 결정된다. 그러므로 실제 부하배분 조절은 발전기 속도를 조절해야 한다. 그러기 위해서 정속구동장치의 발전기 구동 토크를 수정한다. 교류 발전기가 병렬로 작동되려면, 다음과 같이 특정 한도가 충족되어야 한다.

- 발전기 간 주파수 차이가 4Hz보다 적어야 한다.
- 발전기 간 상전압 차이가 10V보다 적어야 한다.
- 발전기 간 위상각(phase angle) 차이가 90°보다 적어야 한다.

일반적으로 교류 시스템이 정상 운전될 때는 모든 발전기 회로차단기(GCB)와 모선연결 차단기(BTB)가 닫히게 되며 모든 발전기가 부하를 동등하게 배분한다. 만약 부하 불균형이 발생하면 발전기 제어장치(GCU)가 관련된 모선연결 차단기(BTB)를 작동시켜 배분된 부하로부터 발전기를 제거한다. 제거된 발전기는 단지 자신의 모선에만 전력을 공급한다. 반면에 다른 발전기들은 계속해서 모선에 연결된 부하를 배분한다. 만약 제거 발전기에 문제가 계속 남아있다면, 발전기 제어장치(GCU)가 작동해 발전기 회로차단기(GCB)를 작동시켜 발전기를 중단시킨다. 병렬 부하 배분 시스템은 구형 다발 교류전원 항공기에서 흔히 사용하고 있으며, 소형 쌍발 직류전원 항공기에서도 또한 사용되고 있다.

9.6.2 회로보호장치 (Circuit Protection Device)

현대 항공기에서 전기시스템은 일반적으로 발전기 제어장치(GCU)로 감시되고 제어되는 많은 보호 시스템을 가지고 있다. 여기에서는 항공기에서 흔히 사용되는 보호 장치들을 살펴보도록 한다.

9.6.2.1 차동전류보호장치
(Differential Current Protection Device)

차동전류보호장치의 기능은 발전기에서 매우 높은 전류를 발생시키거나 전기 화재까지 발생시킬 수 있는 배전 및 발전기의 합선을 감지하는 것이다. 발전기의 전류와 모선 전류의 차를 차동전류(differential current)라 하는 데, 차동전류보호장치로 3상 전류변압기(three phase current transformer)를 이용하여 각 상에서 한쪽은 발전기 출력을, 다른 한쪽은 모선의 부하를 측정한다. 다음 그림 9-32와 같은 3상 전류변압기는 전류 감지 신호를 보내는 세 개의 유도 픽업 코일(inductive pickup coils)로 구성되어 있다. 3상 교류를 공급하는 주 전원 리드(lead) 선은 전류변압기 내 구멍을 통해 지나가게 한다.

차동전류보호장치는 항공기 도처의 선간고장과 지락사고를 감지하기 위해 사용된다. 그림 9-33과 같이 작동 원리는 간단하다. 만약 전원에 남아있는 전류가 분배점에 도달한 값과 같다면, 아무 결함도 발생하지 않는다. 결함이 없다면 각 전류변압기에 유도된 전압이 동일하며, 그에 따라 저항기에서 흐르는 전류의 값은 0(zero)이다. 저항기에 흐르는 전류가 없으면 이를 지나는 전압이 떨어지지 않으며 고장신호(trip signal)가 발생하지 않는다. 고장이 발생한 상황이면, 전류변압기에 유도된 전압이 동일하지 않고, 그에 따라 회로에 전류가 흐르게 된다. 만약 선간 두 전류변압기 사이의 전류차(즉 고장전류)가 명시된 한계 값보다 크게 감지되면, 발전기 제어장치(GCU) 내 차동전류보호장치가 발전기 제어 계전기를 작동시켜 고장 부분을 격리시킬 수 있다.

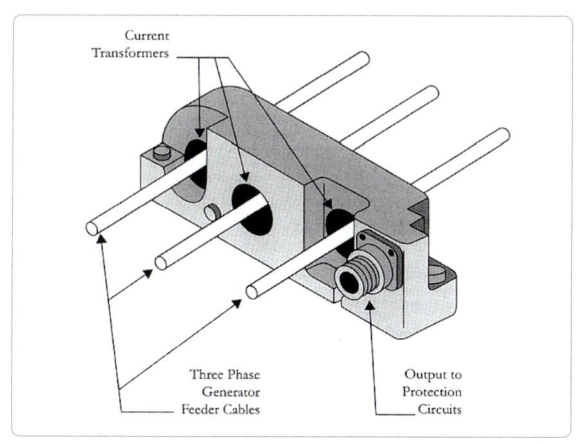

[그림 9-32] 3상 전류변압기

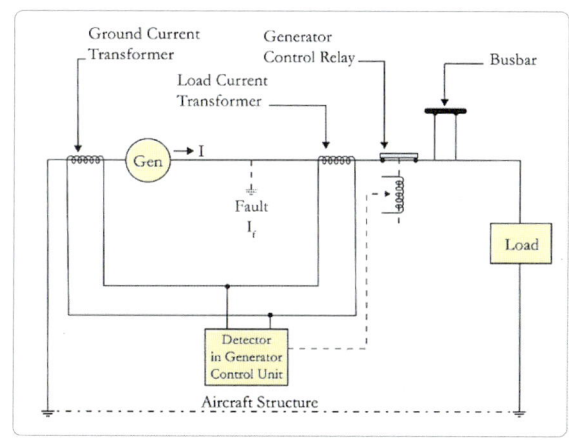

[그림 9-33] 차동전류보호장치

9.6.2.2 배선보호장치(Line Protection Device)

단락, 과부하, 그리고 전선 및 전기 시스템 장치로 구성된 회로에서 발생하는 결함들은 과도한 손상이나 장치 고장으로 이어질 수 있다. 흔히 사용되는 배선보호장치에는 퓨즈, 회로차단기, 전류제한기가 있다.

전류가 케이블에 흐르면 상응하는 자기장이 전류변압기 안에 유도된다. 항공기에서 발전기 제어장치(GCU)에 결합된 전류변압기의 전기신호는 회로보호장치를 조절하고 조종실의 오버헤드 패널(overhead panel) 내 부하계측기에 신호를 전달한다.

(1) 퓨즈(Fuse)

퓨즈는 주로 단락과 과부하 전류로부터 회로를 일차적으로 보호하기 위한 열보호장치(thermal protection device)이다. 퓨즈는 전기회로 내 약한 연결고리이며 과전류가 발생할 때 제일 먼저 파괴된다. 다음 그림 9-34와 같이 가장 단순한 형태의 퓨즈는 저융점 금속이나 선, 그리고 이것들을 보호하고 끊어질 때 발생할 수 있는 플래시(flash)를 예방하는 유리나 세라믹으로 만든 케이스로 구성된다. 과전류가 흐르면 열이 발생한다. 하지만 전선이나 다른 장치에 영향을 미치기 전에 훨씬 적은 전류용량(current carrying capacity)으로 퓨즈가 녹고 회로를 차단시킨다.

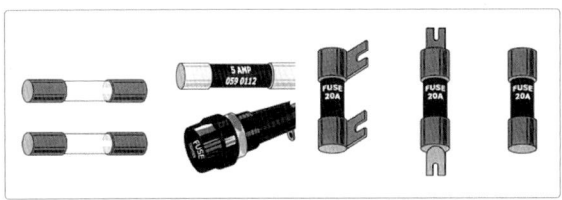

[그림 9-34] 항공기 퓨즈

일반적으로 퓨즈는 안정적 시스템 운영과 일치하는 최저 정격에 기반하여 선별된다. 하지만 비상 시스템에서는 퓨즈가 높은 값의 정격을 가지기도 한다. 하지만 이 값이 케이블에 손상을 입힐 정도는 아니다. 일부 항공기에서는 퓨즈가 나가면 퓨즈 홀더가 시각적 표시를 제공한다. 퓨즈 캡(fuse cap)은 퓨즈 파열 시 여러 색이 통합된 빛을 발광한다. 각 색깔은 각자 다른 전원 공급을 표시한다. 단상 교류 시스템에서는 보통 호박색 표시를 사용하며, 직류 시스템에서는 흰색 표시를 사용한다.

(2) 전류제한기(Current Limiter)

전류제한기 역시 열 장치이나, 높은 녹는점을 가지고 있어 파열되기 전에 많은 과부하 전류를 흘려보낼 수 있다. 전류 제한기는 가융 소자를 사용하며, 그림 9-35와 같이 연결이 용이한 러그형(lug type) 구리 조각(strip)이다. 중앙은 녹아서 끊어지는 부분으로 한쪽 면은 유리 혹은 운모(mica)로 만들어진 점검창과 사각 세라믹 하우징으로 되어있다. 전류 제한기는 정격용량의 약 80% 부하까지 견딜 수 있어 일반적으로 시동기-발전기의 높은 전류를 전송하는 회로를 보호한다.

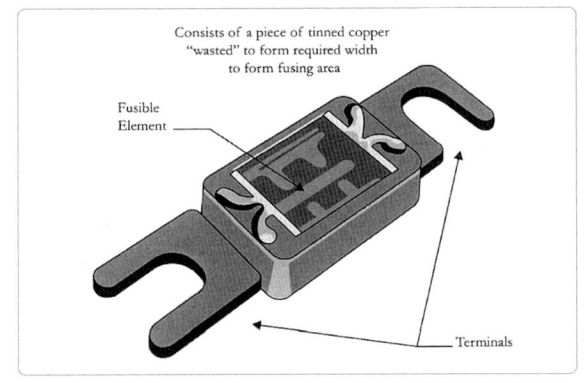

[그림 9-35] 전류제한기

(3) 회로차단기(Circuit Breaker)

회로차단기는 퓨즈나 전류제한기와 다르게, 그림 9-36과 같이 스위치로 넘어가는 전류가 바이메탈 소자(bimetallic element)를 가열하고 이로 인해 트립 장치(trip device)를 작동시켜 고장회로와 장치들을 보호한다. 회로차단기를 세팅하면, 스위치 접촉점 및 열소자(thermal element, TE)로 전류가 흐른다. 표준 전류 값일 때는 열소자에서 열이 발생하나 매우 빠르게 방출된다. 처음 온도가 상승한 후에는 온도가 지속적으로 유지된다.

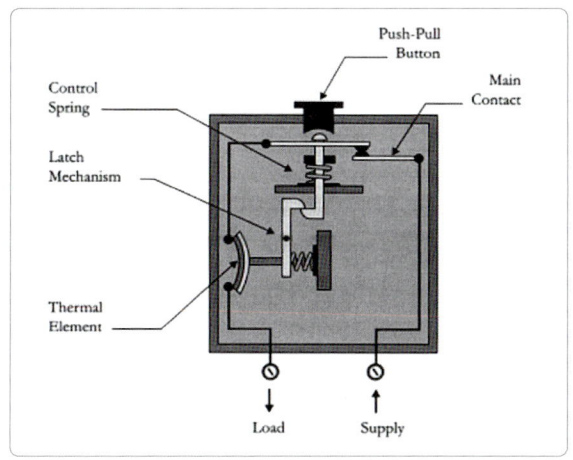

[그림 9-36] 세팅된 회로차단기

만약 전류가 표준 동작 값을 넘어가면, 그림 9-37과 같이 열소자 온도가 상승하기 시작하여 소자가 왜곡되어 용수철 래치(latch)를 밀어 풀어서 제어 스프링이 주 접촉점을 개방시키고, 부하를 전원으로부터 차단시킨다.

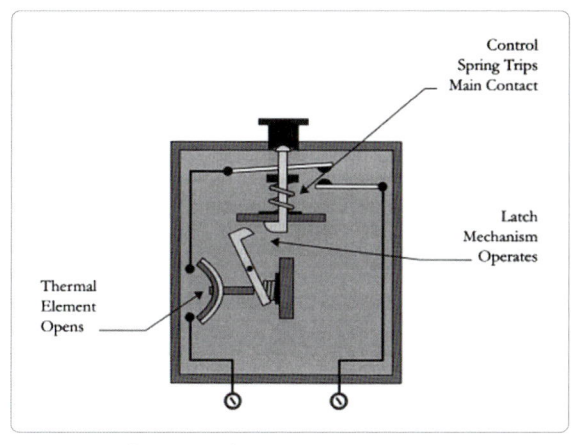

[그림 9-37] 트립시 회로차단기 작동

회로차단기는 유지보수하는 동안, 비행 중 불용 시스템이나 장치를 전기적으로 차단시키는 데 사용되기도 한다. 그림 9-38과 같이 태그가 달린 회로차단기 안전잠금 링(circuit breaker safety lockout ring)은 항공기에서 수리 중이거나 제거된 장치에 연결된 회로차단기를 실수로 닫아버리는 것을 예방한다. 안전잠금 링은 끼우고 제거하는 것이 간단하며 링은 하얀 글씨가 쓰인 빨간 꼬리표이다. 꼬리표에는 "REMOVE BEFORE FLIGHT(비행 전 제거하시오)" 라는 문구가 쓰여 있다.

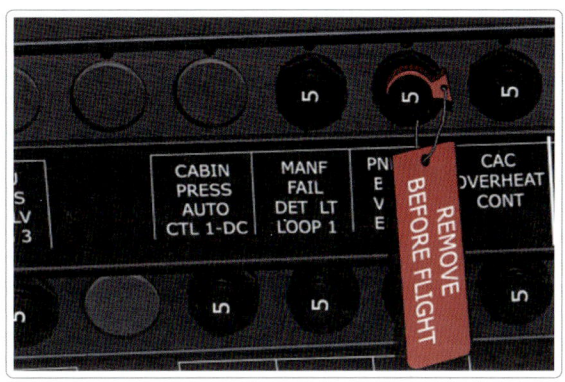

[그림 9-38] 회로차단기 안전잠금 링

9.6.3 전자회로차단기 (Electronic Circuit Breaker, ECB)

전자 회로차단기(ECB)는 좀 더 균등한 항공기 배전 시스템을 구축하며, 현대적인 전자 비행계기시스템(EFIS)의 제어반을 통해 전기체계를 감시하고 제어할 수 있다. 전자비행계기시스템(EFIS)은 고도, 운항, 엔진 정보에 사용될 뿐 아니라 전자 체계 안전 감시, 개별 회로 상태 제어 및 회로 결함 대응의 기능도 가지고 있다. 전자회로차단기(ECB)의 회로 보호는 열 회로차단기와 다르지 않지만, 단순히 회로 결함을 감지하는 것 이상의 많은 기능을 수행한다. 전자 회로차단기(ECB)는 지능적이고 설정을 변경할 수 있으며 기계회로차단기에 없는 기능들을 제공한다. 예를 들어, 전자회로차단기(ECB)는 착륙등의 고장을 감지하거나 엔진 시동 회로의 이상을 감지할 수 있다.

전형적인 기계회로차단기의 평균고장간격(mean

time between failure, MTBF)은 17,000시간이다. 전자회로차단기 한 개의 평균고장간격은 약 1,000,000시간이다. 그리고 사용 사이클은 기계회로차단기가 30,000 사이클 정도인 반면에 전자회로차단기(ECB)는 약 20억 사이클 정도이다. 전자회로차단기는 기계회로차단기를 대체해 사용되면서 상당한 무게와 공간을 절약하고 수많은 부하를 다루면서 신뢰도가 향상되었다. 최근 항공시스템 통합에 대한 접근으로 전자회로차단기를 대체하면서 부하차단(load shedding), 비상시 전원분배, 유틸리티 수행과 같은 전자부하관리도 가능해졌다.

9.7 동력 변환 / Power Conversion

항공기에서 2차 동력을 제공하는 장치로 인버터(inverter), 변압기-정류기 장치(transformer rectifier units, TRU)가 있다.

9.7.1 인버터(Inverter)

인버터는 항공기의 직류 전원을 교류로 바꾸는 장치이며 보통 400Hz 전류를 공급한다. 인버터는 회전형(rotary)과 고정형(static), 두 가지 유형이 있으며 단상 및 다상 모두 가능하다.

9.7.1.1 회전형 인버터(Rotary Inverter)

회전형 인버터는 기본적으로 다음 그림 9-39와 같이 간단히 직류전동기와 교류발전기로 구성된다. 인버터가 작동할 때, 전동기의 전기자와 분권 계자권선에 직류가 공급된다. 또한 발전기의 계자를 여자시킨다. 즉 전동기는 발전기를 가동시키고, 발전기는 3상 교류 115V를 출력한다. 발전기 계자에 직렬로 연결된 저항기를 통해 흐르는 직류를 제어하여 전압을 조절한다. 발전기의 출력 주파수가 전동기의 회전 속도에 좌우되기 때문에, 전동기 분권 계자 권선(shunt field winding)에 프리셋(preset) 저항기를 직렬로 연결시켜 주파수를 조절할 수 있다. 이는 충분한 계자 여자 전류를 발생시켜 전동기와 400Hz의 출력을 내는 발전기에 전력을 제공한다.

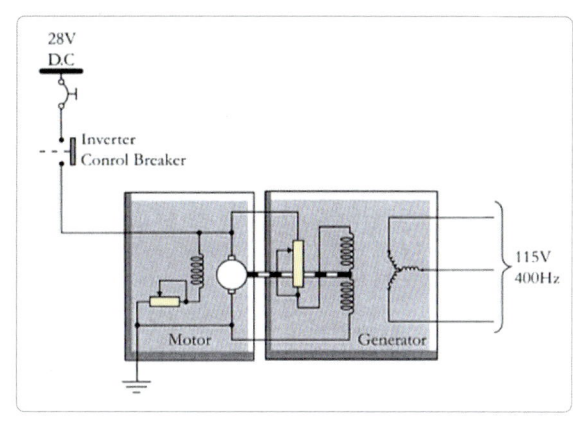

[그림 9-39] 회전형 인버터

9.7.1.2 고정형 인버터(Static Inverter)

고정형 인버터는 회전형 인버터와 같은 변환 기능을 가지나 움직이는 부분은 없다. 고정형 인버터는 반도체를 이용한 부품을 사용하기 때문에 비교적 작고 가볍다. 또한 요구되는 정격 출력에 따라 항공기에 사용되는 인버터는 대기속도계(airspeed indicator)보다 크지 않다. 고정형 인버터는 대체로 주 교류발전기 고장 시 주요 시스템에 비상 교류전원을 공급한다. 일부는 주파수에 민감한 항공장비에 교류전원을 공급한다. 그림 9-40과 같이 고정형 인버터의 입력직류는 400Hz 주파수를 발생시키는 정현파 발진기(oscillator)의 전원으로 사용된다. 발진기의 출력은 변압기 1차 권선에 공급되며 권선비와 시스템 요구에 따라 2차 권선은 400Hz 26V 또는 115V의 전압을 공급한다. 가장 현대적인 인버터는 두 전압을 모두 발생시키는 독립된 출력이 가능하다.

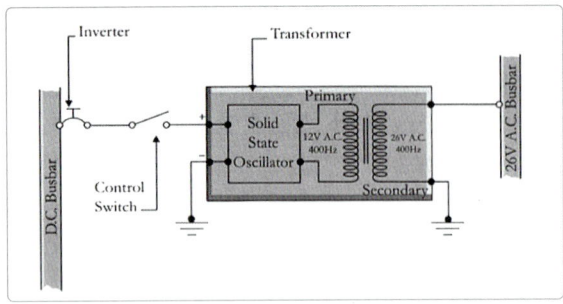

[그림 9-40] 고정형 인버터

9.7.2 변압기-정류기 장치 (Transformer Rectifier Units, TRU)

변압기-정류기 장치(TRU)는 교류전원을 직류전원으로 바꾸는 장치로 그림 9-41과 같이 변압기와 정류기가 결합된 구조이다. 대다수의 현대 항공기는 직류전원의 주 동력원으로 변압기-정류기 장치(TRU)를 사용한다. 주요 교류 모선 마다 각각 하나의 변압기-정류기 장치(TRU)가 설치된다. 병렬로 연결되어 부하를 분담하고 출력되는 직류는 각 모선에 공급된다. 변압기-정류기 장치(TRU)는 규정된 3상 교류 400Hz 200V에서 작동하고 28V 100~500A의 직류를 출력한다.

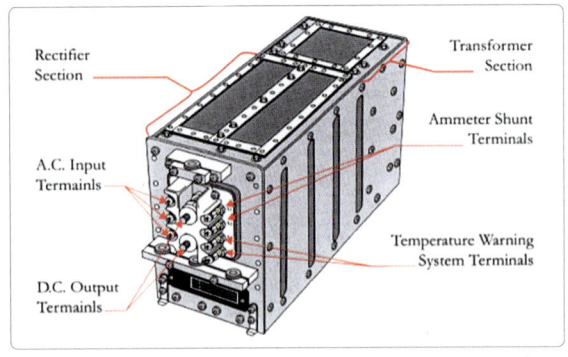

[그림 9-41] 변압기-정류기 장치

변압기-정류기 장치(TRU)는 그림 9-42와 같이 변압기와 두 개의 3상 브릿지 정류기로 구성되어 있다. 변압기는 관례적인 1차 Y결선(스타결선)과 2차 △결선(삼각결선)이 있다. 각 2차 권선은 여섯 개의 다이오드와 연결되어 있다. 직류 출력단자에서 전류계가 전류를 측정하고 정류기의 출력측에(100A 50mV로 떨어지는)전류 분류기가 연결되어 있다.

열스위치(thermal switch)는 변압기-정류기 장치(TRU)의 과열 상태를 경고한다. 이 스위치는 외부 직류전원에서 직류를 공급받고 독립적으로 경고등과 연결된다. 각 접촉점의 온도가 약 150℃에서 200℃로 증가하면 접촉점이 닫히게 된다. 교류전원 항공기의 변압기-정류기 장치(TRU)는 직류전압을 출력해 항공기 배터리를 충전시킨다.

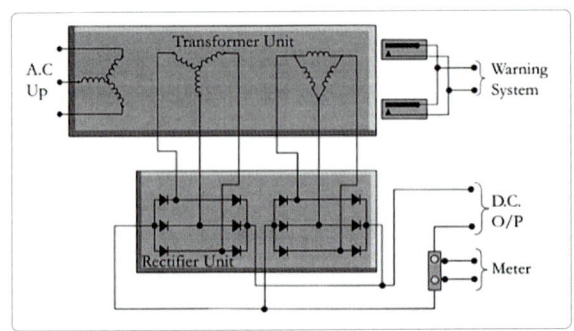

[그림 9-42] 변압기-정류기 장치 회로도

9.8 비상전원
Emergency Power

9.8.1 지상동력장치 (Ground Power Units, GPU)

항공기가 지상에서 유지보수하는 동안 엔진을 가동시키고 특정 전기 시스템을 작동시키는 경우에 전원을 공급한다. 항공기 배터리는 이런 전원을 공급할 수 없다. 외부전원의 주된 역할은 비상전원을 공급하는 것이다. 따라서 항공기 배전시스템에 외부전원이 연결될 수 있는 별도의 회로장치를 갖추는 것이 필수적이다. 헬리콥터는 이동식 지상동력장치(ground power units, GPU)로부터 전력을 공급받을 때, 다음 그림 9-43과 같이 헬리콥터 기체 아래쪽에 위치한 외부 전원연결기나 리셉터클(receptacle)을 통해 연결한다.

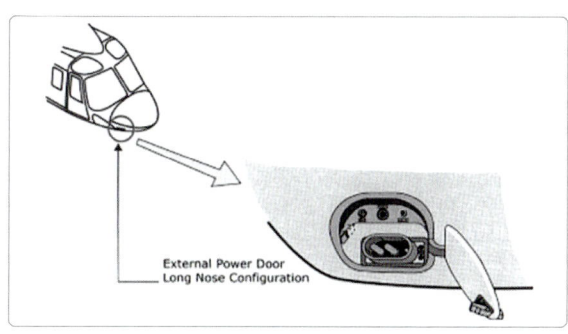

[그림 9-43] 헬리콥터 외부전원 연결

9.8.2 보조동력장치 (Auxiliary Power Unit, APU)

그림 9-44와 같은 보조동력장치는 항공기 엔진 가동과 전력공급을 위해 많이 사용된다. 보조동력장치는 대부분의 항공기에서 기내 백업(backup)용으로 사용된다. 보조동력장치는 하나 또는 두 개의 발전기가 있으며, 발전기는 앞쪽 기어박스에 부착되어 적절한 전력을 제공한다. 만약 항공기가 보조동력장치를 갖추지 않거나 보조동력장치가 작동하지 않는다면, 지상동력장치(GPU)로 충분한 전력을 공급할 수 있다.

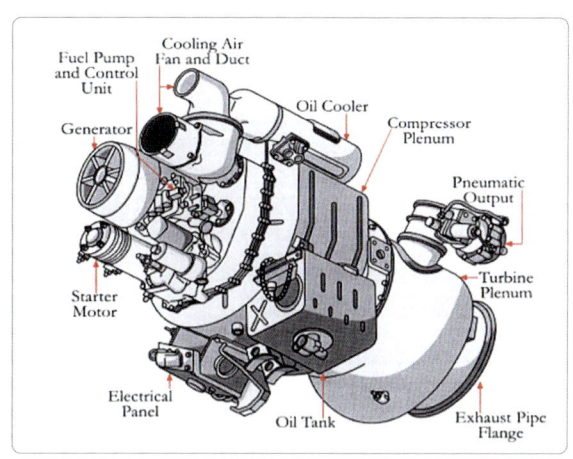

[그림 9-44] 보조동력장치

9.8.3 램 에어 터빈 (Rram Air Turbine, RAT)

현대 항공기는 대부분 비상시 램 에어 터빈(RAT)을 사용한다. 만약 1차 전원과 보조 전원이 모두 공급 불가할 때, 램 에어 터빈(RAT)이 필수 전기시스템에 동력을 공급한다. 그림 9-45과 같이 일반적인 상태의 램 에어 터빈(RAT)은 기체(혹은 날개)에 들어가 있어 비상전력 상실 시 자동적으로 사용된다. 전력 상실 후 램 에어 터빈(RAT)를 사용하기까지 항공기 배터리가 사용된다. 램 에어 터빈(RAT)은 항공기 속도로 전력을 발전시킨다. 따라서 항공기 속도가 느리면 램 에어 터빈(RAT)은 전력을 덜 생산하게 된다.

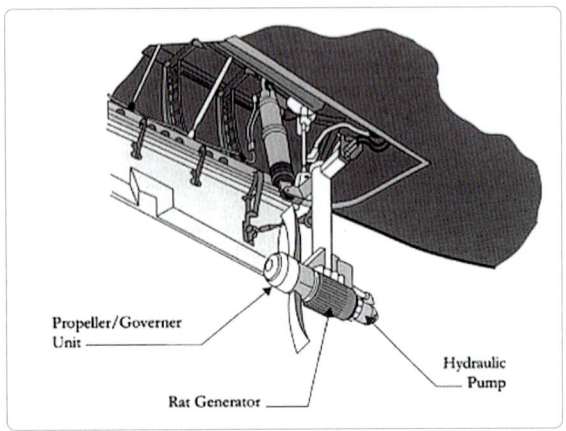

[그림 9-45] 램 에어 터빈

9.8.4 예비 발전기(Standby Generator)

일부 항공기는 별도로 비상 정속 전동기-발전기(emergency constant speed motor-generator, CSMG)를 가지고 있다. 만약 교류전원이 끊기면, 이 비상 발전기가 자동적으로 작동해서 3상 교류전원을 공급한다.

제10장 계기계통

10.1 서론(Introduction)
10.2 동압-정압계기 시스템(Pitot-Static System)
10.3 자이로계기 시스템(Gyroscopic Instrument System)
10.4 자기컴파스 시스템(Magnetic Compass System)
10.5 자세방위표준 시스템(Attitude and Heading Reference System)
10.6 진동계기 시스템(Vibration Indicating System)
10.7 글래스 칵핏(Glass Cockpit)
10.8 기타 항공기 계기

헬리콥터

10.1 서론
Introduction

국제민간항공기구(ICAO)은 항공기 조종실의 계기배치에 대해 다음과 같이 최소한의 요건을 정하고 있다.

- 모든 계기는 조종사가 쉽게 읽을 수 있도록 적절한 곳에 장착되어야 한다.
- 어두운 조건에서 적절한 계기 조명을 제공해야 하며, 조종사에게 직접 비추거나 반사되어서는 안 된다.
- 비행, 항법 및 엔진계기는 항상 승무원이 쉽게 볼 수 있도록 장착해야 한다.
- 계기판을 통해 항공기 외부로 비행 승무원의 시야가 자연스럽게 이동하도록 계기를 장착해야 한다.
- 모든 주요 비행계기는 계기판에 그룹화하여 조종사가 쉽게 볼 수 있도록 하고 표준 형식으로 적절히 장착되어야 한다.
- 모든 엔진 계기는 계기판에 그룹화하여 비행 승무원이 쉽게 볼 수 있도록 해야 한다.

다음 그림 10-1과 같이 4대 계기, 즉 대기속도계(airspeed indicator), 자세계(attitude indicator), 고도계(altitude indicator), 방향지시계(direction indicator)를 기본 T자 형식으로 그룹화한다.

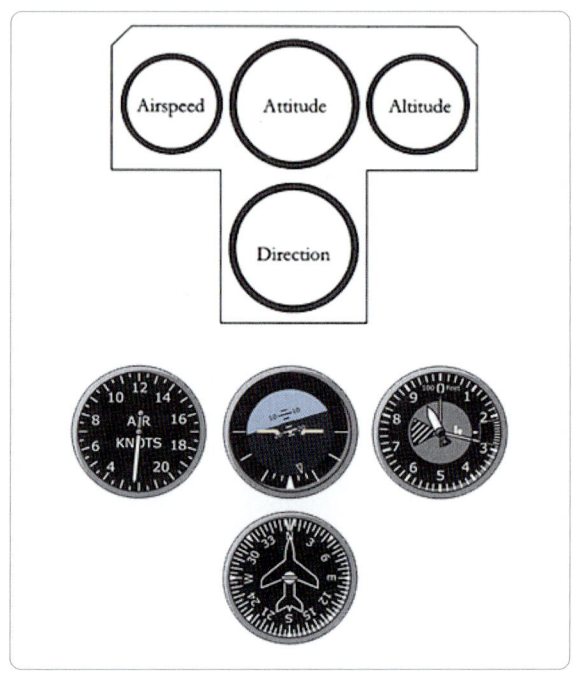

[그림 10-1] 기본 T형 계기판

계기들은 항상 기본 T형 계기판 주위에 간격을 두고 장착된다. 더 강조하기 위해 때때로 T형 주위에 경계선을 그려서 조종사의 주의를 집중시키기도 한다. 항공기에 사용되는 기구는 사실상 고정익 항공기에 사용되는 기기와 동일하며, 헬리콥터 기호는 종종 고정익 항공기로 표시된다. 그림 10-2는 대표적인 아날로그 헬리콥터의 비행 계기판이다.

[그림 10-2] 아날로그 비행 계기판

조종석은 어느 항공기에서나 바쁜 곳이지만, 최근 마이크로칩이 발전함에 따라 항공기 장비의 신뢰도가 높아지게 되었다. 이제 많은 시스템 기능을 자동화하여 필요에 따라 조종사에게 제공할 수 있다.

1980년대 초반부터 항공기는 디지털 계기판으로 교체되었고 지시되는 정보는 디스플레이 화면으로 이동되었다. 이것을 흔히 글래스 칵핏(glass cockpit) 또는 전자비행계기시스템(electronic flight instrument system, EFIS)이라 한다. 그림 10-3은 현대 항공기의 비행 계기판의 예를 보여준다.

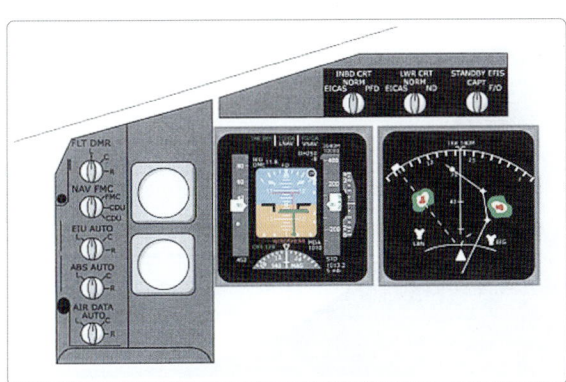

[그림 10-3] 디지털 비행계기판

10.2 동압-정압계기 시스템
Pitot-Static System

항공기의 동압-정압계기 시스템의 복잡성은 항공기의 크기, 유형, 승무원 수, 계기 수 및 디스플레이 시스템의 유형에 따라 달라진다. 단순한 소형 항공기의 경우 그림 10-4와 같이 동압튜브(pitot tube), 정압벤트(static vent), 고도계(altimeter, ALT), 대기속도계(airspeed indicator, ASI), 승강계(vertical speed indicator, VSI) 등 기본 계기로 구성된다. 이 시스템은 개인 비행이나 기본 훈련에 사용되는 소형 항공기에 사용되기 충분하지만, 현대의 항공기는 훨씬 더 정교하기 때문에, 조종사를 위한 기본 대기자료(air data) 표시장치뿐만 아니라 몇 가지 다른 매개변수에 대한 정보를 수신하기 위한 자동항법(auto pilot), 진대기속도(true air speed, TAS) 등과 같은 다른 시스템도 필요하다.

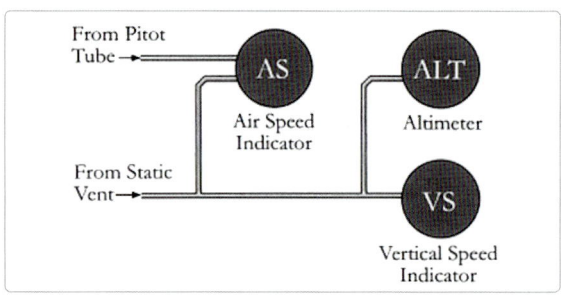

[그림 10-4] 기본적인 동압-정압계기 시스템

일반적인 대기자료 시스템의 매개변수를 측정하기 위해 아래와 같은 사항이 포함되며, 그림 10-5와 같이 설치된다.

- 외부 대기온도(outside air temperature, OAT)
- 중앙 대기자료 컴퓨터
  (central air data computer, CADC)
- 정압온도계/진대기속도계(SAT/TAS indicator)

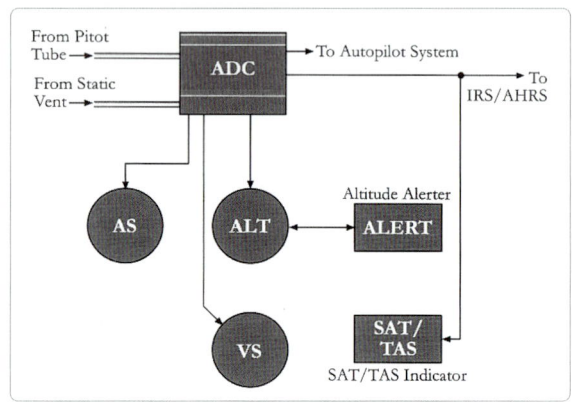

[그림 10-5] CADC 동압-정압 계통도

이 시스템에서의 중앙 대기자료 컴퓨터(CADC)는 동압-정압 시스템으로부터 직접 데이터를 수신하고 내부 센서를 사용하여 공압 계산을 위해 전기 신호로 변환한다. 계산된 결과는 전자서보기기(electromechanical servo) 또는 전자비행계기시스템(EFIS) 화면에 표시하기 위한 디지털 데이터 형식으로 변환된다. 추가적으로, 대기자료 컴퓨터 출력정보는 자세방향표준시스템(AHRS), 자동조종시스템 등에 제공된다.

10.2.1 동압튜브(Pitot Tube)

항공기의 동압-정압(pitot-static) 시스템은 항공기를 둘러싼 공기를 지속적으로 샘플링(sampling)한다. 동압(pitot) 요소는 항공기의 전진 움직임에 의해 생성된 총 압력을 샘플링하고 정압(statics) 요소는 주변 대기의 압력을 샘플링한다.

일반적으로 동압을 샘플링하는 동압튜브(pitot tube)는 다음과 같은 위치에 장착한다.

- 항공기 주변의 자연기류(natural airflow) 교란(disturbance)이 최소인 위치
- 항공기 자세(aircraft attitude) 변화에 영향을 받지 않는 위치

이러한 기준은 항공기 설계자에게 문제를 제시하며 동압관의 위치는 항공기 유형, 최대 속도, 공기역학적 형태 등에 따라 달라진다.

그림 10-6은 헬리콥터 동압튜브의 설치 예를 보여준다. 동압튜브는 일반적으로 노즈 콘(nose-cone) 앞쪽이나 노즈 섹션 어느 한 쪽에 위치한다. 가열소자(heating element)는 일반적으로 동압튜브와 그 지지 기둥(mast)에 장착되며, 이음매를 방지하기 위해 교류 또는 직류 전원을 공급한다. 압력 헤드의 가장 낮은 지점에 외부 배수구를 배치하여 튜브에 물이 쌓이지 않도록 한다.

언급된 기준을 충족시키기 위해 동압튜브를 장착하는 것이 항상 쉬운 것은 아니며, 이 경우 동압튜브의 위치는 기술적으로 동압오류(pressure errors, PE)라고 불리는 부정확한 결과를 초래할 수 있다. 이 동압오류(PE) 값은 프로토타입(prototype) 헬리콥터의 초기 비행 시험 동안에 결정되며, 헬리콥터의 최종 설계에서 보상될 수 있다.

느린 속도로 비행하는 항공기의 경우, 동압오류(PE)는 보통 대수롭지 않고 무시할 수 있다. 속도가 빠른 항공기 또는 심각한 오류가 있는 항공기의 경우, 동압오류(PE) 보정은 대개 여러 가지 방법 중 하나에 자동으로 포함된다. 대부분의 현대 항공기는 이미 보정자료를 가지고 있는 중앙 대기자료 컴퓨터(central air data computer, CADC)를 사용한다.

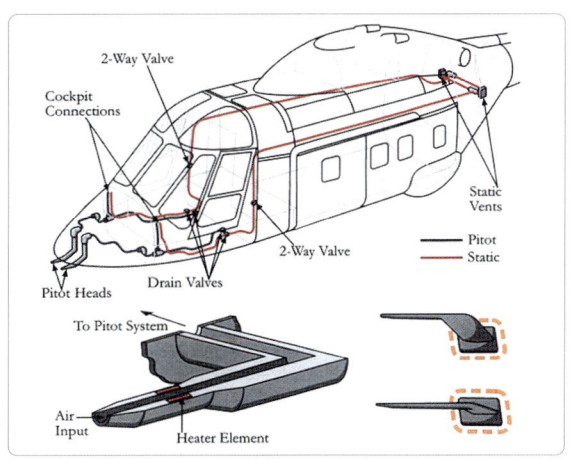

[그림 10-6] 헬리콥터 동압튜브의 설치

10.2.2 정압벤트(Static Vent)

항공기를 둘러싼 정압은 정압벤트(static vent)에 의해 측정된다. 오류를 줄이려면 다음과 같은 위치에 장착해야 한다.

- 항공기 주변의 자연기류(natural airflow) 교란이 최소인 위치
- 항공기의 자세(attitude) 변화에 영향을 받지 않는 위치
- 항공기의 비행 속도(airspeed) 변화에 영향을 받는 위치
- 난류(turbulence)의 영향을 받지 않는 위치

정압벤트는 보통 놋쇠(brass)로 만들어진다. 항공기는 보통 각 시스템에 2개의 정압 포트(static port)가 장착되어 있으며, 동체 양쪽을 서로 연결한다. 한쪽의 압력 증가로 발생되는 사이드 슬립(side slip)에 대해 균형을 이루기 위해, 다른 한쪽에서는 그에 상응하는 압력감소가 유발된다. 대부분의 대형 항공기는 여러 개의 정압벤트를 가지고 있으며 각 판에는 여러 개의 포트가 있을 수 있다. 그림 10-7은 일반적인 정압벤트의 설치를 보여준다.

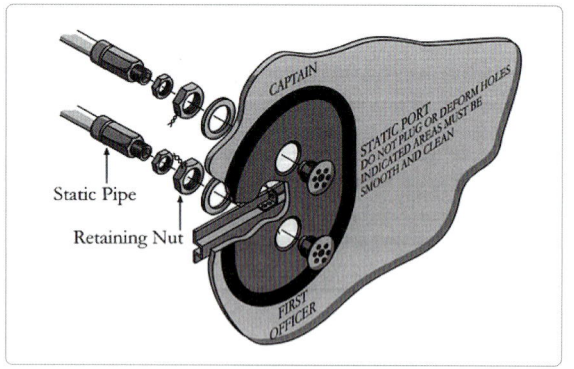

[그림 10-7] 정압관 설치

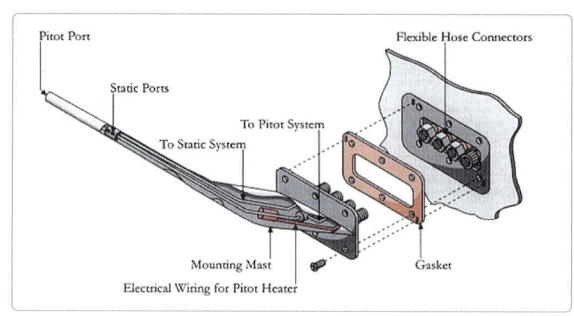

[그림 10-8] 동압-정압 프로브의 설치

동압튜브와 마찬가지로 정압벤트 설치 시 관련 기준을 충족하는 것이 쉽지 않다. 정압벤트의 위치는 기술적으로 정압오류(static source error)라고 하는 부정확성을 야기할 수 있다. 이러한 오류는 프로토타입(prototype) 항공기의 초기 비행시험 동안에 다시 결정되며 항공기의 최종 설계에서 보상될 수 있다.

느린 속도로 비행하는 항공기의 경우, 오차는 보통 미미하며 무시할 수 있다. 속도가 빠른 항공기 또는 심각한 오류가 있는 항공기의 경우, 정압오류수정(static source error correction, SSEC)은 일반적으로 여러 가지 방법 중 하나에 자동으로 포함된다.

앞에서 언급했듯이, 대부분의 현대 항공기는 컴퓨터의 메모리에 이러한 보정을 이미 보유하고 있는 중앙 대기자료 컴퓨터(CADC)를 사용한다. 일부 항공기는 동압 포트와 정압 포트를 하나의 조립체로 결합하는데, 이를 동압-정압 프로브(probe)라고 하며, 그림 10-8과 같다.

10.2.3 고도계(Altimeter)

항공기 동압-정압 시스템의 주요 목적은 항공기의 고도, 비행 속도 및 수직 속도를 정확하게 판독하는 것이다. 고도계는 고도를 계산할 때 고도가 높아질수록 대기압이 감소하는 원리를 사용한다. 압력 고도를 측정하기 위해 정압벤트는 정압대기압력을 측정하고 이를 고도계로 직접 공급한다. 고도계는 밀폐되어 있으며 그림 10-9와 같이 내부에 얇은 금속판으로 만들어진 아네로이드(aneroid) 캡슐이 들어있다.

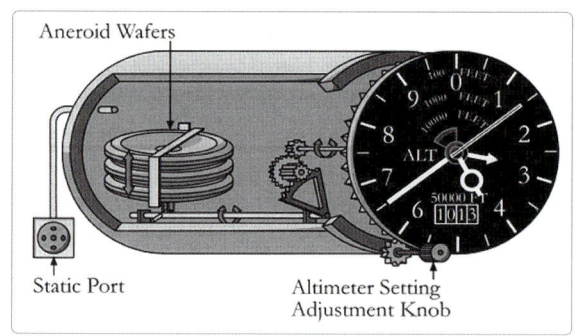

[그림 10-9] 고도계

고도가 높아질수록 고도계 내부 압력이 감소하며 아네로이드 캡슐은 팽창하게 된다. 캡슐의 움직임은 그림 10-9에 나타낸 것과 같이 레버(lever)와 기어(gear)를 통해 지시 포인터(pointer)로 전달된다. 약 10,000ft 까지 기압은 고도가 30ft 상승할 때마다

1[mb]만큼 감소한다. 이와 같은 단순한 구조의 고도계는 낮은 고도에서 비행하면서 느린 상승률을 가진 항공기에 적합하다. 고도가 10,000ft 이상으로 상승하면 오류가 발생한다. 그 이유는 다음과 같다.

- 대기압의 비선형 변화로 인해 높이에 따라 포인터 지시값이 점점 부정확해진다.
- 승하강 시 히스테리시스(hysteresis) 현상에 의해 고도계의 지시값은 항공기의 실제 고도에 비해 최대 10%까지 지연된다.
- 고도 증가에 따른 온도 변동
- 기어 베어링 및 레버의 마찰

이러한 오류를 극복하기 위해, 고도계는 그림 10-10과 같이 100ft 단위로 지시하는 포인터 하나로 구성된 눈금판이나 20ft, 50ft, 100ft 단위로 지시하는 포인터로 구성된 드럼형 표시판을 사용한다. 이는 고도 변화에 빠르게 대응하기 위한 표시판이다.

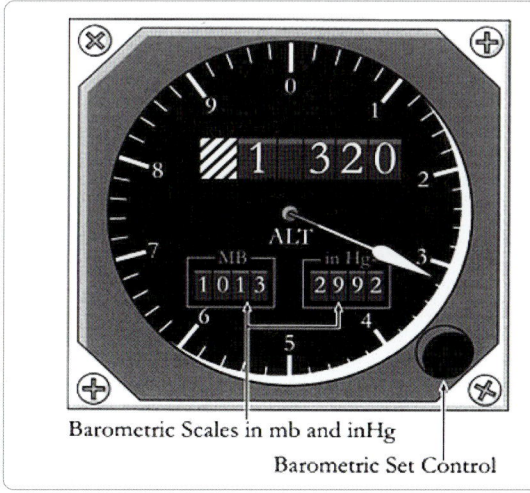

[그림 10-10] 드럼형 고도계 표시판

기압 설정 노브(knob)를 조정해 아네로이드 캡슐의 움직임을 수정하여 기압 기준을 변경한다. 대부분의 고도계는 그림 10-10과 같이 [MB] 또는 [inHG]로 설정을 선택할 수 있도록 제공한다. 압력과 고도의 관계는 비선형이다. 하지만 고도는 표시판에 선형으로 표시되어야 한다. 따라서 포인터 지시값은 1,000ft 단위로 표시되도록 해야 한다.

아네로이드 캡슐 고도계는 자동 조절이 되어 있어 고도를 측정하는 가장 간단하고 가장 일반적인 수단이다. 기계적인 고장을 방지하기 위한 조명과 진동자(vibrator)를 제외하고는 작동을 위한 전력이 필요치 않다.

하지만 정확도가 급격히 떨어지는 고도에서 성능이 제한된다. 또한 기계적인 마모가 발생하기 쉽고, 비행 승무원이 고장 상태를 모니터링 할 장치도 제공되지 않는다. 아직까지 백업 계기로 사용되지만 현대 항공기들은 서보고도계(servo altimeter)로 대체되었다.

다음 그림 10-11과 같이 가장 기본적인 서보 고도계에서는 레버와 기계식 어셈블리가 전기식 픽오프(pick-off) 코일로 대체되었다. 전기식 픽오프(pick-off) 코일은 아네로이드 캡슐의 기계적 움직임을 전기적 신호로 변환한다. 신호의 강도는 캡슐 변위량, 즉 정압에 비례하며 신호의 각 위상은 변화의 방향을 나타낸다. 이 신호는 증폭되어 포인터와 디지털 판독값을 움직이게 하는 서보모터에 공급된다.

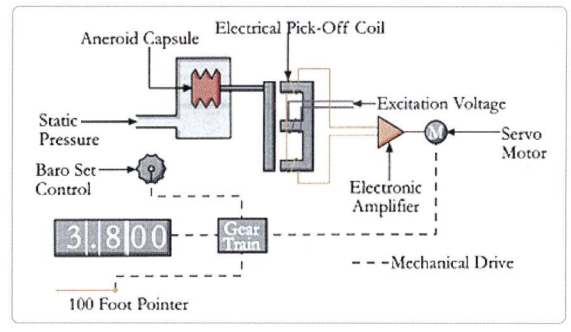

[그림 10-11] 서보 고도계 픽오프

중앙 대기자료 컴퓨터(CADC)가 탑재된 정교한 항공기도 서보 고도계를 사용하지만, 정압관의 공압 입력은 없다. 대신 중앙 대기자료 컴퓨터(CADC)는 정압벤트부터 공압 입력을 수신하여 이를 전기 신호로 변환한 다음 항공기의 고도를 계산한다. 고도값은 서보 고도계로 데이터 버스(bus)를 따라 전송하기 위해 디지털 데이터로 변환된다. 서보 고도계는 이 데이터 문자열을 전기 신호로 변환하여 그림 10-12에 표시된 것처럼 포인터와 디지털 판독값을 구동시킨다.

[그림 10-12] 서보 고도계 표시판

10.2.4 대기속도계(Air Apeed Indicator, ASI)

지상에 정지해 있는 항공기는 정상적인 대기압, 즉 모든 표면에 동일하게 작용하는 정지압력을 받는다. 비행 시 기류의 충격력으로 인해 항공기는 전방에 추가 압력을 받게 된다. 동적 압력(dynamic pressure)이라고 불리는 이 추가 압력은 공기의 밀도와 항공기의 전방 움직임에 따라 달라진다. 정압이 모든 항공기에 대해 동일하게 작용하기 때문에 전방의 총압력은 동압, 즉 동적 압력과 정압의 합이 된다. 이는 다음과 같은 수학적 방정식으로 나타낼 수 있다.

동압 = 동적 압력 + 정압

항공기의 비행 속도를 측정하기 위해, 대기 속도계 (ASI)는 동압튜브에 의해 샘플링된 동압을 측정하고 정압벤트에서 측정한 정압을 뺀다. 동적 압력은 항공기의 표시비행속도(indicated airspeed, IAS)이다. 다음 그림 10-13은 간단한 대기속도계(ASI)를 나타낸다.

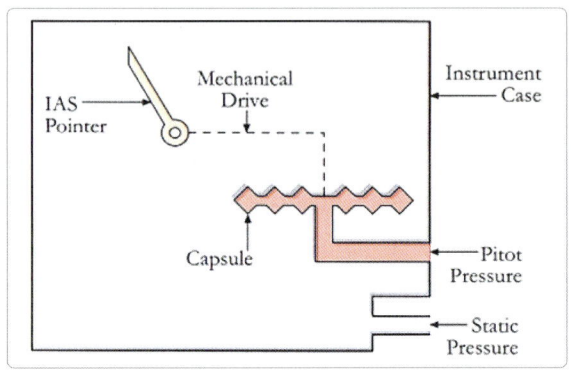

[그림 10-13] 대기 속도계(ASI)

계기 주변에 정압이 있는 반면, 캡슐에는 동압이 공급된다. 이 압력 차이는 동적 압력과 같다. 이 압력차는 항공기 속도와 관련이 있으며 차이가 클수록 비행속도가 빨라진다. 캡슐의 움직임은 보정된 눈금을 중심으로 회전하는 일련의 기계적 링크와 레버를 통해 바늘로 전달된다. 실제로 압력차는 비행속도의 제곱에 따라 변화한다. 기류의 동적 압력은 다음 공식에 의해 계산될 수 있다.

$$P = \frac{1}{2}\rho V^2 [N/m^3]$$

여기서, ρ : 공기밀도$[kg/m^3]$, V : 비행속도$[m/s]$

이는 수학적인 관점에서 볼 때 괜찮지만, 표시비행속도(IAS)는 항공기에서 [kts/h] 또는 [mph] 단위로 측정되므로 비행 승무원의 사용 지표에는 적합하지 않다. [m/s2]을 [kts/h]로 변환하지만 판독하기 어려워 조종사들은 판독값을 정확하게 해석하기 위해 저속에서 더 큰 스케일이 필요하다. 그림 10-14는 대표적인 예를 보여준다.

[그림 10-14] 대기속도계(ASI) 스케일

10.2.5 승강계(Vertical Speed Indicator, VSI)

승강계(VSI)도 정압 입력을 사용하며 절대값 보다는 그 변화율을 반영한다. 그림 10-15는 단순한 승강계(VSI)의 구성을 나타낸다. 정압이 계기 케이스 내부와 캡슐 내부에 직접 공급된다. 그러나 계기 케이스에 입력되는 정압은 초크(choke) 같은 조절장치가 있는 경로를 통과한다.

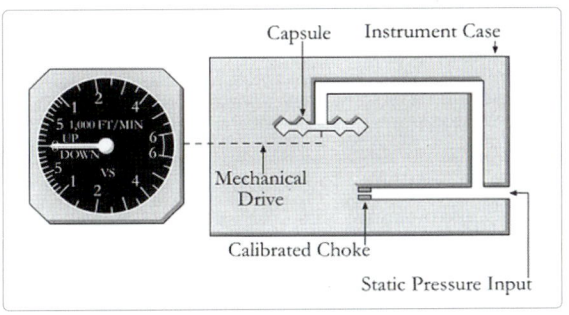

[그림 10-15] 간단한 승강계(VSI)의 구성

항공기가 상승할 때 캡슐이 수축하고, 초크(choke)에 의해 제한되는 케이스 내부압력보다 캡슐내부 압력이 더 빠르게 하락한다. 따라서 항공기 승하강 시 초크(choke)는 계기 케이스의 정압 변화 속도를 제한하여 캡슐의 정압이 더 빠른 속도로 변화하도록 한다. 이것은 캡슐과 계기 케이스 사이의 압력차이(pressure differential)를 만들어 포인터가 적절한 방향으로 움직이게 한다. 고도계와 마찬가지로 캡슐의 이동은 수천 [ft/min] 단위로 주석을 단 보정된 눈금을 중심으로 회전하는 일련의 기계적 링크와 레버를 통해 포인터에 전달된다. 초크는 캡슐과 계기 케이스 사이의 압력 차이가 항공기의 수직 속도를 나타내도록 보정된다. 수평 비행에서 캡슐과 계기 케이스 내부의 압력은 몇 초 안에 동일해지고 포인터는 0으로 돌아온다.

그림 10-16과 같이 승강계(VSI)는 항상 0이 시계의 9시 위치에 오도록 설정된다. 이렇게 하면 승하강 비행 시 포인터가 수평이 되어 조종사가 정확하게 인식하도록 돕는다.

[그림 10-16] 승강계(VSI)

대부분의 승강계는 항공기 성능에 따라 최대 범위가 ±4,000~±6,000ft로 되어 있어 낮은 상승 또는 하강 속도에서 더 나은 가독성을 제공한다. 승강계 캡슐은 고도계와 마찬가지로 자기수용성이 있고, 기능을 발휘하기 위해 전기적 입력이 필요하지 않기 때문에 수직 속도를 측정하는 간단하고 일반적인 수단이다. 그러나 특히 높은 상승 또는 하강 속도에서는 초크가 작동 지연을 일으키기 때문에 성능이 불규칙할 수 있다. 이것은 저성능 항공기에 대해서는 허용되지만, 높은 상승률이나 하강률을 낼 수 있는 현대 항공기에서는 문제를 일으킬 수 있다. 이를 극복하기 위해, 그림 10-17과 같은 순간 승강계(instantaneous vertical speed indicator, IVSI)가 개발되었다. 기존 승강계와 기본 구조는 같지만 가속도계 소자를 장착하여 보다 빠른 차압변화를 유도한다. 이러한 순간 가속은 정압 차이가 설정되기 전에 포인터에 적절한 움직임을 제공한다.

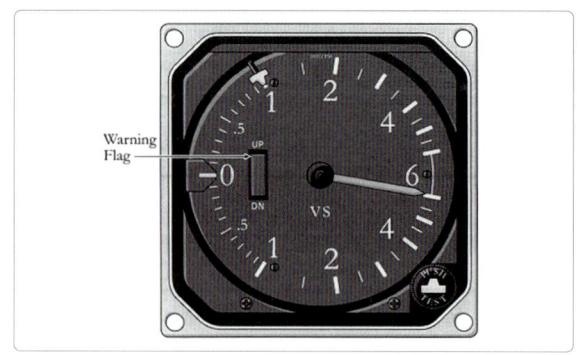

[그림 10-18] 서보 승강계 표시

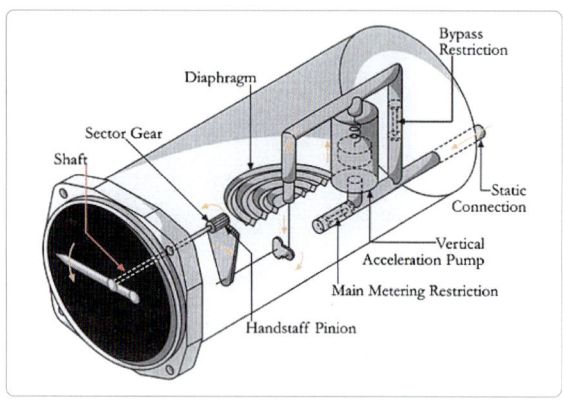

[그림 10-17] 순간승강계(IVSI)

공압식 승강계와 순간승강계(IVSI)는 기계적인 마모가 쉽고 조종사에게 고장 상태를 경고하기 위한 모니터링 장치가 없다. 다른 기계장치와 마찬가지로, 중앙 대기자료 컴퓨터(CADC)의 도입으로 디스플레이가 거의 비슷해 보이지만 서보모터에 의해 구동되는 표시판으로 대체되었다. 이러한 표시판은 기존 승강계보다 반응이 좋으며 지연 문제가 없다. 또한 가볍고 신뢰성이 높으며 고장 상태에 대한 경고를 제공한다. 그림 10-18은 대표적인 예를 보여주고 있다.

그림 10-19는 현대 항공기의 전자비행계기시스템(EFIS)의 주비행표시장치(PFD)에서 고도, 대기속도, 수직속도가 어떻게 표시되는지 보여주고 있다.

[그림 10-19] 주비행표시장치

10.3 자이로계기 시스템
Gyroscopic Instrument System

10.3.1 자이로(Gyroscope)

그림 10-20과 같이 자이로에는 로터(rotor), 내측 짐벌(inner gimbal) 및 외측 짐벌(outer gimbal) 등 몇 가지 구성 요소가 모두 지지대(base)에 장착되어 있다. 짐벌(gimbal)은 지지대가 기울어지거나 위치가 변경될 때 로터(rotor)가 어떤 위치를 가정하고 그 위치를 유지할 수 있도록 해주는 장치다.

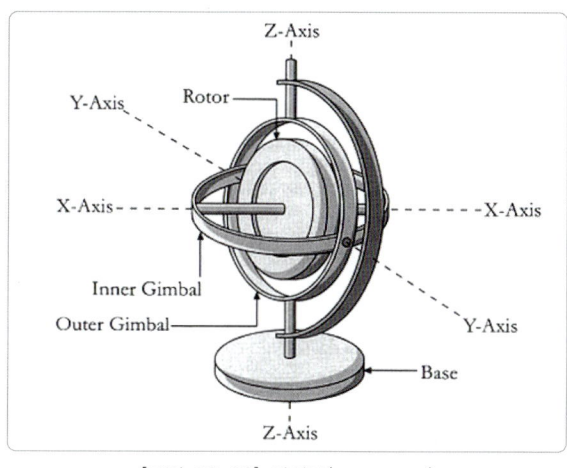

[그림 10-20] 자이로(gyroscope)

보통 무거운 바퀴인 로터(rotor)는 X축을 중심으로 회전하지만 Y축과 Z축을 중심으로 자유롭게 회전할 수 있다. 즉, 우주에 있는 어떤 위치도 가정할 수 있다. 그림 10-20과 같이 짐벌(gimbal)을 사용할 때, 자이로는 유니버설 마운티드(universal mounted)라고 한다. 모든 자이로는 다음과 같이 두 가지 기본 특성을 가지고 있다.

- 강직성(rigidity) 또는 관성(inertia) : 자이로의 회전축은 뉴턴의 제1운동 법칙에 따라 힘이 가해지지 않을 경우 공간에 고정된 방향을 유지하는 경향이 있다.
- 섭동성(precession) 또는 세차운동 : 자이로의 회전축은 가해지는 힘의 방향 직각으로 회전하는 경향이 있다.

10.3.1.1 이(2) 자유도 자이로 (Two Degrees-of-Freedom Gyro)

자이로의 두 가지 특성, 즉 강직성(rigidity)과 섭동성(precession)은 조종사가 인공 수평의(artificial horizon), 컴파스(compass) 등의 정보를 나타낼 수데 사용된다. 자이로는 축의 수와 축의 자유도(degree-of-freedom)로 분류된다. 그림 10-20은 (2) 자유도(two degree-of-freedom)를 가진 2개의 짐벌이 장착된 자이로이다. 로터, 내측 짐발, 외측 짐발은 3개의 주축을 중심으로 균형을 이룬다.

이(2) 자유도 자이로는 각 변위(displacement) 정보를 감지, 측정 및 전송하는 데 사용할 수 있으며 안정화된 수치가 필요한 수직 및 수평면을 설정하는 데 사용된다. 자이로의 2개의 자유도는 2개의 그룹으로 더 세분될 수 있다. 첫 번째 그룹에서 자이로의 회전축은 지구의 표면에 수직이 되므로 자이로의 회전축은 수평면에서 회전한다. 두 번째 그룹에서 자이로의 회전축은 지구 표면과 평행하여 자이로의 회전축은 수직면에서 회전한다.

예를 들어 자이로 컴파스의 자이로 회전축은 남북 자오선(north-south meridian)의 평면에 정렬된 지구 표면과 평행하게 유지된다. 일단 설정되면, 자오선 평면 밖으로 세차하도록 왜곡시키는 힘이 작용하지 않는 한 계속해서 북쪽을 가리킬 것이다. 이러한 자이로는 회전축 방향에 따라 추가로 분류된다. 지구 표면에 수직인 회전축을 가진 자이로는 수직자이로(vertical gyro)라고 하며, 일반적으로 피치(pitch)와 롤(roll)에서 항공기 변위를 측정하는 데 사용된다. 지구 표면에 평행한 스핀 축을 가진 자이로는 수평 자이로(horizontal gyro)라 한다. 일반적으로 요(yaw)에서 항공기 변위를 측정하는 데 사용된다.

10.3.1.2 일(1) 자유도 자이로 (One Degree-of-Freedom Gyro)

한 개의 축에서만 자유롭게 기울일 수 있는 자이로는, 그림 10-21과 같은 일(1) 자유도를 가지고 있다.

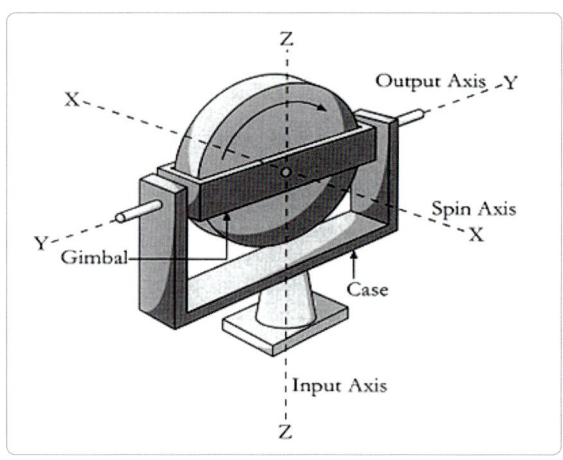

[그림 10-21] 일(1) 자유도 자이로

레이트 자이로(rate gyro)라고도 불리는 이 자이로는 특별히 한 축에서만 세차운동(precess)이 가능하도록 탑재되어 있으며, 각도율(angular rate)을 측정하는 데 사용할 수 있다. 로터는 일반적으로 스프링과 같은 수단에 의해 세차운동이 억제된다. 이것은 전류를 제한할 뿐만 아니라 각도가 변하지 않을 때 로터를 중립 위치로 되돌리기 위해 행해진다. 자이로의 세차운동량은 세차운동을 일으키는 힘에 비례한다. 따라서 이 유형의 자이로는 방향을 나타내기보다는 시간에 따른 각도의 변화를 나타낸다. 레이트 자이로(rate gyro)는 입력 축에 대한 회전 속도를 측정한다. 그래서 종종 항공기 자동안정기(auto stabilizer) 시스템에 사용된다.

10.3.1.3 오차(Error)

자이로 작동 오차는 기계적 편류와 지구 회전에 의해 야기된다. 기계적 편류(drift)를 실제 편류 또는 실제 표류(real wander)라 한다. 이 기계적 편류의 원인은 다음 두 가지 요인이다.

- 불균형(imbalance) : 설계 범위에서 벗어난 속도나 온도에서 작동할 때 동적 불균형 상태가 되는 경우가 많다. 자이로의 정적 불균형은 무게 중심이 세 개의 주요 축 교차점에 없을 때 발생한다. 제조 공정이 완벽하게 균형 잡힌 자이로를 생산할 수 없기 때문에 두 종류의 불균형이 어느 자이로에서나 나올 수밖에 없다.

- 베어링 마찰(bearing friction) : 짐벌 베어링의 마찰은 에너지 손실과 짐벌의 부정확한 위치를 초래한다. 로터 베어링의 마찰은 실제 표류(real wander)를 유발하지만 마찰은 비대칭이 경우에만 발생한다. 로터 베어링 주위의 모든 마찰은 강직성(rigidity)에 영향을 미치는 회전 속도에 변화를 준다. 자이로에서 기계적인 편류현상의 완전한 제거는 불가능할 수도 있다. 그러나 적절한 설계와 정밀 공학을 통해 최소로 유지할 수 있다.

자이로 옆에 서 있을 때, 시간이 진행됨에 따라 회전축은 24시간 내에 한 번의 회전을 하는 것처럼 보인다. 그러나 자이로가 고정되어 있고, 관찰자인 우리와 지구가 둘 다 회전하고 있다는 것이다. 자이로에 대한 지구 회전의 영향을 외부 편류(apparent drift), 겉보기 세차운동(apparent precession), 겉보기 표류(apparent wander), 겉보기 회전(apparent rotation) 등으로 부른다.

10.3.1.4 짐벌락(Gimbal Lock)

자이로는 다른 기계와 마찬가지로 마모 및 파손의 영향을 받는 베어링 등을 가지고 있다. 자이로가 차단되면 레벨링(leveling) 회로가 해제되고 짐벌락(gimbal lock) 현상이 초래될 수 있다. 이것은 그림 10-22와 같이 짐벌이 움직여서 짐벌축과 회전축이 일치할 때 발생한다. 사실상 자이로는 하나의 자유도를 상실하고 상실한 축에 대한 움직임은 실제 표류(real wander), 보다 정확하게는 토플링(toppling)이라고 불리는 결과를 초래할 수 있다.

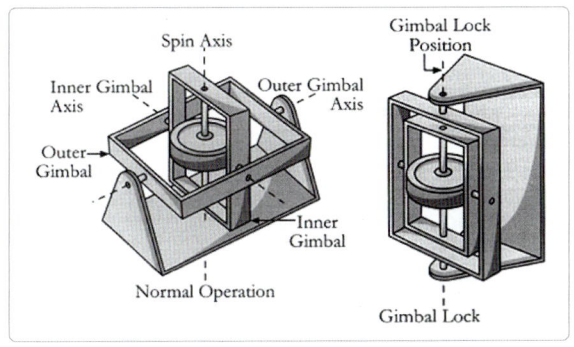

[그림 10-22] 짐벌락

이러한 현상을 방지하기 위해, 많은 자이로에는 계기 전면에 설치된 케이징 노브(caging knob)에 의해 동작하는 케이징 메커니즘(caging mechanism)이 설정되어 있다. 케이징 노브(caging knob)는 일반적으로 고정된 레벨과 위치에서 로터를 물리적으로 제약하는 데 사용할 수 있다. 경우에 따라서는 케이징 노브(caging knob)를 조정하여 자이로를 다시 정상적으로 작동할 수 있도록 재설정할 수 있다.

10.3.1.5 인공수평의(Artificial Horizon, AH)

인공수평의(artificial horizon, AH) 및 자세지표(attitude indicator, AI)의 목적은, 명칭에서 알 수 있듯이 조종사에게 지구 표면, 즉 수평선과 관련된 항공기의 자세를 연속적으로 그려 보여주는 것이다. 이를 위해서는 항공기의 피치(pitch) 및 롤(roll) 축에 대해 이동의 자유가 있는 자이로를 선택해야 하며 지구 표면과 관련하여 수직인 회전축을 사용해야 한다. 자유 자이로(free gyro)가 하루 종일 시간이 흐르면서 방황하는 것처럼 보일 것이다. 해결책은 자이로를 어떻게든 직립시켜 스핀 축이 지구 표면에 수직이 되도록 하는 것이며, 이는 그림 10-23과 같이 항상 수평선을 참조하는 인공 수평선을 사용하게 된다.

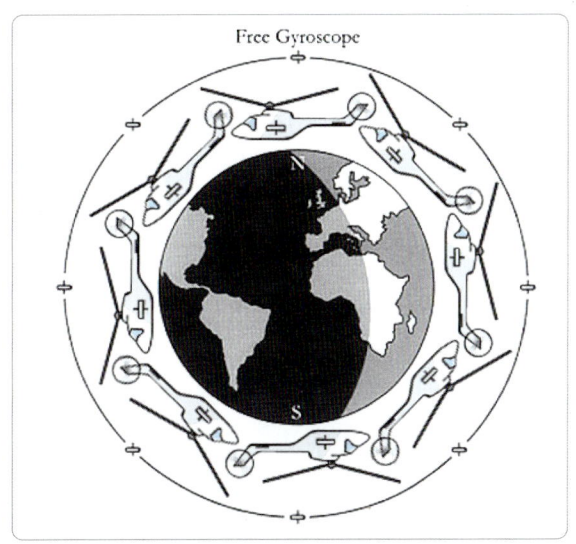

[그림 10-23] 자유로에 대한 고정 기준

이러한 자이로는 회전축을 수직으로 유지하므로 수직 자이로(vertical gyro)라고 하며 헬리콥터의 피치 및 롤 축의 시뮬레이션에 항상 사용된다. 이 경우 자이로는 수평선을 기준으로 단단하고 꼿꼿한 상태를 유지하며 헬리콥터가 이동함에 따라 그림 10-24와 같이 자이로와 헬리콥터 사이의 변위 각도를 측정할 수 있다.

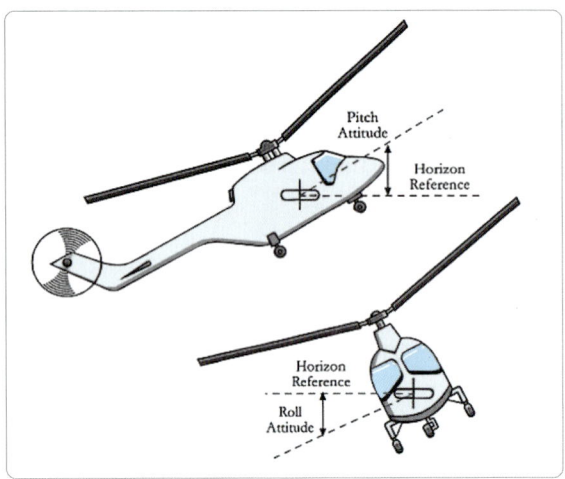

[그림 10-24] 수직 자이로의 동작

10.3.2 자세 지시계 (Attitude Director Indicator, ADI)

인공수평의(AH)와 자세 지표계(AI)의 도입으로, 기본 지표에 기능을 추가하여 자세 지시계(ADI)가 만들어졌다. 자세 지시계(ADI)는 여러 항공기 전자계통으로부터 정보를 입력을 받아 비행표시와 관련된 여러 정보를 제공하는 다기능 표시장치다. 자세 지시계(ADI)는 지평선과 관련된 항공기의 자세를 나타내기 위해 주로 사용되지만 대개 내부 신호보다는 원격으로 탑재된 수직 자이로부터 피치 및 롤 신호를 수신한다. 또한 항공기에서 사용할 수 있는 여러 센서의 지표를 표시할 수 있다.

그림 10-26은 주조종표시장치(primary flight display, PFD) 화면에서 자세 지시계(ADI) 정보가 전자적으로 표시되는 것을 나타낸다.

수평선에 대해 수직 자이로 레벨을 유지하기 위해 자이로 내의 중력 마이크로스위치로 모터를 구동하여 내부 짐벌을 똑바로 세우도록 한다. 그림 10-25는 가장 기본적인 인공 수평의이다. 항공기의 노우즈(nose)는 계기에 고정 장착된 "새 날개 모양의 Gull-Winged" 막대로 묘사된다. 밝은 파란색 부분은 하늘을 나타내고, 어두운 부분은 땅을 나타낸다. 수직 자이로와 함께 인공수평의(AH)는 계기함 내에 들어 있으며 오작동 시 경고 플래그가 표시된다.

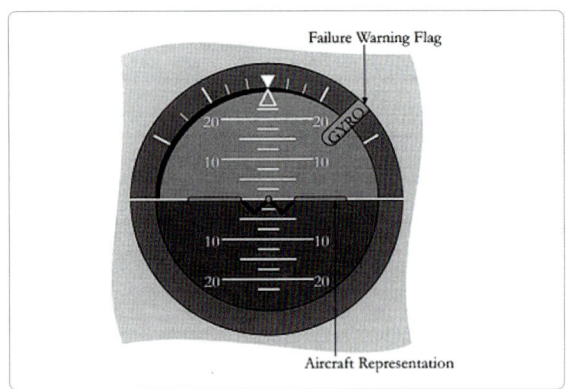

[그림 10-25] 기본적인 인공 수평의

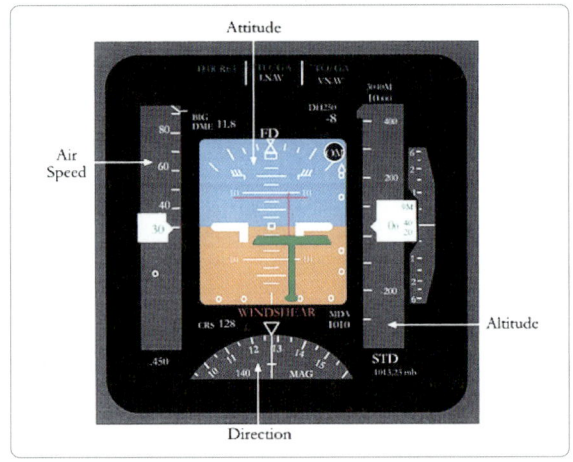

[그림 10-26] 주조종표시장치의 자세지시계

10.3.3 방향지시계(Direction Indicator)

방향지시계(direction indicator, DI)는 때로는 방위표시계(heading indicator)라고도 불리며, 국제민

간항공기구(ICAO)의 기본 T자형을 구성하는 필수 계기 중 하나이다. 방향지시계(DI)는 자기컴파스(magnetic compass)의 오차 특성과 관계없이 일정한 방향기준을 조종사에게 제공하기 때문에 방향자이로(directional gyro, DG)라고도 불린다. 방향지시계(DI)는 계기함에 내장된 방향자이로(DG)를 가진 자급식(self-contained)과 원격 방향자이로(DG)에 의해 구동되는 독립형(standalone)이 있다. 자급식은 항공기의 진공시스템이나 항공기 전기시스템에서 발생하는 기류에 의해 구동되며 360° 움직임에 맞게 보정된다.

자기컴파스(magnetic compass)는 대부분의 소형 항공기에 방향을 설정하는 주요 수단이지만, 복각(magnetic dip) 즉 높은 북위도와 남위도에서 지구자기장의 하향 경사로에 의해 오차가 발생한다. 복각(magnetic dip) 오류는 항공기의 롤링(rolling) 혹은 가속/감속할 때마다 자기컴파스가 잘못 판독되어 항공기 비행을 어렵게 만든다.

이를 극복하기 위해, 조종사는 방향자이로가 마그네틱 딥과 가속도 오류의 영향을 받지 않기 때문에 방향지시계를 참조하여 항공기를 조종한다. 이를 정확히 진행 위해서는 조종사가 비행을 시작하기 전에 방향지시계를 기수 자방위(magnetic heading) 쪽으로 설정해야 한다. 항공기에 전원이 공급되면 방향자이로는 속도 및 수평축까지 움직이며 조종사가 항공기의 기수 자방위로 설정했을 때, 초기 기준은 다음 그림 10-27과 같이 된다.

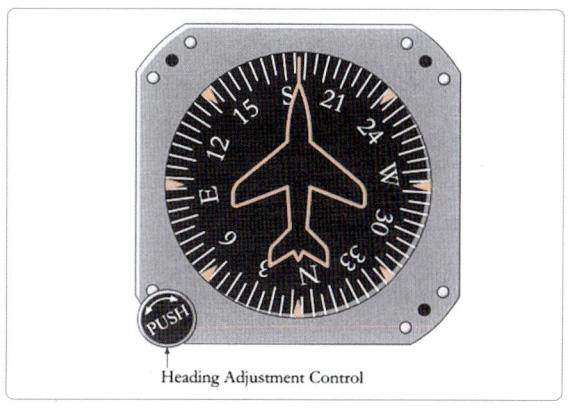

[그림 10-27] 방향지시계

방향자이로(DG)가 완전히 수직상태가 된 후 사용하려면, 조종사는 기수방위 조정을 이용하여 기수방위를 자기컴파스(magnetic compass)로 설정하지만, 15분마다 기수방위를 확인하거나 재설정하여 베어링 등의 마찰로 인한 자이로의 편류현상(drift)에 대한 보상을 해야 한다.

10.3.4 수평자세지시계 (Horizontal Situation Indicator, HSI)

일반적으로 정교한 항공기에 장착되는 수평자세지시계(HSI)는 현재 위치에 대한 항공기의 항법상황을 그림으로 나타낸 계획도를 통해 조종사에게 제공하며, 다음과 같은 사항들을 추가로 제공한다.

- 기본 컴파스 정보
- 시스템 내부 거리 측정
- 항로 혹은 계기착륙 유도 전파 발신기 편차측정
- 활공각 편차
- 방위 버그(bug) 위치 표시

ICAO 규칙을 준수하기 위해 항공기는 그림 10-28과 같이 정조종사와 부조종사의 주계기판인 자세지시계(ADI) 아래 수평자세지시계(HSI)를 장착한다.

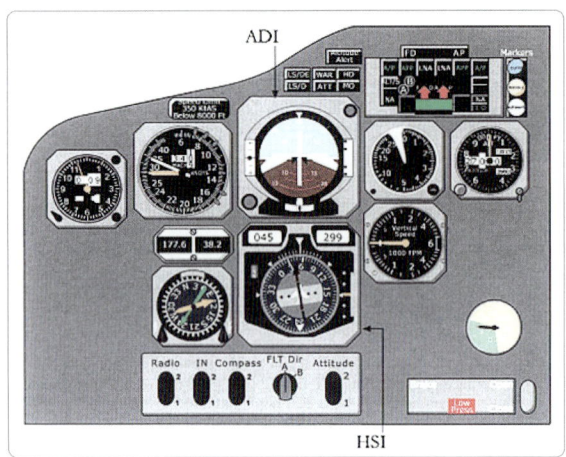

[그림 10-28] 자세지시계(ADI)와 수평자세지시계(HSI)의 위치

10.3.5 선회경사계(Turn & Slip Indicator)

조종사들은 항공기 선회 시 조종제어를 위해 선회경사계(turn & slip indicator)를 사용한다. 특히 계기비행규칙(instrument flight rule, IFR)의 조건, 즉 구름이나 어둠 등으로 인해 항공기 바깥을 볼 수 없는 조건 하에서 비행할 때 사용한다.

이 계기의 경사계(inclinometer)는 일반적으로 알코올이 채워진 구부러진 유리 튜브 안에 검은색 유리 공이 밀봉되어 있다. 공은 자유롭게 움직일 수 있고 항공기가 회전하는 동안 중력과 관성력의 크기를 나타낸다. 항공기가 직선 및 수평 비행 중일 때, 볼은 관성을 느끼지 못하므로 경사계의 중심에 두 개의 수직선이 표시된다.

헬리콥터가 선회하면서 경사가 너무 가파르면 중력이 관성을 이기고 공은 선회 시 안쪽까지 굴러 내려가는데, 이는 헬리콥터가 슬립(slip)하고 있음을 나타낸다. 그러나 경사 각도가 너무 적으면 관성력이 중력을 이기고 공이 선회 시 바깥쪽으로 굴러 올라가는데, 이는 헬리콥터가 스키드(skid)하고 있음을 나타낸다. 선회경사계는 다음 그림 10-29와 같이 턴 니들(turn needle)이라는 포인터를 사용하여 회전 방향과 속도를 표시한다.

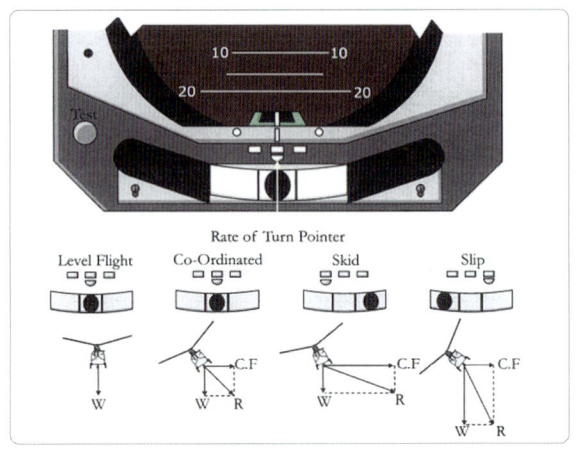

[그림 10-29] 선회 각도 표시

10.3.6 선회계(Turn Coordinator)

선회계(turn coordinator)는 항공기의 선회 속도, 롤링(rolling) 속도, 그리고 선회의 질이나 조정에 관한 정보를 표시한다는 점에서 선회경사계와 약간 다르다. 선회계는 선회 경사계(turn & slip indicator)를 대체해서 사용되는 경우가 있다. 다음 그림 10-30은 선회계를 나타낸다. 이 선회계에서, 항공기 심볼의 날개끝이 L 또는 R 위치에 있을 때, 표준 선회 속도는 3°/sec를 나타낸다.

[그림 10-30] 선회계

선회계에서 자이로 30° 기울어져 장착되어 항공기가 선회할 때, 선회 뿐 만 아니라 롤(roll)에도 반응한다. 항공기가 롤링(rolling) 될 때, 처음에는 선회계 반응은 선회속도가 아니라 롤링 속도에 비례하지만 롤링이 멈추면 선회계는 회전 속도를 나타낸다. 그림 10-31은 선회 경사계와 선회계의 구조차이를 보여준다.

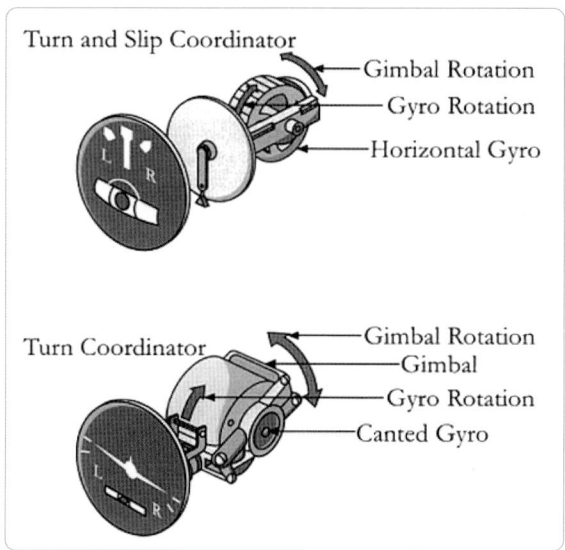

[그림 10-31] 선회경사계와 선회계의 구조차이

10.4 자기컴파스 시스템
Magnetic Compass System

자기 컴파스(magnetic compass)는 방향을 찾기 위한 장치로서, 대개 자침이 자동으로 자성 북쪽 방향으로 회전한다. 자기 컴파스는 수세기 동안 존재해 왔고 지구는 북극과 남극이라는 두 개의 자석이 있는 거대한 자기장에 둘러싸여 있기 때문에 지리적으로 작동한다. 실제로, 자북(magnetic north)의 자기장 방향이 진북(true north)과 일치하지 않고 시간이 지나면서 변한다. 자북과 진북의 각도 차이를 자침 편차(magnetic variation, declination)라고 한다.

자기컴파스는 남북 자극을 연결하는 자기력선을 감지함으로써 작동하며, 그림 10-32와 같이 컴파스 포인터는 이러한 자기력선에 정렬한다. 그러나 자극 근처에서는 자기력선이 지구로 곧장 수직방향이 되므로 자기 컴파스는 신뢰할 수 없게 된다.

항공기는 직독식 컴파스(direct reading compass)와 원격지시 컴파스(remote reading compass)의 두 가지 유형의 컴파스를 가질 수 있다.

10.4.1 직독식 컴파스 (Direct Reading Compass)

간단한 직독식 컴파스(direct reading compass)는 단발 왕복엔진 항공기부터 최신 에어버스 A380에 이르기까지 모든 항공기의 필수 장비다. 직독식 컴파스는 수직 카드형(vertical card type)과 격자형(grid steering type) 두 가지 유형이 있다. 두 종류의 주요 차이점은 마그네틱 배열, 방위표시방법, 편차보정장치의 배열 등이다. 편차는 지구 자기장 의 영향으로 발생한 오차이다.

격자형(grid steering) 컴파스는 컴파스 보울(bowl) 위에 위치한 격자링(grid-ring)을 기준으로 움직이는 포인터와 필라멘트(filament)를 사용한다. 직독식 컴파스 중 가장 인기 있는 것은 E2 시리즈로, 많은 항공기에서 예비 컴파스로 사용된다. 이 컴파스는 거품(bubble)처럼 보이도록 설계되었으며, 그림 10-33과 같이 두 개의 평행 자석과 수평 자석이 있는 원형 표시 카드가 장착되어 있다.

이 카드는 항공기 자세 변화를 보상하기 위해 중심을 잡고, 자유롭게 기울고 회전할 수 있도록 액체로 채워진 케이스 안에 부유한다. 보통 실리콘 액체(예, kerosene)를 사용하는 데, 이는 컴파스의 빠른 움직임과 진동을 억제하는데 도움을 준다. 만약, 공기 방

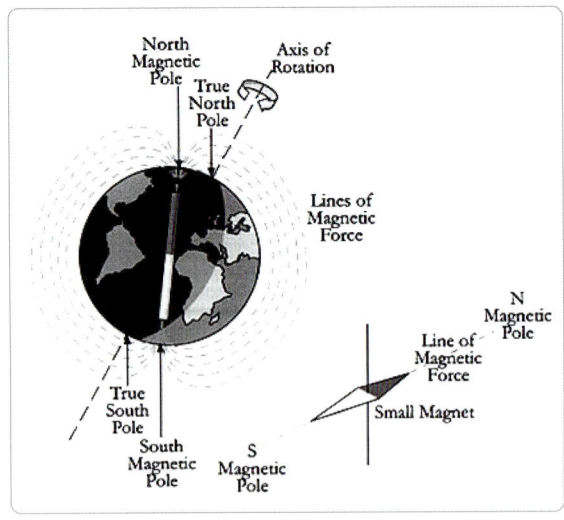

[그림 10-32] 자기컴파스의 동작

울이 컴파스 내부에 들어가면 교체해야 한다. 보정된 컴파스 카드가 회전하여 지구의 자기장을 기준으로 항공기의 방향을 표시한다. 항공기의 자기 방위는 카드에서 고정된 방위 기준선(lubber line)을 판독한다.

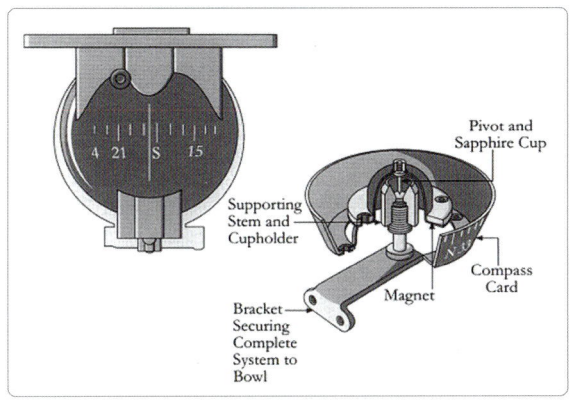

[그림 10-33] E2형 직독식 컴파스

10.4.1.1 복각(Magnetic Dip)

높은 고도로 비행할 때, 직독식 컴파스는 지구 자기장과 일직선을 이룬다. 북반구에 있을 때는 북쪽 자극으로, 남반구에 있을 때는 남쪽 자극을 향해 하강하는 경향이 있다. 적도에서는 오차를 무시할 수 있다. 항공기가 어느 한쪽 극에 가까울수록 지구의 자기장은 더욱 수직이 되고 컴파스의 복각은 피벗 지점의 최대 각 18°~20°에 도달하면서 다시 신뢰할 수 없게 된다. 직선으로 수평 비행할 때 자력강하 효과는 무시할 수 있지만, 항공기가 새로운 방향으로 선회할 때는 다음 두 가지 규칙이 적용된다.

규칙 1) 항공기가 동쪽 또는 서쪽 방향으로 가속하면, 직독식 컴파스는 북반구에서 북쪽을 향해 거짓 회전(false turn)을 보이고, 남반구에서는 남쪽을 향해 거짓 회전(false turn)을 보일 것이다. 항공기가 감속 또는 가속할 때, 그림 10-34와 같이 정반대의 방향으로 영향을 미친다. 북반구의 조종사들은 이것을 ANDS(accelerate north, decelerate south)라는 약자로 기억하고 있다. 그러나 이것은 북반구 또는 남반구로 직항하는 도중에는 일어나지 않는다.

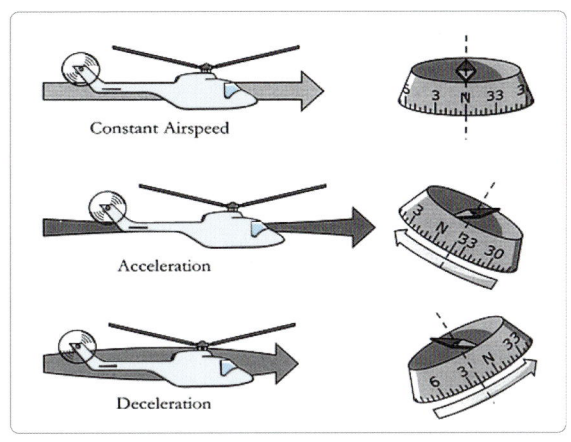

[그림 10-34] 감속 또는 가속의 영향

규칙 2) 만약 항공기가 북쪽으로 향하는 방향에서 동서로 방향을 틀면, 컴파스는 항공기의 실제 방향보다 지연(lag) 된다. 이러한 지연은 항공기가 동쪽이나 서쪽 둘 중 하나에 접근함에 따라 서서히 감소하며, 동쪽이나 서쪽 방향으로 향할 때 대략적으로 정확해질 것이다. 동쪽이나 서쪽을 비행하는 동안 항공기가 남으로 방향을 틀면 자기 컴파스 포인터가 선회하면서 항공기의 실제 방향을 유도하는 경향이 있다. 남쪽에서 동쪽 또는 서쪽 방향으로 선회할 때 컴파스는 선회하는 동안 다시 항공기의 실제 방향을 이끌며, 항공기가 동쪽 또는 서쪽 방향으로 접근함에 따라 다시 감소할 것이다. 그런 후 항공기가 북쪽으로 선회할 때, 그림 10-35와 같이 다시 지연될 것이다. 선도/지연(lead-lag)의 크기는 표준 선회속도(3°/sec)에서 20°~30°까지 발생할 수 있다. 조종사들은 이 규칙을 UNOS(undershoot north, overshoot south)라는 약자를 사용해 암기한다.

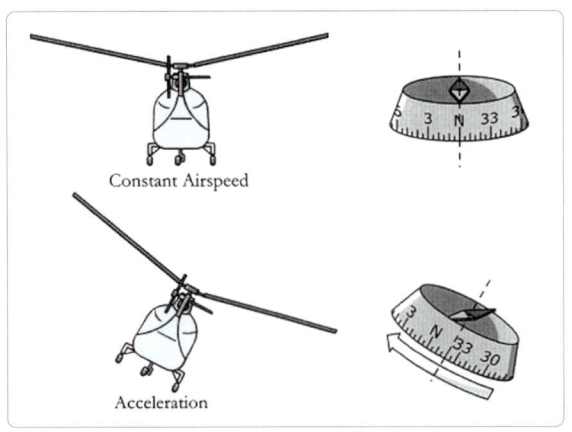

[그림 10-35] 선회 오차

[그림 10-36] 수직 카드형 직독식 컴파스

10.4.1.2 수직 카드형 직독식 컴파스 (Vertical Card Reading Compass)

부유식 자기 컴파스(floating magnetic compass)는 앞에서 설명한 모든 오차를 가지고 있을 뿐만 아니라 판독에 혼란스러운 영향을 미친다. 컴파스 보울(bowl)이 뒤로 나타나기 때문에 방향을 잘못 틀기 쉽다. 하지만 수직 카드형 직독식 컴파스는 약간의 오차와 혼란을 방지할 수 있다. 수직 카드형 직독식 컴파스는 계기판에 직접 장착하거나 때로는 코밍 패널(coaming panel)에 장착할 수 있도록 설계된다. 이 컴파스는 자기 감지 시스템에 고정된 눈금 카드를 사용하여 자기 방위를 나타내며, 항공기의 자기 방위는 기준선을 통해 판독된다. 그림 10-36과 같이 다이얼 디스플레이는 4개의 방위기점(즉, 4개의 포인트)으로 등급이 매겨져 있다. 북(N), 동(E), 남(S) 및 서(W)는 매 5°마다 눈금이 있고 매 30°마다 번호 표시가 있다. 다이얼은 샤프트에 장착된 마그네틱 기어에 의해 회전하며, 목표지는 기준선에 나와 있는 항공기의 노즈(nose) 방향으로 판독된다.

10.4.2 원격지시 컴파스 (Remote Reading Compass)

직독식 컴파스와 원격지시 컴파스의 주된 차이점은, 원격지시 컴파스 내의 방향 자이로(DG)가 플럭스 밸브(flux valve) 또는 플럭스 게이트(flux gate)라고도 불리는 플럭스 검출기(flux detector unit, FDU)와 결합된다는 것이다. 일반적으로 그림 10-37과 같이 헬리콥터 테일 붐(tail boom) 어셈블리에 위치한다.

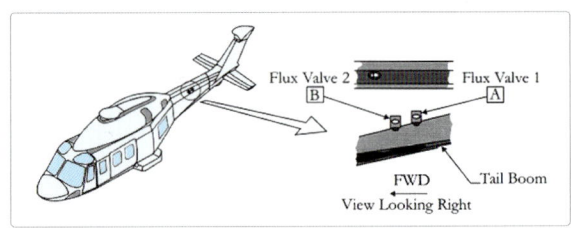

[그림 10-37] 플럭스 밸브 위치

헬리콥터에서 전류를 운반하는 전선 또는 엔진과 같은 대형 부품에 의해 발생하는 강자성 물질 및 자기장의 간섭이 최소화되는 위치로 선택된다. 이 위치에서 플럭스 검출기(FDU)는 지구 자기장의 수평 성분을 정확하게 측정할 수 있는 좋은 곳이기도 하다. 플럭스 검출기(FDU)는 패러데이(faraday)의 전자기 유도 법칙에 따라 작동한다. 즉, 전선이 자기장 내에서 움직이거나 자기장이 전선에 영향을 미칠 경우, 전선에 전류가 유도된다.

10.4.3 자속 검출기(Flux Detector Unit)

자속 검출기(FDU)는 자이로에 자기 방위기준을 제공한다. 일반적으로 항공기 자기 간섭으로부터 비교적 자유로운 구역인 테일 붐(tail boom) 어셈블리에 위치한다. 케이스 안에서 검출기는 그림 10-38과 같이 3 스포크 휠(3 spoke wheel) 형태이다. 플럭스 밸브는 항공기의 세로축에 대하여 지구 자기장의 수평 각도를 감지한다.

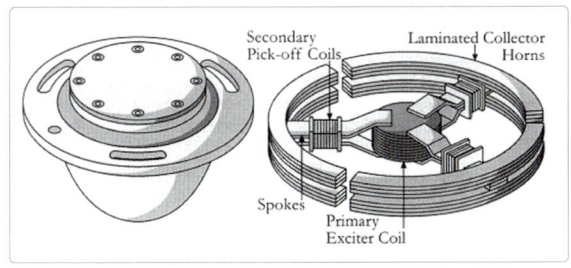

[그림 10-38] 플럭스 검출기

검출기는 피치(pitch)와 롤(roll)에서 ±25° 의 자유 스윙(swing)이 가능하지만 방위각에서는 항공기가 고정된다. 검출기 상부에는 전기적 편차를 교정하는 부분이 있다. 케이스는 항공기에 교정 정렬하기 위해 슬롯(slot)과 인덱스(index) 플레이트로 고정된다. 스포크(spoke)는 높은 투과성의 퍼말로이(permalloy)로 만들어지며, 중심에 있는 수직 코어에 연결된다. 이 코어는 그림 10-39와 같이 단상 AC 23.5V 400Hz를 공급하는 여자 코일이다. 싱글 스포크를 살펴보면, 스포크와 컬렉터 혼(collector horn)은 여자 코일의 상단에서 하단으로 자기 회로를 형성한다.

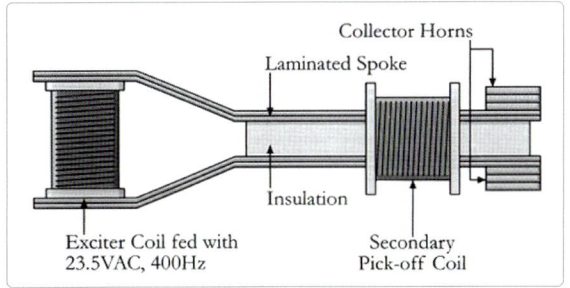

[그림 10-39] 플럭스 검출기의 스포크 구조

자기포화(magnetic saturation) 상태 부근에서 스포크는 구동되면서, 여자 코일의 AC 전류는 자속(flux)을 생성한다. 이는 진폭은 동일하지만 상단과 하단의 스포크를 통해 의미상 반대가 된다. 따라서 픽오프(pick-off) 코일의 자속은 0이 되며, 전기 출력도 0이 된다. 만약 지구 자기장의 영향이 더해진다면, 항공기의 기수방향에 따라 스포크의 자속이 편향될 것이다. 즉, 픽오프 코일의 자속이 더 이상 0이 되지 않을 것이다. 따라서 픽오프 코일에 컬렉터 혼을 통해 지구 자기장의 진폭과 방향을 나타내는 교류 전압이 유도된다.

그림 10-40과 같이 스포크가 지구 자기장과 직각을 이루면 편향 효과는 없지만, 일직선이 되면 최대 편향 효과가 있다.

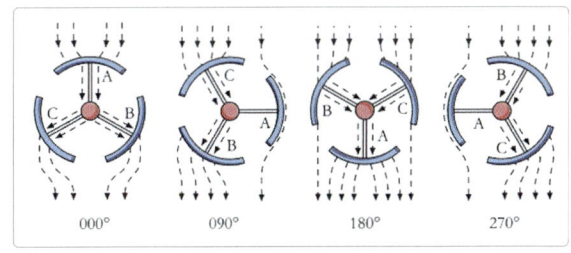

[그림 10-40] 자속 검출기의 동작 원리

10.5 자세방위표준 시스템
Attitude and Heading Reference System

최신 항공기에는 비행관리시스템(flight management system, FMS)과 기상레이더(weather radar, WXR)시스템에 자세, 방향, 비행역학 데이터를 제공하는 관성센서시스템인 자세방위표준시스템(AHRS)이 장착된다. 이 시스템의 정보는 주비행표시장치(primary flight display, PFD) 및 다기능표시장치(multifunction display, MFD)에 표시된다.

자세방위표준시스템(AHRS)은 기본 항공기 축에 정렬된 속도기반 광섬유 자이로(fiber optic gyros, FOG) 및 마이크로 가속계(accelerometer)를 사용하여 관성측정 정보를 제공한다. 그림 10-41은 자세방위표준시스템(AHRS)의 표시이다.

자세방위표준시스템(AHRS)은 센서(FOG 및 가속계), 프로세서, 전원공급장치 등으로 구성되어 있으며 표시장치에 대한 인터페이스를 제공한다. 자세방위표준시스템(AHRS) 내 디지털 컴퓨터는 기수방위, 피치 및 롤 정보를 제공하기 위해 여러 속도 데이터를 통합한다.

자속검출기 밸브는 원격지시 캠파스와 같은 방법으로 자세방위표준시스템(AHRS)을 위한 정보를 제공한다. 대기자료시스템(ADS)은 자세 성능을 향상시키는 진대기속도(TAS)를 제공하며, 이를 통해 자세방위표준시스템(AHRU)은 정확한 관성고도 및 수직속도 정보를 제공할 수 있다. 또한 GPS 수신기에 연결될 경우 지상속도 데이터를 제공한다.

전원을 작동 후, 자세방위표준시스템(AHRS)은 얼라이먼트를 수행하여 현지 수직축 및 자북에 상대적인 항공기 위치를 결정한다. 약 30초간 지속되는 얼라이먼트를 하는 동안 시스템은 자체 테스트 기능을 수행하고 조종석 디스플레이에 그림 10-42와 같이 자세계(ATT) 및 기수방위(HDG) 경고 플래그가 표시된다. 30초간의 얼라이먼트가 종료된 후 자세방위표준시스템(AHRS)은 정상 작동에 들어가고 조종석 디스플레이의 자세계(ATT) 및 기수방위(HDG) 경고 플래그는 사라진다.

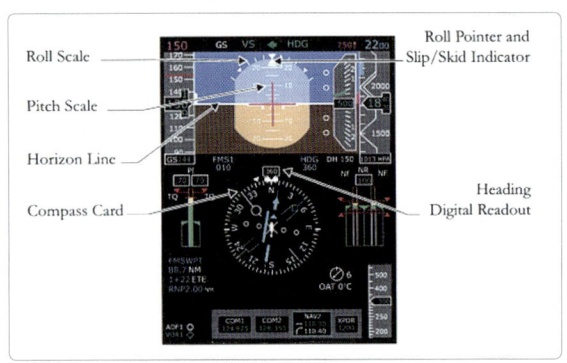

[그림 10-41] 자세방위표준시스템(AHRS)의 표시

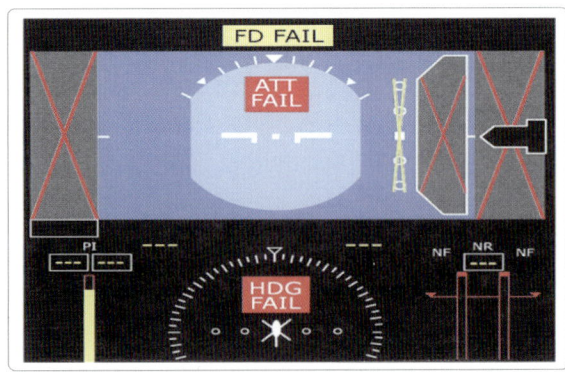

[그림 10-42] 주비행표시장치(PFD)의 경고 플래그

10.6 진동계기 시스템
Vibration Indicating System

헬리콥터는 많은 회전 부품 및 장치와 함께 어느 정도의 진동은 내재되어 있다. 그러나 비정상적인 진동은 구성부품의 조기 마모를 야기할 수 있으며 구조적 결함을 초래할 수도 있다.

10.6.1 진동의 분류

항공기 진동은 저주파(low frequency), 중주파(medium frequency), 또는 고주파(high frequency)로 분류된다.

저주파 진동(분당 100~500 사이클)은 보통 메인 로터(rotor) 시스템에서 발생한다. 진동은 조종면, 기체 또는 두 가지 조합을 통해 느낄 수 있다. 메인 로터 블레이드(blade)에서 저주파 진동의 원인은 트랙(track) 또는 밸런스(balance) 불량, 블레이드 손상, 베어링 마모, 댐퍼(damper) 조정 이탈 또는 부품 마모일 수 있다.

중주파 진동(분당 1,000~2,000 사이클)과 고주파 진동(분당 2,000 사이클 이상)은 일반적으로 테일 로터(tail rotor), 엔진, 냉각 팬 및 변속기, 구동축, 베어링, 풀리(pulley)를 포함한 구동축의 구성 요소와 같이 높은 rpm에서 회전하는 불균형 구성 요소와 관련이 있다. 그리고 벨트 및 테일 로터(tail rotor) 시스템의 불균형은 균열과 리벳의 느슨함을 야기할 수 있기 때문에 매우 위험하다.

10.6.2 험스, 상태감시장치 (Health and Usage Monitoring System, HUMS)

메인 로터 블레이드와 테일 로터 블레이드를 트래킹하고 밸런스를 맞추는 데 사용되는 장비도 헬리콥터의 진동을 감지하는 데 사용할 수 있다. 험스(HUMS)는 헬리콥터 주변에 장착된 가속계를 사용하여 진동의 방향, 주파수 및 강도를 감지한다. 내장형 소프트웨어는 정보를 분석하고 진동의 원인을 정확히 파악하여 그에 따른 유지보수 작업을 확인할 수 있다. 험스(HUMS)의 진동 모니터링 부분은 가속도계와 타코미터(tachometer) 신호, 비행 속도, 온도 및 토크와 같은 상황별 매개변수 등 여러 유형의 데이터를 사용한다. 가속도계는 로터, 테일 구동 변속 장치, 엔진 등 주요 구성요소에 장착된다. 로터는 기체에 장착된 가속도계로 덮여 있다. 속도 센서는 각 엔진 컴프레서, 엔진 출력 터빈 및 각 로터에 장착된다. 로터 속도 센서는 회전당 1개의 펄스를 생성하므로 진동에 비례하여 로터의 위치를 결정할 수 있다.

대형 헬리콥터를 위한 험스(HUMS) 솔루션은 30개 이상의 가속도계를 필요로 할 수 있기 때문에 엄청난 양의 데이터를 생성하지 않고는 모든 가속도계에서 동시에 정보를 획득할 수 없다. 이에 대처하기 위해, 험스(HUMS)는 모든 구성 요소로부터 데이터를 수집하는 사전 설정 프로그램을 한 번에 한 번씩 순환시킨다. 모든 헬리콥터의 전송 시스템이 다르기 때문에 센서 위치도 다르다.

상태감시에는 두 가지 방법이 있다. 하나는 주요

구성품에 대한 하중을 추정하는 것이며, 즉 구성품이 받는 총 응력을 확인하고 평가하는 것이다. 이를 통해 험스(HUMS)는 구성 요소의 나머지 안전 수명을 추정할 수 있다. 다른 방법은 단순히 엔진 과부하와 과속과 같은 명백한 오류를 감지하는 것이다.

초과 여부를 감지할 매개변수와 이를 감지하는 방법은 헬리콥터에 따라 다르지만 일반적으로 엔진 토크, 엔진 온도 및 로터 속도를 포함한다. 파라미터 임계값 초과는 험스(HUMS)에 의해 시간, 임계값 초과 시간, 최대값 등과 같은 추가 정보와 함께 자동으로 기록된다. 전통적인 항공전자(avionics) 시스템은 상태가 감지될 때마다 조종사에게 직접 경고를 표시한다. 조종사들은 이 정보를 정비사에게 전달할 수 있다. 과도한 사용을 기록할 때, 험스(HUMS) 정보는 사건의 심각성을 결정하는 데 도움이 되며, 결과적으로 유지보수를 위한 최선의 선택이다.

험스(HUMS)의 안전진단 알고리즘은 일련의 센서 신호를 수신하고 이 정보를 기반으로 관련 구성 요소의 진단을 생성한다. 이를 위해서는 그림 10-43과 같이 상황 검증과 수정, 형상 추출 및 분류를 포함한 일련의 공식 단계가 필요하다.

그림 10-44는 Eurocopter에서 개발한 험스(HUMS)의 하나로 헬리콥터 기록 및 감시 시스템(aircraft recording and monitoring system, ARMS)이다. 이 시스템은 작동 중 데이터를 수집하며, 각 비행 후 플래시 메모리 카드로 다운로드 된다. 플래시 카드의 내용은 특수 소프트웨어를 사용하여 워크스테이션에서 분석한다. 이 일련의 정보가 모이고 진행되는 장소를 그라운드 스테이션(ground station)이라고 한다.

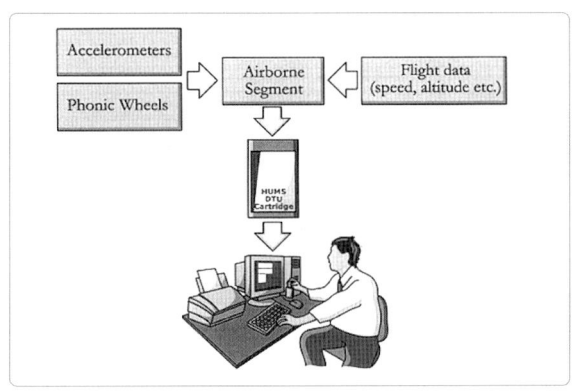

[그림 10-44] 헬리콥터 기록 및 감시 시스템(ARMS)의 데이터 흐름

헬리콥터 기록 및 감시 시스템(ARMS)의 비행 세그먼트(airborne segment)는 서로 다른 시스템 모듈과 구성요소 간에 데이터를 전송하는 데 사용된다. 이를 통해 고도, 온도, 비행속도와 같은 상황 정보에 접근할 수 있다. 이 정보는 또한 헬리콥터가 진동 데이터 수집을 수행할 수 있을 때 비행 단계에 있는지 여부를 결정하기 위해 사용된다.

저장공간을 절약하기 위해 수집을 즉시 다시 샘플링하고 샤프트 회전 속도로 평균화한다. 진동 신호, 매개변수 초과 경보 및 부하 주기 계산은 비행이 끝날 때 데이터 카트리지에 저장된다. 그 다음 카트리지가 그라운드 스테이션에서 분석된다.

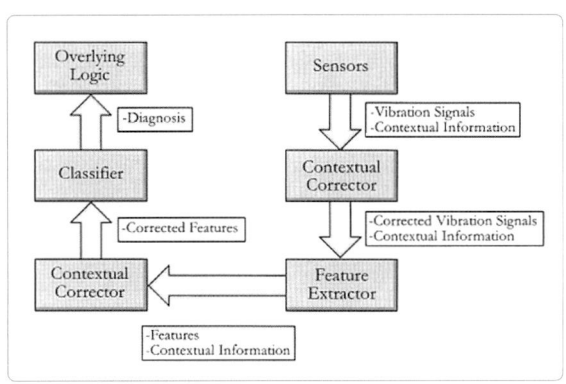

[그림 10-43] 험스(HUMS)의 진단 순서

10.7 글래스 칵핏
Glass Cockpit

글래스 칵핏(glass cockpit)은 아날로그 다이얼과 게이지의 전통적인 스타일이 아닌 전자(디지털)기기 표시장치, 일반적으로 대형 LCD 화면을 바탕으로 운영되는 칵핏이다. 전통적인 조종석은 정보를 표시하기 위해 수많은 아날로그 식 게이지에 의존하고 조종사의 지속적인 감시가 필요한 반면, 글래스 칵핏은 필요할 때 비행 정보를 표시하기 위해 조정할 수 있는 표시장치를 사용한다. 내부 온보드(on-board) 컴퓨터는 시스템 이상 징후와 항해 정보를 지속적으로 점검하여 비행계기에 표시한다. 이는 헬리콥터의 비행을 단순화하고 조종사들이 중요한 비행정보에 집중할 수 있도록 한다. 그림 10-45는 현대 헬리콥터의 글래스 칵핏을 나타낸다.

[그림 10-45] 현대 헬리콥터의 글래스 칵핏

전통적인의 전자기기의 외관과 느낌을 주는 음극선관(cathode-ray tube)과는 달리 현대의 표시장치는 새로운 포인트 앤 클릭(point-and-click) 장치로 조작할 수 있는 인터페이스를 가지고 있다. 또한 지형, 접근도, 날씨, 수직 표시장치 및 3D 내비게이션 이미지를 추가할 수 있다. 개선된 인터페이스는 컴퓨터 형식의 환경에서 트랙볼 또는 조이스틱을 조종입력장치로 사용하는 것과 같은 방식으로 표시장치 데이터를 제어한다.

최신 헬리콥터는 조종사들에게 의무적이고 선택 가능한 정보를 제공하기 위해 2개의 메인 표시장치를 사용한다. 표시장치는 스캐닝과 해석이 용이하도록 메인 계기판에 주비행표시장치(primary flight display, PFD), 다기능표시장치(multi function display, MFD)가 나란히 위치한다. 주비행표시장치(PFD) 화면에는 일반적으로 자세, 비행 속도, 고도, 상승률 및 코스/비행 방향 정보가 표시되며, 다기능표시장치(MFD)는 지상 특징, 차트 데이터, 비행 계획 경로와 관련하여 헬리콥터의 현재 위치를 설명하는 상세한 이동 지도 그래픽을 제공한다.

주비행표시장치(PFD)는 쉽게 읽을 수 있는 형식으로 조종사에게 많은 정보를 제공한다. 이 정보는 기본 T형 계기그룹에 의해 제공되는 것을 효과적으로 반영한다. 주비행표시장치(PFD)의 세부사항은 헬리콥터 모델, 제조업체, 특정 모델 및 조종사가 선택한 설정에 따라 크게 달라질 수 있다. 그러나 대부분의 주비행표시장치(PFD)는 유사한 배치 규칙을 따른다. 현대의 주비행표시장치(PFD) 주요 기능은 그림 10-46과 같다.

[그림 10-46] 헬리콥터 주비행표시장치(PFD)

- ADI(attitude director indicator) display
- HSI(horizontal situation indicator) display
- Airspeed Indicator
- Vertical Speed Indicator
- Barometric Altimeter
- Power Index Indicator(PI)
- Triple Tachometer(NR, NF)
- Navigational data(source, ident, course, distance, etc)
- Radio Altimeter(RADALT)
- Outside Air Temperature(OAT) and Wind Vector Indicators
- COMM / NAV / XPDR Frequencies and Codes

다기능 표시장치(MFD)는 가능한 수많은 방법으로 조종사에게 정보를 표시하기 위해 사용된다. 다기능 표시장치(MFD) 기능에는 항법 표시, 기상관측, 엔진계기 및 승무원 경보 시스템(crew alerting system, CAS) 페이지가 포함된다.

현대의 글래스 칵핏에는 SVS(synthetic vision) 또는 EVS(enhanced vision system)도 포함되기도 한다. SVS는 헬리콥터 항법시스템으로부터 수집된 자세와 위치 정보와 연계된 지형 및 물리적 특징의 데이터베이스를 기반으로 외부 세계(비행 시뮬레이터와 유사)의 사실적인 3D 표현을 보여준다. EVS는 적외선 카메라와 같은 외부 센서로부터 실시간 정보를 추가한다.

10.8 기타 항공기 계기

10.8.1 외기 온도계 (Outside Air Temperature Guage)

외기 온도계는 공기의 외부 온도를 측정하여 표시하는 항공기 계기다. 설비의 주요 구성 요소는 외기 온도계(outside air thermometer, OAT)이다. 외기 온도계의 범위는 −70°C ~ +50°C이다. 바이메탈 프로브(probe)를 사용하며 그림 10-47과 같이 오버헤드 상부에 돌출되어 있다.

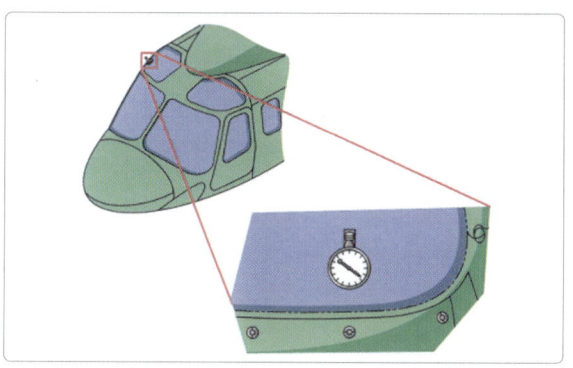

[그림 10-47] 외기 온도계 설치

외기 온도계(OAT)는 그림 10-48과 같이 금속관 안에 바이메탈(bi-metal)이 설치되어 있다. 바이메탈은 두 개의 다른 금속 조각들을 용접하여 나선형으로 만든 것이다.

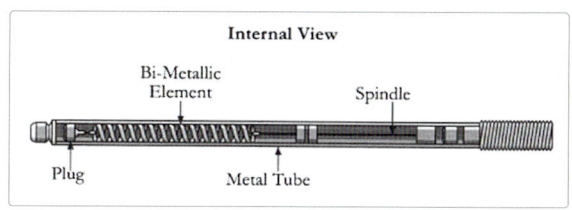

[그림 10-48] 외기 온도계의 바이메탈

나선의 한쪽 끝이 플러그에 붙어 있으며, 다른 쪽 끝은 포인터로 스핀들(회전축)에 부착된다. 외부 온도의 변화는 바이메탈의 자유단(free-metal element)의 회전 운동을 일으켜 포인터를 눈금 위에서 움직이게 한다. 그림 10-49와 같이 샤프트에 선실드(sunshield)를 설치하여 금속 튜브를 보호하고 직사광선의 영향으로 인한 오류를 줄인다. 선실드의 구멍은 금속 튜브 주위를 공기가 자유롭게 흐를 수 있게 한다.

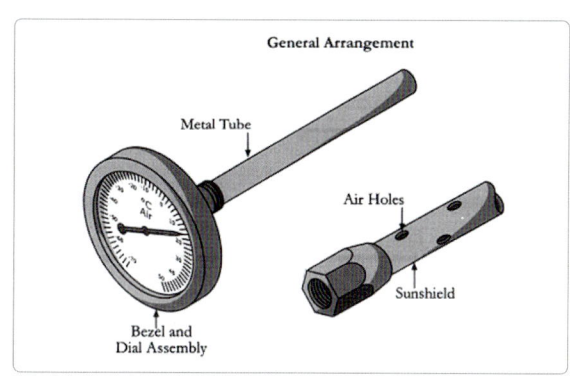

[그림 10-49] 외기 온도계

10.8.2 크로노미터(Chronometer, Clock)

계기판에는 정조종사와 부조종사를 위한 두 개의 시계가 있다. 시계는 다른 시간대의 시간 표시를 용이하게 하는 장비이며, 또한 타이머 기능을 포함한다. 크로노미터에 대한 일반적인 전원은 항공기의 전원공급장치에서 나온다. 내부적으로 탑재된 AAA 크기의 알칼리 배터리는 항공기 동력이 제거될 때 비상전력으로 사용된다. 내부 조명이 활성화되어 어둠에서 밝은 햇빛에 이르기까지 모든 주변 조명 조건에서 읽을 수 있도록 설계되어 있다. 크로노미터는 계기판에 설치되고 제어장치는 장치 자체에 설치된다. 그림 10-50은 크로노미터를 보여주고 있으며 각 기능은 다음과 같다.

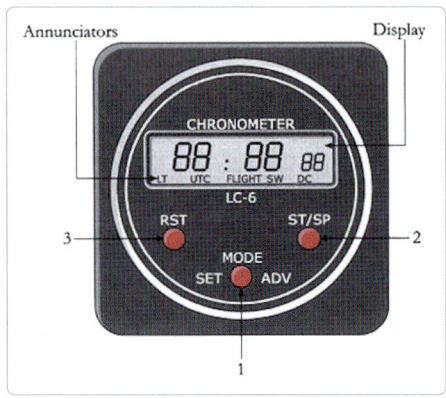

[그림 10-50] 크로노미터

1. 모드 스위치 – 디스플레이의 작동 모드를 선택하며 푸시버튼을 누를 때마다 다른 모드가 표시된다. 크로노미터는 다음과 같은 작동 모드를 제공한다.

- Local Time(LT), 12시간 형식
- Universal Time Coordinate(UTC), 24시간 형식
- Flight Time(FLT)
- Stop Watch(SW)
- Down Counter(DC)

2. ST/SP – ADV – ST/SP : 푸시버튼을 눌러 스톱워치를 시작/정지

3. RST – SET – RST : 푸시버튼을 눌러 스톱워치를 0으로 재설정

제11장 무선통신·무선항법계통

11.1 무선통신(Radio Communication)
11.2 무선항법(Radio Navigation)

11.1 무선통신
Radio Communication

11.1.1 개요(Introduction)

통신(communication)은 생각이나 메시지의 교환으로 정의할 수 있으며 항공기 통신은 다음과 같이 요약된다.

- 모든 항공기의 안전한 운항을 위한 항공 교통 관제와의 통신
- 기상 정보, 회사 정보 등을 전달하기 위해 다른 항공기와 통신
- 항공기 회사와 통신
- 항공기 승무원 간의 통신
- 항공기 승무원과 승객 간의 커뮤니케이션

11.1.1.1 주파수 대역

항공기 외부에서 발생하는 무선통신은 광범위한 주파수에서 작동하며 다양한 송신기 수신기가 필요하다. 무선통신 주파수는 대역으로 분류되며 각각 고유의 특성을 갖는다. 통신 주파수는 다음과 같이 크게 분류된다.

- HF(high frequency) 대역 : 작동 주파수는 2~30MHz이며 250NM(해리) 이상의 장거리 통신에 사용된다.
- VHF(very high frequency) 대역 : 주파수 범위는 118~137MHz이지만 가시선, 즉 250NM 미만으로 제한된다. 대부분의 항공교통관제(ATC) 운영에 사용된다.
- UHF(ultra high frequency) 대역 : VHF와 유사하며 범위는 250NM 미만으로 가시선 사용으로 제한된다. 그러나 주로 군용 항공과 일부 항법 시스템에 사용되며 작동 주파수 범위는 225~400MHz이다.

위의 모든 주파수 대역은 항공기 외부의 시설과 통신하기 위해 일반적으로 여객기 내에서도 사용된다. 그러나 인간이 언어에 사용하는 주파수는 100Hz~ 5kHz 사이의 오디오 수준으로 낮아진다. 이러한 주파수는 수천 와트의 전력을 필요로 한다. 이를 극복하기 위해 승무원의 목소리는 주파수 대역 중 하나인 반송파에 중첩되거나 변조되며, 이 변조 신호가 그림 11-1과 같은 전파 형태(radio wave)로 변환되어 안테나를 통해 방사된다.

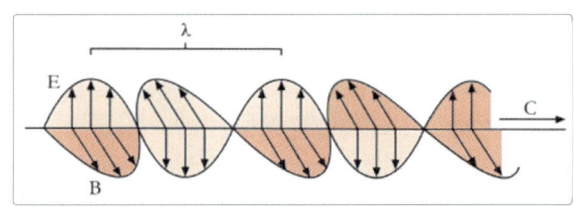

[그림 11-1] 전파

이 전파는 모든 방향으로, 즉 전방향(omni-directional) 패턴으로 방사된다. 지상국은 반송파의 오디오 신호를 해독해 같은 주파수로 비슷한 방식으로 항공기에 회신한다. 전파는 전기장(electric field, E)과 자기장(magnetic field, B)을 포함한다. 자기장은 항상 전기장과 전파의 방향과 직교한다.

11.1.1.2 주파수와 파장 (Frequency and Wavelength)

전파는 진동원(oscillation)으로부터 멀리 이동하며 속력(speed) 또는 속도(velocity)에 있다. 전파의 길이는 파장(wavelength)으로 알려져 있으며 λ(lamda)가 사용된다. 주파수는 단위 시간에 발생하는 파동의 수이며, 1초의 주기를 사용할 때 주파수는 Hz

(헤르쯔)로 표현된다. 파동의 속도는 전파 속도, 즉 기호 'c'로 표현된다. 이들 파라미터 사이의 관계는 다음 공식으로 나타낼 수 있다.

$$\lambda = \frac{c}{f}$$

여기서,
$\lambda = wavelenth, c = 300 \times 10^6 m/s, f = frequency$

11.1.1.3 항공기 통신(Aircraft Communication)

항공기와 지상국 사이의 모든 통신은 단방향 통신인 Simplex(즉, 항공기 승무원과 지상 관제사 모두 동일한 주파수로 대화)을 사용한다. 이는 통신이 한 번에 한 방향으로만 이루어지고 통신하는 모든 사람이 교대로 말을 해야 한다. 따라서 모든 항공기 비행에 고유한 호출 부호가 할당되고 무선통신 절차가 준수되어야 한다. 보통 민간, 기업 및 경항공기를 운항하는 조종사들은 항공기의 등록지(registration letter, 예: G-ABCD)를 사용하여 자신을 식별한다. 반면에 항공사들은 특정한 콜사인(예: British Airways - speedbird)을 가지고 있으며, 이를 예정된 비행 번호와 함께 사용하여 자신을 식별한다. 예를 들어, speedbird one(1)은 런던에서 뉴욕으로 가는 British Airways의 콩코드 항공기의 콜사인이다.

대부분의 헬리콥터는 최소 2대의 VHF 시스템을 탑재하고 있으며, 일부는 단일 HF 시스템을 사용하고 있다. 그러나 위성 통신이 점점 더 많이 도입되고 있어 점차 HF 시스템으로 대체하고 있다.

항공기내에서는 승무원 통신을 위해 다음과 같은 시스템을 사용한다.

- Intercom : 조종 승무원과 객실 승무원 간의 통신
- Passenger Address(PA) : 조종 승무원, 객실 승무원과 승객 간의 통신

11.1.2 VHF 통신

VHF 통신은 음성 및 코드화된 데이터 정보를 전송하고 수신하기 위해 항공에 사용된다. VHF 통신 대역은 30~300MHz이지만 민간 항공기 통신의 경우 국제 협약에 의해 항공교통관제(ATC), 공항지상제어 및 자동코드 데이터 전송에 118.00~136.975MHz의 주파수 범위가 할당되었다. 이 주파수 대역에서 통신전송은 가시선으로 제한한다. 즉, 전파가 송신기와 수신기 스테이션 사이의 직선으로 이동한다. 산이나 높은 건물과 같은 지형적 특징은 그림 11-2와 같이 전파의 전송을 차단할 수 있다.

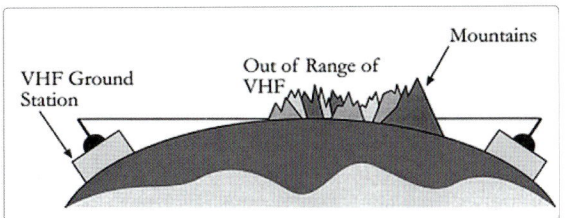

[그림 11-2] 전파전송 가시선

이 주파수 범위에서 무선 신호의 동작은 명확한 통신을 제공한다. 즉, 채널 간섭을 최소화하고 송신기에서 수신기로의 효율적인 전력을 전달한다. 따라서 작은 안테나를 사용해도 된다. VHF 안테나는 공기역학적으로 설계되어 기체에 미치는 항력을 감소시킨다.

항공기 VHF 통신 시스템은 VHF 송신기/수신기(transmitter/receiver), VHF 컨트롤러(controller), VHF 안테나, 오디오 통합 시스템(audio integrating system), 마이크로폰 및 확성기(loudspeaker) 또는 헤드셋 등으로 구성되며 일반적인 VHF 통신시스템의 기본 구성은 그림 11-3과 같다.

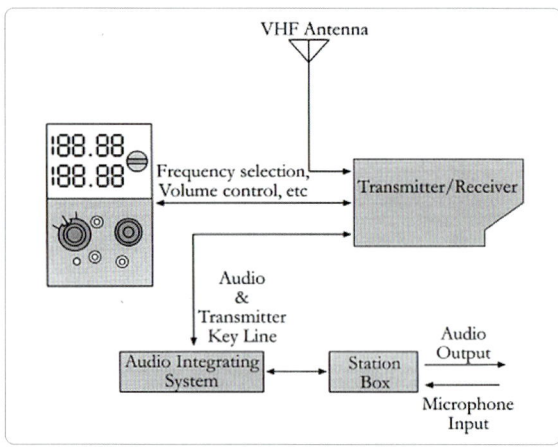

[그림 11-3] VHF 통신시스템 구성도

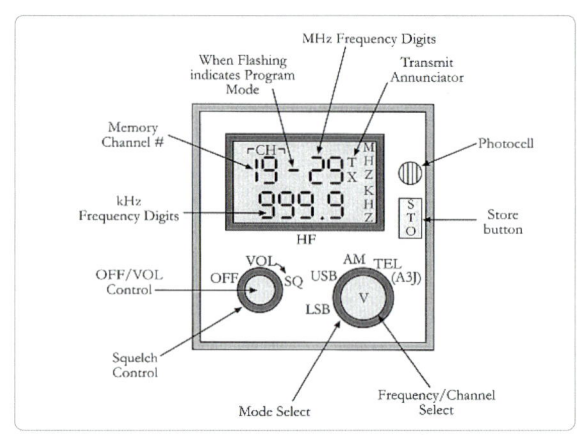

[그림 11-4] HF 제어장치

11.1.3 HF 통신

HF 통신시스템은 2~29.99 MHz의 넓은 주파수 대역에서 양방향 통신을 제공한다. 상공파(skywave)를 이용해 수백 개가 넘는 통신을 할 수 있는 장거리 통신 시스템이며, 조건이 맞으면 수천 마일도 교신이 가능하다. 통상적으로 상부 사이드밴드만 전송되는 싱글 사이드밴드(single side band, SSB)를 사용한다.

오디오 통합 시스템(AIS)은 VHF 시스템과 유사한 오디오 및 PTT(press-to-talk) 기능을 제공한다. 일반적으로 제어 장치(control unit), 파워앰프 / 안테나 커플러(power amplifier / antenna coupler), 수신기/발신기(receiver/exciter), 안테나(antenna)와 같은 요소로 구성된다.

제어장치에는 HF 시스템을 작동하는 데 필요한 모든 제어요소가 포함된다. 제어장치는 직렬 데이터 버스를 통해 오디오 통합 시스템(AIS)으로 전송되는 마이크와 오디오 신호를 제외한 데이터를 출력하고 수신한다. 그림 11-4는 제어장치의 제어요소를 표시하고 있다.

항공기의 전원 모선에 전원이 공급되고 제어장치가 켜진 상태에서, HF 시스템은 작동하지만 안정적인 주파수를 유지하기 위해 약 3분간의 예열 시간이 필요하다. 시스템이 제대로 워밍업될 때까지 제어장치는 어떤 주파수나 채널 번호도 표시하지 않지만, 작동 준비가 되면 마지막으로 사용한 채널이나 주파수를 불러온다.

시스템이 워밍업되면 커플러가 안테나를 조정할 수 있도록 PTT(press to transmit)를 작동해야 한다. 새로운 채널이나 주파수를 선택하고 PTT를 누를 때마다, 커플러는 안테나를 재조정한다. 기존 채널이나 주파수가 사용 중이고 커플러가 부적절한 연결을 감지할 때, PTT를 누르면 커플러는 다시 안테나 재조정을 시도한다. 그림 11-5는 일반적인 항공기 HF 시스템의 구성요소 위치를 나타낸다.

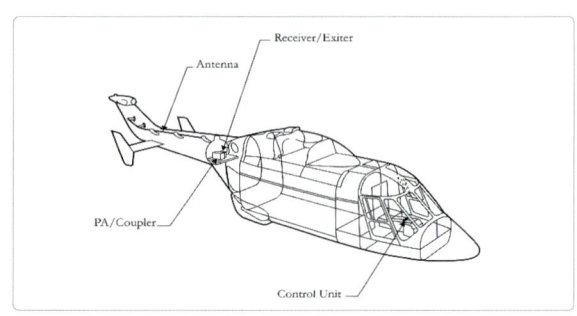

[그림 11-5] HF 구성요소 위치

11.2 무선항법
Radio Navigation

항공기는 너무 빨리 이동하기 때문에, 비록 두 명의 조종사가 충돌방지 행동을 하기 위해 제때에 서로를 볼 수 있다 하더라도 한 사람이 다른 사람의 움직임을 잘못 예측하면 그들의 기동은 무효화될 수 있다. 지상기반 항공교통관제(ATC)는 충돌 가능성을 최소화하는 선택된 경로에 항공기를 할당한다.

항공기 항법 시스템은 지구상의 두 지점 사이를 비행하는 항공기의 경로를 지시하기 위해 동일한 원칙을 사용하며, 항공기가 비행하는 방향을 알고 항공기 아래의 지구와 관련하여 항공기의 위치를 식별할 수 있어야 한다.

대부분의 최신 항법 시스템은 그리니치 메리디안(greenwich meridian) 및 적도와의 거리 측면에서 항공기의 위치(북, 남, 동, 서)를 다음과 같이 정의한다.

- 동쪽은 북극을 내려다보는 관찰자에게 지구가 회전하고 그 방향이 시계 반대 방향으로 돌아가는 방향이다.
- 서쪽은 동쪽과 반대 방향에 있다.
- 북극과 남극은 임의로 명명되고 북극은 동쪽에 마주보고 있는 관찰자의 왼쪽에 놓여 있는 극이다.

대부분의 단거리 항법 시스템, 즉 최대 250NM까지 작동하는 항법 시스템은 전 세계에 전략적으로 배치된 지상 비컨(beacon)(예: VOR, ADF)을 사용하여 작동하며 지상국의 가시거리 내에 있다. 지구의 곡률로 인해 이러한 시스템의 범위는 항공기의 고도, 송신기 전원, 수신기의 민감도, 항공기가 날고 있는 지형 유형 등 몇 가지 요인에 따라 달라진다.

11.2.1 VOR(VHF Omni-Directional Range) 항법시스템

VOR는 항법적 관점에서 제트 엔진 다음으로 가장 중요한 항공 발명품이라 할 수 있다. 이것으로 조종사는 간단하고 정확하며 모호하지 않게 A점에서 B점으로 이동할 수 있다. VOR의 광범위한 도입은 1950년대 초에 시작되었다. 최근 GPS가 증가하고 있지만 여전히 많은 항공기가 1차 항법 시스템으로 사용하고 있다.

VOR 작동의 기본 원리는 매우 간단하다. VOR 지상국은 자북을 참조하여 2개의 신호를 동시에 전송한다. 한 신호는 위상, 즉 모든 방향에서 일정하며 다른 신호는 지상국을 중심으로 회전하여 회전함에 따라 위상이 변화한다.

항공기 수신기는 두 신호를 모두 수신하고, 그 사이의 차이를 전자적으로 관찰한다. 그리고 그 결과를 그림 11-6과 같이 지상국으로부터의 방위각으로 해석한다.

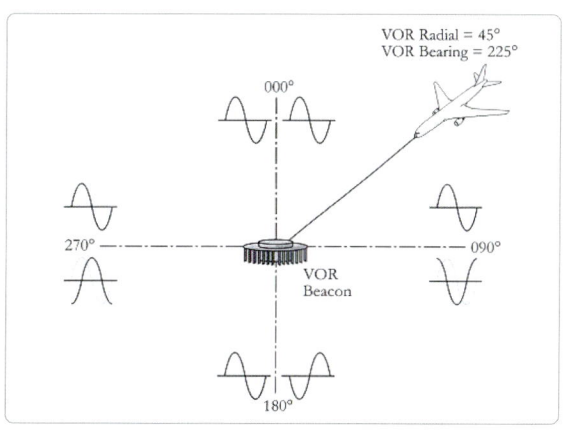

[그림 11-6] VOR 항법시스템의 원리

VOR은 현재 사용되고 있는 가장 일반적인 항공기 항법 시스템 중 하나이지만, 단거리 시스템으로 가시거리(최대 250 NM)로 제한된다. 그러나 가장 인기 있는 지상 항법 시스템 중 하나이기 때문에 수백 개의 송신소가 있으며, 대부분의 항공기가 운항하는 경로를 따라 전 세계에 전략적으로 위치해 있다. 또한 다른 항법 장치와 함께 항공기 위치 고정 지원, 선택 가능한 경로의 정확한 유지, 위치에 대한 정보 제공 등을 위해 사용된다.

모든 VOR 수신기는 채널 간격이 50kHz인 108.00~117.95MHz의 VHF 주파수 대역으로 작동한다. 단, 108.10MHz부터 111.95MHz까지의 모든 홀수 소수 주파수(예: 0.1, 0.15, 0.3, 0.35)는 항공기 계기착륙시스템(ILS) 로컬라이저에 사용된다.

항공기의 VOR 시스템은 VOR 수신기, 경로 편차 지시계(CDI) 또는 기타 표시 방법(예: HSI, RMI, EFIS 등), VOR 경로 선택기 패널(CSP), VOR 컨트롤러, VOR 안테나 등과 같은 요소로 구성된다. 대부분의 항공기는 계기 비행 규칙(IFR) 운용 시 필수 요건인 이중 VOR 시스템을 가지고 있다. VOR 항법시스템은 그림 11-7과 같이 구성된다.

11.2.2 거리측정 장비 (Distance Measuring Equipment, DME)

거리측정 장비(DME) 시스템은 항공기에서 지상국까지의 거리 정보를 제공한다. 항공기의 거리측정장비(DME) 시스템은 978MHz~1,213MHz 주파수를 선택할 수 있다. 1,025MHz~1,150MHz 주파수를 지상국으로 전송하며, 지상국은 960MHz~1213MHz 주파수를 전송한다. 지상국이 통신정보를 받을 때, 50초 지연 후 초기 종신 주파수에서 63MHz 떨어진 주파수로 요청에 응답한다. 전송과 수신에 모두 별도의 주파수를 사용하면 시스템을 연속적으로 중단 없이 작동할 수 있다. 그런 다음 항공기 거리측정장비(DME) 시스템은 전송된 질문과 수신된 응답 사이의 시간 지연과 그림 11-8과 같은 경사 범위에서의 시간 지연을 계산할 수 있다.

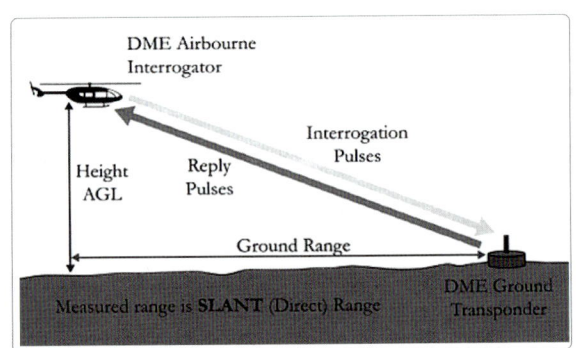

[그림 11-8] 거리측정장비(DME)의 경사 범위

각 지상국은 매 30초마다 1,350Hz의 오디오 주파수로 모스 부호(morse code) 식별 문자를 전송한다. 거리측정장비(DME) 수신기의 오디오 감지기는 인터컴(intercom) 시스템을 통해 조종사에게 이 정보를 전송한다. 이 식별 문자들은 조종사들이 정확한 지상국을 향해 항해하고 있다는 것을 확인하는 데 사용된다. 거리측정

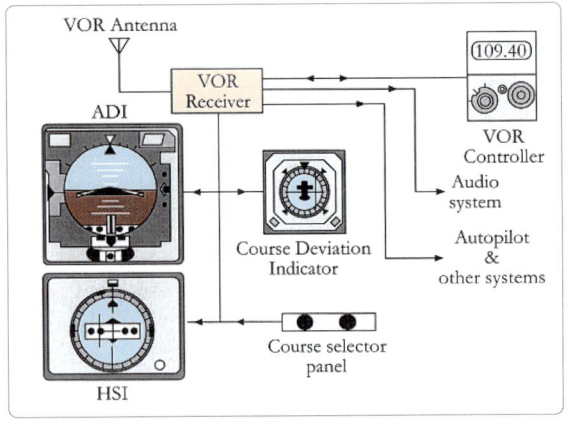

[그림 11-7] VOR 항법시스템 구성도

장비(DME)는 전방향표지시설(VHF omni-directional range, VOR)과 동일하게 코드화된 식별문자를 전송한다. 하지만 VOR 식별문자가 1,020Hz 대역에서 전송하는 반면 거리측정장비(DME) 식별문자는 1,350Hz 주파수 대역에서 전송한다. 일반적인 항공기 거리측정장비(DME) 시스템은 송신기/수신기, 제어반, 지시계, 안테나 등으로 구성된다.

11.2.3 계기착륙 시스템 (Instrumental Landing System, ILS)

계기착륙 시스템(ILS)은 항공기가 공항 활주로에 최종 접근할 때 안내하는 시스템이다. 계기착륙 시스템(ILS)은 활주로 중심선에서 왼쪽 오른쪽, 즉 측면 유도를 한다. 또한 2° ~ 30°로 설정되는 투사 활주로를 내려가는 수직 하강을 유도한다. 그리고 그림 11-9와 같이 정해진 패턴의 무선 신호를 전송함으로써 접근과 함께 항공기의 진행 상황에 대한 정보를 제공한다.

도 귀속될 수 있으므로 계기착륙 시스템(ILS)을 논할 때 횡방향(lateral) 유도는 대개 로컬라이저(localizer, LOC)라고 하며, 수직방향(vertical) 유도는 글라이드슬로프(glideslope, GS)라고 한다.

항공기의 계기착륙 시스템(ILS)은 대개 다음과 같은 부분으로 구성된다.

- 로컬라이저 수신기(localizer receiver)
- 글라이드슬로프 수신기(glideslope receiver)
- 마커 비콘 수신기(marker beacon receiver)
- ILS 표시기(일반적으로 ADI 또는 HSI의 일부)
- 마커 비콘 조명(marker beacon lights)
- ILS 컨트롤러(controller)
- 항로선택 패널(course selector panel, CSP)
- 시스템 안테나(system antenna)

그림 11-10은 항공기에서 계기착륙 시스템(ILS)의 요소들이 상호 연결되어 있는 구성도이다. 대부분의 항공기는 악천후 착륙을 위해 이중 시스템(dual system)을 갖추고 있다.

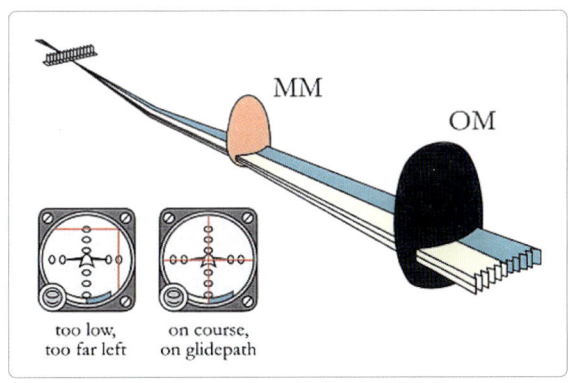

[그림 11-9] 계기착륙 시스템(ILS)의 무선신호 패턴

이는 조종사들이 적절한 고도와 착륙 코스로 항공기를 착륙하는 데 도움을 준다. 횡방향 및 수직방향 유도라는 용어는 다소 어설프고, 다른 형태의 항법에

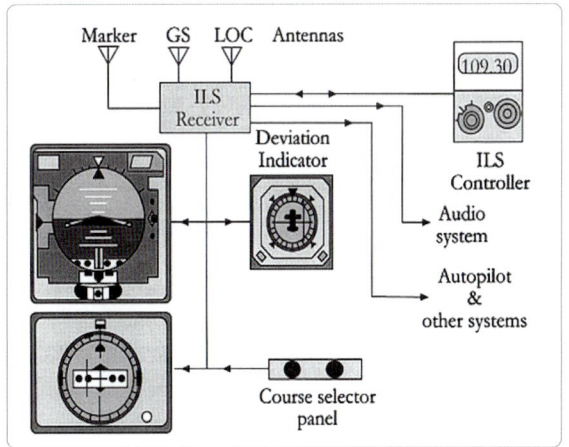

그림 [11-10] 계기착륙 시스템(ILS)의 구성도

11.2.4 자동방향탐지기 (Automatic Direction Finding, ADF)

자동방향탐지기(ADF)는 항공에서 사용되고 있는 가장 오래된 형태의 무선 항법장치로, 가장 널리 사용되는 것 중 하나이다. 자동방향탐지기는 그림 11-11과 같이 지상국 혹은 비컨(beacon)에 대한 항공기의 상대 방위각을 결정하는 데 사용된다. 상대 방위각은 항공기의 노우즈(nose) 부분과 지상국 사이의 각도로 정의된다. 위 그림에서, 1번 ADF 수신기가 지상국 A에 맞춰진 경우 상대 방위각은 315° 이고, 2번 ADF 수신기는 지상국 B에 맞춰진 경우 상대 방위각은 0° 이다.

지상국은 특별히 항공기 비컨(beacon) 혹은 일반 라디오 채널과 같이 전세계에 퍼져 있는 수천 개의 일반 방송 주파수 중 하나를 사용한다. 단, 계기비행 규칙(instrument flying rules, IFR)에 따라 자동방향탐지기(ADF)를 사용할 때는 방송채널의 사용이 허용되지 않는다.

자동방향탐지기(ADF)는 주로 경로 내 항법, 위치 수정, 위치고정과 같은 상황에서 사용되며 일반적으로 ADF 수신기, ADF 표시기 혹은 전자비행계기장치(EFIS), 컨트롤러, 안테나 등과 같은 요소로 구성된다. 대부분의 항공기는 이중(dual) 자동방향탐지기(ADF) 시스템을 가지고 있다. 그림 11-12는 자동방향탐지기(ADF) 시스템 구성도이다.

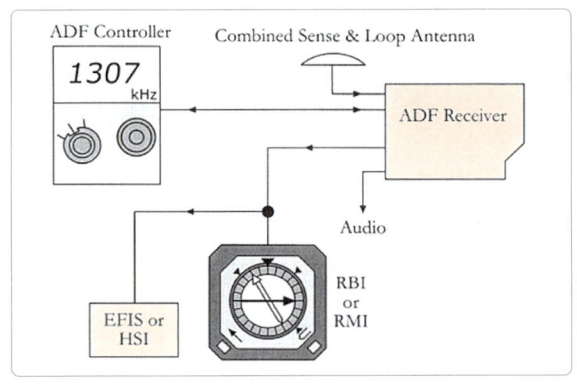

[그림 11-12] 자동방향탐지기(ADF) 시스템의 구성도

11.2.5 전파고도계(Radio Altimeter)

전파고도계는 GHz 범위에서 작동하며 항공기의 실제 지상고도(above ground level, AGL)를 나타내기 때문에 절대 고도계(absolute altimeter)라고 불린다. 전파 고도계는 항공기 아래 지형에 연속적으로 FM(frequency modulation) 전파를 송신하고 반사되는 전파를 시스템 수신기가 감지한다. 항공기의 절대 고도는 전송과 수신 사이 FM 전파 이동에 정비례한다. 각 시스템은 비행장 접근을 돕기 위해 조종사들이 선택한 의사결정 높이(decision height, DH)라고 하는 특정 높이에서 조명을 켜도록 설정한다. 이 시스템은 독립형 전파 고도지시계 또는 주비행표시장치(PFD)에 매우 짧은 범위인 0~2500ft 까지 표시한다. 독립형 전파 고도지시계는 그림 11-13과 같다.

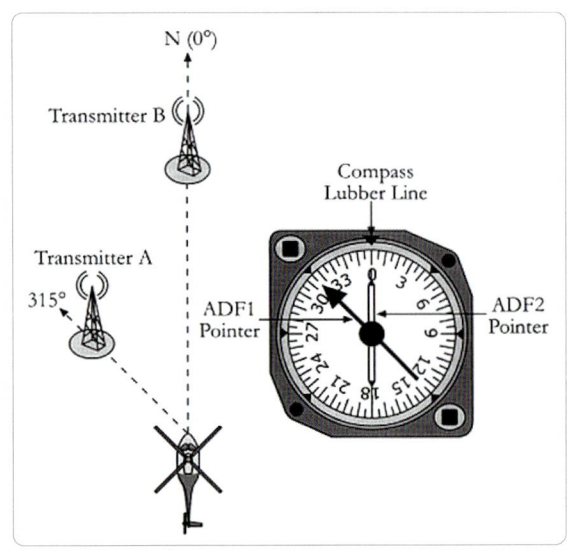

[그림 11-11] 상대 방위각

[그림 11-13] 독립형 전파 고도지시계

① DH 라이트 : 표시된 고도가 DH 지수 설정값보다 작을 때 깜박임
② DH 지수 : 조종사가 선택한 의사결정 높이 (DH)를 표시
③ DH Set Knob : 조종사가 DH 지수를 설정하는 데 사용
④ 테스트 버튼 : 누른 채로 있으면 고도계 시스템과 지시계를 테스트 함
⑤ 경고 플래그 : 테스트 중 기기 또는 시스템 고장을 감지하는 경우 튀어나옴

11.2.6 위성항법시스템 (Global Positioning System, GPS)

위성항법시스템(GPS)은 미국 국방부에 의해 그림 11-14와 같이 궤도에 배치된 24개의 위성 네트워크로 구성된 위성 기반 항법 시스템이다. 위성항법시스템(GPS)은 원래 군사용 애플리케이션을 위한 것이었지만 1980년대에 미국 정부는 이 시스템을 민간용으로 사용할 수 있게 만들었다. 위성항법시스템(GPS)은 전세계 어느 곳에서나 24시간 작동한다. 이 시스템은 적어도 21개의 작동 가능한 24개의 위성을 언제든지 사용할 수 있도록 설계하였지만, 최근에는 30개 이상의 위성을 회선에 배치하여 궤도 기동과 유지보수를 하고 있다. 위성항법시스템(GPS) 위성은 매우 정밀한 궤도로 지구를 한 바퀴 돌면서 12시간마다 한 번씩 지구로 신호를 전송한다.

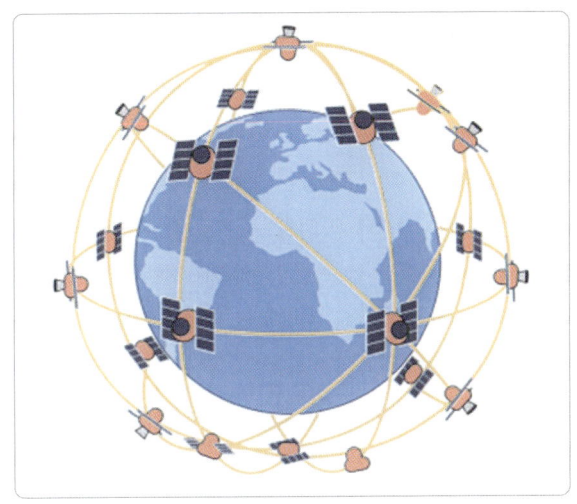

[그림 11-14] GPS 위성 궤도

항공기 GPS 수신기는 이 신호 정보를 가지고 삼각측량(triangulation)을 이용하여 지구 표면에 대한 항공기의 정확한 위치를 계산한다. 간단히 말해서, GPS 수신기는 신호가 위성에 의해 전송된 시간과 수신된 시간을 비교한다. 시차는 GPS 수신기에 위성이 얼마나 멀리 떨어져 있는지를 알려준다. 여러 개의 인공위성으로부터 거리를 측정하면 수신기가 항공기의 위치를 결정할 수 있다.

GPS 수신기는 2D 위치(위도 및 경도)를 계산하고 움직임을 추적하기 위해 최소 3개 위성의 신호에 고정되어야 한다. 4개 이상의 위성이 보이는 상태에서 수신기는 사용자의 3D 위치(위도, 경도, 고도)를 결정할 수 있다. 사용자의 위치가 결정되면 GPS 장치는 속도, 방위각, 경로, 이동 거리, 목적지까지의 거리 등 다양한 정보를 계산할 수 있다.

지구 주위의 위성항법시스템(GPS)을 구성하는 24

개의 위성은 지상 위 약 12,000마일 지점에서 지구 궤도를 24시간 동안 두 번 돌고 있다. 이 위성들은 대략 시간당 7,000마일의 속도로 이동하고 있다.

위성항법시스템(GPS)은 태양에너지로 발전 및 작동이 되며, 태양이 없는 일식의 경우를 대비해 예비 배터리를 탑재하고 있다. 각 위성의 작은 로켓 부스터는 위성이 올바른 경로로 비행하게 하며 각각의 위성은 약 10년 동안 지속되도록 만들어졌다. 노후를 대비한 대체 위성들이 끊임없이 개발되어지고 있다.

GPS 신호는 의사 임의코드(pseudorandom), 천문력(ephemeris) 데이터, 위성 궤도력(almanac) 데이터 등 세 가지 정보를 포함하고 있다. 의사 임의코드(Pseudorandom)는 단순히 어떤 위성이 어떤 정보를 전송하고 있는지를 식별하는 ID 코드이다. 천문력(ephemeris) 데이터는 각 위성에 의해 지속적으로 전송되는 데, 위성의 상태 및 현재 날짜와 시간을 전송한다. 이 데이터는 정확한 위치를 결정하는데 중요하다. 위성 궤도력(almanac) 데이터는 GPS 수신기에 하루 종일 각 GPS 위성이 어디에 있는지 알려준다. 그리고 해당 위성과 시스템 내의 다른 모든 위성에 대한 궤도 정보를 전송한다.

11.2.7 항공교통관제 레이더 비콘 시스템 (Air Traffic Control Radar Beacon System, ATCRBS)

항공기의 안전은 항공 교통 관제사가 통제된 영공 내에서 항공기를 배치할 수 있는 능력에 달려 있다. 항공교통관제 레이더 비콘 시스템(ATCRBS)은 그림 11-15와 같이 항공기의 보다 정확한 위치 보고를 위해 항공교통관제시스템 내에 2차 감시 레이더 시스템이 있다. 보통 주 레이더와 연계하여 사용하는데, 이는 영공에서 항공기의 존재 여부를 판단하는 데 사용된다. ATCRBS는 특별한 식별 정보와 고도 정보를 포함한 위치정보를 제공함으로 해서 관제사가 각 항공기를 보다 정확하고 효율적으로 추적할 수 있도록 한다. 항공교통 관제사는 트랜스폰더의 코드화된 식별 응답을 사용하여 레이더 화면에 표시되는 표적(항공기)을 구별한다. 즉 관제사가 항공기 유형을 구별하고 분리 및 충돌 방지하는 데 도움이 된다.

주 레이더는 지상국 운영자에게 자신의 지역에 있는 모든 항공기에 대한 감시 레이더스코프의 기호를 제공한다. 2차 레이더 시스템은 항공기에서 "ATC 트랜스폰더"라고 불리는 것을 사용한다. 트랜스폰더는 송신기/수신기로, 지상 2차 감시 레이더 시스템으로부터의 요청에 대응하여 송신한다.

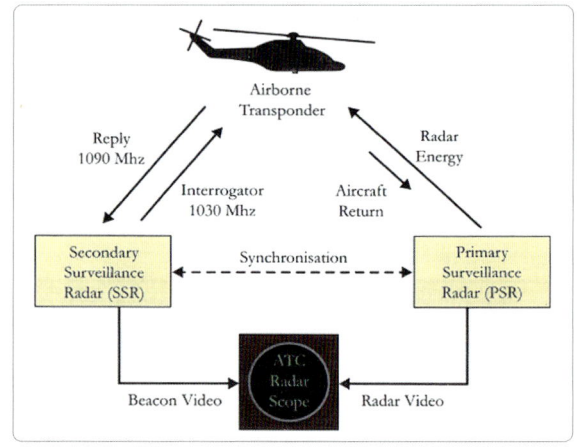

[그림 11-15] ATCRBS 개념도

11.2.8 공중충돌경고장치 (Traffic Alert & Collision Avoidance System, TCAS)

공중충돌경고장치의 국제민간항공기구(ICAO) 공식명칭은 ACAS(airborne collision avoidance system)이다. 그러나 미국에서 개발한 TCAS (traffic alert and collision avoidance system)가 대표적으로 사용되기 때문에 TCAS가 공중충돌경고장치의 대명사처럼 통용되고 있다.

공중충돌경고장치는 통제된 영공에서 비행하는 모든 항공기는 의무적으로 장착하여야 한다. 공중충돌경고장치 장착 항공기는 안테나 2개인 모드 S 트랜스폰더를 사용한다. 항공기 상단에 설치된 안테나는 주변 공역의 항공기를 스캔한다. 그런 다음 주변 교통의 진행 상황을 평가하여 자체 비행경로와 충돌할 가능성이 있는지 파악한다. 이것은 항공기 화면 중앙에 배치되는 계기판 디스플레이에 표시된다.

11.2.8.1 TCAS 종류

- TCAS I : TCAS I 은 TCAS가 최초로 도입된 저전력 단거리 시스템이다. 교통권고(traffic advisories, TA), 즉 주변 항공기 근접경보를 조종사에게 알려준다. 하지만 충돌회피 기동을 알려주는 기능은 없다.
- TCAS II : 약 30NM 이내의 감시 구역에 있는 항공기에 대한 충돌방지 교통권고(traffic advisory, TA)와 수직 기동에 대한 충돌방지 회피권고(resolution advisory, RA)를 조종사에게 알리는 충돌방지시스템이다. 또한 필요한 경우 다른 TCAS II 장착 항공기와 상호 보완적인 기동을 조정한다. TCAS II는 현재 15명 이상의 승객을 수송하는 항공기는 의무적으로 장착하여야 한다.
- TCAS III : TCAS II가 현재 표준이며 TCAS III는 아직 완전히 정의되어 있지는 않지만, TCAS II와 동일한 기능을 제공하고 아울러 수평 기동에 대한 충돌방지 회피권고(RA)까지(예: 'TURN LEFT', 'TURN RIGHT' 등) 제공하는 것을 목적으로 한다.

헬리콥터에서는 TCAS 사용 적합성에 대한 타당성 연구가 1983년까지 수행되었다. 초기 설치에서는 속도와 비행경로 때문에 헬리콥터용 TCAS II 설치가 불가능할 것이라고 믿었기 때문에 TCAS I을 사용했다. 2008년 Bristow는 TCAS II를 Super Puma에 장착함으로써 새로운 영역을 개척하였고, 2012년에 Eurocopter는 TCAS II를 EC225 헬리콥터의 자동조종장치에 결합했다.

11.2.8.2 TCAS 원리

TCAS는 충돌 회피라고 일반적으로 언급되는 항공기 분리를 보장하도록 설계되었다. TCAS는 다른 항공기 트랜스폰더 시스템으로부터의 수신에 반응하면서 항공기 주변의 감시 영역을 유지한다. TCAS의 송신기 전원 및 수신기 민감도에 의해 그림 11-16과 같이 감시 범위를 유지한다.

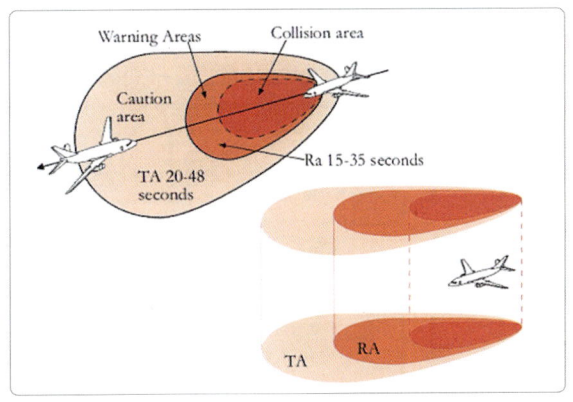

[그림 11-16] TCAS 감시 패턴

위협이 임박한 영역은 'TAU'(tau는 시간을 의미함)라 하며 항공기와 위협 항공기의 속도와 경로에 따라 달라진다. 이는 조종사가 충돌 위협을 식별하고 회피 조치를 취하는 데 필요한 최소 시간을 나타낸다. TCAS II는 인근 항공기의 항공교통관제(ATC) 중계기(transponder)를 조사하여 고도, 범위 및 상대 위치를 결정한다. 이후 시스템은 속도, 방향 지정 및 충돌 가능성 및 필요한 경우 충돌을 방지하기 위한 가장 적절한 방법을 계산하고 권장한다.

TCAS 장착 항공기는 사실상 레이더 감시 영공은 그림 11-17과 같이 3개의 가상 영역선도(envelope)로 구분된다. 항공기가 황색 지역에 진입하면 TA가 개시되고, 이어서 적색 지역에 RA가 도입된다. 구체적으로 푸른 지역은 TAU 지역이라고 한다. TAU 지역은 항공기 주변의 특정 "보호 구역"이다. 침입 항공기가 TAU 지역에 진입할 때 TA 및 TCAS는 경보를 트리거한다. TAU 영역의 임계값은 시간에 의해 계산된다. TAU는 상대 항공기와 최대근접점(closest point of approach, CPA)을 의미한다.

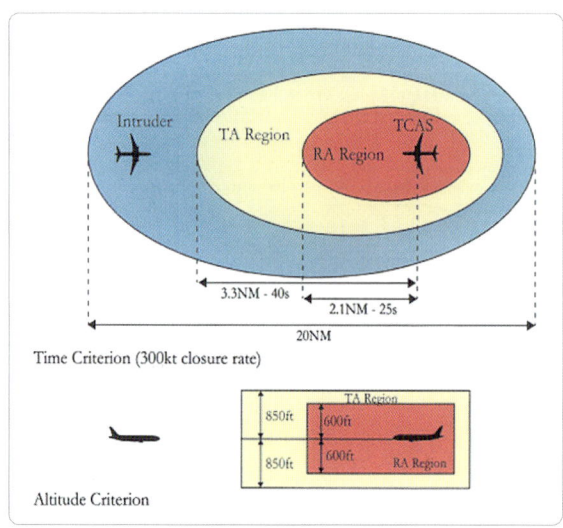

[그림 11-17] TCAS 동작

해당 지역 내의 각 위협 항공기는 개별적으로 처리되어 최소 안전 회피권고(RA)를 선택할 수 있고 다른 TCAS 장착 항공기와의 조율을 제공한다. 위협 항공기에 그림 11-18과 같은 TCAS가 장착된 경우 모드 S 데이터 링크를 통해 조정 절차가 생성된다.

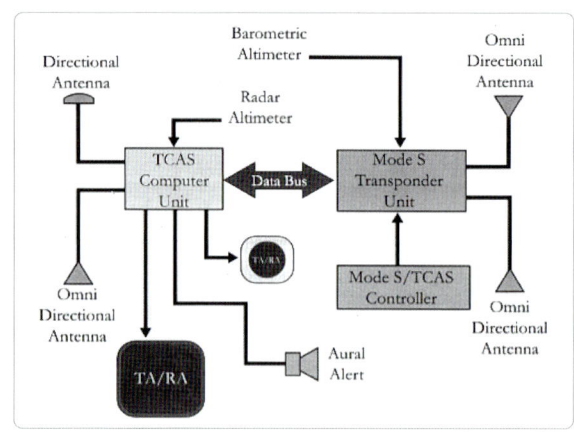

[그림 11-18] TCAS II 설치도

화면에 디스플레이 되는 사항은 다음 두 가지 유형으로 구성되어 있다.

- 시정 권고사항(corrective advisories) : 조종사에게 현재 비행경로에서 벗어나도록 지시하는 사항
- 예방적 권고사항(preventive advisories) : 충돌을 방지하기 위한 특정 기동을 피하도록 승무원에게 권고

11.2.9 도플러 항법(Doppler Navigation)

도플러 효과는 파원이 관측자에게 향하거나 또는 멀어지거나, 관측자가 파원으로 향하거나 멀어지거나 할 때 주파수 또는 거리의 변화 효과이다. 파원과 관측자 사이의 거리가 좁아질 때에는 파동의 주파수가 더 높게, 거리가 멀어질 때에는 파동의 주파수가 더 낮게 관측되는 현상이다. 독일 물리학자 크리스티안 도플

러(christian doppler)에 의해 발견된 이 원리는 전자기 에너지를 포함한 모든 파형에 적용된다.

파원과 수신기 사이의 주파수 변화는 파원과 수신기 사이의 상대적인 움직임 때문이다. 도플러 효과를 이해하기 위해서는 우선 파원에서 나오는 소리의 주파수가 일정하게 유지된다고 가정해야 한다. 소리의 파원과 수신기 모두 정지해 있으면 수신기는 파원에서 발생하는 주파수와 같은 소리를 듣게 된다. 수신기가 파원이 생산하는 것과 같은 초당 파동수를 받고 있기 때문이다.

파원과 수신기가 서로 가까이 이동한다면 수신기는 더 높은 주파수 소리를 감지할 것이다. 수신기가 초당 더 많은 수의 음파를 수신하고 더 많은 수의 파동을 고주파 음으로 해석하기 때문이다. 반대로, 파원과 수신기가 서로 멀리 움직이면, 수신기는 초당 더 적은 수의 음파를 수신하고 낮은 주파수 소리를 지각하게 된다. 두 경우 모두 파원에서 발생하는 소리의 주파수는 일정하게 유지되었을 것이다. 그림 11-19와 같이 경찰차의 사이렌이 우리를 지나가면서 간격을 바꾸는 소리가 나는 것은 이러한 이유이다.

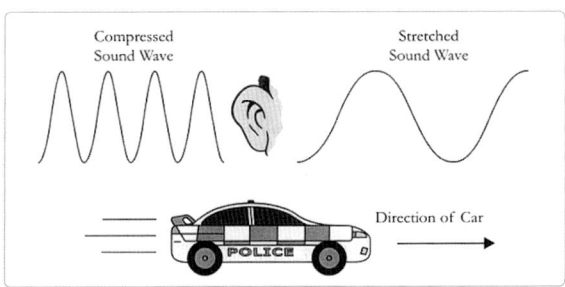

[그림 11-19] 도플러 효과

도플러 항법 시스템의 정확도는 고도, 대기 감쇠 및 항공기 자세에 따라 저하된다. 이러한 이유로 오늘날 대형 항공기에는 거의 도입되지 않고 있다. 그러나 헬리콥터에는 호버(hover) 기동 중 자동 접근 및 안정화를 위해 널리 사용된다.

헬리콥터의 도플러 항법 시스템은 항공기 레이더 안테나에서 방출되는 레이더 신호와 항공기로 반송되는 신호 사이에 발생하는 주파수 차이를 측정하기 위해 도플러 효과를 활용한다. 신호가 비행 중 항공기에서 전방으로 전송될 경우, 반송 신호는 방출된 신호보다 더 높은 주파수에 있게 된다. 주파수의 차이는 항공기의 지상 속도와 이동 방향을 측정할 수 있게 하여 특정 기준점과 선택 경로에서 항공기의 정확한 위치를 계산할 수 있도록 한다. 그림 11-20과 같이 일반적인 도플러 항법 시스템에서는 4개의 연속파 레이더 빔을 항공기에서 지상으로 보내고 항공기로 돌아오는 에너지의 주파수 변화를 측정하여 정보를 얻는다. 대부분의 헬리콥터 도플러 레이더는 두 가지 방향을 동시에 마주할 수 있는 (로마의 신) 야누스 어레이(janus array)로 알려진 네 개의 빔 안테나 시스템을 사용한다.

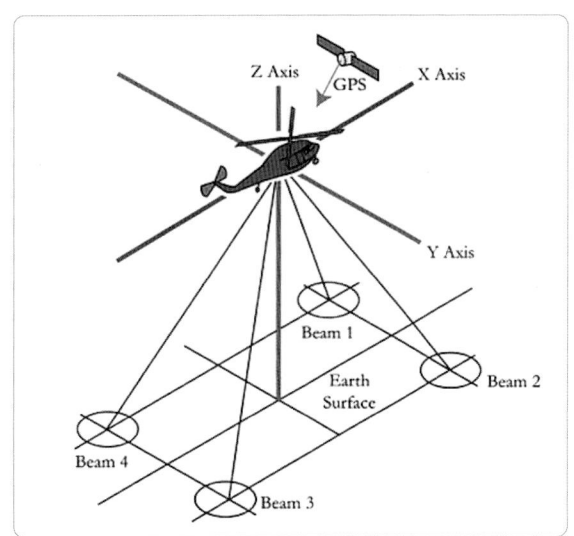

[그림 11-20] 4개의 빔 도플러

야누스의 구성은 헬리콥터의 기울기(pitch & roll)에 의한 수평 속도 오류를 제거하는 데 특히 좋다. 피치나 롤의 변화에 의해 어떤 빔에서 발생하는 오차는 다른 빔에서 동일하지만 반대되는 오차로 보상된다. 빔 신호의 주파수는 항공기 속도에 비례한다. 레이더 빔은 항공기 중앙을 기준으로 오른쪽과 왼쪽으로 약 45도, 앞뒤로도 약 45도 각도로 아래쪽으로 향한다. 비행기가 날고 있을 때, 전후방 신호는 동일할 것이다. 전방과 후방 신호의 주파수 차이는 지상 속도에 비례한다. 항공기가 편류(drift)할 경우 우측 빔 신호와 좌측 빔 신호 사이에 주파수 차이가 발생할 경우, 이러한 차이는 편류각도로 변환되어 도플러 표시기에 표시된다.

현대 도플러 시스템은 향상된 성능을 위해 GPS 수신기를 가지고 있다. 도플러와 GPS를 모두 사용할 수 있게 되면 GPS는 도플러의 현재 위치를 정확히 초기화하여 자동으로 업데이트한다. GPS 신호가 상실되면, 도플러는 계속해서 호버링과 비행에 정확한 속도를 제공하여 어느 경우에든 비행이 중단 없이 계속되게 한다.

11.2.10 기상 레이더(Weather Radar)

RAdio Detecting And Ranging의 약자인 RADAR는 고주파 무선주파수(RF) 펄스를 방출하고 그 회귀 신호를 감지하는 원리로 작동한다. 이론적으로 간단하지만 실제 레이더는 믿을 수 없을 정도로 복잡하다.

오늘날 최신 공중 기상 레이더 시스템은 조종사들에게 기상 위치와 분석을 제공하도록 고안된 경량 다색 디지털 시스템이다. 기상 레이더는 항공기의 비행 경로를 따라 폭풍을 감지하고 피할 수 있는 정보를 제공한다. 이러한 기상 레이더 시스템은 처음 현장에 나타났을 때 보다 오늘날 훨씬 더 많은 것을 보여주며 진보했다. 풍향탐지기와 난류탐지는 스캐너 오토 틸트(auto-tilt) 기능과 함께 공중 기상레이더 시스템에 통합되었다.

현대의 공중 기상 레이더 시스템은 대부분 18W에서 10kW의 전력 사이에서 방사되는 X-밴드(band) 시스템이다. X-밴드는 전자기 스펙트럼의 마이크로파 무선 영역의 한 부분이다. 레이더 공학에서 이 주파수 범위는 8.0~12.0GHz 이다. 기상레이더는 습기를 감지하는 데 사용되는 1차 레이더이다. 젖은 우박, 비, 젖은 눈을 감지하지만 마른 우박이나 마른 눈은 감지하지 못한다. 물방울이 클수록 회귀 신호가 강해진다. 그러므로 대형 비구름을 적시에 감지하고 분석할 수 있게 되며 조종사들이 심한 날씨를 피할 수 있게 해준다.

11.2.10.1 작동 원리(Principle of Operation)

레이더 펄스는 송신 안테나에 의해 빔 형태로 집중되며, 전송된 빔 중 일부는 송신기 쪽으로 다시 반사된다. 반사된 신호 강도는 여러 요인에 따라 달라진다. 일반적으로, 빗방울이 크고 양이 많을수록 반사 신호는 강해진다. 큰 방울들은 심한 뇌우의 작은 지역에 집중되어 있어 폭풍은 강한 메아리가 되어 신호를 돌려보낸다(그림 11-21 참조). 기본 기상 레이더는 구름, 뇌우 또는 난류를 직접 감지하지 않고 뇌우 및 난류와 관련된 강수량을 탐지한다. 안개나 이슬비와 같이 작은 빗방울만 함유하고 있는 구름은 폭우 구름으로 발전하지 않는 한 레이더 메아리가 거의 발생하지 않는다.

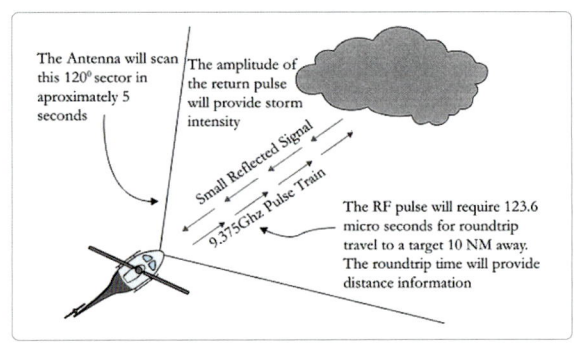

[그림 11-21] 기상 레이더 원리

11.2.10.2 레이더 시스템 구성 요소 (Radar System Components)

제조사의 모델 또는 의도된 기능에 관계없이 모든 레이더 시스템은 다음과 같은 기본 구성요소를 가져야 한다.

- 송수신기(receiver & transmitter, RT) : 무선주파수(RF) 펄스의 송수신
- 안테나/스캐너 : 송수신기(RT)로부터 무선주파수(RF) 펄스를 지시 및 스캔.
- 디스플레이 : 조종사에게 결과를 표시. 종종 디스플레이와 컨트롤러가 하나의 유닛으로 결합
- 제어기 : 레이더 시스템의 작동 제어

그림 11-22는 레이더 시스템 구성을 나타낸다.

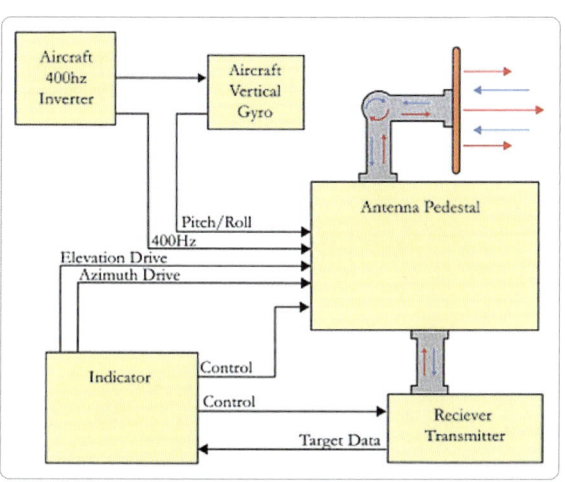

[그림 11-22] 레이더 시스템 구성도

그림 11-23과 같은 기상 레이더 안테나는 일반적으로 내부 레이더 반사를 피하기 위해 금속이 아닌 복합소재로 만들어진 노즈콘(nose cone) 뒤에 설치한다. 단발형 엔진 비행기나 헬리콥터는 기상 레이더 안테나를 위한 공간이 노즈콘에 없을 수 있어 날개 앞쪽 가장자리에 있는 포드(pod)나 다른 곳에 위치할 수 있다.

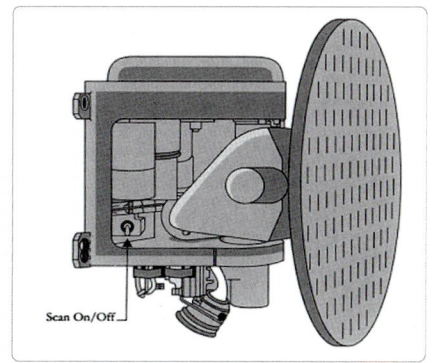

[그림 11-23] 레이더 안테나

레이더 빔은 일반적으로 전축과 후축의 양쪽에서 방위 60°를 스캔하여 헬리콥터 전방의 120° 영역을 탐색한다. 일부 시스템에서는 섹터 스캔 기능을 사용할 수 있다. 필요한 섹터를 선택하면 레이더 빔의 스캔을 60°로 제한하고 급변하는 기상 영역에 대한 업데이트를 더 빠르게 할 수 있다. 이를 통해 설정해 놓은 중요 영역에 더 집중할 수 있다. 레이더 빔은 그림 11-24와 같이 수직면에서 최대 15°까지 기울일 수 있다. 0° 기울기 설정에서도 일정 범위의 레이더 빔이 지면에 부딪히고 지면의 반사 산란(ground clutter)으로 인해 일부 에너지가 반사될 가능성이 있다. 따라서 올바른 날씨 정보가 표시되도록 하려면 효과적인 안테나 틸트 제어 장치가 필수적이다.

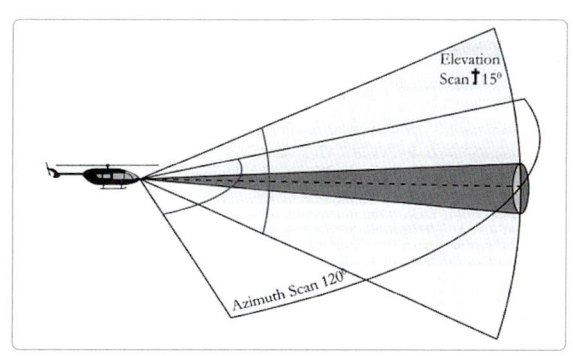

[그림 11-24] 레이더 스캔

현대의 레이더는 멀티스캔으로 알려진 높은 수준의 자동화를 가지고 있으며, 기상 레이더는 현재 비행 단계에 적합한 기울기 각도를 사용하여 항공기의 전방을 다양한 수준에서 스캔한다. 기상 레이더 제어 패널에는 여러 가지 종류가 있다. 소형 항공기 및 헬리콥터는 그림 11-25와 같이 제어 패널과 표시장치가 통합되어 있다. 하지만 전자비행계기시스템(EFIS) 디스플레이가 장착된 대형 항공기는 별도의 제어 패널을 갖는 경향이 있다.

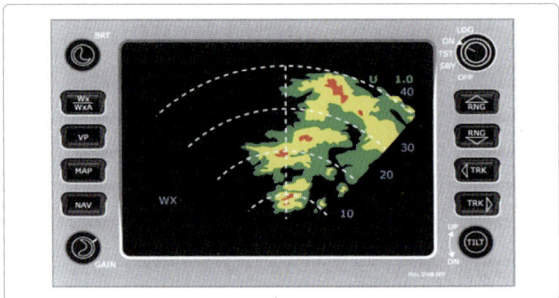

[그림 11-25] 레이더 통합제어표시장치

헬리콥터

제12장 공기조화/난방/환기계통

12.1 난방 시스템(Heating System)
12.2 냉각 시스템(Cooling System)
12.3 공기 사이클 냉각 시스템(Air Cycle Cooling System)
12.4 환기 인증 규격(Ventilation Certificate Requirement)
12.5 공기 공급원(Sources of Air Supply)
12.6 산소 공급(Oxygen Supply)
12.7 에어컨 시스템(Airconditioning System)
12.8 분배 시스템(Distribution System)
12.9 공기 흐름 및 온도 제어 시스템(Air Flow & Temperature Control System)
12.10 난방 및 냉각 시스템 보호 및 경고 장치
     (Heating/Cooling System Protection & Warning Device)

12.1 난방 시스템
Heating System

공기조화 시스템은 헬리콥터의 에어컨 시스템, 히터 시스템, 환기장치 및 각종 탑재전자 장비 냉각을 위해 사용된다.

객실 난방 시스템의 배치 및 관리는 일반적으로 열원(heat source)에 좌우된다. 일부 헬리콥터의 경우 고온 엔진 블리드 공기가 객실 공기와 선별적으로 혼합되어 필요한 난방을 제공한다. 블리드(bleed) 공기를 사용할 수 없을 경우에는 연소 히터, 엔진 배기열 교환기, 전기 팬히터를 사용한다.

12.1.1 블리드 공기 난방 시스템

그림 12-1과 같이 저압의 고온 공기는 관련 유량 제한기(flow restrictor)와 블리드 공기 격리 밸브①을 통해 각 엔진의 압축기 케이스로부터 공급된다. 유량 제한기는 블리드 공기가 엔진 압축기 공기 유량의 약 5% 이내만 유지되도록 빠져나가는 공기량을 제한한다. 각 엔진 블리드 라인(bleed line)의 블리드 공기 격리 밸브①를 통해 각 엔진이 시스템에서 격리되어 공기가 정지한 엔진에 역으로 공급(back-fed)되는 것을 방지한다.

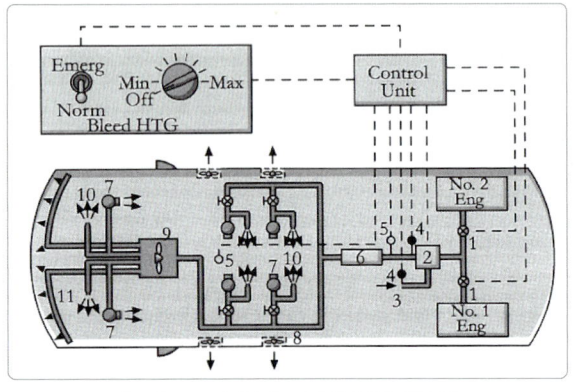

[그림 12-1] 블리드 공기 난방 시스템

공기는 블리드 공기 격리 밸브①에서 공기 혼합 밸브②로 전달되며, 여기서 고온 블리드 공기가 흡입구③를 통해 밸브로 빨려 들어온 압력 조절된 객실 공기와 혼합하여 객실에 필요한 공기 온도를 만든다. 그 다음으로 이 조화 공기(conditioned air)가 소음기 장치(silencer unit)⑥와 객실 환기 덕트를 통해 객실 천장의 공기 분배기(air distributor)⑩와 개스퍼(gasper) 장치⑦로 전달된다. 또한 공기는 승무원실 환기 시스템 송풍기⑨를 통해 중앙 계기판 아래의 공기 분배기⑩와 개스퍼 장치⑦로 전달된다. 또한 공기는 방풍유리 제습 분배기⑪로 전달된다. 승무원실 및 객실을 순환한 후 소모된 공기는 객실 측벽의 환기 루버(louver)를 통해 기체 밖으로 배출된다. 조종사는 가변저항의 하나인 포텐시오미터(potentiometer)가 포함된 천장 패널의 회전 스위치를 돌려서 난방 시스템을 선택하고, 필요한 공기 온도를 설정한다. 패널의 NORM/EMERG 시스템 토글(toggle) 스위치는 통상적으로 이를 수행하기 전에는 NORM 위치로 설정되어 있다. 시스템을 ON에 선택할 경우 양쪽 엔진의 회전속도가 규정된 최소값, 예를 들어 60 %RPM 이상이면 블리드 공기 격리 밸브가 열린다. 승무원실의 중앙 디스플레이 패널(display panel)의 밸브가 열리면 BLEED AIR 캡션(caption)이 점등된다. 그림의 예시 시스템처럼 어느 한 엔진이 최소 %RPM 이하로 떨어지면 양쪽 블리드 밸브가 자동으로 닫히고, 블리드 공기 캡션이 소등된다. 이러한 경우 토글 스위치를 EMERG 위치로 이동하여 필요 시 난방 시스템을 비상 오버라이드(emergency override) 상태로 작동시킬 수 있다. 객실 공기 온도는 조종사가 선택한 온도 선택 신호를 수신하여 객실 온도 센서⑤의 신호와 비교하는 전자제어장치를 통해 제어된다. 조종사가 객실 온도를 선택할 시 제어장치는 이를 현재 객실 온도와 비교하기 위한 데이터로 사용하고, 다를 경우 공기 혼합 밸브 작동기(actuator)에 신호를 보내 블리드 공기와 객실 공기를 요구되는 비율로 맞추도록 밸브를 위치시킨다. 이 제어 장치는 객실 공기 온도 센서 신호와 선택된 데이터 값을 계속 비교하여 공기 혼합 밸브를 조절함으로써 지시된 온도를 유지한다.

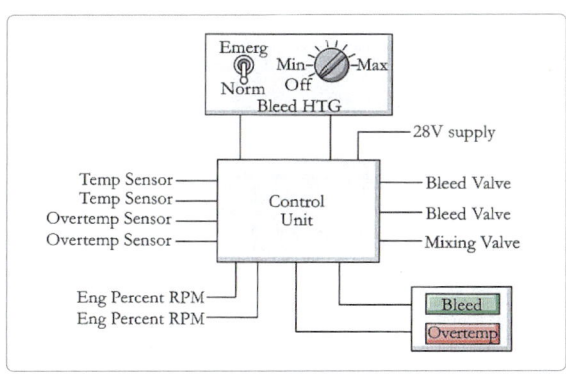

[그림 12-2] 블리드 공기 난방 제어/지시

초과온도(over-temperature) 센서④는 혼합 밸브②로 가는 객실 공기 흡입구 및 혼합 밸브의 배출구에 위치해 있다. 이 센서들은 이러한 위치의 공기 온도가 지정된 최대값을 초과할 경우 제어 장치에 신호를 전달한다. 초과온도 센서가 이 신호를 수신할 경우 제어 장치는 계전기(relay)를 열어 난방 시스템 스위치를 끈다. 이러한 일이 일어날 경우 양쪽 블리드 공기 격리 밸브①가 닫히고 디스플레이 패널에 HTG OVERTEMP 캡션이 점등될 것이다. 난방 시스템이 꺼진 상태로 있을 경우 온도가 지정된 값 이하로 떨어질 시 중계기가 자동으로 리셋(reset)되어 난방을 복구할 것이다. 아니면 어느 때든 토글 스위치를 EMERG 위치로 이동하여 난방 시스템을 비상 오버라이드 상태로 작동시킬 수 있다. 위에서 논의한 시스템은 하나의 예시이며 제어 및 보호 방법에 차이가 있을 수 있다. 그러나 모든 시스템에는 초과온도 및 블리드 공기 공급 장치의 고장으로부터 시스템을 보호하기 위한 장치가 구비되어 있고, 적절한 시각 경고도 제공한다. 공기 혼합 밸브의 수동 작동을 위한 오버라이드 장치(override provision)가 있을 수 있으며, 앞에서 설명한 시스템의 경우와 같이 비상 시스템 오버라이드(emergency system override) 기능도 있다.

12.1.2 연소 히터

엔진 블리드 공기를 위한 설비가 없을 경우 열원을 제공하기 위해 연소 히터를 설치할 수 있다.

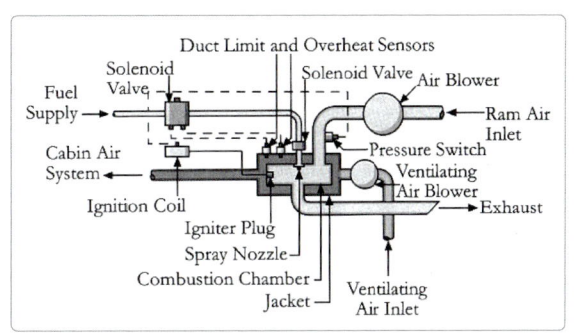

[그림 12-3] 연소 히터

연소 히터는 2개의 동심 스테인리스 강 실린더 (concentric stainless steel cylinder)로 이루어져 있으며, 여기서 내부 실린더는 연소실을 형성하며 외부 실린더는 히터 재킷(heater jacket)을 형성한다. 환기 공기가 히터 재킷을 통과하는 동안 연료/공기 혼합물이 점화 및 연소되며, 환기 공기는 히터 재킷에서 연소실 벽 외부 표면과 접촉하여 가열된다. 회전익항공기 연료 시스템에서 공급된 연료는 필터 및 솔레노이드(solenoid)로 작동되는 메인 연료 차단 밸브(shut-off valve)를 통해 연소실의 분무 노즐(spray nozzle)로 전달되기 전에 정압 전기 펌프(constant pressure electric pump)로 가압된다. 연료 분무 노즐 조립체에는 2차 솔레노이드로 작동되는 차단 밸브가 포함되어 있으며, 이 밸브는 조절이 가능한 객실 공기 온도 조절장치(thermostat)와 회로로 연결되어 있다. 공기는 외부 공기 흡입구에서 도관으로 들어오며 모터로 구동되는 송풍기를 통해 연소실로 이송된다. 연료/공기 혼합물은 지속적으로 작동하는 점화 플러그(spark plug)를 통해 점화되며, 소모된 연소 가스는 기체외부 배기 파이프(overboard exhaust pipe)를 통해 외부로 방출된다. 환기 공기는 외부 공기 흡입구에서 도관으로 들어와 히터 재킷을 통과하기 전에 환기 공기 송풍기를 통해 전달되며, 히터 재킷에서 연소실 벽의 외부 표면에 접촉하여 가열된다. 이 시스템은 히터 재킷의 환기 공기 압력이 항상 연소실 내부의 압력보다 약간 높도록 설계되어 있다. 이러한 기능은 연소실 벽의 균열을 통해 일산화탄소(CO)가 환기 기류로 누설되는 것을 방지하기 위한 안전장치이다. 히터는 승무원실의 천장 패널의 로터리 스위치를 돌려 ON으로 선택하여 작동시킨다. 조종사는 스위치를 ON을 선택한 다음 원하는 온도 설정으로 스위치를 돌려 원하는 객실 공기 온도를 선택까지 어떻다. 이는 객실 공기 온도 조절을 위한 서머스탯(thermostat) 장치의 세팅을 조절하는 것이다. 히터가 ON에 선택되면, 연료 펌프, 연소 공기 송풍기, 환기 공기 송풍기가 작동하기 시작한다. 연소공기 송풍기 출구 덕트의 압력으로 작동되는 안전 스위치가 사전에 설정된 공기 전달 압력에서 닫히며, 이를 통해 점화 코일(ignition coil)을 자화시키고, 메인 연료 솔레노이드 밸브를 개방한다. 객실 공기 온도 조절 서머스탯(thermostat) 장치가 노즐 조립체에 있는 2차 연료 솔레노이드 밸브에 신호를 전달하여, 요구되는 객실 공기 온도에 도달할 때까지 열린 상태를 유지한다. 온도 조절을 위한 서머스탯(thermostat) 장치는 노즐 밸브에 계속 신호를 전달하여 요구될 때마다 밸브를 열거나 닫아 선택된 공기 온도를 유지한다. 연소 히터에는 여러 안전 기능이 포함되어 있다. 이미 균열을 통해 객실 공기로 일산화탄소가 누출되는 것을 방지하기 위해 히터 재킷의 환기 공기 압력이 어떻게 항상 연소실의 압력보다 높은지에 대해 논의했다. 또한 연소공기 전달 덕트의 압력 작동 안전 스위치가 공기 압력이 충분하여 연소를 지원하도록 흐를 때게 히터의 작동을 방지하는지에 대해서도 살펴보았다.

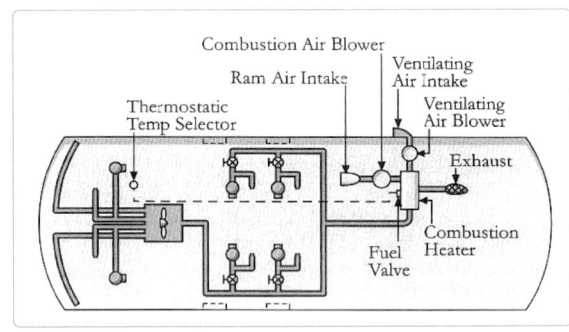

[그림 12-4] 연소 히터 시스템

히터 재킷의 배출구 끝에 덕트 온도 제한 스위치가 있다. 히터 재킷을 통해 흐르는 환기 공기가 충분하지 않을 경우, 덕트 온도 제한 스위치가 메인 연료 솔레노이드 밸브에 신호를 전달하여 환기 공기 온도가 사전에 설정된 최대값에 도달할 시 히터를 끄고 정지시킨다. 덕트 온도 제한 스위치는 히터가 냉각된 이후 비행 중 조종사가 리셋할 수 있다. 덕트 온도 제한 스위치가 작동하지 않을 경우 백업 오버히트 스위치(back-up overheat switch)가 있으며, 이 스위치는 덕트 제한 스위치보다 더 높은 온도에 세팅되어 있지만 화재 위험으로 간주되는 온도 아래에서 작동한다. 과열 스위치가 작동할 경우 메인 연료 솔레노이드 밸브가 닫히고, 연소 공기 공급장치를 중단시키고, 점화 코일의 동력을 차단한다. 오버히트 스위치는 덕트 온도 제한 스위치가 작동하지 않을 경우 고장 안전 백업(fail-safe backup)으로 설치된다. 이 스위치는 비행 중에 리셋할 수 없다. 이 스위치는 정비사가 일반 보호 회로의 고장과 오버히트 상태의 원인을 조사한 이후 지상에서만 리셋할 수 있다. 덕트 온도 제한 스위치가 작동하면 대부분 시스템이 정지되며, 히터가 냉각된 이후 조종사가 리셋할 수 있다. 그러나 환기 공기 송풍기가 고장날 경우 히터 재킷의 온도가 안전하지 않은 수준으로 매우 빠르게 상승하게 되며, 이로 인해 2개의 스위치가 모두 작동할 수 있다.

12.1.2.1 연소 히터 화재 보호

연소히터 인증 규격에는 연소 히터의 사용과 관련하여 광범위한 화재 보호 요건이 포함되어 있는데 이를 간단히 살펴보면 아래와 같다; 히터 온도 혹은 환기 공기 온도가 안전 한도를 초과할 경우 점화장치 및 연료 공급장치를 자동으로 정지시키는 보호 시스템이 제공되어야 한다. 또한 이는 연소 공기흐름 혹은 환기 공기흐름이 안전 운항에 부적절하게 되는 경우에도 필요하다. 화재로부터 보호되는 연소 히터 화재 구역에는 히터 고장으로 손상될 수 있거나 인화성 유체 혹은 유증기(vapor) 누설로 히터에 도달할 수 있는 히터 주변 구역 또는 히터 고장으로 손상될 수 있는 가연성 유체(flammable fluid) 관련 부품이 포함된 히터 주변 지역이 포함되어야 한다. 이 구역에는 통로 내에 화재를 통제할 수 없는 히터 주변의 환기 통로도 포함되어야 한다. 연소 히터 화재 구역을 통과하는 환기 공기 덕트(ducting)은 내화성이어야 한다. 히터의 덕트 하류(ducting downstream)는 히터에서 발생한 불이 덕트 내에 국한될 수 있도록 충분히 많은 거리에 대해 내화성이어야 한다. 덕트은 인화성 유체 혹은 증기가 환기 기류로 들어갈 수 없도록 제작 및 배치되어야 한다.

각각의 연소 공기 덕트는 역화(backfiring)로 인한 피해를 방지하기에 충분히 많은 거리에 대해 내화성이어야 한다. 연소 공기 덕트는 역화가 환기 기류로 들어갈 위험이 있는 환기 덕트와 연결되어 있지 않아야 한다. 연소 공기 덕트는 히터 고장을 유발할 수 있는 역화에 대한 즉각적인 경감(relief)을 고려해야 한다. 연소 및 환기 공기 흡입구는 인화성 유체 혹은 유증기가 정상 작동 중에 혹은 부품 고장 시 히터로 들어갈 수 없는 위치에 있어야 한다. 히터 배기 덕트 슈라우드(shroud)는 인화성 유체 혹은 증기가 접합부(joint)를 통해 배기 시스템에 도달할 수 없도록 밀봉되어야 한다. 배기 덕트는 히터 고장을 유발할 수 있는 역화 경감을 제한하지 않아야 한다. 누출 시 환기 기류로 들어갈 위험이 있는 히터 연료 시스템 부품은 슈라우드로 보호되어야 한다. 연료 시스템 부품이 포함된 격실에 열로 인한 손상 혹은 얼음으로 인한 막힘(blockage)으로부터 보호되는 적절하고 안전한 배출관이 제공되어야 한다.

12.1.3 배기 히터 머프(Exhaust Heater Muff)

배기 히터 머프는 왕복엔진으로 작동되는 회전익항공기에서만 볼 수 있다. 히터 머프 조립체는 열 교환기를 구성하기 위해 엔진 배기 덕트의 일부를 감싸는 내열성 슈라우드 혹은 재킷이다. 재킷을 통해 공기가 흐를 경우 배기 덕트 부분과 접촉하여 가열된다.

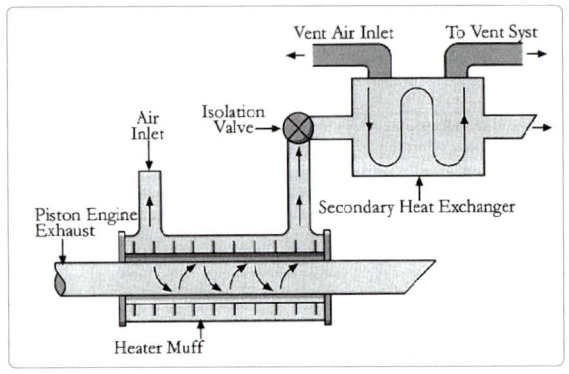

[그림 12-5] 배기 히터 머프

공기흐름은 외부 공기 흡입구에서 차단 밸브와 2차 공대공 열 교환기를 통과하기 전에 히터 재킷을 통해 전송되며, 열 교환기에서 공기가 항공기 외부로 배출되기 전에 별도의 환기 공기로 열이 전달된다.

그 다음 따뜻해진 환기 공기는 공기 혼합 밸브를 통해 객실 환기 시스템으로 전달된다. 이러한 배치로 배기 덕트 부분에 균열이 생길 시 일산화탄소가 환기 시스템 내부로 유입되는 위험을 제거할 수 있다. 초기 항공기 및 헬리콥터에는 2차 열 교환기가 없었다. 이로 인해 배기 덕트 부분에 균열이 생길 시 일산화탄소가 환기 기류로 들어갈 수 있는 위험이 실질적으로 높았다. 재킷 혹은 머프가 배기 덕트를 감싸기 때문에 면밀히 점검하기 위해 조립체를 주기적으로 탈거 및 분해하지 않을 경우 이러한 균열을 감지하기가 어려웠다. 가스의 흔적이 공기 중에 있을 경우 승무원에게 경고하기 위해 일산화탄소 감지기가 객실 내에 있지만 이는 일반적으로 배기 덕트에 대한 압력 시험을 수반하는 정기 분해 및 점검을 대체할 수 없다. 배기 히터 머프에 대한 인증 규격에는 다음의 요구사항을 규정하고 있다.

배기 열 교환기가 사람이 사용할 환기 공기의 가열에 사용될 경우

(1) 1차 배기 가스 열 교환기와 환기 공기 시스템 사이에 2차 열 교환기가 있어야 한다.
(2) 환기 공기의 유해한 오염을 방지할 수 있는 다른 수단을 사용해야 한다.

또한 민간항공당국의 감항성 개선지시에 배기 열 교환기의 사용과 관련된 일산화탄소의 위험성을 언급하고, 항공기 제조사의 승인된 정비 지침의 준수 필요성을 강조하고 있다.

12.1.4 전기 난방 시스템

전기 난방 시스템은 일부 화전익항공기 종류에서 볼 수 있다. 공기는 전기 팬히터의 저항가열(resistance-heated) 부품을 거쳐 유입되어 객실 환기 및 제습 분배 시스템으로 전달된다. 필요 시 선택된 객실 온도를 유지하기 위해 온도 조절 가능한 서머스탯(thermostat) 장치가 히터를 ON 또는 OFF 시킨다. 팬 공기 배출구에 있는 열 안전 차단 스위치는 최대 안전 작동 온도를 제한한다. 히터는 많은 전류를 필요하기 때문에 부하차단 버스 바(load shedding bus bar)에서 전류를 공급 받을 수 있으며, 이 버스 바는 발전기가 고장나거나 윈치(winch) 조립체와 같은 다른 시스템에서 많은 전류를 요구할 경우 히터로 가는 공급 장치를 차단한다.

12.2 냉각 시스템
Cooling System

환기 시스템은 분배기 그리고 사용자가 열거나 방향을 정할 수 있는 개별 공기 배출구를 통해 신선한 조화 공기의 흐름을 제공한다. 고온 기후, 특히 지상의 경우 대기 온도 자체로는 객실 및 장비실에 적절한 냉방을 제공하지 못하기 때문에 차가운 공기를 제공해야 한다. 증기 사이클 냉각 팩(vapor cycle refrigeration pack)은 헬리콥터에 설치되는 가장 흔하게 볼 수 있는 냉각 공기 공급 장치이다. 대체 방안으로 고온의 엔진 블리드 공기를 적절히 공급할 수 있다면 공기 사이클 조화 팩(air cycle conditioning pack)을 설치할 수 있다. 후자의 방법은 회전익항공기에서 일반적으로 볼 수 있는 것은 아니지만, 이에 대해 간략히 살펴보고자 한다. 냉각공기는 지상에서 냉각장비를 외부 서비스 포트에 연결하여 공급 받을 수 있다.

12.2.1 증기 사이클 냉각(Vapor Cycle Cooling)

증기 사이클 냉각은 증발(vaporization) 및 응축(condensation)의 잠열(latent heat) 그리고 포화 증기압(saturation vapour pressure: SVP)에 기반으로 작동된다. 액체를 증발시키려면 액체 단계에서 증기 단계로 변화하는 동안 액체가 잠열(latent heat)을 흡수해야 한다. 증기가 다시 액체로 응축되기에 앞서 증기 단계에서 액체 단계로 변화할 때 증기는 잠열을 제거해야 한다. 액체가 증발되는 동안 환기 기류에서 열을 흡수하여 응축되는 동안 대기로 열을 버릴 수 있게 증기를 이동하여 처리하려면 냉각 시스템이 필요하다. 이 시스템이 어떻게 작동하는지 이해하려면 이를 뒷받침하는 물리학적 지식이 필요하다.

12.2.2 증기압(Vapor Pressure)

액체의 분자는 항상 운동 상태이다. 분자의 속도는 분자의 운동 에너지에 달려 있다. 열은 일종의 에너지이며, 에너지는 하나의 상태에서 다른 상태로 전환될 수 있기 때문에 열을 가하면 운동 에너지가 증가하고, 따라서 분자의 속도가 증가할 것이다. 해당 온도에서 일부 분자는 에너지가 충분하여 액체 표면 위의 공간으로 튀어 오른다. 이렇게 탈출한 분자의 일부가 에너지를 상실하면 다시 액체로 돌아오지만 다른 분자들은 공기에 휩쓸리게 될 것이다. 우리는 이를 증발이라고 부른다. 이제 액체가 밀봉된 용기에 담겨 있고 그 위의 공간이 닫혀 있다고 가정한다. 액체에 열을 가하면 분자가 공간으로 뛰어오르기 시작하고, 일부는 전과 같이 다시 액체로 떨어질 것이다. 액체의 온도가 증가하면서 분자가 공간으로 튀어 올라가는 속도가 떨어지는 속도와 동일해지는 지점에 도달하게 될 것이다. 이 때 액체 위의 공기가 포화되었다고 부른다. 공간의 분자들은 날아다니며 서로 그리고 용기의 벽에 충돌한다. 그리하여 에너지를 상실하면 떨어지고 다른 분자로 대체된다. 운동 에너지의 지속적인 손실이 발생하면 공간에 압력이 발생한다. 포화에 도달할 시 존재하는 압력을 해당 액체의 특정 온도의 포화 증기압(SVP)이라고 부른다. 온도를 올리면 분자가 에너지를 얻어 포화 증기압이 증가할 것이다. 모든 액체에는 온도와 관련된 정확한 포화 증기압 값이 존재한다. 액체가 포화 증기압에서의 온도에서 포화 증기압과 동일한 혹은 그 이하의 압력에 접촉하게 될 경우 증발될 것이다. 단순하게 말하면 액체가 끓는다는 것이다. 주변 기압을 충분히 떨어뜨린다면 실내 온도에서 물을 끓게 만들 수 있다. 요약하면 액체 주위의 압력을 계속 떨어뜨리면 증발이 일어나는 지점에 도달한다. 일부 액체는 다른 액체보다 이 지점에 더 빨리 도달한다.

12.2.3 잠열(Latent Heat)

열린 용기에 액체가 있다고 가정하자. 분자가 튀어올라 공기에 휩쓸릴 경우 분자들이 자신의 에너지를 가져간다. 더 많은 분자가 탈출하여 돌아오지 않을 경우 전체 에너지는 물론, 남은 액체의 온도가 점점 줄어들어 증발 속도가 느리게 된다. 증발 과정을 계속 유지하려면 액체가 에너지를 상실하는 속도에 맞게 액체에 열을 충분히 공급해야 한다. 이러한 열은 액체의 온도를 상승시키지 않고 증발이 계속되는 동안 단순히 일정하게 유지된다. 이 열은 온도를 상승시키는 감열(sensible heat)과는 반대인 잠열(latent heat)이라고 부른다. 액체가 증기로 변화하는 것을 유지하기 위해 흡수되는 열을 증발 잠열(latent heat of vaporization)이라고 한다. 이제 증기가 액체로 바뀔 때 어떤 일이 일어나는지 생각해보자. 증기의 자유 분자가 에너지를 상실할 경우 속도가 느려져서 응축이라고 불리는 과정을 통해 액체를 형성하게 된다. 이렇게 되려면 분자가 열에너지를 발산할 수 있어야 한다. 그렇지 않을 경우 응축될 수 없다. 증기가 액체로 변화하는 것을 유지하기 위해 발산되는 열을 응축 잠열이라고 부른다.

12.2.4 냉매(Refrigerant)

실온에서 포화 증기압이 매우 높은 액체가 있다고 가정해보자. 이 때 포화 증기압이 약 60 psi 혹은 400 kPa라고 할 때 해수면의 대기압은 14.89 psi이므로 대기의 포화 증기압은 액체의 SVP보다 훨씬 더 낮다. 이 액체가 대기압에 접촉될 경우 즉시 끓을 것이며 빠르게 증발하기 위해 주변에서 상당한 양의 열을 뺏어갈 것이다. 한 단계 더 나아가, 포화 증기압이 60 psi일 경우 실제 비등점(boiling point)은 실온보다 훨씬 낮다. 사실상 이 온도는 약 −200℃가 될 것이다. 이제 이 액체가 증발하여 다시 액체 상태로 되돌리기를 원한다고 가정해보자. 증기를 60 psi보다 더 높은 압력으로 끌어 모아서 압축할 경우 액체 상태로 되돌아가려고 할 것이다. 그러나 이렇게 하려면 많은 잠열을 발산시켜야 한다. 냉매의 결정적인 특성은 포화 증기압이 높고 비등점이 낮다는 것이다. 액화 가스(liquefied gas)가 이 설명에 잘 맞는다. 그러나 부식 효과, 인화성, 독성, 환경 영향과 같은 다른 중요한 고려사항들이 있다. 예를 들어 브롬화메틸(methyl bromide)은 SVP가 높고 3℃에서 끓지만 알루미늄에 부식을 유발하며 독성이 매우 높다. 암모니아는 −33℃에서 끓으며 포화 증기압이 해수면의 대기압보다 10배 더 높지만 지독한 악취가 있으며 증기가 자극적이다. 프레온로(FreonTM)은 디클로로디플루오로메탄(dichlorodifluoromethane)으로 포화 증기압이 매우 높고 비등점이 −128℃이다. 2개의 액체 모두 좋은 냉매이다. 프레온로는 최근까지 흔히 사용된 냉매였으나 오존층에 대한 영향을 끼친다는 일부 우려가 있어서 다수의 다른 냉매로 대체되었다.

12.2.5 증기 사이클(Vapor Cycle)

 냉각 사이클을 이루려면 열역학 제2법칙으로 '열은 높은 온도의 지역에서 낮은 온도의 지역으로만 자연스럽게 흐를 수 있다.'라는 사실을 뒤집어야 한다. 즉 낮은 온도의 지역에서 열을 이동시켜 대기로 흘러가게 하려면 작업이 필요하다.

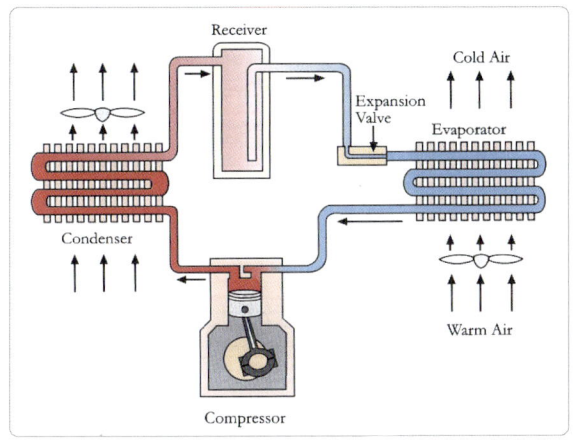

[그림 12-6] 증기 사이클 냉각

 그림 12-5에서 일반적인 증기 사이클 냉각 시스템이 저압 및 저온 면과 고압 및 고온 면이 있으며 이를 압축기로 나뉘어져 있다는 것을 볼 수 있을 것이다. 수신기(receiver)/건조기(dryer)는 포화 증기압보다 높은 압력에서 액체 냉매를 보관하는 저장소로 사용되며, 시각 표시기가 구비되어 있다. 수신기/건조기는 냉매에서 물을 제거하는 건조제(desiccant)로 가득 차 있다. 물이 제거되지 않을 경우 시스템이 동결되어 차단된다. 압축기가 작동하면 확장 밸브(expansion valve)에서 압축기의 흡입 면(inlet side)으로 가는 라인(line)에 낮은 압력이 생성된다. 이로 인해 확장 밸브의 미터링 오리피스(metering orifice) 전체에 걸쳐 압력 저하가 발생하며, 확장 밸브가 열려 압력을 받아 증발기(evaporator)의 코일로 액체 냉매를 분사한다.

 증발기를 통해 무화 냉매(atomized refrigerant)가 이동하여 포화 증기압보다 훨씬 낮은 압력에 접촉하게 되며, 코일에서 열을 끌어오는 동안 증발이 발생한다. 무화 방울(atomized droplet)들이 열을 빠르게 흡수하는 넓은 표면 영역을 집합적으로 만들어낸다. 증발기는 열 교환기처럼 작용한다. 환기 공기가 증발기 매트릭스(evaporator matrix)의 핀을 통과하며, 코일의 증발하는 냉매에 잠열을 제공하기 위해 열이 빠져나가기 때문에 빠르게 냉각된다. 냉매의 온도는 이 과정에서 크게 변화하지 않아야 한다. 냉매는 증기 상태로 증발기를 빠져나가 압축기로 들어가며, 여기서 압축을 통해 압력과 온도가 증가된다. 이제 포화 증기압보다 훨씬 높은 압력에서 고온의 증기가 압축기를 빠져나가지만 압축하는 동안 추가된 열과 잠열을 발산할 때까지 응축될 수 없다. 응축하기 위해 고온, 고압 증기가 응축기(condenser) 코일을 통과한다. 차가운 램 공기가 응축기 매트릭스의 핀을 통해 밀치고 나아가서 여기서 코일의 열을 획득하여 기체 밖으로 가져간다. 냉매가 빠르게 열을 상실하면서 응축기에서 다시 액체로 응축된 다음에 수신기/건조기로 흘러가며, 여기서 확장 밸브를 통해 다시 원래의 상태로 돌아갈 때까지 SVP 이상의 압력이 유지된다. 압축기가 작동하는 동안 확장 밸브만 계속 열려 있으며 스위치가 꺼질 때 닫힌다.

12.2.6 증기 사이클 시스템 (Vapor Cycle System)

 그림 12-6은 일반적인 냉각 팩을 보여준다. 압축기는 28V DC 전기 모터를 통해 일정한 속도로 구동되며, 이 전기 모터를 통해 응축기 송풍기도 구동된다. 독립적으로 공급된 전원으로 작동되고 가변 회전속도를 가진 28V DC 전동기로 구동되는 공기 송풍기는

증발기를 통해 환기 공기를 끌어들여 객실 분배 시스템으로 밀어 넣는다. 증발기 흡입구의 온도조절 확장 밸브는 냉매가 배출구에 도달하는 시간까지 완전히 증발하도록 코일로 가는 냉매를 정확히 계량하도록 설계되어 있다. 그러나 냉매가 너무 빠르게 증발할 경우, 증기가 증발기 내부에서 과열될 수 있다. 반대로 증발기 내에서 냉매가 완전히 증발하지 않을 경우 계속 증발 과정에서 액체 냉매가 배출구로 빠져나간다.

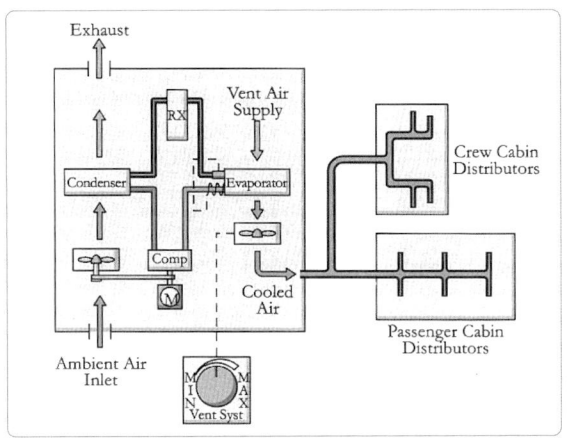

[그림 12-7] 냉각 시스템

증발 과정은 증발기 매트릭스의 핀을 통과하는 환기 공기의 온도와 유속에 좌우된다. 온도조절 확장 밸브는 냉매의 흐름을 자동으로 조정하여 온도를 맞춘다. 증발기의 출구 라인 주변에 위치한 온도 감지 모세 코일(temperature sensing capillary coil)은 모세관(capillary tube)을 통해 확장 밸브와 연결되어 있다. 감지 코일은 출구 온도의 상승을 감지하며, 온도 상승이 감지되면 냉매 증기가 증발기 내부에서 과열되고 있다는 것을 나타낸다. 이러한 일이 발생할 경우 이 코일은 모세관을 통해 온도조절 확장 밸브에 신호를 보내 온도가 안정될 때까지 냉매의 흐름을 증가시킨다. 반대로 냉매가 증발기를 빠져나갈 때 계속 증발 과정에 있을 경우, 감지 코일이 온도 저하를 감지하여 확장 밸브에 냉매의 흐름을 낮추도록 신호를 보낸다. 확장 밸브와 온도 센서는 제조사가 교정하며 정비 시 조절할 수 없다. 증발기를 통해 환기 공기를 끌어와 객실로 전달하는 독립 구동 송풍기의 속도는 조종사가 조절할 수 있다. 송풍기의 공기흐름 속도는 냉각 효과를 좌우하며, 이는 필요 시 최소에서 최대 사이로 조정될 수 있다. 증발기의 착빙(icing up)을 방지하려면 압축기가 작동할 때마다 송풍기가 작동하는 것이 중요하다. 이러한 이유로 인해 난방 및 환기 시스템을 ON에 선택할 경우 송풍기는 최소 속도로 자동으로 가동되기 시작한다.

12.3 공기 사이클 냉각 시스템
Air Cycle Cooling System

공기 사이클 냉각 시스템에는 고온 엔진의 블리드(bleed) 공기를 적절히 공급해야 한다. 이 시스템은 에너지 보존 법칙에 따라 작동한다. 공기의 열에너지가 일(work)로 전환되어 공기가 냉각된다. 이러한 종류의 시스템은 필요 시 냉방과 난방을 제공하는데 사용될 수 있다. 이 시스템은 1차 및 2차 공대공 열 교환기, 공기냉각장치(cold air unit: CAU), 수분 분리기, 온도 조절 밸브로 구성된다. 공기냉각장치는 방사형 터빈(radial turbine)으로 구동되는 소형 원심 압축기(centrifugal compressor)로 구성된다. 모터 구동 추출 송풍기(extraction blower)는 일반적으로 각 열 교환기의 램 공기 출구 덕트에 위치해 있다. 송풍기는 열 교환기 매트릭스를 통해 냉각 공기의 흐름을 증가시키며, 특히 항공기가 지상에 있을 때 램 공기흐름의 감소를 보상해 준다.

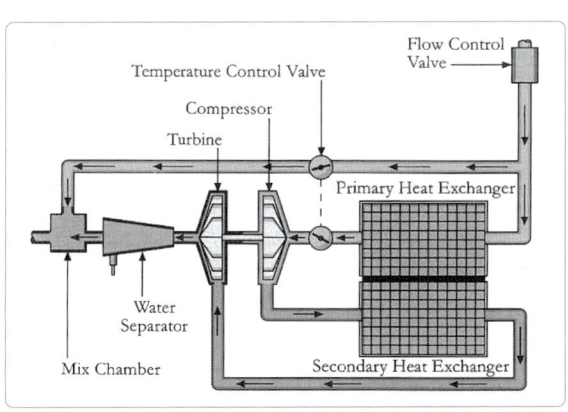

[그림 12-8] 공기 사이클 시스템

엔진 압축기에서 유입된 고온 블리드 공기는 유량 제어 밸브를 통해 1차 열 교환기로 전송되며, 여기서 공기냉각장치의 원심 압축기 면으로 들어가기 전에 사전 냉각 되고, 공기냉각장치에서 압력과 온도가 상승된다. 압축된 고온 공기는 2차 열 교환기를 통해 전달되며, 여기서 압축하는 동안 획득된 대부분의 열을 발산한다. 그 다음 공기냉각장치의 방사형 터빈 면으로 공기가 통과하며, 여기서 터빈이 확장 및 구동된다. 압축기의 부하에 반해 터빈을 구동할 시 공기에 의해 확장된 일(work) 에너지가 온도를 약 2℃까지 낮추며, 압력을 감소시킨다.

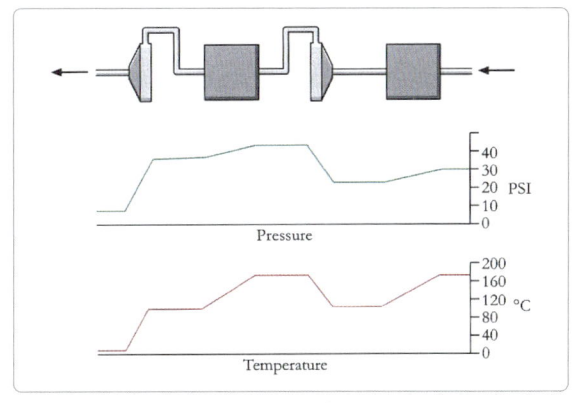

[그림 12-9] 공기 사이클 시스템에서 에너지 변화

방사형 터빈 전체의 온도가 급격히 저하되면 공기 중에 있는 습기가 모아진다. 공기가 공기 분배 시스템으로 들어가기 전에 터빈 출구 덕트에 위치한 수분 분리기가 응축된 수분을 모아 외부로 드레인 시킨다. 일부 시스템의 경우 냉각 작용을 보완하기 위해 응축된 수분을 열 교환기 매트릭스로 분사하는 방식도 있다. 온도 조절 밸브(TCV)는 실제로 공기 사이클 시스템을 우회하는 덕트에 위치한 공기 혼합 밸브이다. 이 밸브는 상호 연결된 탠덤 버터플라이 밸브(tandem butterfly valve)로서 여기서 고온 밸브는 저온 밸브(cold valve)와는 반대로 작동한다. 이러한 방식은 고온 밸브가 점차 닫혀 시스템을 우회하는 공기의 흐름을 감소시키는 동안 저온 밸브가 점차 열려 공기냉각장치를 통해 블리드 공기의 흐름을 증가시킬 수 있다. 따라서 고온의 우회 공기와 공기냉각장치의 저온 공기의 비율을 변경하여 객실 공기 온도를 완전 저온에서 고온으로 조절할 수 있다.

설치된 시스템의 종류에 따라, 객실에 위치한 온도 센서의 신호에 반응하여 온도 조절 장치를 통해 온도 조절 밸브의 설정이 자동으로 제어되거나, 제어판의 가변저항(potentiometer) 스위치를 통해 조종사가 직접 제어할 수 있다. 따라서 조종사는 완전 저온에서 고온으로 공기 온도의 범위를 선택할 수 있다. 공기냉각장치는 동적 균형 회전 조립체(dynamically balanced rotating assembly)로서 원심 압축기와 방사형 터빈이 로터의 고장 방지를 위해 강화된 케이스 내부의 공동 축(common shaft)에 설치되어 있다. 이 축은 2개의 저마찰 볼 레이스(low friction ball race)에 탑재되어 있으며, 볼 레이스는 공기냉각장치의 케이스에 있는 오일 저장소로부터 오일을 끌어오는 유침지(oil-impregnated wick)를 통해 윤활된다. 공기 열에서 추출된 일 에너지는 매우 빠른 속도, 통상적으로 80,000 RPM까지의 속도로 공기냉각장치를 구동시킨다. 오버히트 스위치는 압축기 출구 덕트와 터빈 입구 덕트에 위치하고 있다. 덕트의 온도가 규정된 최대 한계에 도달할 경우 유량 제어 밸브는 과도한 공기 온도로 인해 공기냉각장치가 과속되지 않도록 시스템으로 블리드 공기 공급을 차단하라는 신호를 전달한다. 이 때 조종석에 있는 디스플레이 패널의 오버히트 캡션이 점등된다.

12.3.1 수분 분리기

앞서 논의한 것처럼 저온 공기 냉각 장치의 빠른 냉각 작용 때문에 응결 분무(condensation mist)가 발생하여 제거되지 않을 시 분배 시스템으로 전달된다. 수분 분리기는 이러한 습기를 제거하도록 설계되어 있다. 2가지 종류의 수분 분리기를 살펴볼 것인데 첫 번째는 흡입실(inlet chamber)과 배출실(outlet chamber)로 나누어 있는 중공 실린더(hollow cylinder) 방식이다. 흡입실에는 원뿔형 금속지지 튜브(support tube) 위로 폴리에스테르 유수분리기 백(coalescer bag)이 설치되어 있으며, 이 튜브는 공기가 통과할 때 공기를 회전(swirl)시키도록 설계된 루버 매트릭스가 있다. 지지 튜브의 상류 끝부분(upstream end)에는 바이패스 밸브가 위치해 있고, 흡입 케이스 외부에는 유수분리기 백 상태를 지시하는 표시기가 있다.

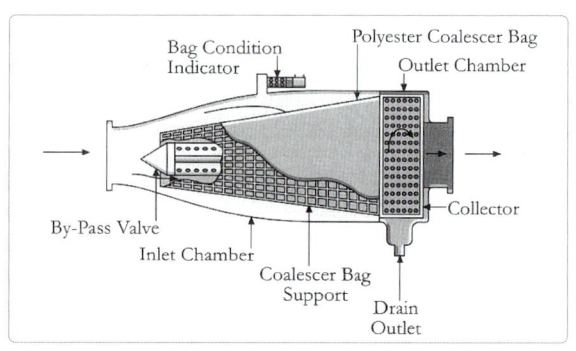

[그림 12-10] 유수분리기 백 방식 수분 분리기

공기는 주입구실로 들어가 유수분리기 백을 통과한다. 공기의 분무수(water mist)가 백을 적시면 큰 물방울이 내부 표면에 형성된다. 이 물방울은 루버의 공기 회전으로 모아져 밖으로 빠져나간다. 회전 공기는 출구에 도달하기 전에 2번 급회전(sharp turn)한다. 공기는 이러한 회전을 할 수 있지만, 물방울은 회전을 할 수 없으므로 배출실의 집수공(sump)에 남게 되며 여기서 외부로 배출된다. 유수분리기 백(coalescer bag)이 공기의 흐름을 방해하는 지점까지 막히면, 유수분리기 백(coalescer bag)이 전체에 걸쳐 생성된 차압(pressure differential)으로 인해 바이패스 밸브가 열리며, 상태 표시기의 스프링으로 작동되는 피스톤이 움직여 표시기 창에 적색 부분이 표시되어 유수분리기 백(coalescer bag) 교체가 필요함을 경고한다. 공기는 여전히 분리기를 통과하지만 공기 내부에 습기도 있을 것이다. 이러한 방식의 분리기는 유수분리기 백(coalescer bag)이 막혔을 시 바이패스 밸브가 진동하거나 쿵쿵 소리를 내는데 시스템을 통해 이를 들을 수 있어서 장치의 정비시기를 알려준다는 것이 특징이다.

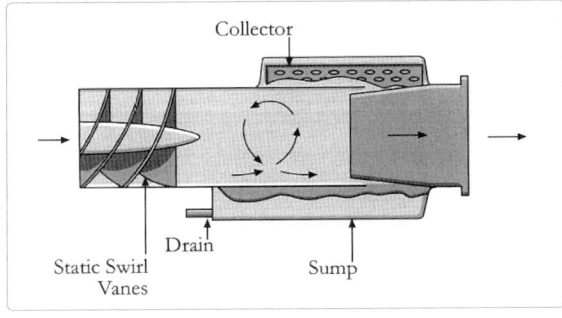

[그림 12-11] 수분 추출기

두 번째 종류의 수분 분리기 혹은 수분 추출기(water extractor)는 덜 복잡하며 유수분리기 백(coalescer bag)이 포함되어 있지 않다. 그 대신 선회날개(swirl vane)이 있어서 공기흐름에 와류(vortex)를 생성하여 물방울을 분리기 덕트의 벽으로 원심 분리한다. 이렇게 모아진 수분은 덕트 벽을 따라 집수기(collector)로 전달되어, 여기서 집수공(sump)에 모아 외부로 배출한다.

12.4 환기 인증 규격
Ventilation Certificate Requirement

12.4.1 개 요

헬리콥터는 여압이 필요하거나 추가로 산소 흡입 계통이 필요한 고도에서는 운항하지 않는다. 그러나 헬리콥터의 조종석 및 객실은 승무원의 업무 수행과 승객에게 편안함을 제공할 수 있도록 환기되어야 하며, 맑은 공기가 충분히 제공되어야 한다. 이러한 헬리콥터의 환기 요건과 관련하여 인증 규격은 다음과 같다.

(1) 객실 및 조종실은 환기가 되어야 하며, 승무원이 과도한 불편함이나 피로 없이 업무를 수행할 수 있도록 맑은 공기가 충분히 있어야 하며, 승무원 당 0.3m3/min 또는 10 ft/3min 이상의 공기가 공급되어야 한다.

(2) 객실 및 조종실은 공기는 해롭거나 위험한 농도 (concentration)의 가스나 증기가 없어야 한다.

(3) 일산화탄소의 농도는 전진 비행(forward flight) 시 공기 중 1/20,000 이상을 초과하지 않아야 한다. 다른 조건에서 농도가 이 값을 초과할 경우 적절하게 운항을 제한해야 한다.

연소 히터(combustion heater) 및 배기 열 교환기 (exhaust heat exchanger)의 사용과 관련된 규격은 별도로 규정되어 있다.

12.5 공기 공급원
Sources of Air Supply

터빈으로 구동되는 헬리콥터에는 잠재적으로 공기를 공급할 수 있는 곳이 네 군데 있다.

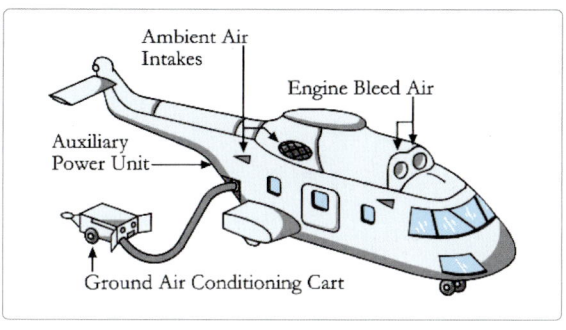

[그림 12-12] 공기 공급원

첫 번째로 메인 엔진 압축기(compressor) 단계에서 저압의 블리드 공기를 추출할 수 있다. 두 번째로 외부 램 공기 흡입구(ram air intake)와 NACA 덕트(duct)를 통해 공기를 공급받을 수 있다. NACA 덕트는 공기 역학적으로 성형된(aerodynamically profiled) 공기 흡입구로서 헬리콥터 외판(skin)의 표면에 평평하게 설치되어 있다. 세 번째로 헬리콥터가 지상에서 정지해 있을 경우 기체(fuselage)의 외부 서비스 포트(service port)에 연결된 지상 장비(ground cart)로부터 공기를 공급받을 수 있다. 네 번째로 대형 헬리콥터의 경우 보조동력장치(APU : auxiliary power unit)에서 공기를 공급할 수 있지만, 대개 다른 공기 공급원이 가용하지 않을 경우 지상 용도로 제한하여 사용한다. 피스톤 엔진으로 구동되는 헬리콥터에는 자체 엔진으로부터 블리드 공기(bleed air)를 직접 공급 받을 수 없다. 그러나 엔진으로 구동되는 공기 변위 송풍기(air displacement blower)에서 저압 공기를 공급받을 수 있다. 공기는 송풍기를 통과한 후 공기 온도 및 압력이 시스템 요구에 맞게 조절할 수 있다.

12.5.1 엔진 블리드 공기(Engine Bleed Air)

이 방식은 주로 터빈엔진으로 구동되는 헬리콥터에서 사용하는 방식으로 메인 엔진 압축기에서 가용한 잉여 저압 공기를 공급 받는 방식이다. 공기는 각 엔진의 압축기 케이스로부터 유량 제한기(flow limiter) 및 블리드 공기 격리 밸브(bleed air isolation valve)를 통해 유입된다. 블리드 공기 공급을 위해 관련된 격리 밸브를 열려면 통상적으로 엔진이 규정된 %RPM(예를 들어 60%) 이상으로 작동되어야 한다. 그 이유는 관련 시스템의 요구를 충족하도록 엔진 압축기가 충분한 공기를 생성하도록 하는데 있다. 블리드 공기 시스템이 선택된 상태에서 엔진 회전속도가 규정된 값 이하로 떨어지면 관련 격리 밸브가 자동으로 닫힌다. 엔진 블리드 공기는 난방 및 환기 시스템에 공급되며, 일부의 경우 유압유 저장소의 가압(hydraulic reservoir pressurization)과 같이 다른 공압 계통에도 저압공기를 공급하는데 에도 사용된다. 객실 난방 및 환기를 위한 공기는 공기 혼합 밸브(air mixing valve)를 통과하면서 온도를 조절한 루 분배 시스템으로 전달된다.

12.5.2 공기 흡입구

객실 환기를 위한 공기, 냉매를 이용한 냉각 시스템 및 연소 난방 시스템의 공기는 외부 램 공기 흡입구 혹은 기체의 측면(sidewall)이나 지붕(roof)에 위치한 NACA 덕트를 통해 공급된다. 통상적으로 공기는 헬리콥터의 모든 운용 범위에 걸쳐 공기가 일정하게 유입되도록 28V DC 전기 모터로 구동되는 송풍기를 통해 필요한 시스템으로 공기를 전달한다. 헬리콥터가 모래나 분진이 많은 환경에서 운용될 경우 공기 청정기 혹은 필터(filter)가 구비되도록 흡입구를 변경할 수 있다.

12.5.3 지상 장비(Ground Cart)

저압 공기를 공급하는 지상 장비(ground cart)는 헬리콥터가 지상에 주기되어 있을 때 공기를 공급하기 위해 사용된다. 공기는 기체의 지상 서비스 포트에 연결된 유연 호스(flexible hose)를 통해 전달된다. 이러한 종류의 지상 장비는 객실 난방 및 환기 그리고 저압 공압 계통에 공기를 공급할 수 있도록 설계되어 있다. 저압 공기 카트에는 자유 터빈 엔진 혹은 왕복엔진으로 구동되는 공기 압축기가 구비되어 있다. 지상 장비에는 조절 가능한 공기 압력 조절기와 온도 조절기, 초과압력 안전밸브(over-pressure relief valve)가 포함되어 있다. 지상에서 필요 시 객실 및 장비실 환기와 냉각에 사용할 수 있도록 냉각 팩(refrigerator pack)이 포함된 공기 냉각 전용 지상 장비도 있다.

12.5.4 보조 동력 장치(APU)

일부 대형 헬리콥터에는 전력을 공급하는데 그리고 일부의 경우 지상에서 저압 공기를 공급하는데 사용할 수 있는 보조 동력 장치가 있다. 이 장치는 기어박스(gearbox)에 설치된 발전기를 구동시키기 위한 소형 터빈 엔진으로 구성되어 있다. 형식에 따라 APU 압축기 케이스로부터 직접 브리드 공기를 공급받거나 APU에 의해 구동되는 전용 부하 압축기로부터 블리드 공기를 공급받는다.

12.6 산소 공급
Oxygen Supply

헬리콥터 운용 고도, 계절 및 지리적 위치를 고려할 때 승무원실 및 객실로 공급되는 환기 공기는 온도를 제어해야 할 수 있어야 한다. 객실 에어컨 시스템은 환기, 난방, 냉방은 물론 방풍유리 제습(windscreen de-misting) 기능을 제공한다.

12.6.1 공기 온도

대류권 내에서 고도가 증가하면 대기온도가 감소하는데 ISA 해수면(sea level)에서의 표준 공기 온도인 15℃에서 1,000 피트 당 1.98℃씩 일정한 체감률(lapse rate)로 온도가 감소한다. 예를 들어 6,000 ft에서 공기 온도는 온난 기후의 경우 약 3℃일 이나 겨울 혹은 한랭 기후에서는 이보다 상당히 낮을 것이다. 장기간 이러한 온도에 노출되면 성능에 영향을 미친다. 낮은 기온에 장기적으로 노출되면 저체온증이 발생할 수 있으며 고온에 장기적으로 노출되면 열사병이 발생할 수 있다. 객실의 공기 온도는 일반적으로 약 21℃의 평균을 유지하도록 조절되지만, 승무원 및 승객의 요구에 맞게 바뀔 수 있다.

12.6.2 산소 공급

지구의 대기는 21%의 산소, 78%의 질소, 나머지 1%는 기타 가스로 이루어져 있다. 고도가 증가하면 대기 압력이 감소되어 점차적으로 혈액의 산소 포화도가 감소하며, 이로 인해 소위 저산소증 상태가 된다. 10,000 ft 이하의 고도에서 신체에 대해 산소 결핍으로 인한 영향은 현저하지 않으며 일반적으로 효율이 손상되지 않는다. 그러나 10,000 ft 이상의 고도에서는 과도하게 자신감이 증가하여 판단에 영향을 미칠 수 있는데 이는 저산소증의 발생과 관련된 초기 증상이다. 헬리콥터는 일반적으로 이보다 훨씬 낮은 고도에서 운용하며 산소 흡입 시스템이 추가로 필요하지 않다. 그러나 치료 및 방연(smoke-protection)을 위해 휴대용 산소 흡입 세트를 보유할 수 있다.

12.7 에어컨 시스템
Airconditioning System

헬리콥터의 에어컨 시스템에는 환기, 난방, 냉방 3가지의 기본 기능이 있다. 이러한 기능을 발휘하기 위해 사용되는 시스템 및 구성품에 대하여 살펴보고자 한다.

12.7.1 환기 시스템

환기와 관련한 인증 규격은 승무원 1인당 0.3m3/min 또는 10 ft/3min 이상의 맑은 공기가 공급되어야 한다고 규정하고 있다. 객실에 대해서는 이러한 최소 요건이 명시되어 있지 않지만 이와 유사할 것이다.

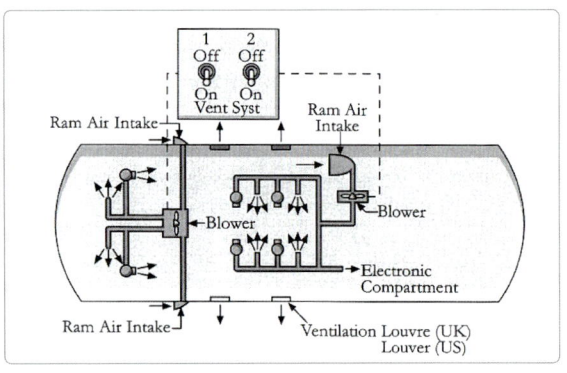

[그림 12-13] 환기 시스템

위 그림은 조종실 및 객실에 전용 환기 시스템이 각각 사용되는 단순한 배치를 보여주고 있다. 여기에 나와 있지 않지만 환기 시스템이 메인 에어컨 난방 및 냉방 시스템과 연동되어 있는데 필요 시 독립적으로 작동시킬 수 있다. 조종실을 위한 맑은 공기는 2개의 외부 공기 흡입구 혹은 객실 측벽에 위치한 NACA 덕트를 통해 시스템으로 유입된다. 공기는 28V DC 모터로 구동되는 송풍기를 거쳐 계기판(instrument panel) 아래에 위치한 공기 샤워 출구(air shower outlet)로 전달된다. 공기 분배 시스템에는 조절이 가능한 공기 출구 혹은 각 조종사가 필요 시 냉각 공기(cool air)를 직접 방향을 바꿀 수 있는 개스퍼(gasper)가 구비되어 있다. 객실을 위한 맑은 공기는 천정(roof)에 있는 외부 공기 흡입구를 통해 시스템으로 유입된다. 공기는 28V DC 모터로 구동되는 송풍기를 거쳐 객실 천정(roof)에 있는 공기 분배 출구로 전달된다. 공기 분배 시스템에는 조절이 가능한 개스퍼(gasper) 출구가 승객 좌석 위치 상단에 구비되어 있다. 그림에서 보는 바와 같이 공기는 덕트로 전달되어 전자 장비실을 환기시킨다. 조종실, 객실, 전기장비실을 순환하여 소모된 공기는 객실 측벽에 위치한 환기 루버(ventilation louver)를 통해 기체 밖으로 배출된다. 조종사 및 승객 시스템의 공기 송풍기는 조종실의 오버헤드 패널(overhead panel)에 있는 ON/OFF 스위치로 독립적으로 작동을 제어할 수 있다.

12.8 분배 시스템
Distribution System

 일반적인 분배 시스템에서 조화 공기는 객실 벽에 있는 수직 덕트(riser duct)를 통해 객실 천정 출구로 전달된다. 각 출구에 있는 유량 디퓨저(flow diffuser)는 공기 흐름을 분산하여 외풍(draught)을 방지한다. 또한 조화 공기는 분기 덕트(branch duct)를 통해 승객 좌석 위치의 조절 가능 출구로 전달된다. 이러한 공기 출구를 '개스퍼' 출구로 지칭하며, 여기서 각 출구는 개인적으로 선택 가능하며 좌석의 승객이 방향을 조절할 수 있는 공기 흐름을 제공한다. 뿐만 아니라 공기가 바닥 아래의 분기 덕트를 전달되어 전기장비실이나 항공전자 장비실을 환기시킬 수 있다. 객실의 덕트 및 출구 매니폴드(manifold)는 일반적으로 복합 재료로 제조된다. 그러나 엔진 블리드 공기 덕트와 연소 히터 덕트는 일반적으로 스테인리스 강으로 제조되며, 신축 이음부(expansion joint)가 포함되어 있다. 객실 및 장비실에서 소모된 공기는 객실 측벽의 환기 루버를 통해 기체 외부로 배출된다. 일부 시스템에는 전기로 구동되는 공기 추출 팬이 포함되어 전기실, 배터리실, 전기장비실의 환기를 보완한다. 공기 추출 팬은 일반적으로 장비실 측벽에 설치된 출구 루버로 이어진 덕트에 위치한다. 이 팬은 환기 시스템으로부터 장비실을 거쳐 공기를 끌어들여 장비를 냉각하고 소모된 공기에서 배출물(emission)을 제거한 후 기체 외부로 배출시킨다. 이러한 목적으로 사용될 경우 추출 팬에는 '정상' 또는 '고속' 설정을 선택할 수 있게 되어 있는데 지상에서 장비 냉각을 유지하려면 '고속'을 선택해야 한다. 시스템 형상에 따라 격실의 온도가 규정된 최대 한계를 초과할 때마다 격실의 온도 센서가 자동으로 '고속'을 선택하는 시스템도 있다. 일반적으로 조종실 공기 분배 시스템은 환기 및 냉각 덕트를 거쳐 유량을 증가시키는데 사용되는 공기 송풍기를 통해 승객 시스템과 연동되어 있다. 시스템 형상에 따라 조화 공기가 천정의 덕트를 통해 오버헤드 디퓨저 출구(overhead diffuser outlet)와 개스퍼 출구로 전달되거나 측벽을 통해 중앙 계기판 아래의 출구로 전달된다. 분기 덕트는 수동으로 조작하는 플랩 밸브(flap valve)를 통해 조화 공기를 방풍유리 제습 분배기(wind screen demisting distributor)로 전달한다. 분배 시스템은 형상이 다양하며, 환기 방식도 서로 다르다. 예시로 사용한 환기 분배 시스템은 환기, 난방, 냉각에 사용되며, 여기서 각각의 기능은 독립적으로 작동할 수 있다.

12.9 공기 흐름 및 온도 제어 시스템
Air Flow & Temperature Control System

공기 흐름과 온도 제어는 난방 및 냉각에 사용되는 공급원(source)과 긴밀한 관계가 있다. 공기 흐름과 온도를 제어하기 위한 시스템은 작동 원리 및 구성품들이 다양하므로 여기서는 일반적인 사항만 소개한다.

12.9.1 환기

환기 시스템은 통상적으로 객실 및 조종실 환기 송풍기 스위치를 ON시키면 선택된다. 환기 시스템이 작동되면 28V DC 송풍기가 일정한 속도로 작동하여 객실 사용자에게 필요한 양의 맑은 공기를 제공한다. 장비실에 추출 팬이 설치되어 있을 경우에는 환기 시스템 팬을 선택하면 추출 팬이 연결된다. 시스템 형상에 따라 추출 팬에 온도 센서의 신호에 따라 수동 혹은 자동으로 두 가지 속도를 선택할 수 있게 되어있다.

12.9.2 냉각

증기 사이클 냉각 팩이 설치되어 있을 경우 냉각 팩 스위치를 ON시키면 가변 속도 작동하는 환기 송풍기가 증발기 매트릭스 혹은 분배 시스템을 통해 공기 흐름을 발생시킨다. 송풍기의 속도는 팩의 냉각 효과에 비례하며, 조종석 에어컨 스위치의 가변저항(potentiometer)를 이용하여 MIN에서 MAX까지 수동으로 선택할 수 있다.

증기 사이클 냉각 시스템이 ON되면 압축기와 응축기, 냉각 팩에 있는 환기 송풍기가 자화된다. 압축기 구동 모터는 기동 전류를 제한하기 위해 작동 속도까지 천천히 가동된다. 그러나 환기 송풍기는 시스템이 ON되는 즉시 증발기 매트릭스의 착빙을 방지하기 위해 자동으로 최소 속도로 가동된다. 공기 사이클 냉각 팩이 장착되어 있을 경우 온도제어밸브(TCV)를 사용하여 냉각 팩으로부터 유입된 공기와 엔진 블리드 공기를 선택적으로 혼합하여 요구되는 냉각 효과를 거둘 수 있다. TCV는 조종사가 직접 세팅하거나 객실 온도 센서로부터 입력된 신호에 따라 자동으로 세팅된다. 일부 냉각 시스템의 경우 냉각 및 환기를 위해 강제로 순환되는 공기(forced air)가 필요한 계기판 및 장비실에 온도 센서가 추가적으로 설치된 것도 있다. 이러한 장소의 온도가 규정된 값을 초과할 경우 냉각 시스템이 자동으로 켜지게 되어있다. 이러한 시스템은 온도가 낮은 값으로 떨어질 때까지 자동으로 계속 작동한다. 이러한 선택사양이 설치할 때에는 온도 제어 장치가 이러한 기능을 수행하도록 개조해야 한다.

12.9.3 난방

난방 시스템은 엔진 블리드 공기 혹은 연소 히터를 기반으로 한다. 일반적으로 이 시스템에는 히터 릴레이와 히터 제어 릴레이를 통해 28V DC 전력이 공급된다. 블리드 공기 시스템은 조종사가 온도를 선택할 수 있도록 가변저항(potentiometer)이 구비된 로터리 스위치로 ON시킨다. 각 엔진에서 유입되는 블리드 공기 덕트에 설치된 유량 제한기는 엔진 압축기에서 유입되는 공기량으로 인해 엔진에 공기가 고갈되지 않도록 한다. 예를 들어 블리드 공기는 일반적으로 압축기 유량(mass flow)의 5% 이상이 되지 않도록 제한한다. 시스템의 요건을 충족하려면 블리드 공기 시스템을 선택하기에 앞서 엔진이 규정된 퍼센트 속도 이상으로 작동 중이어야 한다. 난방 시스템은 공기 혼합 밸브를 통해 정상 환기 시스템과 연동되어 히터 제어장치로부터 입력된 신호에 따라 블리드 공기와 객실 공기의 비율을 조절한다. 제어장치가 온도 선택 신호를 수신하면 이 신호를 기준으로 객실에 있는 온도 센서에서 수신된 신호와 비교한 후 공기 혼합 밸브 작동기의 위치를 조절하여 요구되는 공기 온도를 맞춘다. 연소 히터에서 출력되는 조화 공기는 환기 송풍기를 통해 생성된다. 이 시스템은 서머스탯(thermostat) 센서의 세팅을 변경하여 조종사가 객실 공기온도를 선택할 수 있도록 가변저항(potentiometer)이 구비된 로터리 스위치로 ON시킨다. 공기 온도는 센서의 신호에 따라 히터의 연료 노즐에 공급되는 연료를 ON 및 OFF로 순환시켜 제어한다.

12.10 난방/냉각 시스템 보호 및 경고 장치
Heating/Cooling System Protection & Warning Device

 난방 및 냉각 시스템 보호를 위해 경고를 제공하는데 이는 일반적으로 중앙 디스플레이 패널에 위치한 캡션 점등을 통해 경보를 전달한다. 경고등(warning), 주의등(caution), 참조등(advisory)에 대한 규격이 있다. 적색 경고등은 즉각적인 교정 조치가 필요한 위험을 표시하고, 호박색 경보등은 향후 교정 조치가 필요한 잠재적 결함을 표시한다. 녹색등은 일반적으로 안전 작동을 표시하며, 적색과 호박색을 제외한 다른 색상이 사용될 수 있다. 캡션은 일반적으로 2개의 독립된 필라멘트(filament)로 점등되며, 하나의 필라멘트가 고장이 나도 계속 작동한다. 경고등의 작동을 확인하기 위해 테스트 스위치가 구비되어 있다.

12.10.1 난방 계통

 블리드 공기로 작동되는 히터 시스템은 분배 시스템에 있는 초과온도 센서로 보호되며, 이 센서는 규정된 최대 온도 값을 초과하면 히터 시스템을 OFF하고, 공기 격리 밸브를 닫으라는 신호를 온도 제어장치로 전달한다. 초과온도 센서는 페일-세이프(fail-safe) 구조로 이중화 되어 있다. 일부 시스템의 경우 온도가 낮은 값으로 내려가면 초과온도 센서가 히터 시스템을 자동으로 리셋시켜 ON상태로 복구시킨다. 비상 시 수동으로 보호 회로를 오버라이드(override)하여 시스템을 리셋시키는 기능이 구비된 것도 있다. 블리드 공기의 수요는 압축기의 공기 유량에 영향을 미치기 때문에 엔진 속도를 계속 모니터해야 한다. 엔진 퍼센트 속도가 규정된 최소값 이하로 떨어질 경우 블리드 공기 격리 밸브가 히터 시스템으로 공급되는 공기를 자동으로 차단한다. 비상 시 수동으로 보호 회로를 오버라이드(override)하여 시스템을 리셋시키는 기능이 구비된 것도 있다. 블리드 공기 히터 시스템과 관련된 경보는 승무원실의 디스플레이 패널에 있는 캡션으로 제공한다. 캡션의 종류는 회전익항공기 기종과 시스템 형상에 따라 다르다. 대표적인 예를 제시하면 시스템이 ON되어 정상 작동할 시 BLEED AIR 캡션이 점등된다. 이 캡션은 밸브 작동기가 완전 개방 위치에 도달할 때 점등되고 밸브가 닫힐 경우 꺼진다. 히터 시스템이 초과온도 조건 때문에 정지될 경우 HTG O/TEMP 호박색 캡션이 점등되고 BLEED AIR 캡션은 꺼진다. 연소 히터 시스템은 화재로부터 보호와 관련하여 엄격한 인증 규격 대상이다. 덕트 온도 제한 스위치는 규정된 최대 작동 온도에서 히터로 가는 연료 공급을 차단한다. 이 스위치는 히터가 냉각되었을 때 조종사가 비행 중 리셋할 수 있다. 덕트 온도 제한 스위치가 작동하지 않을 경우 규정된 최대 안전 온도에서 오버히트 스위치가 작동하여 히터 연료, 공기 및 점화를 차단한다. 오버히트 스위치는 페일-세이프(fail-safe) 구조로 되어 있으며, 비행 중 리셋할 수 없다. 히터 재킷에 환기 공기가 공급되지 않으면 재킷의 온도가 불안전한 수준으로 빠르게 상승하며 덕트 및 오버히트 스위치가 모두 작동될 수 있다. 이러한 경우 조종사가 히터를 재시동할 수 없다. 경고등에는 히터가 정상적으로 작동하고 있다는 것을 알려주는 HTG ON 캡션과 초과온도로 히터가 정지되었다는 것을 지시하는 HTG O/TEMP 캡션이 포함되어 있다.

연소 히터 혹은 배기 열 교환기가 장착된 경우 승무원실에 일산화탄소(CO) 감지기가 있다. 단순 감지기는 민감한 화학 코팅이 처리된 디스크로서 CO가 있을 경우 검게 변한다. 공기 중의 CO 농도가 높을수록 디스크가 어두워진다. 더 정교한 전자식 CO 감지기에는 청각 및 시각 알람(alarm) 기능이 포함되어 있다.

12.10.2 환기 및 냉각 계통

환기 및 냉각 시스템과 관련된 캡션은 참조등(advisory light)으로서 개별 공기 송풍기가 작동되고 있다는 것을 표시하고 시스템의 상태에 대해 알려준다. 예를 들어, 녹색 VENT SYST와 AIR COND 캡션은 시스템이 정상적으로 작동하고 있다는 것을 지시하기 위해 점등된다.

헬리콥터

제13장 착륙/제동 계통

13.1 개요(General)
13.2 착륙 장치(Landing Gear System)
13.3 충격 흡수 장치(Shock Absorber)
13.4 확장 및 수축 시스템(Extension & Retraction System)
13.5 제동 장치(Brakes)
13.6 조향 장치(Steering)
13.7 스키드(Skids)

13.1 개요
General

헬리콥터에서 고정 착륙장치는 비행 중 연료 소비량 및 항력을 증가시키는 자체 하중에 불과하나 모든 착륙장치는 헬리콥터를 목적지에 안전하게 안착시켜 주는 역할을 제공한다.

착륙장치의 일반적인 기능은 다음과 같다.

(1) 지상에서 헬리콥터의 무게를 지지하고 필요 시 자세를 유지시켜 준다.
(2) 동체와 로터를 위해 지상으로부터 필요한 높이를 제공하는 동시에 승객을 태우거나 내릴 수 있게 하고, 화물을 적재 및 하역할 때 손쉽게 접근할 수 있게 한다.
(3) 바퀴 타입의 착륙장치는 지상에서 자체 동력 또는 외부 동력으로도 헬리콥터가 자유롭게 움직이게 할 수 있게 해준다.
(4) 바퀴 타입의 착륙장치는 헬리콥터를 지상에서 안전하게 방향 조종할 수 있는 수단을 제공하고, 휠과 타이어에 과도한 부담을 주지 않도록 지상 활주와 제동 하중을 흡수한다.
(5) 지상에서의 공진현상을 지탱할 수 있는 충분한 강성을 제공하고 착륙 시 헬리콥터의 수직운동 에너지를 흡수한다.
(6) 비행 중 항력과 중력(무게)이 가능한 최소가 되도록 한다.
(7) 헬리콥터가 운항 중에 발생하는 여러 가지 환경에 필요한 지속적이고 안정된 작동 기능을 제공한다.

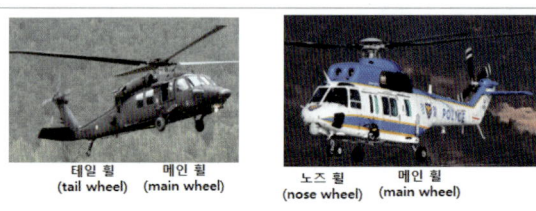

[그림 13-1] 랜딩기어 형상-1

헬리콥터는 고정익 항공기와는 달리 일반적으로 긴 이착륙 거리를 필요로 하지 않는다. 높은 고도에 있는 헬리포트 또는 고 하중 상태에서 짧은 활주 거리에서 전이 양력이 필요할 때가 있다. 바퀴 타입 착륙장치가 장착된 헬리콥터는 지상에서 자체 동력으로 이동하거나 방향을 변경할 수 있으나 스키드가 장착된 헬리콥터는 제자리 비행 활주를 한다. 설계는 비슷하지만 헬리콥터에 장착된 바퀴 타입 착륙장치는 회전 속도와 제동력이 고정익 항공기 정도의 수준은 되지 못한다.

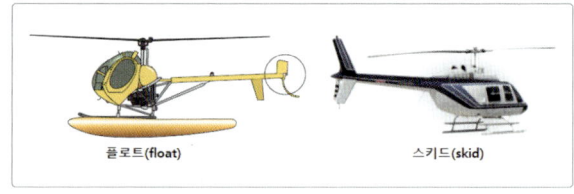

[그림 13-2] 랜딩기어 형상-2

13.2 착륙 장치
Landing Gear System

착륙장치는 헬리콥터의 무게를 지지하고 지상에서 기동성을 제공하는 것 외에도, 지상 접지 시 헬리콥터의 수직 하강 속도와 무게에 의해 생성되는 운동에너지를 흡수해야 한다. 이러한 에너지는 대부분 충격흡수장치(shock absorber)에 의해 흡수되고 나머지는 타이어와 헬리콥터 구조물에 흡수된다.

13.2.1 타이어 접촉 면

타이어는 작은 지면 접촉 부분을 통해 착륙 충격을 흡수해야 하며, 지상에서는 최대로 적재된 헬리콥터의 중량을 지탱할 수 있어야 한다. 이러한 힘은 지상 접촉 부분에서 휠 허브(hub), 축(axle) 및 착륙장치의 서스펜션(suspension)을 통해 헬리콥터 구조물로 전달된다. 타이어는 지상에서 헬리콥터에 대한 지지력을 제공하는 동시에 균형을 유지하도록 배열되어 있다. 대부분의 무게는 메인 휠에 실려지는 반면, 전륜이나 후륜은 일반적으로 적은 중량을 세로방향으로 지지하고, 조향 기능(steering)을 제공한다. 타이어 접촉 면적은 하중을 분산시키고 휠이 연약지반으로 빠지는 것을 방지하기 위해 예상되는 동적 및 정적 하중을 지탱할 수 있는 범위 이상으로 설계되어 있다. 이를 위해서는 단순하게 휠의 크기를 증가시켜 타이어 접촉 면적을 증가시키도록 설계하면 되지만 휠이 너무 커지면 동체 속으로 접혀 들어가는 공간이 넓어야 해서 제한적이고 제어하기가 어려워진다. 이러한 문제에 대한 해결책으로 휠의 직경을 줄이고 장착 수량을 증가시키는 것이다. 지지할 중량에 따라, 한 개 또는 두 개의 전방 휠 및 후방 휠 방식을 사용해서 단일(single), 이중(double), 종렬(tandem) 또는 사륜(bogie) 등의 방식으로 배치할 수 있다. 다중 휠로 구성된 경우의 단점으로 지상에서 급회전 시 회전면 안쪽 타이어에서 마모현상이 발생한다.

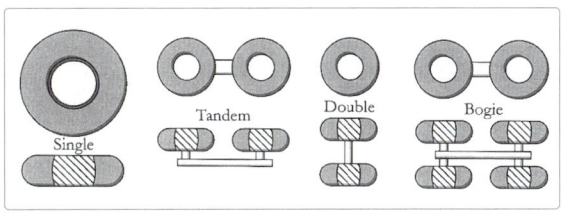

[그림 13-3] 휠의 배열 형태

종렬과 사륜 구조는 헬리콥터에서는 널리 사용되지 못하며 대형 고정익 항공기에서 쉽게 접할 수 있다. 그림 13-3 참조.

13.2.2 고정식 착륙장치

비수축성 착륙장치는 스트러트에 부착 된 고정 축에 장착된 휠로 구성되어 있으며, 착륙 시 충격을 흡수하고, 고르지 않은 지면에서 지상 활주할 때 충격을 완화시켜 준다. 다음 그림은 고정식 착륙장치의 예를 보여주고 있다.

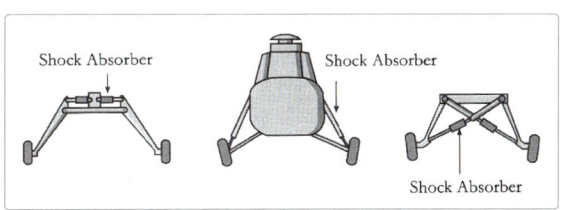

[그림 13-4] 휠의 배열 형태

그림 13-4에서 보는 바와 같이 타이어는 동체 구조물에 장착된 다리(leg)에 충격흡수장치가 부착된다. 착륙 기어는 일반적으로 좌우로 회전하는 드래그 스트러트에 의한 전후방 움직임을 지탱하기 위해 묶여있다. 처음 두 가지의 예에서 충격 스트러트는 착륙 시 충격하중과 바퀴에 전달되는 헬리콥터의 무게를 흡수하기 위해 압축된다. 그런 다음 다시 튀어 오르는 것을 방지하기 위해 충격흡수장치가 천천히 확장되어 저장된 잉여 에너지를 방출한다. 세 번째 예는 기본적으로 유사한데, 이 경우 헬리콥터의 중량이 휠로 전달될 때 확장되는 측면 스트러트에 충격흡수장치가 설치되어 있다. 이러한 간단한 착륙장치 배열의 단점은 메인 휠 타이어가 부양 및 착륙 중 휠 캠버가 변경될 때 지면에서 세로 방향으로 긁히는 현상이 발생하는데, 이를 방지하기 위해 각각의 주요 기어를 고정 측면 지지대와 항력 지지대에 묶어 수직 충격을 직접적으로 흡수할 수 있는 스트러트 형태를 형성해주는 것이다.

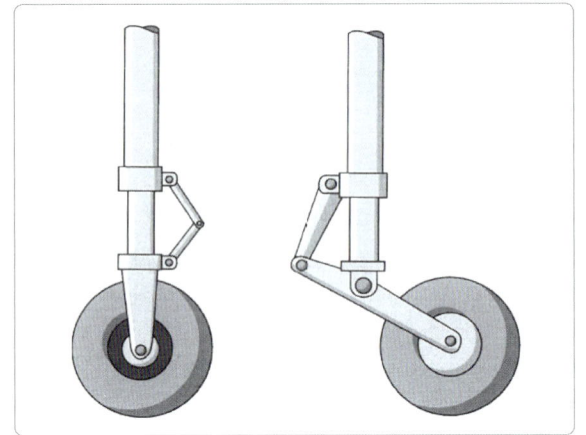

[그림 13-5] 직접식 및 레버식 서스펜션

13.2.3 직접 및 레버 서스펜션

헬리콥터에서 이착륙 시 충격을 감소시켜주는 방식으로는 직접식과 레버식이 있다. 대부분의 경우 메인 휠 어셈블리는 직접 서스펜션에 연결되는 반면, 전후방 휠 어셈블리는 레버식 서스펜션에 연결되어 있다. 그러나 일부 헬리콥터는 메인 휠 구성품에 레버식 서스펜션도 있다. 두 가지 서스펜션 방법 모두 하중을 쇼크 스트러트에서 수직으로 흡수하도록 설계되었다.

13.2.4 후륜식 형태

후륜식 형태에서 주륜은 헬리콥터의 무게중심 전방에 위치하며, 꼬리 동체는 단일 또는 이중 후륜으로 지지된다. 후륜은 일반적으로 수평면에서 자유롭게 회전하고, 자체적으로 중심을 맞추는 레버형 서스펜션을 가지고 있다. 지상에서의 방향 조종은 조종사가 요(yaw) 페달 위에 위치한 발로 작동하는 브레이크 페달을 사용하는 차동 전륜 브레이크로 조작한다. 전륜 뒤에 있는 무게중심 위치로 인해 지상에서 활주할 때 문제를 야기할 수 있다. 만약 헬리콥터가 지상 활주 중 좌우로 벗어나는 것이 과도하면 무게 중심은 전륜과 정렬이 틀어져 전륜보다 앞서가려고 할 수 있다. 예를 들면 헬리콥터가 수평으로 고리 형태의 활주(ground loop)를 하는 결과를 초래한다. 만약 헬리콥터가 좁은 축간거리를 가지고 있다면 이러한 경향은 더 크다. 후륜의 사용과 관련된 또 다른 문제는 헬리콥터가 전진 방향으로 활주할 때 제동력이 과도하면 후륜을 지면으로부터 들어 올리는 현상이 발생될 수 있다.

13.2.5 전륜식 형태

전륜식에서 무게 중심은 주륜 앞에 위치하고, 전방 동체는 단일 또는 이중 전륜으로 지지가 된다. 이러한 경우 무게중심의 위치로 인해 지상 조작 중에 헬리콥터가 직진하려는 경향이 있다. 활주 중에 제동을 가해도 헬리콥터를 불안정하게 되지는 않는다. 전륜은 수평면에서 자유롭게 회전하고, 자체적으로 중심을 맞추는 레버형 서스펜션을 가지고 있다. 이러한 전륜 형태는 헬리콥터가 전방으로 활주 시 시미(shimmy) 현상이 발생할 수 있으므로, 이를 방지하기 위해 시미 댐퍼를 사용해야 한다. 또 다른 유형의 전륜 형태로 지상에서 정확한 조향이 가능하도록 기계식 또는 유압식 조향 시스템을 갖춘 것도 있다. 일반적으로 유압식 조향 시스템이 작동되면 휠에서 발생하는 시미현상을 방지시켜 준다.

13.2.6 기본 구조

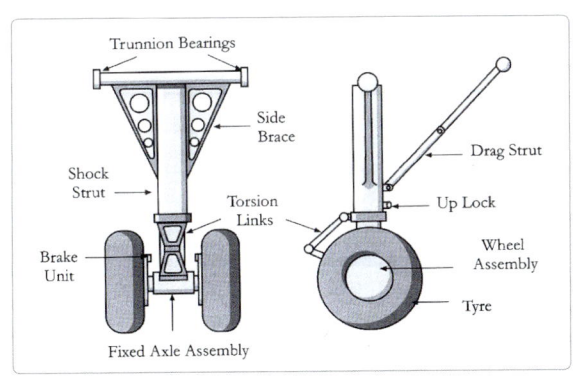

[그림 13-6] 바퀴 형식의 접이식 랜딩 기어

그림 13-6에 표시된 이중 휠 어셈블리의 각 휠은 내부 및 외부 테이퍼 형태의 롤러 베어링에서 자유롭게 회전할 수 있는 고정 축에 장착된다. 충격흡수장치 스트러트 내부의 슬라이딩 실린더는 고정 축 어셈블리에 부착된다. 고정 축 어셈블리 하부에는 잭킹(jacking) 포인트가 위치하는 경우가 종종 있으며, 휠 교환을 수행할 때 사용된다. 충격흡수장치 스트러트의 외부 고정 실린더는 일체형 측면 버팀대(side braces)와 드래그 스트러트(drag strut)를 통해 헬리콥터 구조물에 고정된다. 측면 버팀대는 옆으로의 움직임을 방지하고, 드래그 스트러트는 앞뒤로의 움직임을 방지한다. 충격 흡수 스트러트을 형성하는 내부 및 외부 실린더는 상부 및 하부 토션 링크(torsion link)를 통해 연결된다. 토션 링크는 가위 형태 동작을 통해 휠과 축 어셈블리의 올바른 작동 궤도 유지 및 스트러트의 압축 및 팽창이 원활히 작동할 수 있게 한다. 전륜에 조향장치가 장착된 경우에는 상부 토션 링크는 조향 작동기(steering actuator)가 회전할 수 있도록 외부 실린더 이음 고리에 부착된 베어링에 장착한다. 토션 링크는 스트러트 내부 정지 기능과 함께 공중에서 충격흡수 스트러트의 뻗침을 제한하는 기능도 수행한다. 접이식 착륙장치의 구조는 기본적으로는 고정식 착륙장치와 유사하나 드래그 스트러트가 추가 장착된 형태이다. 스트러트는 기어가 뻗혀질 때 잠금 스트러트에 의해 고정되고, 접힐 때는 기어가 회전하며 올라가는 형상이 된다. 측면 버팀대는 트러니언(trunnion) 베어링을 통해 구조물에 부착되어 있으므로 기어가 접히는 동안 쇼크 스트러트가 위로 회전할 수 있게 되어 있다.

13.3 충격 흡수 장치
Shock Absorber

헬리콥터가 지상에 있을 때, 헬리콥터 무게는 랜딩기어 바퀴를 통해 수직 아래쪽으로 작용된다. 뉴턴의 제 3법칙에 따르면, 바퀴에 작용 반작용이 걸린다. 따라서 헬리콥터에서는 착륙 직전의 하강 속도와 헬리콥터의 질량, 즉 자중이 결합되어 운동에너지를 발생한다. 이 운동에너지는 지상 접지 시 위치에너지로 빠르게 변환되어 충격흡수장치의 가스 압력, 타이어의 탄성, 항공기 구조물의 하중 흡수 형태로 저장된다. 충격이 사라진 후 이렇게 저장된 위치에너지의 여분이 남아 있다면 즉시 운동에너지로 다시 전환하려고 시도하게 된다. 이러한 잉여 에너지의 방출이 통제되지 않으면 정적에너지를 초과하여 헬리콥터가 튀어 오르는 현상이 발생하는데 특히 하드 랜딩(hard landing) 후에 이러한 반동 작용을 발생될 수 있다. 따라서 착륙 및 지상 조작 중 충격 하중에 의해 생성된 에너지를 흡수하고 방출하기 위한 제어 수단이 필요하다. 헬리콥터의 충격 흡수장치는 공진을 유발하려는 현상을 견딜 수 있을 정도로 견고해야 한다. 여러 가지 방식의 충격흡수장치가 있으나 초기에는 신축성 튜브 내부에 들어있는 고무패드와 코일 스프링으로 구성된 것이 사용되었다. 이러한 방식은 탄성으로 인해 운동 에너지를 빠르게 흡수하고 또한 빠르게 감쇄시킬 수 있어야 한다. 현대식 바퀴 방식의 착륙장치에는 대부분 오레오-공유압식 충격흡수장치(oleo-pneumatic shock absorber)가 사용되고 있다.

13.3.1 충격 흡수장치 개요

기본 오레오-공유압식 충격 흡수장치는 기체 구조물에 고정되는 외부 실린더와 이 실린더 내부에서 슬라이딩하는 내부 실린더가 조합된 형태를 이룬다. 이 장치는 충격 흡수 역할을 담당하는 유체로 유압 작동유를 사용하는데 이는 지상에서 헬리콥터 무게를 지지하기 위해 압축가스와 함께 사용된다. 고정 축(fixed axle), 휠 및 브레이크는 조립된 형태로 슬라이딩 실린더의 하부 끝단에 장착되고, 외부 고정 실린더 상부 끝단은 헬리콥터 구조물에 부착된다. 외부 고정 실린더 및 내부 슬라이딩 실린더는 상부 및 하부 토션 링크로 연결되어 있다. 토션 링크는 내부 실린더가 회전하려는 것을 저지하며, 휠과 축 어셈블리가 트랙 정렬 상태를 유지하도록 한다. 또한, 토션 링크는 공중에서 충격 흡수 스트러트가 연장되는 것을 제한한다. 상부 및 하부 토션 링크는 해당 실린더의 클레비스 피팅(clevis fitting)으로 연결되며, 다른 쪽의 끝 부분은 볼트, 너트 및 스페이서로 결합한다. 메인 휠의 트랙의 끝 조인트 부분에는 두께가 다른 스페이서 또는 심(shim)이 부착되어 토인(toe-in) 또는 토아웃(tor-out) 현상을 미세하게 조정할 수 있다.

13.3.2 충격 흡수장치 방식

오레오-공유압식 충격 흡수장치는 여러 형태가 사용되고 있는데 여기서는 대표적인 두 가지의 유형을 소개한다. 첫 번째 유형은 작동유와 가스가 분리되지 않은 방식이다. 두 번째 유형에서는 작동유와 가스가 섞이지 않도록 분리 피스톤으로 분리하는 방식이다.

(1) 분리 피스톤이 없는 오레오-공유압식 스트러트:

이 방식에서는 가스와 작동유가 직접적으로 맞닿는 형태로 작동 시 작동유가 유화되거나 기포와 같은 거품이 생겨 스트러트의 효율을 감소시킬 가능성이 있는 것이 단점이다. 스트러트가 짧은 기간에 걸쳐 압축 및 팽창 작용이 반복되면 이러한 현상이 발생한다. 현재 널리 사용되고 있는 방식으로 외부 실린더에는 미터링 오리피스가 있는 고정 피스톤이 있고, 내부 실린더에는 테이퍼 형태의 미터링 핀이 장착된 형태이다. 내부 실린더는 외부 실린더 내부에 장착되어 이들을 연결해주는 토션 링크의 이동 범위 내에서 자유롭게 움직일 수 있다. 이 형태의 스트러트는 부분적으로 유압 작동유가 채워지고 건조한 질소 가스로 가압된다.

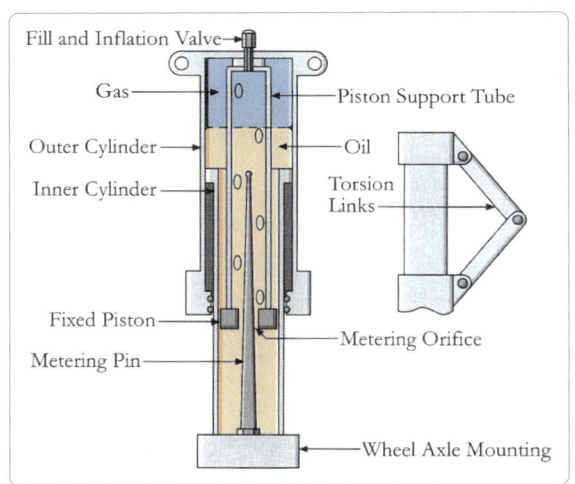

[그림 13-7] 분리 피스톤이 없는 오레오-공유압식 스트러트

헬리콥터가 지상에 주기 되어 있으면 헬리콥터 무게가 외부 실린더를 아래로 밀어내어 힘을 가하는데, 이때 내부 실린더와 조립된 부분에서 가스압력과 헬리콥터 무게가 균형을 이루는 위치에 도달할 때까지 스트러트를 압축한다. 헬리콥터가 부양하면 스트러트에 걸린 하중이 줄어든다. 이러한 상태에서는 가스 압력이 하중을 지지하는데 필요한 압력보다 높으므로 가스가 팽창한다. 이로 인해 상부 챔버에 있는 작동유가 제한 오리피스를 통해 하부 챔버로 이송되어 스트러트가 연장되는 속도를 제어할 수 있게 된다. 스트러트는 헬리콥터가 지면으로부터 부양할 때 토션 링크의 한계까지 늘어나게 된다. 헬리콥터가 지상 접지할 때와 같은 하중이 스트러트에 가해지면 스트러트가 압축되면서 내부 실린더 위에 있는 외부 실린더는 다시 아래로 밀려 내려가게 된다. 이러한 움직임이 발생하면 고정 피스톤 아래의 작동유는 미터링 오리피스와 테이퍼 형태의 미터링 핀 사이에 형성된 구멍을 통해 상부 챔버로 올라가게 된다. 초기 작동유의 이송 속도는 빠르지만 스트러트가 좀 더 압축될 때 미터링 간격이 줄어들어 압축률이 감소한다. 작동유가 상부 챔버로 유입되면 가스가 차지할 수 있는 부피가 감소하면서 가스가 압축되는데 이로 인한 힘이 스트러트의 아래 방향으로 걸리는 힘과 균형을 이룰 때까지 압력이 증가한다. 초기 착륙 충격 후 스트러트에 걸리는 힘이 감소하면 가스가 팽창하여 상부 챔버에서 작동유가 제한된 미터링 오리피스를 통해 역으로 밀려 들어오므로 확장속도가 제한된다. 이러한 방식으로 가스에 저장된 위치에너지의 방출 및 스트러트의 반동 작용을 제어한다. 지상에서 기동 중에 발생하는 충격 하중도 가스에 흡수되고, 미터링 오리피스를 통과하는 제한된 작동유 흐름을 이용하여 이를 경감시킨다.

(2) 분리 피스톤이 있는 오레오-공유압식 스트러트:

이 방식의 스트러트는 내부 실린더 내에 부유식(floating) 분리기 피스톤이 설치되어 작동유와 가스 챔버가 분리된 형태를 이룬다. 내부 실린더의 상부는 한 쪽 방향으로 흐름을 제한하는 역할을 하는 플러터 플레이트(flutter plate) 또는 체크 밸브가 갖춰진 밸브 헤드로 구성되어 있다.

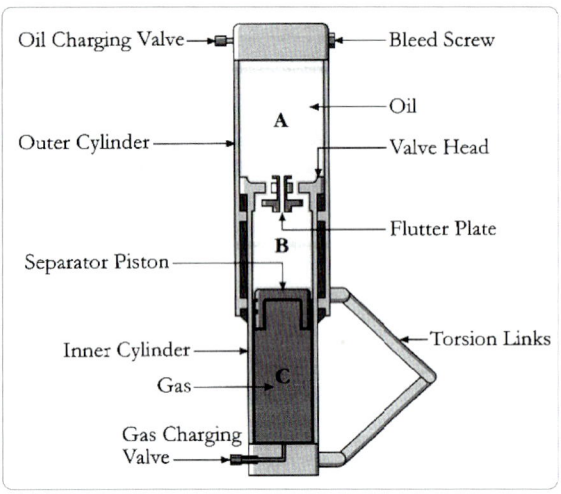

[그림 13-8] 분리 피스톤이 있는 오레오-공유압식 스트러트

그림 13-8과 같이 스트러트에는 A, B, C 3개의 챔버가 있다. 챔버 C에는 가압 상태의 건조 질소가스가 채워져 있으며 챔버 A 및 B에는 작동유가 채워져 있다. 챔버 A는 밸브 헤드 윗부분에 위치한다. 챔버 B는 밸브 헤드 아래에 위치하고, 챔버 C는 분리 피스톤 아래에 위치한다.

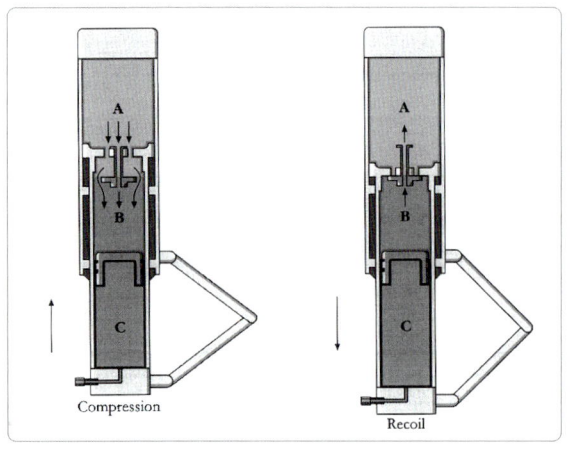

[그림 13-9] - 충격흡수장치 작동

헬리콥터가 지상에 주기 되어 있으면 헬리콥터 무게가 외부 실린더를 아래로 밀어내는 힘이 작동하여 내부 실린더 내의 가스 압력을 상승시키는데, 이 압력과 헬리콥터 무게가 균형을 이루는 위치에 도달할 때까지 스트러트는 압축된다. 이러한 상태에서 스트러트의 외부 노출 길이는 헬리콥터 중량과 가스 압력과의 관계로 결정되는데, 이에 대한 상세한 사항은 정비교범에 서비싱 차트로 제시되어 있다. 스트러트에 하중이 가해지면 스트러트는 압축된다. 이로 인해 챔버 A의 부피는 감소되고 작동유가 밸브 헤드 및 개방된 플러터 플레이트(flutter plate)의 구멍을 통해 챔버 B로 이송된다. 분리 피스톤은 챔버 B에서 증가하는 작동유에 대한 공간을 만들기 위해 점진적으로 아래로 내려가고 챔버 C의 가스압력을 증가시킨다. 이러한 움직임은 가스 압력이 스트러트의 하중과 균형을 이루기에 충분한 힘을 가할 때까지 계속된다. 스트러트의 하중이 감소되면 가스 압력에 의해 걸리는 힘이 하중과 균형을 이루는데 필요한 힘보다 커져서 가스가 팽창한다. 가스가 팽창함에 따라 분리 피스톤은 위로 밀려 올라가므로 작동유가 챔버 B에서 챔버 A로 이송된다. 그러나 플러터 플레이트(flutter plate)가 강제로 닫혀 유동과 스트러트 연장 속도가 줄어든다. 헬리콥터가 지면으로부터 부양하면 스트러트의 하중이 줄어든다. 이로 인해 가스가 팽창하고 분리피스톤을 위로 밀어 작동유를 챔버 A로 이송시키므로 챔버 B의 부피가 감소한다. 작동유는 제한된 플러터 플레이트(flutter plate) 오리피스를 통해 이송되므로 스트러트의 연장 속도가 제어된다. 헬리콥터가 이륙하여 지면으로부터 떨어지면 스트러트가 토션 링크의 한계까지 점차 늘어나게 된다. 일부 스트러트에는 최대 연장을 제한하는 내부정지 기능이 갖춰진 것도 있다.

13.3.3 서비싱

올레오-공유압 스트러트의 팽창은 가해지는 무게와 스트러트의 가스 압력과 관련이 있다. 부하가 증가하면 팽창된 길이가 줄어들고 가스 압력이 상승하며, 부하가 감소하면 그 반대 현상이 발생한다. 따라서 스트러트 내의 작동유 보급량은 정확해야 한다. 스트러트는 어떤 압력도 가해지지 않은 상태로 서비스를 해야 한다. 작동유 보급량을 점검하고 스트러트에 건조 상태의 질소 가스를 보급하여 규정된 압력으로 맞춰 팽창시킨다. 헬리콥터 중량이 휠에 가해지면 스트러트의 팽창 길이와 가스 압력치는 정비규범에 소개된 표의 값을 충족해야 한다. 이 서비스 차트는 다양한 중량 변화에 대해 필요한 압력과 팽창 길이를 규정해 주며, 일반적으로 착륙 장치 수용 공간의 벽면에 금속 재질로 제작되어 부착되어 있다.

[표 13-1] 하중/확장 표

Aircraft Wt(lbs)	Gas Pressure(psi)	Dimension X (in)
Off-Load	200	14
10,000	800	6.5
12,500	1,000	5.5
15,000	1,200	4.5
17,500	1,400	4
Fully Compressed	2,000	0

하중/팽창 길이 표는 차트와 함께 사용되며, 헬리콥터 자중 변화에 따른 필요 가스 압력치와 스트러트의 팽창 길이를 나타내 주고 있다.

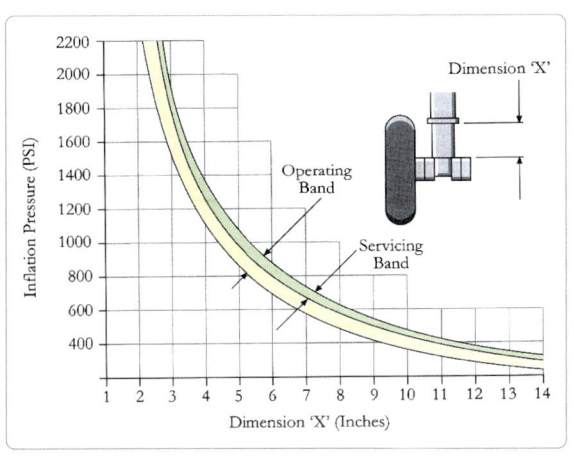

[그림 13-10] 압력/팽창 길이 차트

압력/팽창 길이 차트에 표시된 두 밴드는 작동 밴드와 서비스 밴드로 구분된다. 헬리콥터 운영 시 스트러트 압력/팽창 길이 점검 시 규정된 밴드를 벗어나게 되면 작동유 보급량과 가스 압력의 적정성을 확인 후 필요 후속 조치를 취해 밴드 내의 범위를 유지해야 한다.

13.4 확장 및 수축 시스템
Extension & Retraction System

13.4.1 기계적 배열

일반적으로 접개들이식 기어장치는 구조물의 트러니언 베어링에 부착되는 사이드 스트러트(side strut)와 드래그 스트러트(drag strut)에 의해 지지되는 충격흡수기 스트러트(shock absorber strut) 및 축(axle) 어셈블리로 구성된다. 착륙장치가 완전히 내려온 위치에서 다운 락 스트러트(down lock strut)는 중앙 부분을 강한 스프링에 의해 당겨져서 다운 락 위치를 유지한다. 이 상태가 되면 드래그 스트러트와 충격흡수기 스트러트는 아래 위치에 단단히 고정된다. 지상 잠금 핀(ground safety pin)을 장착할 수 있도록 다운 락 스트러트 조인트 부분에 구멍이 있다. 지상 잠금 핀에 경고 문구가 표기된 띠를 매달아 헬리콥터가 주기된 상태에서 랜딩기어가 우발적으로 접히지 않도록 다운 락 스트러트 구멍에 장착한다. 그러나 이 지상 잠금 핀은 비행 전에 반드시 제거해야 한다.

그 스트러트가 접힌다. 기어가 풀 업(full up) 위치에 도달하면 충격흡수 스트러트 하단의 롤러 핀이 스프링식 업 락 후크(up lock hook)와 결합된다. 기어 작동 레버를 DOWN 위치로 선택하면 싱글 유압식 업 락(up lock) 해제 작동기가 후크를 풀어준다.

착륙기어장치에서 기어 업 락 및 다운 락이 자동으로 락킹될 수 있게 스프링식으로 작동되며, 유압 작동기는 락킹상태를 풀기 위해서만 작동된다. 따라서 기어 락킹 장치는 유압이 사용되지 않고도 그 상태를 유지할 수 있다. 유압 시스템 고장 시 사용되는 비상 기어 하강 시스템은 수동방식으로 업 락을 기계적으로 분리해 기어가 내려오도록 작동한다.

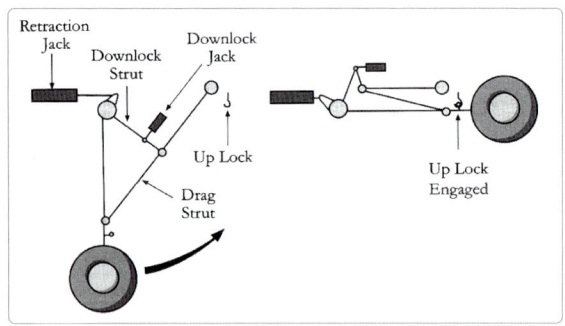

[그림 13-11] 접이식 랜딩 기어의 구조

기어 작동 레버를 UP 위치로 선택하면 유압식 다운 락 해제 작동기가 오버 센터(over-centre) 잠금을 잡아당겨서 해제시키고, 이어서 잠금 스트러트와 드래

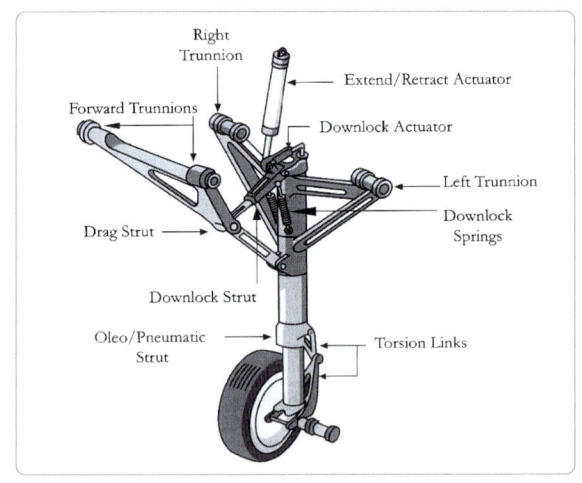

[그림 13-12] 접이식 랜딩 기어의 구조

노즈 랜딩기어는 일반적으로 앞으로 접히면서 휠 베이 안으로 들어간다. 노즈 휠에는 브레이크 장치가 없으며 일부 기어에는 조향 장치가 있는 점을 제외하

고는 기어 구성은 메인 기어와 유사하다. 그림 13-13은 기어 작동기가 드래그 스트러트 상단에 부착된 잠금 스트러트에 연결된 형태를 보여주고 있다. 기어 작동 레버를 DOWN에 선택하면 드래그 스트러트가 들어 올려지고 충격흡수 스트러트 어셈블리가 앞쪽으로 회전하면서 휠 베이로 들어간다. 기어가 완전히 위로 올라가면 드래그 스트럿의 핀이 스프링식 업 락 후크와 결합된다. 기어 작동기는 작동 시 잠금 스프링의 힘을 이기고 업(up) 또는 다운(down) 락을 해제시키는 기능도 수행한다.

또한 그림 13-13에서 충격흡수 스트러트의 상단 연장부위에 연결된 케이블과 로드로 작동하는 간단한 조향장치를 보여준다. 헬리콥터가 지면으로부터 부양할 때 조향 장치는 자동으로 분리된다. 즉 충격흡수 스트러트가 늘어나면서 내부에 있는 센터링 캠(centering cam)은 작동하여 기어를 중립 위치로 유지하고 기어가 휠 베이로 접혀 들어가도록 해 준다.

13.4.2 기어 선택

랜딩 기어 접이 시스템의 제어는 일반적으로 조종사의 중앙 받침대(pedestal)에 있는 레버를 사용한다. 제어 레버 장치에는 일반적으로 랜딩 기어가 지상에서 실수로 선택, 작동되는 것을 방지하는 래치(latch) 장치가 포함되어 있다. 또한, 비상시 필요한 경우 조종사가 기어를 의도적으로 접을 수 있도록 래치 오버라이드(latch override) 장치가 있기도 하다. 조종사에게 랜딩 기어의 위치 및 휠 베이 도어의 작동 위치를 경고등으로 표시해 주는 시스템이 있다. 유압 시스템 고장 시 기어를 내리는 비상수단도 제공된다. 랜딩 기어 제어 레버는 조종사의 선택을 기계적으로 또는 전기적으로 기어 유압 셀렉터 밸브(selector valve)로 전달한다. 레버는 "UP, OFF, DOWN"의 3개 위치가 있다. 레버 작동 시에는 임시 멈춤 장치가 있는데 이는 레버가 진동 또는 실수로 다른 위치로 이동되는 것을 방지시켜 준다. 기어 선택 및 작동이 완료되면 레버를 중앙 위치인 OFF에 놓는데, 이때에는 랜딩 기어 작동 계통으로 공급되는 유압이 모두 차단된다.

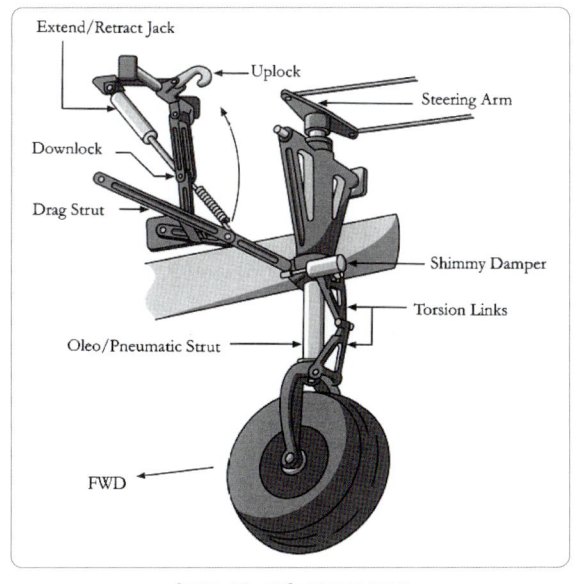

[그림 13-13] 접이식 전륜

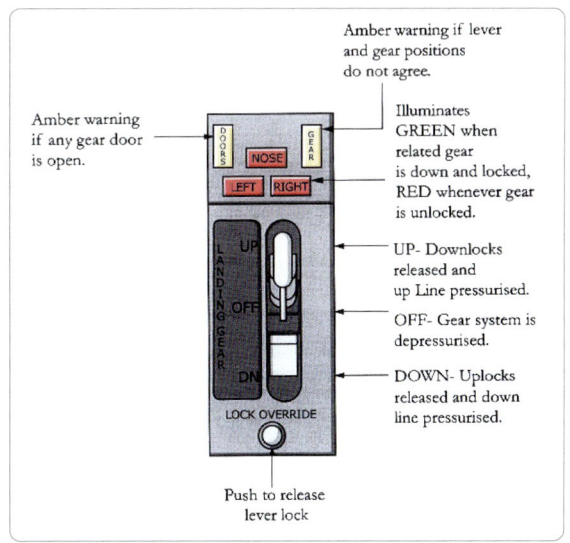

[그림 13-14] 랜딩 기어 작동 레버

13.4.3 정상 기어 내림

랜딩 기어를 DOWN으로 선택하기 전에 일반적으로 기어 작동 레버 위치는 OFF에서 기어는 UP 상태로 락(lock)되어 있다.

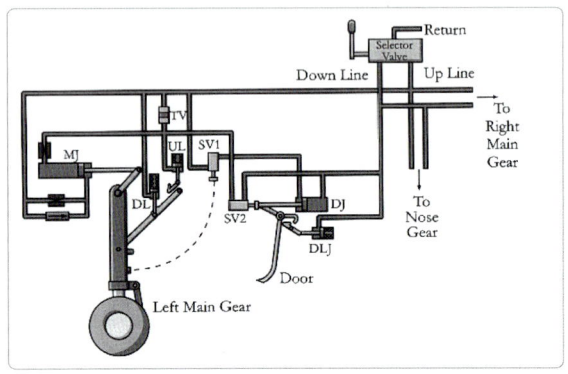

[그림 13-15] 기어 연장 및 접개들이 계통

작동 레버를 OFF에서 DOWN으로 선택하면, 셀렉터 밸브가 작동되어 유압을 메인 및 노즈 기어 다운 라인으로 공급하고, 업 라인을 열어 복귀시킨다. 그림 13-15에서 도어 락 액츄에이터(DLJ), 도어 액츄에이터(DJ) 및 도어 작동 시퀀스 밸브(SV2)에 유압이 가해진다. 도어 락이 풀리고 열림 위치에 도달하면 SV2가 열린다. 도어가 열린 상태로 유지되도록 도어 액츄에이터의 압력이 유지된다. SV2가 열리면, 업 락 해제 액츄에이터(UL), 트랜스퍼 밸브(TV) 및 유량 제한기를 통해 메인 기어 액츄에이터(MJ)를 늘어나는 방향으로 압력이 가해진다. 트랜스퍼 밸브(TV) 속의 자유 피스톤은 압력 하에서 움직이며 메인 기어 액츄에이터(MJ)을 지나가는 압력을 균일화하는 업 라인에서 순간적인 압력 상승을 생성한다. 이것은 업 락 해제 작동기(UL)가 후크(hook)를 해제하는 동안 업 락의 부하를 완화시킨다. 유량 제한기와 트랜스퍼 밸브의 결합 효과는 메인 기어 액츄에이터를 연장하기에 충분한 압력이 형성되기 전에 업 락 해제 작동기가 작동하도록 한다. 메인 기어 액츄에이터 연장 쪽의 다운 라인 압력이 기어를 내려준다. 기어가 확장됨에 따라 잭의 위쪽에서 나오는 유체는 위쪽 라인의 유량 제한기를 통과한다. 업 라인을 통한 리턴 흐름의 제한은 메인 기어 액츄에이터가 기어의 무게에 의한 저항이 발생하지 않도록 항상 조절된 다운 라인 압력으로 작동되도록 한다. 이런 경우 다운 라인에서 압력 강하가 발생하여 기어가 확장되는 동안 도어 액츄에이터가 닫힐 수 있다. UP 라인의 제한 장치는 랜딩 기어가 확장되는 속도를 효과적으로 제어한다. 기어가 완전 하강 위치에 도달하면 다운 락 스프링이 잠금 스트러트의 오버 센터(over-center) 잠금 장치를 잠근다.

13.4.4 기어 올림

랜딩 기어를 UP으로 선택하기 전에 일반적으로 기어 작동 레버 위치는 OFF에서 기어는 DOWN 상태로 락(lock)되어 있다. 헬리콥터가 지상에 있을 때는 래치를 오버라이드(override) 시키기 전에는 기어 작동 레버는 UP으로 이동시킬 수 없다. 부양 후 작동 레버를 UP으로 움직이면, 셀렉터 밸브는 유압을 노즈와 메인 기어 업 라인으로 연결하고 다운 라인을 열어 복귀하도록 한다. 압력은 다운 락 해제 액츄에이터(DL), 트랜스퍼 밸브(TV) 그리고 메인 기어 액츄에이터(MJ)로 공급된다. 트랜스퍼 밸브의 피스톤이 움직여 메인 기어 액츄에이터에 압력을 공급되고, 또한 다운 락 해제 액츄에이터에 압력이 공급되어 오버 센터(over-center) 잠금을 해제하도록 한다. 기어가 올라가면 업 락 롤러는 스프링식 업 락에 의해 결합되어 기어를 잠근다. 이어서 시퀀스 밸브(SV1)가 열리고 압력이 도어 액츄에이터에 공급되어 도어가 닫힌 후 도어 락 액츄에이터에 있는 스프링에 의해 잠긴다. 메인 기어와 노즈 기어가 완전히 UP되고 잠긴 것이 확인되면 기어 작동 레버를 OFF 위치로 이동시켜 시스템 내의 유압을 감압시킨다. 이때 셀렉터 밸브는 압력공급을 차단하고 업 라인 및 다운 라인을 열어 되돌아가게 하며, 브레이크 압력도 자동으로 해제된다.

13.5 제동 장치
Brakes

휠(wheel) 형태를 갖춘 랜딩 기어에 장착되는 브레이크는 다음과 같은 규격이 필요하다.

(1) 조종사가 제어할 수 있는 제동 장치
(2) 무동력 착륙(power off landing) 시 사용 가능한 제동 장치
(3) 로터의 가동 및 중지 시 불균형 토크에 대응하기에 적절한 제동 장치
(4) 건조하고 매끈한 노면(pavement)의 10° 경사에서 헬리콥터를 주기 시키기에 적절한 제동 장치

바퀴 형태의 랜딩 기어가 장착된 헬리콥터는 일반적으로 메인 휠에 제동 시스템이 있다. 브레이크는 메인 휠에만 설치되며 노즈 휠(nose wheel) 혹은 테일 휠(tail wheel)에는 설치되지 않는다. 브레이크는 주로 제동 장치로 사용되지만, 일부 경우에는 좌·우측 브레이크의 차등 작용력을 이용하여 헬리콥터가 전진할 때 조향 보조 장치로 이용되기도 한다. 예를 들어 좌측 메인 휠 브레이크를 작동시키면 헬리콥터가 좌측으로 급선회한다. 또한, 필요 시 활주 속도를 제어하는 보조 기능도 브레이크가 이용된다. 고정익 항공기와 달리 헬리콥터 브레이크 장치는 많은 양의 운동 에너지를 소멸시킬 필요가 없어 높은 열이 발생하지 않는다. 헬리콥터 제동 시스템에는 앤티 스키드(anti-skid) 또는 오토 브레이크(auto-brake) 기능이 없어 비교적 제동 시스템 구조가 단순하다. 일반적인 시스템은 유압 작동 캘리퍼형(caliper type) 브레이크 장치 혹은 각 메인 휠에 구비된 단일 디스크 브레이크 장치로 구성되어 있다. 브레이크는 필요에 따라 요 페달(yaw pedal) 위에 있는 풋 페달(foot pedal)을 사용하여 함께 또는 별도로 사용된다. 장기간 계류 위치에 헬리콥터를 고정해두어야 할 경우에는 파킹 브레이크 레버(parking brake lever)를 사용하여 고정된다. 헬리콥터의 종류 및 크기에 따라 브레이크 시스템의 배치가 상이한데 여기서는 가장 널리 사용되고 있는 2가지 대표적인 예를 소개한다.

13.5.1 캘리퍼 브레이크(Caliper Brake)

캘리퍼 브레이크에는 단일 강철 로터 디스크가 사용되는데 디스크 종류에 따라 휠에 단단하게 부착되거나 휠 허브(wheel hub)에 있는 드라이브 블록(drive block) 안에 떠 있는 형태를 이룬다. 첫 번째의 경우 로터 디스크가 휠에 고정되어 회전하고, 캘리퍼 장치는 고정축 조립체에 측면 플로트(sideways float)를 제한된 범위까지 허용하는 방식으로 부착되어 있다. 두 번째의 경우에는 캘리퍼 장치가 고정 축 조립체에 부착되어 있고, 측면 플로트가 없는 형태이다. 이 경우 로터 디스크 외측 주변에 드라이브 테논(tenon)이 있고, 이는 휠 허브의 홈 부분에서 강철 드라이브 블록과 맞물려 있다. 디스크는 휠로 구동되며, 측면 플로트에 의해 작동 각도의 제한을 받는다. 여기서는 두 번째 종류의 브레이크 타입을 설명하고자 한다. 로터 디스크 양쪽 면에는 강철 재질의 패드(pad)가 부착되어 있다. 각 패드는 고정 휠 액슬에 볼트로 장착된 정지 캘리퍼 프레임 안쪽에 위치한다. 외부 패드는 유압 피스톤에 인접해 있고 고정 패드와

같이 안쪽 패드 작동 시 하우징 안쪽에서 자유롭게 움직일 수가 있다.

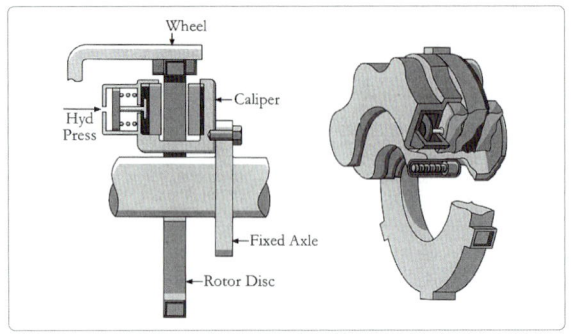

[그림 13-16] 캘리퍼 브레이크 유닛

브레이크가 작동되면 피스톤이 외부 패드를 회전하는 로터 디스크 방향으로 밀어서 안쪽 패드와 밀착되도록 작용한다. 즉 가해지는 브레이크 압력만큼의 힘이 양쪽 패드 사이에 있는 회전 디스크에 가해진다. 이러한 클리퍼 브레이크 방식은 휠의 회전을 감소시킬 수 있는 마찰력이 브레이크 패드를 통해 이루어진다. 브레이크의 작동 효율을 증대시키기 위해 3개의 피스톤과 패드가 조합된 클리퍼 브레이크 타입이 사용되는 경우도 있다. 브레이크 패드가 사용 중 마모되면 피스톤이 더 멀리 이동해야 하는데 이를 보조하기 위해 자동 브레이크 조절 장치(adjuster)가 유압 실린더에 장착되어 있다.

13.5.2 단일 디스크 브레이크 장치 (Single Disc Brake Unit)

단일 디스크 브레이크 장치는 캘리퍼 브레이크 장치와 구성 형태가 상이하며 대형 수송용 헬리콥터에 널리 사용된다. 이 브레이크는 그림 13-16과 같이 복합적인 토크 판(integral torque plate)과 튜브 조립체(tube assembly), 6개의 브레이크 실린더, 2개의 고정자(stator) 디스크, 압력판(thrust plate), 2개의 마모 지시기, 휠로 구동되는 1개의 세그먼트 로터 디스크(segmented rotor disc)로 구성된다.

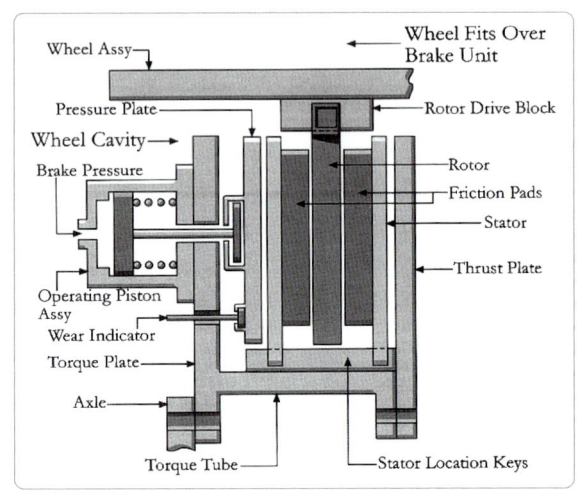

[그림 13-17] 단일 디스크 브레이크

고정 토크 판은 휠 축의 내부 끝부분의 플랜지(flange)에 볼트로 고정된다. 유압 브레이크 실린더는 토크 판의 표면에 부착된다. 토크 튜브는 토크 판과 일체형으로 구성된다. 2개의 고정자는 회전을 방지하기 위해 키(key)에 장착된다. 드러스트 판(thrust plate)은 고정자와 로터 디스크가 브레이크 장치에 조립된 이후 토크 튜브에 볼트로 고정된다.

회전자(rotor disc)는 한 개의 판 또는 여러 개의 강철 세그먼트가 연결된 형태가 사용된다. 회전자는 휠 허브 부분에 위치하는 블록에 맞물려서 고정된다. 세그먼트 형태의 로터 디스크는 고온에서 발생되는 래핑(wraping)현상을 방지할 수 있고 한 개의 판으로 사용되는 로터보다 더 얇은 형태로 제작, 사용될 수 있다.

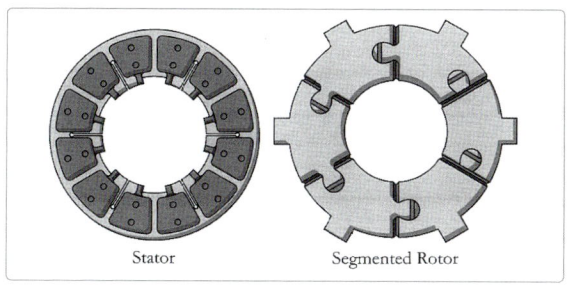

[그림 13-18] 회전자와 고정자

회전자 양쪽에 고정자가 각각 배치된다. 고정자의 안쪽 부분에 형성된 슬롯은 토큐 튜브 외부의 키(key)에 결합된다. 회전자와 마주 보는 쪽의 고정자 면에는 동일 간격으로 마찰 패드가 부착된다. 회전자는 외측 부분에 키가 있는데 이 키는 휠 안쪽에 있는 슬롯에 고정되어 회전한다. 브레이크 실린더에 유압이 가해지면 드러스트 판을 밀어 회전자와 고정자의 세그먼트와 밀착되 마찰력이 발생된다. 이후 브레이크 압력이 제거되면 리턴 스프링에 의해 압력 판을 제자리로 돌아가게 한다. 압력판에는 브레이크 마모를 지시해 주는 표시 핀(wear indicator pin)이 부착된다. 브레이크의 마모 상태 점검은 유압을 가한 다음에 측정해야 하며, 사용 가능 범위는 해당 헬리콥터의 정비교범의 규정치를 참조해야 한다.

13.5.3 마찰 라이닝(Friction Lining)

마찰 라이닝 재료로 초기에는 석면이 포함된 재질이 사용되었으나 분진으로 인해 인체 유해성이 발견되어 사용되지 못하고, 황동 및 철 성분이 주입된 유기물로 만들어지고 있다. 금속 재질의 마찰 라이닝은 정비가 쉽지만 자중이 무거운 단점이 있다. 따라서 이후 자중 감소 및 마찰력 향상을 위해 탄소 소재가 포함된 카본 브레이크가 개발되어 현재 널리 사용되고 있다. 카본 브레이크는 기존의 강철 재질 브레이크보다 약 40% 더 가벼우며, 지속성이 양호하다. 이 카본 브레이크는 오일 또는 그리스 등에 오염될 경우 제동 효율에 심각한 영향을 미치므로 정비 작업 시 유의를 기해야 한다.

13.5.4 브레이크 시스템

브레이크 시스템의 구성은 브레이크가 헬리콥터를 제자리에 고정하는데, 단독으로 사용되는지 또는 지상에서 헬리콥터의 조정을 보조하는 데 사용되는지에 따라 다르게 구성된다. 일부 헬리콥터에는 자립형 유압 시스템이 장착되어 있는데, 여기에는 메인 휠 브레이크 장치를 작동하는데 사용되는 압력을 생성하기 위해 풋-작동(foot-operated) 마스터 실린더가 사용된다. 또 다른 형태로는 대형 헬리콥터에는 보조 유압 시스템에서 압력이 공급되는 동력 보조 브레이크(power assisted brake) 혹은 완전 동력(fully powered) 제동 시스템이 있다.

13.5.4.1 독립 브레이크 시스템

그림 13-20는 자립형 유압 브레이크 시스템으로, 각 메인 휠 브레이크 장치는 별도의 페달 작동 마스터 실린더를 통해 작동된다.

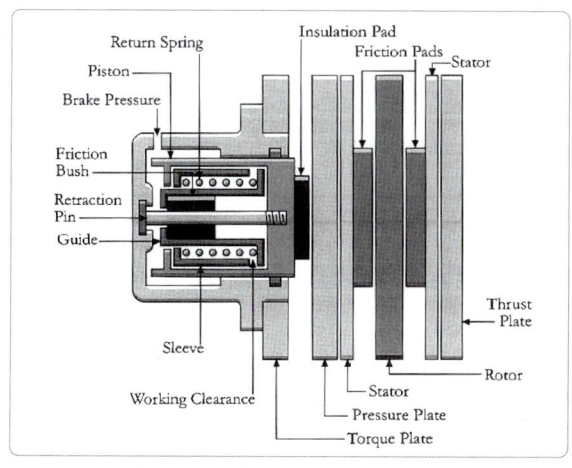

[그림 13-19] 브레이크 마모 표시기

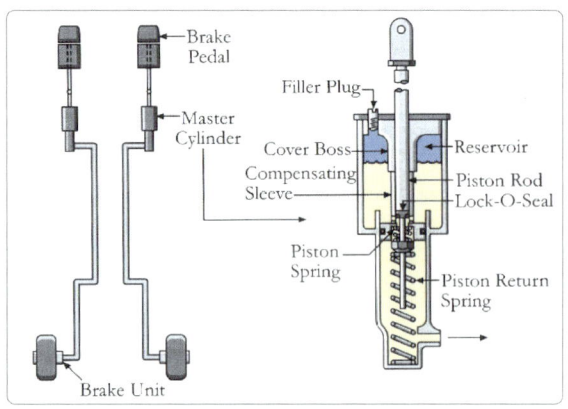

[그림 13-20] 자립형 브레이크 시스템

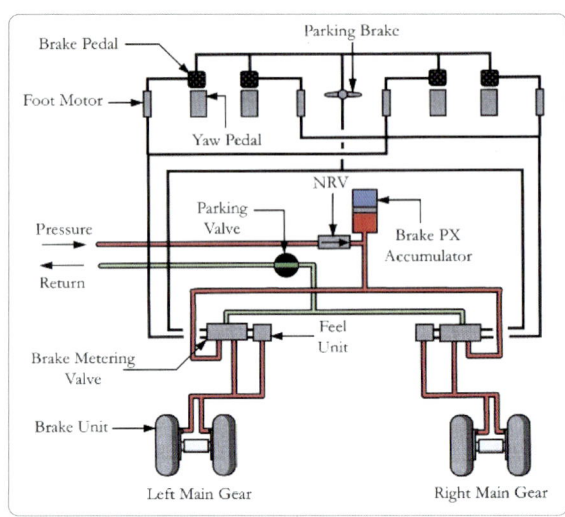

[그림 13-21] 동력 브레이크 시스템

마스터 실린더는 각 브레이크 페달 아래에 설치된다. 각 실린더는 단일 작동, 발-작동 펌프이며 관련 휠 브레이크 장치에 압력을 공급하는 데 사용된다.

13.5.4.2 동력 브레이크 시스템
(powered brake system)

동력 브레이크 시스템은 일반적으로 지상 조작 동안 브레이크 사용이 필요한 대형 헬리콥터에서 널리 사용된다. 이 시스템은 일반적으로 특정 유틸리티 시스템에 제공되는 DC 모터 구동 펌프가 포함된 보조 유압 시스템에서 압력을 공급받는다. 또한, 브레이크 시스템 축압기에 압력이 저장되며, 이는 비상시에 그리고 파킹 브레이크를 위해 저장된 압력을 제공한다. 브레이크는 풋 페달을 사용하여 걸리며, 풋 페달은 조종사와 부조종사의 요 페달(yaw pedal) 위에 있다. 이 페달은 상호 연결되어 있어 어느 위치에서든 독립적으로 제동이 걸릴 수 있다. 다음 그림에서 좌측 및 우측 브레이크 페달은 로드 및 케이블 시스템을 통해 좌측 및 우측 브레이크 압력 유량 밸브에 연결되어 있으며, 이를 통해 필요시 동시 혹은 각각 위치에서 제동이 가능해진다.

파킹 브레이크를 걸었을 시, 이 브레이크는 페달을 감압하며 브레이크 압력을 가하기 위해 유량 밸브를 기계적으로 작동시킨다. 또 주차 브레이크 핸들은 파킹 밸브를 닫는 스위치를 작동시키며, 결국 파킹 밸브는 시스템 리턴 라인을 닫아 브레이크 라인에 압력을 가둔다. 브레이크 시스템 축압기는 유압 시스템이 작동되지 않는 상태에서 파킹 브레이크에 가해질 압력을 충분히 저장 보관하고 있다. 또한, 유압 동력 공급 장치가 고장 시 제한된 횟수의 비상 제동 기능을 의한 압력을 제공한다.

13.6 조향 장치
Steering

바퀴형 랜딩 기어가 있는 헬리콥터에는 지상 이동하는 동안 방향 제어를 위한 조향 시스템이 있다. 단일 메인 로터 헬리콥터에서는 요 페달을 이용하여 테일 로터의 추력을 변경하는 방법으로도 조향 기능을 수행할 수 있다. 일반적으로 2개의 메인 로터가 작동하는 헬리콥터에서는 한 쌍의 캐스터링 후방 휠이 부착되어 있는데, 이 경우 전방 및 후방 로터를 반대 방향으로 기울여 조향 기능을 수행할 수 있다. 메인 휠 브레이크는 헬리콥터의 위치를 고정하는데 사용되며, 필요 시 활주 속도를 제어한다. 또 다른 방법으로는 메인 휠에 부착된 브레이크를 좌측과 우측 상이하게 작동시켜 헬리콥터의 조향 기능을 발휘하기도 한다. 이 때에는 조향 기능 향상을 위해 테일 로터 추력 사용과 결합하여 조종할 수 있다.

일반적으로 대형 헬리콥터는 유압으로 작동되는 노즈 휠 조향장치를 사용하고 있다.

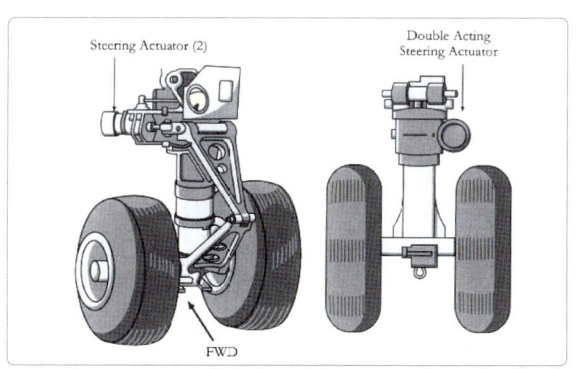

[그림 13-22] 전륜 조향 작동기

이 조향 시스템은 2개의 유압 조종 작동기로 구성되며, 이는 노즈 기어 하단부에 부착되어 있는 조향 칼라(steering collar)를 좌우측으로 움직이게 하고 이 동력은 토션 링크(torsion link)를 통해 노즈 기어의 내부 실린더 하단부로 전달되어 노즈 기어의 회전 운동을 발생시켜 준다.

13.6.1 조향 작동기

다음 그림들은 노즈 기어에 사용되고 있는 전형적인 조향 작동기(steering actuator)의 장작 및 작동 모습을 보여주고 있다. 각 작동기에는 제어 밸브가 포함되어 있으며, 조향 작동기는 회전 설치대(swivel mount)와 조향 칼라(steering collar)에 부착되어 유압을 이용하여 작동된다.

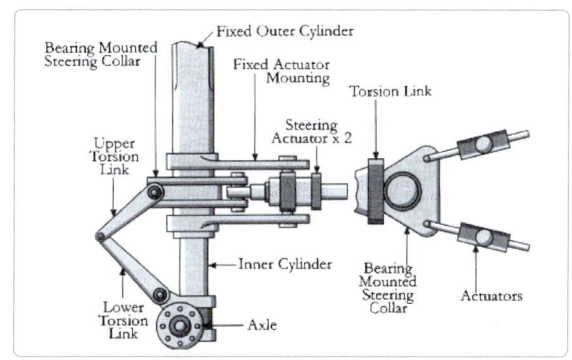

[그림 13-23] 조향 작동기

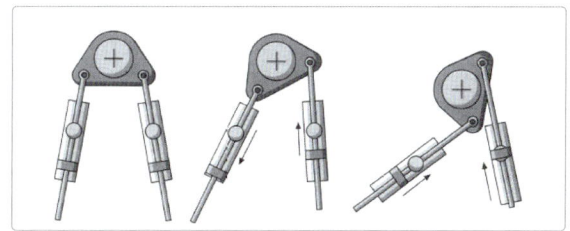

[그림 13-24] 전륜 조향장치 잭 작동

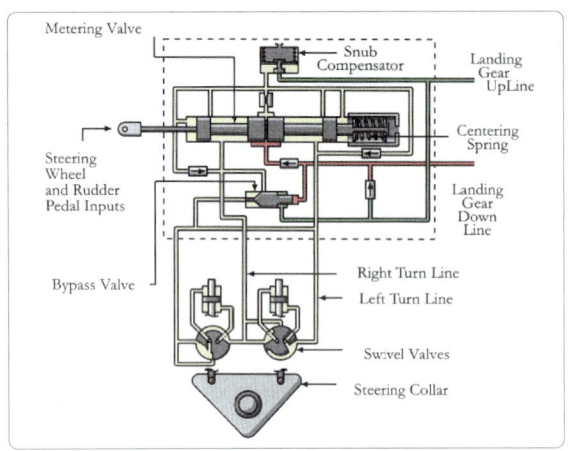

[그림 13-25] 전륜 조향 시스템(중립위치)

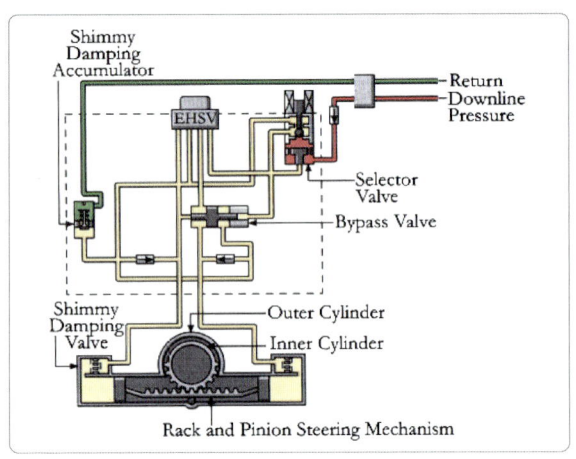

[그림 13-26] 랙 및 피니언 조향 시스템

13.6.2 랙 및 피니언

그림 13-26에서 조향 유압 작동기는 랙 및 피니언(rack & pinion)을 통해 노즈 기어의 내부 실린더를 회전시킨다. 이 작동기는 전기 작동 선택 밸브, 전자-유압 서보 밸브(EHSV), 우회 밸브, 시미-댐핑(simmy-damping) 축압기 등으로 구성된 유압 장치에 의해 작동된다.

제어 장치에서 신호를 받으면 선택 밸브가 열려 EHSV로 압력이 이동하고 시미-댐핑 축압기를 가압하는 동안 우회 밸브(bypass valve)를 닫는다. 조향 장치의 제어는 신호를 전달하는 센서를 핸드 휠(hand wheel) 또는 틸러(tiller)로 작동시킨다.

노즈 기어에 부착된 위치 센서에 의해 작동된 기어 조향 각도를 제어 장치로 피드백 신호를 EHSV에 제공하며, EHSV에서는 조향 제어 위치와 실제 조향 각도의 차이가 발생될 경우 스플 밸브 등의 유압 장치를 작동시켜 명령한 제어 위치로 교정해 준다. 시미-댐핑 축압기에 저장된 압력은 EHSV가 중립 위치에 있거나 시스템이 감압될 경우 작동기 각 면의 압력을 동등하게 만들어 노즈-휠 시미 현상을 방지시켜 준다.

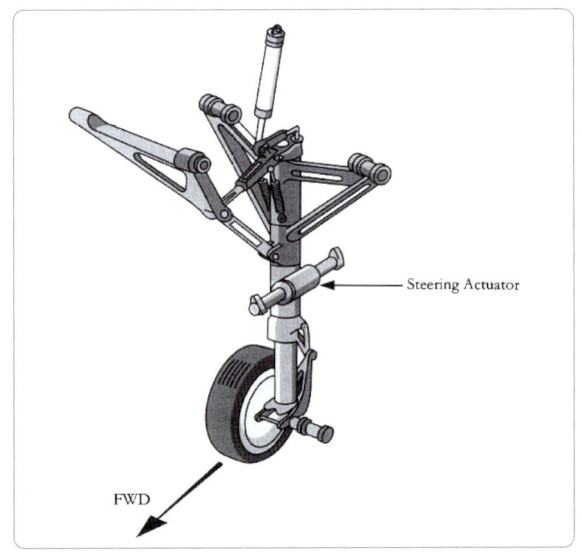

[그림 13-27] 전륜 조향장치 작동기

13.7 스키드 / Skids

일반적으로 헬리콥터에서는 휠보다 스키드 랜딩 기어가 널리 사용되고 있다. 스키드 랜딩 기어는 주로 알루미늄 합금 튜브로 제작되며, 2개의 측면 설치 크로스 튜브와 2개의 평행 세로 튜브로 구성되어 있다.

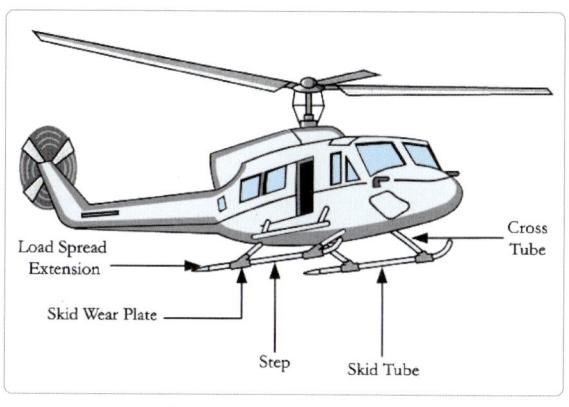

[그림 13-28] 스키드 기어

각각의 크로스 튜브는 한 쌍의 안장(saddle) 형태의 스키드 슈즈(skid shoes)를 통해 스키드 튜브에 고정된다. 반복적인 착륙 등으로 지면 접촉이 빈번하게 이루어지고 이로 인해 마모가 발생하기 때문에 보호판(skid wear plate) 등으로 보호되어 있다. 크로스 튜브는 베어링 링(bearing ring)을 통해 기체 아래 부분느 구조물에 부착되어 있다. 각 부착 부위에는 재킹 브래킷(jacking bracket)을 장착할 수 있도록 설계된다. 스키드 튜브와 크로스 튜브, 그리고 크로스 튜브와 기체 구조물 간에는 본딩 점퍼(bonding jumper)를 사용하여 전기적 연결이 되어 있다. 이는 헬리콥터에서 지면으로 정전기가 방출되는 경로를 형성한다. 스키드 기어는 공간 프레임을 형성하여 착륙 시에 발생하는 충격 하중을 완충시켜 준다. 스키드 프레임은 헬리콥터 운항 중 발생하는 지상 공진(ground resonance)에 의한 진동을 흡수할 수 있도록 충분한 강도를 유지해야 한다. 일부 스키드 튜브의 후방 확장부에 진동 댐퍼가 설치되어 있다.

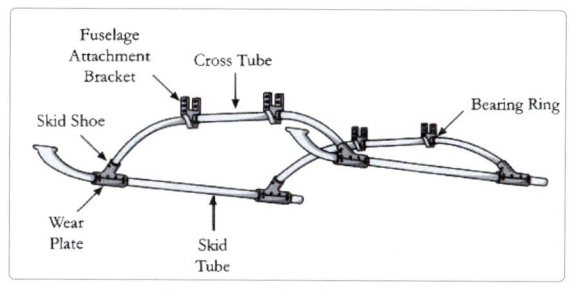

[그림 13-29] 스키드 조립체

크로스 튜브의 수직 방향의 변형은 적절한 헬리콥터와 지면 간의 간격 유지와 출입구의 높이를 제공할 수 있도록 설계된다. 크로스 튜브의 높이가 커지면 크로스 튜브 입구 부분에 스텝 레일(step rail)이 부착되며, 비상 부유 장치(float) 및 다목적 캐리어(carriers) 등 선택 사양 장치가 스키드 기어에 장착되기도 한다.

[그림 13-30] 지상 이동용 휠

무동력 상태에서 헬리콥터 스키드 기어에 한 쌍의 지상 이동(ground handling) 장치 또는 주리 휠(jury wheel)을 장착하여 지상 이동을 실시할 수 있다. 이 휠은 일반적으로 크로스 튜브의 후방 양쪽에 있는 브래킷에 부착된다. 이 휠은 헬리콥터 무게 중심 위치에 가깝게 위치하여 헬리콥터을 약간 뒤로 기울인 상태로 쉽게 이동시킬 수가 있다.

스키드 기어 점검 시 정기적으로 스키드 보호 마모판의 상태를 점검하는 것이 매우 중요하다. 이 판은 헬리콥터가 지상에 접지하는 지점으로 쉽게 마모가 발생하므로, 과도한 마모로 인해 스키드 튜브가 손상되는 것을 방지할 수 있다.

헬리콥터

제14장 화재방지계통

14.1 서론(Introduction)
14.2 화재탐지 시스템(Fire Detection System)
14.3 연기 탐지기(Smoke Detector)
14.4 소화 시스템(Fire Extinguishing System)
14.5 휴대용 소화기(Portable Fire Extinguisher)

14.1 서론 Introduction

항공기에 화재가 발생하면 운항에 치명적인 피해를 가져올 수 있다. 따라서 화재의 징후가 나타나거나 화재가 발생하는 순간에 이를 탐지하고 신속하게 대처할 수 있는 화재방지시스템이 필요하다.

화재방지 시스템(fire detection system)은 수동과 능동, 두 종류의 시스템이 있다. 수동 화재방지 시스템은 화재 예방과 관련이 있으며 배치 구획, 배수, 환기, 사용 재료 등 선택에 있어 화재 위험이 비교적 적은 곳으로 설계하고 구축한다. 반면에 능동 화재방지시스템은 화재의 발생을 탐지하고 즉각적으로 경고하고 진화시키는 효과적인 수단을 제공하는 시스템이다. 여기서는 능동적인 화재방지 시스템에 대해 다룬다.

화재방지 시스템은 보호 구역에서 화재가 발생했을 경우 과열 상태를 탐지하고 경고한다. 화재방지 시스템은 장치형 화재탐지기(unit type fire detector) 또는 연속형 화재탐지기(continuous type fire detector)를 사용하며, 엔진실, 보조 동력 장치(APU) 등은 각각 별도의 화재 탐지 및 경고 시스템, 소화 시스템을 갖추고 있다. 연기탐지 시스템(smoke detection system)은 공기 중 연기 입자의 농도를 측정하고 연기 존재 여부가 확인될 때 경고를 작동한다. 연기 탐지기는 화물칸에 설치되어 있으며 승무원이 휴대용 소화기를 들고 접근할 수 있어야 한다.

14.2 화재탐지 시스템
Fire Detection System

화재탐지 시스템은 다음과 같은 몇 가지 조건을 갖추어야 한다.

- 헬리콥터는 지정된 화재구역과 터빈의 연소기, 터빈 및 테일 파이프 섹션에 신속히 작동될 수 있는 화재탐지기가 있어야 한다. 지정된 화재 구역은 엔진의 구성품, 장비 또는 부품이 고장이나 누유로 인해 잠재적 화재 위험이 존재하는 지역으로 정의된다. 엔진 내 화재 구역은 엔진 파워 섹션과 압축기 및 액세서리 섹션을 포함한다. 엔진 파워 섹션에는 가연성 액체를 운반하는 라인과 터빈 및 테일 파이프 섹션이 포함된다. 압축기 및 액세서리 섹션에는 엔진 압축기, 기어박스, 유압 계통, 연료 및 오일 펌프와 관련된 파이프 라인, 전기 발전기 및 변속기 드라이브가 포함된다.
- 화재탐지기는 헬리콥터가 작동 중에 진동, 관성 및 기타 하중을 견딜 수 있도록 제작 및 설치어야 한다. 화재탐지기는 오일, 물, 기타 액체 또는 연기의 영향을 받지 않아야 한다.
- 조종사들이 각 화재탐지 시스템 전기 회로가 작동되는 것을 알 수 있는 수단이 있어야 한다. 엔진실에 있는 각 화재탐지 시스템의 배선 및 기타 구성 요소는 최소한 내화성이 있어야 한다.
- 타 구역의 화재로 인해 화재탐지 시스템이 허위 탐지를 해서는 안 된다.
- 두 개의 화재 구역을 동시에 보호하도록 화재탐지 시스템을 설계해서는 안 된다. 예를 들어 엔진 출력 섹션과 액세서리 섹션이 서로 분리되지 않고 동일한 소화 시스템이 제공되는 단일 화재탐지 시스템을 사용해서는 안 된다.
- 화재탐지 시스템은 화재 발생 즉시 화재경고를 제공해야 하며 화재 지속 기간 동안 계속 표시를 제공해야 한다. 화재탐지 시스템은 불이 꺼졌을 때 경고를 취소하고 자동으로 재설정하여야 하고, 화재가 다시 발생할 경우 추가 경고를 제공해야 한다. 또한 화재탐지 시스템에서 발생하는 고장으로 허위 화재 경고를 발생시키지 않도록 해야 한다.
- 화재탐지 시스템은 시각적 경고 외에 청각적 경고를 함께 갖추어야 한다. 청각적 경고는 조종사의 헤드셋에 반복되는 이중 차임벨 소리로 경고한다. 작동 후 계속 산만해지는 것을 방지하기 위해, 청각적 경고는 조종사에 의해 취소될 수 있지만 회로는 추가적인 화재 경고 신호가 수신되면 다시 활성화될 수 있도록 자동으로 재설정할 수 있어야 한다.

화재탐지기는 장치형(unit type)과 연속형(continous type) 두 종류가 있다. 화재 발생의 영향을 가장 많이 받을 수 있는 화재 구역의 위치에 장치형 탐지기(spot형이라고도 함)가 설치되고, 반면에 연속형 탐지기(loop형이라고도 함)는 화재 구역 주위에 배선되는 유연한 와이어 형태로 설치된다.

14.2.1 장치형 탐지기(Unit Type Detector)

장치형(또는 spot형) 탐지기는 리셋형(resetting type)과 비리셋형(non-resetting type)이 있다. 비리

셋 장치형 탐지기는 초기 시스템에 사용되었다. 그림 14-1의 비리셋 장치형 탐지기는 퓨즈 링크로 구성된다. 특정 온도에서 용해되어 스프링 장착 플런저(plunger)를 방출하여 전기 접점을 닫는다. 단점은 일단 작동되면 장치를 원래상태로 재설정할 수 없어 교체해야 한다는 것이다. 이것은 현재의 안전 요건을 충족하지 못한다. 따라서 리셋형으로 화재가 진압된 후 자동으로 재설정되는 열 스위치(thermal Switch) 또는 열전쌍(thermocouple) 탐지기가 사용된다.

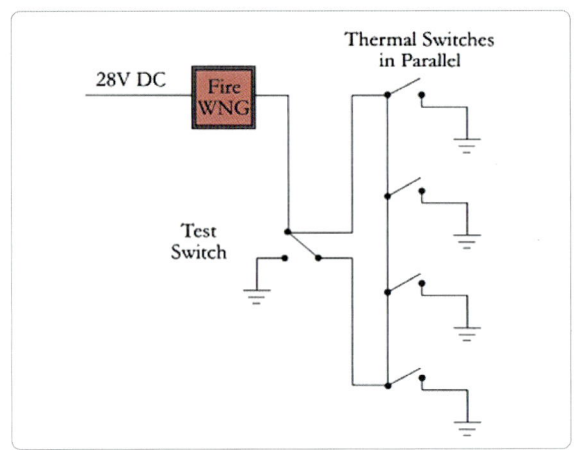

[그림 14-2] 열스위치 화재탐지 시스템(1)

그림 14-2에서, 열스위치의 전원 공급은 두 가지 경로를 가지고 있다. 만약 하나의 경로에 개방 회로 고장이 발생해도 시스템은 열스위치 작동을 탐지할 수 있다. 그러나 이 시스템에서 접지 측 단락으로 허위 경고 신호를 발생시킬 수 있다. 테스트 스위치는 작동 시 양쪽 루프를 단일 회로에 결합시킨다. 어느 한 쪽 루프에 고장이 발생하는 경우, 경고등이 켜지지 않아 조종사에게 시스템에 결함이 있음을 알려준다.

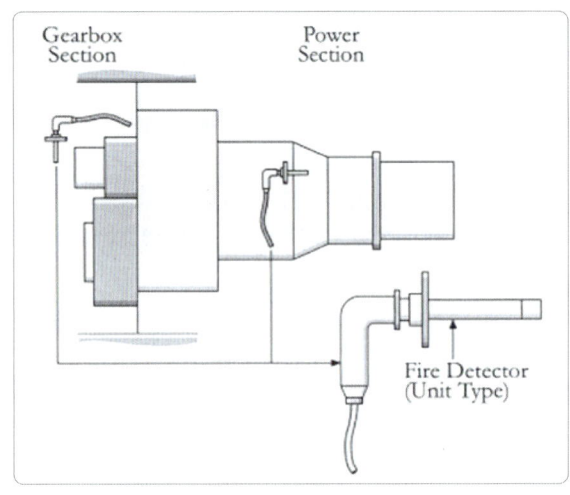

[그림 14-1] 비리셋 장치형 화재탐지기

14.2.1.1 열스위치 탐지기
(Thermal Switch Detector)

열스위치 탐지기의 접점은 보호 구역에서 특정 온도에 도달하면 닫히도록 미리 설정되어 있다. 그림 14-2와 같이 열스위치 화재탐지 시스템은 전략적으로 배치된 다수의 열스위치를 포함하는 간단한 직류(DC) 회로로 구성된다. 열스위치는 병렬로 연결되어 있고, 각 열스위치는 접지되어 있어 화재의 열에 의해 닫히면 화재 경고를 작동시킨다. 즉 모든 탐지 회로 배선이 손상되지 않은 한, 해당 열스위치는 접지 측 회로를 연결하고 화재 경고를 활성화한다.

대부분 시스템 회로는 두 개의 루프로 분할되며, 각 루프는 다른 루프와 독립적으로 작동한다. 한 쪽 루프에서 다른 쪽 루프로 자동 또는 수동 전환하여 회로 고장을 발생시키는 루프를 분리할 수 있다. 다음 그림 14-3은 이중 루프 구성을 가진 열스위치 화재탐지 시스템을 보여준다. 또한 자동 재설정 열스위치의 예시를 확인할 수 있다. 이 열스위치는 팽창 계수가 높은 합금강 튜브와 팽창 계수가 낮은 휘어진 스프링(bow spring)의 접점으로 구성된다. 튜브가 열에 의해 팽창하면 미리 설정된 온도 값에서 접점이 닫히고 경고등이 연결된 28V DC 회로가 완성된다.

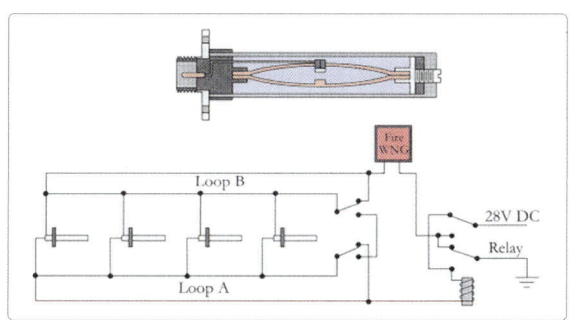

[그림 14-3] 열스위치 화재탐지 시스템(2)

그림 14-3에서 A와 B의 두 개 루프가 있다. 회로 내 릴레이는 루프 A의 양쪽 끝을 통해 28V DC 전원을 연결하도록 배치된다. 스위치가 닫히면 내장형 저항기와 경고등을 통해 회로를 접지에 연결한다. 그림에는 표시되지 않았지만, 화재 경고등이 커질 때마다 청각신호 화재 경고 회로도 활성화된다. 각 루프는 양쪽 끝에서 전원이 공급되기 때문에 양쪽 루프의 단일 개방 회로의 고장은 시스템의 작동에 영향을 미치지 않는다.

14.2.1.2 열전대 탐지기(Thermocouple Detector)

단순한 열전쌍 탐지기는 서로 다른 두 개의 금속 와이어로 구성되어 있으며, 두 개의 금속 와이어는 그 끝에 결합되어 루프를 형성한다. 가장 흔히 사용되는 전선은 크로멜(chromel)과 알루멜(alumel)이다. 이 탐지기는 열-전기 원리에 따라 작동한다. 루프 한쪽 끝에 있는 접합부가 가열되면 접합부 사이에 존재하는 온도 차이에 비례하는 루프에서 mA 전류가 유도된다. 그림 14-4에서 가열되는 접합부를 측정 접합부(hot junction)라 하고, 다른 접합부를 기준 접합부(cold junction)라고 한다. 보다 실용적인 열전대 화재탐지 시스템은 측정 접합부 역할을 하는 다수의 열전대와 기준 접합부 역할을 하는 단일 기준 열전대로 구성된다. 기준 열전대는 화재 구역과 열 발생원에서 멀리 떨어져 있는 지역에 위치한다. 측정 접합부 열전대는 격실 내부의 화재 영향을 가장 많이 받을 수 있는 구역에 설치된다.

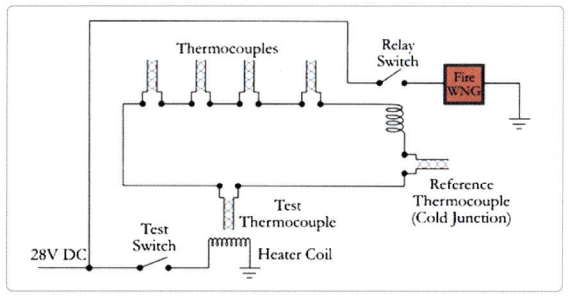

[그림 14-4] 열전대 화재탐지 시스템

하나 이상의 열전대에 열이 감지되면 기존의 열전대와 온도 차이가 발생한다. 탐지 시스템은 설정된 전류 값에서 닫히면서 28V DC 전원을 공급해 화재 경고등과 청각 경고 회로를 연결한다. 기존에 설치된 열전대가 다른 격실의 화재 발생에 영향을 받지 않게 배치하는 것도 중요하다. 기준 접합부와 측정 접합부의 열전대가 동일한 속도로 가열되고 경고 시스템이 작동하지 않을 경우 전류 흐름이 유도되지 않는다. 따라서 이 시스템은 화재 구역의 급격한 온도 상승을 탐지하도록 설계된다. 일반적으로 히터 코일(heater coil)이 장착된 테스트 열전대가 회로에 설치된다. 테스트 스위치가 닫히면 코일은 회로에서 충분한 전류가 유도될 때까지 테스트 열전대를 가열하여 화재 경고를 활성화 한다.

14.2.1.3 광학 불꽃 탐지기(Optical Flame Detector)

광학 불꽃 탐지기는 적용이 매우 제한적이며 두 종류가 있다. 한 종류는 적외선(방사선)에 반응하도록 설계되었고 다른 한 종류는 자외선에 반응한다. 탐지기는 필요한 대역폭을 제외한 모든 방사선을 차단하는 윈도우와 필터로 구성된다. 검출기는 방사선에 노출되었을 때 mV 신호를 생성한다. 이 신호는 기준

전압 신호와 비교하며 탄화수소 불꽃과 동일할 경우 경고 시스템이 작동한다. 탐지기는 방사선을 구별해 내고 햇빛과 같은 기타 광선에 노출될 경우 오작동 경고를 발생시키지 않아야 한다.

14.2.2 연속형 탐지기 (Continuous Type Detector)

연속형(또는 루프형) 탐지기는 그림 14-5와 같이 보호 구역과 그 장비를 중심으로 배선되는 연속적인 유연한 탐지 요소로 구성된다.

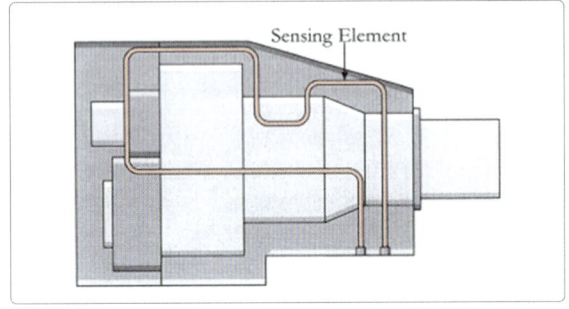

[그림 14-5] 연속형 화재탐지기

14.2.2.1 압력형 탐지기(Pressure Type Detector)

압력형 탐지기는 밀봉한 가스의 팽창이나 가스의 방출에 의해 기체의 압력을 탐지하여 온도 상승을 감지하는 방식이다. 전기-공압 탐지기라고도 하며 그림 14-6처럼 탐지소자는 린드버그(lindbergh)와 시스트론-도너(systron-donner) 두 종류가 있다.

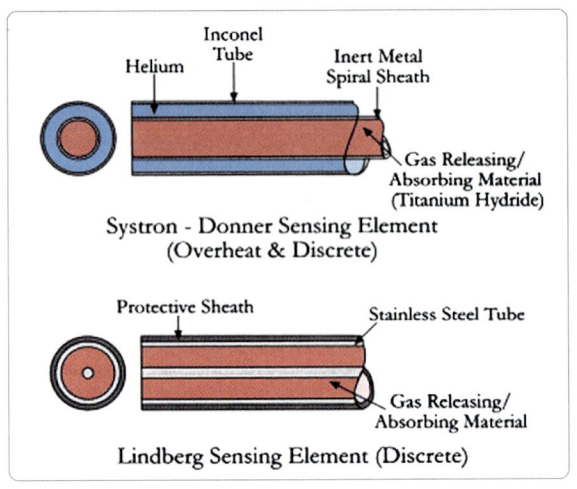

[그림 14-6] 압력형 탐지소자

린드버그(lindbergh) 탐지소자는 불꽃이 바로 위에 있는 경우와 마찬가지로 어느 지점에서든 급격한 온도 상승에 반응한다. 이 소자는 한 쪽 끝은 밀봉되고 다른 쪽 끝은 응답 장치에 연결되는 작은 직경의 스테인리스강 튜브를 갖고 있다. 이 튜브는 온도에 비례하여 수소 가스를 방출하거나 흡수할 수 있는 티타늄 하이브리드 코어(titanium hydride core)를 가지고 있다. 온도가 올라가면 가스가 코어로부터 튜브 안의 모세관 덕트로 방출되고 온도가 내려가면 기체는 다시 코어 속으로 흡수된다.

작동 원리는 그림 14-7에서 튜브의 어떤 부분 온도가 상승하면, 그 부분의 금속수소화물(metal hydride)이 수소 가스를 방출하여 모세관 내부의 정압을 상승시킨다. 압력은 반응장치(reponder unit) 내부의 다이어프램에 작용하여 변형시킨다. 미리 설정된 압력에서 다이어프램은 스위치의 접점을 닫아 28V DC 회로를 완성하여 화재 경고등을 작동시키고 아울러 청각 경고도 작동시킨다. 소화되면 탐지소자의 온도가 떨어져 가스가 다시 코어로 흡수된다. 그러면 모세관의 압력이 감소하여 반응장치 스위치의 접점이 다시 열리고 다시 화재 발생에 대응할 준비상태로 돌아간다. 이 시스템의 단점은 탐지소자가 고장나면 탐지기가 작동하지 않게 되는데 이는 탐지소자가 압력을 유지할 수 없기 때문이다. 이 문제는 탐지소자와 반응장치를 병렬로 구성한 이중 루프 시스템을 설치함으로써 극복할 수 있다.

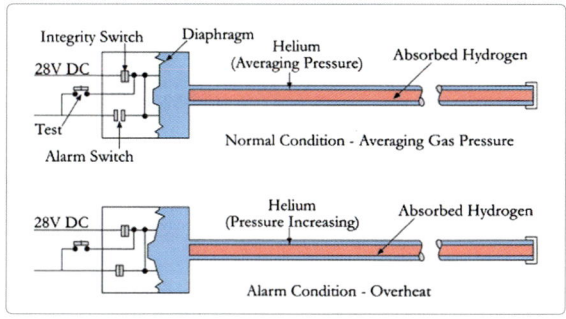

[그림 14-7] 반응장치의 정상 및 가열 상태

그림 14-8에서 설명하는 화재탐지 시스템은 부속품 섹션과 엔진 출력 섹션을 포함하는 별도의 요소를 가지고 있으며, 이 요소 각각을 복제하여 두 개의 병렬 탐지 루프 A와 B를 형성한다. 각 탐지소자의 한 쪽 끝은 밀봉되고 다른 쪽 끝은 반응장치에 연결된다. 각 루프의 경고 및 전원 회로는 화재탐지장치(fire detection unit, FDU)의 채널과 병렬로 연결된다.

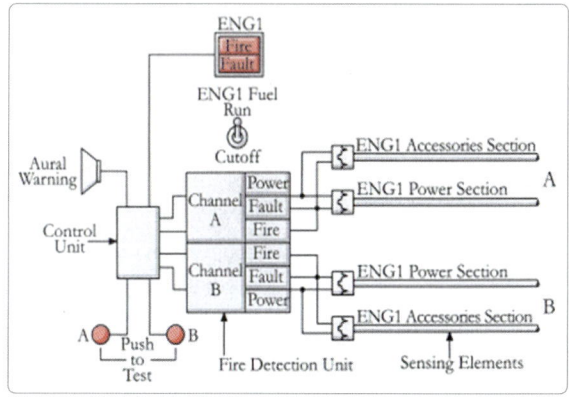

[그림 14-8] 압력형 화재탐지 시스템

14.2.2.2 저항형 탐지기(Resistance Type Detector)

저항형 탐지기는 서미스터(thermistor)의 유전(dielectric) 저항의 변화를 이용하여 온도 변화를 탐지한다. 전기 저항이 온도에 의해 변화하는 세라믹(ceramic)이나 일정 온도에 달하면 급격하게 전기 저항이 떨어지는 공융소금(eutectic salt)을 이용하여 온도 상승을 전기적으로 탐지한다. 탐지부의 양끝을 함께 연결하고 있기 때문에 연속형 또는 루프형이라고 한다. 그림 14-9와 같이 중심선 1개인 팬월형(fenwell type)과 중심선이 2개인 키드형(kidde type)이 있다. 중심선과 외부 스킨(skin) 또는 중심선 사이의 저항변화를 화재탐지장치(FDU)로 감지해 화재 경고를 울린다. 키드형은 한 쪽 선(wire)의 양끝이 케이스에 용접되어 있어 내부 접지 역할을 하고 있다.

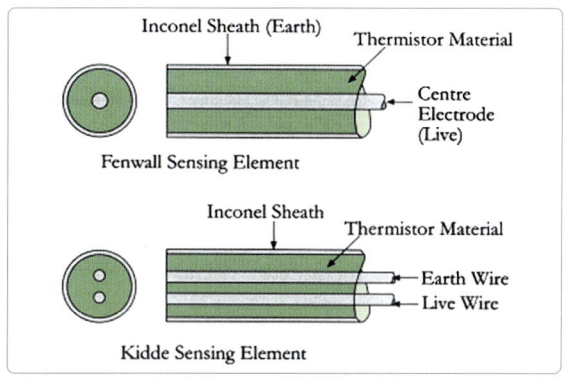

[그림 14-9] 저항형 탐지기

그림 14-10은 화재탐지장치(FDU)의 제어 채널에 각각 두 개의 병렬 루프가 연결된 저항형 화재탐지 시스템의 예를 보여준다. 두 루프가 모두 작동한다면, 화재탐지장치(FDU)는 경고 회로를 작동하기 전에 양쪽 루프의 신호를 필요로 할 것이다. 하나의 루프가 고장나면, 화재탐지장치(FDU)는 자동으로 나머지 루프를 작동시킬 것이다. 또는 조종사는 필요에 따라 수동으로 루프를 선택할 수 있다. 탐지소자에서 발생

하는 파손은 소자 양쪽 끝이 화재탐지장치(FDU)에 연결되어 있기 때문에 고장을 일으키지 않는다. 즉 파손, 습기 또는 오류 신호는 단락과 허위 경고 신호를 유발할 수 있다.

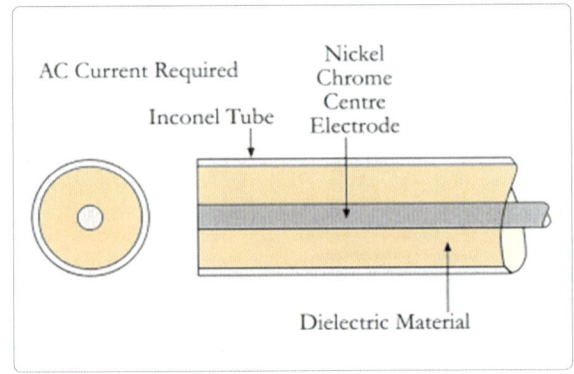

[그림 4-11] 용량형 탐지기

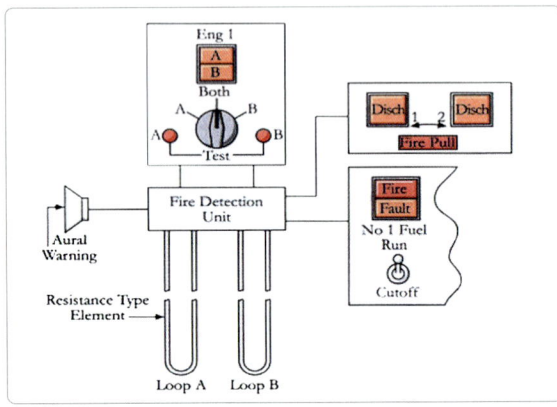

[그림 14-10] 저항형 화재탐지 시스템

14.2.2.3 용량형 탐지기(Capacitance Type Detector)

용량형 탐지기는 앞의 저항형과 다르게 정전용량의 온도에 의한 변화를 이용한 탐지기로서 기본적으로 저항형과 비슷한 전기 회로로 구성되어 있다. 탐지소자는 그림 14-11에 나타낸 바와 같이 작동을 위해 교류(AC) 전류가 필요하며, 동축 케이블을 화재 구역에 배치하고 중심선을 루프에 연결해 외피와의 정전용량 변화에서 온도 상승을 탐지한다. 동축 케이블은 인코넬 튜브(inconel tube), 유리-알루미늄(glass-alumina) 유전체, 니켈-크롬(nickel-chrome) 와이어 전극으로 이루어져 있다. 가운데 와이어 전극은 AC 전류를 전달한다. 와이어와 튜브는 콘덴서에 있는 두 개의 판처럼 작용한다. 정상 온도에서는 유전체의 전기 저항이나 임피던스가 높아 전하가 거의 저장되지 않는다. 탐지소자가 온도 상승을 인지하면, 용량 증가와 함께 유전체의 저항이 감소하고 전류는 증가한다. 사전 설정된 전류 값에서 화재탐지장치(FDU)가 경고 회로를 작동시킨다.

14.2.2.4 디지털 화재 탐지기(Digital Fire Detector)

디지털 화재 탐지기는 용량형 탐지기로 개발되었으며, 디지털 제어장치는 온도에 따라 변하는 탐지소자의 저항 및 정전 용량을 지속적으로 모니터링 한 다음, 이 정보를 사용하여 과열 및 화재 상태를 식별한다. 디지털 제어장치는 반환되는 파형의 모양을 인식하고, 실제 화재 경고와 고장 상태를 구별할 수 있다. 그림 14-12와 같이 디지털 화재 탐지기는 물기나 먼지에 의한 오염으로부터 보호하기 위해 완전히 밀봉되도록 처리되었다. 대부분의 연속형 탐지기와 마찬가지로 이중 루프로 구성된다.

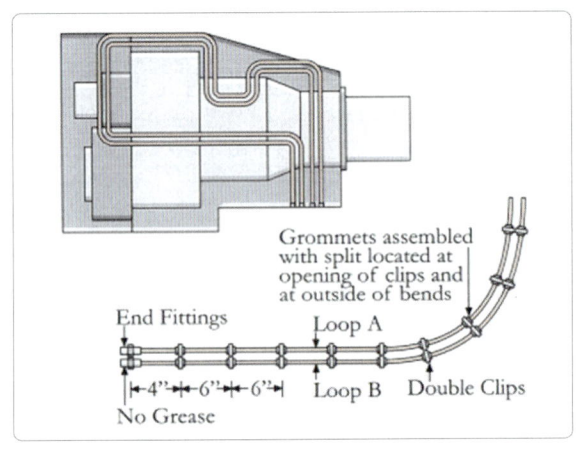

[그림 14-12] 디지털 탐지기 설치

디지털 화재 탐지기는 탐지소자를 올바르게 장착하여 꼬임 또는 마찰로 인한 손상을 방지해야 한다. 탐지소자가 꼬여 있으면 똑바로 펴려고 해서는 안 된다. 이렇게 하면 딱딱해지고 결국 파손된다. 디지털 화재 탐지기는 일반적으로 두 루프를 서로 평행하게 배선하며 그림 14-13과 같이 클립(clip)으로 구조물에 고정시킨다.

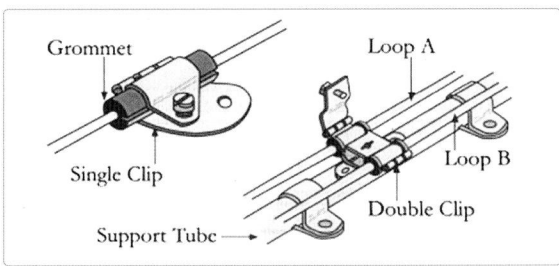

[그림 14-13] 탐지소자 부착

14.3 연기 탐지기
Smoke Detector

연기 탐지기는 일반적으로 객실 천장에 설치된다. 헬리콥터 경우 화물칸이나 수하물칸에도 연기 탐지 및 경고 시스템이 설치되는 경우가 있다. 연기 탐지기는 연기 입자의 농도에 의해 작동되며, 시각 및 청각 연기 경고 회로를 작동시킨다. 일반적인 시스템에서는 가스나 연기 입자의 농도가 사전 설정된 임계 한계를 초과하면 연기 탐지기에서 경고 장치로 가는 회로가 완성되고, 화물칸 연기와 같은 적색경고의 경우는 무선 헤드셋에서 반복되는 경고 차임벨 소리가 함께 켜진다.

14.3.1 광전형 연기 탐지기 (Photoelectric Type Smoke Detector)

광전형 연기 탐지기는 다음 그림 14-14와 같이 광전지(photoelectric cell), 투영램프(projection lamp), 그리고 반사되지 않는 광트랩(light trap)으로 구성된다. 광전지는 투영램프에서 장치를 통과하여 라이트 트랩으로 들어가는 광선에 평행하게 위치한다. 실내에서 나오는 공기가 탐지 장치를 통과한다. 공기 중에 연기 입자가 존재할 때, 입자들은 투영 램프에서 나오는 광선을 굴절시키거나 광전지에 침전되기도 한다. 광전지에 부딪히는 굴절된 빛의 양은 공기 중에 존재하는 연기 입자의 농도에 비례한다. 연기 입자 농도와 유도 전류가 임계값을 초과할 경우 탐지기는 시각 및 청각 연기 경고를 알리게 된다. 연기가 제거되면 탐지기가 자동으로 재설정된다.

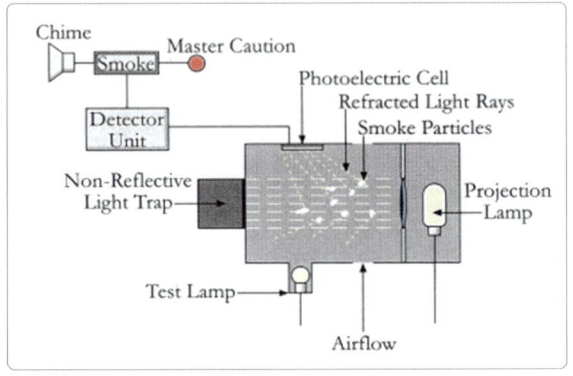

[그림 14-14] 광전형 연기 탐지기

탐지기의 테스트 램프는 투영 램프와 직렬로 연결된다. 투영 램프가 켜져 있는 상태에서 테스트 스위치를 동작시키면 테스트 램프가 켜진다. 테스트 램프, 투영램프, 광전지와 경고 회로 등에 결함이 없는 경우 테스트 램프에서 나오는 빛이 광전지를 비추면 시각 및 청각 연기 경고회로가 활성화된다.

14.3.2 이온화 연기 탐지기 (Ionization Smoke Detector)

이온화 연기 탐지기는 아마도 가장 일반적이며 대중적이다. 이온화 연기 탐지기는 그림 14-15와 같이 28V DC 회로에 함께 연결되는 방사성 선원(radioactive source)과 양극 및 음극 전극으로 구성된다. 방사성 선원은 전극과 전류 사이를 통과하는 공기 입자를 회로에 이온화시킨다. 연기는 공기보다 특정 중력이 높기 때문에 회로의 저항을 증가시키고 전류를 감소시킨다. 전류가 특정 값 아래로 내려가면 탐지기는 시각 및 청각 연기 경고를 작동시킨다.

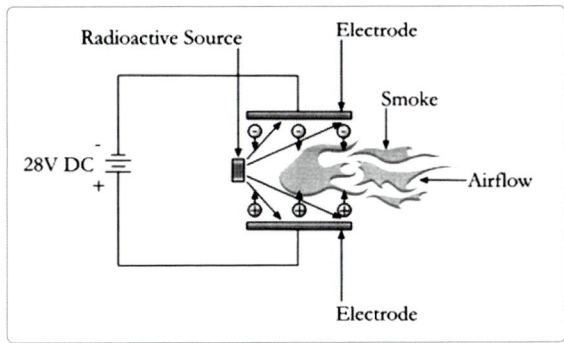

[그림 14-15] 이온화 연기 탐지기

14.3.3 솔리드 스테이트 연기 탐지기 (Solid State Smoke Detector)

이 탐지기는 공기 중 일산화탄소나 아산화질소 입자를 검출해 연기나 유독가스를 경고하도록 설계되었다. 탐지기는 두 개의 탐지소자로 구성되며, 하나는 객실에 위치하고 다른 하나는 외부 공기에 노출된다. 탐지소자는 일산화탄소나 아산화질소 가스 입자에 반응하는 반도체 물질로 코팅되어 있으며, 이로 인해 해당 소자의 전류 흐름이 변화한다. 두 소자는 오염이 없거나 주변 조건에 의해 균일하게 영향을 받을 때, 평형을 이루는 브리지 회로에 연결된다. 측정 소자가 일산화탄소나 아산화질소 입자에 반응하면 평형이 깨져 연기 경고회로가 작동하게 된다. 이러한 유형의 탐지기는 헬리콥터가 외부에서 발생한 연기에 영향을 받으면서 비행하는 경우 연기 경고를 발생시키지 않는다는 점에서 유용하다.

14.4 소화 시스템
Fire Extinguishing System

14.4.1 개요

헬리콥터의 소화 시스템은 다음과 같은 조건을 만족시켜야 한다.

- 엔진을 위한 소화 시스템은 엔진 구획에 있는 모든 지정된 화재 구역을 동시에 보호할 수 있어야 한다.
- 단발 엔진 헬리콥터 경우, 엔진실 최소 1개 이상의 소화기를 제공해야 한다.
- 다발 엔진 헬리콥터 경우, 지정된 화재 구역에 최소 2개의 소화기를 제공해야 하며, 보조동력장치(APU) 및 연소장치에는 최소 1개의 소화기를 제공해야 한다.

헬리콥터의 지정된 화재 구역은 다음과 같다.

- 왕복 엔진의 엔진 동력 섹션
- 왕복 엔진의 엔진 부속품 섹션
- 왕복 엔진의 엔진 동력 섹션과 액세서리 섹션 사이에 격리되지 않은 엔진 공간
- 모든 보조 동력 장치(APU) 섹션
- 모든 연료 히터 또는 기타 연소 장비
- 터빈 엔진의 압축기 및 부속품 섹션
- 터빈 엔진의 연소기, 터빈 및 테일파이프(tailpipe) 섹션

화재의 종류(fire class)는 다음과 같이 구분하고 있다.

- A급 화재

A급 화재는 일반화재로 종이, 나무, 의류, 가구, 실내 장식품, 플라스틱, 고무 등 보통의 가연성 물질에서 발생되는 화재이다. 이 등급은 전기 공급원이 없을 경우 물이 화재 진압에 적합하다.

- B급 화재

B급 화재는 유류화재로 가솔린, 등유, 오일, 그리스, 솔벤트, 페인트와 같은 가연성 석유제품에서 발생되는 화재이다. 이 화재 등급은 엔진, 보조 동력 장치 및 연소 히터가 있는 구획에서 발생할 가능성이 높다.

- C급 화재

C급 화재는 전기화재로 단락, 감전, 스파크, 고전압 인가 등 전기가 원인이 되어 전기 계통에서 발생되는 화재이다.

- D급 화재

D급 화재는 금속화재로 마그네슘, 나트륨, 칼륨, 인, 알루미늄, 티타늄과 같은 가연성 금속에서 발생되는 화재이다. 보통 마른 분말식 화학물질을 사용하여 진화한다.

14.4.2 소화제(Fire Extinguishing Agent)

모든 소화제는 연소하는 액체 또는 기타 가연성 물질에서 발생하는 화염을 소화할 수 있어야 하며, 소화제가 보관되는 칸에서 열 안정성을 가져야 한다. 독성 소화제를 사용할 경우 지면이나 공기 중에 헬리콥터가 정상적으로 작동하는 동안 누출 또는 방출로 인해 액체 또는 증기의 유해한 농도가 승무원 칸으로 유입되지 않아야 한다.

연소 과정을 유지하기 위해서, 화재는 산소, 열, 연

료를 필요로 한다. 이것들 중 하나를 제거하면 화재가 지속될 수 없다. 가능한 화재 진압 조치로는 불을 연료 공급원으로부터 격리하거나 공기를 화재 구역에서 분리하여 산소를 빼앗고 연소 과정이 정지할 때까지 냉각시키는 것이다. 좀 더 과학적인 조치는 화재를 중화시키는 또 다른 화학 반응을 일으켜 연소의 화학적 과정을 중단시키는 것이다.

화재 구역에서 공기를 분리하는 것은 수 초 내에 상당한 양의 불활성 증기를 도입하여 더 이상 연소를 지원할 수 없는 수준까지 산소 레벨을 희석시키는 것이다. 이를 위해서는 고도로 압축된 기체나 휘발성이 높은 기화액을 잘 사용해야 한다. 액체는 높은 기압과 낮은 비등점이 있어야 주변 압력과 온도에서 즉시 기화될 수 있으며, 액체 형태로 저장되어야 하고 불활성 기체로 가압되어야 한다. 소화제는 상대적으로 높은 압력을 견딜 수 있는 용기에 저장되어야 하며 과열되지 않는 곳에 위치해야 한다.

휘발성 액체를 소화제로 사용하면 공기를 대체할 수 있는 많은 양의 증기를 생성하여 기화하면서 상당한 양의 잠열을 빠르게 흡수하여 화재부분을 냉각시킨다. 문제는 많은 휘발성 액체가 가연성이 높거나 유독성이 있기 때문에 사용 시 제한사항이 발생하기도 한다. 게다가 밀폐된 공간에서 작동하는 소화제는 해당 공간 내에 있는 모든 산소를 제거하기 때문에 사용 시 제한사항이 따른다.

초기 소화 시스템은 이산화탄소를 사용했다. 이것은 화재 구역에서 산소를 제거하는 데 효과적이고 독성이 있거나 부식성이 없다. 지금은 A급, B급, C급 화재에 안전하게 사용할 수 있는 지상 소화기에 많이 사용된다.

현대의 소화제들은 할로겐화 탄화수소라고 알려진 화합물 그룹이며 할론(halon)이라는 접두어를 가지고 있다. 이 소화제들은 연소 과정을 방해하는 많은 양의 증기를 생산하며 A급, B급, C급 화재에 사용하기 적합하다. 초기의 할론(halon) 소화제들 중 일부는 독성이 강하고 환경적 측면으로 오염도가 있었으며 오늘날에는 잘 쓰이지 않는다. 비록 현대식 할론(halon) 제품의 독성은 줄어들었지만, 여전히 대기에 미치는 영향과 관련하여 환경적 측면으로 오염도가 있다고 여겨진다.

할론(halon) 소화제 종류는 다음과 같다.

- 할론(halon) 104 – Carbon Terrachloride(CTC)
독성이 매우 강하며 가열하면 포스겐(phosgene)을 생성한다. 한 때는 전기화재 소화에 효과적인 것으로 여겨졌으나 현재는 사용이 철회되었다.

- 할론(halon) 1001 – Methyl Bromide
이 물질은 한 때 왕복 엔진의 소화 시스템에 널리 사용되었다. 매우 독성이 강하며 짧은 기간 동안 공기 중에 적은 농도로 노출되어도 탑승자에게 치명적일 수 있기 때문에 오늘날 사용되지는 않는다. 잔여물이 수분에 노출되면 가벼운 합금을 부식시킬 수 있으며 보관 소화제 용기는 파란색으로 칠해져 있다.

- 할론(halon) 1011 – Bromochloromethane
이 물질은 독성이 강하고 공기 중에 적은 농도로 단기간 노출되어도 탑승자에게 치명적일 수 있기 때문에 오늘날 사용되지 않는다.

- 할론(halon) 1202 – Dibromodifluoromethane
2시간 이상 공기 중에 작은 농도로 노출될 경우 탑승자에게 치명적일 수 있어 오늘날 사용되지 않는다.

- 할론(halon) 1211 – Bromochlorodifluoromethane (BCF)
반독성(semi-toxic)이지만 어느 정도의 노출되어도 탑승자에게 치명적 위험을 주지 않는 것으로 간주된다.

대개 엔진, 보조동력장치(APU) 및 연소기에서 사용되며 일부 휴대용 소화기에 사용된다. 잔여물은 건조하게 해야 한다. 그렇지 않으면 수분과 화학 반응하여 부식을 일으킬 수 있다.

- 할론(halon) 1301 – Bromotrifluoromethane (BTM) 또는 Freon 13 (프레온가스)

프레온가스($CBrF_3$)는 할로겐계 소화제의 일종으로 소화능력이 뛰어나 B급과 C급 화재에 유효하다. 이 가스는 화학적으로 안정되어 있고, 인체에는 거의 무해하나 오존층 파괴의 우려가 있다. 액화 프레온가스는 고압용기에 저장되며, 증기압이 높기 때문에 가압의 필요성은 없지만 고율방출(high rate of discharge, HRD)의 효과를 가지게 하기 위해 질소가스로 가압하고 있다. 이 소화제를 이용한 소화기를 할론 소화기라 한다.

할론(halon) 1301 소화제는 현재 가장 안전한 소화제로 화재방지 시스템에서 일반적으로 사용된다. 헬리콥터의 엔진, APU 및 연소기에 사용되며 휴대용 소화기에서도 가장 많이 사용된다. 소화제의 용기는 짙은 빨간색으로 칠해져 있다.

14.4.3 소화기 (Extinguishing Agent Container)

고정 소화기의 소화제는 액화가스 상태이고, 더욱이 고율방출(high rate of discharge, HRD) 특성을 가지게 하기 위해 가압해서 고압가스 용기에 저장한 상태로 기체에 장착된다. 고압가스 용기는 항공기 장비품으로 항공법에 의한 감항 증명에 관계되는 정비나 취급 규제를 받는 부분이기 때문에 주의를 요한다.

소화기의 파열이나 내부 압력이 상승하는 것을 방지하기 위해 압력감소 라인이 있어야 한다. 압력감소 라인에서 방출구를 연결할 때 과압 시 소화제 방출로 인해 헬리콥터가 손상되지 않도록 잘 배치되어야 한다. 압력감소 라인은 외부 온도로 인한 결빙 또는 다른 이물질에 의해 방해 받지 않도록 위치하거나 보호되어야 한다.

소화기가 방출되었거나 충전 압력이 요구되는 최소치 이하임을 나타내는 수단이 있어야 한다. 소화기의 온도는 적절한 방출 속도를 제공하는 필요한 값 이하로 떨어지거나 조기 방출을 유발하는 수준으로 상승하지 않도록 유지되어야 한다.

소화기는 고장력강으로 만들어진 실린더형(cylinder)과 스테인레스강으로 만들어진 구형(spherical)이 있다. 현대식의 고율방출(HRD) 소화기는 일반적인 실린더형이 아닌 구형(spherical)으로 화재 보호 구획 방화벽 외부의 서늘하고 건조한 곳에 설치된다. 일부 헬리콥터 경우 엔진 데크에 인접해 설치될 수 있다.

소화제의 중량은 격실의 부피와 소화기 시스템의 구성에 따라 달라진다. 예를 들어, 대형 엔진실을 보호하는 데 사용되는 소화기는 약 5kg(11lbs)의 소화제를 담을 수 있으며, 약 600~800psi의 건조 질소로 가압된다. 고율방출 소화기는 약 2~3초 안에 내용물을 방출할 수 있다.

그림 14-16은 고율방출 소화기의 구조를 나타낸다. 단발 엔진 헬리콥터의 엔진 소화기에는 스퀴브(squib)라고 불리는 기폭용 카트리지가 방출 헤드와 금속형 디스크에 장착된다. 쌍발 엔진 헬리콥터의 소화기는 스퀴브(squib)와 금속 디스크를 포함하는 두 개의 방출 헤드를 장착할 수 있다. 그렇다고 해서 같은 소화기에서 소화제가 두 번 방출될 수 있다는 것은 아니다. 이것이 의미하는 것은 스퀴브(squib) 회로를 선택하면 소화제를 담고 있는 해당 소화기가 선택된 엔진실로 방출될 수 있다는 것이다. 헬리콥터에 보조 동

력 장치(APU)가 있는 경우, 보조 동력 장치(APU) 소화 시스템용 소화기는 방출 헤드가 하나 있다. 스퀴브(squib)에는 카트리지가 폭발할 때 28V DC 전원 공급기에 의해 동시에 통전되는 두 개의 퓨즈(fuse)가 있다. 카트리지가 폭발할 때, 압력이 발생하여 방출 헤드 내부의 디스크가 파손되어 건조 질소 가스 압력에 의해 소화제가 용기 밖 분배 라인으로 밀려나오게 된다.

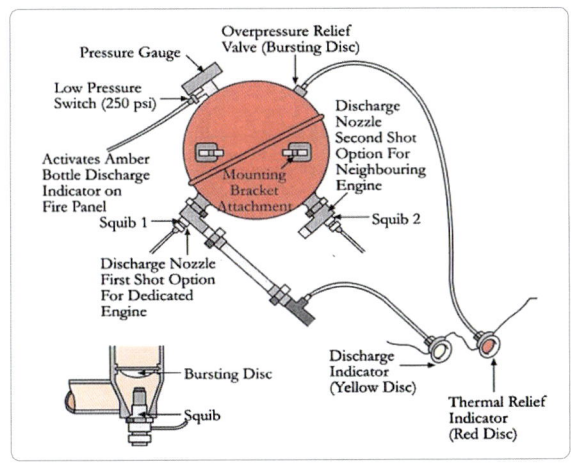

[그림 14-16] 고율방출 소화기

- 압력 완화(pressure relief)

소화기에는 과압(over-pressure)을 해소하기 위해 파열 디스크(bursting disc)가 있다. 소화기가 고온에 노출될 경우 내부 가스 압력이 폭발 위험이 있는 수준까지 상승할 수 있다. 일반적으로 온도 200°C, 압력 약 1,600~1,800psi 값에서 디스크를 파열시키고 방출 라인을 통해 소화제를 방출시킨다.

- 방출표시 계기(discharge indicators)

대부분의 헬리콥터 소화 시스템은 소화기의 정상, 과압 및 방출표시를 통합해서 보여주고 있다.

- 저압 스위치(low pressure switch)

소화기에는 지정된 저압, 예를 들어 250psi에서 닫히도록 미리 설정된 저압 스위치가 장착되어 있다. 소화기가 250psi 이하로 압력을 감소시켜 방출하는 경우, 스위치 접점은 28V DC 회로를 연결하여 방출 표시 계기를 점등한다. 또한 대부분의 소화기에는 유지관리 담당자를 위해 직접 판독 압력 게이지가 장착되어 있다.

- 퓨즈(fuse)

일부 오래된 소화기 시스템은 소화제 방출 시 시각적 정보를 제공하기 위해 소화기 카트리지 회로에 기폭용 퓨즈가 있다. 하지만 현대의 헬리콥터에서는 이러한 퓨즈를 더 이상 제작하지 않아 볼 수 없다. 퓨즈는 빨간색 분말로 코팅된 작은 폭약이 들어있는 두껍고 투명한 유리 전구와 홀더로 구성되어 있다. 소화기 방출 회로에 전원이 공급되면 폭약이 폭발하여 유리에 빨간색 분말을 흩뿌려 방출되었음을 시각적으로 보여준다.

- 소화기 보관(container storage)

소화 작동을 선택하면, 화재 보호 구역에 위치한 배관부와 연결된 견고한 스테인리스강 파이프를 통해 높은 방출 속도로 소화제가 방출된다. 소화제가 방출된 빈 소화기는 부식성 기체가 없는 건조한 곳에서 직사광선을 피해 보관되어야 한다. 카트리지는 열원으로부터 멀리 떨어진 건조한 곳에서 밀봉된 폴리에틸렌 백에 분리하여 보관해야 한다. 보관 중인 소화기의 중량은 보관 기간 동안 매년 확인해야 하며, 일반적으로 제조일 또는 마지막 점검일로부터 5년으로 제한된다. 이 기간이 끝나면 보관 장소에서 회수하여 정비해야 한다.

14.4.4 엔진 소화시스템 (Engine Fire Extinguishing System)

앞에서 언급했듯이, 단발 엔진 헬리콥터의 엔진실에는 최소한 1개의 소화기가 제공되어야 한다. 다발 엔진 헬리콥터 경우 보조동력장치(APU) 또는 연소장치에는 2개의 소화기, 이외의 지정 화재 구역에는 최소 2개의 소화기가 장착되어야 한다.

시스템은 종류에 따라 다르기 때문에 몇 가지 일반적인 예시를 검토할 필요가 있다. 첫 번째 예시는 단발 엔진을 살펴본다. 최소 표준을 충족하기 위해 엔진실은 하나의 소화계통이 필요한 단일 방출 시스템으로 보호될 수 있다. 그러나 예시에서는 그림 14-17과 같이 2개의 소화기 방출이 가능한 소화시스템을 살펴보도록 한다.

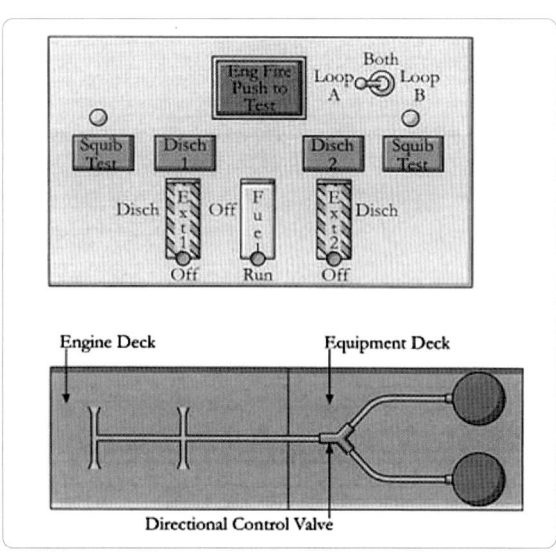

[그림 14-17] 엔진 소화 시스템

엔진실에서 화재가 탐지되면 화재 제어패널에 빨간색 엔진 화재 경고 표시등이 켜진다. 반복적인 차임벨이나 경고음이 조종사 헤드셋에서도 울린다. 일반적인 소화시스템은 엔진 연료 차단밸브를 닫고 엔진속도가 지정된 RPM 이하로 떨어지면 첫 번째 소화제를 방출한다. 첫 번째 방출을 선택한 경우, 해당 소화기가 방출되었음을 확인하기 위해 방화 패널의 DISCH 1에 황색 불이 켜진다. 첫 번째 방출 후 10초 후에 화재 경고가 취소되지 않거나 다시 활성화되면, 조종사는 두 번째 방출을 선택할 수 있다. 그런 다음 두 번째 방출이 발생했음을 확인하기 위해 방화 패널의 DISCH 2 황색 불이 켜진다. 일부 설비에서는 화재가 탐지되고 엔진 RPM이 이미 지정된 값보다 낮은 경우(예: 50%), 엔진 연료 차단 밸브가 자동으로 닫히고 관련 엔진 소화기가 방출된다.

그림 14-17을 보면, 각 소화기는 Y형 방향 제어 밸브를 통해 방출된다. 어느 소화기가 방출되든 밸브의 플랩(flap)은 방출 경로를 열고 동시에 다른 소화기 라인을 차단한다. 이것은 소화제가 빈 소화기에 다시 공급되는 것을 막기 위함이다.

각 엔진실에 소화기 두 개 량의 소화제를 제공해야 하는 요건은 각 엔진에 두 개의 개별적인 소화기를 제공함으로써 간단히 충족시킬 수 있지만, 이는 헬리콥터의 무게를 증가시킨다. 이 문제는 엔진 사이에 있는 소화기에 교차로 소화제를 제공함으로써 해결될 수 있다. 두 번째 예는 그림 14-18과 같이 투샷(two shot) 소화 시스템을 갖춘 쌍발 엔진 설비를 나타내고 있다. 1번 엔진에서 발생한 화재를 1번 소화기가 불을 끄는데 실패하면, 인접한 2번 엔진의 2번 소화기가 방출한다.

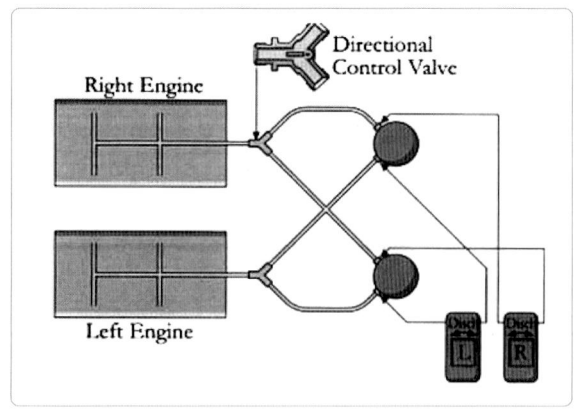

[그림 14-18] 투샷 엔진 소화시스템

14.4.5 보조동력장치 소화 시스템 (Auxiliary Power Unit Fire Extinguishing System)

보조동력장치(APU)가 설치된 곳에는 자체 화재탐지 및 소화시스템이 갖춰져 있다. 구성은 다음 그림 14-19와 같다. 보조동력장치(APU) 실은 일반적으로 이중 루프 또는 연속형 화재탐지 시스템과 싱글 샷(single shot) 소화기를 장착하고 있다. 보조동력장치(APU)는 지속적으로 작동을 자체 모니터링하고 스스로를 보호하도록 설계되었으며, 화재 경고를 수신하면 자동으로 작동하고 종료되도록 프로그래밍 되어있다. 보조동력장치(APU)가 비행 전 점검 및 유지보수 활동을 위해 지상에서 작동하도록 설계된 경우, 보조동력장치(APU) 제어패널 외에 외부 원격 화재 제어 패널이 있을 수 있다. 이 경우 어느 패널이든 소화제를 방출할 수 있다.

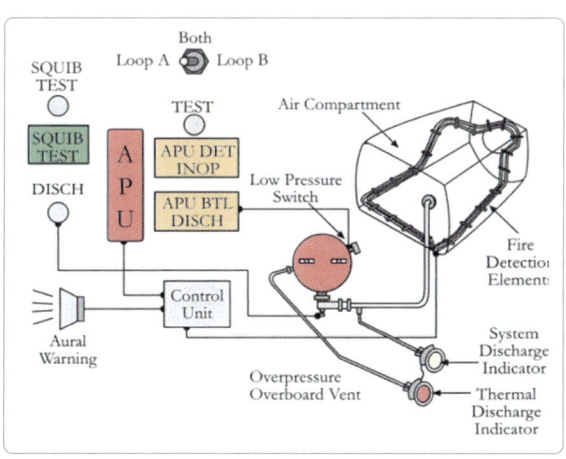

[그림 14-19] APU 화재탐재 및 소화 시스템 구성

14.5 휴대용 소화기
Portable Fire Extinguisher

휴대용 소화기에 함유되는 소화제의 종류와 량은 해당 화재 등급에 적합해야 한다. 또한 화재 구역에 사용되는 소화제의 유독 가스 농도는 최소화해야 한다. 조종실에 위치한 휴대용 소화기는 화재등급 A, B, C에 적합한 소화제를 사용해야 한다. 승무원이 접근할 수 있는 객실, 화물 칸 또는 수하물 칸에 위치한 휴대용 소화기는 해당 구역에서 예상되는 화재 등급에 적합한 소화제를 사용해야 한다. 일반적으로 A 등급 화재의 경우 물(water) 소화기를 사용하고 A, B, C 등급 화재의 경우 할론(halon) 1211(BCF) 또는 할론(halon) 1301(BTM) 소화기를 사용한다. 그림 14-20은 휴대용 물(water) 소화기와 할론(halon) 소화기를 나타낸다.

휴대용 소화기는 일반적으로 우발적인 작동을 방지하기 위해 레버(lever) 잠그는 안전핀이나 가드와 같은 안전장치가 있다. 따라서 소화기를 작동시키려면 안전장치를 먼저 제거해야 한다. 어떤 경우에는 소화기가 사용되었다는 시각적으로 보여주기 위해 작동 레버를 누르는 즉시 경고 끈(tell-tale wire)이나 조작방지 씰(tamper proof seal)이 파손되는 경우가 있다. 각 소화기에는 식별 라벨이 부착되어 있으며 사용 지침, 승인 번호, 만료 날짜, 마지막 점검 날짜 및 중량을 표시한다.

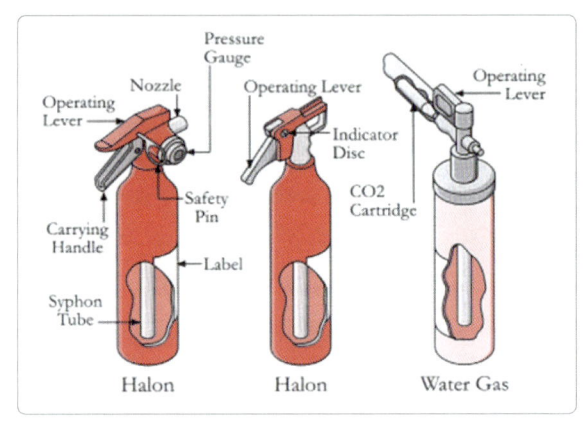

[그림 14-20] 휴대용 소화기

14.5.1 물 소화기(Water Extinguisher)

휴대용 물 소화기는 A 등급 화재에만 적합하다. 물 소화기는 보통 글리콜(glycol)과 같은 부동액을 첨가한 물을 사용한다. 물 소화기는 작동 레버, 체크 밸브 또는 디스크, 사이펀 튜브(syphon tube), 홀더 등으로 구성된다. 작동 레버를 누르면 물이 사이펀 튜브 위로 밀려 올라와 노즐을 통해 방출된다. 레버를 누르거나 놓아서 방출은 제어할 수 있다. 어떤 종류는 이산화탄소 카트리지가 있다. 이러한 유형의 소화기는 일정 압력 하에서 물-글리콜(water-glycol)과 이산화탄소 가스를 포함하고 있다. 홀더가 비틀리면, 이산화탄소 가스를 소화기에 넣어 가압하기 위해 밀봉한 디스크에 구멍이 뚫릴 수 있다.

14.5.2 할론 소화기(Halon Extinguisher)

휴대용 할론 소화기는 A 등급, B 등급 및 C등급 화재에 적합하다. 소화기는 밸브 어셈블리와 압력 게이지가 장착된 원통형 용기로 구성된다. 용기는 소화제로 채워져 있으며 건조한 질소로 가압된다. 작동 레버를 누르면 밸브가 열린다. 밸브는 소화제를 사이펀 튜브로 밀어 올려 노즐을 통해 방출시킨다. 방출은 조작 레버를 누르거나 놓아서 제어한다. 소화제가 방출되면 용기의 압력이 감소하고 압력 게이지에 표시되어 소화기가 사용되었음을 알 수 있다. 또한 소화제의 충전량 확인으로 방출여부를 알 수 있다.

인용 및 참고문헌

국토교통부, 항공정비사 표준교재-항공정비 일반, 2015
국토교통부, 항공정비사 표준교재-항공기 기체-제1권(기체구조/판금), 2015
국토교통부, 항공정비사 표준교재-항공기 기체-제2권(항공기 시스템), 2015
국토교통부, 항공정비사 표준교재-항공기 엔진-제1권(왕복엔진), 2015
국토교통부, 항공정비사 표준교재-항공기 엔진-제2권(가스터빈엔진), 2015
국토교통부, 항공정비사 표준교재-항공기 전자전기계기, 2015
Cardiff and Vale College, Aircraft Maintenance Licence Distance Learning Modules, ICAT IR PART-66, Module 12-Helicopter Aerodynamics, Structure & Systems, 2013
FAA, Flight Navigator Handbook, FAA-H-8083-18, 2011
FAA, Helicopter Flying Handbook, FAA-H-8083-21B, 2019
FAA, Aviation Maintenance Technician Handbook-General, FAA-H-8083-30A, 2018
FAA, Aviation Maintenance Technician Handbook-Airframe, FAA-H-8083-31 Volume 1 & 2, 2012
FAA, Aviation Maintenance Technician Handbook-Powerplant, FAA-H-8083-32 Volume 1 & 2, 2012
EADS, Eurocopter AS365 Training Manual 06-2008

⊃ 집필위원

이학재(극동대학교 교수) 송병호(구미대학교 교수) 원종택(아세아항공전문학교 교수)
권병국(세한대학교 교수) 김병철(항공우주정책연구원)

⊃ 연구 및 감수위원

최치봉(한국교통안전공단) 최연철(한서대학교 교수) 이영대(항공안전기술원)
박수영(극동대학교 교수)

⊃ 기획 및 관리

국토교통부
김영국(항공안전정책관) 김상수(항공안전정책과장) 강경범(항공안전정책과)
홍덕곤(항공기술과) 김은진(항공안전정책과) 홍범표(항공안전정책과)

항공안전기술원
정은영(본부장) 이영대(책임연구원) 이미르(행정)

극동대학교
조한진(산학협력단장) 유희준(항공정비학과 교수) 이학재(항공정비학과 교수)
박수영(항공정비학과 교수) 정근우(행정)

헬리콥터

2021. 8. 17. 1판 1쇄 발행
2023. 8. 23. 1판 2쇄 발행

지은이 | 국토교통부
펴낸이 | 이종춘
펴낸곳 | BM (주)도서출판 성안당

주소 | 04032 서울시 마포구 양화로 127 첨단빌딩 3층(출판기획 R&D 센터)
      | 10881 경기도 파주시 문발로 112 파주 출판 문화도시(제작 및 물류)
전화 | 02) 3142-0036
      | 031) 950-6300
팩스 | 031) 955-0510
등록 | 1973. 2. 1. 제406-2005-000046호
출판사 홈페이지 | www.cyber.co.kr
ISBN | 978-89-315-3938-7 (93550)
정가 | 29,000원

※ 잘못 만들어진 책은 바꾸어 드립니다.

※ 본 저작물은 국토교통부에서 2020년 작성하여 공공누리 제3유형으로 개방한 "헬리콥터"를 이용하였습니다.